U0250495

堰塞坝灾害链防治系列丛书

丛书主编　石振明

石振明
彭　铭
郑鸿超
周圆媛
著

堰塞坝
稳定性分析

同济大学 出版社
TONGJI UNIVERSITY PRESS
·上海·

内 容 提 要

本书从斜坡失稳体堵江机理出发,揭示了不同地质条件下堰塞坝成坝特征,在此基础上综合物理试验、数值模拟、统计分析等多种方法,深入剖析堰塞坝的内因(坝体形态、坝体结构、坝体材料)和外因(漫顶冲刷、渗流潜蚀、地震动力、滑坡涌浪、连续溃决)对堰塞坝稳定性的影响,并通过典型案例详细阐述了堰塞坝的失稳机制。本书首次提出了堰塞坝全寿命、溃坝程度、非均匀结构等基本概念,率先揭示了堰塞坝非均匀结构和宽级配材料对堰塞坝稳定性的影响。

本书可作为相关技术人员在地质灾害风险防控领域的参考资料,为堰塞坝灾害应急管理部门提供决策依据,为堰塞坝资源化利用和开发提供技术支撑。

图书在版编目(CIP)数据

堰塞坝稳定性分析 / 石振明等著. —上海:同济大学出版社,2023.12
　(堰塞坝灾害链防治系列丛书 / 石振明主编)
　ISBN 978-7-5765-0793-5

　Ⅰ. ①堰… Ⅱ. ①石… Ⅲ. ①堰塞湖−稳定性−研究
Ⅳ. ①P941.78

中国国家版本馆 CIP 数据核字(2023)第 029535 号

堰塞坝灾害链防治系列丛书
堰塞坝稳定性分析
石振明　彭　铭　郑鸿超　周圆媛　著

责任编辑 马继兰　　**助理编辑** 陈妮莉　　**责任校对** 徐春莲　　**封面设计** 张　微

出版发行	同济大学出版社　www.tongjipress.com.cn	
	(地址:上海市四平路 1239 号　邮编:200092　电话:021-65985622)	
经　销	全国各地新华书店	
排　版	南京文脉图文设计制作有限公司	
印　刷	上海安枫印务有限公司	
开　本	787mm×1092mm　1/16	
印　张	28	
字　数	577 000	
版　次	2023 年 12 月第 1 版	
印　次	2023 年 12 月第 1 次印刷	
书　号	ISBN 978-7-5765-0793-5	

定　价　268.00 元

序

堰塞湖是山区狭窄河谷中常见的一种自然现象,是由固体物质堵塞河道(或沟道)产生的堰塞坝拦蓄上游来水而形成的天然湖泊。这种高峡平湖水光潋滟,湖光与山色交映,令人流连忘返,心旷神怡,如四川九寨沟、新疆天池、西藏巴松措等,世界上无数风景名胜和世界自然遗产都是山地堰塞湖赐予人类的独特景观。然而,堰塞湖溃决洪水则会在下游长距离、大范围区域造成灾害,如 2000 年西藏易贡滑坡堰塞湖、2018 年白格滑坡堰塞湖、2018 年四川唐家山滑坡堰塞湖、2022 年巴基斯坦罕萨河谷堰塞湖和 2013 年印度 Choradari 冰碛湖等,都在当地造成了巨大损失。

稳定的堰塞湖可以形成风光绚丽的美景,有些古老的堰塞湖甚至可以淤积成平坦开阔的宽谷,成为物产丰富、人类宜居的鱼米之乡。反之,高危堰塞湖则犹如悬在头上的达摩克利斯之剑,具有重大风险,威胁着下游区域的人居安全和工程安全,严重影响社会经济发展。与具有明显两面性的其他事物一样,一个机关决定着其走向天堂或通向地狱的方向和命运,决定堰塞湖对人类有利弊影响的这个机关就是堰塞坝。

堰塞坝是由滑坡、崩塌、泥石流、冰川、岩浆喷发等携带的大量固体物质堵塞河道形成的天然堆积体。它是构造-地貌-气候耦合作用下高山峡谷区大规模物质(mass)运移的产物,在山区峡谷中广泛分布。堰塞坝通过堵江、汇水、溃坝、消亡全寿命过程的物质运移和能量转换,将其影响放大到所在的流域,坝址堆积掩埋,上游回水淹没,下游洪水冲击,具有复杂的多过程时空演化灾害链特征。

堰塞坝一般由松散土石混合体组成,结构疏松、孔隙粗大、强度较低、稳定性差,往往在漫顶冲刷或潜蚀管涌等作用下侵蚀、破坏、溃决,造成溃决洪水灾害。因此,堰塞坝侵蚀破坏为陆地表面重力主导灾害与水力主导灾害的转换节点,是堰塞湖灾害链的关键环节。堰塞坝破坏溃决成为陆地表层最复杂的一种灾害物理过程,也是自然灾害学科的前沿交叉科学问题,引起了水文-地质灾害领域学者的广泛关注。

我国是全球范围内堰塞坝灾害记录最多的国家,如 1999 年台湾集集 7.3 级地震诱发 19 处堰塞坝;2008 年汶川 8.0 级地震诱发 256 处堰塞坝(包含风险最大的唐家山堰塞坝)。喜马拉雅山区是目前气候变化条件下冰碛坝溃决频度最高、风险最高的地区。堰塞湖及其溃决洪水灾害对社会经济发展、人民生命财产安全和重大工程安全造成严重危害。如 1786 年四川省泸定-康定发生 7.7 级地震,形成一个堰塞坝,溃决后造成 10 万余人的死亡和失踪;1933 年四川叠溪发生 7.5 级地震,形成的堰塞坝溃决后造成 2 万余人死亡;2009 年台湾"莫拉克"台风暴雨触发小林村滑坡形成的堰塞坝造成 398 人死亡;2018 年 10 月 10 日和 11 月 3 日,白格滑坡两次堵断金沙江,两周后在成功降低水位 14 m 后泄流,溃决洪水冲毁国道金沙江上 7 座桥梁以及 G318 与 G214 等长达 285 km 的道路,导致云南省迪庆、丽江、大理等 4 个州市 5.4 万人受灾,直接经济损失高达 74 亿元。自 20 世纪末以来,在板块构造活动剧烈与极端气象气候事件频发双重作用下,堰塞湖溃决灾害发生频率和数量呈显著增加趋势,加之山区人类活动强度随着社会经济发展不断增大,堰塞坝及其灾害链风险显著增加,国家减灾需求迫切。

针对国家愈趋迫切的减灾需求,面对极为复杂的研究对象,聚焦前沿交叉科学问题,同济大学石振明教授研究团队十年磨一剑,在连续 8 项国家自然科学基金的支持下,通过 10 余年的持续研究,取得了丰硕的研究成果。他们构建了堰塞坝案例数据库,揭示了堰塞坝非均匀结构和宽级配材料的溃决机理,建立了堰塞坝溃坝和水土物质运移分析方法,提出了全寿命过程动态风险评估模型和风险管控体系。特别是从全寿命和全流域角度研究堰塞坝灾害链的灾变机理,通过分析堰塞坝的形成、汇水、溃决和消亡阶段(全寿命)在上游、坝址、下游区域(全流域)的水土物质耦合运移规律,在研究堰塞坝对全流域影响的时空规律、研发动态风险管控技术等方面,取得了丰硕成果。

石振明教授团队将其研究成果整理成"堰塞坝灾害链防治系列丛书"(以下简称"丛书"),丛书包含学术著作《堰塞坝稳定性分析》《堰塞坝危险性快速评估与应急处置》《堰塞坝全寿命过程定量风险评估》和科普著作《走近堰塞坝》,系统阐述了堰塞坝致灾机理、评估方法和防灾原理。丛书体现了该团队对堰塞坝问题的全局把握和深入理解,系统呈现堰塞坝研究的新认识和新成果,可以给到研究领域同行和相关工程技术人员参考。

堰塞坝稳定性是堰塞坝灾害链至关重要的一环。《堰塞坝稳定性分析》是丛书的第一部,提出了堰塞坝全寿命的概念,通过大数据分析、多尺度模型试验、精细化数值模拟和典型案例分析,阐明了堰塞坝成坝特征对其稳定性的影响,确定了影响堰塞坝稳定性的内因(坝体形态、坝体材料、坝体结构)和外因(漫顶冲刷、渗流潜蚀、地震动力、滑坡涌浪、连续溃决),揭示了堰塞坝非均匀结构对坝体稳定性的影响规律,回答了堰塞坝危险性评估必须回答的是否失稳、如何失稳、有何影响因素、影响机理如何等科学问题。此外,团队还将其收集到的 1 757 个国内外堰塞坝案例的数据库及其自主开发的 DABA 溃坝模型的源代码程序作为本书的附录,体现出数据共享的胸怀和开放科学的气度。

基于作者严谨的治学态度和开放的学术作风,特别是该书扎实的研究工作与创新性学术内容,相信这是一部学术价值和工程意义兼备的学术专著,会使堰塞坝研究的同行们受益匪浅。同时,也非常期待丛书其余三部著作早日付梓,为堰塞坝理论研究与灾害防治提供系统的科学知识指导和实用参考。

2023 年 9 月

前言

    堰塞坝是由地震、降雨、融雪、火山等外力诱发崩塌、滑坡、泥石流等斜坡失稳体堵塞河流而形成的天然坝体。堰塞坝是一种常见的地质现象,自第四纪末冰川活动以来在全球范围内大量发生,广泛分布在河流易被堵塞的山区峡谷地形中。堰塞坝通过堵江、汇水、溃坝、消亡全寿命过程的物质交换和能量转移,将其影响放大到所在的流域,坝址堆积掩埋、上游回水淹没和下游洪水冲击,呈现明显大时空演化的地质灾害链特征。

    我国是全球范围内堰塞坝灾害记录最多的国家,堰塞坝的形成和演化深刻地影响文明进程和生存环境。公元前 1900 年黄河上游流域一个地震诱发的堰塞坝可能改变了夏朝文明的发展进程。岷江上游梯级堰塞湖群的溃决可能是古蜀文明突然中断的重要因素。1786 年四川省泸定-康定发生 7.7 级地震,形成一个堰塞坝,溃决后造成 10 万余人的死亡和失踪。1933 年四川叠溪发生 7.5 级地震,形成多个堰塞坝,溃决后造成 2 万余人死亡。自 20 世纪末以来,由于板块构造活动剧烈、极端气象灾害频发,堰塞坝的发生频率和数量都呈集中暴发态势。如 1999 年台湾集集 7.3 级地震诱发至少 19 个堰塞坝;2004 年日本中越 6.8 级地震,诱发 50 余个堰塞坝;2008 年汶川 8.0 级地震诱发 200 多个堰塞坝,包含风险最大的唐家山堰塞坝;2009 年台湾"莫拉克"台风暴雨诱发 16 个堰塞坝,其中小林村堰塞坝溃决造成 398 人死亡。2018 年 10—11 月,不到一个月的时间在金沙江和雅鲁藏布江发生巨型滑坡堵江,形成 4 个巨型堰塞湖,并在数天内发生溃决,形成巨大溃坝洪水冲击下游区域。

    堰塞坝的稳定性是灾害链演化过程中至关重要的一环,其中是否失稳决定堰塞坝的资源化利用,何时失稳决定堰塞坝的应急处置,如何失稳决定堰塞坝的溃坝洪水,进而影响堰塞坝的预警决策和风险防控。由于堰塞坝是不同外力诱发不同斜坡失稳体快速堆积而成,其坝体形态、坝体结构、材料组成存在高度非均匀性和不确定性,导致堰塞坝的稳定性准确判别、失稳机理深入分析和溃坝参数定量预测存在巨大困难。

    研究团队通过 14 年持续的努力,积累了包括重点项目——堰塞坝全寿命过程对全流域影响的时空演化分析与风险管控(批准号:41731283)在内的 8 项国家自然科学基金的大量研究成果,撰写堰塞坝系列专著四部。本书为四部中的第一部,依据团队开发的大型案例数据库统计分析了影响堰塞坝稳定性的内外因素(第 2 章),结合试验和数值模拟分析堰塞坝堆积成坝规律(第 3 章)和材料物理力学特征(第 4 章),深入剖析堰塞坝的内因[坝体形态(第 5 章)、坝体材料(第 6 章)及坝体结构(第 7 章)]和外因[漫顶冲刷(第 5—7 章)、渗流潜蚀(第

8 章)、地震动力(第 9 章)、滑坡涌浪(第 10 章)、级联溃决(第 11 章)]对堰塞坝稳定性的影响。最后通过两个典型堰塞坝[唐家山堰塞坝(第 12 章)和红石河堰塞坝(第 13 章)]开展了堰塞坝稳定性案例分析。研究成果对堰塞坝易发区域的应急管理、流域范围的生命财产安全的有效保障、堰塞坝资源化开发利用、城镇和交通规划以及可持续发展具有重要的理论及工程意义。同时,本书的研究工作也为系列专著《堰塞坝危险性快速评估与应急处置》《堰塞坝全寿命过程定量风险评估》和科普专著《走近堰塞坝》提供重要基础。

全书由石振明、彭铭统稿并定稿。内容参考团队发表的期刊论文及多名硕、博士学位论文,包括管圣功博士学位论文《坝体材料特征对堰塞坝溃决模式的影响及流域内多坝溃决的相互作用机理研究》、周圆媛博士学位论文《崩滑型堰塞坝成坝特征及其对溃坝影响研究》、张公鼎博士学位论文《不同形态、材料和结构特征的堰塞坝溃决机理研究》和王友权博士学位论文《堰塞坝体动力特性及稳定性的大型振动台试验及数值模拟研究》。本书各章执笔分工如下:前言和第 1 章由石振明、彭铭、郑鸿超执笔,第 2 章由彭铭、夏嘉诚、马晨议执笔,第 3 章由石振明、周圆媛执笔,第 4、8 章由郑鸿超、石振明、熊曦执笔,第 5、6、7 章由石振明、郑鸿超、彭铭执笔,第 9 章由石振明、郑鸿超、彭铭、王友权执笔,第 10 章由彭铭、郑鸿超、马晨议执笔,第 11、12 章由石振明、郑鸿超、彭铭、管圣功执笔,第 13 章由石振明、吴彬、彭铭、熊曦执笔,附录 A 由彭铭、夏嘉诚、沈丹祎整理,附录 B 由彭铭、马晨议整理。另外,沈健、刘毛毛和高卉参与专著的整理校核工作。

本书的出版是各有关方面大力支持的结果。感谢国家自然基金委重点基金、面上基金和青年基金的资助,感谢地质灾害防治与地质环境保护国家重点实验室的支持。在研究过程中,始终得到中国科学院水利部成都山地灾害与环境研究所崔鹏院士、长安大学彭建兵院士、中国水利科学研究院陈祖煜院士、成都理工大学黄润秋教授和许强教授、中国地质环境监测院总工程师殷跃平研究员、中国科学院武汉岩土力学研究所汪稳研究员、中国地质大学(武汉)唐辉明教授和胡新丽教授、南京大学施斌教授等给予的多方面指导和帮助。众多兄弟单位的领导和技术人员在现场调查和资料共享方面给予了大力支持。感谢同济大学地质工程专业给本书的研究提供了实验平台和工作条件。感谢研究团队的沈明荣教授、陈建峰教授、李博教授、张清照副教授和俞松波高工对研究工作的辛勤付出。借此机会,特向对本项研究提供帮助、支持和指导的所有领导、专家和同仁表示衷心的感谢!

著者

2022 年 12 月 15 日

于同济大学校园

目录

第 1 章
堰塞坝及其稳定性

堰塞坝是由地震、降雨、融雪、火山等外力诱发崩塌、滑坡、泥石流等斜坡失稳体堵塞河流而形成的天然坝体,被阻塞的河流通过持续汇水形成的天然湖泊称为堰塞湖。堰塞坝是一种常见的自然现象,自第四纪末冰川活动以来广泛发生,并深刻地影响人类文明演化。王兰生等(2020)通过调查分析发现成都平原深厚的黏土地层源自大约 1.5 万年前叠溪巨型古堰塞坝溃决产生的泥石流。岷江上游梯级堰塞湖群的溃决可能是古蜀文明突然中断的重要因素。《孟子·滕文公》曾记载"当尧之时,水逆行,泛滥于中国,蛇龙居之,民无所定,下者为巢,上者为营窟。"在我国内陆出现"水逆行"的记载,应该是堰塞坝堵江后,由于汇水作用导致堰塞湖逐渐淹没上游区域的缘故。Wu 等(2016)也于 Science 杂志发文称大禹治水和夏朝的诞生与黄河上游积石峡古地震诱发的堰塞坝溃决事件有密切关系。

1.1 堰塞坝概述

堰塞坝对人类文明的影响明显体现出两面性。一方面,大量现存的古堰塞湖成为一颗颗点缀大地的蓝色宝石,成为游客们流连忘返的绮丽风景。如图 1-1 所示,西藏昌都的然乌湖是 200 年前由山体崩塌阻塞雅鲁藏布江支流帕隆藏布而形成的堰塞湖;国家 5A 级旅游景区西藏林芝的巴松措为冰碛岩土体滑坡堵塞形成的堰塞湖;九寨沟国家级自然保护区内的 108 个高山湖泊大多是串珠状堰塞湖部分溃决后形成的阶梯-深潭结构;黑龙江"五大连池"为 1719—1721 年间火山喷发熔岩阻塞白河河道而形成的五个相互连接的湖泊。

另一方面,堰塞坝汇水及溃决可形成巨型洪灾,危害人类生命财产安全。我国最早的堰塞坝灾害文献记录可追溯到公元前 586 年(鲁成公五年),《春秋穀梁传》记录晋国"梁山崩,壅遏河,三日不流",晋国国君为之"亲素缟,帅群臣而哭之,既而祠焉,斯流矣"。此后大量历史文献记录了堰塞坝灾害事件,及其给人类生命财产带来的巨大危害。如 1786 年四川省泸定-康定发生的 7.7 级地震诱发巨型堰塞坝,溃决后造成 10 万余人的死亡和失踪;1933 年四川叠溪发生 7.5 级地震,形成的 4 个梯级堰塞坝连续溃决后造成 2 500 多人死亡。20 世纪末以来,由于地质构造运动活跃,极端气候灾害频发,堰塞坝的发生频率和数量都呈集中暴发态势。

(a) 然乌湖 (b) 巴松措

(c) 九寨沟诺日朗瀑布 (d) 五大连池

图 1-1 我国著名堰塞湖成因的旅游景点

如 1999 年台湾集集 7.3 级地震诱发至少 19 个堰塞坝;2004 年日本中越 6.8 级地震,诱发 50 余个堰塞坝;2008 年汶川 8.0 级地震诱发 256 个堰塞坝,包含风险最大的唐家山堰塞坝(胡卸文等,2009);2009 年台湾"莫拉克"台风暴雨引发大量山体滑坡,形成了 16 个堰塞坝,包含小林村堰塞坝。2018 年 10—11 月,在不到一个月内,金沙江和雅鲁藏布江发生巨型滑坡堵江,形成 4 个巨型堰塞湖,并在数天内发生溃决,形成巨大溃坝洪水冲击下游区域。其中第二次堵江的堰塞湖溃决后峰值流量高达 33 900 m³/s,破坏 4 座在建水库,冲毁 11 座桥梁,给下游 700 km 的云南丽江造成约 4 亿元经济损失(石振明 等,2021)。

1.2 堰塞坝全寿命对全流域的影响

堰塞湖是斜坡失稳体阻塞河流形成的次生灾害,与普通斜坡失稳体不同的是,堰塞坝对周围环境的影响并不局限于特定时间和区域,而是贯穿堰塞坝全寿命过程和全流域范围,存在明显的大尺度时空演化规律,是一种典型的地质灾害链。全流域是指由于堰塞坝形成而造成工程地质条件、水文地质条件发生变化的流域范围,包括堰塞坝的坝址区、上游影响区与下游影响区。全寿命是指堰塞坝按照时间演化过程可以分为形成、汇水、溃坝和消亡四个阶段,每个阶段都直接或间接地对流域产生不同程度的影响,如图 1-2 所示。

(1)形成阶段:堰塞坝的形成阶段指滑坡等斜坡失稳体启动→运行→堆积→堵江过程,大体积失稳体的高位势能转化为巨大的动能,对坝址所在区域造成毁灭性的破坏。如 2008 年汶川地震诱发唐家山高速滑坡,整个滑坡下滑时间约 0.5 min,滑移相对位移 900 m,最大下滑速度约为 30 m/s,覆盖面积约 3×10^5 m²,导致当地居民 84 人死亡(李守定 等,2010)。1963 年意大利瓦依昂滑坡,超过 2.7 亿 m³ 的山体涌入水库,产生了高达 250 m 的涌浪,造成 1 900 余人在这场灾难中丧生。该滑坡取代了刚刚修建的混凝土拱坝,阻塞河流并形成了堰塞坝,改变了原有河道。

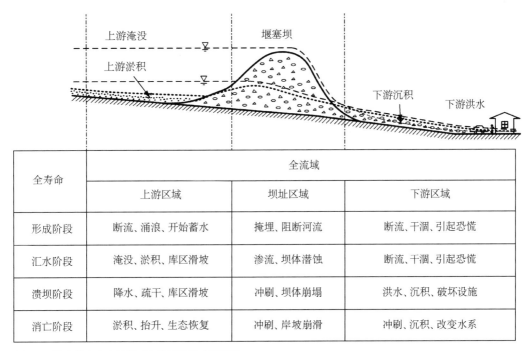

全寿命	全流域		
	上游区域	坝址区域	下游区域
形成阶段	断流、涌浪、开始蓄水	掩埋、阻断河流	断流、干涸、引起恐慌
汇水阶段	淹没、淤积、库区滑坡	渗流、坝体潜蚀	断流、干涸、引起恐慌
溃坝阶段	降水、疏干、库区滑坡	冲刷、坝体崩塌	洪水、沉积、破坏设施
消亡阶段	淤积、抬升、生态恢复	冲刷、岸坡崩滑	冲刷、沉积、改变水系

图 1-2　堰塞坝全寿命过程对全流域的影响示意图

(2)汇水阶段:堰塞坝的汇水阶段指堰塞坝从形成到开始漫顶溢流或发生管涌溃坝前的过程。在此阶段,堰塞坝堵江截断河流,使得上游水位不断上升,淹没大片区域,同时可能诱发库区滑坡涌浪,威胁堰塞坝稳定性。如唐家山堰塞坝坝高达 82 m,上游最大回水距离达 15 km,完全淹没上游 6 km 的璇坪乡(直到溃坝 10 年后才有建筑露出水面),部分淹没上游 14 km 的禹里乡,并在堰塞湖内造成多处库岸滑坡。

(3)溃坝阶段:堰塞坝的溃坝阶段指堰塞坝从漫顶溢流或管涌到完成溃坝的过程。在此阶段,堰塞湖水位上升造成漫顶溢流,伴随着溃口冲刷和侧坡失稳的联动影响,坝体溃决速度越来越快,并可形成巨型峰值流量,给下游大区域人们的生命财产造成严重威胁。如 2000 年西藏易贡堰塞湖溃决造成峰值流量高达 124 000 m³/s 的巨型洪水,给远在 600 km 下游外的印度造成巨大破坏,造成 30 万人受灾,死亡 70 余人。2009 年,中国台湾小林村堰塞坝在形成后 1 h 内发生溃决,溃决峰值流量高达 70 700 m³/s,溃坝泥石流造成 398 人丧生。

（4）消亡阶段：堰塞坝的消亡阶段是指堰塞坝从溃坝完成到基本消失的过程。堰塞坝通常很少发生完全溃决，残余堰塞坝将造成上游库区大区域淤积；残余坝体材料和下游沉积材料将在后期洪水作用下发生脉冲式冲刷和沉积，将物质缓慢搬运至下游，并可能造成河流抬升或改道，导致基础设施瘫痪等长期问题。同时，坝址处可能发生崩滑堵江，形成新的堰塞坝。唐家山堰塞坝自 2008 年 6 月 10 日溃决后经历过多次重大事件：降雨诱发大水沟泥石流堵江至少 2 次，残余堰塞坝溃决至少 3 次，降雨和河道冲刷诱发大小河岸滑坡、崩塌、泥石流数十次，河道土石物质沉积和冲刷脉冲式运移至今仍非常活跃。

1.3 堰塞坝的稳定性

堰塞坝的稳定性是堰塞坝灾害链至关重要的一环，决定了堰塞坝是否失稳，如何失稳溃决，会产生多大的溃坝洪水和溃坝风险，进而影响堰塞坝的应急预警和处置决策，以及资源化利用。鉴于堰塞坝和人工土石坝在构成材料方面存在一定的相似性，主体均为天然土石填料，因此在介绍堰塞坝稳定性之前，有必要对比分析其与人工土石坝的区别。

1.3.1 堰塞坝与人工土石坝的差异性

堰塞坝是由斜坡失稳体的土石物质在河道几何条件约束下快速堆积而成，相比经过大量标准化工序（勘察、设计、施工、监测等）建成的人工土石坝，堰塞坝在多方面存在巨大差异，导致人工土石坝的稳定性分析经验难以直接用于分析堰塞坝。

（1）几何形态非规则性：不同于人工土石坝的规则梯形纵面结构，堰塞坝几何形态呈现三维高度非规则性。不同纵面坝顶高程差异较大，断面形状为非规则多边形（含部分弧形），且变化明显。总体上，同样坝高情况下，堰塞坝的体积远大于人工土石坝，导致漫顶冲刷速度较慢；坝体宽度远大于人工土石坝，导致堰塞坝水力路径较长而不常发生管涌破坏；上下游坝体坡度远小于人工土石坝，导致堰塞坝不常发生滑坡失稳。

（2）坝体结构非均匀性：由于斜坡失稳体类型和河谷几何约束条件的差异，堰塞坝的坝体结构呈现高度非均匀性。顺层岩质滑坡形成的坝体通常保持较为完整的坝体结构；覆盖层滑坡形成的坝体结构相对较为均匀；大型崩塌形成的坝体通常由粗颗粒石块构成坝体骨架，细颗粒填充其间；碎屑体崩滑形成的坝体结构通常呈现三维非均匀分区结构。

（3）坝体材料级配连续性：堰塞坝的坝体材料颗粒尺寸差异巨大，有直径大至数十米的巨石，也有直径小至数微米的黏土颗粒，同时坝体材料松散欠固结。堰塞坝材料的级配连续特征导致坝体冲刷、渗流、失稳存在明显的多尺度效应，给坝体的稳定性分析和评估带来较大的困难。

（4）缺乏泄洪防渗设施：相比人工土石坝有高质量的泄洪措施（泄洪洞、泄流槽、引水隧道等）和防渗措施（混凝土面板、防渗心墙、止水帷幕等），堰塞坝完全没有任何泄洪和防渗措施，在持续入流的情况下，堰塞湖水位不断上涨，最终容易引发漫顶冲刷溃坝。

（5）特征参数难以获取：堰塞坝通常发生在深山、深谷，交通运输条件艰险，难以及时获取坝体特征参数，这给堰塞坝的稳定性评估带来困难。如汶川地震诱发的唐家山堰塞坝，在成坝 3 d 后才发现坝体的存在，1 周后才通过直升机到达坝顶，由于缺乏大型设备的运输条件，无法对坝体内部的结构开展勘察而难以支撑坝体稳定性的准确评估。

堰塞坝在形态、结构、材料等方面的特殊性，导致其稳定性分析存在很大的不确定性。如 2008 年汶川地震引发的唐家山堰塞坝（坝高 82 m，库容 3.16 亿 m³）在形成后 29 d 发生溃决，峰值流量为 6 500 m³/s。2009 年由"莫拉克"台风引发暴雨形成的小林村堰塞坝（坝高 44 m，库容 0.11 亿 m³）在形成后 1 h 内发生溃决，溃决峰值流量高达 70 700 m³/s。而 2010 年巴基斯坦 Hunza 堰塞坝（坝高 120 m，库容 4.5 亿 m³）由巨石形成坝体骨架，达成出入流平衡而保持稳定。然而，堰塞坝暂时的稳定并不意味着永久稳定，例如，1835 年在吉尔吉斯斯坦形成的 Yashingul 堰塞坝存在了 131 年后突然发生了溃决，造成了下游区域的重大损失（刘宁 等，2016）。

1.3.2 堰塞坝稳定性的定义

堰塞坝的稳定性是指在流域自然径流状态下坝体出入流能达到平衡，且坝高基本保持不变的性质。Ermini 和 Casagli（2003）以坝高保持不变作为堰塞坝稳定性的判别标准，即出现坝高降低时认为堰塞坝失去稳定性。Korup（2004）以时间作为堰塞坝稳定性的判别标准，当堰塞坝存在时间大于 10 年，认定该堰塞坝处于稳定状态。Tacconi 等（2016）以堰塞坝是否产生溃决作为堰塞坝稳定性的判别标准，堰塞湖逐渐被河流携带的泥沙淤积，或者堰塞坝出入流能达到平衡，则堰塞坝处于稳定状态；不管堰塞坝存在时间长短，一旦坝体发生溃决或被人工拆除，则被认定为不稳定堰塞坝。Fan 等（2020）认为堰塞坝的稳定性具有动态特性，只要现阶段堰塞坝稳定性存在，都认为该堰塞坝处于暂时的稳定状态。

1. 堰塞坝稳定状态

本书将堰塞坝稳定状态概括为以下三种情形。

1）稳定情形Ⅰ：入渗平衡稳定

堰塞湖入流量小于或等于坝体渗流量和堰塞湖蒸发量之和，堰塞湖水位始终低于坝顶，坝体不会发生漫顶破坏而保持稳定状态。该模式主要发生在堰塞坝材料具有较高的渗透系数（如形成粗颗粒骨架的优势渗流通道）或者入流量较低（如径流量较小的沟谷）的情况下。例如，1911 年形成的塔吉克斯坦 Usio 堰塞坝（图 1-3），较大渗流的存在使得堰塞湖水位得到控制，堰塞坝至今仍处于稳定状态（Strom，2010）。

| (a) 俯视图 | (b) 上游视角 |

图 1-3 塔吉克斯坦 Usio 堰塞坝(Strom, 2010)

2）稳定情形Ⅱ:坝体抗冲刷稳定

堰塞坝的组分以粗颗粒为主,抗侵蚀性强,即使发生漫顶溢流,坝体仍保持稳定状态。还有一种情况是堰塞坝的溢流位置处于坝肩基岩,或存在巨石等坚硬岩石,溃口尺寸的发展受到抑制。例如,2001 年,萨尔瓦多共和国 EL Desagüe 河形成的堰塞坝发生漫顶溢流(图 1-4),该坝体材料主要由安山角砾岩和流纹岩组成,抗侵蚀能力强,现在仍处于稳定状态(Baum et al.,2001)。2008 年小岗剑堰塞坝(图 1-5)形成后因溃口底部坚硬岩块保持稳定超过 1 个月,爆破碎石坝体后坝体才开始漫顶失稳(Chen et al.,2018)。

图 1-4 EL Desagüe 河堰塞坝(Baum et al., 2001)   图 1-5 小岗剑堰塞坝(Chen et al., 2018)

3）稳定情形Ⅲ:堰塞湖淤平稳定

堰塞坝形成后,上游来水携带大量泥沙,泥沙沉积不断淤积在堰塞湖底,导致堰塞湖逐渐消失,堰塞坝保持长期稳定。例如,地震诱发的伊朗 Kheshchal 山堰塞湖(图 1-6),上游的滑坡碎屑逐渐淤积湖区,入流量较小,加之堰塞湖水用于下游农业灌溉,库水面积逐渐缩小(Ehteshami-Moinabadi et al.,2019)。

2. 堰塞坝不稳定状态

堰塞坝不稳定状态可分为以下两种情形。

图 1-6　伊朗 Kheshchal 山堰塞湖(Ehteshami-Moinabadi et al., 2019)

1)不稳定情形Ⅰ:短期失稳

堰塞坝形成后,其发生明显的漫顶溢流、管涌或下游坝坡失稳等情形,导致坝高在短期内急剧降低,使得上游库容减小,并产生显著的峰值流量。其中,漫顶冲刷是堰塞坝失稳的主要模式,占所有失稳案例的 91%。例如,2008 年的唐家山堰塞坝(图 1-7)、2018 年的白格堰塞坝等均发生漫顶溃决,并产生了大型溃坝洪水。

2)不稳定情形Ⅱ:长期失稳

堰塞坝漫顶溢流后,产生长期缓慢的侵蚀,溃口逐渐扩大、加深,堰塞坝上游库容逐渐减小,上游水位缓慢下降,溃决流量缓慢增加,没有出现峰值流量和快速溃坝阶段,堰塞坝的溃决风险较低。例如,四川枷担湾堰塞坝(图 1-8)过流后逐步缓慢侵蚀,没有出现溃决洪水快速增大阶段(周宏伟 等,2009)。巴基斯坦 Yashilkul 岩崩堰塞坝泄流后溃口缓慢侵蚀,大部分堰塞坝体得以保留(Strom,2010),如图 1-9 所示。

图 1-7　唐家山堰塞坝漫顶溢流后(下游视角)

图 1-8　枷担湾堰塞坝(周宏伟 等,2009)

图1-9 巴基斯坦 Yashilkul 岩崩堰塞坝(Strom，2010)

1.3.3 堰塞坝的破坏模式

堰塞坝的短期失稳可产生巨型洪水灾害，这是最值得关注的失稳情形。短期失稳通常分为三种溃坝模式：漫顶溃坝、管涌溃坝和坝坡失稳溃坝(石振明 等，2014)，如图1-10所示。漫顶溃坝是坝体溃口在表面水流的作用下持续下切和展宽，并引发堰塞湖快速泄流的剧烈水土耦合作用过程(Shi et al.，2018)，如图1-10(b)所示。典型案例有降雨诱发的尼泊尔 Jure 堰塞坝(Acharya et al.，2016)、地震诱发的中国唐家山堰塞坝(Peng et al.，2014)和降雨诱发的中国白格堰塞坝(Wang et al.，2020)，如图1-11(a)—(c)所示。当堰塞坝材料出现中间粒径缺失时，细颗粒在渗流水力梯度的驱动下通过粗颗粒的间隙被带走，逐渐发展为管涌通道，堰塞湖通过管涌通道泄流[图1-10(c)]，典型案例有玻利维亚 Allpacoma 堰塞坝[图1-11(d)]。值得注意的是，管涌持续扩大可引发上部土体坍塌，水流漫过溃口而转化为漫顶溃坝。坝坡失稳溃坝主要指堰塞坝下游坝坡在渗流作用下发生失稳滑动，从而降低坝体高程，减小坝体宽度，进而导致堰塞坝发生漫顶溃坝的过程，如图1-10(d)所示。

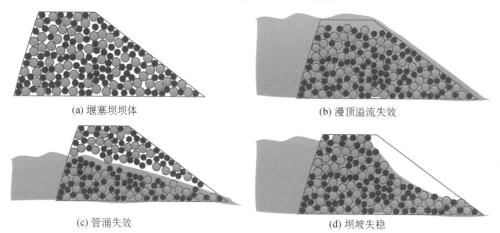

(a) 堰塞坝坝体   (b) 漫顶溢流失效

(c) 管涌失效   (d) 坝坡失稳

图1-10 堰塞坝失稳模式

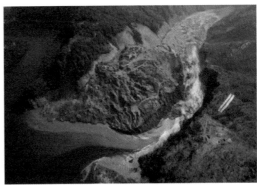

(a) 降雨诱发的尼泊尔Jure堰塞坝
(Acharya et al., 2016)

(b) 地震诱发的中国唐家山堰塞坝
(Peng et al., 2014)

(c) 降雨诱发的中国白格堰塞坝
(Wang et al., 2020)

(d) 降雨诱发的玻利维亚Allpacoma堰塞坝

图 1-11　堰塞坝的失效案例

　　与同样高度的人工坝体相比,堰塞坝坝体体积和宽度通常较大,导致渗流水力路径较长,水力梯度较小,因此不容易发生管涌溃坝;由于堰塞坝是斜坡失稳体在动力堆积作用下形成的,上下游坝坡较缓,因此不容易发生坝坡失稳破坏。由于堰塞坝缺少控制水位的泄洪设施,当上游入流量大于坝体的渗流量时,堰塞坝水位不断上涨,直至超过坝高而发生漫顶溢流,漫坝洪水不断地冲刷坝体,最终导致坝体发生漫顶溃决。图 1-12 比较了国内外堰塞坝与人工土石坝失稳模式的异同。国外堰塞坝漫顶溢流所占比例为 89%(110 例)、管涌占 10%(12 例)、坝坡失稳占 1%(2 例);而国内堰塞坝漫顶溢流所占比例为 98%(58 例)、坝坡失稳占 2%(1 例),在数据库中没有因管涌而发生溃坝的案例;而人工土石坝各失稳模式所占比例依次为漫顶溢流占 58%(102 例)、管涌占 37%(65 例)、坝坡失稳占 5%(9 例)。表 1-1 罗列了全球范围内堰塞坝案例数据库(下文简称"堰塞坝案例数据库")中由漫顶溢流、管涌及坝坡失稳造成的堰塞坝溃决的部分案例。

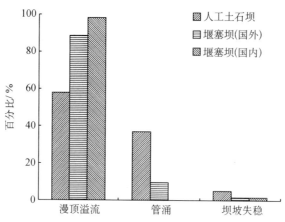

图 1-12 堰塞坝与人工土石坝的失稳模式

表 1-1 国内外部分由漫顶溢流、管涌和坝坡失稳造成堰塞坝溃决的案例

序号	所在国家	名称	发生年份	溃决模式
1	玻利维亚	Allpacoma Landslide Dam	2005	管涌
2	不丹	Tsatichuu River	2003	坝坡失稳、管涌
3	中国	米堆沟	1988	坝坡失稳
4	哥斯达黎加	Rio Toro River	1992	管涌
5	意大利	Buonamico River	1973	管涌
6	意大利	Vallucciole Creek	1992	管涌
7	尼泊尔	Labu Khola	1968	管涌、漫顶溢流
8	新西兰	Mt Ruapehu Tephra	2007	管涌
9	秘鲁	Mantaro River	1945	坝坡失稳、管涌
10	美国	Cache Creek	1906	管涌
11	美国	Gros Ventre River	1925	管涌、漫顶溢流
12	美国	Trinity River	1890	漫顶溢流、管涌
13	苏联	Tegermach River (Lake Yashinkul)	1835	管涌

1.4 堰塞坝稳定性研究综述

影响堰塞坝稳定性的因素可以分为内因及外因。内因包括堰塞坝的形态、材料及结构，主要受失稳体堵江成坝特征影响；外因包括漫顶溢流、渗流潜蚀、滑坡涌浪、地震动力、连续溃

决等,主要受所在流域的工程地质条件、水文地质条件等外部因素影响。

1.4.1　内因对堰塞坝稳定性的影响

1. 堰塞坝材料力学特征及材料类型

堰塞坝材料的物理力学特征可分为定性分析和定量研究。定性分析主要通过观察堰塞坝材料的组成(如粗粒含量)来判断该材料物理力学指标。目前堰塞坝坝体材料物质组成及结构的系统研究尚未报道(石振明 等,2010),堰塞坝材料不同粒径颗粒含量与其物理力学特征关系尚不明确,定性分析还缺少可信理论基础。堰塞坝材料物理力学特征的定量研究主要通过现场试验(陈宁生 等,2015)和室内试验(石振明 等,2021)获得其数值。因为堰塞坝形成场地复杂,不易进行现场试验,且堰塞坝粒径范围通常较广,普通的室内试验仪器不能满足试验要求,目前堰塞坝材料物理力学特征的定量研究还较为缺乏,尤其是级配连续和非饱和堰塞坝材料的定量研究。

堰塞坝的材料可分为岩质型、土质型和碎屑型(刘宁,2016),其中岩质型堰塞坝通常是滑坡沿滑移面失稳堆积而成,土质型堰塞坝由浅表层土体滑移产生,碎屑型堰塞坝是远程碎屑流堆积而成(Cui et al.,2009)。殷跃平(2008)、崔鹏等(2009)针对汶川地震中诱发形成的众多堰塞坝,采用定性分析方法,通过判断坝体材料的抗侵蚀能力等来快速评估堰塞坝的稳定性,并将堰塞坝的溃坝危险性从高到低划分为 4 个等级。Zheng 等(2021)根据全球范围内的 1 500 多个堰塞坝案例,对坝体稳定性进行了统计分析,并在无量纲堆积指标(Dimensionless Blockage Index,DBI)判别公式的基础上,增加了对于坝体材料中值粒径的考虑。因此,需要系统阐明坝体材料与堰塞坝稳定性和溃决过程的内在关联。

2. 形态特征

堰塞坝形态参数是评估堰塞坝稳定性的重要因素,主要包括坝高和坝宽。坝高决定着堰塞坝漫顶溢流水位和堰塞湖势能,是堰塞湖危险性分级的参考依据。堰塞坝宽高比决定着下游坝坡的坡度,影响着漫顶水流的流速和侵蚀能力,控制着堰塞坝坝体内渗流梯度。Ermini 和 Casagli(2003)依据 80 多个堰塞坝案例提出 DBI,认为堰塞坝稳定性随着坝高增加而降低,随着坝体体积增加而提高。之后,Korup(2004)基于新西兰 230 多个堰塞坝案例提出汇流指数和流域指数以评估堰塞坝稳定性,其中汇流指数与坝高立方成正相关,流域指数与坝高平方成正相关。然而,堰塞坝形态参数即坝高、坝宽、坝体下游坡度和河床坡度对其稳定性的影响规律很少有系统归纳。

3. 结构特征

堰塞坝通常不同程度地保留原有斜坡失稳体的结构特征,表现为坝体非均质性结构特点(Chen et al.,2015;石振明 等,2016)。由于堰塞坝结构及内部材料分布难以在短时间内准确获取,目前针对坝体结构影响的研究相对较少。赵高文等(2019)根据堰塞坝的堵江成坝特点,研究了坝体横向高差和密实度(如松散状态、密实状态)对溃口发展的影响,发现坝体横向高差越大,溃口侧坡失稳规模越大。林伟强(2022)通过水槽模型试验研究了碎石土工袋对不同非均质结构堰塞坝溃决的工程处置效果,并发现不同非均质结构堰塞坝的溃决过程差异明显。然而,模型试验中的非均质坝体结构及内部材料分布情况较少,也未能充分揭示坝体内部颗粒级配空间分布对堰塞坝溃决的影响机理。

1.4.2 外因对堰塞坝稳定性的影响

1. 漫顶溢流

堰塞坝在蓄水和溃决过程中受复杂的渗流和溢流作用。虽然堰塞坝产生渗透破坏的比例仅有 8%,但是渗流可以影响堰塞坝溃决模式(石振明 等,2014;Shi et al.,2018)。堰塞坝渗流破坏模式通常包括坝坡失稳和管涌破坏两种方式。1966 年苏联的 Yashinkul 湖堰塞坝因渗流侵蚀而发生滑坡,最终漫顶溢流溃坝(Schuster et al.,1986);1973 年意大利的 Costantino 堰塞坝内形成直径 $1\sim2$ m 的管涌通道,随后发生溃坝(Meyer et al.,1994)。严祖文等(2009)认为堰塞坝一般规模较大,坝顶较宽,坝体下游边坡的局部滑坡不一定会导致坝体的整体塌滑,堰塞坝渗流条件下的破坏是一个渐进破坏的过程。石振明等(2015)提出堰塞坝内存在高渗透区域时,在渗流条件下的溃坝是管涌和下游边坡塌滑循环的渐进破坏过程。因此,需要从宏、细观尺度上揭示堰塞坝渗透失稳的内在机制。

2. 余震

地震导致堰塞湖形成后往往伴随一系列的余震,余震引起堰塞坝体的变形。坝体变形和库水位变化可能会导致坝体破坏,影响坝体的稳定性,这是人们最关注的问题。目前对堰塞坝动力研究的现场调研及监测资料极其匮乏,振动台试验是对堰塞坝进行动力研究的有效方法。堰塞坝变形(位移)量测主要通过加速度积分运算或者采用传统位移计测量某个点的位移。但是由于堰塞坝体主要是由散粒体堆积而成,不同于人工坝体,采用传统位移计较难固定在坝体表面,获得坝体变形数据较困难,因此,需要详尽介绍堰塞坝振动台试验方法、堰塞坝振动过程中无接触监测系统和坝体的地震动特性。

3. 涌浪

堰塞坝形成后,上游库水位逐渐上升,形成堰塞湖。地震、降雨或库水位波动都可能引发堰塞湖出现滑坡或者泥石流。当新的滑坡碎屑体冲进湖中时,会产生巨大的涌浪,加剧堰塞坝的侵蚀,导致堰塞坝快速溃坝,进而诱发灾难性后果。例如,意大利的 Vaiont 水库在 1963 年发生滑坡,引发了高达 175 m 的巨大涌浪,摧毁了下游地区,导致近 3 000 人死亡(Semenza et al.,2000;Ward et al.,2011;Ghirotti et al.,2013);加拿大 Nastetuku 河的一个冰碛湖在

1983 年因冰崩引起的巨大涌浪冲击而失稳,在不到 5 h 内完全溃决(Risley et al.,2006)。Sarez 湖是 1911 年有记录以来形成的最大滑坡堰塞湖,库容为 170 亿 m³,目前正受到湖区大量潜在滑坡的威胁(Risley et al.,2006)。唐家山堰塞坝溃决后,库区内的大水沟暴发泥石流,在泥石流的冲击下产生第二次溃决(胡卸文 等,2009)。在涌浪冲击作用下,堰塞坝的失稳机理与自然漫顶溢流下的失稳机理存在很大差异,不同的坝体材料会对堰塞坝的失稳特征产生影响,并且涌浪作用下堰塞坝的稳定性缺乏合理的判定准则。因此,研究涌浪作用下堰塞坝的失稳机理具有重要意义。

4. 级联溃决

地震或强降雨诱发的堰塞坝会沿河岸呈现一系列串珠状分布,也称之为级联分布,如1999 年台湾集集地震、2004 年日本中越地震及 2008 年汶川地震均出现了串珠状的堰塞坝(Liao et al.,2000)。2009 年台风"莫拉克"袭击台湾,诱发 16 座堰塞坝(Chen et al.,2016)。2010 年,三眼峪中至少 19 座堰塞坝被山洪冲垮,导致舟曲惨烈的泥石流灾害(Cui et al.,2013)。梯级堰塞坝的级联失稳可能导致溃决洪水的峰值流量陡增,对下游产生更大的威胁。这就表明用于单个堰塞坝的减灾措施对梯级堰塞坝联溃不再适用。Zheng 等(2021)分析了单坝与级联堰塞坝的失稳模式,并对比了不同坝体材料对溃决失稳过程的影响。由此可见,需要系统评估坝体材料、坝体形态及下游堰塞坝初始库水位对级联溃决的作用。

本章从堰塞坝对人类文明演化和生存环境的影响出发,通过大量文献记载和案例调查,简述了堰塞坝全寿命对全流域的影响。通过对比堰塞坝和人工土石坝的差异性,定义了堰塞坝稳定性的概念,总结了堰塞坝稳定和不稳定情形,并讨论了堰塞坝的失稳模式。

堰塞坝是一种常见的自然现象,深刻地影响着人类文明演化、人文环境和生存条件。堰塞坝对人类的影响有着两面性,一方面,残存至今的堰塞坝已成为风景绮丽的自然景观,另一方面,堰塞坝可能形成巨型洪水灾害,造成巨额生命财产损失。

堰塞坝对周围环境的影响贯穿堰塞坝全寿命过程和全流域范围,存在明显的大尺度时空演化规律,是一种典型的地质灾害链:形成阶段斜坡失稳体冲击坝址所在区域;汇水阶段截断河流,淹没上游大片区域;溃决阶段产生溃坝洪水,严重威胁下游大区域生命财产;消亡阶段造成河床抬升和河流改道,长期影响所在区域的城镇和交通规划。

堰塞坝和人工土石坝在几何形态、坝体结构、材料组成方面存在巨大差异,同时堰塞坝缺乏泄洪防渗设施,且特征参数难以获取。由于堰塞坝的复杂性和不确定性,堰塞坝的稳定性准确判别、失稳机理深入分析和溃坝参数定量预测存在巨大困难。

经过大量调研与研究,可以发现,堰塞坝的稳定情形包括入渗平衡稳定、坝体抗冲刷稳定和堰塞坝淤平稳定;堰塞坝的不稳定情形包括短期失稳和长期失稳。由于堰塞坝具有大宽度和缓坡降的特点,所以其主要失稳模式为漫顶溢流,而管涌和坝坡失稳模式相对少见。

参考文献

陈宁生,胡桂胜,齐宪阳,等,2015.小流域堰塞湖对山洪泥石流的调控模式探讨[J].人民长江,46(10):34-37.

崔鹏,韩用顺,陈晓清,2009.汶川地震堰塞湖分布规律与风险评估[J].四川大学学报(工程科学版),41(3): 35-42.

胡卸文,黄润秋,施裕兵,等,2009.唐家山滑坡堵江机制及堰塞坝溃坝模式分析[J].岩石力学与工程学报,28 (1):181-189.

李守定,李晓,张军,等,2010.唐家山滑坡成因机制与堰塞坝整体稳定性研究[J].岩石力学与工程学报, 29(S1):2908-2915.

刘宁,杨启贵,陈祖煜,2016.堰塞湖风险处置[M].武汉:长江出版社.

林伟强,2022.多因素影响下堰塞坝泄流槽碎石土工袋应急处置机理研究[D].上海:同济大学.

石振明,李建可,鹿存亮,等,2010.堰塞湖坝体稳定性研究现状及展望[J].工程地质学报,18(5):657-663.

石振明,马小龙,彭铭,等,2014.基于大型数据库的堰塞坝特征统计分析与溃决参数快速评估模型[J].岩石力 学与工程学报,33(9):1780-1790.

石振明,沈丹祎,彭铭,等,2021.崩滑型堰塞坝危险性快速评估研究进展[J].工程科学与技术,53(6):1-20.

石振明,熊曦,彭铭,等,2015.存在高渗透区域的堰塞坝渗流稳定性分析:以红石河堰塞坝为例[J].水利学报, (10):1162-1171.

石振明,郑鸿超,彭铭,等,2016.考虑不同泄流槽方案的堰塞坝溃决机理分析:以唐家山堰塞坝为例[J].工程地 质学报,24(5):741-751.

王兰生,王小群,沈军辉,等,2020.叠溪古堰塞湖与成都平原[J].成都理工大学学报(自然科学版),47(1):1-15.

严祖文,魏迎奇,蔡红,等,2009.堰塞湖天然坝安全性状评估研究[J].水利水电技术,40(2):74-77,81.

殷跃平,2008.汶川八级地震地质灾害研究[J].工程地质学报,16(4):433-444.

赵高文,姜元俊,杨宗佶,等,2019.单向侧蚀与下蚀共同作用下堰塞坝的演化特征[J].岩石力学与工程学报,38 (7):1385-1395.

周宏伟,杨兴国,李洪涛,等,2009.地震堰塞湖排险技术与治理保护[J].四川大学学报工程科学版,41 (3):96-101.

ACHARYA T D, MAINALI S C, YANG I T, et al., 2016. Analysis of Jure landslide dam, Sindhupalchowk using GIS and remote sensing[J]. In the International Archives of Photogrammetry, Remote Sensing and Spatial Information Sciences, 41: 201-203.

BAUM R L, CRONE A J, EDCOBAR D, et al., 2001. Assessment of landslide hazards resulting from the February 13, 2001, El Salvador earthquake[R]. Virginia: US Geological Survey Open-File Report: 1-119.

CHEN C Y, CHANG J M, 2016. Landslide dam formation susceptibility analysis based on geomorphic features[J]. Landslides, 13(5): 1019-1033.

CHEN S C, LIN T W, CHEN Z Y, 2015. Modeling of natural dam failure modes and downstream riverbed morphological changes with different dam materials in a flume test[J]. Engineering Geology, 188: 148-158.

CHEN S, CHEN Z, TAO R, et al., 2018. Emergency response and back analysis of the failures of earthquake triggered cascade landslide dams on the Mianyuan River, China[J]. Natural Hazards Review, 19(3): 05018005.

CUI P, ZHOU G G D, ZHU X H, et al., 2013. Scale amplification of natural debris flows caused by cascading landslide dam failures[J]. Geomorphology, 182: 173-189.

CUI P, ZHU Y Y, HAN Y S, et al., 2009. The 12 May Wenchuan earthquake-induced landslide lakes: distribution and preliminary risk evaluation[J]. Landslides, 6(3): 209-223.

EHTESHAMI-MOINABADI M, NASIRI S, 2019. Geometrical and structural setting of landslide dams of the Central Alborz: a link between earthquakes and landslide damming[J]. Bulletin of Engineering Geology and the Environment, 78(1): 69-88.

ERMINI L, CASAGLI N, 2003. Prediction of the behaviour of landslide dams using a geomorphological dimensionless index[J]. Earth Surface Processes and Landforms, 28 (1):31-47.

FAN X M, DUFRESNE A, SUBRAMANIAN S S, et al., 2020. The formation and impact of landslide dams—State of the art[J]. Earth-Science Reviews, 203:10311.

GHIROTTI M, STEAD D, 2013. Vaiont Landslide, Italy[M]. Springer, Netherlands.

KORUP O, 2004. Geomorphometric characteristics of New Zealand landslide dams[J]. Engineering Geology, 73(1-2):13-35.

LIAO H W, LEE C T, 2000. Landslides triggered by the Chi-Chi earthquake[C]//Proceedings of the 21st Asian conference on remote sensing, Taipei, 1(2):383-388.

MEYER W, SCHUSTER R L, SABOL M A, 1994. Potential for seepage erosion of landslide dam[J]. Journal of Geotechnical Engineering, 120(7):1211-1229.

PENG M, ZHANG L M, CHANG D S, et al., 2014. Engineering risk mitigation measures for the landslide dams induced by the 2008 Wenchuan earthquake[J]. Engineering Geology, 180:68-84.

RISLEY J C, WALDER J S, DENLINGER R P, 2006. Usoi Dam wave overtopping and flood routing in the Bartang and Panj Rivers, Tajikistan[J]. Natural Hazards, 38(3):375-390.

SCHUSTER R L, COSTA J E, 1986. Effects of landslide damming on hydroelectric projects[C]//International Association of Engineering Geology. International Congress, 5:1295-1307.

SEMENZA E, GHIROTTI M, 2000. History of the 1963 Vaiont slide: the importance of geological factors[J]. Bulletin of Engineering Geology and the Environment, 59 (2): 87-97.

SHI Z M, ZHENG H C, YU S B, et al., 2018. Application of CFD-DEM to investigate seepage characteristics of landslide dam materials[J]. Computers and Geotechnics, 101:23-33.

STROM A, 2010. Landslide dams in Central Asia region[J]. Landslides, 47(6):309-324.

TACCONI S C, SEGONI S, CASAGLI N, et al., 2016. Geomorphic indexing of landslide dams evolution[J]. Engineering Geology, 208:1-10.

WANG W, YANG J, WANG Y, 2020. Dynamic processes of 2018 Sedongpu landslide in Namcha Barwa—Gyala Peri massif revealed by broadband seismic records[J]. Landslides, 17(2): 409-418.

WARD S N, DAY S, 2011. The 1963 landslide and flood at Vaiont Reservoir Italy. A tsunami ball simulation[J]. Italian Journal of Geosciences, 130 (1): 16-26.

WU Q, ZHAO Z, LIU L, et al., 2016. Outburst flood at 1920 BCE supports historicity of China's Great Flood and the Xia dynasty[J]. Science, 353(6299):579-582.

ZHENG H C, SHI, Z M, SHEN D Y, et al., 2021. Recent advances in stability and failure mechanisms of landslide dams[J]. Frontiers in Earth Science, 9:659935.

第 2 章
堰塞坝稳定性影响因素

近年来，板块构造运动活跃，极端气候灾害频发，由此造成大量崩塌、滑坡、泥石流等斜坡地质灾害堵江形成堰塞坝。通常情况下，堰塞坝存在寿命短且勘察条件恶劣，导致大部分堰塞坝没有记载，而少量有记载的堰塞坝缺乏详细资料，给堰塞坝稳定性分析带来了巨大困难。

为了更加全面、深入地研究影响堰塞坝稳定性的因素，研究团队建立了 1 757 例（截至 2020 年）全球范围内堰塞坝案例数据库（附录 A），在此基础上详细分析了各影响因素对堰塞坝稳定性影响的统计规律，并将堰塞坝稳定性的影响因素分为内部因素（坝体形态、坝体材料和坝体结构）和外部因素（漫顶冲刷、渗流侵蚀、地震动力、滑坡涌浪），且分别探讨了上述因素对堰塞坝稳定性的影响机理。

堰塞坝案例数据库为堰塞坝稳定性的研究提供了数据支持，对于全面了解堰塞坝特征、科学评估和管控堰塞坝灾害风险具有一定的理论价值和工程意义。

2.1 特征参数统计分析

由于堰塞坝的形成机理复杂且具有一定的随机性，导致堰塞坝的几何形态参数呈高度非规则性。参考人工土石坝，本节定义了堰塞坝和堰塞湖的几何形态参数，如图 2-1 所示。堰塞坝的主要几何形态参数包括：坝高 H_d、坝长 L_d、坝宽 W_d 和坝体积 V_d。

（1）坝高（H_d）：原河谷底面到坝体溢流最低点之间的垂直距离。

（2）坝长（L_d）：堰塞坝坝顶在垂直于河谷主轴方向上的长度。

（3）坝宽（W_d）：堰塞坝坝底在平行于河谷主轴方向上的长度。

（4）坝体积（V_d）：堵塞在河谷的部分滑坡体体积。

堰塞湖的主要几何形态参数包括：库容 V_l、汇水区域 A_c、堰塞湖面积 A_l、水深 D_l。

（1）库容（V_l）：堰塞坝溢流最低点拦截的库区水体体积（通常为最大库容量）。

（2）汇水区域（A_c）：堵江点上游主支流的总流域面积。

（3）堰塞湖面积（A_l）：堰塞湖蓄满时对应的湖面面积。

（4）水深（D_l）：堰塞湖在坝址处的蓄水深度。

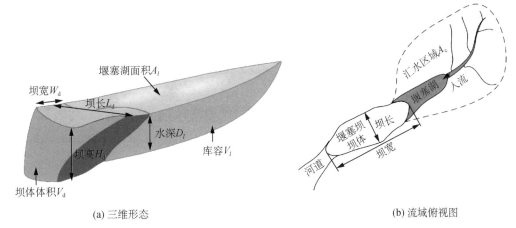

(a) 三维形态　　　　　　　　　　　　　　　　　(b) 流域俯视图

图 2-1　堰塞坝和堰塞湖的几何形态参数

2.1.1　堰塞坝案例数据库

　　本章依据研究团队建立的大型全球范围内堰塞坝案例数据库,分析影响堰塞坝稳定性的内因、外因对其稳定性的影响,为以下各章堰塞坝失稳机理分析提供基础。为了分析堰塞坝稳定性的影响因素,本章建立了一个包含全球 1 757 个堰塞坝案例的大型数据库。该数据库主要统计了堰塞坝的坝体参数(形态参数与材料参数)和堰塞坝稳定性等信息。堰塞坝数据库统计内容见表 2-1。该数据库中的堰塞坝案例主要来自已有的数据库和相关文献中堰塞坝案例,主要包括 Peng 和 Zhang(2012)搜集的世界范围内的 1 239 个堰塞坝案例、Stefanelli 等(2015)搜集的 300 个意大利堰塞坝案例、Nash(2003)搜集的 26 个新西兰堰塞坝案例、Strom(2010)搜集的 25 个中亚地区堰塞坝案例以及其他各类文献搜集的 147 个堰塞坝案例。

表 2-1　堰塞坝数据库统计列表

数据类型	统计项目	有记录案例数	描述	备注
基本数据	国家	1 757	堰塞坝所处的国家	不同国家的气候、地质条件存在差异
	发生时间	1 613	堰塞坝形成的时间	不同时间的气候、构造运动不同
坝体数据	稳定性	725	包括稳定和不稳定	决定堰塞坝的治理方案
	溃坝模式	216	包括漫顶溢流、管涌、坝坡失稳	一般以漫顶溢流溃决为主,管涌破坏和坝坡失稳相对较少
	几何尺寸	830/629/638	包括坝高、坝长、坝宽	几何尺寸会对堰塞坝稳定性和寿命产生影响
	坝体材料	1 015	包括堆石、土质和土石混合体	影响水流作用下坝体侵蚀速率

数据类型	统计项目	有记录案例数	描述	备注
湖体数据	库容	414	堰塞湖蓄水体积	一般库容越大,坝体发生漫顶溢流的时间越长
	集水面积	580	坝址上游集水区域的面积	影响堰塞湖入流量的大小

2.1.2 特征统计分析

堰塞坝的形成是由多种条件控制的。堰塞坝多分布在山区河流、峡谷地,由各种自然灾害导致的山体垮塌,滑动至山间堵塞河流并堆积成坝。图 2-2 所示为根据课题组建立的堰塞坝案例大型数据库统计了几个堰塞坝多发国家的案例数目,在所统计的堰塞坝案例数据库中,45.1%的堰塞坝案例发生在中国(792 个),21.7%的堰塞坝案例发生在意大利(382 个),11.4%的堰塞坝案例发生在日本(200 个),还有 14%的堰塞坝案例发生在其他国家(246 个)。在我国形成堰塞坝的第一阶梯和第二阶梯区域,由于海拔梯度较大,河床坡降较大,河流能量较高,当发生崩滑泥石流等自然灾害时,形成的堰塞坝在这些河流能量较大的区域中容易发生失稳破坏。因此可以看出,我国是名副其实的"堰塞坝大国",堰塞坝防治形势严峻。

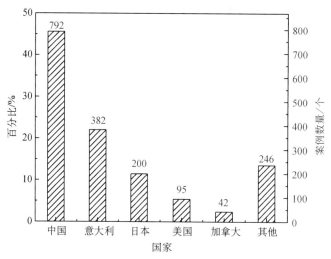

图 2-2 堰塞坝的分布

通过统计数据可知,堰塞坝形成的诱因主要有:地震、降雨、融雪、人类活动的影响等。由图 2-3 可知,堰塞坝主要由地震和降雨诱发,其中 50.8%(725 例)的堰塞坝是由地震诱发;40.5%(578 例)是由降雨造成。显然,地震是诱发形成堰塞坝的最主要因素,而我国又是一个地震多发国,近 5 年来汶川、雅安、玉树等多个地方先后发生了地震,并且每次地震都形成了至少一处堰塞坝,给下游人民的生命财产安全带来了极大隐患。降雨则是堰塞坝的第二大诱发因素,由于降雨会影响山体斜坡的稳定性,为松散物质提供水源并增加下滑力,从而导致斜坡发生失稳破坏,携带大量物质运移,进而可能阻塞河道,形成堰塞坝。

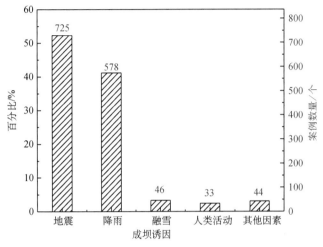

图 2-3　堰塞坝形成诱因

堰塞坝主要由地震、降雨等因素诱发,导致其形成规模较大,坝体几何参数的离散性和差异性较大,因此,有必要对坝体的几何参数分布形式进行统计调查,从而更加全面深入地了解堰塞坝的特征及影响其稳定性的各类因素。

堰塞坝的坝高与崩滑流等地质灾害的规模以及河沟(谷)的形态、大小有关。崩滑流产生的大量岩土体以极快的速度到达河沟(谷)堆积成一定形状的坝体,因此堰塞坝坝高从几米到几百米分布不等,并不像人工土石坝具有一定的规律。由图 2-4 可知,大多数堰塞坝坝高小于20 m,但由于大多数堰塞坝形成规模相对较大,其坝高从几十米到上百米相应都有分布。

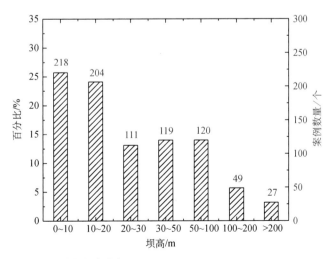

图 2-4　堰塞坝坝高分布

与堰塞坝的坝高较为不同的是,堰塞坝的坝长主要与河沟(谷)的地质形态有关。从图 2-5 可知,堰塞坝坝长主要分布在 100 m 之内,但由于大多数堰塞坝的随机性及离散程度较大,因此其坝长从几十米到上千米也相应都有分布。

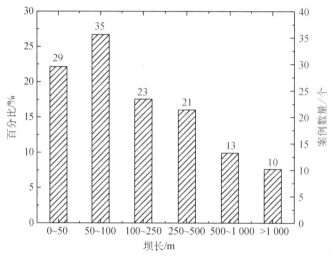

图 2-5　堰塞坝坝长分布

与堰塞坝的坝高相似,堰塞坝的坝宽同样与崩滑流等地质灾害的规模、碎屑堆积物的体积以及河沟(谷)的地质形态有关。因地质灾害而产生的大量岩土体碎屑颗粒物以极快的速度到达河沟(谷)底部,从而堆积形成坝体,在水流冲击下,坝体宽度逐渐达到稳定状态。受多种因素影响,堰塞坝坝宽小则几米,大则上千米。从图 2-6 可知,堰塞坝坝宽在 200~500 m之间分布最多,并且主要集中在 500 m 以内,坝宽大于 500 m 的堰塞坝则相对较少。

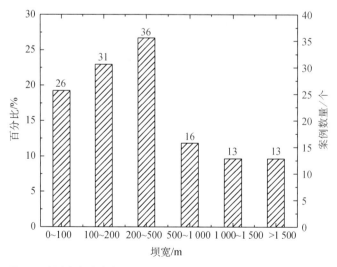

图 2-6　堰塞坝坝宽分布

　　堰塞坝的体积大小与坝高、坝宽紧密相关。由于堰塞坝是由破损碎屑材料堆积而成,坝体材料的尺寸变化幅度大导致坝高及坝宽具有较高的不确定性,因此堰塞坝坝体体积的分布具有随机性。如图 2-7 所示,堰塞坝的体积由几千立方米到几亿立方米不等,且大部分在 10 万～1 000 万 m³ 之间,而几亿立方米的超大型堰塞坝并不常见。

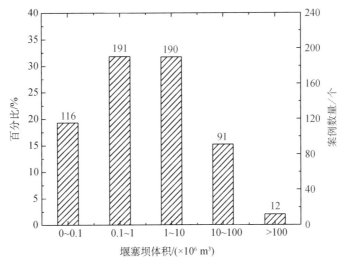

图 2-7　堰塞坝体积分布

　　堰塞坝库容的分布也具有随机性。这主要是因为库容的大小与堰塞坝坝高、水域宽度密切相关。如图 2-8 所示,库容由几千立方米到几亿立方米不等,且大部分堰塞坝的库容在 10 万～1 亿 m³ 之间。

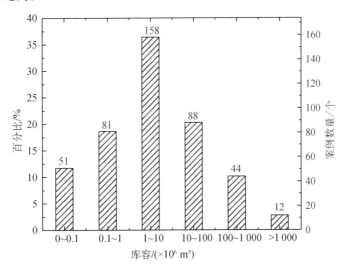

图 2-8　堰塞坝库容分布

　　堰塞坝的峰值流量与堰塞坝的库容有着密切关系,当堰塞坝的库容越大时,用于对溃口持续冲蚀的水量就越大,且冲蚀能量也越大,使得冲蚀越强烈。堰塞坝一旦发生溃决,因溃坝而产生的峰值流量也将越高。从图 2-9 可以看出,与堰塞坝的库容分布类似,堰塞坝的峰值流量也具有随机性。峰值流量由每秒几十立方米到每秒上万立方米不等,且大部分堰塞坝的峰值流量集中在 500～1 000 m³/s。值得注意的是,峰值流量超过 1 万 m³/s 的堰塞坝案例依然具有一定的比例,堰塞坝溃决对人类及自然环境的危害不容小觑。

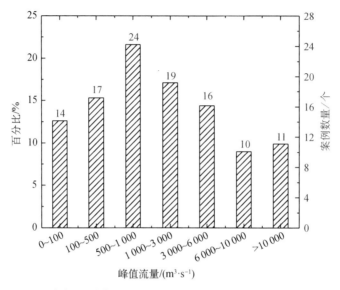

图 2-9 峰值流量分布

根据堰塞坝数据库的统计结果,堰塞坝的平均流量与峰值流量的分布形式存在较大差异。从图 2-10 可以看出,超过一半的堰塞坝平均流量小于 10 m³/s,但由于库容分布的随机性,堰塞坝的平均流量分布范围也十分广泛,少则每秒几立方米,多则每秒几百立方米。

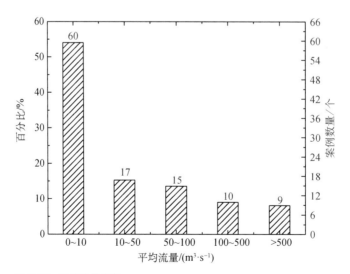

图 2-10 平均流量分布

2.2 堰塞坝稳定性内因

2.2.1 堰塞坝形态参数

根据案例数据库分析,堰塞坝的坝高在数米至数百米之间,一般不超过 100 m[图 2-11 (a)]。堰塞坝的坝高决定着堰塞湖的规模,影响着堰塞坝的溃决风险。随着坝高的增加,堰塞坝稳定性先降低后增加再降低。其中,坝高在 50～100 m 的堰塞坝不稳定占比最高,而坝高在 25～50 m 的堰塞坝不稳定占比最低。主要是由于当坝高小于 25 m 时,堰塞坝的体积相对较小,在汇水过程中易发生过流引起堰塞坝失稳;当坝高在 25～50 m 时,坝体上下游的水头差增大,堰塞坝上部的渗透区域变大,导致坝体内部的渗流量增大,堰塞坝很可能发生入流渗流平衡;当坝高达到 50～100 m 时,堰塞坝发生漫顶溢流后,漫顶水流越过坝体后的动能相对更大,水流对下游坝坡的侵蚀能力更强,容易导致坝体溃决破坏。由此可见,坝高对稳定性的影响主要体现在对堰塞坝的渗透性、坝体侵蚀速率等方面。

堰塞坝的坝长与所在河道的宽度密切相关。当坝长小于河道宽度时,河道产生部分堵塞;当坝长大于河道宽度时,河道完全被堵塞。随着堰塞坝坝长的增加,坝体不稳定占比先增加后减小[图 2-11(b)]。其中,坝长在 0～100 m 的堰塞坝不稳定占比最低,坝长在 100～200 m 的堰塞坝不稳定占比最高。其主要原因包括以下三点:①在收集的堰塞坝案例中,坝长在 0～100 m 的堰塞坝的库容相对较小,最大库容为 4.5×10^6 m³,水流的侵蚀能力相对较弱,有助于提高堰塞坝稳定性。②当坝长在 100～200 m 时,随着坝体长度增加,过流面长度增加,一旦发生过流,坝体溃口发展的空间更大,进而导致坝体更容易失稳。③坝长大于 200 m 的堰塞坝,随着坝长的增加,坝体方量逐渐增大,坝体稳定性有所提高。

坝宽在 0～100 m 的堰塞坝不稳定占比最低,此后随着坝宽的增加,不稳定堰塞坝占比先增加后减小[图 2-11(c)]。其主要原因是坝宽会对堰塞坝的渗透性、坝体侵蚀速率产生影响,具体表现在:①当坝体宽度在 0～100 m 时,坝体内的渗流路径较短,容易造成堰塞湖湖水通过坝体发生渗流,使得坝体保持渗流稳定,进而提高堰塞坝稳定性。②相对于坝宽分布在 200～500 m 的堰塞坝,坝宽大于 500 m 的堰塞坝发生漫顶溢流后,会消耗过流水流更多的动能,使水流的侵蚀能力减弱,堰塞坝稳定性增强。

随着堰塞坝坝体体积的增大,不稳定堰塞坝的占比逐渐减小[图 2-11(d)]。坝体体积会影响堰塞坝的密实度及下游坝坡的下滑力,其主要原因在于:当坝体方量较大时,堰塞坝自重通常较大,能够产生更大的抗滑力以提高坝体稳定性。此外,坝体方量与坝体密实度成正相关关系,也有利于提高堰塞坝的稳定性。

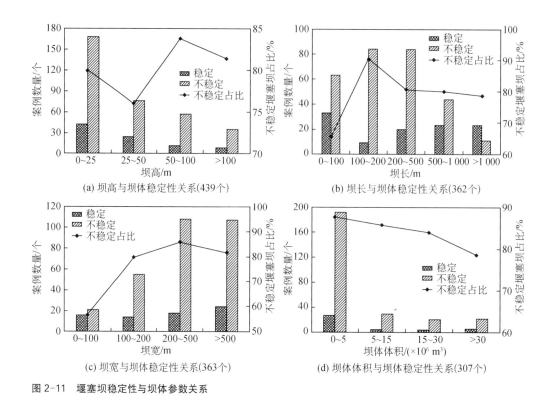

图 2-11 堰塞坝稳定性与坝体参数关系

2.2.2 坝体材料参数

堰塞坝的物质组成与结构特征是分析其稳定性的重要依据。坝体材料的颗粒级配对于预测坝体的进一步变化极为重要,坝体材料的颗粒大小不仅影响坝体抗侵蚀的能力以及溃决后溃口的发展速度,还影响坝体上下游边坡的强度和稳定性等。尽管确定堰塞坝堆积体的颗粒级配非常重要,但目前尚未形成评价坝体材料颗粒级配的统一标准。这主要是因为坝体材料的尺寸变化幅度太大,从直径 $10\sim20$ m 的大块岩石,到直径很小的黏土颗粒均有分布,使得传统的筛分法和移液管法不能很好地用来分析堰塞坝坝体材料的颗粒级配。实际研究中,通常的做法是取一部分坝体材料来分析或者粗略地估算。

Casagli 等(1999)使用网格法和筛分法对意大利亚平宁山脉北部的堰塞坝堆积物进行了颗粒级配分析,得到该堰塞坝的颗粒级配曲线(图 2-12)。根据坝体材料的结构特征,堰塞坝堆积物可分为基质支撑型和骨架颗粒支撑型两大类。基质支撑型[图 2-13(a)]的主要特征是组成坝体的粗颗粒分散于细粒的基质中,彼此间不接触。骨架颗粒支撑型[图 2-13(b)]的主要特征是粗颗粒彼此接触作为骨架起到支撑作用,细粒基质填充于粗颗粒的缝隙中。按此分类,唐家山堰塞坝表层坝体材料为基质支撑型[图 2-13(c)],中层坝体材料为骨架颗粒支撑型[图 2-13(d)]。

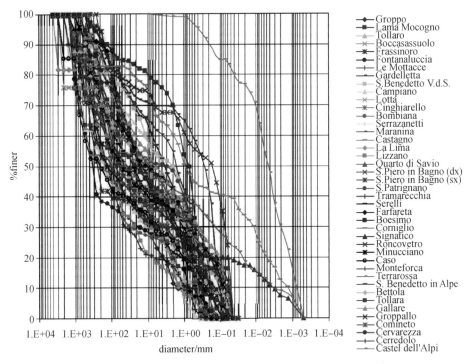

图 2-12　意大利亚平宁山脉北部堰塞坝材料的颗粒级配曲线 (Casagli et al., 1999)

(a) 基质支撑型　　　　　　　　　　　　　　　(b) 骨架颗粒支撑型

(c) 唐家山堰塞坝表层坝体材料　　　　　　　　(d) 唐家山堰塞坝中层坝体材料

图 2-13　堰塞坝材料结构分类

 2008 年汶川地震后,国内学者对地震形成的堰塞坝物质组成及结构特点进行了更为详尽的研究,尤其对唐家山堰塞坝进行了充分的现场勘探和室内试验。通过对唐家山堰塞坝的地表土样和钻孔土样粒径分析(图 2-14),发现各土层颗粒级配差异较大,这与意大利亚平宁山脉北部堰塞坝相似(图 2-12)。堰塞坝坝体材料的颗粒级配影响坝体的抗剪强度、渗透系数及其渗流稳定性等。

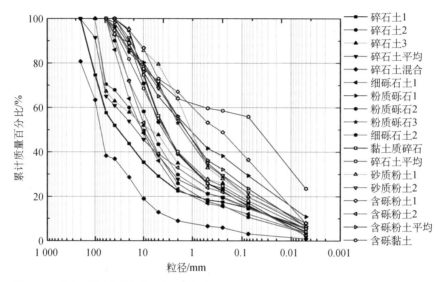

图 2-14　唐家山堰塞坝堆积物颗粒级配曲线

1. 坝体材料的物质组成

受堰塞坝诱发因素影响,坝体通常具有结构特征,表现为颗粒分布具有各向异性。岩质整体滑坡由于较多地保留了原始地层结构,一般稳定性较好,溃决规模小;崩塌块石堵江多以大容重、大尺寸的块碎石形成颗粒支撑型坝体,容易达到入流与渗流平衡,坝体进入稳定状态;而岩质碎屑体滑坡和土质滑坡在短时间内进入河谷堆积形成的堰塞坝,其共同的特点是坝体结构松散、稳定性较差、容易发生溃决,并且溃决速度快、程度高,通常形成巨大洪水,对下游造成严重危害(郑鸿超 等,2020)。如 2000 年西藏易贡崩塌碎屑体形成的堰塞坝,溃决峰值流量达 124 000 m^3/s,为唐家山溃决峰值流量(6 500 m^3/s)的 19 倍,溃决导致的灾难性洪水摧毁了下游流域大部分的道路、桥梁、通信电缆,以及大片耕地和森林(Shang et al.,2003);2018 年金沙江白格两次滑坡碎屑体堵江,溃决洪水造成下游四川、云南境内多座桥梁被冲毁,丽江等地被淹,超 10 万人受灾(Yang et al.,2022)。刘宁等(2016)将堰塞坝的物质组成分为堆石、土质和土石混合体 3 类:

(1) 堆石:坝体以块石为主材料,包括岩崩、岩质滑坡等,如肖家桥堰塞坝[图 2-15(a)]。

(2) 土质:坝体以细颗粒(黏土、砂、粉土)为主材料,包括土质滑坡、土石流等,如新街村堰塞坝[图 2-15(b)]。

（3）土石混合体：坝体材料介于岩石和土体之间，由碎块石和土的混合物为主材料组成，包括碎屑滑坡、碎屑流和土石混合体崩塌等，如唐家山堰塞坝[图 2-15(c)]与小岗剑堰塞坝[图 2-15(d)]。

(a) 肖家桥堆石型堰塞坝

(b) 新街村土质型堰塞坝

(c) 唐家山土石混合型堰塞坝

(d) 小岗剑土石混合型堰塞坝

图 2-15 堰塞坝的类型

2. 坝体材料材质对坝体的影响

堰塞坝的稳定性受坝体材料影响显著（图 2-16）（沈丹祎 等，2019）。通过对比可以看出，土质型堰塞坝的失稳占比最大，高达 85%，而堆石型堰塞坝的稳定性相对较好，失稳占比为73%。其主要原因有以下三点：

（1）土质型堰塞坝的颗粒粒径相对较小，细粒含量通常较高，坝体的胶结作用良好，导致坝体的渗透性较低，堰塞坝更容易发生漫顶溢流溃决。

（2）土质型堰塞坝通常在降雨条件下形成，坝体物质含水率高，流动性强，在水流冲刷下容易破坏。此外，降雨条件下河道中的水流量较大，堰塞坝更容易因库容蓄满而发生漫顶溢流溃决。

（3）堆石型堰塞坝的坝体方量相对较大，坝体结构空隙较大，渗流量相对较大。同时，由于堆石型堰塞坝的坝体高度较大，堰塞坝通常不易在短时间内发生漫顶溢流，坝体稳定性相对较好。例如，形成于 1911 年的巴基斯坦 Usoi 堰塞坝最上部 50～70 m 为大型岩块，下部由基本完整的基岩块体组成,坝体平均渗流速率为 45.8～47.0 m/s,至今保持稳定状态(Strom,2010)。

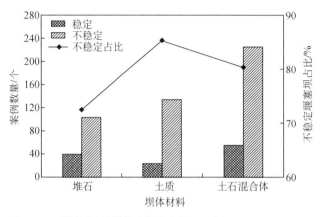

图 2-16　不同坝体材料的堰塞坝稳定性(579 个)

随着坝体材料颗粒中值粒径 d_{50} 的增大,堰塞坝的稳定性逐渐增加(图 2-17)。主要原因是:土质型堰塞坝的颗粒粒径相对较小,坝体物质含水率高,抗侵蚀能力弱,容易被溃决洪水冲刷裹挟,并且土质型堰塞坝细粒含量较高,坝体的渗透性较低,易产生漫顶溢流。与此相比,堆石型堰塞坝的坝体方量相对较大,坝体结构孔隙较大,坝体渗透性较大,堰塞坝通常不易发生漫顶溢流,坝体稳定性相对较好。

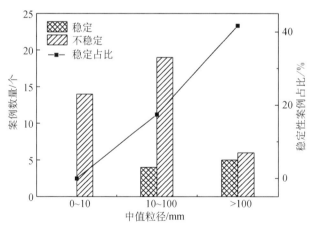

图 2-17　坝体材料中值粒径对堰塞坝稳定性的影响

堰塞湖库容低于 1×10^6 m³ 的堰塞坝不稳定占比最大,而库容分布在 $1 \times 10^6 \sim 10 \times 10^6$ m³ 的堰塞坝不稳定占比最小(图 2-18)。库容会对堰塞湖的蓄水速度产生影响,且堰塞湖库容在一定程度上反映了堰塞坝的规模大小。堰塞湖库容较小时,堰塞湖易蓄满而发生漫顶溢流,导致下游坝体失稳。而当库容在 $1 \times 10^6 \sim 10 \times 10^6$ m³ 时,随着库容及堰塞坝体积的增大,因堆石而成的坝体相对容易形成稳定渗流状态,这提高了堰塞坝的稳定性。然而,当库容足够大时,随着库容的增加,堰塞湖储备的势能增加,对坝体的侵蚀能力显著增强,降低了堰塞坝的稳定性(石振明 等,2021)。

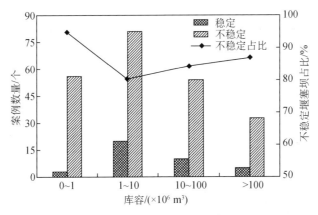

图 2-18　堰塞湖库容与坝体稳定性关系(262 个)

2.2.3　堰塞坝坝体结构

　　堰塞坝坝体具有广泛的颗粒级配,堰塞坝的结构和材料分布受失稳地质体类型、方量、材料组成、运动路径和河道边界等多种因素影响,常呈现明显的三维空间非均匀性特征。堰塞坝颗粒级配的空间分布沿深度方向或垂直于河道方向会存在显著的差异性。例如:短程岩质滑坡通常能保持原有边坡岩层特征而形成竖向非均质结构[图 2-19(a)],如唐家山堰塞坝(胡卸文 等,2009)、马脑顶堰塞坝(贾启超 等,2019)等;远程岩质滑坡通常发生碰撞崩解,并产生粗细颗粒分选而形成水平非均质结构[图 2-19(b)],如易贡堰塞坝(Shang et al.,2003)、小林村堰塞坝(Dong et al.,2011)等。竖向非均匀结构堰塞坝实景图如图 2-19(c)所示。通常情况下,堰塞坝极少发生完全溃决(Peng et al.,2012),过流断面位置、非均质结构和材料性质将显著影响溃口发展过程和溃决流量大小,进而影响堰塞坝风险评估和应急处置。

　　作为堰塞坝区别于人工土石坝的最典型特征之一,坝体结构的高度非均质性特征,使得堰塞坝的结构强度和应力集中区域难以明确。堰塞坝的非均质结构会影响堰塞坝的溃决失稳过程,改变堰塞坝的失稳模式,显著影响堰塞坝的溃决洪水演进过程,给堰塞坝灾害的风险评估和应急处置带来挑战。

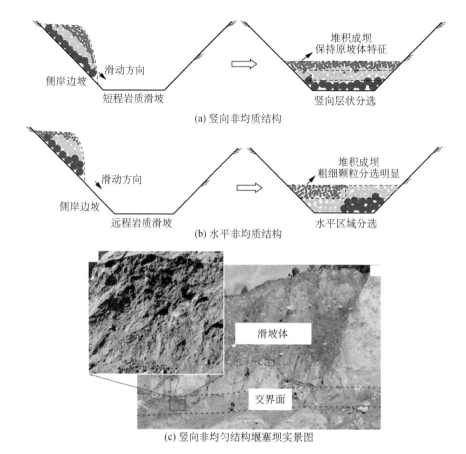

(c) 竖向非均匀结构堰塞坝实景图

图 2-19 堰塞坝体非均匀性结构

2.3 堰塞坝稳定性外因

堰塞坝的稳定性不仅受坝体自身参数(形态参数与材料参数)的控制,而且受外因影响。本节将介绍漫顶冲刷、渗流侵蚀、地震动力和滑坡涌浪等外部因素对堰塞坝稳定性的影响。

2.3.1 漫顶冲刷

根据堰塞坝案例数据库可知,在已查明原因的堰塞坝失稳案例中,因漫顶冲刷导致的堰塞坝溃决占比达 94.7%(179 个),可见漫顶冲刷是影响堰塞坝稳定性的最主要因素。堰塞坝形成后,因泄流槽尺寸较小造成泄水能力不足或当上游来水激增并且超过了坝体高度时,将发生漫顶冲刷现象。溢出坝顶的水流将冲刷侵蚀堰塞坝背水面坝坡,并在坝体坡面形成剪切应力。漫顶冲刷侵蚀首先发生在坝体背水面坝坡的薄弱位置处,漫顶水流在该位置产生的牵引剪应力超过了颗粒材料保持稳定的临界阻力。随后,坝体背水面处被冲刷侵蚀的物质在水流的作用下被运移至下游。

　　漫顶冲刷侵蚀所产生的破坏程度取决于上游水流漫顶冲刷的持续时间以及堰塞坝的材料性质和结构特征(Chang et al.,2010),以块石、碎屑体颗粒等无黏性材料为主的堰塞坝和以黏性土为主的堰塞坝在漫顶冲刷过程中其侵蚀破坏特征存在着显著差异。对于以块石、碎屑体颗粒等无黏性材料为主的堰塞坝,由于在背水面坝坡坡面上水流的冲刷,坝体坡面将迅速发生滑移现象,颗粒材料将被水流逐层冲刷、携带并堆积至下游。在漫顶冲刷侵蚀结束时,残余堰塞坝坝体轮廓趋于平缓,残余坝高及坡度取决于坝体材料以及成坝后的原始坡度。对于以黏性土为主的堰塞坝,漫顶冲刷侵蚀通常是从坝趾开始,逐渐向上游推进,对背水面坝坡产生下切侵蚀形成陡坡。在陡坡上的岩土体由于受到拉伸或剪切破坏,导致背水面坝坡材料被以团聚物形成的块体剥离。而当以无黏性散体材料组成的堰塞坝内部存在黏性材料心墙时,黏性心墙的漫顶冲刷过程则与以黏性材料为主的堰塞坝漫顶冲刷侵蚀模式相似。

2.3.2　渗流侵蚀

　　堰塞坝内部的渗流侵蚀也是影响堰塞坝稳定性的重要外因之一。根据堰塞坝案例数据库可知,在已查明原因的堰塞坝失稳案例中,因渗流侵蚀导致的堰塞坝溃决占比为 6.9%(13 个,注:因堰塞坝溃决失稳不是由单一因素引起的,因此数据统计存在重叠,造成此处与漫顶冲刷原因占比之和超过 1)。McCook(2004)强调了渗透侵蚀和管涌之间的区别,用以区分水流通过裂缝或坝体内部结构空隙和通过坝体颗粒介质的流动现象,而渗流则被定义为渗透水从土壤中逐渐带走土颗粒,形成渗流通道的过程。

　　与漫顶冲刷类似,发生在以散体粗颗粒材料为主的堰塞坝中的渗流侵蚀过程特性与发生在以黏性材料为主的堰塞坝中的渗流侵蚀过程也有所不同。对于以散体粗颗粒为主的堰塞坝,在渗流侵蚀的初始阶段,土颗粒在水流侵蚀的过程中往往运移速度较慢,当一定程度的土颗粒被水流带走后,将在堰塞坝背水面处形成一条渗流通道。一旦在坝体内部形成一条完整的渗流通道,渗流侵蚀过程将迅速发展,并且渗流通道会不断向上游推进。对于以散体粗颗粒为主的堰塞坝,当渗流通道足够大时,该通道上方的岩土体材料由于缺乏支撑将发生坍塌。而对于以黏性材料为主的堰塞坝,其渗流管道上方的部分材料可以保持稳定,因此自坝体背水面处形成的渗流通道可以一直发展至迎水面坝坡,形成一条贯穿坝体的渗流侵蚀通道(图 2-20)。

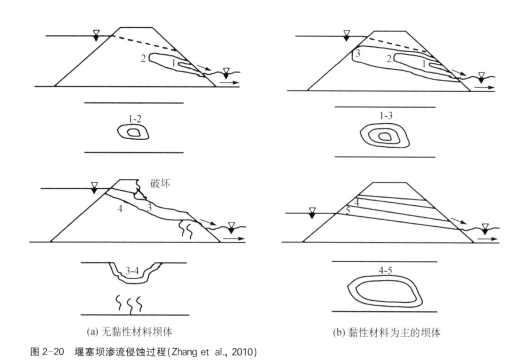

(a) 无黏性材料坝体　　　　　　　　(b) 黏性材料为主的坝体

图 2-20　堰塞坝渗流侵蚀过程(Zhang et al., 2010)

2.3.3　地震动力

　　根据堰塞坝案例库可知,因地震诱发的堰塞坝占比达 51.2%(716 个)。历史上我国曾多次因地震堰塞湖溃决造成了大量的人员伤亡:1786 年四川康定发生 7.5 级大地震,形成一座高约 70 m 的堰塞坝,堰塞湖面积 117 km²,库容 50×10⁶ m³。10 d 后堰塞湖溃决,洪水通过下游时造成了超过 10 万余人的死亡和失踪(陈晓清 等,2010)。1933 年四川茂县叠溪发生 7.5级大地震,地震引发的滑坡、崩塌等形成了十几处堰塞湖,叠溪至两河口的岷江干流断流达45 d 之久,江水回水长度大于 20 km(邓宏艳 等,2011)。堰塞湖水位上涨至坝顶后,坝体发生溃决,导致下游 2 万多人死亡。堰塞湖溃决造成的伤亡远大于叠溪地震中造成的伤亡(7 000人左右)。2008 年汶川地震形成了至少 256 个堰塞湖,其中规模最大、风险最高的是唐家山堰塞湖,其水位快速上升,给下游约 4.7 km 的北川县城造成严重威胁(Peng et al., 2012)。

　　值得注意的是,由于地震主震发生后往往伴随一系列的余震,余震可能会影响堰塞坝的动力特性、坝体的完整性及安全状态等(申文豪 等,2013),继续给下游的人民生命财产安全带来严重威胁。余震作用下坝体受地震峰值加速度的影响,可能会产生裂缝和沉降(图 2-21)。坝体结构的损伤和坝体标高的损失,可能会加速堰塞坝的失稳。堰塞坝在地震动力下的稳定性分析不仅关系到堰塞坝形成后的紧急评估,也是今后堰塞湖进一步开发利用时必须面对的问题。

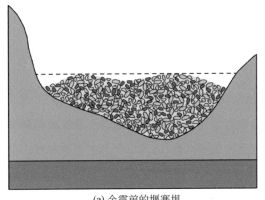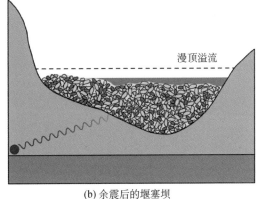

(a) 余震前的堰塞坝　　　　　　　　　　　　　(b) 余震后的堰塞坝

图 2-21　余震对堰塞坝稳定性的影响

2.3.4　滑坡涌浪

　　堰塞湖形成之后,水位的急剧变化会改变湖岸滑坡体的内在平衡关系,容易形成滑坡。由于滑体以极高的速度冲入水中,其必然激起大的涌浪和爬高,凶猛的水面波动能直接威胁坝体安全,严重时会导致坝体的破坏,造成局部洪水危害,威胁沿岸居民生命财产安全。

　　根据堰塞坝案例数据库可知,在已查明原因的堰塞坝失稳案例中,因涌浪滑坡导致的堰塞坝溃决占比为 3.2%(5 个)。虽然涌浪滑坡导致堰塞坝失稳案例在数据库中的记录数据较为有限,但历史上不乏一些大规模的滑坡涌浪对天然堰塞坝和人工土石坝造成破坏的案例:1966 年,美国喀斯喀特山脉的破顶山附近发生了滑坡涌浪,涌浪对下游冰碛坝造成了破坏(Blown et al.,1985);1983 年 7 月 19 日,加拿大不列颠哥伦比亚的 Nosteyuko 河流发生冰川崩塌,崩塌产生的涌浪翻越冰碛坝,冰碛坝在 4 h 之内形成了一个深 40 m 的溃口,造成 6×10^6 m³ 的湖水下泄;1958 年意大利庞特塞拱坝库区产生了约 300 万 m³ 的滑坡,掀起超过 20 m 的高涌浪越过大坝(陈学德,1984);1961 年湖南柘溪水库的大坝上游发生了 165 万 m³ 的塘岩光滑坡,该滑坡滑入水库后,形成了 3.6 m 高的涌浪,越过正在施工的坝顶,造成重大损失,死亡 40 余人(金德镰 等,1986);1963 年 10 月 9 日,意大利的瓦依昂水库发生滑坡,掀起高达 175 m 的巨大涌浪,涌浪以超出坝顶约 100 m 的高度冲入下游,夺去了近 3 000 人的生命(钟立勋,1993)。

　　滑坡涌浪灾害研究是一个复杂的岩土工程和水利工程问题,从滑坡失稳入水、涌浪生成、传播、爬坡,到对堰塞坝等结构物的冲击涉及了工程地质学、滑坡动力学、水力学、流体动力学等多个学科。滑坡涌浪具有偶发性、突发性和短历时性等特点,且产生过程十分复杂,对于结构物尤其是堰塞坝的影响尤为巨大。因此,研究堰塞坝在滑坡涌浪作用下的稳定性和溃决机理,具有重要的理论和实践意义。

　　本章建立了全球范围内的堰塞坝案例库,根据案例库数据分析了堰塞坝的特征参数(内因与外因)与其稳定性的相关性。

　　建立了一个包含全球 1 757 个堰塞坝案例的大型数据库用以分析堰塞坝稳定性的影响因素。统计了堰塞坝的坝体参数(形态参数与材料参数)和堰塞坝稳定性等信息,并且分析了堰塞坝分布、发生原因、形态特征等参数的分布情况。

　　统计分析了坝体形态、材料和结构等内在因素对堰塞坝稳定性的影响。发现堰塞坝坝高、库容、坝体体积等形态特征参数对堰塞坝稳定性的影响复杂,体现出明显的非单调性。土质型堰塞坝的稳定性占比最低,堆石型堰塞坝的稳定性占比最高,随着坝体材料平均颗粒粒径的增大,堰塞坝的稳定性逐渐增加。堰塞坝结构表现为垂直和水平非均匀性的特点。堰塞坝结构的非均匀性会显著影响其失稳模式和溃决过程,并且显著影响堰塞坝的溃坝洪水。

　　漫顶冲刷、渗流侵蚀、地震动力和滑坡涌浪是四种影响堰塞坝稳定性的主要外界因素。其中,漫顶冲刷的稳定性和溃决规律受水流参数和坝体材料相互作用影响;在堰塞坝渗流侵蚀过程中,以块石、碎屑体颗粒等无黏性材料为主的堰塞坝和以黏性土为主的堰塞坝的破坏特征存在着显著差异;余震可能会影响堰塞坝的动力特性、加速坝体结构损伤,进而可能会使坝体产生裂缝和沉降,加速堰塞坝的失稳;滑坡涌浪具有偶发性、突发性和短历时性的特点,越浪冲刷可提前坝体溃决时间,加速溃坝进程。

参考文献

陈晓清,崔鹏,赵万全,等,2010."5·12"汶川地震堰塞湖应急处置措施的讨论:以唐家山堰塞湖为例[J].山地学报,28(3):350-357.

陈学德,1984.水库滑坡涌浪研究的综合评述[J].水电科研与实践,1(1):78-96.

邓宏艳,孔纪名,王成华,2011.不同成因类型堰塞湖的应急处置措施比较[J].山地学报,29(4):505-510.

胡卸文,黄润秋,施裕兵,等,2009.唐家山滑坡堵江机制及堰塞坝溃坝模式分析[J].岩石力学与工程学报,28(1):181-189.

贾启超,李峰,刘华国,2019.岷江断裂南段地表破裂存在性的讨论与马脑顶异常负地形的成因[J].地震工程学报,41(2):218-224.

金德镰,王耕夫,1986.柘溪水库塘岩光滑坡[C]//中国岩石力学与工程学会地面岩石工程专业委员会,中国地质学会工程地质专业委员会.中国典型滑坡:湖南省水利水电厅,湖南省水电勘测设计院.

刘宁,杨启贵,陈祖煜,2016.堰塞湖风险处置[M].武汉:长江出版社.

申文豪,刘博研,史保平,2013.汶川 Mw7.9 地震余震序列触发机制研究[J].地震学报,35(4):461-476.

沈丹祎,石振明,彭铭,等,2019.堰塞坝稳定性快速评估[J].工程地质学报,27(s1):348-355.

石振明,沈丹祎,彭铭,等,2021.崩滑型堰塞坝危险性快速评估研究进展[J].工程科学与技术,53(6):1-20.

郑鸿超,石振明,彭铭,等,2020.崩滑碎屑体堵江成坝研究综述与展望[J].工程科学与技术,52(2):10.

钟立勋,1993.意大利瓦依昂水库滑坡事件的启示[J].中国地质灾害与防治学报,5(2):77-84.

BLOWN I, CHURCH M, 1985. Catastrophic lake drainage within the Homathko River basin, British Co. [J]. Canadian Geotechnical Journal, 22(4):551-563.

CASAGLI N, ERMINI L, 1999. Geomorphic analysis of landslide dams in the Northern APENNINE[J]. Transactions of the Japanese Geomorphological Union, 20(3):219-249.

CHANG D S, ZHANG L M, 2010. Simulation of the erosion process of landslide dams due to overtopping considering variations in soil erodibility along depth[J]. Natural Hazards and Earth System Sciences, 10(4): 933-946.

DONG J J, LI Y S, KUO C Y, et al., 2011. The formation and breach of a short-lived landslide dam at Hsiaolin village, Taiwan—Part I: Post-event reconstruction of dam geometry[J]. Engineering Geology, 123(1/2): 40-59.

MCCOOK D K, 2004. A comprehensive discussion of piping and internal erosion failure mechanisms[J]. Proceedings of the 2004 Annual Association of State Dam Safety Officials: 1-6.

NASH T R, 2003. Engineering geological assessment of selected landslide dams formed from the 1929 Murchison and 1968 Inangahua earthquakes[D]. Christchurch: University of Canterbury.

PENG M, MA C Y, CHEN H X, et al., 2021. Experimental study on breaching mechanisms of landslide dams composed of different materials under surge waves[J]. Engineering Geology, 291: 106242.

PENG M, ZHANG L M, 2012. Breaching parameters of landslide dams[J]. Landslides, 9(9): 13-31.

SHANG Y J, YANG Z F, LI L H, et al., 2003. A super-large landslide in Tibet in 2000: background, occurrence, disaster, and origin[J]. Geomorphology, 54(3/4): 225-243.

STEFANELLI C T, CATANI F, CASAGLI N, 2015. Geomorphological investigations on landslide dams[J]. Geoenvironmental Disasters, 2(1): 1-15.

STROM A, 2010. Landslide dams in Central Asia region[J]. Landslides, 47(6): 309-324.

YANG J T, SHI Z M, PENG M, et al., 2022. Quantitative risk assessment of two successive landslide dams in 2018 in the Jinsha River, China[J]. Engineering Geology, 304: 106676.

ZHANG L M, PENG M, XU Y, 2010. Assessing risks of breaching of earth dams and natural landslide dams[C]// Proceedings of the Indian Geotechnical Conference—2010, GEOtrendz: 16-18.

第 3 章
堰塞坝的成坝特征

堰塞坝灾害是由滑坡启动-堆积成坝-溃决洪水等多个灾害事件组成的灾害链,各环节之间联系紧密,前一环节对后一环节起着重要作用。因此,明确堰塞坝的成坝过程及坝体特征对堰塞坝稳定性和溃决特性的影响具有重要意义。

由于堰塞坝的形成条件不同,坝体的几何形态高度非规则,坝体的材料组成高度非均质,坝体的内部结构高度非均匀。而坝体形态决定了坝体规模、坝坡坡度和水力路径,坝体材料直接影响坝体渗透特性和抗侵蚀能力,坝体结构控制溃口演化和溃坝洪水。而堰塞坝的形态、材料和结构特征与边坡失稳体的物质组成及地质构造密切相关,取决于失稳体的成坝过程。如基岩崩塌形成的堰塞坝多以大尺寸块石堆积为主,坝体抗渗能力差,易发生管涌渗流;沿软弱结构面发生的基岩顺层滑坡所形成的堰塞坝会保留一定的原始地层结构,整体性较好;由崩塌或滑坡产生的碎屑体堆积形成的堰塞坝,其坝体形态各异、材料分选、结构松散,导致坝体稳定性较差,容易发生溃决。

因此,本章根据边坡失稳体的类型,考虑成坝后坝体的物质组成和结构对堰塞坝进行分类,通过物理模型试验和数值试验模拟分析崩滑碎屑型堰塞坝形成过程,探究不同因素影响下,碎屑体运动堆积成坝特征以及坝体几何形态和内部结构的一般规律,提高对堰塞坝成坝过程和坝体特征的认识,从而为堰塞坝的稳定性分析提供科学依据。

3.1 堰塞坝成因

据统计,崩塌、滑坡、泥石流分别占堰塞坝成因的 21.4%、55.7% 和 19.4%(石振明 等,2014)。其中,由崩塌和滑坡形成的堰塞坝占全部堰塞坝的 75% 以上,河谷两岸的岩土体在地震、降雨等诱因作用下发生剧烈的滑动、垮塌形成的堰塞坝规模较大,存留时间较长,如唐家山堰塞坝、老虎嘴堰塞坝等(图 3-1)。泥石流形成的堰塞坝受泥石流的性质和规模影响很大,只有大规模黏性泥石流汇入主河才会出现完全堵塞主河的现象,比较典型的如2010 年甘肃舟曲大型泥石流阻断白龙江形成高约 9 m 的堰塞坝,同年 8 月四川绵竹市清平乡文家沟暴发的特大规模泥石流完全堵断绵远河形成高约 12 m 的堰塞坝(图 3-2)。由于由泥石流形成的堰塞坝坝体物质含水量高,流动性强,此类堰塞坝一般存留时间短,溃决风险较小,给我们的应急反应时间有限,因此,泥石流成因的堰塞坝不作为本章的研究对象。

(a) 老虎嘴堰塞坝(邓宏艳 等, 2011)	(b) 唐家山堰塞坝(新华网)

图 3-1　崩塌、滑坡堵江成坝

(a) 舟曲泥石流堰塞湖(邓宏艳 等, 2011)	(b) 文家沟泥石流堵塞主河(游勇 等, 2011)

图 3-2　大型泥石流堵江成坝

崩塌按照坡地物质组成划分,可分为崩积物崩塌、表层风化物崩塌、沉积物崩塌和基岩崩塌四类(山田刚二 等,1980)。其中,基岩崩塌常沿节理面、地层面或断层面发生,形成的堰塞坝以大容重、大尺寸块石堆积为主,坝体抗渗能力差,易发生渗流,若上游入流量不大,很容易达成入流与渗流平衡,如塔吉克斯坦 Usio 堰塞坝,形成至今未发生过流现象。而其他三种类型崩塌堆积形成的堰塞坝,坝体中崩塌岩屑、砂土或火山碎屑物等居多,故其危险性较高,如老虎嘴堰塞坝即为风化层崩塌堵塞河道而形成的[图 3-1(a)]。

滑坡按照滑坡体的物质组成划分,可分为基岩滑坡和覆盖层滑坡,基岩滑坡根据其与地质结构的关系又可分为均质滑坡、顺层滑坡和切层滑坡。其中,基岩滑坡整体性较好,由其堵江形成的堰塞坝会较多地保留原始地层结构[图 3-3(a)],如唐家山堰塞坝,溃决部分主要为上层碎屑,所以溃决程度一般较小。而覆盖层滑坡形成的堰塞坝坝体以碎石、土或风化物等碎屑物质为主,同崩积物及表层风化物崩塌形成的坝体类似,都具有共同的特点[图3-3(b)和图3-3(c)],即坝体结构松散、稳定性较差、容易发生溃决,并且溃决速度快、溃决程度大,通常形成巨大洪水,对下游造成严重危害(郑鸿超 等,2020)。

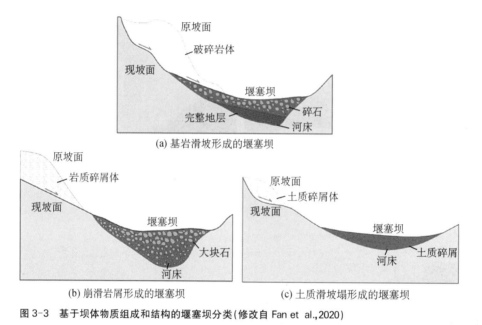

(a) 基岩滑坡形成的堰塞坝

(b) 崩滑岩屑形成的堰塞坝   (c) 土质滑坡塌形成的堰塞坝

图3-3　基于坝体物质组成和结构的堰塞坝分类(修改自 Fan et al.,2020)

因此,本章主要研究此类由崩滑碎屑体形成的堰塞坝,如2000年西藏易贡崩塌碎屑体形成的堰塞坝[图3-4(a)],2018年金沙江白格两次滑坡碎屑体堵江[图3-4(b)]形成的堰塞坝等。其他成因类型的堰塞坝的成坝过程、坝体特征及其对稳定性的影响还有待进一步研究。

(a) 易贡堰塞坝   (b) 白格堰塞坝

图3-4　崩滑碎屑体堵江成坝

3.2　堰塞坝成坝模型试验

堰塞坝成坝过程物理模型试验主要是模拟崩滑失稳体在不同条件下堆积成坝的过程。根据统计的 186 例非降雨诱发的崩滑失稳体的数据(樊晓一 等,2010;2014;詹威威 等,2017),综合考虑易发失稳体的体积以及地形特征(表 3-1),依据相似准则拟定概化原型的初始方量为 $0.5 \times 10^6 \sim 1 \times 10^6$ m³,滑坡垂直距离为 400~500 m,河谷尺寸设计以满足碎屑体堆积成坝以及坝体尺寸的需求。因此,本试验将几何尺寸的相似比定为 1∶200。

表 3-1　崩滑体地形参数统计

体积 /($\times 10^6$ m³)	数量 /个	垂直运动距离 /m	数量 /个	滑源区坡度 /(°)	数量 /个	流通区坡度 /(°)	数量 /个
<0.1	49	<200	8	<30	21	<10	14
0.1~1	63	200~500	82	30~40	73	10~20	40
1~10	59	500~800	28	40~50	23	20~30	54
>10	15	>800	5	>50	6	>30	14

3.2.1　试验装置

堰塞坝成坝试验装置的主体结构包括碎屑体的运动区域和河谷水槽区域,试验装置结构概念图和实体图分别如图 3-5 和图 3-6 所示。其中,碎屑流运动区域由滑源加速区和主流通区两部分组成,两部分的滑床面板的长度分别为 1.5 m 和 2.0 m,滑源加速区角度(β)和主流

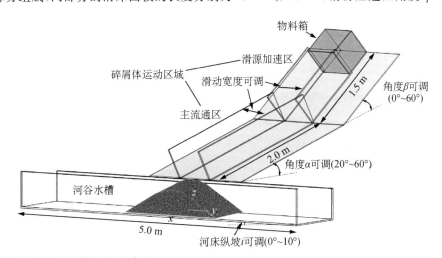

图 3-5　试验装置结构概念图

通区角度(α)可以独立调节,角度调节范围分别为0°~60°和20°~60°;滑槽两侧安装透明有机玻璃挡板,位置可以根据试验所要模拟的滑动路径宽度进行调整,最小宽度为物料箱宽度,最大宽度满足碎屑体不超出滑床面板。在滑源加速区的顶部位置安装物料箱,物料箱为独立设计,其位置与大小可根据需要进行改变。主流通区的滑床面板与河谷水槽相连,水槽长5.0 m,由透明有机玻璃板制作而成,水槽部分可替换,用以模拟不同横剖面形状的河谷,同时水槽的倾斜角度可调,调节范围为0°~10°。

图3-6 试验装置实体图

3.2.2 试验材料

崩滑型堰塞坝的坝体材料取决于崩滑失稳体的岩性和颗粒级配,同时受到运动和堆积过程中碰撞破碎和分选等作用的影响,故坝体材料粒径分布范围非常广,且空间分布不均匀。通过对不同堰塞坝坝体材料的颗粒级配进行比选分析,选取小岗剑、东河口和唐家山堰塞坝坝体材料的三种典型颗粒级配曲线作为原型坝体材料。在本书中不考虑碎屑体在运动过程

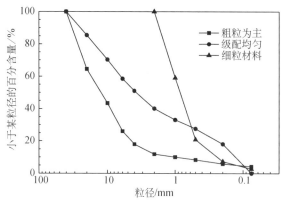

图3-7 模型材料的颗粒级配曲线

中的破碎,所以根据试验装置尺寸的大小,将本试验碎屑体材料的最大粒径定为40 mm。按照相似级配法和等量替代法对原型坝体材料级配进行调整,使模型材料能够满足试验要求。最终三种模型材料的颗粒级配曲线见图3-7,根据图中各粒径组的百分含量,采用不同粒径的石英砂混合配制而成,模型材料基本参数见表3-2。

表 3-2　模型材料的基本参数

土样	C_c	C_u	d_{50}/mm	天然休止角/(°)	界面摩擦角/(°)	
					滑床面板	水槽壁
粗粒为主	2.7	18.2	12.50	36.2	26.3	23.3
级配均匀	0.6	49.0	3.78	33.8	26.6	24.8
细粒材料	1.4	4.3	0.86	29.3	27.6	26.6

3.2.3　试验工况及步骤

本试验从影响碎屑体运动和堆积特征的 3 大类因素(崩滑体自身特征、滑动路径地形和河谷地形)中分别选择 1 个因素,即崩滑碎屑体的级配、滑道的宽度和河谷形状,研究其对碎屑体运动堆积过程、坝体特征以及溃坝过程的影响,共设计 18 种工况,如表 3-3 所示。碎屑体材料分别为粗粒为主、级配连续和细粒为主,共 3 种;滑道宽度设置为 2 种,宽度 $W_l = 0.4$ m 用以模拟碎屑体在沟道型场地条件的运动过程,宽度 $W_l = 1.2$ m 用以模拟碎屑体在平面型场地条件的运动过程;河谷横断面形状设置 3 种,分别为矩形、梯形和三角形。

表 3-3　试验工况表

土样	矩形河谷		梯形河谷		三角形河谷	
	滑宽 0.4 m	滑宽 1.2 m	滑宽 0.4 m	滑宽 1.2 m	滑宽 0.4 m	滑宽 1.2 m
粗粒为主	N-1C	W-1C	N-2C	W-2C	N-3C	W-3C
级配连续	N-1B	W-1B	N-2B	W-2B	N-3B	W-3B
细粒为主	N-1F	W-1F	N-2F	W-2F	N-3F	W-3F

注:N 代表滑宽 0.4 m,W 代表滑宽 1.2 m;1 代表矩形河谷,2 代表梯形河谷,3 代表三角形河谷;C 代表粗粒为主的材料,B 代表级配连续的材料,F 代表细粒为主的材料。

根据统计的易发失稳体的体积和地形特征以及模型试验的相似比,本试验的物料箱尺寸确定为 500 mm×500 mm×400 mm,滑源区坡度(β)为 45°,流通区坡度(α)为 30°(图 3-8),河谷横截面面积为 0.12 m³,河谷纵坡为 0°,入流量为 1 L/s。在试验过程中,高速摄像机主要对碎屑体的运动过程和速度进行监测;摄影机主要从不同角度记录碎屑体的运动堆积全过程。

堰塞坝成坝物理模型试验具体步骤如下:

(1) 根据试验工况所需的滑槽宽度与河谷形状,将滑槽两侧挡板固定安装在滑床面板上,将相应的水槽固定安装在水槽台架上,调整水槽坡度为 0°。

(2) 将制备完成的模型试验材料均匀装入物料箱中并固定在滑源加速区面板顶端,通过升降电机将滑源加速区面板角度调整至 45°,主流通区面板角度调整至 30°。

（3）将各量测设备安置在指定位置，包括高速摄像机、灯光及摄影机，开启并检查各量测设备均已正常运行。

（4）打开物料箱门，碎屑体失稳启动下滑，并在河谷水槽中堆积成坝，待碎屑体堆积稳定后，关闭高速摄像机及摄影机，利用三维激光扫描仪对坝体形态进行扫描记录。

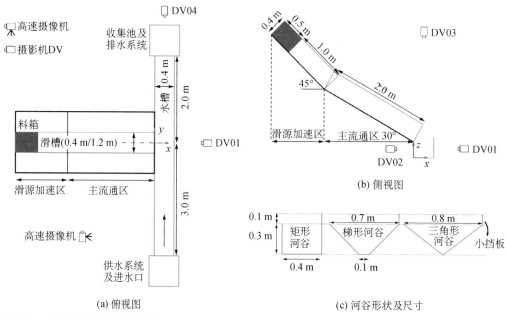

图 3-8　试验装置尺寸及量测布置

3.3　堰塞坝坝体成坝特征

堰塞坝成坝特征包括坝体的形态特征和结构特征，取决于碎屑体的组成以及运动堆积过程，并且直接影响着坝体的稳定性以及溃决特性，本节主要分析碎屑体级配、滑槽宽度和河谷形状对坝体成坝特征的影响规律。

3.3.1　堰塞坝的形态特征

1. 坝体的平面形态

在不同的滑动宽度和河谷形状下，坝体的平面形态有着显著差异，如表 3-4 所示。对比两列不同滑动宽度下的坝体等高线分布图，坝体的堆积面积主要受滑道宽度的控制，当滑道宽度较窄时（$W_l = 0.4$ m），碎屑体的堆积更集中，即坝体的堆积面积较小，坝高和上下游坡角均较大。当滑道宽度较宽时（$W_l = 1.2$ m），坝体的堆积面积增大，形态更细长，由于试验中释放的碎屑体体积一定,故整体的高度减小。除了 W-1C 和 W-1B 两组试验外,其余试验中的坝体高程均呈现出滑源侧高,距离滑源侧越远,堆积的碎屑体越少,高程也越小。随着碎屑材料平均粒径的减小,滑源侧蓝色区域的面积增大,说明最大高程的范围有所增加。

　　从整体上看,坝体的平面堆积形态在矩形河谷中近似呈梯形,在梯形和三角形河谷中近似呈扇形。其中,当河谷形状由梯形变为三角形时,碎屑体进入河谷后向上下游两侧的扩展角减小,碎屑体前端能到达的位置更远。

表 3-4　坝体的等高线分布

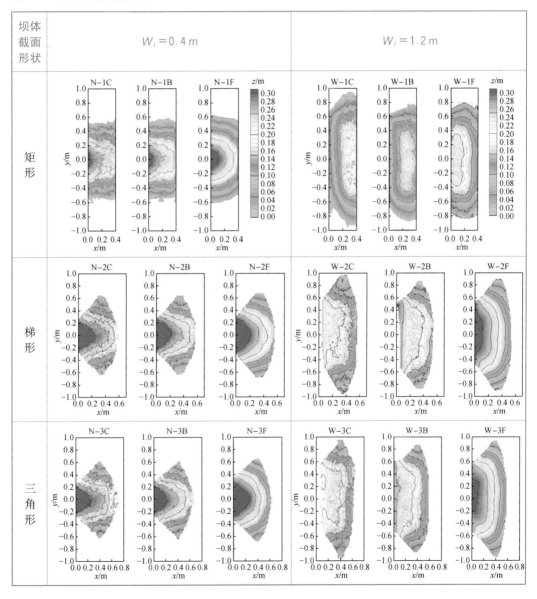

2. 坝体沿河谷的纵剖面形态

坝体沿河谷的纵剖面形态受碎屑体的级配、碎屑体进入河谷时的宽度以及河谷形状的影响。窄滑道情况下矩形河谷中坝体在 3 个位置处(对岸侧、河谷中心和滑源侧)的沿河谷纵剖面形态呈现三角形或钟形(高斯分布),堆积高度从滑源侧到对岸侧逐渐减小。而对于宽滑道情况下在矩形河谷中堆积的坝体,沿河谷的纵剖面形态均为梯形,高程最大的剖面位置受碎屑体的级配影响:粗粒为主的坝体的最大高程剖面位于河谷对岸侧,级配均匀的坝体的最大高程剖面位于河谷中心,而细粒材料坝体的最大高程剖面位于滑源侧(图 3-9)。

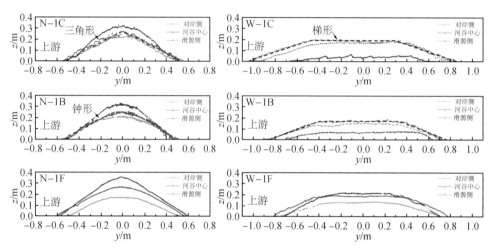

图 3-9　矩形河谷中坝体的纵剖面形态

对于梯形和三角形河谷,选取河谷中心线处的纵剖面形态进行分析,如图 3-10 所示。在窄滑道的情况下坝体纵剖面形态呈弧形,在宽滑道的情况下呈梯形。此外,河谷形状由梯形到三角形的变化对坝体的纵剖面形态影响不大。

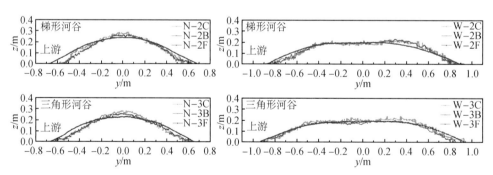

图 3-10　梯形和三角形河谷中坝体的纵剖面形态

3. 坝体垂直于河谷的横剖面形态

坝体垂直于河谷的横剖面形态反映了坝体在垂直于河谷方向上的高程分布,尤其是溢流点的位置。通过比较各工况下的坝体在溢流点处的横剖面形态,可以将其分为四类,分别为直线型、勺型、抛物线型和 S 型(图 3-11)。直线型是指坝顶表面平坦,坝体横剖面轮廓近似为直线;勺型是指在直线型的一侧有一个凹槽,坝体横剖面轮廓近似一个勺形;抛物线型是指坝顶在沿垂直于河谷方向上呈现出"中间高,两边低",或者是"一边高,一边低"的曲线轮廓;S型是指坝顶呈现出类似波浪形的曲线轮廓。

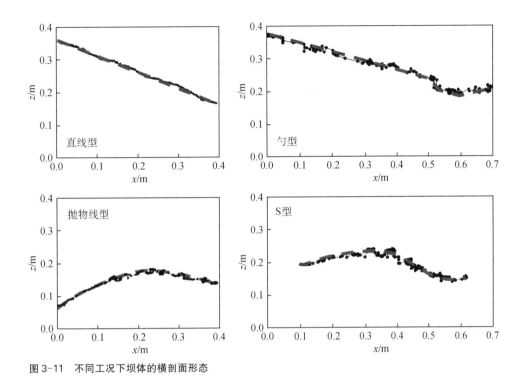

图 3-11　不同工况下坝体的横剖面形态

对于含有砾石颗粒的两种级配的碎屑体来说,滑道宽度与河谷形状对坝体横剖面形态的影响很大,而细粒材料的坝体横剖面形态均为直线型,与滑道宽度和河谷形状无关,如图 3-12所示。在滑道宽度为 0.4 m 的情况下,粗粒为主和级配均匀的碎屑体在矩形河谷中形成的坝体的横剖面形态为直线型,在梯形和三角形河谷中为勺型。在滑道宽度为 1.2 m 的情况下,二者在矩形河谷中的横剖面形态为抛物线型,而在梯形和三角形河谷中为 S 型。

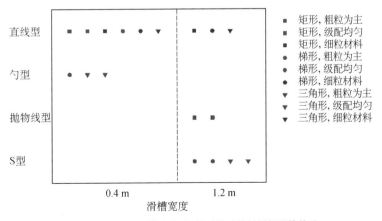

图 3-12　坝体横剖面形态与滑槽宽度、河谷形状以及材料级配的关系

坝体的横剖面形态与碎屑体在河谷中的堆积过程紧密相关。由于细粒材料内部的颗粒间相互作用以摩擦接触为主,在进入河谷后以连续的方式逐渐堆积,堆积过程较为缓慢,颗粒间碰撞作用较小,冲击能量也小,因此横剖面形态接近于休止角状态,即呈现直线型。对于粗粒为主和级配均匀的碎屑体,由于砾石颗粒具有更大的流动性和冲击能量,在堆积过程中碰撞更剧烈,所以滑道宽度和河谷形状对其碰撞堆积过程的影响较显著,使得这两种碎屑体形成的坝体的横剖面形态更为复杂多样。

3.3.2　堰塞坝的几何参数

坝体各几何参数与碎屑体级配、滑道宽度和河谷形状之间的关系如图 3-13 所示。碎屑体在宽滑道斜坡上大面积扩散,因此在河谷中的堆积面积较大而厚度较小,坝高范围在0.05～0.15 m 之间,通常小于受侧限约束的碎屑体形成的坝体高度(0.14～0.24 m)。

当滑道宽度相同时,除了宽滑道情况下的矩形河谷的工况是个例外,其余坝体高度通常会随碎屑体平均粒径的增大而增大。随着碎屑体平均粒径的减小,入谷速度从 4.75 m/s 下降到 3.64 m/s,使得到达河谷对岸的颗粒数量减少,坝高降低。然而,在宽滑道矩形河谷的试验中,堆积坝体在河谷对岸侧较高,溢流点位于滑源侧,故坝高的变化趋势相反。坝宽受滑道宽度的影响最大,即碎屑体经窄滑道入谷堆积形成的坝体的坝宽小,范围在 1.05～1.36 m 之间,经宽滑道入谷堆积形成的坝体的坝宽大,范围在 1.45～1.88 m 之间。其次为河谷形状,受碎屑体级配的影响最小。下游坝坡的范围为 14°～29°,这与自然界中真实堰塞坝的坡角范围 11°～45°一致(Zheng et al.,2021)。由于侧壁的约束作用,窄滑道下形成的坝体坝坡较大,由于细粒材料的内摩擦角最小,所以细粒材料坝体的下游坝坡一般是最小的。坝顶倾角主要受碎屑体级配影响,而与滑道宽度和河谷形状的关系不大。随着碎屑体平均粒径的减小,坝顶倾角逐渐增大。坝顶倾角越大,坝顶在受到侵蚀时越容易发生滑塌,造成溃口的二次堵塞。

除了坝体自身的几何尺寸,上游库容也是影响坝体稳定性和溃决的重要参数。上游库容主要由坝高和河谷形状决定。碎屑体经窄滑道入谷成坝的坝高较高,因此,滑道宽度为 0.4 m 时的上游库水体积比宽度为 1.2 m 时的大;随着碎屑体平均粒径的减小,坝高减小,上游库容也随之减小(图 3-14)。相同库水位情况下,当河谷形状从矩形变为梯形再变为三角形时,河谷的横截面面积减小,故上游库容减小,但矩形河谷中坝高很小时的情况除外,比如工况W-1C 和 W-1B。

3.3.3　堰塞坝的颗粒分布

含砾碎屑体在运动过程表现出明显的颗粒分选现象,最终形成的坝体的颗粒分布不均

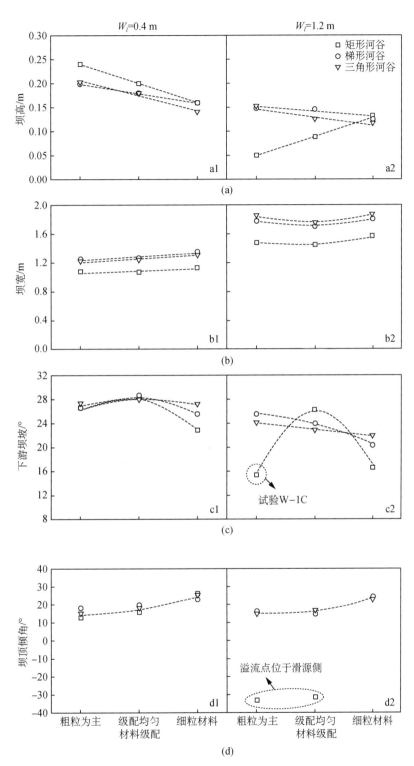

图 3-13　坝体各几何参数与材料级配和河谷形状的关系

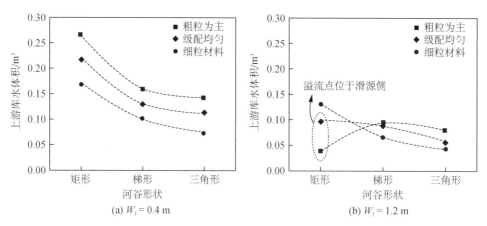

图 3-14　上游库容与河谷形状和材料级配的关系

匀,细砂颗粒集中在源头一侧(图 3-15),而粗砾石颗粒主要集中在远端和靠近对面的一侧。此外,粗颗粒更多地分布在沉积物的表层,而在内部分布则较少。这一现象与 Schilirò 等(2019)在试验中的结果一致,即岩崩堆积物的上表面主要由粗颗粒组成,而下部相对富含细颗粒。

图 3-15　坝体颗粒分布

3.4　堰塞坝成坝特性数值模拟

由于堰塞坝的形成过程复杂,影响因素众多,有些影响因素不易在模型试验中进行研究。

此外,一些参数也很难在模型试验中进行定量的统计和分析。因此,数值模拟分析作为模型试验的重要补充和机理分析手段,有助于定量分析各影响因素对堰塞坝成坝特征的影响规律和细观机理。本节采用基于离散元法的颗粒流程序(Particle Flow Code,PFC),对不同地形条件下的崩滑碎屑体成坝过程进行模拟,分析崩滑体自身特征、滑动路径地形条件以及河谷形态等因素对堰塞坝形态特征和结构特征的影响规律。

3.4.1　PFC 基本原理

PFC 是基于大量颗粒的运动特性以及它们之间相互作用进行运算的,通过接触的力与位移的关系和颗粒的牛顿运动法则的交替运用,使整个模型内的接触力满足动态平衡。颗粒和墙体是 PFC 中最基本的两种单元,颗粒是具有一定质量的刚体,单个颗粒在体力、外力以及颗粒间接触力的共同作用下,按照牛顿运动法则可以独立地进行平移或旋转运动;而墙体可以按照指定的速度进行平移或旋转,但是不服从运动法则。颗粒间或颗粒与墙体间通过接触并传递力和弯矩。在计算循环中,系统首先会通过颗粒和墙体的位置获得各个接触信息,判定接触关系,并根据颗粒间(或颗粒与墙体)的相对位移和接触模型按照力-位移法则来计算并更新接触力,然后根据接触力和其他力的合力并按照牛顿运动法则更新各个颗粒的速度和位置,两个计算步骤不断重复循环。

1. 基本方程

1) 力-位移方程

力-位移方程描述了颗粒间(或颗粒与墙体)接触力与相对位移之间的函数关系。根据接触形式,颗粒流模型中的接触类型分为"颗粒-颗粒"接触和"颗粒-墙体"接触两种,如图 3-16 所示。图中,x_i 为颗粒的中心坐标,R 为颗粒半径,u_n 为法向重叠量。每个接触处的相互作用力 F_i 可分解为法向接触力 F_i^n 和切向接触力 F_i^s,如式(3-1)所示。法向接触力与相对位移的关系满足式(3-2):

$$F_i = F_i^n + F_i^s \tag{3-1}$$

$$F_i^n = K_n u_n n_i \tag{3-2}$$

式中　K_n——法向接触刚度;

　　n_i——接触方向,对于颗粒-颗粒接触来说,接触方向为连接两个颗粒中心的单位向量,
　　　　　　对于颗粒-墙体接触来说,接触方向为颗粒中心到墙体最短距离的方向向量;

　　u_n——重叠量,即法向相对位移,可表示为

$$u_n = \begin{cases} R^A + R^B - d \\ R - d \end{cases} \tag{3-3}$$

对于颗粒-颗粒接触,d 为两颗粒中心间距;对于颗粒-墙体接触,d 为颗粒中心到墙体的最短距离。当 $u_n > 0$ 时,颗粒之间(或颗粒与墙体)相互接触,反之则没有接触。

切向接触力是通过在原有接触力上叠加增量值,见式(3-4)。

$$\begin{cases} \Delta F_i^s = -K_s \Delta u_s \\ F_i^s \leftarrow F_i^s + \Delta F_i^s \end{cases} \tag{3-4}$$

式中　ΔF_i^s——切向接触力增量;

　　　K_s——切向接触刚度;

　　　Δu_s——切向相对位移增量。

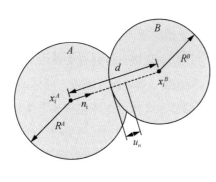

(a) 颗粒-颗粒　　　　　　　　　　　　　(b) 颗粒-墙体

图 3-16　两种基本接触类型

2) 运动方程

遵循牛顿第二定律,颗粒在不平衡力和力矩的作用下发生平动和转动,即满足运动方程:

$$\begin{cases} F_i = m(\ddot{x}_i - g_i) \\ M_i = I\dot{\omega}_i \end{cases} \tag{3-5}$$

式中　i——坐标轴 x, y, z 方向的分量;

　　　F_i——作用在颗粒上的合力;

　　　m——颗粒质量;

　　　$\ddot{x}_i$——i 方向颗粒加速度;

　　　g_i——重力加速度在 i 方向的分量;

　　　M_i——作用在颗粒上的合力矩;

　　　I——颗粒的主惯性矩;

　　　$\dot{\omega}_i$——颗粒的角加速度。

在计算循环中,Δt 为时间步长,将颗粒在 t 时刻的加速度在前后两时步的中点进行差分得到:

$$\begin{cases} \ddot{x}_i^{(t)} = \dfrac{1}{\Delta t}(\dot{x}_i^{(t+\Delta t/2)} - \dot{x}_i^{(t-\Delta t/2)}) \\[3mm] \dot{\omega}_i^{(t)} = \dfrac{1}{\Delta t}(\omega_i^{(t+\Delta t/2)} - \omega_i^{(t-\Delta t/2)}) \end{cases} \tag{3-6}$$

将式(3-5)代入,可以得到下一时刻颗粒的速度与角速度:

$$\begin{cases} \dot{x}_i^{(t+\Delta t/2)} = \dot{x}_i^{(t-\Delta t/2)} + \left(\dfrac{F_i^{(t)}}{m} + g_i\right)\Delta t \\[3mm] \omega_i^{(t+\Delta t/2)} = \omega_i^{(t-\Delta t/2)} + \left(\dfrac{M_i^{(t)}}{I}\right)\Delta t \end{cases} \tag{3-7}$$

因此,颗粒的中心位置更新为

$$x_i^{(t+\Delta t)} = x_i^{(t)} + \dot{x}_i^{(t+\Delta t/2)}\Delta t \tag{3-8}$$

新的颗粒位置将用于下一个计算循环中颗粒间接触关系的更新,并进一步通过力-位移方程求得新的接触力,如此循环迭代计算,直至满足平衡条件或终止计算条件为止。

2. 接触模型

颗粒离散元的接触模型主要有三种,分别为接触刚度模型、接触滑动模型和接触黏结模型。接触刚度模型是描述接触力与相对位移的关系,根据接触力与相对位移是否呈线性关系可以分为线性接触模型和非线性接触(Hertz-Mindlin)模型。接触滑动模型描述的是颗粒间发生相对运动时法向接触力与切向接触力的关系,对于不存在黏结力的散体颗粒材料来说,此模型是激活状态。接触黏结模型反映了颗粒间的接触具有一定的黏结强度,使之具有一定抵抗拉力或扭转的能力,因此,此类模型主要适用于模拟岩石或黏性土等材料。根据力的传递形式,接触黏结模型又分为点黏结模型和平行黏结模型。点黏结模型的黏结只存在于接触点且黏结尺寸可忽略,只能实现力的传递;平行黏结模型的黏结存在于接触点附近的一定范围,可以同时传递力和力矩。此外,接触黏结模型只作用于颗粒-颗粒接触。

本研究模拟的是崩滑碎屑体的堆积成坝过程,不考虑运动过程中的颗粒破碎现象,因此,颗粒之间不存在黏结。结合考虑颗粒间的转动阻抗作用,采用抗转动线性接触模型,该模型是在线性接触模型的基础上,加入转动阻力机制而形成的接触模型。

1) 线性接触模型

在线性接触模型中,接触力 F_c 由线性力 F^l 和阻尼力 F^d 两部分组成,线性力由法向和切向的线性弹簧产生,阻尼力由被赋予法向和切向临界阻尼比(β_n, β_s)的黏性阻尼器产生,如图 3-17 所示。

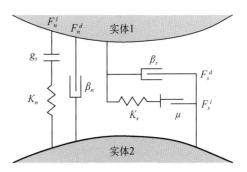

图 3-17　线性接触模型示意图

法向线性力由式(3-9)和式(3-10)求得：

$$F_n^l = \begin{cases} K_n g_s, & g_s < 0 \\ 0, & g_s \geqslant 0 \end{cases} \tag{3-9}$$

$$K_n = \frac{k_n^{(1)} k_n^{(2)}}{k_n^{(1)} + k_n^{(2)}} \tag{3-10}$$

当理论表面距离 $g_s < 0$ 时，实体之间的法向线性力才为非零值，表示实体间发生相互作用，$k_n^{(1)}$ 和 $k_n^{(2)}$ 分别为相互接触的两个实体的法向刚度。

切向线性力采用增量更新模式：

$$F_s^* = (F_s^l)_o - K_s \Delta \delta_s \tag{3-11}$$

$$K_s = \frac{k_s^{(1)} k_s^{(2)}}{k_s^{(1)} + k_s^{(2)}} \tag{3-12}$$

$$F_s^l = \begin{cases} F_s^*, & F_s^* \leqslant -\mu F_n^l \\ -\mu F_n^l, & F_s^* > -\mu F_n^l \end{cases} \tag{3-13}$$

式中　　$(F_s^l)_o$——上一时步积累至本时步的切向线性力；

　　　　$\Delta \delta_s$——切向有效位移；

　　　　$k_s^{(1)}$ 和 $k_s^{(2)}$——相互接触的两个实体的切向刚度；

　　　　μ——实体间滑动摩擦系数。

判断相互接触的两个实体是否发生滑动是通过比较切向线性力与最大容许切向力（$-\mu F_n^l$）的关系，当切向线性力大小达到最大容许切向力时，接触发生滑移，即相互接触的两实体发生相对滑动。

2）抗转动接触模型

抗转动接触模型是在线性接触模型的基础上，增加了抗转动力矩 M^r，改善了界面的摩擦属性。因此，抗转动接触模型的接触力和力矩表达式见式(3-14)：

$$F_c = F^l + F^d, \quad M_c = M^r \tag{3-14}$$

接触力的计算和更新与线性接触模型一致，抗转动力矩采用增量更新模式，即

$$M^* = (M^r)_o - K_r \Delta \theta_b \tag{3-15}$$

式中　　$(M^r)_o$——上一时步积累至本时步的抗转动力矩；

　　　　$\Delta \theta_b$——相对转角增量；

　　　　K_r——接触抗转动刚度，由切向刚度 K_s 和有效接触半径 $\bar{R}$ 确定：

$$K_r = K_s \bar{R}^2 \tag{3-16}$$

$$\frac{1}{\bar{R}} = \frac{1}{R^{(1)}} + \frac{1}{R^{(2)}} \tag{3-17}$$

式中 $R^{(1)}$，$R^{(2)}$ 分别为实体 1 和实体 2 的半径，若实体 2 为墙体，则 $R^{(2)}=\infty$。根据最大容许抗转动力矩 M^{μ} 的值，最后确定抗转动力矩的更新：

$$M^{\mu}=\mu_{r}\bar{R}F_{n}^{l} \tag{3-18}$$

$$M^{r}=\begin{cases}M^{*}, & M^{*}\leqslant M^{\mu}\\ M^{\mu}, & M^{*}>M^{\mu}\end{cases} \tag{3-19}$$

式中，μ_{r} 为抗转动摩擦系数。

3.4.2 模型构建与参数标定

在离散元模拟中，颗粒集合所表现出的宏观性质取决于颗粒微观参数的选取，一般会通过不断调整数值试验中的微观参数，使得数值模拟颗粒集合所表现出的宏观结果和实际相匹配，从而确定合适的微观参数。因此，在进行数值研究前，需要通过对模型试验的模拟和结果比较，对数值模拟中相关参数进行标定与验证。

利用 PFC3D 模拟碎屑体的运动和堆积时，需要确定的参数主要包括颗粒的物理参数（如颗粒的级配、密度）和细观力学参数（如颗粒的有效模量、颗粒法向与切向刚度比、临界阻尼比、颗粒间的摩擦系数、颗粒与滑道以及河谷之间的摩擦系数）。考虑到现有计算机的计算能力和级配调整后参数标定的有效性，按照 Coetzee（2019）、Roessler 和 Katterfeld（2018）提出的颗粒放大方法和范围，对模型试验中的颗粒级配进行了适当的调整，得到数值试验的颗粒级配，如图 3-18 所示。

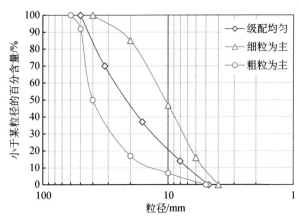

图 3-18 试验材料级配曲线

接触模型选取抗转动线性模型对滑动摩擦系数和滚动摩擦系数进行双重控制，以实现更为合理的模拟。颗粒材料的模量以及临界阻尼比通过查阅文献以及进行相关的换算得到，颗粒参数的一般取值见表 3-5。对堆积坝体有显著影响的细观力学参数，即颗粒之间的摩擦系数(包括滑动摩擦系数和滚动摩擦系数)、颗粒与滑道间的摩擦系数以及颗粒与河谷间的摩擦系数,则通过塌落试验和滑动堆积试验进行标定。

表 3-5   颗粒参数的一般取值

参数	接触模量 E_c/Pa	刚度比 k_n/k_s	颗粒密度 $\rho/(\text{kg}\cdot\text{m}^{-3})$	法向临界阻尼系数	切向临界阻尼系数
取值	10^7	1	2 650	0.4	0.2

1. 塌落试验模拟

以级配均匀碎屑体塌落试验为例,塌落试验套筒高 40 cm,内径 24 cm,套筒中碎屑体装填高度为 30 cm[图 3-19(a)]。以 2 cm/s 的速度匀速上提套筒,使碎屑体自由塌落堆积,堆积完成后测量堆积体的高度 h、直径 d 和休止角 α,一共重复了 3 组,最终取平均值即高度 14 cm,直径 55 cm,倾角 30° 作为数值模拟的匹配标准。在 PFC3D 中模拟塌落实验,模型尺寸以及颗粒级配均与实际试验相同[图 3-19(b)]。考虑到实际碎屑体复杂的棱角外形,无法准确得知每个颗粒滚动摩阻与滑动摩阻的大小关系,故将滑动摩阻与转动摩阻设置为同一数值。通过"试错法"改变粒间的摩擦系数,对比数值模拟与模型试验的塌落体的各几何参数,最终确定当粒间摩擦系数为 0.40 时,塌落体的几何尺寸最符合模型试验结果。按照上述方法,分别获得三种级配碎屑体颗粒之间的摩擦系数,见表 3-6。

(a)   (b)

图 3-19   塌落模型试验与数值模拟

表 3-6   三种颗粒级配碎屑体的粒间摩擦系数

颗粒级配	粗粒为主	级配均匀	细粒为主
颗粒间摩擦系数	0.45	0.4	0.35

2. 堰塞坝成坝模型试验模拟

为了进一步确定颗粒与滑槽之间的摩擦系数以及颗粒与河谷之间的摩擦系数标定的合

理性,建立与模型试验相同的数值模型,对碎屑体运动堆积过程进行模拟。

在 PFC3D 中,使用墙体单元构建与模型试验的试验装置相对应的几何模型,包括料箱、滑动区域(滑源加速区、主流通区)以及堆积区域(河谷),如图 3-20 所示。几何模型构建完成后,按照数值试验的颗粒级配在料箱中均匀生成颗粒,并在自重下达到平衡。颗粒在自重下稳定后,删除料箱门的墙体,颗粒开始运动直至进入河谷后堆积,通过不平衡力比率 R_{avg} 作为颗粒整体堆积完成的判断标准(图 3-21)。不平衡力比率是颗粒整体所受的不平衡力的均值与所受所有力(体力、接触力以及外加力)均值的比值。随着颗粒由平衡状态开始运动,不平衡力比率增大且变化剧烈,当颗粒在河谷中逐渐堆积,不平衡力比率快速下降且震荡幅度减弱,直至趋于稳定。当 $R_{\mathrm{avg}}=1\times10^{-4}$ 时,认为颗粒整体的堆积完成,模拟停止。

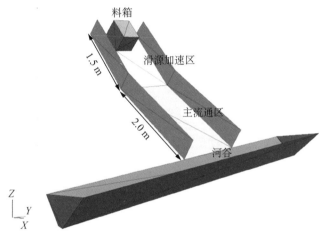

图 3-20　模型试验的几何模型构建

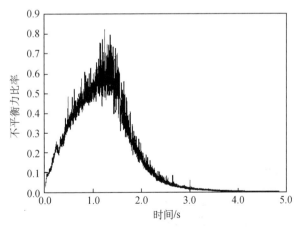

图 3-21　不平衡力比率随时间的变化

通过对数值模拟的结果与模型试验进行对比分析,包括前缘运动速度、碎屑体的运动形态和碎屑体堆积形态,即可验证数值模型细观力学参数选择的合理性和模型的可靠性。根据数值模拟的颗粒前缘运动速度随时间的变化曲线(图3-22),颗粒前缘自启动开始先加速运动至启动区与主流通区交界处,在交界处碰撞减速后速度再逐渐增加,变化趋势与模型试验相同,而且二者的前缘速度曲线整体上基本吻合。

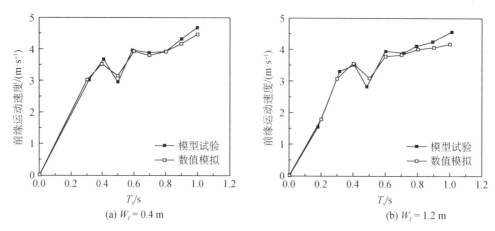

(a) $W_l = 0.4$ m   (b) $W_l = 1.2$ m

图 3-22　模型试验与数值模拟的碎屑体前缘运动速度对比

　　表 3-7 给出了物理模型试验和数值模拟在运动过程中各时间节点上碎屑体形态的对比结果,可以看出数值模拟中颗粒的运动形态能够较好地与模型试验相吻合。碎屑体自料箱开启时刻($T_s = 0$ s)开始变形,厚度逐渐减小,$T_s = 0.3$ s时,形成前缘薄尾端厚的近似楔形形态;随着碎屑体不断从料箱中流出,其在坡面上的长度增大,前缘进入主流通区且变得更薄,在启动区的碎屑体厚度相近($T_s = 0.6$ s),并且可以观察到部分前缘颗粒的碰撞飞溅现象;当$T_s = 0.9$ s时,碎屑体几乎全部从料箱中流出,运动形态呈现出前缘和尾端薄、中间厚的近似梭形,且前缘颗粒的飞溅现象加剧;随着碎屑体沿坡面继续向下运动,前缘颗粒进入河谷,碎屑体最厚的部位位于坡面转折处的下方($T_s = 1.2$ s);随着碎屑体逐渐流出滑床在河谷中堆积,坡面上碎屑体的长度和厚度逐渐减小,直至堆积完成。在整个运动过程中,模型试验和数值模拟的碎屑体形态始终保持较好的一致性。

表 3-7　模型试验与数值模拟的碎屑体运动形态对比($W_l = 0.4$ m)

T_s/s	模型试验	数值模拟
0.3		

（续表）

T_s/s	模型试验	数值模拟
0.6		
0.9		
1.2		
1.5		
2.1		

当颗粒在河谷中堆积完成后,对比模型试验和数值模拟中碎屑体最终的堆积形态,如图 3-23 所示,堆积体的水平投影形状和颗粒分布情况均有较高的吻合度。当滑道宽度较窄时,堆积体表面主要为粗颗粒分布;而当滑道宽度较宽时,表面的粗颗粒在河谷对岸侧聚集分布,细颗粒在河谷滑源一侧集中分布。

(a) W_l = 0.4 m, 梯形河谷   (b) W_l = 1.2 m, 梯形河谷

图 3-23   模型试验与数值模拟的碎屑体堆积形态对比(俯视图)

将试验 W-2C 与其数值模拟结果的横截面剖视图进行对比(图 3-24),可以说明模型试验和数值模拟中堆积坝体内部的颗粒分布也基本吻合,粗颗粒主要分布在河谷对岸侧,中颗粒主要分布在坝体的中部,细颗粒主要分布在坝体的中下部且靠近滑源侧。进一步提取堆积坝体的几何参数,如图 3-25 所示,通过对比坝高、坝宽、坝长以及坝顶倾角随河谷形状的变化,可以发现数值模拟的结果与模型试验具有相同的变化趋势,并且数值在大小上也很接近,这进一步验证了数值模型细观力学参数选取的适用性和准确性。

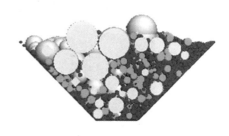

(a) 模型试验   (b) 数值模拟

图 3-24   模型试验与数值模拟的碎屑体内部结构对比(剖视图)

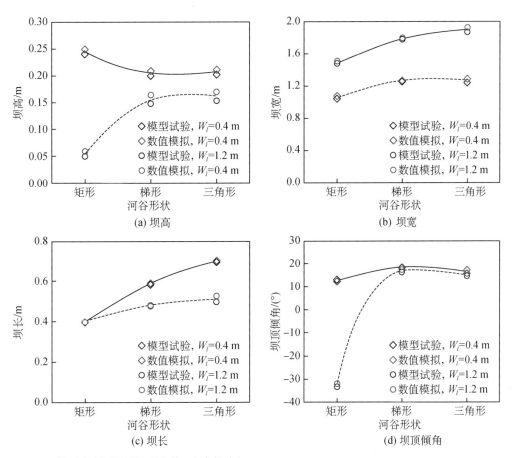

图 3-25　模型试验与数值模拟的坝体几何参数对比

　　综合以上的验证分析,可以认为碎屑体运动堆积的数值模拟模型是可靠的,可以用于碎屑体堆积成坝的模拟研究。

3.4.3　堰塞坝成坝数值试验

1. 数值试验工况构建

　　基于已有的影响滑坡碎屑流运动和堆积特征的主要因素,以及对堰塞坝成坝影响因素的概括总结,影响崩滑型堰塞坝坝体形态及结构特征的因素可以概括为三类:崩滑体特征、运动路径地形条件和河谷地形条件。其中,崩滑体特征主要有碎屑体的级配、颗粒形态等;运动路径地形条件主要有滑动区坡度、长度、宽度及粗糙度等;河谷地形条件主要是河谷形状、纵坡率以及粗糙度等。因此,在数值试验中,分别研究崩滑体特征、运动路径地形条件和河谷地形条件对坝体特征的影响规律,各因素及相关取值见表 3-8。

表 3-8　离散元模型的影响因素与取值

影响因素		参数取值
崩滑体特征	颗粒级配	粗粒为主、级配均匀、细粒为主
	颗粒形态	类圆柱形、不规则多边形、三角盘形、球形
运动路径地形	滑动区坡度	30°、45°、60°
	滑动区长度	1 m、2 m、3 m、4 m、5 m、6 m
	滑动区宽度	1.0、1.5、2.0、无侧限
河谷地形	河谷形状	U 形谷:宽深比 4/3、5/3、2
		V 形谷:对称河谷(45°)、不对称河谷(30°、35°、40°、50°、55°、60°)

　　其中,颗粒形态采用四种典型的颗粒形态,即类圆柱形、不规则多边形、三角盘形以及球形(图 3-26)。使用滑动区宽度与碎屑体初始宽度(料箱宽度)的比值(W_i^*)衡量滑动区宽度特征。由于碎屑体在两种类型河谷中堆积模式的不同,各因素对两类型河谷中坝体的成坝机制的影响也不相同。因此,将河谷形状定为 U 形谷和 V 形谷两类,U 形谷截面简化为矩形,主要研究不同的宽深比;V 形谷截面简化为三角形,并将其分为对称谷和不对称谷,二者河谷夹角相同为90°,按照河谷沿滑坡一面的角度可以划分为 30°、35°、40°、45°、50°、55°和 60°河谷(图 3-27)。

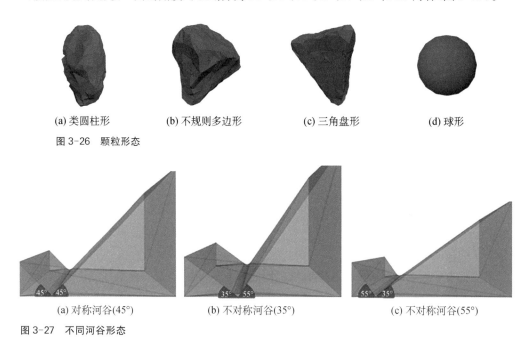

(a) 类圆柱形　　　　(b) 不规则多边形　　　　(c) 三角盘形　　　　(d) 球形

图 3-26　颗粒形态

(a) 对称河谷(45°)　　　　(b) 不对称河谷(35°)　　　　(c) 不对称河谷(55°)

图 3-27　不同河谷形态

　　2. 堰塞坝成坝过程分析

　　1) 颗粒分选

　　在碎屑体运动过程中存在明显的颗粒分离现象,即小颗粒在运动过程中逐渐聚集于下部和后部,而大颗粒逐渐聚集于表面和前端,从而形成了颗粒的反序结构。如图 3-28 所示,将

正视图中对应区域的侧视图放大后可以明显观察到,碎屑体可以大致划分为三个区:

① 前端大颗粒跳跃区——颗粒在碎屑最前端运动,跳跃运动比较频繁,主要由大颗粒构成,中间夹杂有少量小颗粒。

② 中部分层反序区——颗粒在碎屑体中部运动,大小颗粒均有相当数量,但大小颗粒分布具有成层性,大颗粒主要集中在上层,小颗粒主要集中在下层。

③ 后端小颗粒滞后区——颗粒在碎屑体后端运动,基本上由小颗粒组成。

(a) 碎屑体运动侧视图　　　　　　　　(b) 碎屑体运动分解图

图 3-28　碎屑体运动过程中的大小颗粒分离现象

通过计算碎屑体从启动到堆积完成这段时间内,不同粒径组颗粒重心的相对位置(碎屑流重心距坡面的垂直距离 H_c 和沿坡面流动的距离 L_c)和平均速度 $V_{m(I)}$,可以更直观地表述碎屑体运动过程中发生的分选行为,计算公式如式(3-20)—式(3-22):

$$H_{c(I)}=\frac{\sum_{i=1}^{N_i}H_im_i}{\sum_{i=1}^{N_i}m_i} \tag{3-20}$$

$$L_{c(I)}=\frac{\sum_{i=1}^{N_i}L_im_i}{\sum_{i=1}^{N_i}m_i} \tag{3-21}$$

$$V_{m(I)}=\frac{\sum_{i=1}^{N_i}v_im_i}{\sum_{ii=1}^{N_i}m_i} \tag{3-22}$$

式中 I——根据级配曲线分组,代表 4.75~8 mm 粒径组、8~16 mm 粒径组、16~32 mm 粒径组以及 32~50 mm 粒径组;

      N_i——该粒径组的所有颗粒数量;

      H_i——单个颗粒重心距坡面的垂直距离;

      L_i——单个颗粒重心沿坡面的运动距离;

      m_i——单个颗粒的质量;

      v_i——单个颗粒的速度。

图 3-29 和图 3-30 分别为各粒径组颗粒重心位置和平均速度随时间的变化,通过滑动过程中各粒径组颗粒的速率与位置的差异性,定量地展示出碎屑体的运动分选过程。最终形成的坝体,大颗粒集中在坝体表面,小颗粒集中在坝体底部。

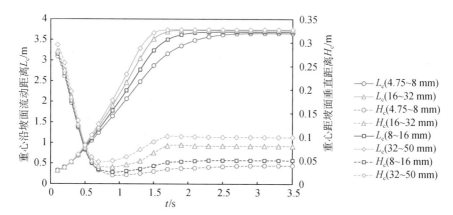

图 3-29   碎屑体的运动分选过程

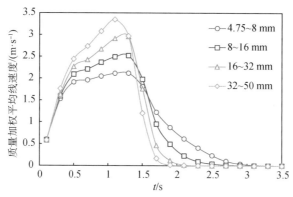

图 3-30   碎屑体运动过程中的质量加权平均速度曲线

2) 不同区域碎屑体运动堆积分析

为了研究位于滑体不同区域的碎屑颗粒的运动堆积过程,将料箱中的碎屑颗粒在不同方向进行分组,碎屑颗粒三维区域划分如图 3-31 所示。处于两侧区域的碎屑体堆积于河床时分布范围广,处于中间区域碎屑体堆积集中[图 3-32(a)]。位于上部的碎屑体由于势能优势,

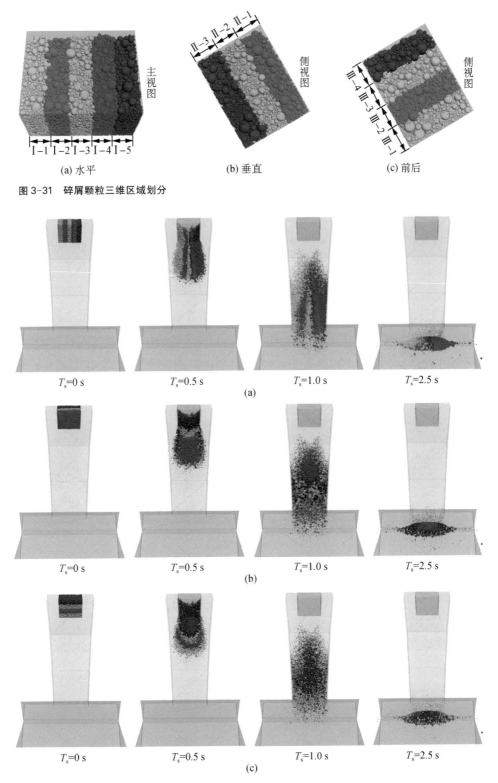

(a) 水平　　　　　(b) 垂直　　　　　(c) 前后

图 3-31　碎屑颗粒三维区域划分

图 3-32　不同区域颗粒碎屑运动堆积情况

在滑动过程中占据滑体前方,并最先到达河谷进行堆积,而位于下方的颗粒运动速度较慢,最后到达河谷进行堆积,处于堆积体的上方,故而出现上下位置颗粒颠倒的情况[图 3-32(b)]。同时可以发现,反序现象导致的小颗粒滞后现象大多源于处于下部区域的碎屑体。前后不同位置的碎屑体于滑动之初在空间上呈辐射状向外扩展,处于前端位置的颗粒包围位置靠后的颗粒,堆积于河谷后,也具有一定的包裹显现[图 3-32(c)]。

3) 碎屑体堆积成坝模式

按照河流发展阶段,河谷可以分为 V 形谷、U 形谷及碟形谷,河谷的不同形态主要是由河流的侵蚀作用程度大小决定的,上游一般呈 V 形,中游呈 U 形,而下游呈碟形。由于下游河谷一般开阔平缓,崩滑体较难完全堵塞河谷成坝,通过对碎屑体在 U 形谷和 V 形谷中堆积过程的观察,发现碎屑体在这两种类型河谷中的堆积模式不同。在 U 形谷中,前部碎屑体入谷后与谷底或对岸边坡发生碰撞并停积,后续碎屑体与已堆积碎屑体碰撞后向上、下游两侧及滑源侧扩散堆积,粗颗粒在发生碰撞后分布较分散,尾部滞后的细颗粒最后入谷,顺势堆积在已堆积坝体的滑源侧表层,整个过程可以概括为碰撞扩散堆积模式[图 3-33(a)]。在 V 形谷中,碎屑体与河谷碰撞后,会沿对岸边坡向上冲高,后续入谷的颗粒不断推挤前部颗粒,并且运动方向向上、下游两侧发生弯曲转变,随着堆积的进行,推挤作用减弱,尾部颗粒顺势堆积在已堆积坝体的滑源侧尾端,整个过程为推挤攀升堆积模式[图 3-33(b)]。

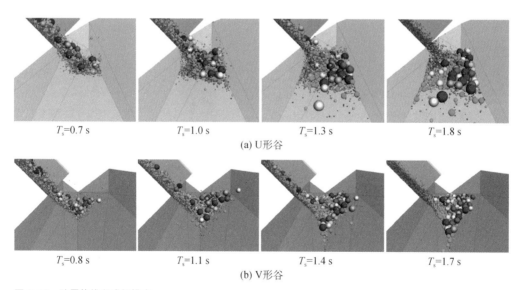

T_s=0.7 s　　　　T_s=1.0 s　　　　T_s=1.3 s　　　　T_s=1.8 s

(a) U形谷

T_s=0.8 s　　　　T_s=1.1 s　　　　T_s=1.4 s　　　　T_s=1.7 s

(b) V形谷

图 3-33　碎屑体堆积成坝模式

3.4.4　坝体形态参数

碎屑体在不同条件下堆积形成的坝体形态存在差异,考虑到坝体形态对其稳定性和溃决的影响,选取坝宽、坝高和坝顶倾角参数对各因素影响下的坝体形态进行分析。

1. 坝宽

颗粒形态对坝宽的影响如图3-34所示。可以看出相同条件下,球形颗粒与三角盘形颗粒所形成的坝体的坝宽比类圆柱形颗粒与不规则多边形颗粒所形成坝体的坝宽要大。球形颗粒碎屑体的速度大于类圆柱形与不规则多边形颗粒碎屑流的速度,碎屑颗粒在运动到河谷后,后续颗粒对前端已堆积颗粒有推挤作用,除了向前、向上的推挤,还有向两侧的推挤作用,

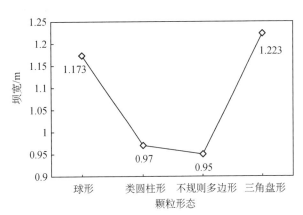

图3-34　不同形态颗粒所成坝体的宽度

碎屑颗粒运动速度越快,推挤能力越强。此外,颗粒到达河谷后与河床碰撞,不同形态的颗粒与河谷的碰撞角度也有差异,故而碰撞后冲向对岸的角度以及回落角度也有所不同,部分颗粒在回落过程中向两侧堆积,动能越大,冲向对岸的颗粒越多,回落后向两侧堆积越多。而三角盘形颗粒的下滑速度最小,后续颗粒的推挤作用较小,进而顺势堆积,即沿着堆积体与滑坡一侧河谷所成的顺长度方向的倾角向两侧滚落,因此大大地增加了坝体宽度。

颗粒级配对坝宽也有一定的影响,从表3-9可以看出,粗粒为主的碎屑堆积体的长度最小,细粒为主的碎屑堆积体的长度次之,级配均匀碎屑堆积体的长度最大。究其原因也是速度对堆积产生了一定的影响:粗粒为主的碎屑颗粒在滑入谷中时,速度最快,碎屑流前端颗粒以较大动能冲向对岸滑坡,之后又回落到河谷底部,向河谷两侧散落。同时,滑入谷中的前段碎屑颗粒由于动能较大,向河谷两侧的运动更远,但由于这部分散落在河谷两侧的颗粒与堆积主体未形成有效的力链,不能算作堆积体的长度,因此粗粒为主的碎屑颗粒所成堆积体的长度较小。细粒为主的碎屑颗粒在滑入谷中时,速度较小,颗粒顺势堆积,颗粒的爬坡运动与向河谷两侧的堆积作用都更微弱,因此相较于级配均匀的碎屑体而言,该种级配的碎屑堆积体长度要小一些。

表3-9　不同级配颗粒所成坝体的宽度与高度

河谷形态	粗粒为主	细粒为主	级配均匀
坝体宽度/m	1.476	1.528	1.616
坝体高度/m	0.244	0.234	0.234

主滑区坡度和长度对坝宽的影响如图3-35所示。在主滑区坡度较大时,随着主滑区长度的增加,坝宽增加。这是由于碎屑体能量随主滑区长度的增加而增大,致使后续颗粒对前端已堆积颗粒的推挤作用增强,碎屑颗粒向两侧的扩散增大,使得坝宽增加。此外,颗粒到达

河谷后与河床碰撞,不同颗粒与河床的碰撞角度有所差异,故而碰撞后冲向对岸的角度以及回落角度也有所不同,部分颗粒在回落过程中向两侧堆积。动能越大,冲向对岸的颗粒越多,回落后向两侧堆积越多,故而也使坝宽增加。当主滑区坡度为 30°时,坝宽随主滑区长度的增加变化不大,主要原因是当坡度较小时,随着滑床长度的增加,虽然颗粒势能增加,但低加速度、高摩擦力以及高频碰撞导致颗粒运动速度随滑床长度的增加并不明显,故而运动到河床后,推挤作用不明显,使得颗粒顺势堆积。

在碎屑体体积一定的情况下,随着滑动路径宽度的增大,碎屑体在运动过程中可以横向扩展,使得坝体堆积形态向扁平化发展,即坝宽增大,坝高减小。坝宽随滑动路径宽度的增加呈线性增加(图 3-36)趋势,碎屑体在完全无侧限条件下堆积形成的坝体坝高最小而坝宽最大。

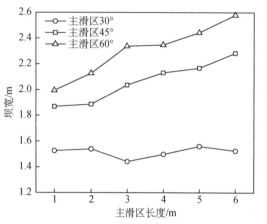

图 3-35 坝宽与主滑区长度和坡度的关系

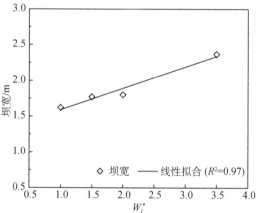

图 3-36 坝宽与 W_l^* 之间的关系

河谷形状同样会对坝宽产生影响,坝宽随 U 形谷宽深比及 V 形谷岸坡倾角的增大而减小,但是 V 形谷的岸坡倾角对坝宽的影响有限(图 3-37)。U 形谷宽深比的增加使入谷后的碎屑体在沿运动方向上的堆积范围增大,因此向上、下游两侧扩散堆积的碎屑颗粒减少,坝宽减小。在 V 形谷中,随着滑源一侧河谷岸坡倾角的增大,碎屑颗粒在滑源侧河谷一边行

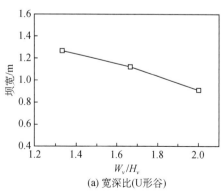

(a) 宽深比(U形谷)

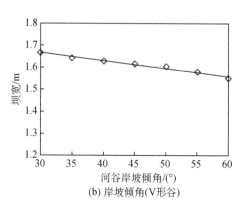

(b) 岸坡倾角(V形谷)

图 3-37 坝宽与河谷形状的关系

进距离减小,到达河谷底部时颗粒的辐射范围减小;并且由于对侧岸坡倾角的减小使得前端颗粒很容易在后续颗粒的推挤作用下向前、向上运动,因此,向两侧的推挤作用减弱,坝宽减小。

2. 坝高

在相同条件下,不同形态颗粒所成坝体的坝高存在一定差异(图 3-38)。从趋势上来说,球形颗粒堆积体的高度最大,类圆柱形和不规则多边形颗粒堆积体次之,三角盘形颗粒堆积体高度最小。从表 3-9 可以发现颗粒级配的变化对坝高几乎没有影响。

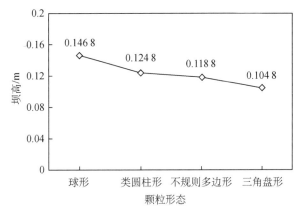

图 3-38　不同形态颗粒所成坝体的高度

滑动区地形对坝高的影响如图 3-39 所示。随着主滑区长度的增加,坝高有轻微的下降。这是由于碎屑体能量随主滑区长度的增加而增大,冲向对岸的颗粒增多,溢流点位于滑源一侧,因此,坝高随主滑区长度的增加有轻微的下降趋势。主滑区坡度对坝高的影响并不明显,当主滑区坡度为 45°时,碎屑体堆积形成坝体的坝高最大,当主滑区坡度为 30°和 60°时,坝高基本相同,但是溢流点位置发生了变化,即随主滑区坡度的增大,溢流点位置由河谷对岸侧转变到滑源一侧。在体积一定的条件下,滑动区宽度的增加使碎屑体在河谷中堆积宽度增大,所以坝高相应地有一定减小。

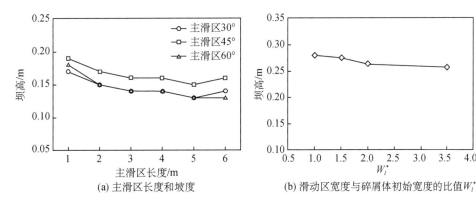

(a) 主滑区长度和坡度

(b) 滑动区宽度与碎屑体初始宽度的比值 W_l^*

图 3-39　坝高与滑动区地形之间的关系

图 3-40 显示了碎屑体在不同形状河谷中堆积成坝的坝高变化,可以看出 U 形谷中坝体的坝高随河谷宽深比的增大而减小,这是由于在碎屑体体积一定的情况下,宽深比的增加使平面堆积面积增大,坝高随之降低;而 V 形谷岸坡倾角的变化对坝高的影响有限,特别是河谷倾角在 35°~55°之间时,坝高基本没有变化。

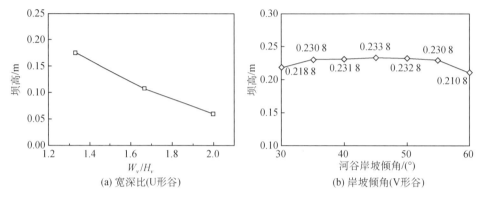

(a) 宽深比(U形谷)   (b) 岸坡倾角(V形谷)

图 3.40　坝高与河谷形状的关系

3. 坝顶倾角

坝顶倾角主要反映坝顶高程沿碎屑体运动方向的变化,正值表示溢流点位于河谷对岸侧,负值则表示溢流点位于河谷滑源侧。图 3-41 为不同颗粒形态所成坝体的坝顶倾角情况,其中左侧为滑源侧,右侧为对岸侧。从图中可以看出球形颗粒所成坝体倾向滑源侧,另外三种非球形颗粒所成坝体倾向对岸侧,其中,类圆柱形和不规则多边形颗粒所成堆积体的倾角近似相等,而三角盘形颗粒在滑源一侧堆积较高,似未完全滑落,导致河谷中心处形成凹陷以及沿滑动方向延展较长,因此坝顶倾角也要大一些。

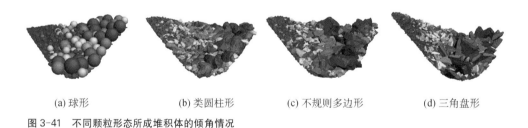

(a) 球形   (b) 类圆柱形   (c) 不规则多边形   (d) 三角盘形

图 3-41　不同颗粒形态所成堆积体的倾角情况

不同形态的颗粒其运动特征与堆积体形态息息相关,图 3-42 为四种颗粒形态碎屑体的平均速度时程曲线,可以看出在进入河谷前,球形颗粒的平均速度一直领先,类圆柱形与不规则多边形颗粒的平均速度居中且近似相等,三角盘形颗粒的平均速度最小。因此,三角盘形颗粒在下滑过程中小颗粒的滞后性更加明显。

从碎屑体进入河谷后冲向对岸的最大范围(图 3-43)也可以看出球形颗粒动能最大,冲向对岸的颗粒最多也最高,当颗粒以较小的速度回落时,受到碎屑流尾部颗粒的推挤,使碎屑体整体向对岸移动,因此形成了倾向对岸的堆积体;三角盘形颗粒碎屑流速度相对最小,它们所

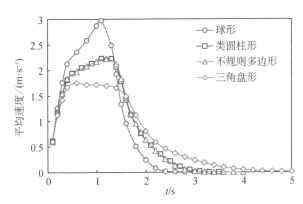

图 3-42　不同颗粒形态碎屑体运动过程中的平均速度

能冲上对岸的高度、范围和数量非常有限,当它们从对岸回落时,碎屑流尾部以及部分中部颗粒还未滑落,这些颗粒的速度很小,进入河谷后速度基本为零,对原先颗粒几乎不产生推挤的作用,因此后续颗粒只能堆叠在前面颗粒滑落位置的后面,从而导致滑源侧颗粒数量越来越多,形成了堆积体中部的凹陷以及滑源侧的叠高;而类圆柱形和不规则多边形颗粒的速度特征以及冲向对岸的状态相似,且介于球形与三角盘形颗粒之间,因此堆积坝体的坝顶形态处于二者之间。

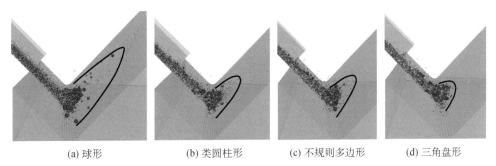

(a) 球形　　　　　　(b) 类圆柱形　　　　　　(c) 不规则多边形　　　　　　(d) 三角盘形

图 3-43　不同颗粒形态碎屑体入谷后冲向对岸的最大范围

在运动过程中,碎屑体不同粒径颗粒的速度有差异,导致了颗粒位置的分离,因此不同级配的碎屑体所成坝体在坝顶形态上有差异(图 3-44)。三种级配碎屑体形成的坝体整体上均

(a) 粗粒为主　　　　　　　　(b) 级配均匀　　　　　　　　(c) 细粒为主

图 3-44　不同级配碎屑体所成坝体的坝顶形态

倾向滑源侧,其中,粗粒为主坝体的坝顶倾角最大,级配均匀坝体次之,细粒为主坝体的坝顶倾角最小,并且在靠近滑坡对岸侧的上边缘有一小突起。这主要与碎屑体的运动速度以及堆积过程中颗粒的推挤作用密切相关。

图 3-45 为主滑区长度和坡度对坝顶倾角的影响。图中倾角的正值表示坝体在对岸侧低,滑源侧高,负值则相反。随着主滑区长度的增加,坝体倾角减小。当主滑区长度相同的情况下,随着主滑区倾角的增大,坝体倾角减小。当主滑区长度和坡度由小变大的过程中,坝顶溢流点位置会发生改变,从河谷对岸侧移动到滑源侧。

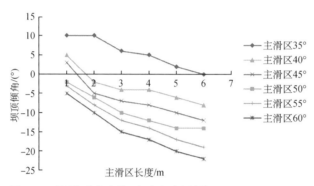

图 3-45 坝顶倾角与主滑区长度和坡度的关系

不同形态河谷中坝体的坝顶轮廓为一条有起伏的曲线,表面凹陷和凸起的位置不同,从而使堆积体在靠近滑源侧与靠近对岸侧的倾角随着河谷形态的改变而改变。在 U 形谷中,碎屑体以跌落的形式进入河谷,从与河谷碰撞的位置开始堆积,并向四周扩散,因此溢流点多位于碰撞堆积位置的对侧,随着河谷宽深比的增大,颗粒向四周滑落堆积所受河谷侧壁的限制作用减小,坝顶倾角的角度值会有一定程度的增大,更接近碎屑体的休止角(图 3-46)。在 V 形谷中,岸坡角度的变化使颗粒进入河谷后的碰撞角度、所受的摩擦力和下滑力均不同,随着滑源侧河谷岸坡角度增大,坝顶在滑源侧的倾角值增大,而对岸侧的倾角值减小(图 3-47)。

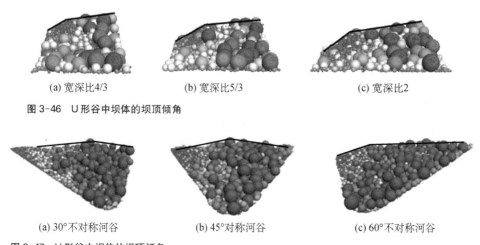

(a) 宽深比4/3　　　　　　　(b) 宽深比5/3　　　　　　　(c) 宽深比2

图 3-46 U 形谷中坝体的坝顶倾角

(a) 30°不对称河谷　　　　　(b) 45°对称河谷　　　　　　(c) 60°不对称河谷

图 3-47 V 形谷中坝体的坝顶倾角

3.4.5 坝体结构特征

自然形成的堰塞坝坝体结构的不均匀性主要表现在不同位置颗粒的分布情况,这与碎屑体的运动与堆积过程紧密相关。通过不同位置的剖视图可以直观地观察到该处的颗粒分布情况,由图 3-48 可以看出小颗粒聚集在靠近滑源一侧,而大颗粒则大量聚集于对岸侧。这种大小颗粒分布的差异性会导致坝体材料形成空间差异,影响坝体稳定性以及溃决模式。如前文所述,由于颗粒在运动过程中存在反序现象,前端主要被大颗粒占据;中间大小颗粒混杂,大颗粒位于上部,小颗粒位于下部;后端以小颗粒为主。故而大颗粒占据碎屑体前端,最先进入河床的颗粒以大颗粒为主;而后进入河床的颗粒中大颗粒位于上部,小颗粒位于下部,共同推挤之前已进入河床的大颗粒向前、向上移动,同时小颗粒紧贴在河床上;后续部分大多以小颗粒为主,顺势堆积于靠近滑床一侧的坝体的上部。

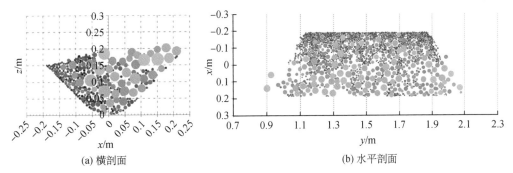

(a) 横剖面　　　　　　　　　　　(b) 水平剖面

图 3-48　堆积坝体剖面图

通过移动平均的方法计算某一截面上不同位置的平均粒径,可以更加直观地描述堆积体内的粒径分布变化规律(图 3-49)。粒径为 5~12 mm 的小颗粒大量聚集在滑源侧河谷边缘,环河谷底部至滑坡对侧河谷边缘均有零星散布;粒径为 35~50 mm 的大颗粒则大量聚集于对岸河谷的表层;粒径为 12~35 mm 的中等颗粒占据了堆积体的大部分中间区域。

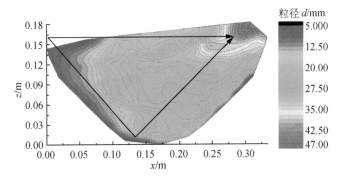

图 3-49　堆积坝体颗粒平均粒径分布

不同级配的碎屑堆积体在横剖面(xz 截面)的平均粒径分布呈现相似的规律,即随着细颗粒成分的逐渐增多,堆积体内大颗粒的分布区域从滑坡对岸河谷一侧整个深度范围逐渐上移,直至分布区域仅为对岸河谷表层(图 3-50)。

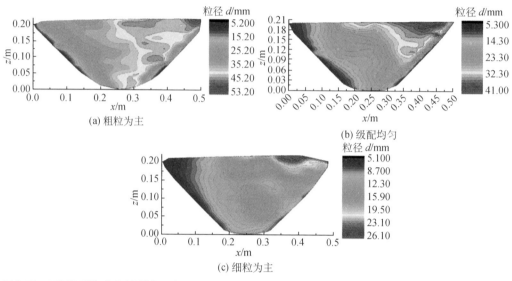

图 3-50 不同级配的球形碎屑体堆积成坝后的颗粒粒径分布

不同形态的碎屑颗粒在对称河谷中成坝的横截面平均粒径分布如图 3-51 所示。可以看出球形碎屑的小颗粒集中在滑源侧河谷边缘,环河谷底部至对侧河谷边缘均有零星散布;类圆柱形与不规则多边形碎屑的小颗粒集中在滑源侧河谷表层;三角盘形碎屑的小颗粒在这两个主要区域的分布相当;球形碎屑中的大颗粒都分布于对岸河谷的表层;类圆柱形碎屑与三

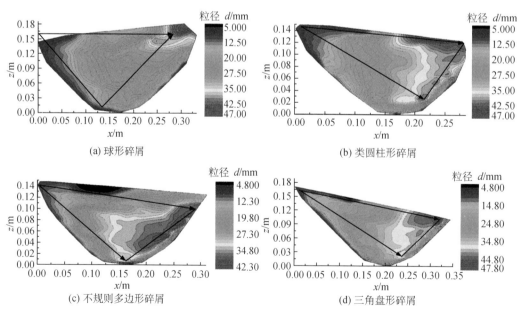

图 3-51 不同形态的碎屑颗粒在对称河谷中堆积成坝后的平均粒径分布

角盘形碎屑的大颗粒在靠近对岸河谷的表层至边缘深部均有分布;不规则多边形碎屑的大颗粒集中在对岸河谷边缘的中下部位。

　　河谷形态对颗粒平均粒径分布的影响比较显著,随着河谷滑源侧岸坡角度的增加,大颗粒聚集区所处位置的埋深由深逐渐变浅,甚至覆于堆积体表层,其横向分布也在逐渐扩展;滑源侧小颗粒数量逐渐减少,且聚集区位置逐渐上移,而对岸侧的数量则逐渐增多(图 3-52)。

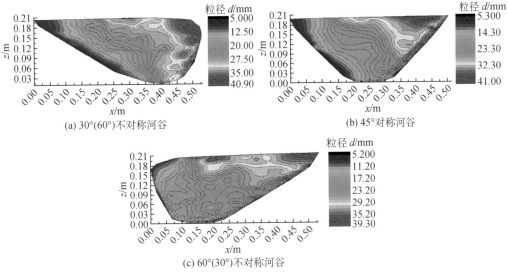

图 3-52　碎屑体在不同形态河谷中堆积成坝后的平均粒径分布

　　以上某一确定截面上的颗粒分布可以在一定程度上反映出坝体不同区域颗粒分布的不均匀性,但是较难扩展为三维空间中颗粒的定量分析。因此,为了定量描述坝体不同空间位置的颗粒分布,利用法线方向分别为 x 方向和 z 方向的两组平面将坝体分成四个区域,分别为滑源侧上部(SU 区)、滑源侧下部(SD 区)、对岸侧上部(OU 区)和对岸侧下部(OD 区),如图 3-53 所示。其中,法线方向为 x 方向的平面为过河谷中心线位置的 yz 平面,法线方向为 z 方向的平面为 $h_d^* = 0.5$ 位置处的 xy 平面。根据堆积体的形态,令颗粒球心到谷底的最大高度处 $h_d^* = 1$,河谷底部位置处 $h_d^* = 0$。

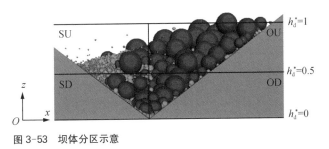

图 3-53　坝体分区示意

　　分别对四个区域的颗粒级配进行测量,总体的级配曲线与各区域的级配曲线如图 3-54 所示。对比各区域的级配变化,可以明显看出大颗粒含量在 OU 区明显增大,而在 SD 区占比减小。根据颗粒数量占比与粒径关系的分形模型（赵婷婷等，2015），如果颗粒级配分布具有分形结构，则：

$$N_i / N_{\text{sum}} \propto x_i^{-D} \tag{3-23}$$

式中 N_i——粒径位于$[x_{i-1}, x_i]$区间的颗粒数目；

N_{sum}——颗粒总数；

D——分维数。

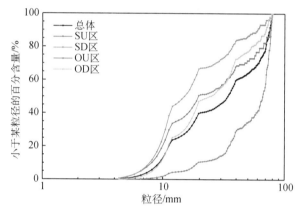

图3-54 坝体不同区域的颗粒级配

因此，通过统计不同粒径区间的颗粒数目，将不同粒径区间的颗粒数目占比 N_i / N_{sum} 与上限粒径 x_i 进行对数分析，图3-55说明了坝体颗粒级配的分布具有良好的分形特征，并且分维数 D 可以表示坝体不同区域颗粒级配分布的变化特性。粗颗粒含量越多，分维数越小，因此，OU区的分维数最小，而SD区的分维数最大。此外，对比坝体的颗粒级配曲线（图3-54）可以发现，分维数越小，颗粒的平均粒径越大。

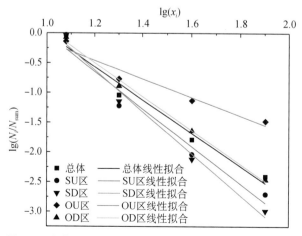

图3-55 坝体不同区域的粒度分布曲线

通过定义相对分维数,对比分析各区域颗粒粒度变化,即:

$$D_i^* = D_i / D_{\mathrm{mix}} \tag{3-24}$$

式中,D_i 分别为 SU、SD、OU 和 OD 四个区域的分维数。

$D^* = 1$ 表示颗粒级配与碎屑颗粒初始的级配一致,即坝体整体的粒度分布;$D^* < 1$ 表示相比于坝体整体的级配,粗颗粒含量增大,D^* 值越小,表明碎屑体的平均粒径越大;相反,$D^* > 1$ 表示相比于坝体整体的级配,粗颗粒含量减少,D^* 值越大,表明碎屑体的平均粒径越小。

碎屑体在运动前是完全混合均匀的,运动后在河谷中堆积形成的坝体各区域的颗粒分布出现显著差异。U 形谷中的坝体在滑源侧的粗颗粒占比减少,平均粒径比碎屑体的初始粒径小,而对岸侧则相反,各区域平均粒径由大到小依次为 OU>OD>SD>SU[图 3-56(a)]。随着斜坡坡度的增加,OU 区和 OD 区的 D^* 值呈线性增大趋势,SU 区和 SD 区的 D^* 值线性减小,说明对岸侧坝体的平均粒径随斜坡坡度的增加而减小,而滑源侧坝体的平均粒径则正好相反。与 U 形谷相比,V 形谷中坝体各区域粒度的相对分维数随斜坡坡度变化幅度较大,除 SU 区 D^* 值线性减小外,其他区域 D^* 值均呈增大的趋势[图 3-56(b)]。这与碎屑体运动过程中的颗粒分离程度以及入谷时的能量有关,随着主滑区坡度的增大,碎屑体的颗粒分离程度减弱,并且由于能量的增大使得在堆积过程中碰撞加剧,导致坝体颗粒整体分布更均匀,即各区域的粒度分布更接近于碎屑体初始的粒度分布。

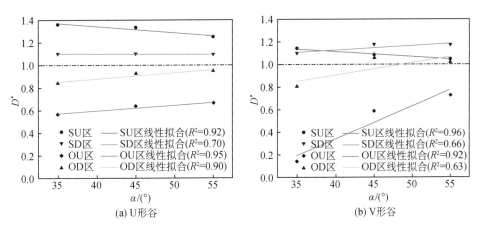

图 3-56 相对分维数与斜坡坡度之间的关系

随着滑动路径宽度的增大,坝体在 SU 区的 D^* 值线性减小,SD 区的 D^* 值线性增大(图 3-57)。滑动路径宽度的增加增大了入谷时的通量,减小了侧壁的摩擦耗能,尾部颗粒在入谷时不再受阻,细颗粒在尾部聚集现象减少。因此,堆积在滑源侧上部的细颗粒数量较少,绝大部分细颗粒跟随碎屑体主体进入河谷碰撞堆积,但是由于其质量小,在堆积过程中能量损失大,故堆积在滑源侧下部的颗粒数量较多,使得 SU 区平均粒径增大而 SD 区的平均粒径减小。

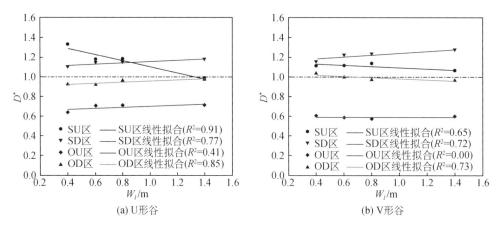

图 3-57 相对分维数与滑动路径宽度之间的关系

本章基于物理模型试验和数值试验模拟,对崩滑碎屑体堆积成坝特征进行定性和定量分析,系统研究了崩滑体特征、运动路径地形和河谷形状三大类因素对堰塞坝形态特征和结构特征的影响规律。

碎屑体在运动过程中存在明显的颗粒分选作用,粗颗粒逐渐向碎屑流的表层聚集,而细颗粒逐渐聚集于碎屑流的底部。在运动方向上可以将碎屑体大致分为前端粗颗粒离散区、中部分层反序区以及尾端细颗粒滞后区三个区域。滑动区长度的增加和坡度的减小会加剧碎屑体在运动过程中的颗粒分选程度。

碎屑体在两种类型河谷中的堆积过程和模式不同,在 U 形谷中为碰撞扩散堆积模式,前部碎屑体入谷后与谷底或对岸边坡发生碰撞并停积,后续碎屑体与已堆积碎屑体碰撞后向上、下游两侧及滑源侧扩散堆积。在 V 形谷中为推挤攀升堆积模式,碎屑体与河谷碰撞后,会沿对岸边坡向上冲高,后续入谷的颗粒不断推挤前部颗粒进而减速堆积。

碎屑体体积只影响坝体规模。颗粒形态和材料级配通过影响碎屑体的运动速度和分选程度进而对坝体形态和颗粒分布产生影响。主滑区的长度和坡度的增加,使颗粒的动能增加,入谷后对已有堆积体的推挤作用增强,导致坝顶倾角减小,坝宽增大。河谷形状通过影响碎屑体入谷后的碰撞堆积过程,使得最终坝体形态和结构存在差异。

小颗粒主要聚集在靠近滑床一侧的坝体,而大颗粒则集中分布于对岸侧坝体。随着碎屑体内粗颗粒成分的减少及滑源侧河谷岸坡倾角的增大,大颗粒聚集区的位置逐渐上移,直至覆于表层;小颗粒在滑源侧的数量逐渐减少,而对岸侧的数量则逐渐增多。随着主滑区坡度和宽度的增大,碎屑颗粒在堆积过程中碰撞加剧,小颗粒在坝体底部的相对含量增加,而坝体顶部滑源侧的含量减小。

参考文献

邓宏艳,孔纪名,王成华,2011.不同成因类型堰塞湖的应急处置措施比较[J].山地学报,23(4):505-510.

樊晓一,乔建平,2010."坡"、"场"因素对大型滑坡运动特征的影响[J].岩石力学与工程学报,29(11):2337-2347.

樊晓一,田述军,段晓冬,等,2014.地形因子对坡脚型地震滑坡运动参数的影响研究[J].岩石力学与工程学报,33(S2):4056-4066.

石振明,马小龙,彭铭,等,2014.基于大型数据库的堰塞坝特征统计分析与溃决参数快速评估模型[J].岩石力学与工程学报,(9):1780-1790.

游勇,陈兴长,柳金峰,2011.四川绵竹清平乡文家沟"8·13"特大泥石流灾害[J].灾害学,26(4):68-72.

詹威威,黄润秋,裴向军,等,2017.沟道型滑坡:碎屑流运动距离经验预测模型研究[J].工程地质学报,25(1):154-163.

赵婷婷,周伟,常晓林,等,2015.堆石料缩尺方法的分形特性及缩尺效应研究[J].岩土力学,36(4):1093-1101.

郑鸿超,石振明,彭铭,等,2020.崩滑碎屑体堵江成坝研究综述与展望[J].工程科学与技术,52(2):19-28.

山田刚二,渡正亮,小桥澄治,1980.滑坡和斜坡崩塌及其防治[M].北京:科学出版社.

BRIAUD J L, 2018. Normandy cliff stability: Analysis and repair[C]//ISRM EUROCK. ISRM: ISRM-EUROCK-2018-081.

COETZEE C J, 2019. Particle upscaling: Calibration and validation of the discrete element method[J]. Powder technology, 344:487-503.

FAN X M, DUFRESNE A, SIVA SUBRAMANIAN S, et al., 2020. The formation and impact of landslide dams—State of the art[J]. Earth-science reviews,203:103116.

ROESSLER T, KATTERFELD A, 2018. Scaling of the angle of repose test and its influence on the calibration of DEM parameters using upscaled particles[J]. Powder technology, 330:58-66.

SCHILIRÒ L, ESPOSITO C, DE BLASIO F V, et al., 2019. Sediment texture in rock avalanche deposits: insights from field and experimental observations[J]. Landslides, 16(9):1629-1643.

ZHENG H C, SHI Z M, SHEN D Y, et al., 2021. Recent advances in stability and failure mechanisms of landslide dams[J]. Frontiers in Earth Science, 9:659935.

第4章
堰塞坝材料物理力学特征

堰塞坝的材料组成取决于多因素联合作用下斜坡地质灾害的复杂动力学过程(Cui et al.,2009;崔鹏 等,2010;陈晓清 等,2010;石振明 等,2016)。相比于人工土石坝经过结构设计、材料选择和充分压实,堰塞坝的坝体材料体现了明显的级配连续和高度非均质性,不同材料形成的堰塞坝稳定性差异巨大,因此针对堰塞坝坝体材料基本物理力学特性的研究尤为重要。力学特性和渗透特性是坝体材料的两个最为重要的基本特性(石振明 等,2014)。在材料基本特性层面,厘清不同级配、密实度等因素对堰塞坝材料力学及渗透特性的影响规律,不仅能为堰塞坝形成后的稳定性快速评估提供重要依据,也能为今后进一步处置或开发利用堰塞湖提供支撑(石振明 等,2015)。

堰塞坝坝体颗粒级配的分布极为广泛,且受到地质条件控制,空间区域差异明显。由不同材料组成坝体的岩土体结构及渗透特性差异巨大,进而影响其稳定性。此外,坝体材料在原地层中多为非饱和的,堰塞坝形成后,其材料基本保持非饱和状态(Shi, et al., 2017;Xiong et al., 2018, 2019)。随着堰塞湖水位的上涨,堰塞坝内颗粒体的饱和度逐渐增加,吸力和强度逐渐降低,进而导致坝体发生失稳破坏。因此,研究中应考虑堰塞坝材料的非饱和特性。

本章基于现场堰塞坝材料的颗粒级配,提取 4 种典型级配曲线,分别开展直接剪切试验、饱和渗透试验和非饱和土水特征试验,从宏细观尺度上获取了典型级配堰塞坝材料的物理力学特征,为揭示堰塞坝失稳机理提供依据。

4.1　堰塞坝材料的级配曲线

2008 年汶川地震后,国内学者对地震形成堰塞坝的物质组成进行了研究,尤其是对唐家山堰塞坝进行了充分的现场勘探。通过对唐家山堰塞坝的地表土样和钻孔土样进行颗粒分析,得到了如图 4-1 所示的颗粒级配曲线。依据唐家山堰塞坝的级配曲线,提取 4 种典型级配:细粒为主级配、粗粒为主级配、级配连续和粒径缺失粒组(图 4-2)。依据唐家山堰塞坝的地表土样和钻孔数据,各土层试样的干密度在 1.6～2.1 g/cm³ 之间。

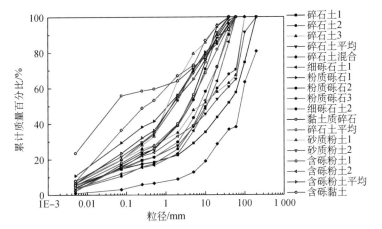

图 4-1　唐家山堰塞坝堆积物颗粒级配曲线(Chang et al., 2011)

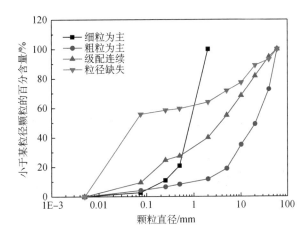

图 4-2　堰塞坝 4 种典型级配曲线

4.2　堰塞坝材料的力学特性

力学特性是堰塞坝坝体材料的基本特性,控制着坝体的整体稳定性。本节通过开展一系列离散元直接剪切试验,对比模拟所得的宏观力学响应及微观信息,分析颗粒级配、密实度对坝体材料力学特性的影响规律。

4.2.1　离散元数值模型建立

为了生成指定级配和孔隙比的颗粒集合体,PFC2D 中采用先产生相互不接触的颗粒[①],

---

　　① Itasca Consulting Group, Inc. PFC2D (Particle Flow Code in 2 Dimensions), Version 3.0. Minneapolis: ICG, 2002.

之后固定四周墙体扩大颗粒的半径,或利用墙体的运动对颗粒簇进行压密的方法。本书中采用压密法,数值模型的建立包括生成墙体、生成颗粒、压密、施加法向压力四个阶段。

(1) 生成墙体:离散元中的墙体是对颗粒簇加以约束和进行加载的刚性边界,类似于室内试验中的试样盒。墙体的位置确定了数值模型的尺寸,进而决定了组成数值模型的颗粒数目。综合考虑计算效率及尺寸效应的影响,并参照土工试验规程中粗粒土的粒径确定剪切试验的剪切盒尺寸。

(2) 生成颗粒:首先在一个较大的区域内,按颗粒级配在给定范围内生成相互不重叠的颗粒,为保证均匀性分层生成颗粒,最终形成设定级配的数值模型。

(3) 压密:利用墙体对颗粒进行压密,同时,对所有颗粒施加重力,使其自由下落。依据墙体最新位置计算模型实时孔隙比,当其达到目标孔隙比时终止墙体运动,并让颗粒在自重状态下达到平衡。

(4) 施加法向压力:通过上、下墙体对模型施加一个指定的法向压力,使颗粒间充分接触,并达到与后续加载时相同竖向压力状态。堰塞坝材料直接剪切模型如图 4-3 所示。

 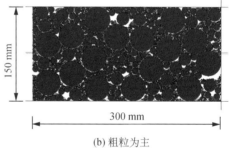

(a) 细粒为主　　　　　　　　　　(b) 粗粒为主

图 4-3　堰塞坝直接剪切试验数值模型

4.2.2　离散元直接剪切试验结果

为分析颗粒级配和密实度对坝体材料力学特性的影响,在所建立数值模型的基础上开展了离散元直接剪切试验。本节主要对模拟得到的宏观力学响应以及微观信息进行对比分析。

1. 宏观力学响应

细粒为主坝体材料的剪应力-应变如图 4-4、图 4-5 所示(Shi et al., 2018),随着法向应力的增加,峰值剪切应力逐渐增加,呈现出典型松散颗粒材料的应力-应变特性。当法向应力较小以及坝体材料的密实度较小时,呈现显著的硬化特性。随着法向应力的增加,坝体材料的峰值剪切应力逐渐增加,且呈现出向应力软化特性过渡的趋势。另一方面,在法向应力较小(100~200 kPa)时,剪切过程呈现出先剪缩后剪胀的趋势,而随着法向应力的增大则逐渐转变为剪缩。

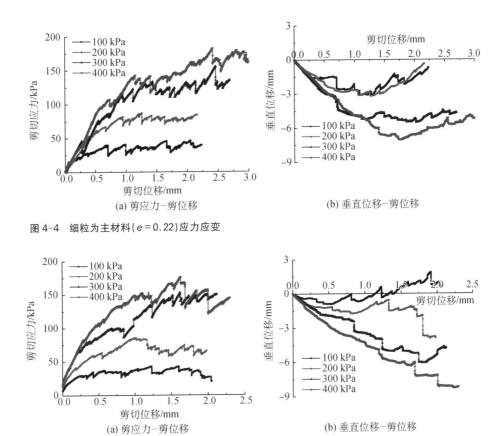

(a) 剪应力-剪位移　　　　　　　　　　　　　　(b) 垂直位移-剪位移

图 4-4　细粒为主材料($e=0.22$)应力应变

(a) 剪应力-剪位移　　　　　　　　　　　　　　(b) 垂直位移-剪位移

图 4-5　细粒为主材料($e=0.17$)应力应变

　　粗粒为主坝体材料的剪应力应变如图 4-6、图 4-7 所示。与细粒为主坝体材料相比,粗粒为主材料中的细颗粒填补粗颗粒间的孔隙,易形成更为密实的组构。因此,粗粒为主材料的剪切应力-剪切位移关系均呈现出软化特性,而垂直位移-剪切位移关系均呈现先剪缩后剪涨的趋势。另外,随着法向应力的增加,试样体积剪缩的程度逐渐增大,剪涨程度逐渐减小。这可能是细颗粒在孔隙中的分布不同所致。在较大的法向应力作用下,细颗粒均匀填充进粗颗粒孔隙可能会导致试样体积的进一步减小。

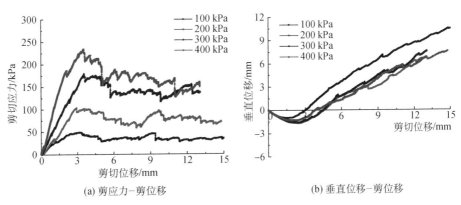

(a) 剪应力-剪位移　　　　　　　　　　　　　　(b) 垂直位移-剪位移

图 4-6　粗粒为主材料($e=0.10$)应力应变

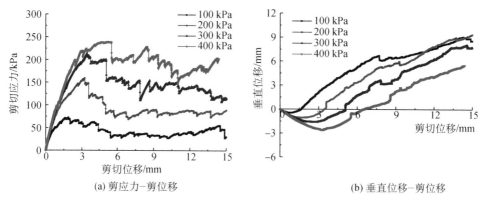

(a) 剪应力-剪位移   (b) 垂直位移-剪位移

图 4-7   粗粒为主材料($e=0.09$)应力应变

细粒为主和粗粒为主试样在不同法向应力下的峰值剪切应力如图 4-8 所示。在黏聚力为 0 的条件下,试样的峰值剪切应力与法向应力间的线性关系较好。粗粒为主试样较细粒为主试样的抗剪强度高,内摩擦角大;相同级配试样的内摩擦角随着相对密实度的增加而增加。另外,密实程度对粗粒为主试样力学特性的影响较为明显,对其内在机理将在微观信息中做进一步分析。

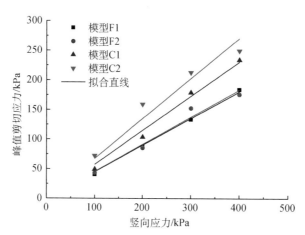

图 4-8   细粒为主和粗粒为主试样直剪试验强度线

2. 微观信息

微观信息主要是对接触力链和应力分布的演化过程进行分析。接触力链分布图中的黑色线段表示颗粒间的接触力,线段的方向代表接触力合力的方向,线段的粗细代表接触力的相对大小;应力分布图中的长轴表示最大主应力,短轴表示最小主应力,长轴与短轴的长短则表示应力的大小。

1) 细粒为主试样

细粒为主试样初始时刻伺服系统维持法向应力,而剪切荷载尚未施加(表 4-1)。颗粒间力链的分布较为均匀,且竖向的力链占主要优势,但由于散粒材料间的接触力传递,使得颗粒与侧墙间产生水平向的接触力。试样处于双向受压状态,最大主应力方向以垂直方向为主。只有局部主应力产生偏转,其位置与水平向接触力较大的区域相对应。这是由于靠近试样中心的颗粒与墙体形成拱效应,使角部的颗粒被架空所致。初始阶段不同法向应力(100～400 kPa)下的力链和应力分布基本一致。

表 4-1　细粒为主试样($e=0.22$)初始微观信息

竖向应力/kPa	模型试样	力链分布图	应力分布图
100	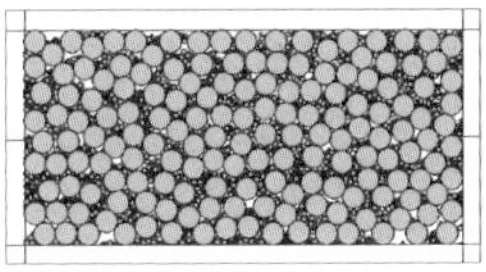	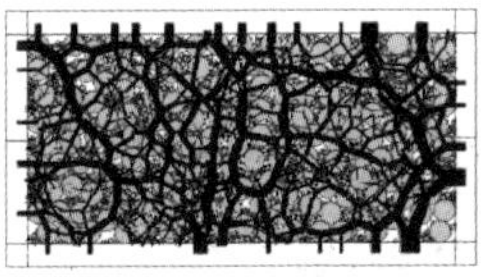	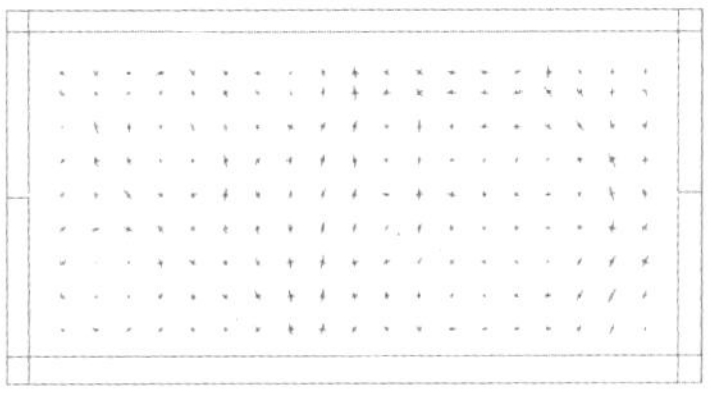
200	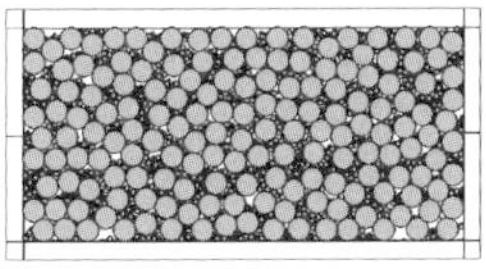	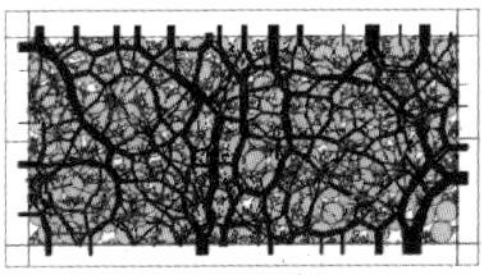	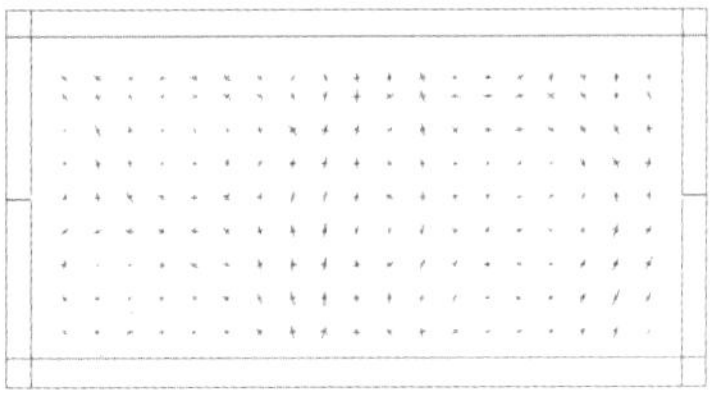
300	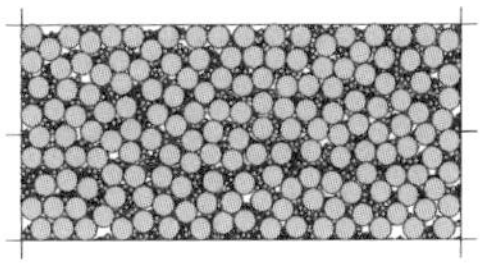	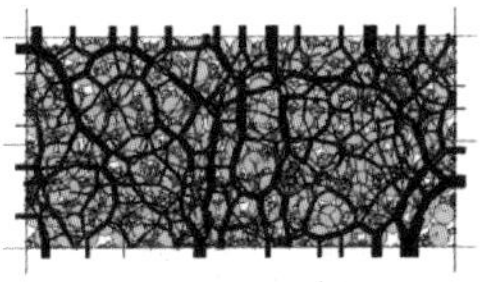	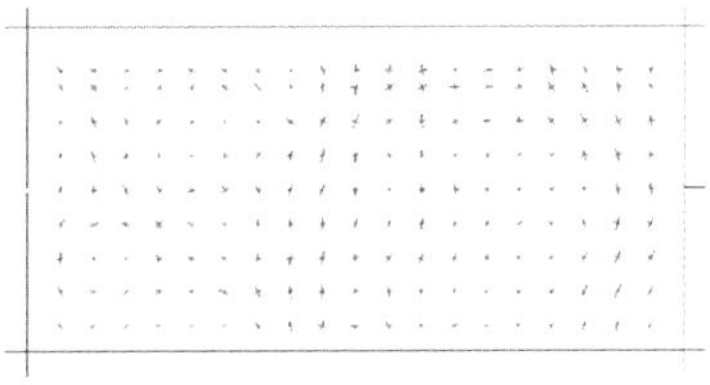
400	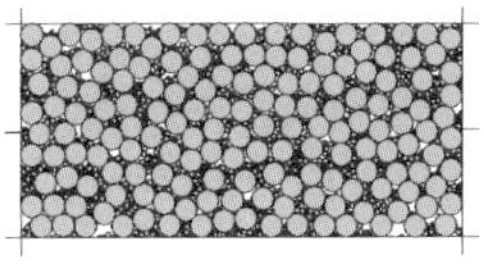	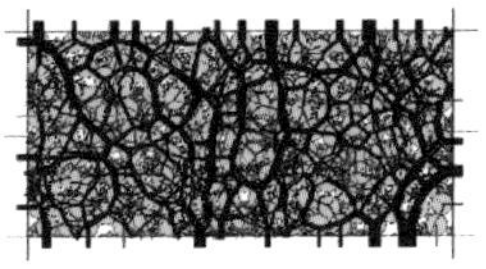	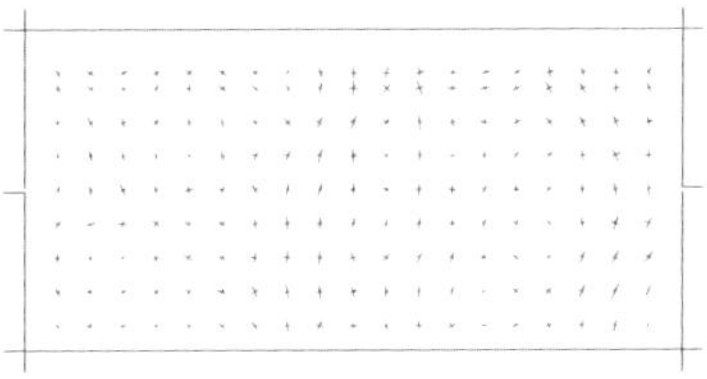

　　细粒为主试样峰值剪切应力微观信息如表 4-2 所示,与初始状态相比,力链产生了明显的偏转,即从竖向占优转向以水平占优,方向大致沿着两剪切侧墙的连线。水平向的接触力主要集中在剪切侧墙附近,而相对的侧墙上力链显著减小;竖向接触力主要集中在上、下墙体附近,而模型中部则较小。此外,法向应力较小时,力链的分布较为稀疏,主要是除了承担剪切应力的颗粒外,其余颗粒间未形成有效接触。从应力分布图中同样可观察到应力偏转,在上、下墙体以及剪切侧墙附近的应力偏转最为明显,最大主应力基本转变为水平方向,而模型中部的最大主应力方向则与水平向大致呈 45°。应力发生偏转的区域呈现带状分布,且大致上下对称,偏转区域外的应力有所减小。此时的剪切应力主要是由两剪切侧墙连线附近的颗

粒间咬合作用力所提供。

表 4-2　细粒为主试样(e=0.22)峰值剪应力微观信息

竖向应力/kPa	模型试样	力链分布图	应力分布图
100			
200			
300			
400			

　　细粒为主试样峰后剪切应力微观信息如表 4-3 所示,接触力进一步集中,尤其是竖向的接触力,集中于模型上、下各 1/4 的高度范围以内。在应力分布方面,应力偏转与应力集中现象也更为明显。由此可知,峰后阶段的剪切应力主要依靠部分颗粒间进行传递,剪切面附近的颗粒此时已发生错动,咬合力明显降低。

表 4-3　细粒为主试样(e=0.22)峰后剪切应力微观信息

竖向应力/kPa	模型试样	力链分布图	应力分布图
100			

（续表）

竖向应力/kPa	模型试样	力链分布图	应力分布图
200	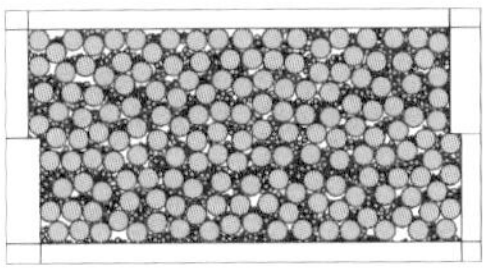	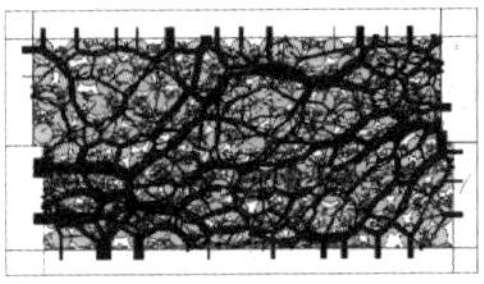	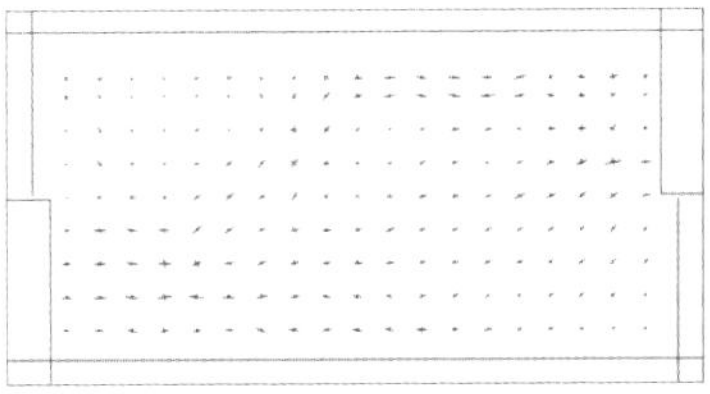
300	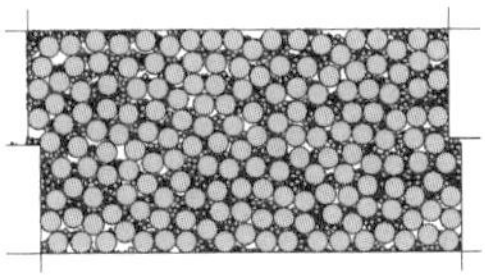	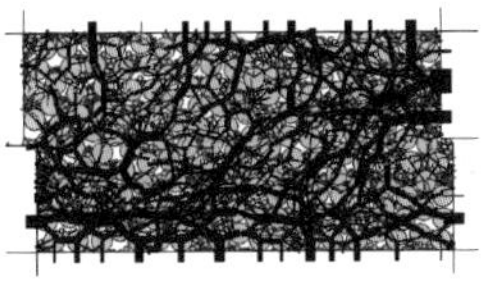	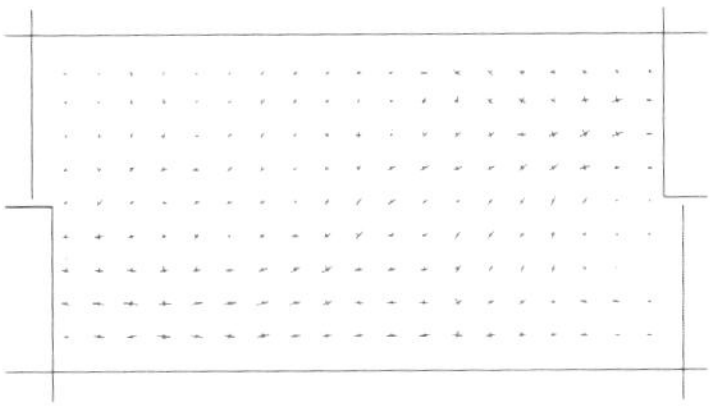

2）粗粒为主试样

粗粒为主试样初始微观信息如表 4-4 所示。与细粒为主试样相比，粗粒为主试样由于大小颗粒粒径相差悬殊，力链的分布较为不均匀，大颗粒上的接触力较大，而小颗粒上的接触力较小。与细粒为主试样相似，该阶段竖向的力链优势明显，且颗粒与侧墙间存在水平接触力。最大主应力以垂直方向为主，部分发生偏转，接近水平方向，其位置与产生水平向接触力的区域具有较高的一致性。

表 4-4　粗粒为主试样（$e=0.10$）初始微观信息

竖向应力/kPa	模型试样	力链分布图	应力分布图
100	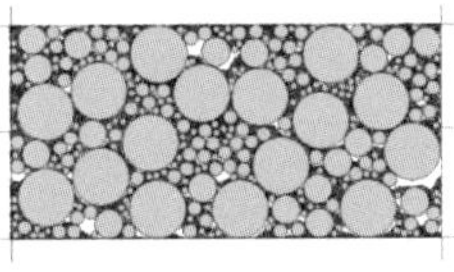	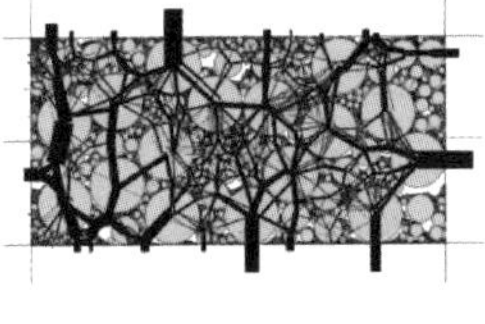	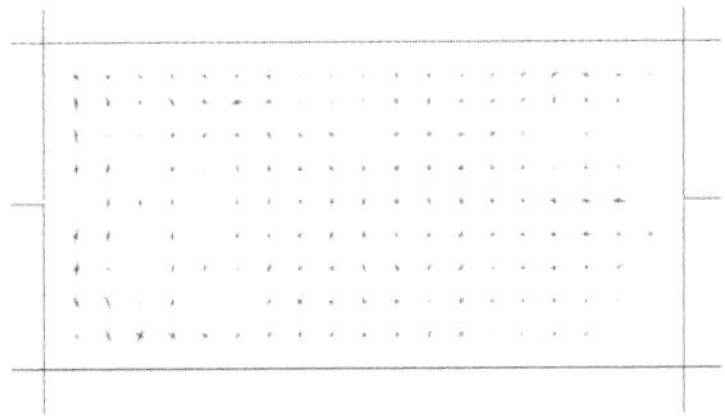
200	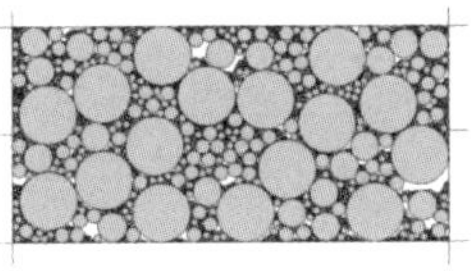	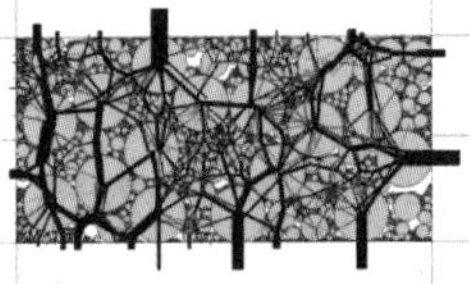	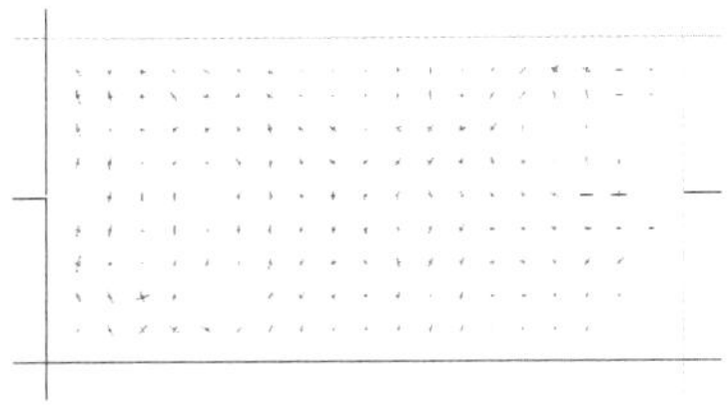

(续表)

竖向应力/kPa	模型试样	力链分布图	应力分布图
300			
400			

粗粒为主试样峰值剪切应力微观信息如表 4-5 所示。与初始时刻相比,力链产生了明显的偏转,即从竖向占优转向侧墙附近的剪切水平方向占优,并且力链集中于大颗粒之间,方向大致为连接两剪切侧墙的方向,与剪切加载侧墙相对的侧墙上力链明显减小。最大主应力从右侧的剪切侧墙开始,逐渐由水平向逆时针旋转至模型中部接近 45°,再逐渐顺时针旋转至左侧剪切墙附近的水平向。应力发生偏转的区域呈带状,主要集中在两侧剪切侧墙连线附近,且大致对称。随着法向应力的增加,应力发生偏转的区域逐渐增大。偏转区域外的应力明显减小,尤其是在侧墙附近的剪切。由此可知,该阶段的剪切应力主要由力链和应力集中区域的骨架大颗粒及其间的细颗粒共同承担,且法向应力越大,参与的颗粒范围越大。

表 4-5 粗粒为主试样($e=0.10$)峰值剪切应力微观信息

竖向应力/kPa	模型试样	力链分布图	应力分布图
100			
200			

（续表）

竖向应力/ kPa	模型试样	力链分布图	应力分布图
300			
400			

　　粗粒为主试样峰后剪切应力微观信息如表 4-6 所示。大颗粒间接触方向上的接触力进一步增大，大颗粒形成的骨架效应愈加显著。应力偏转的带状区域有向两侧扩散的趋势，与大颗粒形成的骨架位置大致对应，而区域中间部位和区域外的应力则进一步减小。因此，峰后阶段的剪切应力主要依靠大颗粒形成的骨架承担，骨架内的细颗粒以及其余颗粒对承担剪切应力的贡献有限。这与细粒为主试样存在显著差异。

表 4-6　粗粒为主试样（$e = 0.10$）峰后剪切应力微观信息

竖向应力/ kPa	模型试样	力链分布图	应力分布图
100			
200			
300			

（续表）

竖向应力/kPa	模型试样	力链分布图	应力分布图
400	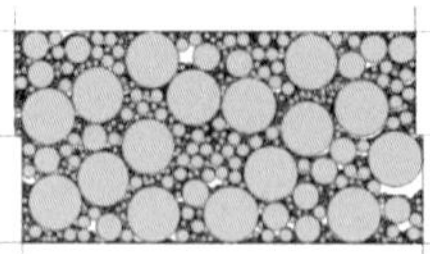	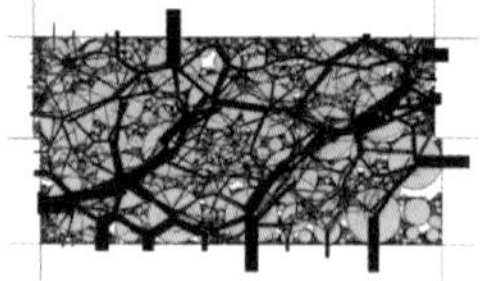	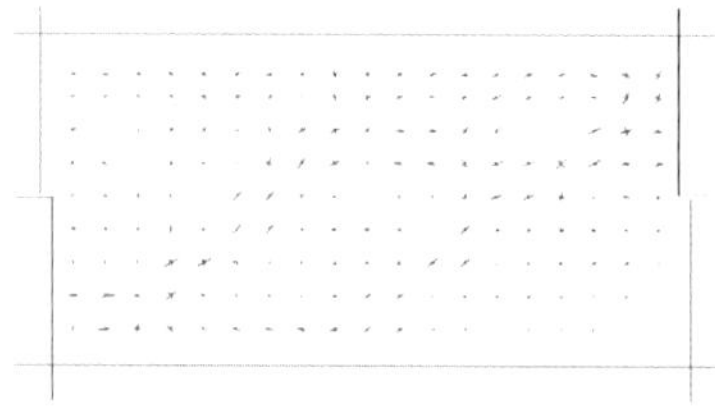

4.2.3 坝体材料的力学特性分析

1. 颗粒级配对坝体材料力学特性的影响

粗粒为主材料的抗剪强度比细粒为主材料的抗剪强度高。在受到剪切应力时,粗粒材料内部易形成应力集中区域,而该区域内的粗颗粒形成骨架承担大部分剪切应力,当粗颗粒间的孔隙被细颗粒充填并形成有效接触时,细颗粒也承担部分剪切应力。相反,细粒为主材料由于没有粗颗粒骨架,在受力时颗粒间接触力的分布更加均匀,由剪切带内的颗粒提供抗剪强度,主要受到颗粒间摩擦系数、密实程度和应力状态的控制。

颗粒级配决定了试样内部接触力的分布和传递模式。与细粒为主材料相比,粗粒为主材料具有较高的强度主要是粗颗粒间较大的接触力使颗粒间的咬合更紧密,更难发生错动,进而使材料的摩擦系数增加。同时,受到剪切时发生模型体积剪胀的现象更显著。此外,级配较差的材料不利于有效传递接触力,使得承担外力的有效颗粒减少,进而降低材料的抗剪强度。

2. 密实度对坝体材料力学特性的影响

密实度对强度及变形特性均存在明显的影响,坝体材料越密实,强度越高,受剪时发生体积剪胀的现象越显著。通过对微观信息的分析可知,密实程度影响模型内部的接触形态。当密实度较低时,模型内部孔隙较大,颗粒接触较少,造成竖向应力无法有效传递到模型中部,使得形成的能够有效承担剪切应力的颗粒接触较少。相反,排列密实的颗粒材料易形成更多的有效接触,有利于接触力的传递和更多颗粒共同承担外力。

堰塞坝坝体材料会因原始地质条件和堰塞坝诱发因素的不同而造成同种材料存在不同密实程度的情况。若坝体材料未被压实,较为松散,在受到外力时,难以将接触力进行有效传递而使部分材料受力集中,容易发生局部破坏;而密实度较高的坝体材料更易形成整体,力学稳定性相对更高。

4.3　堰塞坝材料的饱和渗透特性

4.3.1　饱和渗透特性分析方法

考虑常规渗透仪不适合级配连续堰塞坝材料,编者团队自主研发了堰塞坝材料渗流试验装置。试验装置包括渗透仪、供水设备、抽气设备和量测设备,如图 4-9 所示(Shi et al., 2018)。主体筒壁材质为有机玻璃,便于观察筒内渗透情况。渗透仪内径为 30 cm,高度为 60 cm。为精确测量水头,在渗透仪筒壁两侧对称安装了上、下共 4 根测压管,上、下测压管间距为 30 cm,下测压管距离仪器底部为 5 cm,使用止水夹控制测压管开闭。渗透仪筒体顶面设置可密封盖板,抽气口置于盖板上,以完成抽真空饱和。试验的水流由下向上,试样顶面为自由面。

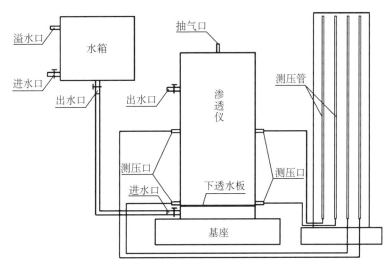

图 4-9　堰塞坝材料渗流试验装置

堰塞坝材料采用的是如图 4-2 所示的 4 种典型级配。依据现场钻孔数据,堰塞坝的最大干密度为 1.90 g/cm³,最小干密度为 1.78 g/cm³。因此试验设置 4 种干密度,干密度差值为 0.4 g/cm³,试验工况如表 4-7 所示。

表 4-7　坝体材料渗透试验工况

土样编号	d_{10}/mm	d_{30}/mm	d_{60}/mm	不均匀系数 C_u	曲率系数 C_c	干密度 ρ_d/(g·cm⁻³)	孔隙比 e	孔隙率 n
1-1	0.22	0.56	1.2	5.45	1.2	1.78	0.52	0.34
1-2	0.22	0.56	1.2	5.45	1.2	1.82	0.48	0.33
1-3	0.22	0.56	1.2	5.45	1.2	1.86	0.45	0.31

（续表）

土样编号	$d_{10}/$ mm	$d_{30}/$ mm	$d_{60}/$ mm	不均匀系数 C_u	曲率系数 C_c	干密度 $\rho_d/$ (g·cm^{-3})	孔隙比 e	孔隙率 n
1-4	0.22	0.56	1.2	5.45	1.2	1.90	0.42	0.29
2-1	0.95	7.97	27.3	28.73	2.4	1.78	0.52	0.34
2-2	0.95	7.97	27.3	28.73	2.4	1.82	0.48	0.33
2-3	0.95	7.97	27.3	28.73	2.4	1.86	0.45	0.31
2-4	0.95	7.97	27.3	28.73	2.4	1.90	0.42	0.29
3-1	0.11	0.67	6.5	61.32	0.7	1.78	0.52	0.34
3-2	0.11	0.67	6.5	61.32	0.7	1.82	0.48	0.33
3-3	0.11	0.67	6.5	61.32	0.7	1.86	0.45	0.31
3-4	0.11	0.67	6.5	61.32	0.7	1.90	0.42	0.29
4-1	0.01	0.11	0.57	114	3.9	1.78	0.52	0.34
4-2	0.01	0.11	0.57	114	3.9	1.82	0.48	0.33
4-3	0.01	0.11	0.57	114	3.9	1.86	0.45	0.31
4-4	0.01	0.11	0.57	114	3.9	1.90	0.42	0.29

注：细粒为主编号1-1、1-2、1-3、1-4；粗粒为主编号2-1、2-2、2-3、2-4；级配连续编号3-1、3-2、3-3、3-4；粒径缺失编号4-1、4-2、4-3、4-4。

4.3.2 堰塞坝体材料饱和渗透特性

1. 流土失效

细粒为主和粒径缺失试样的渗透破坏形式为流土（图4-10）。随着水力坡降的升高，试样表面虽有些许细颗粒上下反复跳动，但未见冒水翻砂或少有冒水翻砂现象；当水头上升到一定值时，试样分别在上、下两端出现数道水平裂缝，如图4-10(b)所示。然后，试样上部整体浮动，渗流量骤增，试验水头自动下降，发生流土破坏。

(a)　　　　　　　　　　　　　　　(b)

图4-10 试样流土失效破坏

　　细粒为主和粒径缺失试样的渗透系数是由渗流关系曲线在临界坡降前线性拟合得到,如表 4-8 所示。在相同的干密度下,细粒为主试样的渗透系数低于级配连续试样(除 $\rho_d = 1.78\ \mathrm{g/cm^3}$)。这是因为细粒为主试样富含细颗粒,渗透孔道的尺度较小。随着干密度的增加,两种堰塞坝材料的渗透率逐渐降低,且细粒为主试样降低的程度高于级配连续试样。这表明增加坝体密实度对细粒为主试样渗流网络的影响更显著。

表 4-8　细粒为主和粒径缺失试样渗透试验结果

土样编号	干密度 $\rho_d/(\mathrm{g \cdot cm^{-3}})$	临界坡降 I_k	破坏坡降 I_F	渗透系数 $k/(\mathrm{m \cdot s^{-1}})$
1-1	1.78	0.928	1.458	8.724E-04
1-2	1.82	1.063	1.519	6.295E-04
1-3	1.86	1.320	2.291	2.073E-04
1-4	1.90	1.619	2.541	1.031E-04
4-1	1.78	0.903	1.468	1.289E-04
4-2	1.82	1.078	1.611	9.942E-05
4-3	1.86	1.176	1.771	7.845E-05
4-4	1.90	1.204	2.101	6.080E-05

　　2. 管涌失效

　　级配连续和粗粒为主试样的渗透破坏形式为管涌(图 4-11、图 4-12)。当水力坡降上升到一定值时,试样表面出现细粒跳动或者泉眼,细颗粒逐渐被带出试样外。随着水力坡降的继续上升,泉眼尺寸扩大并相继出现若干个泉眼。试样中出现集中渗流通道贯穿试样,试样表面出现剧烈的翻砂现象。当达到临界坡降时,渗流关系曲线显示此时渗透坡降基本不变,而渗透流速显著增大。

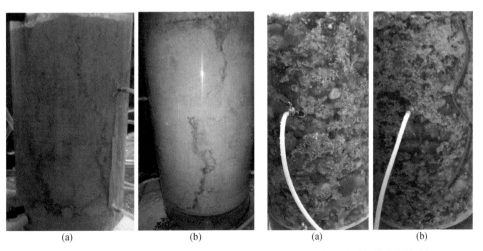

(a)　　　　　　(b)　　　　　　　　　(a)　　　　　　(b)

图 4-11　级配连续试样管涌失效破坏　　　图 4-12　粗粒为主试样管涌失效破坏

在相同的干密度下,级配连续试样的渗透系数低于细粒为主和粒径缺失试样(表 4-9)。这是因为级配连续试样的大小颗粒相互填充,降低了渗流网络孔隙的连通性。与细粒为主的试样相比,级配连续试样含有一定的黏粒。级配连续试样的破坏坡降高于细粒为主和粒径缺失试样,这是因为级配连续试样的不均匀系数大(表 4-7),粗颗粒发挥骨架支撑作用,进而提高试样的抗渗透破坏能力。

表 4-9   级配连续试样渗透试验结果

土样编号	干密度 $\rho_d/(g \cdot cm^{-3})$	临界坡降 I_k	破坏坡降 I_F	渗透系数 $k/(m \cdot s^{-1})$
3-1	1.78	0.738	1.548	3.331E-04
3-2	1.82	1.003	1.624	2.734E-04
3-3	1.86	1.033	1.925	2.498E-04
3-4	1.90	1.267	2.843	2.203E-04

渗流破坏前细粒为主试样的 i—v 呈正比例线性关系而粗粒为主试样呈非线性关系(图 4-13)。受模型试验限制,试样内部应力及颗粒位移无法获得,具体渗透破坏机理在下一节与数值模拟结合部分详细阐述。

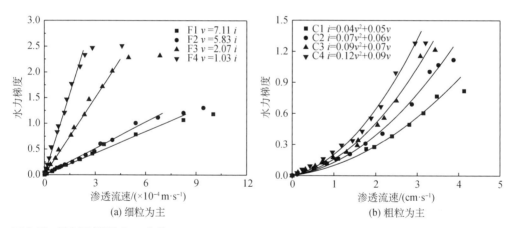

(a) 细粒为主   (b) 粗粒为主

图 4-13   堰塞坝试样的 $i \sim v$ 曲线

4.3.3   堰塞坝体材料渗流破坏模式判别

1. 界限粒径

刘杰(1992)从级配连续土最优级配概念出发,分别研究粗颗粒和细颗粒的基本性质,然后以细颗粒含量来判断土体的特性。对于级配不连续且缺少中间粒径的级配连续材料,以缺少的中间粒径作为粗颗粒与细颗粒的界限粒径;级配连续材料的几何平均粒径为

$$d_q = \sqrt{d_{70} d_{10}} \tag{4-1}$$

式中，d_{70} 和 d_{10} 是作为粗颗粒与细颗粒的界限粒径。

毛昶熙(2005)则通过分析粗颗粒骨架的孔隙大小，确定了粗颗粒与细颗粒的界限粒径为

$$d_f = 1.3 \sqrt{d_{85} d_{15}} \tag{4-2}$$

2. 管涌与流土判别

渗流破坏形式取决于细料填充粗料孔隙的程度。当细料刚好填满骨架孔隙，土体总体积 V 等于骨架体积 V_1，可得

$$V^0 = V_1^0 - V_2(1 - n_2) \tag{4-3}$$

$$V_2 = \frac{V_1^0 - V^0}{1 - n_2} \tag{4-4}$$

式中　V^0——土体孔隙体积；

　　　V_1——粗料骨架体积；

　　　V_2——细料土体积；

　　　V_1^0——粗料骨架孔隙体积；

　　　n_2——细料土孔隙率。

当细料恰好填满粗料孔隙，则土体总体积 V 等于骨架体积 V_1。

$$\frac{V_2}{V} = P_f(1 - n) + \frac{n_2(1 - n)P_f}{1 - n_2} = P_f\left(\frac{1 - n}{1 - n_2}\right) \tag{4-5}$$

式中　P_f——土体中细料的质量百分数；

　　　n——土体中的孔隙率。

恰好填满孔隙情况下：

$$\frac{V_2}{V} = \frac{V_1^0}{V} = n_1 \tag{4-6}$$

在没有填满孔隙的情况下：

$$\frac{V_2}{V} = \frac{V_1^0/V - V^0/V}{1 - n_2} = \frac{n_1 - n}{1 - n_2} \tag{4-7}$$

联立式(4-5)、式(4-7)求解得：

$$P_f = \frac{n_1 - n}{1 - n} \tag{4-8}$$

式中，n_1 为粗粒中孔隙率。

1）方法一

毛昶熙（2005）在对管涌的研究中假设 $n_1 = n_2$，则可推出：

$$P_f = \frac{\sqrt{n} - n}{1 - n} \qquad (4\text{-}9)$$

则式（4-9）中 $\sqrt{n} - n$ 的值为 0.24～0.25，故取 $\sqrt{n} - n = 0.25$ 是偏于安全的，此时式（4-9）可以改写为

$$P_f = \frac{1}{4(1-n)} \ \text{或} \ 4P_f(1-n) = 1 \qquad (4\text{-}10)$$

由此，即可得出管涌土的判别式：

$$P_f < \frac{1}{4(1-n)} \ \text{或} \ 4P_f(1-n) < 1 \qquad (4\text{-}11)$$

当 $4P_f(1-n) < 1$ 时，材料为管涌土；否则是非管涌土。

2）方法二

少量的细颗粒掺杂于粗颗粒之间，使粗粒的实际孔隙大于单独存在时的孔隙体积（刘杰，1992）。此时，粗料实际孔隙率为

$$n_1 = n_s + 3n^2 \qquad (4\text{-}12)$$

式中，n_s 为仅粗颗粒时的孔隙率，取决于粗颗粒部分的不均匀系数 C_u，其计算公式为

$$n_s = \frac{n_0}{\sqrt[8]{C_u}} \qquad (4\text{-}13)$$

式中，n_0 为土体由均匀颗粒组成的孔隙率。

本次试验孔隙率为 0.30～0.34，故取最大值 0.34，式（4-13）可以改写为

$$n_s = \frac{0.34}{\sqrt[8]{C_u}} \qquad (4\text{-}14)$$

因此，联立式（4-8）、式（4-12）、式（4-14）可得：

$$P_f = \frac{\frac{0.34}{\sqrt[8]{C_u}} + 3n^2 - n}{1 - n} \qquad (4\text{-}15)$$

考虑到堰塞坝体材料颗粒级配极为广泛，因此其几何平均粒径 d_q 作为粗颗粒与细颗粒的界限粒径较为合理。表 4-10、表 4-11 分别为上述两种方法计算的界限细粒含量 $P_界$。若以 d_q 为粗、细料的区分粒径，既可适用于粒径缺失的级配连续土，也可适用于级配连续的级配连续土。对于判断堰塞坝体材料的细粒含量有很好的指导作用。方法二的计算结果与试

验结果相关性较高。因此,可使用式(4-15)来判断堰塞坝体材料的渗透破坏特征。

表 4-10　土样界限粒径与方法一界限细粒含量

土样编号	$d_q/$ mm	n	方法一 $P_界$	细料含量 P_f	渗透破坏形式	
					计算	试验
2-1	5.92	0.34	0.38	0.23	管涌	供水不足
2-2	5.92	0.33	0.370			
2-3	5.92	0.31	0.36			
2-4	5.92	0.30	0.35			
3-1	1.08	0.34	0.38	0.36	管涌	管涌
3-2	1.08	0.33	0.37			
3-3	1.08	0.31	0.36		流土	过渡
3-4	1.08	0.30	0.35			
4-1	0.14	0.34	0.38	0.57	流土	流土
4-2	0.14	0.33	0.37			
4-3	0.14	0.31	0.36			
4-4	0.14	0.30	0.35			

表 4-11　土样界限粒径与方法二界限细粒含量表

土样编号	$d_q/$ mm	n	方法二 $P_界$			P_f	渗透破坏	
			$0.95P_界$	$P_界$	$1.05P_界$		计算	试验
2-1	5.92	0.34	0.42	0.44	0.46	0.23	管涌	供水不足
2-2	5.92	0.33	0.39	0.41	0.43			
2-3	5.92	0.31	0.36	0.38	0.40			
2-4	5.92	0.30	0.34	0.35	0.37			
3-1	1.08	0.34	0.40	0.42	0.45	0.36	管涌	管涌
3-2	1.08	0.33	0.37	0.39	0.41			
3-3	1.08	0.31	0.34	0.36	0.38		过渡	
3-4	1.08	0.30	0.32	0.34	0.36		过渡	过渡
4-1	0.14	0.34	0.36	0.38	0.40	0.57	流土	流土
4-2	0.14	0.33	0.33	0.35	0.36			
4-3	0.14	0.31	0.30	0.32	0.33			
4-4	0.14	0.30	0.28	0.29	0.31			

4.4 堰塞坝渗流特性离散元分析

堰塞坝的离散元渗流分析旨在模拟饱和渗透试验中坝体材料的渗透失稳过程,在细观尺寸上揭示堰塞坝的失稳机制。

4.4.1 堰塞坝单元数值模型

图 4-14 为 PFC 2D 中计算流体动力学与离散元耦合(CFD-DEM)的计算流程(Cundall, 1979;Itasca,2002)。图中 t_p 为离散元计算时间,t_f 为流体计算时间。在每个离散元计算时步中,先求解颗粒的运动方程,之后判断离散元时间是否与流体计算时间相等,若相等,调用流体计算模块并传递孔隙率和颗粒的运动信息;流体计算模块采用 SIM-PLE 算法计算流体计算单元内的流体流速和压力,经迭代计算将更新后的流体与颗粒的相互作用力传回离散元中,作为颗粒的外部受力参与力-位移方程的计算。

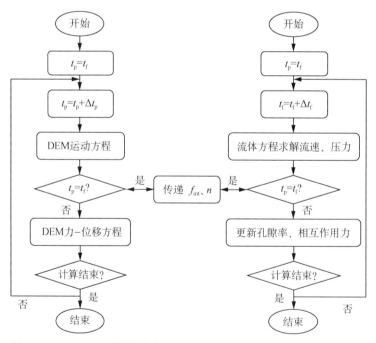

图 4-14 PFC 2D 流固耦合计算流程

选取两种具有代表性的坝体材料颗粒级配,即代表基质支撑型的细粒为主级配和代表骨架颗粒支撑型的粗粒为主级配。细粒为主的材料最大粒径为 2 mm,最小粒径为 0.075 mm;粗粒为主的材料最大粒径为 40 mm,最小粒径为 0.5 mm。然而,由于离散元与流体耦合计算条件的限制,当大颗粒和小颗粒的粒径差别在 3~5 倍及以上时,流固耦合计算很难收敛。目前可采用的方法为通过数个粒径较小的颗粒组成 cluster 单元,在原先大颗粒的位置生成并代替大的骨架颗粒。同时,将粒径过小的颗粒进行适当放大。

cluster 单元通过 Fish 函数进行编程(图 4-15),主要步骤如下。

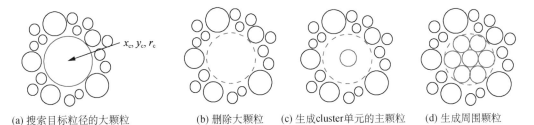

(a) 搜索目标粒径的大颗粒　　(b) 删除大颗粒　(c) 生成cluster单元的主颗粒　(d) 生成周围颗粒

图 4-15　cluster 单元生成步骤

(1) 搜索目标粒径的大颗粒并记录其颗粒编号与位置信息(坐标、半径)。

(2) 删除大颗粒。

(3) 在原大颗粒的中心位置生成 cluster 单元的主颗粒。

(4) 通过随机函数生成随机相位角,并按照指定的个数在主颗粒周围生成相切的周围颗粒。

(5) 在新生成的颗粒间施加接触点胶结(contact-bond model),使其成为胶结的团块,图中红色颗粒组成的即为 cluster 单元。

细粒为主级配中将粒径为 2 mm 的颗粒替换为由 7 个等粒径颗粒组成的 cluster 单元(图 4-16 中虚线表示原颗粒,生成的小颗粒粒径为原粒径的 1/3),而对于小粒径的颗粒,将 0.075 mm 的颗粒按 1.5 mm 生成,可以满足计算要求。而粗粒为主级配由于最大粒径与最小粒径相差 80 倍,因此将粒径在 20 mm 以上的颗粒进行 cluster 单元替换,其中,40 mm 的颗粒替

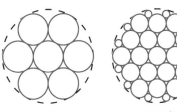

(a) 由7个颗粒组成　　(b) 由31个颗粒组成

图 4-16　cluster 单元示意

换为由 31 个颗粒组成的 cluster 单元(共生成两种粒径的小颗粒,粒径分别为原粒径的 1/5 和 1/12),而 20 mm 的颗粒则替换为由 7 个等粒径颗粒组成的 cluster 单元,同时,对于小粒径的颗粒,将 2 mm 与 0.5 mm 粒径的颗粒按粒径为 3 mm 生成。

为了生成指定级配和孔隙比的颗粒集合体,仍采用压密法,按生成墙体、生成颗粒、替换 cluster 单元、压密、压力释放、替换墙体 6 个阶段建立数值模型。

(1) 生成墙体。渗透试验数值模型首先生成 4 面墙体,如图 4-17 所示。《土工试验方法标准》(GB/T 50123—2019)中建议粗粒土的渗透试验试样内径应大于材料粒径 d_{85} 的 5 倍,高径比一般为 2 或 3,因此,渗透数值模拟中将 H/B 选为 2,模型尺寸见表 4-12。

(2) 生成颗粒。利用软件中提供的在给定范围内生成相互不重叠的颗粒的方法,首先在一个较大的区域内(模型宽度不变,初始高度大于最终所需的目标高度),按给定颗粒级配的

各个粒组生成颗粒。

（3）替换 cluster 单元。颗粒生成完毕后，在所有的颗粒中搜索目标粒径的颗粒，找到后按前述 cluster 单元的生成步骤替换原颗粒，并重复该动作直至所有颗粒搜索完毕。细粒为主级配中将粒径为 2 mm 的颗粒替换为如图 4-16(a)所示的 cluster 单元，粗粒为主级配中将粒径为 20 mm 的颗粒替换为如图 4-16(a)所示的 cluster 单元，而粒径为 40 mm 的颗粒则替换为如图 4-16(b)所示的 cluster 单元。替换后模型所包含的颗粒数目，由于孔隙比的不同，具体见表 4-12。

（4）压密。该阶段通过保持侧墙与底部墙体不动，指定图中的墙 4 以恒定的速度向下运动，并由其最新位置计算模型的实时孔隙比，直至达到目标孔隙比。同时，对所有颗粒施加重力，使其可自由下落。

（5）压力释放。由于形状不规则的 cluster 单元可能对模型内颗粒的排列存在影响，造成局部有较大的孔隙，使得模型压密至指定孔隙比时颗粒间存在较大接触力，该阶段通过伺服系统，令墙 4 以一个极缓慢的速度上下进行移动，同时监测上下墙体与颗粒间的接触力，直至一个指定的较小值，从而达到压力释放的目的。

（6）替换墙体。为了使流体可以在垂直方向上自由渗透，在进行模拟前将上下墙体删除，同时在模型底部原墙 1 位置生成一组点墙，即墙体尺寸无穷小，只有位置信息，类似质点。为了避免过多颗粒透过点墙的间隙掉落，点墙的间距为最小粒径的 3 倍。

值得注意的是，为了得到更均匀的模型试样，采用了与室内试验中类似的分层填筑法，将模型分层并逐层生成颗粒、逐层压密。本书中，将数值模型分 3 层制备完成，最终生成所建模型。

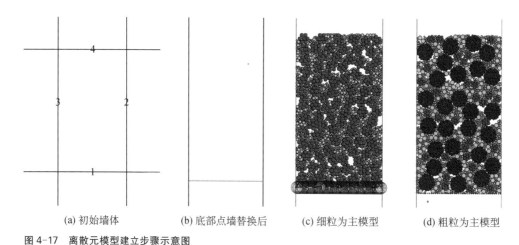

(a) 初始墙体   (b) 底部点墙替换后   (c) 细粒为主模型   (d) 粗粒为主模型

图 4-17　离散元模型建立步骤示意图

表 4-12　数值模型物理参数

颗粒级配	模型尺寸/(mm×mm)	流体网格	工况	密实度/(g·cm⁻³)	颗粒数
细粒为主	15×30	8×12	F1	1.78	2 246
			F2	1.82	2 293

（续表）

颗粒级配	模型尺寸/(mm×mm)	流体网格	工况	密实度/(g·cm⁻³)	颗粒数
细粒为主	15×30	8×12	F3	1.86	2 346
			F4	1.90	2 405
粗粒为主	200×400	10×15	C1	1.78	2 286
			C2	1.82	2 337
			C3	1.86	2 411
			C4	1.90	2 489

4.4.2　堰塞坝单元数值模型

1. 细粒为主坝体材料

施加水力坡降的间隔是 0.3 或 0.4，当表观流速不能稳定时，在上一级稳定坡降的基础上以 0.1 间隔施加水力坡降，临界坡降为表观流速不稳定的坡降与此稳定坡降的平均值。细粒为主试样不同密实度下数值模拟表观流速 v^0 随计算时步变化如图 4-18 所示。水力坡降施

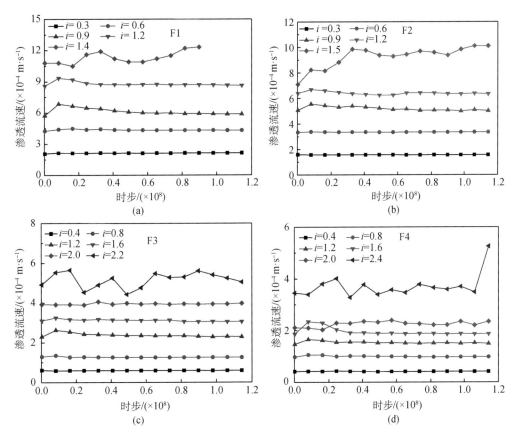

图 4-18　细粒为主材料的渗透流速

加初期,因颗粒在局部区域调整位置,导致 v'' 波动较大,经过一段时间后 v'' 逐渐平稳,渗透试验达到稳定状态,认为该 v'' 值是此坡降对应的稳定表观流速 v。使用 4 核 Intel CPU (4.0 GHz)台式机计算达到稳定用时超过 3 天。

绘制细粒为主材料数值模拟的 $i \sim v$ 关系图(图 4-19),发现与室内模型试验的 $i \sim v$ 曲线存在高度吻合的正比例关系,即均符合达西(Darcy)定律:

$$i = v/k \tag{4-16}$$

采用线性函数拟合后,直线斜率的倒数即为细粒为主材料的渗透系数 k。细粒为主数值模拟的渗透系数与模型试验基本相同,临界梯度与模型试验相近,验证了 CFD-DEM 数值方法模拟渗透试验的合理性与准确性。细粒为主材料由于内部孔隙小,孔隙水在粒间运移速率低,雷诺数 $Re = \dfrac{\rho_f du}{\mu}$ 小(最大仅为 2),基本保持层流状态,对颗粒体的拖曳力小,主要以平均流速项为主。因此,细粒为主坝体材料的渗透曲线与经典的 Darcy 定律相一致。

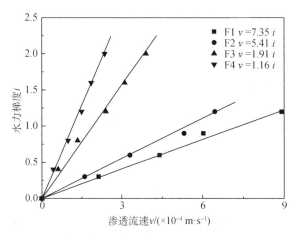

图 4-19　细粒为主材料渗透过程的 $i \sim v$ 曲线

细粒为主试样 F1、F2、F3、F4 渗透破坏形式均为流土,这与模型试验一致。为了研究细粒为主流土渗透破坏发展过程,以试样 F1 为例记录一定坡降下的模型图及相应的渗流场和力链图,如表 4-13 所示。模型图中试样分 4 层染色,以便清楚观察层间颗粒的相对运动,渗流向量图中箭头的方向和长度代表单元网格内平均渗透流速的方向和相对大小,力链图中任意一条线段表示相邻相互作用两个颗粒质心间的连线。

由表 4-13 中模型图可知,试样在整个渗流过程基本没有变化,达到临界破坏时上部小颗粒翻滚、跳跃,与大颗粒不断碰撞,试样内部出现水平裂缝后整体向上浮动,与模型试验变化过程相同。由渗流向量图可知,随着水力坡降的增加,渗透流速逐渐变大,但流场的方向基本保持不变。临界破坏时颗粒在网格间缓慢迁移,导致表观流速(图 4-18)波动加剧而不能达到稳定状态。由力链图可知,在初始密实状态下大小颗粒之间的力链均匀分布,在低水力坡降

($i = 0.3$)下,小颗粒悬浮力链均匀分布于大颗粒之间,临界破坏时颗粒体基本处于悬浮状态,虽彼此相邻,但不存在相互作用力,也就不具备承载能力,产生渗透整体破坏。

表 4-13　细粒为主试样 F1 的渗透失效过程

施加水力梯度 i	0	0.3	1.4
渗透阶段	初始制样	初始渗流	渗透破坏
模型试样			
渗流场			
粒间力链			

　　室内模型试验可以得到试样颗粒的流失量,但由于条件限制,无法得到在渗流过程中颗粒流失的动态变化过程。数值模拟在这方面就具有很大的优越性,它可以记录每个颗粒的移动过程,即运动轨迹。模拟方案中随机跟踪了4个颗粒以获知其运动特性,如图4-20所示,发现细粒为主颗粒移动轨迹基本为短距离(仅几毫米)的以竖直线段为主。由于渗透流速较小,水对颗粒的拖曳力 f_d 较小,颗粒只在局部范围内向上运动。

　　配位数是颗粒接触总数与颗粒数量的比值,反映颗粒间接触、碰撞的频繁程度。细粒为主试样在水力坡降作用下配位数先减小后趋于稳定,如图4-21所示。渗流坡降施加初期,试样内部颗粒局部调整位置,小颗粒逐渐悬浮,粒间接触总数减小,配位数降低,临界坡降时颗粒体整体以一定的速率向上运动,并未出现穿插、跳跃现象,颗粒接触数主要为 cluster 单元内部的封闭接触提供。因此,细粒为主试样配位数基本保持不变。

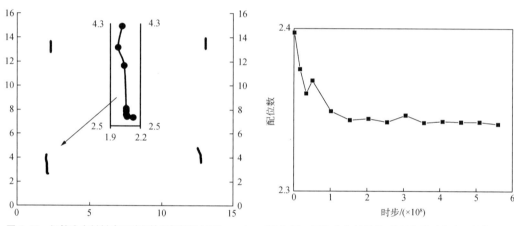

图4-20　细粒为主材料渗透过程的颗粒轨迹(单位:mm)　　图4-21　细粒为主材料 F1 渗透失稳过程中配位数

2. 粗粒为主坝体材料

　　粗粒为主试样的 $i{\sim}v$ 曲线呈现非线性关系。因此,施加的水力坡降数量远大于细粒为主试样。绘制粗粒为主材料数值模拟的 $i{\sim}v$ 关系图(图4-22),其与室内模型试验的 $i{\sim}v$ 曲线存在高度相似的非线性关系,不符合 Darcy 定律。采用二次多项式函数拟合后,渗透流速 v 与水力坡降 i 高度符合 Forchheimer 公式,即

$$i = av^2 + bv \tag{4-17}$$

　　粗粒为主数值模拟的 $i{\sim}v$ 函数系数与模型试验基本相同,临界梯度与模型试验相近,验证了 CFD-DEM 数值方法模拟粗粒为主渗透试验的合理性与准确性。与细粒为主试样相比,粗粒为主试样内部连通孔隙体积较大,渗透流速较大,雷诺数高达400,流体不能维持层流状态而进入紊流状态,因此 $i{\sim}v$ 呈现抛物线关系。随着密实度的增加,孔隙率降低,拖曳力 f_d 流速项系数增加,试样的抗渗能力增强,多项式的系数 a、b 也随之变大。

　　粗粒为主试样 C1、C2、C3、C4 渗透破坏形式均为管涌失效,这与模型试验一致。为了研

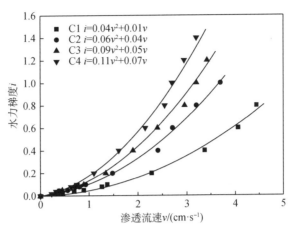

图 4-22　粗粒为主材料渗透过程的 $i \sim v$ 曲线

究粗粒为主管涌渗透破坏发展过程,以试样 C1 为例记录一定坡降下的模型图及相应的渗流场和力链图,如表 4-14 所示。

表 4-14　粗粒为主试样 C1 的渗透失稳过程

水力梯度 i	0	0.1	0.6	0.8
渗透阶段	初始制样	渗透初始	渗透发展	渗透失效
模型试样				
渗流场				

水力梯度 i	0	0.1	0.6	0.8
粒间力链	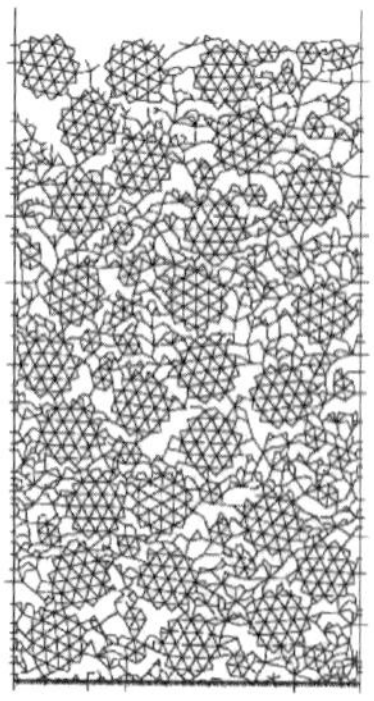	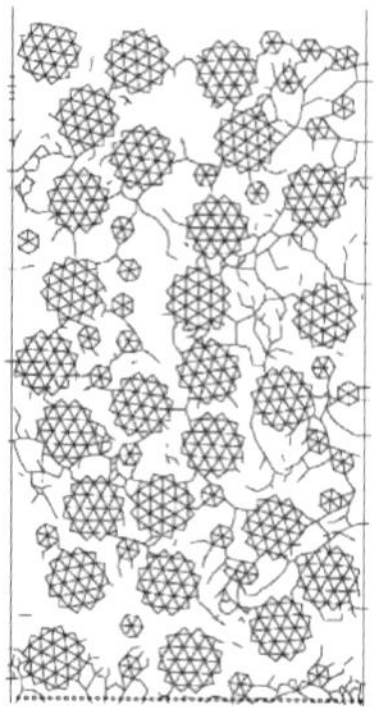	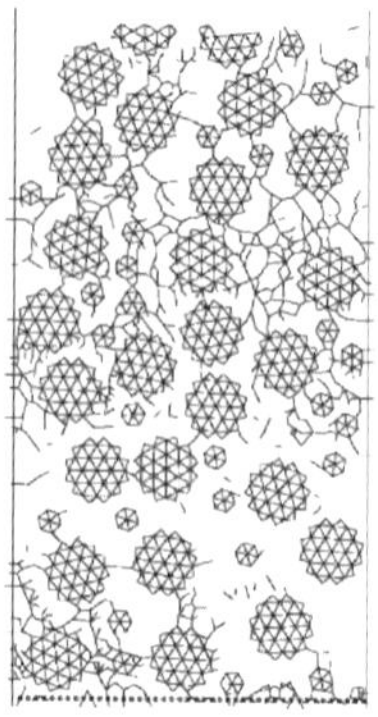	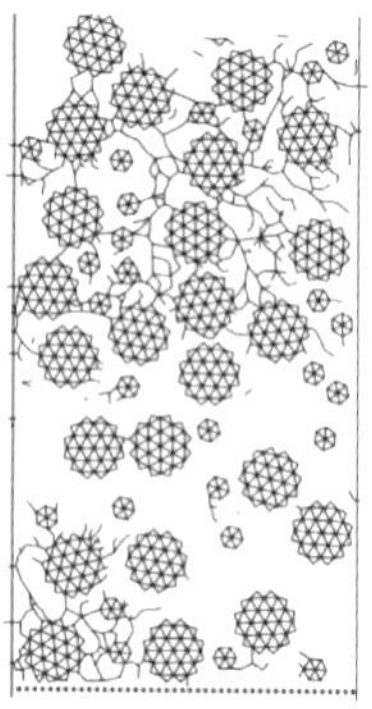

由表 4-14 中模型图可知,初始时刻颗粒体均匀分布,受模型底部施加的常水力坡降作用,底部的小颗粒向上浮动出现较大的孔隙;之后孔隙逐渐增大并相互连通,同时顶部靠近左侧墙的部分小颗粒开始向上运动,并带动少量大颗粒上浮;随着底部孔隙的进一步增大,模型中的大部分颗粒开始移动,在此过程中,颗粒的排列位置发生变化,模型顶部左侧颗粒流失后的孔隙与底部右侧的孔隙逐渐贯通,形成一条完整的孔隙连通区域,即产生管涌破坏。

从渗流场中可以更明显地观察到试样管涌形成的过程。施加水头初期渗流场基本均匀分布,随后模型顶部左侧以及底部右侧附近的流速逐渐增加形成优势流,对应模型图中最先产生较大孔隙和细颗粒运移的位置;当渗流通道形成后,其附近的流体流动方向发生偏转,沿渗流通道方向的流速最大,试样的渗透流速也达到最大值,整个破坏过程与室内试验中的管涌破坏过程一致。管涌失效过程与细粒为主均匀的渗流场存在显著差异。

力链随着管涌的发展而变化,初始力链几乎均匀地分布于颗粒之间,因较大的渗透流速,紊态流体对颗粒的拖曳力 f_d 中平均流速的平方项显著增加,促使细颗粒悬浮接触应力消失,力链分布于大颗粒之间,在模型底部和左上部管涌通道形成后,粗颗粒对细颗粒丧失约束作用使其运移游动,此区域颗粒之间没有力链存在,而粗颗粒具有骨架支撑作用,模型右上侧与左下侧粗颗粒间力链一直存在,使其具有一定的有效应力。这与细粒为主试样颗粒完全上浮、粒间有效应力为 0 存在显著差异。

模拟方案中随机跟踪了 4 个小颗粒以获知其运动特性,如图 4-23 所示,发现粗粒为主中细颗粒移动距离较大(超过 10 cm)且具有非线性和随机性,但由于存在向上的水力坡降,细颗粒总体是在曲折中往上运动并逐渐流失。这与细粒为主颗粒运移存在显著差异。在临界水力坡降作用下,试样中的小颗粒在连通的孔隙中悬浮、跳跃,运动过程中不同程度地受到骨架大颗粒的阻挡而改变方向,同时小颗粒大范围的迁移引起试样局部孔隙率、级配等几何特性变化,改变孔隙流体的局部流态,反过来影响对颗粒体的水力特性。因此,这是渗透过程中复杂水土耦合作用引起的非线性动态变化过程。

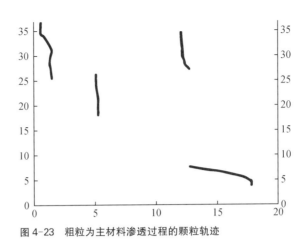

图 4-23　粗粒为主材料渗透过程的颗粒轨迹

　　粗粒为主试样孔隙率与颗粒流失量随时间变化曲线如图 4-24 所示。试样中粒径最小（3 mm）的颗粒最先流失，且流失量最大，同时伴随着少量较大颗粒（粒径为 5 mm 和 10 mm）流失，而粒径最大（40 mm 和 20 mm）的颗粒几乎未发生流失，与室内模型试验相一致。渗流模拟初期，试样孔隙率缓慢增大，但增大不明显，这可能是由于试样颗粒结构局部重新调整所致。但随着管涌通道的形成，颗粒流失快速增加，孔隙率也呈现逐步增大的趋势。因此，试样的孔隙率与颗粒流失总量的变化趋势基本保持一致。

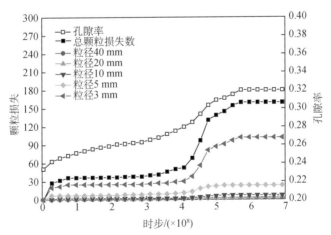

图 4-24　粗粒为主材料渗透过程中孔隙率和颗粒损失的变化

4.5　堰塞坝材料非饱和持水特性

4.5.1　非饱和持水特性分析方法

　　与高岭土、黄土及红土相比，堰塞坝材料非饱和水力学参数的确定具有一定困难：堰塞坝材料块石含量较高,且块石粒径较大,常见的压力板仪容器内径不能满足试验需求;当堰塞坝材料黏粒含量较少时,其进气值较小,为确定其进气值,需要试验仪器能控制较小的吸力。虽采用土柱法能控制较小吸力,但测定进出水量较为困难(宇野尚雄 等,1990)。因此,现有的非饱和渗透仪难以满足试验的需要。为测定堰塞坝材料的土-水特征曲线和非饱和渗透系数,课题组研制了适用于级配连续材料的非饱和渗透仪。

粗粒土非饱和渗透仪可分为密封室、加压系统和测量系统三个部分(图4-25)。密封室有两层套筒,分为外室和内室(图4-26)。外套筒与顶盖、底盘组成完全密封的外室,顶盖上连通有气管,用于向外室填充气压。内套筒与底盘、加载盘组成内室,用于装放试样,考虑到堰塞坝材料的颗粒级配范围较广,内套筒内径设计为 160 mm,高为 100 mm,大于常规的非饱和试验仪器。内套筒壁均匀,分布有直径为 1.5 mm 的小孔,通过这些小孔可将气压同时均匀地加至圆柱状试样的侧壁上,缩短了试验所需的时间。

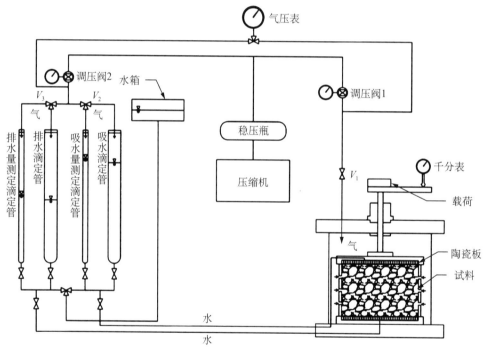

图4-25　堰塞坝材料非饱和渗透仪示意图

内套筒下的底盘和内部的加载盘上装有直径为 152 mm 的陶瓷板。陶瓷板的进气值(AVE)为 100 kPa,即试验中的气压最大不能超过 100 kPa。底盘和加载盘上连通水管,可加载不同的水压,在试样的两头形成水头差,以测量非饱和渗透系数;在持水性试验中,保持底盘和加载盘上的水压相同,还可起到双面排水的作用,加快试验速度。加载盘通过加砝码进行加载,试验中保持载荷的大小一定,用千分表测量试样饱和度变化造成的竖向位移。

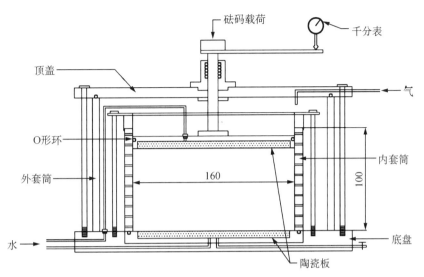

图 4-26　密封室示意图(单位:mm)

　　测量系统包括一组滴定管、水箱和气压表,非饱和装置实物如图 4-27 所示,滴定管分为加压管(吸水和排水滴定管)和量测管。加压管为保证试验过程中管内的水位基本不变,设计内径为 5 cm;量测管为精确测量加压管内的水位变化(试样吸水/排水量),设计内径为 2 cm。当吸水管和排水管内的水位不同时,可分别给试样的上下面加载不同的水压,可加载的最大水压差受滴定管的长度控制,为 10 kPa。

　　本次研究的持水性试验一共包括 6 次试验,如表 4-15 所示。使用的试验材料为细粒为主、级配连续和粒径缺失堰塞坝材料。持水性试验主要目的是测量堰塞坝材料在一定吸力范围内的土-水特征曲线,包括主曲线(干燥曲线、湿润曲线)和扫描曲线。试验 1-1、试验 2-1 和试验

图 4-27　非饱和装置实物图

3-1 先测量 3 种典型堰塞坝材料土-水特征曲线的主曲线,确定主曲线吸力的范围后,再选定一定的吸力范围,在试验 1-2、试验 2-2 和试验 3-2 中测定主曲线和扫描曲线。

表 4-15　堰塞坝材料持水性试验方案

试验编号	试样	试验内容
1-1	细粒为主	测量吸力 0~90 kPa 范围内,试样的含水量变化,获得吸水和排水的土-水特征曲线
1-2		根据试验 1-1 的试验结果,选定一定的吸力范围,测量试样的扫描曲线

试验编号	试样	试验内容
2-1	级配连续	测量吸力 0～90 kPa 范围内,试样的含水量变化,获得吸水和排水的土-水特征曲线
2-2		根据试验 2-1 的试验结果,选定一定的吸力范围,测量试样的扫描曲线
3-1	粒径缺失	测量吸力 0～90 kPa 范围内,试样的含水量变化,获得吸水和排水的土-水特征曲线
3-2		根据试验 3-1 的试验结果,选定一定的吸力范围,测量试样的扫描曲线

4.5.2 堰塞坝材料持水特征分析

1. 细粒为主材料

试验 1-1 测得了堰塞坝细粒为主材料的土-水特征曲线(图 4-28),确定了达到残余饱和度 S_r^r 时的吸力值。以试验 1-1 的结果为基础,在试验 1-2 中选定一定的吸力值范围($s = 2\sim 4$ kPa),测定了堰塞坝细粒为主材料土-水特征曲线中的扫描曲线(图 4-29)。对比试验 1-1 和试验 1-2 的结果可知,两次试验结果较为接近,试验的重复性较好,试验结果是可信的。

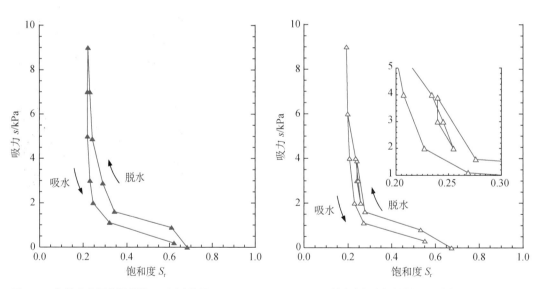

图 4-28　细粒为主堰塞坝材料 1-1 测试结果　　　　图 4-29　细粒为主堰塞坝材料 1-2 测试结果

2. 级配连续材料

级配连续材料试样饱和时的饱和度 S_r^s 为 0.91～0.92。逐渐降低水压,增加吸力,使试样排水至残余饱和度 S_r^r;再逐渐增加水压,降低吸力,使试样重新吸水饱和,测得堰塞坝级配连续材料的土-水特征曲线(图 4-30 和图 4-31)。试验 2-1 测得了堰塞坝级配连续材料的土-水特征曲线,确定了达到残余饱和度 S_r^r 时的吸力值。以试验 2-1 的结果为基础,在试验 2-2 中选定一定的吸力值 s 范围(1～3 kPa),测定了堰塞坝级配连续材料土-水特征曲线中的扫描曲线。

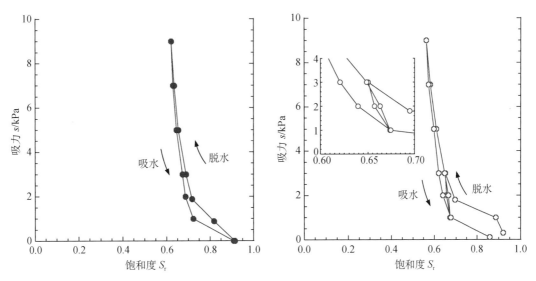

图 4-30　级配连续堰塞坝材料 2-1 测试结果　　　　图 4-31　级配连续堰塞坝材料 2-2 测试结果

3. 粒径缺失材料

粒径缺失材料试样饱和时的饱和度 S_r^s 为 0.88～0.94。逐渐降低水压,增加吸力,使试样排水至残余饱和度 S_r^r;再逐渐增加水压,降低吸力,使试样重新吸水饱和,测得堰塞坝粒径缺失材料的土-水特征曲线(图 4-32 和图 4-33)。以试验 3-1 的结果为基础,在试验 3-2 中选定一定的吸力值 s 的范围(3～5 kPa),测定了堰塞坝粒径缺失材料土-水特征曲线中的扫描曲线。对比试验 3-1 和试验 3-2 的结果可知,两次试验结果较为接近,试验的重复性较好,试验结果是可信的。

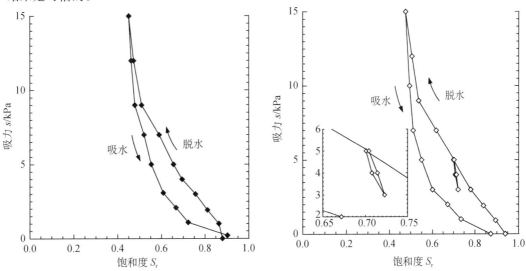

图 4-32　粒径缺失堰塞坝材料 3-1 测试结果　　　　图 4-33　粒径缺失堰塞坝材料 3-2 测试结果

4.5.3 坝体材料持水特性对比

从持水特性试验结果可知,3 种典型堰塞坝材料的土-水特征曲线与文献(Lin et al.,2009;苗强强 等,2010;张雪东,2010)中砂性土的土-水特征曲线基本相符。将试样 1-1、试样 2-1、试样 3-1 的试验结果绘制于同一坐标轴中(图 4-34)进行对比,发现 3 种堰塞坝材料的非饱和特性存在显著差异。

细粒为主堰塞坝材料土-水特征曲线的残余饱和度与饱和时的饱和度最低,且持水性较差。试验的 3 种典型堰塞坝材料中,细粒为主堰塞坝材料粒径 0.075 mm 以下的颗粒含量最低。干密度 $\rho_d = 1.79$ g/cm³ 时,细粒为主堰塞坝材料大颗粒间的孔隙并未被小颗粒完全填充。因此,吸力为 0 kPa 时,细粒为主堰塞坝材料仅能吸水饱和到饱和度为 0.67~0.68,吸力增大至 2 kPa 时便迅速排水至残余饱和度 0.21。

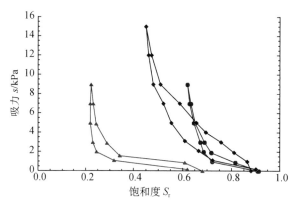

图 4-34　3 种堰塞坝材料土-水特征曲线(红色、蓝色及黑色分
别为试样 1-1、试样 2-1 及试样 3-1)

级配连续堰塞坝材料粒径 0.075 mm 以下的颗粒含量较细粒为主堰塞坝材料高,且干密度 $\rho_d = 1.79$ g/cm³ 时,大颗粒间的孔隙基本被小颗粒填充,因而其持水特性较好,残余饱和度可达 0.61。试验的 3 种典型堰塞坝材料中,级配连续堰塞坝材料的脱湿曲线和吸湿曲线最为接近,滞后性最不明显。

相较于其他 2 种堰塞坝材料,粒径缺失堰塞坝材料粒径 0.075 mm 以下的颗粒含量最高,因而达到残余饱和度所需的吸力值最大,持水特性也较好,吸力增加时,试样并未迅速排水。此外,粒径缺失堰塞坝材料的脱湿曲线和吸湿曲线差别最大,存在较明显的滞后性。因此,堰塞坝材料的持水特性主要由细粒成分的含量(粒径 0.075 mm 以下的颗粒含量)决定,细粒成分含量增加,材料的持水能力增加。因试验组数较少,堰塞坝材料粗粒成分对持水特性的影响尚不明确。

堰塞坝材料土-水特征曲线滞后性差异的原因可能为"瓶颈效应"(张雪东,2010)。相同的孔隙比下,级配连续堰塞坝材料中孔隙大小分布最均匀,无论是吸水还是脱水过程,水都易从孔隙中流过,因而级配连续堰塞坝材料的土-水特征曲线滞后性最差,级配不均匀的粒径缺失堰塞坝材料的土-水特征曲线滞后性最好。

本章针对堰塞坝坝体材料开展了系列离散元直接剪切试验、饱和渗透特性试验与非饱和持水特征试验,得到了堰塞坝坝体材料的基本物理力学特性。

堰塞坝材料的颗粒级配分布范围广,给堰塞坝是否稳定带来了很大的不确定性。依据唐家山堰塞坝的级配曲线,提取四种典型级配:细粒为主级配、粗粒为主级配、级配连续和粒径缺失粒组,为堰塞坝材料的力学特性分析提供有力支撑。

细粒为主材料的抗剪强度低于粗粒为主材料。细粒为主材料剪切过程中呈现应变硬化特性而粗粒为主材料呈现应变软化特性。粗粒为主试样中的接触力主要在粗颗粒形成的骨架中传递,而细粒为主试样的接触力和应力分布则相对均匀。两种坝体材料试样密实度越大,颗粒排列越紧密,越有利于接触力的传递。

在相同的干密度下,细粒为主试样的渗透系数低于级配连续试样。随着干密度增加,三种堰塞坝材料的渗透率降低,且细粒为主试样降低程度高于级配连续试样。级配连续试样破坏坡降高于细粒为主和粒径缺失试样。基于坝体材料粗细颗粒划分指标,提出堰塞坝体材料的渗透破坏判断指标。

对比分析了细粒为主、级配连续及粒径缺失堰塞坝材料的土-水特征曲线,相同饱和度下细粒为主材料的吸力小于级配连续材料小于粒径缺失材料。堰塞坝材料的持水特性主要由细粒成分的含量决定的,细粒成分含量增加,材料的持水能力增加,因此细粒为主堰塞坝材料持水性最差,级配连续堰塞坝材料和粒径缺失堰塞坝持水性较好。

参考文献

陈晓清,崔鹏,赵万全,等,2010."5·12"汶川地震堰塞湖应急处置措施的讨论:以唐家山堰塞湖为例[J].山地学报,28(3):350-357.

崔鹏,陈述群,苏凤环,等,2010.台湾"莫拉克"台风诱发山地灾害成因与启示[J].山地学报,28(1):103-115.

刘杰,1992.土的渗透稳定与渗流控制[M].北京:水利电力出版社.

毛昶熙,2005.管涌与滤层的研究:管涌部分[J].岩土力学,26(2):209-215.

苗强强,张磊,陈正汉,等,2010.非饱和含黏砂土的广义土-水特征曲线试验研究[J].岩土力学,31(1):102-106.

石振明,熊曦,彭铭,等,2015.存在高渗透区域的堰塞坝渗流稳定性分析:以红石河堰塞坝为例[J].水利学报,(10),1162-1171.

石振明,郑鸿超,彭铭,等,2016.考虑不同泄流槽方案的堰塞坝溃决机理分析:以唐家山堰塞坝为例[J].工程地质学报,24(5):741-751.

石振明,马小龙,彭铭,等,2014.基于大型数据库的堰塞湖特征统计分析与溃决参数快速评估模型[J].岩石力学与工程学报.

张雪东,2010.土水特征曲线及其在非饱和土力学中应用的基本问题研究[D].北京:北京交通大学.

中华人民共和国住房和城乡建设部,2019.土工试验方法标准:GB/T 50123—2019[S].北京:中国计划出版社.

宇野尚雄,佐藤健,杉井俊夫,等,1990.空気圧制御による不飽和砂質土の透水試験法[J].土木学会論文集,III,418(13):115-124.

CHANG D S, ZHANG L M, XU Y, et al., 2011. Field testing of erodibility of two landslide dams triggered by the 12 May Wenchuan earthquake[J]. Landslides, 8:321-332.

CUI P, ZHU Y Y, HAN Y S, et al., 2009. The 12 May Wenchuan earthquake-induced landslide lakes: distribution and preliminary risk evaluation[J]. Landslides, 6(3):209-223.

CUNDALL P A, STRACK O D L, 1979. The distinct element method as a tool for research in granular media. Part II[R]. Report to the National Science Foundation, Minnesota: University of Minnseota.

LINS Y, SCHANZ T, FREDLUND D G, 2009. Modified Pressure Plate Apparatus and Column Testing Device for Measuring SWCC of Sand[J]. Geotechnical Testing Journal,32(5):450-464.

SHI Z M, XIONG X, PENG M, et al., 2017. Risk assessment and mitigation for the Hongshiyan landslide dam triggered by the 2014 Ludian earthquake in Yunnan, China[J]. Landslides, 14(1):1-17.

SHI Z M, ZHENG H C, YU S B, et al., 2018. Application of CFD-DEM to investigate seepage characteristics of landslide dam materials[J]. Computers and Geotechnics, 101:23-33.

SHI Z M, ZHENG H C, YU S B, et al., 2018. Application of DEM to Investigate Mechanical Properties of Landslide Dam Materials [C]//Proceedings of GeoShanghai 2018 International Conference: Geoenvironment and Geohazard. Springer Singapore:142-151.

XIONG X, SHI Z M, GUAN S G, et al., 2018. Failure mechanism of unsaturated landslide dam under seepage loading—Model tests and corresponding numerical simulations[J]. Soils and Foundations, 58(5):1133-1152.

XIONG X, SHI Z M, XIONG Y L et al., 2019. Unsaturated slope stability around the Three Gorges Reservoir under various combinations of rainfall and water level fluctuation[J]. Engineering Geology, 261:105231.

第 5 章
坝体形态对堰塞坝稳定性影响分析

与人工土石坝不同，堰塞坝的坝体形态变化范围广、特征参数相关性小，导致人工土石坝的稳定性评估方法难以适合堰塞坝的评估(石振明 等，2014，2021；王光谦 等，2015；郑鸿超等，2020)。国内外多名学者(崔鹏 等，2009，2011；蒋先刚 等，2019；Xu et al.，2009；殷跃平，2008)基于堰塞坝坝高和库容定性地划分了堰塞坝的风险等级，并制定了堰塞坝风险管理指南。然而，堰塞坝坝高及堰塞湖体积对堰塞坝失稳过程的影响尚不清楚(Shi et al.，2022；石振明 等，2010；Zhu et al.，2020)。堰塞坝的失稳模式是否与坝高、坝宽及坝体坡度相关还不确定(Chen et al.，2015；彭铭 等，2020；石振明 等，2017，2022；赵高文 等，2019)。因此，研究坝体形态对堰塞坝失稳模式及失稳过程的作用规律对预测堰塞坝的溃决峰值流量具有显著意义(周礼 等，2019；朱兴华 等，2020)。

本章开展不同形态特征下的堰塞坝失稳溃决过程分析，研究了坝高、坝顶宽、下游坝坡坡度、河床坡度 4 种坝体形态参数对堰塞坝溃决历时、溃口发展、溃决流量和溃坝程度的影响规律，探究了不同形态参数的内在影响机理，同时引入溃坝程度的概念并建立了堰塞坝溃坝程度的评价等级，对比不同横断面形式泄流槽在坝体溃决过程中的除险效果，依据 DABA 数值模拟，分析形态参数对堰塞坝失稳溃决的灵敏性。

5.1　坝体形态对堰塞坝稳定性影响试验分析方法

5.1.1　堰塞坝模型构建

在充分了解国内外水槽试验装置主要参数的基础上，为了更好地研究不同形态、材料和结构特征堰塞坝的溃决机理，研究团队自主研发了一套用以模拟堰塞坝溃决全过程的模型试验装置。试验装置的示意图如图 5-1 所示，实物图如图 5-2 所示。

模型试验装置主要由三部分组成，分别为供水系统、河道模拟系统和尾水收集系统，具体介绍如下：

(1) 供水系统。供水系统主要由蓄水箱、水泵和电磁流量计等组成(图 5-1)。蓄水箱的

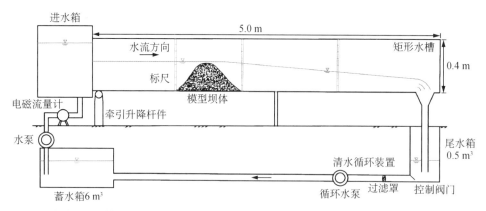

图 5-1 堰塞坝溃决模型试验装置示意

(a) 模型试验装置全景图

(b) 试验水槽照片

图 5-2 堰塞坝溃决模型试验装置实物

尺寸为 2.0 m×2.0 m×1.5 m(长×宽×高),一次性最大蓄水量为 6.0 m³,可有效保证每次试验过程中的供水充足。水泵最大扬程为 12 m,最大流量为 220 L/min,输出功率大,出水稳定。电磁流量计(型号为 SFCL-DN50)的精度为 0.01 L/s。在整个试验过程中,上游入流通过水泵以恒定流速供给,入流量则通过电磁流量计被精准量测。

（2）河道模拟系统。河道模拟系统主要由矩形水槽、进水箱和牵引升降杆件等组成（图5-1）。矩形水槽用以模拟堰塞坝所处河道，尺寸为 5.0 m×0.4 m×0.4 m（长×宽×高），水槽底部为钢结构，水槽两侧边壁均为一体塑造而成的透明丙烯酸板（有机玻璃），便于在试验过程中透过侧壁实时观测水槽内的试验现象。进水箱底部装有数排梳流锯齿，可有效防止入库水流经水泵时产生的飞溅对坝体稳定性的额外影响。可在 0°～12°范围内任意调节水槽倾斜角度，用以模拟不同自然条件下的河床坡度。

（3）尾水收集系统。尾水收集系统主要由尾水箱和清水循环装置等组成。尾水箱与矩形水槽的末端相连，尺寸为 1.0 m×1.0 m×0.5 m（长×宽×高），一次性最大蓄水量为 0.5 m³，用以收集和排出试验过程中的下游洪水及泥沙沉积物。清水循环装置包括控制阀门、装有过滤罩的进水管、循环水泵和出水管等，通过清水循环装置可将尾水箱与蓄水箱连通，并有效实现试验过程中清水的循环利用。

在试验中将模型坝体的纵断面（顺河向）简化为梯形，将模型坝体的横断面（横河向）简化为矩形，如图5-3所示。模型坝体的坝长始终等于水槽宽度，为 40 cm，在试验中保持不变。同时，考虑到堰塞坝的溃决通常开始于下游坝坡，在溃坝研究中，上游坝坡的影响也可以忽略。因此，试验选取坝高、坝顶宽、下游坝坡坡度、河床坡度 4 种坝体形态参数作为影响因素进行研究。试验分别设置了 3 种不同的坝高，分别为 18 cm、24 cm、30 cm；3 种不同的坝顶宽，分别为 0 cm、12 cm、24 cm；3 种不同的下游坝坡坡度，分别为 21.8°（1∶2.5）、26.6°（1∶2）、33.7°（1∶1.5）；4 种不同的河床坡度，分别为 0°、1°、2°、3°。

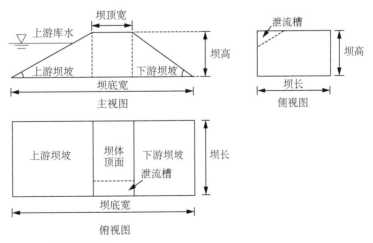

图5-3　模型坝体示意

为了比较不同横断面形式的泄流槽在溃决过程中的除险效果，试验分别设置了 3 种不同横断面形式的泄流槽，分别为三角形槽、梯形槽和复合型槽，如图5-4所示。这 3 种泄流槽的横断面面积相同，均为 20 cm²，纵坡率（顺河向）均为 0，意味着不同泄流槽的开挖工程量相同。其中，三角形槽的顶部槽宽为 8 cm，底部槽宽为 0，槽深为 5 cm；梯形槽的顶部槽宽为 6 cm，底

部槽宽为 4 cm,槽深为 4 cm;复合型槽由上部大槽和下部小槽组成,上部大槽为梯形槽,顶部
槽宽为 8 cm,底部槽宽为 4 cm,槽深为 3 cm,下部小槽为三角形槽,顶部槽宽为 2 cm,底部槽
宽为 0 cm,槽深为 2 cm。为了保证试验过程中上游蓄水和下游沉积的河道长度充足,每组试
验中的模型坝体均在矩形水槽的中央位置进行填筑,坝体上游坡脚到水槽前端的距离为
210 cm。

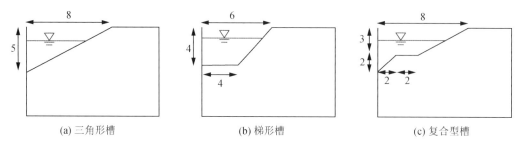

图 5-4 不同横断面形式的泄流槽示意(单位:cm)

5.1.2 堰塞坝形态参数设计

堰塞坝形态对坝体稳定性的影响共设计了 12 组试验工况,主要考虑了坝高、坝顶宽、下
游坝坡坡度、河床坡度、泄流槽横断面形式 5 种影响因素,如表 5-1 所示。

根据不同的影响因素,12 组试验工况又可以分为 5 个组别,分别为:①坝高组(工况
G-1~G-3);②坝顶宽组(工况 G-2、G-4 和 G-5);③下游坝坡组(工况 G-2、G-6 和 G-7);
④河床坡度组(工况 G-2、G-8~G-10);⑤泄流槽组(工况 G-2、G-11 和 G-12)。除上述影响
因素外,每组工况的其他参数设置均相同:上游坝坡坡度 β_u 为 26.6°(1:2),坝长 L_d 为
40 cm,坝体材料为级配连续材料,入流量 Q_{in} 为 1.0 L/s。

表 5-1 形态对堰塞坝溃决影响试验分析

工况编号	坝高/cm	坝顶宽/cm	上游坝坡坡度/(°)	下游坝坡坡度/(°)	坝底宽/cm	河床坡度/(°)	泄流槽横断面	入流量/(L·s⁻¹)
G-1	18	24	26.6	33.7	87	1	三角形	1
G-2	24	24	26.6	33.7	108	1	三角形	1
G-3	30	24	26.6	33.7	129	1	三角形	1
G-4	24	12	26.6	33.7	96	1	三角形	1
G-5	24	0	26.6	33.7	84	1	三角形	1
G-6	24	24	26.6	26.6	120	1	三角形	1
G-7	24	24	26.6	21.8	132	1	三角形	1

（续表）

工况编号	坝高/cm	坝顶宽/cm	上游坝坡坡度/(°)	下游坝坡坡度/(°)	坝底宽/cm	河床坡度/(°)	泄流槽横断面	入流量/(L·s⁻¹)
G-8	24	24	26.6	33.7	108	0	三角形	1
G-9	24	24	26.6	33.7	108	2	三角形	1
G-10	24	24	26.6	33.7	108	3	三角形	1
G-11	24	24	26.6	33.7	108	1	梯形	1
G-12	24	24	26.6	33.7	108	1	复合型	1

5.2　不同形态下堰塞坝溃决失稳过程

5.2.1　溃决模式与溃决特征

　　不同工况条件下堰塞坝的溃决模式基本相同,都属于漫顶溢流破坏,且坝体溃决过程也在宏观上具有一定的相似性。鉴于此,选取其中一种工况为代表,对堰塞坝的溃决过程进行一般性描述。为了统一表述不同工况的坝体溃决过程,将模型试验中坝体溃决的初始时刻 $t = 0\ s$ 定义为泄流槽全线过流的时间点,后文不再赘述。

　　工况 G-2 的坝高为 24 cm,坝顶宽为 24 cm,下游坝坡坡度为 33.7°(1∶1.5),河床坡度为1°,泄流槽横断面形式为三角形。工况 G-2 的坝体溃决失稳过程如图 5-5 所示。在泄流槽全线过流后,漫顶水流首先侵蚀下游坝坡,在下游坡面上形成一条冲刷通道,并使下游坡面逐渐变陡甚至接近于垂直,出现一个类似于瀑布状的陡坎。陡坎形成的原因是此时水流的水深较浅、流速较小、流量有限,侵蚀挟沙能力不足,仅能冲蚀携带下游坡面上的细颗粒,而难以侵蚀粒径相对较大的粗颗粒。随着漫顶水流不断掏蚀陡坎底部并将更多的细颗粒冲蚀带走,陡坎顶部的粗颗粒也逐渐出现局部松动和失稳滑移,导致陡坎发生垮塌并开始向上游方向移动。与此同时,下游坝坡位置的溃口侧坡发生失稳坍塌,下游溃口宽度随之增加。在漫顶水流的侵蚀作用下,陡坎持续向上游方向发展、移动,直到前移至上游坡面,此时溃口完全贯通,坝前水位也上升至最高值,溃口横断面形状由最初的三角形变为矩形。

　　由于上游溃口断面受到水流侵蚀,上游坝坡顶点高程和坝前水位开始下降,上游库水随之下泄,导致溃决流量快速增加。流量增大后的水流持续侵蚀坝体,坝体顶面出现张拉裂缝,上游坝坡位置的溃口侧坡发生失稳坍塌,上游溃口宽度随之增加,使溃口水深和水流流速进一步增大,并产生明显的水跌现象。在水流的剧烈冲刷作用下,溃口竖向下切和横向展宽的速度均十分迅猛,坝体纵断面呈现明显的波浪状起伏。随着坝前水位的不断下降,溃口水深和水力坡降开始逐渐减小,由于侵蚀挟沙能力减弱,此时水流只能将细颗粒携带输移至下游河道,而粗颗粒则停留在坝体表面,导致溃口底部逐渐形成粗化层。粗化层可以保护层下土体颗粒不再被水流冲刷,因此溃口发展渐趋于停止。

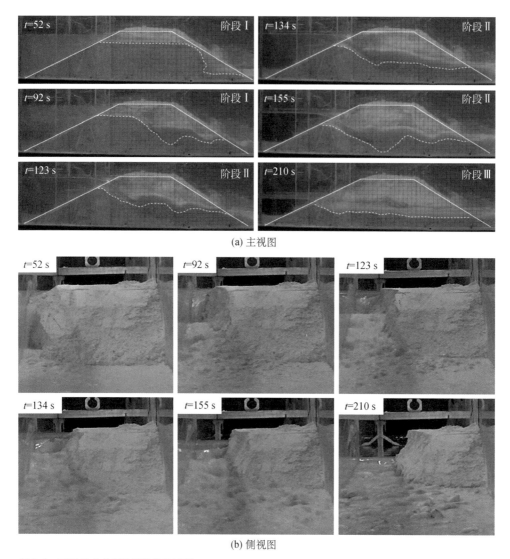

(a) 主视图

(b) 侧视图

图 5-5　工况 G-2 的坝体溃决失稳过程

5.2.2　溃决阶段划分

　　工况 G-2 的溃决流量过程如图 5-6 所示。试验结果表明,在堰塞坝的溃决过程中,溃决流量随溃决时间的总体变化趋势是先增大后减小。为了更好地定量比较不同工况之间的溃决参数(如溃决历时、峰值流量、峰现时间和溃坝程度等),根据坝体纵断面演变过程,将堰塞坝的漫顶溃决过程统一划分为 3 个阶段:溃口形成阶段(阶段Ⅰ)、溃口发展阶段(阶段Ⅱ)和

衰减平衡阶段(阶段Ⅲ),如图 5-7 所示。具体介绍如下:

(1) 溃口形成阶段(阶段Ⅰ),从泄流槽全线过流开始,到溃口侵蚀发展至上游坡面结束。在溃口形成阶段,溃决流量较小(以工况 G-2 为例),溃口发展速度较为缓慢,溃口侧坡失稳坍塌的平均规模也较小。

(2) 溃口发展阶段(阶段Ⅱ),从溃口侵蚀发展至上游坡面开始,到上游溃口断面底部高程不再变化结束。在溃口发展阶段,溃决流量迅速增加并到达峰值,随后又开始下降,溃口竖向下切和横向展宽均显著发育,溃口侧坡失稳坍塌的平均规模也较大。

(3) 衰减平衡阶段(阶段Ⅲ),从上游溃口断面底部高程不再变化开始,到出入流达到平衡结束。在衰减平衡阶段,溃决流量持续减小直至与入流量相等,溃口发展渐趋于停止,最终溃口形状尺寸不再发生变化,并形成稳定的残余坝体。

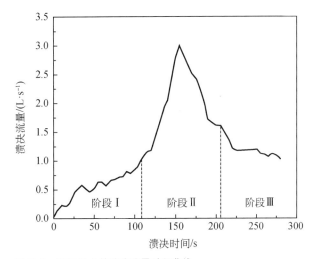

图 5-6　工况 G-2 的溃决流量过程曲线

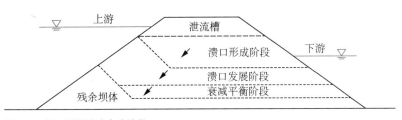

图 5-7　堰塞坝的溃决失稳阶段

5.2.3　溃口发展特征

工况 G-2 的溃口尺寸发展过程如图 5-8 所示,溃口发展所选截面为过坝顶中线的截面(后文如无特殊说明,提及溃口发展时的所选截面均为此截面)。

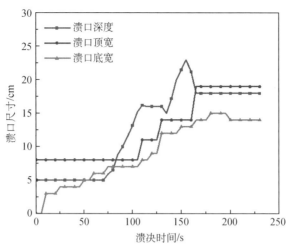

图 5-8　工况 G-2 的溃口尺寸发展过程

（1）溃口形成阶段（0～123 s）：水流首先侵蚀下游坝坡，陡坎冲刷逐渐由下游向上游方向溯源发展，陡坎上游的溃口侵蚀速度缓慢，陡坎下游的溃口下切和展宽速度较快。在溃口形成阶段，工况 G-2 的溃口平均下切速率为 0.72 mm/s，平均展宽速率为 0.24 mm/s。可以看出，在该阶段溃口的竖向下切速率快于横向展宽速率，这说明水流对溃口的下切侵蚀作用更为明显。

（2）溃口发展阶段（123～205 s）：在 123～155 s，溃决流量迅速增加并到达峰值，这一时期水流对溃口的下切侵蚀作用不断增强，溃口深度显著增大并接近最大值，溃口平均下切速率为 2.94 mm/s。在 155～205 s，溃决流量由峰值开始逐渐减小，这一时期水流对溃口的侧向侵蚀作用不断增强，溃口宽度尤其是溃口顶宽显著增大并接近最大值，溃口平均展宽速率为 1.50 mm/s。与此同时，水流对溃口的下切侵蚀作用不断减弱，溃口深度受土体颗粒沉积的影响而有所减小。可以看出，在该阶段前期，溃口的竖向下切速率明显快于横向展宽速率；而在该阶段后期，溃口的横向展宽速率则明显快于竖向下切速率。

（3）衰减平衡阶段（205～280 s）：这一时期溃决流量持续减小，粗颗粒沉积在坝体表面形成粗化层，溃口形状尺寸基本不再发生变化，溃口的竖向下切和横向展宽速率都非常小。

5.2.4　溃坝程度定义

整个溃决过程结束后，模型坝体并没有发生完全溃决，而是形成了一定规模的残余坝体。工况 G-2 的残余坝体纵断面如图 5-9 所示，分析残余坝体纵断面时所选的截面为坝体过流侧（即开挖泄流槽一侧）与水槽侧壁相接的截面，后文不再赘述。工况 G-2 残余坝体的总体高度较溃决前的原坝体高度下降明显，上游坝坡顶点高程为 11.0 cm，坝顶中心处高程为 6.2 cm，下游坝坡顶点高程为 4.0 cm，残余坝体纵断面的轮廓曲线整体较为平缓，纵坡度为 4.9°，上游坝坡处相对较陡,到坝顶中心处逐渐放缓,下游坝坡处则接近水平。

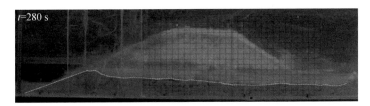

图 5-9　工况 G-2 的残余坝体纵断面

为了更全面地评估堰塞坝的溃坝危险性,除了常用的坝高、堰塞湖库容、峰值流量和峰现时间等评价指标外,引入了溃坝程度这一概念,以此来反映堰塞坝的破坏强度。将溃坝程度定义为溃决释放能量与溃决前总能量的比值,计算公式为

$$BD = \frac{gV_l H_d - gV_r H_r}{gV_l H_d} = \frac{V_l H_d - V_r H_r}{V_l H_d} \qquad (5\text{-}1)$$

式中　BD——堰塞坝的溃坝程度;

　　　g——重力加速度(m/s^2);

　　　V_l——堰塞湖库容(m^3);

　　　H_d——初始坝高(m);

　　　V_r——残余库容(m^3);

　　　H_r——残余坝高(m),等于残余坝体顶点高程。

由式(5-1)可知,当溃坝程度 $BD=1$ 时,堰塞坝发生完全溃决;当溃坝程度 $BD=0$ 时,堰塞坝没有发生溃决破坏。工况 G-2(图 5-9)的初始坝高 H_d 为 24.0 cm,堰塞湖库容 V_l 为 210.2 cm^3,残余坝高 H_r 为 11.0 cm,残余库容 V_r 为 82.0 cm^3,因此溃坝程度 BD 为 0.821。

5.3　形态参数敏感性分析

对堰塞坝的溃决阶段进行明确界定和统一划分有助于定量比较不同工况之间的溃决参数,如各溃决阶段历时、溃决历时、峰值流量、峰现时间、残余坝高和溃坝程度等。工况 G-1~G-12 的试验结果如表 5-2 所示。

表 5-2　工况 G-1~G-12 的试验结果

工况编号	阶段Ⅰ 历时 t_1/s	阶段Ⅱ 历时 t_2/s	阶段Ⅲ 历时 t_3/s	溃决历时 T/s	峰值流量 Q_p /(L·s⁻¹)	峰现时间 t_p/s	残余坝高 H_r/cm	溃坝程度 BD
G-1	121	54	87	262	1.97	135	9.5	0.759

（续表）

工况编号	阶段Ⅰ历时 t_1/s	阶段Ⅱ历时 t_2/s	阶段Ⅲ历时 t_3/s	溃决历时 T/s	峰值流量 Q_p/(L·s^{-1})	峰现时间 t_p/s	残余坝高 H_r/cm	溃坝程度 BD
G-2	123	82	75	280	3.01	155	11.0	0.821
G-3	136	104	67	307	3.66	165	12.2	0.862
G-4	93	81	62	236	3.46	115	8.9	0.889
G-5	61	67	37	165	4.19	80	7.3	0.930
G-6	177	109	57	343	2.62	190	13.2	0.731
G-7	293	125	38	456	2.19	270	15.1	0.638
G-8	206	62	57	325	2.16	240	14.7	0.640
G-9	102	105	56	263	3.67	135	8.5	0.901
G-10	76	137	33	246	4.14	110	4.1	0.984
G-11	158	89	65	312	2.63	195	15.5	0.616
G-12	139	103	50	292	2.41	175	13.6	0.713

5.3.1 坝高的影响

工况 G-1～G-3 的坝高分别为 18 cm、24 cm、30 cm。工况 G-1～G-3 的坝体纵断面演变过程如图 5-10 所示，溃决流量过程如图 5-11 所示，残余坝体情况如图 5-12 所示。随着坝高的增加，溃决历时略微延长，峰值流量显著增加，峰现时间逐渐推迟，残余坝高逐渐增大（表 5-2）。坝高的改变对溃口深度有较为显著的影响，溃口深度与坝高呈正相关关系。当坝高为 18 cm 时，工况 G-1 的峰值流量为 1.97 L/s，峰现时间为 135 s。当坝高分别增加到 24 cm、30 cm 时，工况 G-2、G-3 的峰值流量分别为 3.01 L/s、3.66 L/s，与工况 G-1 相比分别增加了 52.8%、85.8%。工况 G-2、G-3 的峰现时间分别为 155 s、165 s，与工况 G-1 相比分别推迟了 14.8%、22.2%。随着坝高的增加，溃决流量在溃口形成阶段的增速不明显，而在溃口发展阶段的增速则十分显著。残余坝高与坝高呈正相关关系，当坝高为 18 cm 时，工况 G-1 的残余坝高为 9.5 cm。当坝高分别增加到 24 cm、30 cm 时，工况 G-2、G-3 的残余坝高分别为 11.0 cm、12.2 cm，与工况 G-1 相比分别增加了 15.8%、28.4%。

坝高的增加会使峰值流量明显增加，从而显著提高了堰塞坝的溃坝危险性，原因是坝体的绝对高度反映了堰塞湖库容及其潜在水力势能的大小，这进一步影响着后续漫顶溃决时峰值流量的大小。试验结果还表明，坝高的改变主要影响的是溃决过程中的溃口发展阶段（阶段Ⅱ），这是因为随着坝高的增加，阶段Ⅰ和阶段Ⅲ历时的变化都相对较小，但阶段Ⅱ历时则明显延长（表 5-2）。

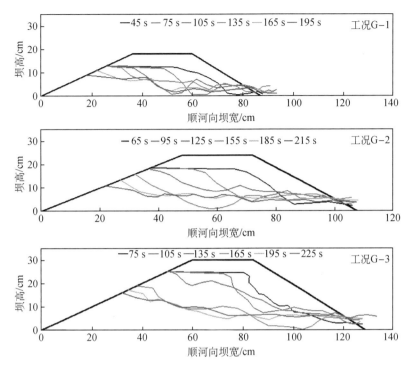

图 5-10　工况 G-1～G-3 的坝体纵断面演变过程

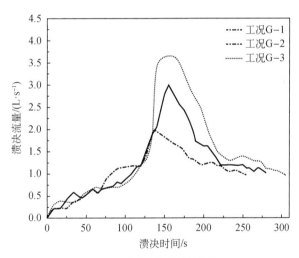

图 5-11　工况 G-1～G-3 的溃决流量过程曲线

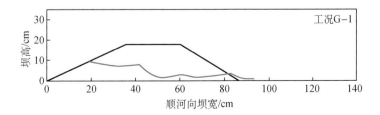

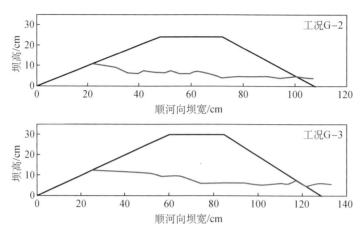

图 5-12　工况 G-1～G-3 的残余坝体情况

5.3.2　坝顶宽的影响

　　工况 G-2、G-4 和 G-5 的坝顶宽分别为 24 cm、12 cm 和 0 cm，其中工况 G-2 和 G-4 的坝体纵断面形状为梯形，工况 G-5 的坝体纵断面形状为三角形。工况 G-2、G-4 和 G-5 的坝体纵断面演变过程如图 5-13 所示，溃决流量过程如图 5-14 所示，残余坝体情况如图 5-15 所示。

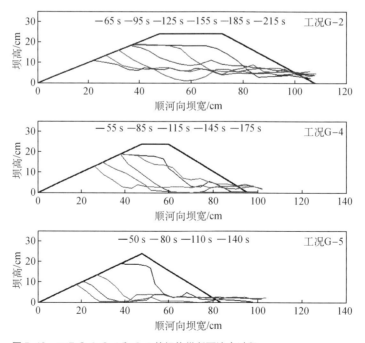

图 5-13　工况 G-2、G-4 和 G-5 的坝体纵断面演变过程

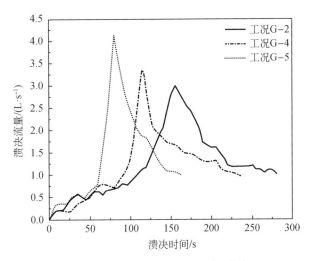

图 5-14　工况 G-2、G-4 和 G-5 的溃决流量过程曲线

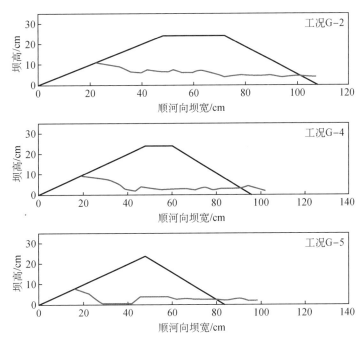

图 5-15　工况 G-2、G-4 和 G-5 的残余坝体情况

随着坝顶宽的减小,溃决历时明显缩短,峰值流量逐渐增加,峰现时间大幅提前,残余坝高逐渐减小(表 5-2)。由图 5-13 可知,溃口深度随着坝顶宽的减小而逐渐增加。由图 5-14 可知,当坝顶宽最小,为 0 cm 时,工况 G-5 的峰值流量为 4.19 L/s,峰现时间为 80 s;当坝顶宽分别增加到 12 cm、24 cm 时,工况 G-4、G-2 的峰值流量分别为 3.46 L/s、3.01 L/s,与工况 G-5 相比分别减小了 17.4%、28.2%。工况 G-4、G-2 的峰现时间分别为 115 s、155 s,与工况 G-5 相比分别推迟了 43.8%、93.8%。由图 5-14 还可知,随着坝顶宽的减小,溃决流量过程

曲线逐渐由工况 G-2 的"矮胖型"变为工况 G-5 的"高瘦型"。由图 5-15 可知,残余坝高与坝顶宽呈正相关关系,当坝顶宽为 0 cm 时,工况 G-5 的残余坝高为 7.3 cm;当坝顶宽分别增加到 12 cm、24 cm 时,工况 G-4、工况 G-2 的残余坝高分别为 8.9 cm、11.0 cm,与工况 G-5 相比分别增加了 21.9%、50.7%。

坝顶宽的减小会使峰值流量增加、峰现时间提前,从而显著提高堰塞坝的溃坝危险性,原因是坝顶宽的绝对长度反映了溃口发展过程中的溯源距离,这进一步影响着溃决历时的长短。当坝顶宽较小时,在溃口形成阶段的溃口溯源距离较小,侵蚀点会快速前移至上游坡面,使溃口完全贯通,导致溃坝水流的侵蚀能力迅速增强。试验结果还表明,坝顶宽的改变主要影响的是溃决过程中的溃口形成阶段(阶段Ⅰ),这是因为随着坝顶宽的减小,阶段Ⅱ和阶段Ⅲ历时的变化都相对较小,但阶段Ⅰ历时则明显缩短(表 5-2)。

5.3.3　下游坝坡坡度的影响

工况 G-2、G-6 和 G-7 的下游坝坡坡度分别为 33.7°、26.6° 和 21.8°。工况 G-2、G-6 和 G-7 的坝体纵断面演变过程如图 5-16 所示,溃决流量过程如图 5-17 所示,残余坝体情况如图 5-18 所示。

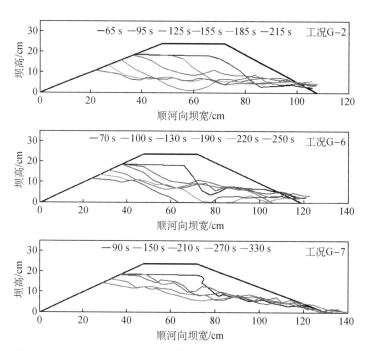

图 5-16　工况 G-2、G-6 和 G-7 的坝体纵断面演变过程

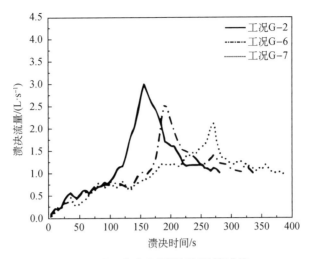

图 5-17　工况 G-2、G-6 和 G-7 的溃决流量过程曲线

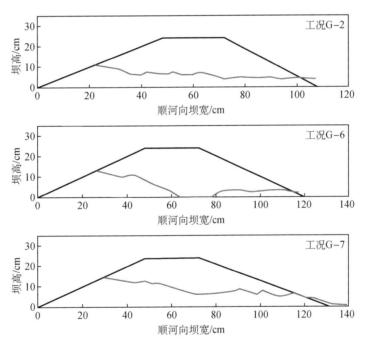

图 5-18　工况 G-2、G-6 和 G-7 的残余坝体情况

随着下游坝坡坡度的减小,溃决历时明显延长,峰值流量显著减小,峰现时间大幅推迟,残余坝高逐渐增大(表 5-2)。溃口深度随着下游坝坡坡度的减小而逐渐减小。当下游坝坡坡度为 33.7°时,工况 G-2 的峰值流量为 3.01 L/s,峰现时间为 155 s。当下游坝坡坡度分别减小到 26.6°、21.8°时,工况 G-6、G-7 的峰值流量分别为 2.62 L/s、2.19 L/s,与工况 G-2 相比分别减小了 13.0%、27.2%。工况 G-6、G-7 的峰现时间分别为 190 s、270 s,与工况 G-2 相比分别推迟了 22.6%、74.2%。由图 5-16 还可知,随着下游坝坡坡度的减小,溃决流量过程曲线逐渐由工况 G-2 的"单峰曲线"变为工况 G-7 的"多峰曲线"。残余坝高与下游坝坡坡度呈

负相关关系,当下游坝坡坡度为 33.7°时,工况 G-2 的残余坝高为 11.0 cm。当下游坝坡坡度分别减小到 26.6°、21.8°时,工况 G-6、G-7 的残余坝高分别为 13.2 cm、15.1 cm,与工况 G-2 相比分别增加了 20.0%、37.3%。

下游坝坡坡度的减小会使峰值流量减小、峰现时间推迟,从而显著降低堰塞坝的溃坝危险性,原因是下游坝坡坡度会影响下游坡面上溃坝水流的侵蚀能力和坝体材料的抗侵蚀特性,这进一步影响着溃口发展速度的快慢。当下游坝坡坡度较小时,下游坡面上的溃坝水流由超临界流逐渐变为亚临界流,溃口溯源侵蚀速率和下切侵蚀速率都明显减小。试验结果还表明,下游坝坡坡度的改变会同时影响溃决过程中的溃口形成阶段(阶段Ⅰ)和溃口发展阶段(阶段Ⅱ),这是因为随着下游坝坡坡度的减小,阶段Ⅰ和阶段Ⅱ历时均明显延长。

5.3.4 河床坡度的影响

工况 G-8、G-2、G-9、G-10 的河床坡度分别为 0°、1°、2°、3°。工况 G-2、G-8~G-10 的坝体纵断面演变过程如图 5-19 所示,溃决流量过程如图 5-20 所示,残余坝体情况如图 5-21 所示。

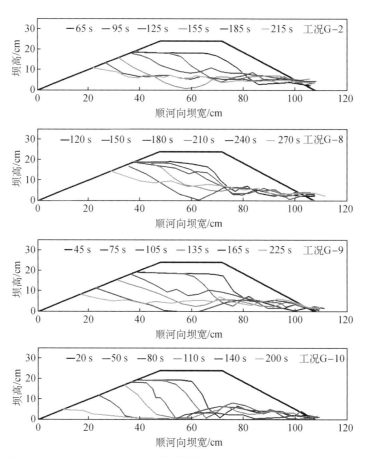

图 5-19　工况 G-2、G-8~G-10 的坝体纵断面演变过程

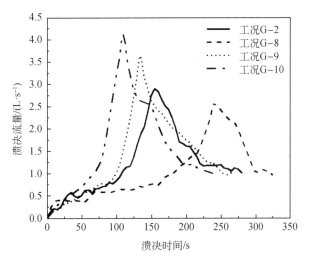

图 5-20　工况 G-2、G-8~G-10 的溃决流量过程曲线

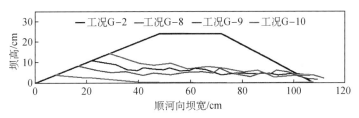

图 5-21　工况 G-2、G-8~G-10 的残余坝体情况

当河床坡度在 $0°\sim3°$ 范围内时,随着河床坡度的增加,溃决历时明显缩短,峰值流量显著增加,峰现时间大幅提前,残余坝高逐渐减小。溃口深度随着河床坡度的增加而逐渐增加。当河床坡度为 $0°$ 时,工况 G-8 的峰值流量为 2.16 L/s,峰现时间为 240 s。当河床坡度分别增加到 $1°$、$2°$、$3°$ 时,工况 G-2、G-9、G-10 的峰值流量分别为 3.01 L/s、3.67 L/s、4.14 L/s,与工况 G-8 相比分别增加了 39.4%、69.9%、91.7%。工况 G-2、G-9、G-10 的峰现时间分别为 155 s、135 s、110 s,与工况 G-8 相比分别提前了 35.4%、43.8%、54.2%。随着河床坡度的增加,溃决流量过程曲线逐渐由"矮胖型"变为"高瘦型"。残余坝高与河床坡度呈负相关关系,当河床坡度为 $0°$ 时,工况 G-8 的残余坝高为 14.7 cm;当河床坡度分别增加到 $1°$、$2°$、$3°$ 时,工况 G-2、G-9、G-10 的残余坝高分别为 11.0 cm、8.5 cm、4.1 cm,与工况 G-8 相比分别减小了 25.2%、42.2%、72.1%。

除此之外还注意到,尽管河床坡度在 $0°\sim3°$ 范围内时,峰值流量与河床坡度呈正相关关系,峰现时间与河床坡度呈负相关关系,但随着河床坡度的增加,峰值流量及峰现时间的相对变化幅度均逐渐减小,如图 5-22 所示。

河床坡度的增加会使峰值流量增加、峰现时间提前,从而显著提高堰塞坝的溃坝危险性,原因是河床坡度的增加相当于同时增大了下游坝坡、坝体顶面和泄流槽的纵坡度。溃坝水流

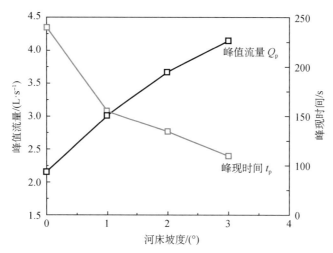

图5-22 河床坡度对峰值流量及峰现时间的影响

作用在水土界面上的剪应力可用式(5-2)进行计算：

$$\tau = \gamma_w R_h S \tag{5-2}$$

式中 τ——作用在水土界面上的剪应力(Pa)；

γ_w——水的重度(N/m³)；

R_h——水力半径(m)；

S——能量坡降。

由式(5-2)可知,河床坡度的增加意味着溃坝水流侵蚀能力的增强。当河床坡度较大时,水流冲刷作用强烈,尤其是在溃口发展阶段,溃口竖向下切速率较大,导致上游溃口底部高程在短时间内急剧下降,过流断面大幅扩展,进而加速了上游库水的下泄和溃决流量的增加。不过还需要注意的是,河床坡度的增加同时也会导致堰塞湖库容减小,且库容的减小程度与河床坡度呈正相关关系,而堰塞湖库容的减小又意味着总出流量受限。在模型试验中,由于河床坡度被控制在0°～3°范围内,因此河床坡度增加时对堰塞湖库容的影响相对较小,而对水流侵蚀能力的增强作用则始终是影响溃口发展和溃决流量变化特征的主导因素。但也可以看出,堰塞湖库容减小的影响亦不可完全忽略,例如当河床坡度从2°增加到3°时,峰值流量的相对增幅就明显小于河床坡度从1°增加到2°时峰值流量的相对增幅(图5-22)。

河床坡度的改变会同时影响溃决过程中的溃口形成阶段(阶段Ⅰ)和溃口发展阶段(阶段Ⅱ),这是因为随着河床坡度的增加,阶段Ⅰ历时明显缩短,阶段Ⅱ历时明显延长(表5-2)。具体原因是河床坡度的增加会使溃口溯源侵蚀速率加快,导致阶段Ⅰ历时缩短;同时也会使溃坝水流侵蚀能力增强,最终溃口深度增加,溃口下切侵蚀作用时间较长,从而导致阶段Ⅱ历时延长。

5.3.5　溃坝程度评价等级

工况 G-1～G-10(坝高组、坝顶宽组、下游坝坡坡度组和河床坡度组)的溃坝程度如图 5-23 所示。为了更好地为堰塞坝的溃坝危险性和溃决风险评估提供参考,将堰塞坝的溃坝程度划分为高、中、低三个评价等级,如表 5-3 所示。当溃坝程度 $BD \geqslant 0.85$ 时,溃坝程度等级为高;当溃坝程度 $0.70 \leqslant BD < 0.85$ 时,溃坝程度等级为中;当溃坝程度 $BD < 0.70$ 时,溃坝程度为低。根据上述评价方法,溃坝程度为高等级的有工况 G-3、G-4、G-5、G-9 和 G-10;溃坝程度为中等级的有工况 G-1、G-2 和 G-6;溃坝程度为低等级的有工况 G-7 和 G-8。

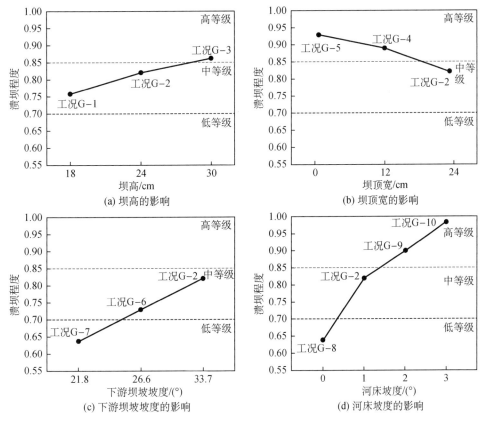

图 5-23　工况 G-1～G-10 的溃坝程度

表 5-3　堰塞坝溃坝程度的评价等级划分标准

溃坝程度评价等级	划分标准	备注
高	$BD \geqslant 0.85$	$BD = 1$ 时坝体发生完全溃决
中	$0.70 \leqslant BD < 0.85$	—
低	$BD < 0.70$	$BD = 0$ 时坝体未发生溃决

坝高、坝顶宽、下游坝坡坡度、河床坡度 4 种坝体形态参数对堰塞坝的溃坝程度有显著影响。溃坝程度与坝高、下游坝坡坡度和河床坡度都呈正相关关系,而与坝顶宽呈负相关关系。当坝高较大或坝顶宽较小时,堰塞坝的溃坝程度较大,这说明溃坝程度与坝体宽高比密切相关,坝体宽高比越小,溃坝程度越大。除此之外,溃坝程度与下游坝坡坡度和河床坡度也密切相关。由于真实堰塞坝所处河道的河床坡度通常在一定范围内,且变化幅度较小,因此坝体宽高比和下游坝坡坡度可作为评估堰塞坝溃坝程度的两个重要因素。

5.4 泄流槽对堰塞坝溃决的影响分析

针对潜在溃坝危险性较高的堰塞坝,目前常采取的工程措施是结合具体地形地质条件,在坝体顶面合适的位置开挖泄流槽,以快速降低上游蓄水量和库水位,提前引流泄洪,同时借助水流的持续冲刷作用,清除坝体顶面和下游坡面上的高冲蚀性物质,并控制溃口发展和溃决流量变化,最终达到降低堰塞坝溃决风险、排除险情的目的。开挖泄流槽对堰塞坝溃决灾害的除险效果明显,工程效益突出,且成本相对较低,因此已成为国内外最常用的堰塞坝应急处置措施之一。鉴于此,考虑到泄流槽在堰塞坝应急除险时的关键性作用,开展了不同泄流槽横断面形式的堰塞坝溃决模型试验,研究了三角形槽、梯形槽、复合型槽对溃决历时、溃口发展、溃决流量和溃坝程度的影响规律,比较了不同横断面形式泄流槽在坝体溃决过程中的除险效果,进而得出了堰塞坝应急处置时泄流槽横断面的优化设计建议。

5.4.1 泄流槽横断面形式的影响

工况 G-2、G-11 和 G-12 的泄流槽横断面形式分别为三角形、梯形和复合型。工况 G-2、G-11 和 G-12 的坝体纵断面演变过程如图 5-24 所示,溃决流量过程如图 5-25 所示,残余坝体情况如图 5-26 所示。

不同泄流槽横断面形式条件下,工况 G-2、G-11 和 G-12 的溃决历时、峰值流量、峰现时间、残余坝高和溃坝程度均存在明显不同(表 5-2)。从溃决历时来看,工况 G-11(梯形槽)的溃决历时最长,工况 G-12(复合型槽)次之,工况 G-2(三角形槽)的溃决历时最短。从各溃决阶段历时来看,阶段 I 历时为工况 G-11(梯形槽)>工况 G-12(复合型槽)>工况 G-2(三角形槽);阶段 II 历时为工况 G-12(复合型槽)>工况 G-11(梯形槽)>工况 G-2(三角形槽);阶段 III 历时为工况 G-2(三角形槽)>工况 G-11(梯形槽)>工况 G-12(复合型槽)。从峰值流量来看,工况 G-2(三角形槽)的峰值流量最大,为 3.01 L/s;工况 G-11(梯形槽)次之,峰值流量为 2.63 L/s;工况 G-12(复合型槽)的峰值流量最小,为 2.41 L/s。与工况 G-2(三角形槽)相比,工况 G-11(梯形槽)、G-12(复合型槽)的峰值流量分别减小了 12.6%、19.9%。从峰现

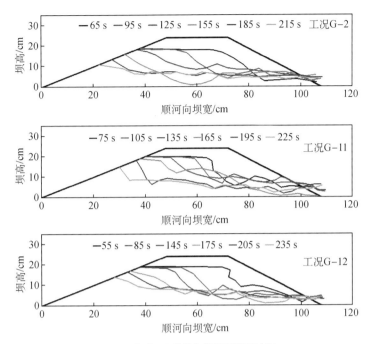

图 5-24　工况 G-2、G-11 和 G-12 的坝体纵断面演变过程

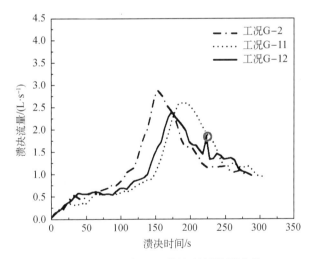

图 5-25　工况 G-2、G-11 和 G-12 的溃决流量过程曲线

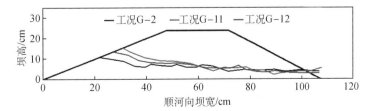

图 5-26　工况 G-2、G-11 和 G-12 的残余坝体情况

时间来看,工况 G-2(三角形槽)的峰现时间最早,为 155 s;工况 G-12(复合型槽)次之,峰现时间为 175 s;工况 G-11(梯形槽)的峰现时间最晚,为 195 s。与工况 G-2(三角形槽)相比,工况 G-11(梯形槽)、G-12(复合型槽)的峰现时间分别推迟了 25.8%、12.9%。

工况 G-2(三角形槽)的溃口下切深度最大,工况 G-12(复合型槽)次之,工况 G-11(梯形槽)的溃口下切深度最小。工况 G-2、G-11 和 G-12 的溃决流量变化速率存在显著差异,尤其是在溃口形成阶段(阶段Ⅰ),工况 G-2(三角形槽)的流量增速最快,工况 G-12(复合型槽)次之,工况 G-11(梯形槽)的流量增速最慢,这也与不同工况溃决历时之间的差异相对应。工况 G-2(三角形槽)和 G-11(梯形槽)的溃决流量过程曲线都表现为"单峰曲线",而工况 G-12(复合型槽)的溃决流量过程曲线则表现为"双峰曲线",造成上述差异的主要原因是工况 G-12(复合型槽)在溃口形成阶段的溃口横向展宽速度相对较慢,进入溃口发展阶段后期,由于溃决流量逐渐减小,溃口侧坡的失稳坍塌土体暂时堵塞了溃口,使溃坝水流中断、溃决流量骤减,直到堵塞体被水流冲走后溃坝水流才重新恢复,因此在溃决流量过程曲线上又出现了第二个峰值。工况 G-11(梯形槽)的残余坝高最大,为 15.5 cm;工况 G-12(复合型槽)次之,残余坝高为 13.6 cm;工况 G-2(三角形槽)的残余坝高最小,为 11.0 cm。

在综合考虑工况 G-2、G-11 和 G-12 的溃决历时、峰值流量、峰现时间、残余坝高和溃坝程度的基础上,基于"科学、安全、主动、快速"的原则,得出了在开挖工程量相同(即泄流槽横断面面积相同)的情况下,不同泄流槽在堰塞坝溃决过程中的除险效果:

(1) 当泄流槽横断面形式为三角形时,峰值流量最大,峰现时间最早,残余坝高最小。三角形槽的总体引流泄洪效率最高,但溃决流量增速也最快,可能不利于安全泄流。

(2) 当泄流槽横断面形式为梯形时,峰值流量小于三角形槽,峰现时间最晚,残余坝高最大。梯形槽最有利于安全泄流,但在溃口形成阶段的溃决流量增速较为缓慢,可能导致堰塞湖的上游被淹没的风险增加。

(3) 当泄流槽横断面形式为复合型时,峰值流量最小,峰现时间和残余坝高都介于三角形槽和梯形槽之间,同时在溃口形成阶段的溃决流量增速快于梯形槽。因此与三角形槽和梯形槽相比,复合型槽相对更加安全、高效。

5.4.2　泄流槽形式对溃决程度的影响

泄流槽横断面形式对堰塞坝溃决灾害的除险效果有显著影响,原因是不同泄流槽横断面具有不同的槽深、槽宽和两侧开挖坡度,这进一步影响着堰塞坝的溃口发展和溃决流量变化特征。

泄流槽组工况的最终溃口尺寸如表 5-4 所示,反映了不同泄流槽横断面造成堰塞坝溃口深度、顶宽及底宽上的显著差异。三角形槽堰塞坝的槽底高程低于梯形槽,同时槽内水土作用面积也较小,导致水流下切侵蚀作用明显增强,因此工况 G-2(三角形槽)的溃口深度最大,但溃口顶宽及底宽均小于其他两组工况。对于梯形槽来说,槽底高程最高,意味着开挖梯形槽对堰塞湖库容的减小程度最小,同时槽内水土作用面积最大,导致水流下切侵蚀作用较弱,因此工况 G-11(梯形槽)的溃口顶宽及底宽最大,但溃口深度则小于其他两组工况。对于复合型槽来说,其由上部大槽和下部小槽组成,上部大槽为梯形槽,下部小槽为三角形槽,槽底高程等于三角形槽、低于梯形槽。下部小槽的槽内水土作用面积较小,导致工况 G-12(复合型槽)在溃口形成阶段的溃口下切速度较快,溃决流量增速大于工况 G-11(梯形槽)、略小于工况 G-2(三角形槽)。同时,上部大槽的底部槽宽大于三角形槽,两侧开挖坡度又小于梯形槽,导致工况 G-12(复合型槽)在溃口发展阶段的溃口展宽速度介于工况 G-2(三角形槽)和工况 G-11(梯形槽)之间。

表 5-4　工况 G-2、G-11 和 G-12 的最终溃口尺寸

工况编号	溃口深度/cm	溃口顶宽/cm	溃口底宽/cm
工况 G-2(三角形槽)	19.6	18.3	12.5
工况 G-11(梯形槽)	15.5	25.6	15.8
工况 G-12(复合型槽)	17.8	21.7	14.0

泄流槽组工况的溃坝程度如图 5-27 所示,反映了不同泄流槽横断面对堰塞坝的溃坝程度也有显著影响。当开挖三角形槽时,工况 G-2 的溃坝程度为高等级;当开挖梯形槽时,工况 G-11 的溃坝程度为低等级;当开挖复合型槽时,工况 G-12 的溃坝程度为中等级。与三角形槽和复合型槽相比,梯形槽相对更能限制堰塞坝的溃坝程度。

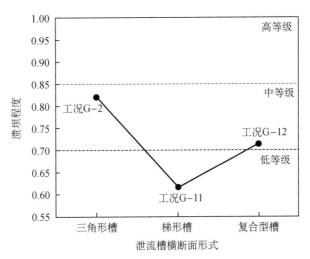

图 5-27　工况 G-2、G-11 和 G-12 的溃坝程度

在堰塞坝灾害的应急处置中,泄流槽的设计与开挖需要综合考虑对堰塞湖库容的降低程

度、溃决初期的泄流效率以及对峰值流量和溃坝程度的控制效果等多种因素。在开挖工程量相同的情况下,复合型槽这种上部大槽、下部小槽的横断面形式,与梯形槽相比增加了底部开挖深度,与三角形槽相比增大了上部平均槽宽,相对来说既保证了溃口形成阶段的泄流效率,又有效控制了溃口发展阶段的峰值流量,兼顾性更好。除此之外,三角形槽的总体引流泄洪效率最高,梯形槽最能限制溃坝程度、推迟峰现时间,可根据工程实际和具体目标进行有针对性地选用。

5.5 堰塞坝失稳溃决过程的 DABA 数值分析

5.5.1 堰塞坝 DABA 模型的失稳阶段

DABA 大坝溃决模型包含了溃口演化、侵蚀机理和水力作用。在 DABA 大坝溃决模型中,溃口演化是用水土相互作用模拟的。水土相互作用则是基于侵蚀和浅水流动理论。溃口最终尺寸无需作为输入参数且能被该模型所预测。

溃口演化在几何上分为三个阶段,其典型的横截面如图 5-28(a)所示。在第一阶段,由于堰塞坝的欠固结,当水流侵蚀水面下的边坡时水面以上的边坡会滑塌,同时溃口底部河床也被侵蚀。因此,在溃口坡脚处,边坡产生向下和侧向侵蚀直至坡角达到临界值 α_c,而这可以通过边坡稳定性来确定分析。在第二阶段,边坡保持临界坡角 α_c 继续向下和侧向侵蚀,拓展溃口的深度和宽度。当遇到低可蚀性土壤层或基岩时这个阶段结束。在第三阶段中,垂直侵蚀停止但横向侵蚀继续直到侵蚀应力不足以引起侧边任何额外的侵蚀。

在纵向上,溃口演变在几何上也分为如图 5-28(b)所示的三个阶段。和横向划分阶段取决于边坡的侵蚀和稳定性不同,纵向的阶段划分是取决于下游坡面的侵蚀和稳定性。在 DABA 模拟中,纵向和横向的各个阶段是依次基于临界条件确定的。在每个阶段中,水力参数和相应的侵蚀率使用公式(5-3)~式(5-8)计算。纵向溃口演变和横向是相似的。临界角 β_f 也是通过坡体稳定性分析确定。前两个阶段被称为溃坝起始阶段,通常情况下,这个阶段由于水流较小,溃口的发展速度相对较慢。第三阶段为溃坝阶段,出流量在这个阶段急剧增加,峰值流出速率常出现在该阶段。

5.5.2 溃决模型 DABA 计算原理

土体的侵蚀率如式(5-3)所示:

$$E = K_d(\tau - \tau_c) \qquad (5-3)$$

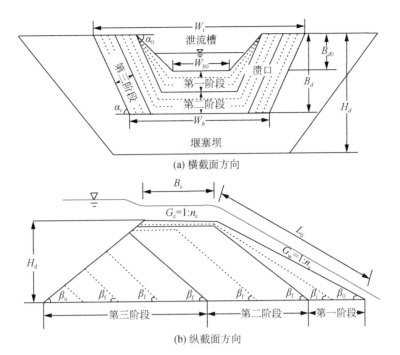

(a) 横截面方向

(b) 纵截面方向

图 5-28　DABA 模型的溃决发展阶段

式中　E——土$[\mathrm{mm^3/(m^2 \cdot S)}]$的侵蚀率；

　　　τ——土-水界面上的剪应力(Pa)；

　　　K_d——可蚀性系数$[\mathrm{mm^3/(N \cdot S)}]$；

　　　τ_c——水土流失启动的临界剪切应力(Pa)。

土体的抗侵蚀作用可通过 K_d 和 τ_c 来表示，二者可使用经验公式来计算。τ_c 反映土体侵蚀启动的容易程度，而 K_d 代表的是土体侵蚀发生的快慢程度。

剪应力 τ 的计算公式为

$$\tau = \gamma_\mathrm{w} R_\mathrm{h} S \tag{5-4}$$

式中　γ_w——水的重度$(\mathrm{N/m^3})$；

　　　R_h——水力半径(m)；

　　　S——能量坡降。

需要注意的是，如图 5-28(b)所示，计算坝顶侵蚀时 S 等于 G_c，而计算下游边坡的侵蚀时 S 等于 G_s，其中 G_c 和 G_s 分别为坝顶和下游坡的坡度。由于 G_s 比 G_c 大得多，因此"坝脚侵蚀"比"坝顶侵蚀"快得多。对于一个典型的梯形溃口截面而言，如图 5-28(a)所示，R_h 由下式给出：

$$R_\mathrm{h} = \frac{(H-Z)\cos\alpha + W_\mathrm{b}\sin\alpha}{2(H-Z) + W_\mathrm{b}\sin\alpha}(H-Z) \tag{5-5}$$

式中　H——水面的高度(m)；

　　　Z——溃口底标高(m)；

　　　W_b——溃口底部宽度(m)，这表示垂直河流方向的溃口的宽度；

　　　α——边坡的坡角(°)。

梯形溃口横截面的溃决流量计算如式(5-6)：

$$Q_b = 1.7A_b\sqrt{H-Z} = 1.7[W_b + (H-Z)\tan\alpha](H-Z)^{3/2} \tag{5-6}$$

库区湖水的水位可以通过应用质量守恒方程来获得：

$$A_s\frac{\mathrm{d}H}{\mathrm{d}t} = Q_{in} - Q_{out} \tag{5-7}$$

式中　A_s——湖水表面积(m^2)；

　　　Q_{in}，Q_{out}——分别为库水流入速率和流出速率。

图 5-29 所示为 DABA 模型交互界面。模型的输入变量主要包括几何信息和土体参数，其输出变量包括模拟过程中的每步的溃决参数，如溃口尺寸，溃决时间、水位和流出速率等。

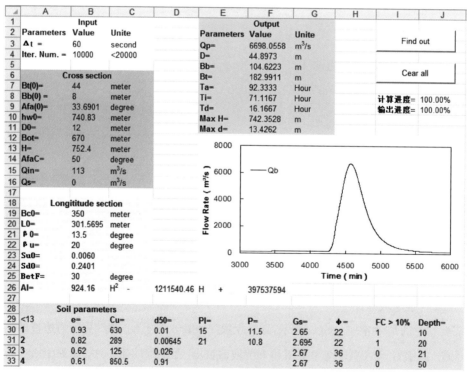

图 5-29　DABA 模型交互界面

5.6　形态参数敏感性 DABA 分析

堰塞坝的溃决很大程度上受到坝高、库容、坝宽和初始水位等因素的影响，因此，本节将采用 DABA 模型（附录 B）在细粒为主堰塞坝溃决的基础上修改相关参数，分析各影响因素对溃决的影响。

5.6.1　坝高（库容）敏感性分析

为分析坝体高度对溃决的影响，坝高分别设定为 0.9 m，1.8 m 和 2.7 m，相应的蓄水容量为 19.11 m³，38.22 m³ 和 57.33 m³。堰塞坝的初始水位分别被设定为 0.87 m，1.74 m 和 2.61 m（与坝高成正比）。同时，坝体的图层分布也与坝体高度成比例，其他参数保持不变。表 5-5 所示为堰塞坝在三个坝高条件下的溃决参数。坝高对下泄流量的影响如图 5-30 所示。

表 5-5　不同坝高的溃决参数

溃决参数	坝高		
	$H_d = 0.9$ m	$H_d = 1.8$ m	$H_d = 2.7$ m
峰值流量 $Q_p/(\text{m}^3 \cdot \text{s}^{-1})$	0.135 5	0.177 8	0.216 9
溃决开始时间 T_i/h	0.088 3	0.221 7	0.411 7
溃决时长 T_d/h	0.08	0.10	0.12
最终溃决深度 B_{bf}/m	0.543 7	1.087 2	1.629 4
最终溃决底宽 W_{bf}/m	0.8	0.8	0.8
最终溃决顶宽 W_{tf}/m	0.8	0.8	0.8
最高水位 H_w/m	0.884 5	1.777 7	2.677 0
最大槽内水深 d/m	0.214 9	0.257 6	0.294 1

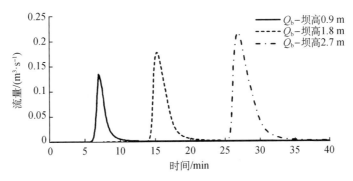

图 5-30　坝高对下泄流量的影响

在三种不同坝高条件下,下泄流量峰值随着坝高增加而明显增加,当坝高为 0.9 m、1.8 m 和 2.7 m 时,对应的下泄流量峰值分别为 0.135 5 m³/s、0.177 8 m³/s 和 0.216 9 m³/s。其可能的原因有两个:一是坝体越高,库容越大,水的能量也越大,从而导致坝体更快被侵蚀;另一个是坝体越高则可侵蚀的深度也越大,因为坝体土性是假定与坝高成比例分布的。同时,在这三种条件下,堰塞坝的溃决时长、最终的溃决深度和最大槽内水深都随着坝高的增加而增加。其原因也与坝高增加可侵蚀深度增大有关。另外,随着坝高的增加,槽内的最高水位随之增加,同时溃决开始时间也相应地延后,其原因是坝高增加后初始水位也是成比例增加的,因此,蓄满水库所需的时间也增加了,溃决开始时间便随着坝高的增加而相应延后了。

5.6.2 坝顶宽度敏感性分析

为分析坝顶宽度对溃决的影响,顶宽分别设定为 0.5 m、1.0 m 和 1.5 m,其他参数均保持不变。表 5-6 为堰塞坝在三个坝顶宽度条件下的溃决参数。坝顶宽度对下泄流量的影响如图 5-31 所示。

表 5-6 不同坝顶宽度的溃决参数

溃决参数	坝顶宽度		
	$W_C = 0.5$ m	$W_C = 1.0$ m	$W_C = 1.5$ m
峰值流量 Q_p/(m³·s⁻¹)	0.135 5	0.142 8	0.138 9
溃决开始时间 T_i/min	5.3	9.3	12.7
溃决时长 T_d/min	4.5	4.3	4.3
最终溃决深度 B_{bt}/m	0.543 7	0.543 7	0.543 7
最终溃决底宽 W_{bf}/m	0.8	0.8	0.8
最终溃决顶宽 W_{tf}/m	0.8	0.8	0.8
最高水位 H_w/m	0.884 5	0.892 9	0.898 8
最大槽内水深 d/m	0.214 9	0.222 5	0.218 5

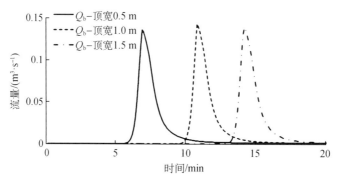

图 5-31 坝顶宽度对下泄流量的影响

在三种坝顶宽度条件下,下泄流量峰值未有明显变化,基本保持一致。同样地,溃决时长、最终溃决深度、最高水位和最大槽内水深都不随坝顶宽度的改变而发生明显改变,都基本保持一致。只有溃决开始时间随着坝顶宽度的增加而显著延迟,这是因为坝顶宽度的改变只影响坝体溃决的第二阶段而不影响第一和第三阶段。

5.6.3　初始水位敏感性分析

为分析坝前初始水位对溃决的影响,初始水位分别设定为 0.67 m,0.77 m 和 0.87 m,其他参数均保持不变。表 5-7 为堰塞坝在三个初始水位条件下的溃决参数。初始水位对下泄流量的影响如图 5-32 所示。

表 5-7　不同初始水位的溃决参数

溃决参数	初始水位		
	$H_{w0} = 0.87$ m	$H_{w0} = 0.77$ m	$H_{w0} = 0.67$ m
峰值流量 $Q_p/(\text{m}^3 \cdot \text{s}^{-1})$	0.135 5	0.128 6	0.128 6
溃决开始时间 T_i/min	5.3	36.2	67.2
溃决时长 T_d/min	4.5	4.6	4.6
最终溃决深度 B_{bf}/m	0.543 7	0.543 7	0.543 7
最终溃决底宽 W_{bf}/m	0.8	0.8	0.8
最终溃决顶宽 W_{tf}/m	0.8	0.8	0.8
最高水位 H_w/m	0.884 5	0.879 1	0.879 1
最大槽内水深 d/m	0.214 9	0.207 6	0.207 6

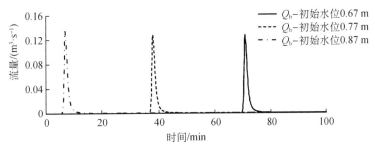

图 5-32　初始水位对下泄流量的影响

在三种初始水位条件下,下泄流量峰值未有明显变化,基本保持一致。同样地,溃决时长、最终溃决深度、最高水位和最大槽内水深都不随初始水位的改变而明显改变,都基本保持一致。只有溃决开始时间随着初始水位的增加而显著提前,这是因为初始水位的改变只影响堰塞湖库区的蓄水过程,而不影响溃决的三个阶段。

本章分析了不同形态特征下的堰塞坝失稳溃决过程,研究了坝体形态参数对堰塞坝溃决的影响规律,探究了不同形态参数的内在影响机理,分析了形态参数的敏感性。

根据坝体纵断面演变过程,将堰塞坝的漫顶溃决过程统一划分为三个阶段:溃口形成阶段(阶段Ⅰ)、溃口发展阶段(阶段Ⅱ)、衰减平衡阶段(阶段Ⅲ)。不同溃决阶段的溃口发展和溃决流量变化特征存在明显差异:溃口形成阶段,溃口以竖向下切为主,溃决流量较小;溃口发展阶段,溃口竖向下切和横向展宽均显著发育,溃决流量达到峰值;衰减平衡阶段,溃口形态趋于稳定。

坝体形态参数对堰塞坝的溃决过程和溃决参数有显著影响。其中,坝高、下游坝坡坡度和河床坡度的增加,以及坝顶宽的减小,都会导致峰值流量增加,除坝高外还都会导致峰现时间提前,从而显著提高堰塞坝的溃坝危险性。坝高改变主要影响溃口发展阶段,坝顶宽改变主要影响溃口形成阶段,下游坝坡坡度、河床坡度的改变会同时影响溃口形成阶段和溃口发展阶段。

引入溃坝程度的概念以全面评估堰塞坝的溃坝危险性,根据试验结果统计将堰塞坝的溃坝程度划分为高($BD \geq 0.85$)、中($0.70 \leq BD < 0.85$)、低($BD < 0.70$)三个评价等级。由于坝高影响堰塞湖库容及其潜在水力势能,坝顶宽影响溃口发展过程中的溯源侵蚀距离,下游坝坡坡度及河床坡度影响溃坝水流的侵蚀能力和坝体材料的抗侵蚀特性,因此分析得到了坝体宽高比和下游坝坡坡度作为常规情况下堰塞坝溃坝程度的两项重要评价指标。

泄流槽横断面形式对堰塞坝溃决灾害的除险效果有显著影响。三角形槽由于槽内水土作用面积小,峰值流量和溃坝程度最大,峰现时间最早,泄流效率高但不利于安全泄流;梯形槽由于槽底高程高、槽内水土作用面积大,最能限制溃坝程度、推迟峰现时间,但堰塞湖的上游淹没风险较高。

DABA参数敏感性分析,坝体高度影响蓄满时间和可侵蚀深度,坝体增高会延迟溃决开始时间并增大峰值流量及最终溃口尺寸。坝顶宽度主要影响下游坡侵蚀的发展进度,坝顶宽度增大会延迟快速溃决时刻和峰值时刻,但对峰值流量影响很小。

参考文献

崔鹏,2011.汶川地震山地灾害形成机制与风险控制[M].北京:科学出版社:1-10.
崔鹏,韩用顺,陈晓清,2009.汶川地震堰塞湖分布规律与风险评估[J].四川大学学报(工程科学版),41(3):35-42.
胡卸文,黄润秋,施裕兵,等,2009.唐家山滑坡堵江机制及堰塞坝溃坝模式分析[J].岩石力学与工程学报,28(1):181-189.

蒋先刚,吴雷,2019.不同底床坡度下的堰塞坝溃决过程研究[J].岩石力学与工程学报,38(S1):3008-3014.

彭铭,王开放,张公鼎,等,2020.堰塞坝溃坝模型实验研究综述[J].工程地质学报,28(5):1007-1015.

石振明,李建可,鹿存亮,等,2010.堰塞湖坝体稳定性研究现状及展望[J].工程地质学报,18(5):657-663.

石振明,马小龙,彭铭,等,2014.基于大型数据库的堰塞坝特征统计分析与溃决参数快速评估模型[J].岩石力学与工程学报,33(9):1780-1790.

石振明,张公鼎,彭铭,等,2017.堰塞坝体材料渗透特性及其稳定性研究[J].工程地质学报,25(5):1182-1189.

石振明,张公鼎,彭铭,等,2023.非均质结构堰塞坝溃决机理模型试验研究[J].工程科学与技术,(1):129-140.

石振明,周明俊,彭铭,等,2021.崩滑型堰塞坝漫顶溃决机制及溃坝洪水研究进展[J].岩石力学与工程学报,40(11):2173-2188.

王光谦,王永强,刘磊,等,2015.堰塞坝及其溃决模拟研究评述[J].人民黄河,(9):7-13.

殷跃平,2008.汶川八级地震地质灾害研究[J].工程地质学报,16(4):433-444.

赵高文,姜元俊,杨宗佶,等,2019.单向侧蚀与下蚀共同作用下堰塞坝的演化特征[J].岩石力学与工程学报,38(7):1385-1395.

郑鸿超,石振明,彭铭,等,2020.崩滑碎屑体堵江成坝研究综述与展望[J].工程科学与技术,52(2):19-28.

周礼,范宣梅,许强,等,2019.金沙江白格滑坡运动过程特征数值模拟与危险性预测研究[J].工程地质学报,27(6):1395-1404.

朱兴华,刘邦晓,郭剑,等,2020.堰塞坝溃坝研究综述[J].科学技术与工程,20(21):8440-8451.

CHEN S C, LIN T W, CHEN Z Y, 2015. Modeling of natural dam failure modes and downstream riverbed morphological changes with different dam materials in a flume test[J]. Engineering Geology, 188:148-158.

SHI Z M, ZHANG G D, PENG M, et al., 2022. Experimental investigation on the breaching process of landslide dams with differing materials under different inflow conditions[J]. Materials, 15(6), 2029.

XU Q, FAN X M, HUANG R Q, et al., 2009. Landslide dams triggered by the Wenchuan earthquake, Sichuan province, Southwest China[J]. Bulletin of Engineering Geology and the Environment, 68(3):373-386.

ZHU X H, PENG J B, LIU B X, et al., 2020. Influence of textural properties on the failure mode and process of landslide dams[J]. Engineering Geology, 271, 105613.

第6章

坝体材料对堰塞坝稳定性影响分析

现有堰塞坝稳定性评估方法主要是利用堰塞坝及其所在流域的形态参数,采用分类或回归方法进行统计分析。然而,堰塞坝稳定性不仅与坝体形态参数有关,而且受坝体材料影响(胡卸文 等,2010;Shen et al., 2022)。尽管大部分堰塞坝的溃决模式是漫顶冲刷,但堰塞坝材料对其稳定性和溃决过程的影响机理仍然非常复杂(许强 等,2009;陈晓清 等,2010;石振明 等,2014),不仅影响漫顶冲刷启动临界条件和冲刷速率,而且通过渗流潜蚀作用同时影响剪切应力和临界剪切强度,并通过侧坡失稳影响溃口的横向展宽。

为了深入研究堰塞坝材料对其稳定性和溃决机理的影响,本章开展了一系列堰塞坝溃坝模型试验,采用基于物理模型的DABA模型,通过考虑坝体材料(级配连续、细粒为主和粗粒为主),研究堰塞坝的失稳规律,识别堰塞坝失稳模式,对比不同坝体材料的溃决时长,根据现场106座堰塞坝和模型试验中的溃决参数建立堰塞坝坝体参数与溃决参数的关系,并基于现场和模型试验数据预测堰塞坝的溃决峰值流量。

6.1 坝体材料对堰塞坝稳定性影响试验分析

溃坝试验水槽由蓄水池、注水泵和排水泵(最大流量均为 0.1 m³/s)以及水槽组成。排水泵用于排出堰塞坝下游溃决洪水。试验中采用了两个水槽:长 45 m、宽 0.80 m、高 1.25 m 的大水槽和长 5.0 m、宽 0.40 m、高 0.4 m 的小水槽。两个水槽的侧壁均由透明钢化玻璃构成,因此可以记录堰塞坝的溃坝过程。由于唐家山堰塞坝在溃决期间纵向坡度较低(0.006),本试验设置两条水槽的底部都是水平的。使用电磁流量计控制上游水库的入流量。

堰塞坝溃决过程和上游水位分别由一台录像机和一台摄像机在水槽的侧面记录,模型试验装置如图 6-1 所示。利用钢卷尺和摄像机拍摄的照片计算出溃决流量。溃坝洪水的溢流过程由两台录像机在每个水槽的堰塞坝上方和下游分别记录。

模型试验中考虑到的参数包括:颗粒级配(图 4-2 中的级配连续、细粒为主和粗粒为主)、坝高和上游堰塞湖体积(表 6-1)。共计开展了 11 组测试。试验 F1～F5、W1～W3 和 C1～C3

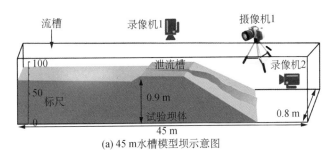

(a) 45 m水槽模型坝示意图

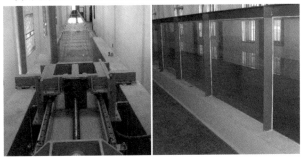

(b) 细粒为主坝体照片(红色网格用于描绘堰塞坝的剖面发展)

(c) 水槽照片实物图

图 6-1　模型试验装置

中的颗粒级配分别为细粒为主、级配连续和粗粒为主。坝高为 0.90 m 和 0.40 m 的坝体在大水槽中进行试验,为改变堰塞湖体积,上游水库的长度确定为 26.5 m 和 11.9 m。高度为 0.24 m 的坝体在小水槽中进行试验,小水槽上游水库的固定长度为 2.0 m。所有试验的入流量均为 1 L/s。

表 6-1　试验工况

测试	颗粒级配	h_d/m	b_i/m	V_u/m³	c_d	c_i
F1	F	0.90	26.5	19.1	1.3	3.0
F2	F	0.40	26.5	8.5	1.7	5.1
F3	F	0.24	2.0	0.2	1.6	2.4
F4	F	0.90	11.9	8.5	1.3	2.3
F5	F	0.90	11.9	8.5	1.3	2.3
W1	W	0.90	26.5	19.1	1.3	3.0
W2	W	0.40	26.5	8.5	1.7	5.1

测试	颗粒级配	h_d/m	b_l/m	V_u/m³	c_d	c_l
W3	W	0.24	2.0	0.2	1.6	2.4
C1	C	0.90	26.5	19.1	1.3	3.0
C2	C	0.40	26.5	8.5	1.7	5.1
C3	C	0.24	2.0	0.2	1.6	2.4

注：F、W 和 C 分别代表细粒为主、级配连续和粗粒为主的坝体材料。h_d 为坝高。b_l 和 V_u 分别表示堰塞湖的长度和体积。c_d 为坝形系数，其值等于坝体体积的立方根除以高度。c_l 为堰塞湖形状系数，其值等于堰塞湖体积的立方根除以坝高。F4 和 F5 是相同试验参数下的重复试验。

天然堰塞坝的几何参数通常在很大范围内变化。因此，本研究未选择具体的原型坝。梯形坝的长度等于水槽的宽度。对于天然堰塞坝，上游和下游坡度在 11°～45°的范围内变化。试验坝体的上、下游坡度角均被确定为 30°。对于高度为 0.9 m 的坝体，坝顶宽度为 0.50 m。与高度为 0.9 m 的坝体相比，高度为 0.40 m 和 0.24 m 的大坝的坝顶宽度与坝高成比例减小。试验坝体的坝形系数 c_d 为 1.3～1.7，堰塞湖形状系数 c_l 为 2.3～5.1，其数值与天然堰塞坝相匹配，表明试验大坝几何结构满足相似比例。在坝顶开挖宽度和深度为 0.05 m 的矩形槽，用于模拟人工溢洪道。该溢洪道通常用于降低堰塞坝的峰值流量。

6.2　堰塞坝的溃决过程和破坏模式

本节首先介绍堰塞坝的失稳过程，然后评估坝体渗流对堰塞坝稳定性和失稳模式的影响，最后总结堰塞坝溃决后的沉积特征。

6.2.1　堰塞坝的溃坝过程

1. 细粒为主坝体失稳过程

试验 F1 坝体高度 h_d 为 0.9 m，坝体由细粒为主的材料组成（表 6-1）。当上游水位 $h_u = 0.07$ m 时，水流开始从坝体下游坡面渗出。当 $h_u = 0.14$ m 时，受渗流影响靠近下游坝趾的颗粒被带走。如图 6-2 所示，浸润线以下的下游坝坡部分液化，并越来越多地被携带走，其坡角减小至 15°～20°。原因是细粒为主材料的抗剪应力低于重力和渗透应力产生的滑动应力之和。浸润线上方的下游坝坡不断滑动和坍塌，形成一个几乎垂直的自由面[图 6-2(a)]，在漫顶溢流前减小了坝顶的宽度。随后，上游水库中的湖水流经溃口，通过裹挟细颗粒形成浑浊的高浓度含砂水流，堰塞坝的漫顶失效由此开始。溃口在横向和水流方向上迅速扩大，降低了坝高。在漫顶溢流期间，溃口基本保持梯形，角度为 45°～60°。受溢流施加的侧向水压力影响，该坡度大于细粒为主材料的内摩擦角。最后，清澈的水流流过坝址，表明残余坝体没有被漫顶水流带走。

　　试验 F2~F5 中坝体的失稳过程与试验 F1 中相似,试验 F2 与 F3 中细粒为主坝体的溃坝过程如图 6-3 所示。试验 F1 和 F2 中垂直自由面的高度大于试验 F3 中的自由面高度。这是因为试验 F1 和 F2 中的坝体具有更大的堰塞湖体积(表 6-1),并且在溃坝前有足够的时间形成自由面。不管堰塞湖体积和坝高如何,F1~F5 中的细粒为主坝体都因漫顶耦合渗流失稳而溃决。

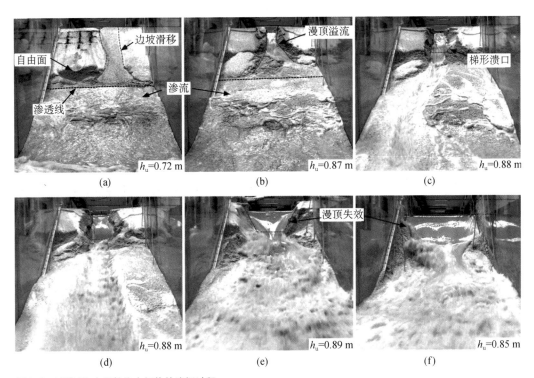

图 6-2　试验 F1 中细粒为主坝体的溃坝过程

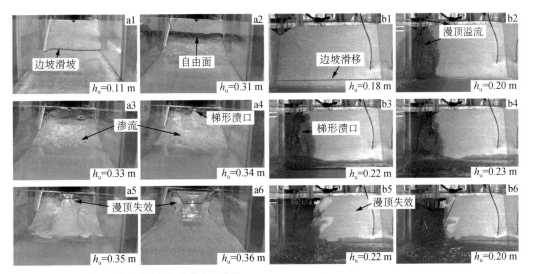

图 6-3　试验 F2 与 F3 中细粒为主坝体的溃坝过程

2. 级配连续堰塞坝的失稳过程

如图 6-4 所示,在试验 W1 中,级配连续坝体下游坝趾处的细颗粒被渗流带走,而粗颗粒稳定存在,因此未观察到管涌通道。下游坝坡的角度约为其初始值(30°)。这一过程不同于细粒为主坝体,因为级配连续坝体的材料具有更大的剪切强度。

图 6-4 试验 W1 中级配连续坝的溃坝过程

堰塞湖水从溃口溢出时,在坝体下游局部边坡处超过颗粒启动的临界剪应力,溯源侵蚀由此产生。溃决洪水挟带了细砂和粉粒,而仅有少量粗砾石被侵蚀。渠化水流的出现反过来又扩大了溃口的深度和宽度。这种正反馈增加了溃后的出流量。裂点逐渐向坝顶移动,随之溃决洪水挟带大量的颗粒体。一些粗颗粒首先启动,然后沉积在靠近坝趾的地方,导致泄流槽偏转。Wang 等(2012)提出了一种被称为"级联阶梯"的瀑布式阶梯结构。这是因为级配连续材料的不均匀系数较大,粗砾石较细颗粒更难被带走。在御军门和虎跳峡堰塞坝中均观察到了级联阶梯结构。在溯源侵蚀迁移过程中,坝顶溃口深度和坝高几乎保持不变。当裂点到达上游坝坡坡面时,溃口边坡坍塌,坝高显著降低。侧向扩展的速率小于垂直扩展速率,导致溃口两侧角度增大。受毛细力产生内聚力的影响,溃口在横向几乎垂直,甚至发生倾倒破坏。

试验 F1 中从溢流开始到溃坝结束的时间(550 s)明显小于试验 W1 中大坝的值(2 540 s),这是由于溯源侵蚀的迁移过程。河道在顺流向上的形状类似于沙漏,这与唐家山堰塞坝的溃决行为相似。图 6-5 中试验 W2 与 W3 中堰塞坝的失稳过程与试验 W1 中的相同。不管坝高和湖水的体积如何,级配连续坝体都因溯源侵蚀而失稳破坏。

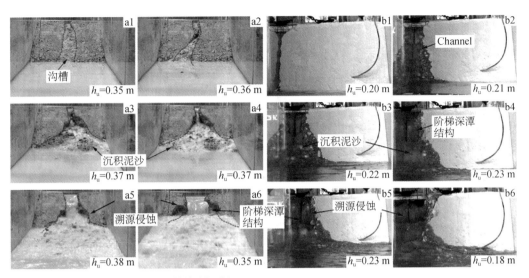

图 6-5　试验 W2 与 W3 级配连续坝体的溃坝过程

3. 粗粒为主的稳定坝体

当上游水位上升至 0.34 m 时,因粗粒为主坝体材料的高渗透性,试验 C1 坝体的入流量等于渗流量(图 6-6)。与细粒为主和级配连续坝体相比,粗粒为主坝体未观察到溢流现象。由于试验 C2 与 C3 的坝高和渗流量较小,水流过坝顶(图 6-7)。尽管堰塞坝下游坡面上的细颗粒已被带走,但堰塞坝仍保持稳定超过 4 h。流出的水逐渐变清,表明几乎没有细颗粒被带走。这是因为最大出流量接近 0.5 L/s,且粗颗粒不会被溢流施加的剪切应力侵蚀。

图 6-6　试验 C1 中由粗粒颗粒组成的稳定坝

当入流量增加到 2 L/s 时,试验 C2 与 C3 中的坝体因漫顶而溃决。相比之下,试验 C1 中大坝的上游水深增加至 0.48 m,之后堰塞坝保持稳定。这与小岗剑堰塞坝一致,该坝由粗颗粒组成,爆破开挖溢洪道之前保持了近一个月的稳定(Wang et al.,2012)。1911 年在 Bartang 河诱发的粗颗粒组成的 Usoi 堰塞坝至今仍然保持稳定,其渗流量为 $46 \sim 47\ \mathrm{m^3/s}$ (Strom,2010)。

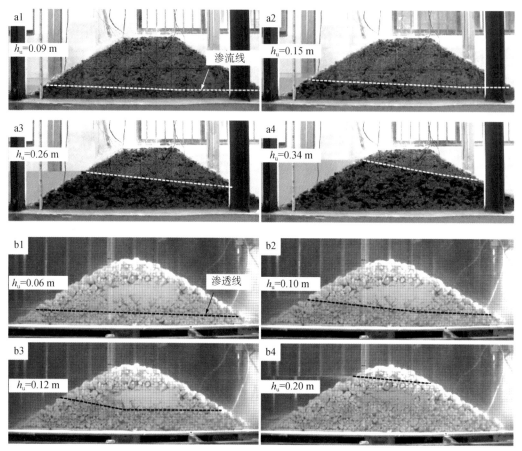

图 6-7 试验 C2 与 C3 中粗粒为主坝体保持稳定

6.2.2 溃决后堰塞坝的沉积

堰塞坝因体积较大,溃坝后通常存在残余坝体。试验 F1 中残余坝体的沉积物在顺流方向以约 2.6°的角度缓慢降低,而试验 W1 中的残余坝体沉积物则呈阶梯形降低的趋势(图 6-8)。试验 W1 中残余坝体的整体坡度角(4.5°)大于试验 F1。由于较低的不均匀系数,试验 F1 中沉积的颗粒分布较为均匀。然而,在试验 W1 中,由于溃决洪水产生的颗粒分选,沉积物表面形成了由粗砾石组成的粗化层。这些观察结果也适用于试验 W2、W3 和 C2、C3 中的沉积物。

试验 F1 中残余坝高 h_r(最大沉积物厚度)几乎是原坝高 h_d 的三分之一[图 6-9(a)]。试

(a) 试验F1中残余坝体侧面视图

(b) 试验W1中残余坝体侧面视图

(c) 试验F1中残余坝体的垂直视图　　　　　　(d) 试验W1中残余坝体的垂直视图

图 6-8　溃决后堰塞坝的沉积物

验 F2 与 F3 中的堰塞坝与之类似。由于级配连续材料具有较高的抗剪强度,与细粒为主堰塞坝相比,级配连续堰塞坝具有更大的 h_r。试验 W1~W3 的 h_r 约为相应 h_d 的一半。这与唐家山堰塞坝一致,该堰塞坝由 $h_d = 82$ m 和 $h_r = 37$ m 的级配连续材料组成(Chang et al., 2011)。对于细粒为主和级配连续的坝体,由于堰塞坝体积的增加,残余坝的长度 l_d 随着 h_d 的增加而增加。细粒为主坝体的 l_d 比级配连续坝体的 l_d 长[图 6-9(c)和图 6-9(d)]。对于细粒为主

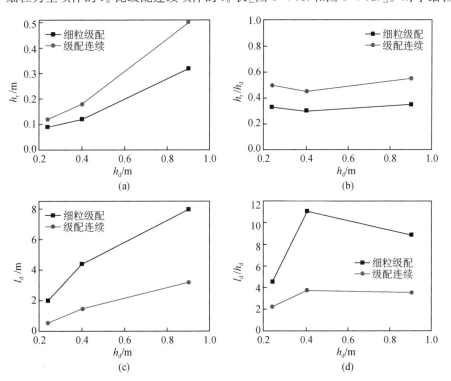

图 6-9　试验 F1~F3 和 W1~W3 中残余坝体的长度 l_d 和高度 h_r 与坝高 h_d 之间的关系

和级配连续的堰塞坝,l_d 与 h_d 的比率先随坝高增加而增加,然后降低。原因是试验 F2 和 W2 中的堰塞湖形状系数 c_l 大于试验 F1 与 F3、W1 与 W3 中的堰塞湖形状系数 c_l(表 6-1),因此溃决洪水具有更高的水流功率以输送堰塞坝坝体颗粒。

6.3 堰塞坝溃坝参数

6.3.1 堰塞坝的流量过程线

堰塞坝的流量过程线随溃口发展而变化(图 6-10)。漫顶水流在初始阶段通过决口时,流速和深度较小。溃口慢慢扩大,导致出流量缓慢增长。溃坝时长随坝高的增大而延长。由于溯源侵蚀,级配连续坝体的起动时间比相同坝高的细粒为主坝体长。在发展阶段,随着上游坝坡高度的降低,溃口在横向和垂直方向上迅速扩大,溃决流量急剧增大,然后下降,显示出近似对称的过程流量线。

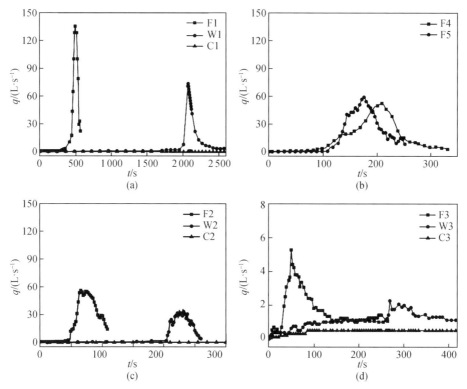

图 6-10   堰塞坝的溃决流量过程线

试验 F1 堰塞坝的峰值流量 q_b(135.1 L/s)最高;相比之下,试验 C1 的 q_b 为零。试验 F4 和 F5 中堰塞坝的流量过程线和溃坝过程高度一致,表明试验结果的可重复性。细粒为主坝体的峰值流量大于相同坝高级配连续坝体的峰值流量。这是因为细粒为主坝体的残余坝高较小,且在溃决期间释放了大量堰塞湖体积。此外,在溃口发展过程中,细粒为主坝体的平均侵蚀率 E 高于级配连续坝体(图6-11)。试验 F2 中细粒为主堰塞坝的峰值流量为 56.7 L/s,与试验 F4 和 F5 中堰塞坝的值(59.1 L/s 和 52.5 L/s)相匹配,这是因为堰塞湖体积相同(表 6-1)。由于粗粒为主坝体保持稳定,试验 C1～C3 中的出流量始终小于入流量。

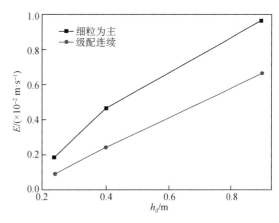

图 6-11　平均侵蚀率 E 与坝高 h_d 的关系

细粒为主坝体流量过程线中常出现单峰现象,而级配连续堰塞坝有多个峰值。这是因为在级配连续堰塞坝溃坝过程中形成阶梯深潭结构。溃口底部较细的颗粒被带走,留下粗砾石。因此,溃决流量先增大后减小,导致流量过程线出现一个峰值。当粗砾石散开并被冲走时,溃口被溢流洪水侵蚀,然后另一个峰值流量出现。与级配连续堰塞坝相比,细粒为主堰塞坝受渗流影响而导致抗剪强度较低,因此更容易被溃决洪水冲走,导致出现单峰现象。

6.3.2　堰塞坝参数与溃决参数的关系

堰塞坝的溃决受堰塞坝和堰塞湖之间的相互作用控制。通过对比现场和模型试验中堰塞坝的观测数据,探讨溃口参数和堰塞坝参数之间的相关性。堰塞坝大型数据库中已经收集了 106 座可获得详细参数的天然堰塞坝,以提供溃决信息。堰塞坝参数包括颗粒级配、堰塞湖体积和坝高;溃决参数为溃决峰值流量和溃坝持续时间。溃坝持续时间 b_d 定义为从溢流开始到溃坝结束的时间。

如图 6-12 所示,天然堰塞坝的峰值流量 q_b 通常随高 h_d 和堰塞湖体积 V_u 的增加而增加。由拟合度 R^2 表明,q_b 与 V_u 的关系比与 h_d 的关系更密切。这是因为溃决过程中释放的水量直接由堰塞湖体积决定。坝高对峰值流量的影响受堰塞湖体积和坝体材料的影响。例如,Shiratani 河堰塞坝的高度为 190 m,峰值流量仅为 580 m³/s,因为构成堰塞坝的材料具有高的抗侵蚀性(Shen et al.,2020)。相比之下,"莫拉克"台风引发的小林堰塞坝的高度仅为 40 m,由于是细颗粒组成坝体,其峰值流量达到 70 649 m³/s(Li et al.,2011)。溃坝持续时间与坝高之间没有明显的关系,这是因为溃坝持续时间受颗粒级配显著影响。此外,溃坝持续时间一般随堰塞湖水量的增加而增加。

模型坝体的峰值流量随坝高和堰塞湖容积的增加而增加。这与天然堰塞坝的观测结果一致(对比图 6-12 和图 6-13)。模型堰塞坝的回归拟合质量更高,这是因为细粒为主和级配

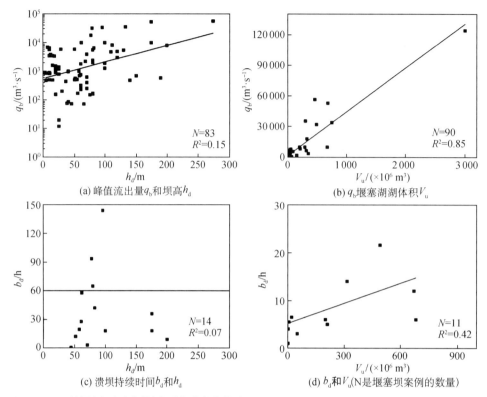

(a) 峰值流出量q_b和坝高h_d (b) q_b堰塞湖体积V_u

(c) 溃坝持续时间b_d和h_d (d) b_d和V_u(N是堰塞坝案例的数量)

图 6-12   天然堰塞坝溃决参数与堰塞坝参数的关系

连续的堰塞坝是分开考虑的。此外,与坝高相比,峰值流量与溃口深度d_b(定义为坝高与剩余坝高之差)的关系更密切。对于细粒为主坝体,溃口深度约为坝高的三分之二,对于级配连续的坝体,溃口深度约为坝高的一半。因此,溃口深度和峰值流量之间的相关性中包含了堰塞坝材料。

　　与现场观测的堰塞坝相比,具有相同颗粒级配模型坝的溃坝持续时间随着坝高的增加而增加[图 6-12(c)]。这是因为溃坝起动时间受到坝体材料的显著影响。例如,唐家山堰塞坝由于溯源侵蚀,溃坝起始时间近 72 h,占溃坝持续时间的 80%(Strom,2010)。相比之下,由细粒为主颗粒组成的小林堰塞坝的溃坝起始时间为近 5 min(Li et al.,2011)。此外,溃坝持续时间与溃口深度的相关性大于受颗粒级配影响的坝高。

　　溃坝持续时间随着堰塞湖体积的增加而增加,这与现场观察结果相符。此外,对于细粒为主和级配连续的堰塞坝,峰值流量和坝高以及峰值流量和堰塞湖体积之间的回归斜率相似[图 6-13(a)和图 6-13(c)]。然而,由于低抗剪强度和高侵蚀率,细粒为主坝体的溃坝持续时间和坝高之间的回归斜率以及溃坝持续时间和堰塞湖体积小于级配连续的坝体[图 6-13(d)和图 6-13(f)]。

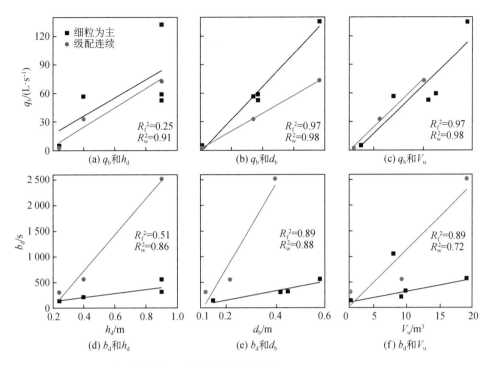

图 6-13　模型堰塞坝的溃决参数与堰塞坝参数之间的关系

注：R_f^2 和 R_w^2 分别是细粒为主和级配连续堰塞坝的拟合度。

6.3.3　峰值流量预测

乘法形式的回归分析用以建立峰值流量的经验关系（Xu et al., 2009）

$$Y = b_0 X_1^{b_1} X_2^{b_2} X_3^{b_3} \tag{6-1}$$

式中　Y——预测的峰值流量；

　　　X_i——控制变量，包括坝高、堰塞湖体积和堰塞坝可蚀性；

　　　b_i——回归系数。

式（6-2）为式（6-1）通过对数变换后的形式，表示如下：

$$\ln Y = \ln b_0 + b_1 \ln X_1 + b_2 \ln X_2 + b_3 \ln X_3 \tag{6-2}$$

回归质量通过拟合度 R^2 进行评估，

$$R^2 = 1 - \frac{\sum (Y_j - \bar{Y}_j)^2}{\sum (Y_j - Y_{ave})^2} \tag{6-3}$$

式中，Y_{ave} 和 $\overline{Y}_j$ 分别是因变量 Y_i 的平均值和预测值。

用 h_d、V_u 和 e^α 对 q_b 进行回归分析后，可以得到式(6-4)

$$q_b = 910 h_d^{-0.25} V_u^{0.56} e^\alpha \tag{6-4}$$

其中 $\alpha = 0$ 或 $\alpha = 1.38$，分别适用于侵蚀性低或高的堰塞坝。回归分析共使用了 46 座包含详细参数的堰塞坝。由于侵蚀率的显著差异，模型试验中的级配连续和细粒为主堰塞坝分别被视为低侵蚀性和高侵蚀性堰塞坝(图 6-11)。天然和试验堰塞坝的 R^2 值分别为 0.82 和 0.97 (图 6-14)，表明预测结果是合理的。例如，1985 年巴布亚新几内亚地震引发的 Bairaman 堰塞坝的高度为 200 m，堰塞湖体积为 5×10^7 m³(Shen et al.，2020)。构成该堰塞坝材料具有较高的可侵蚀性(高度风化的石灰岩)。根据式(6-4)预测的 q_b 为 8 462 m³/s，接近记录的估计值(8 000 m³/s)。

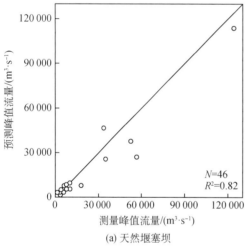

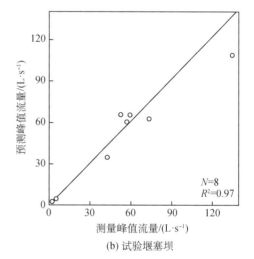

(a) 天然堰塞坝   (b) 试验堰塞坝

图 6-14　用回归分析比较实测和预测的峰值流量

6.4　颗粒级配对溃坝失稳的影响分析

本节首先讨论细粒为主和级配连续堰塞坝的纵向演变，然后分析残余坝体的坡度。最后，分析了颗粒级配和坝高对峰值流量的影响。

6.4.1　堰塞坝溃决过程的纵向发展

对于试验 F1~F5 中的细粒为主坝体，当溃决洪水将坝体颗粒带入下游时，浸润线上方的下游坡度迅速减小[图 6-15(a)]。在溃决过程中，下游坝体坡角保持在 14.4°~17.2°范围内。

细粒为主坝体的这种纵向演变与 Powlege 等(1989)提出的理论模型一致。该模型假设堰塞坝的下游坡角迅速减小,直到在溃决过程中达到恒定的临界土体内摩擦角,然后将该坡度保持到溃决结束。然而,细粒为主材料的临界内摩擦角(26.8°)大于基于能量损失平衡的恒定坝体坡度。这是因为理论模型中没有考虑渗流对下游坝坡的影响。根据式(6-1)—式(6-4)的平衡分析,当水力坡度在漫顶前增加至 0.35 时,细粒为主坝体的下游坡角约为 15°。该坡角与溃决期间的纵坡数值相匹配(图 6-6)。

根据唐家山堰塞坝的观测结果(Chang et al.,2010),级配连续堰塞坝形成了一个级联阶梯结构[图 6-15(b)]。然而,细粒为主堰塞坝不会出现这种情况。Briaud(2008)估算了以砂和砾石为主的颗粒运动的临界速度 v_c:

$$v_c = 0.35(d_{50})^{0.45} \tag{6-5}$$

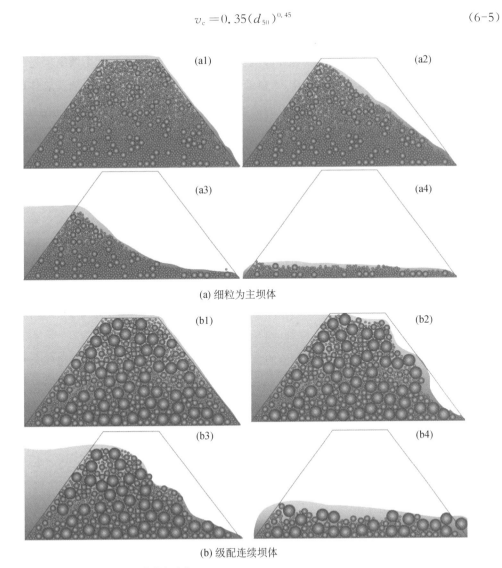

(a) 细粒为主坝体

(b) 级配连续坝体

图 6-15　溃决期间堰塞坝的纵向演化

基于出流量和水流深度,细粒为主和级配连续材料的 v_c 值分别为 0.3 m/s 和 0.6 m/s。细粒为主和级配连续堰塞坝在溃决过程中的流速 u 分别为 0.1～1.1 m/s 和 0.1～0.7 m/s。由于 u 和 v_c 之间的显著差异,细粒为主材料容易被冲走,且不形成溯源侵蚀。相比之下,由于流速有限,级配连续堰塞坝中的细粒首先被带走,留下粗砾石。然后,没有周围细粒支撑的粗砾石再被溃决洪水带走。

虽然试验 W1～W3 和 C1～C3 中坝趾处的细颗粒被渗流带走,但所有模型堰塞坝都没有出现管涌。这与现场观察结果一致,即只有 8% 的堰塞坝因管涌而溃坝(Peng et al.,2012)。人工堆石坝和土坝的管涌失效比例高达 37%。原因是堰塞坝的宽度通常较大,在漫顶溢流之前管涌通道尚未完全形成。此外,堰塞坝材料分选较弱,堰塞坝内部保持稳定。根据 Chang 和 Zhang(2010)提供的稳定性标准,当满足 $(H/F)_{min}>1.0$ 时,细粒含量小于 5% 的颗粒材料内部稳定,其中 F 是小于粒径 d 的颗粒质量分数,H 是范围为 $d\sim4d$ 的颗粒质量分数。根据这一标准,细粒为主和级配连续堰塞坝在渗流作用下是稳定的,而粗粒为主堰塞坝是不稳定的。然而,由于粗颗粒的骨架支撑作用,本试验中的粗粒为主堰塞坝是稳定的。尽管坝体可能发生局部渗透破坏,但堰塞坝的有效应力仍然存在。这一过程已通过离散单元法(Discrete Element Method,DEM)和计算流体动力学(Computational Fluid Dynamics,CFD)耦合进行了模拟分析(Shi et al.,2018)。

6.4.2 残余坝体

与土石坝相比,堰塞坝的最终溃口往往无法到达原有河床,产生不完全侵蚀。这是因为堰塞坝的宽度和体积更大,不能完全被冲走。此外,受非均质性坝体的影响,堰塞坝溃口的底部或侧壁可能存在粗砾石(Zhong et al.,2018),这些砾石抑制了溃决洪水对溃口的侵蚀。这种现象在级配连续堰塞坝中可以观察到(图 6-4)。

一般而言,残余坝体的坡角高于河流的纵向坡度(图 6-9)。季节性洪水可将残余水坝逐渐带到下游,沉积厚度相应降低(Xiong et al.,2022)。然而,当溃口被堵住时,残余坝可能再次溃决。例如,唐家山堰塞坝的残余坝体在 2008 年 9 月 24 日被大水沟泥石流堵塞,堰塞湖的水深增加了 8 m,导致的残余坝体溃决使原有溃口再次下切和展宽。2018 年 10 月 11 日,高 61 m 的白格堰塞坝因漫顶而溃决,洪峰流量为 10 000 m³/s,溃口深度为 32 m。随后,溃口在 2018 年 11 月 3 日被第二次滑坡堵塞,坝高增加至 96 m,堰塞坝再次溃决,洪峰流量为 33 900 m³/s,溃口深度为 61 m。

残余坝体在顺流方向的坡角 θ 随坝高先减小后增大(图 6-16)。这是因为坝高为 0.40 m 堰塞坝的堰塞湖形状系数高于其他堰塞坝(表 6-1)。此外,由细粒为主堰塞坝残余坝体的坡角和沉积厚度小于级配连续的堰塞坝(图 6-9 和图 6-16)。虽然级配连续坝体在溃决期间的峰值流量较小,但是残余坝体造成的潜在溃坝风险较大。

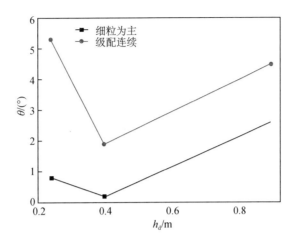

图 6-16　试验 F1～F3 和 W1～W3 中残余坝的坝高 h_d 和坡
角 θ 之间的关系

6.4.3　颗粒级配对峰值流量的影响

堰塞坝的峰值流量随着坝高的增加而增加,然而堰塞湖体积与峰值流量的关系更为密切。这是因为坝高与堰塞湖体积有关。Costa 和 Schuster(1991)在估算峰值流量的经验公式中仅使用了堰塞湖体积。我们的试验还表明,由于堰塞湖体积相同,试验 F2 中细粒为主坝体的峰值流量与试验 F4 和 F5 中的流量值相匹配(图 6-10)。

堰塞坝的峰值流量受颗粒级配的显著影响。级配连续坝体的峰值流量是相同坝高细粒为主坝体的 0.4～0.6(图 6-10)。细粒为主坝体的溃口深度为坝高的三分之二,而级配连续坝体的溃坝深度为坝高的一半。通过遥感影像,可以根据滑坡或雪崩的诱发因素和颗粒材料,快速评估堰塞坝的可蚀性(Zheng et al.,2021)。因此,如果可以估计溃口深度,可以通过基于物理的数值模型(如 DABA 溃坝模型)进一步预测堰塞坝的峰值流量。此外,可通过使用式(6-1)—式(6-4)对坝高、堰塞湖体积和可蚀性系数进行回归分析,进而预测出溃决峰值流量。

6.5　堰塞坝溃决试验的 DABA 模拟

堰塞坝的组成材料级配千差万别,导致各自溃决过程都有所不同。由第 5 章内容可知,本书选取的 4 种典型级配中,粗粒为主级配材料堰塞坝保持稳定,粒径缺失材料堰塞坝为管涌破坏,不符合 DABA 模型的适用条件;细粒为主级配材料和级配连续材料为漫顶溢流冲刷破坏,符合 DABA 模型的适用条件。因此,本节将使用 DABA 模型对细粒为主材料堰塞坝和级配连续材料堰塞坝进行溃决模拟。DABA 模型的原理和建模过程见第 5 章。

6.5.1 细粒为主堰塞坝的溃决试验模拟

1. 参数输入

DABA 模型需要输入参数主要分为三部分:横截面参数,纵截面参数,土体材料参数。具体如表 6-2 所示。材料性质通过试验确定,如 c、φ 等。其中,土体参数划分为三层,由上至下密实度稍有增加,孔隙比稍有降低,以作区分;因为试验堆坝过程中下部土层被多次踩踏压实,较上部土层更为密实,分层对待更能模拟实际工况。

表 6-2 细粒为主级配材料堰塞坝模拟输入参数

横截面参数	溃口顶宽 B_t/m	溃口底宽 B_b/m	溃口深度 D/m	初始坡脚 $\alpha/(°)$	水位标高 H_w/m	坝底标高 Bot/m	坝顶标高 H/m	边坡临界角 $\alpha_c/(°)$	入流速率 $Q_{in}/(m^3 \cdot s^{-1})$	渗透速率 $Q_{se}/(m^3 \cdot s^{-1})$
	0.05	0.01	0.05	68.2	0.87	0.0	0.9	70	1.13×10^{-3}	0.0

纵截面参数	坝顶宽度 B_c/m	下游坡长 L/m	下游坡角 $\beta/°$	上游坡脚 $\beta_u/(°)$	坝顶能量坡降 S_u	下游能量坡降 S_d	下游临界角 $\beta_i/(°)$	湖水面积与高程关系 $Al = f(H_w)$		
	0.5	1.7	30	30	0.04	0.577 4	35	$Al = 1.385\,6H + 21.24$		

土体参数	孔隙比 e	不均匀系数 C_u	中值粒径 d_{50}/m	塑性指数 PI	细粒含量 $P/\%$	土粒重度 G_s	内摩擦角 $\varphi/(°)$	土层深度 $D_\pm/m$
①	0.767	4.555	8.333×10^{-4}	—	—	2.65	25	0.15
②	0.656	4.555	8.333×10^{-4}	—	—	2.65	25	0.45
③	0.559	4.555	8.333×10^{-4}	—	—	2.65	25	0.5

输入参数并完成计算后界面如图 6-17 所示。

2. 结果输出

DABA 模型输出结果如图 6-18—图 6-21 所示。当 $t = 5.30$ min 时,堰塞坝溃决,泄流槽宽度不断增加,下泄洪水流量急剧增大,坝前水位开始下降;当 $t = 6.80$ min 时,达到流量峰值 0.135 5 m^3/s,泄流槽宽度达到最大值;当 $t = 6.80$ min 和 $t = 6.90$ min 时,泄流槽顶宽和底

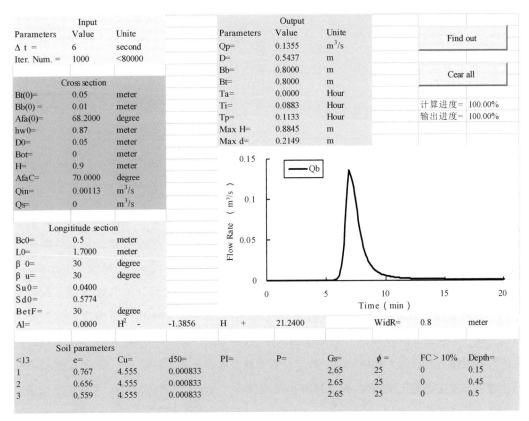

图 6-17 细粒为主级配材料堰塞坝模拟界面

宽分别达到最大值 0.8 m,即试验水槽的宽度;当 t = 15.0 min 之后,下泄洪水流量逐渐趋于稳定,坝体继续遭受冲刷,残余坝高 H_r 继续降低,直至坝体冲刷不动。

3. 对比分析

模拟的坝前水位、流量和槽顶宽随时间的变化都和试验非常吻合。

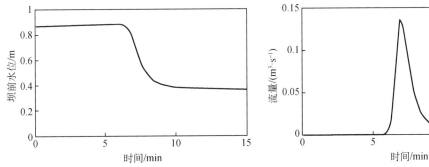

图 6-18 坝前水位与时间关系　　　　　图 6-19 下泄流量与时间关系

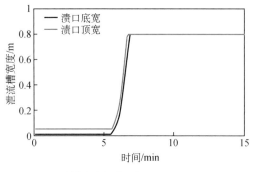

图 6-20　泄流槽宽度与时间关系

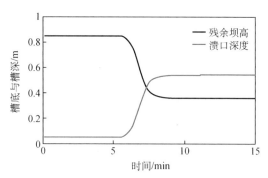

图 6-21　槽底和槽深与时间关系

坝前水位对比如图 6-22 所示,试验工况在 6.13 min 时水位开始下降,模拟工况在 5.90 min 时水位开始下降,水位开始下降的时间非常接近。二者曲线形态和走势都相当一致。

下泄流量对比如图 6-23 所示,试验工况在 5.53 min 时下泄流量开始增加,模拟工况也在 5.50 min 时下泄流量开始增加,二者时间一致;试验工况在 7.13 min 时下泄流量达到峰值 0.130 9 m³/s,模拟工况在 6.80 min 时下泄流量达到峰值 0.135 5 m³/s,二者下泄流量达到峰值的时间很接近且峰值大小也较为一致。二者曲线整体形态和走势较为一致,不过模拟工况的流量增加段比试验工况稍陡,而流量减小段比试验工况稍缓,因此二者分别在流量增加段和流量减小段有两处相交。

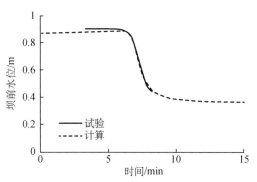

图 6-22　坝前水位与时间关系对比

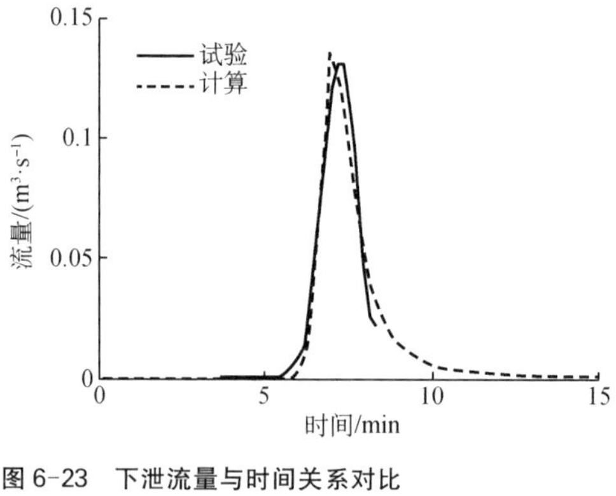

图 6-23　下泄流量与时间关系对比

泄流槽顶宽度对比如图 6-24 所示,试验工况在 5.53 min 时泄流槽顶宽度开始增加,模拟工况在 5.50 min 时泄流槽顶宽度开始增加,二者时间一致;试验工况在 6.70 min 时泄流槽顶宽达到最大值的 0.8 m,模拟工况在 6.80 min 时泄流槽顶宽达到最大值 0.8 m,二者泄流槽顶宽达到最大值的时间很接近。曲线形态和走势也保持一致。试验工况中残余坝高约为 0.30 m,即溃口深度约为 0.60 m;模拟工况中残余坝高约为 0.35 m,即溃口深度约为 0.55 m;数值结果与试验结果较为接近。

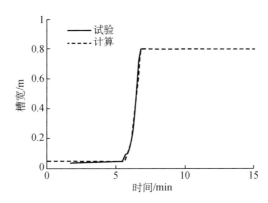

图 6-24　泄流槽顶宽度与时间关系对比

6.5.2　级配连续堰塞坝的溃决试验模拟

1. 参数输入

DABA 模型需要输入参数主要分为三部分：横截面参数，纵截面参数，土体材料参数。具体如表 6-3 所示。材料性质通过试验确定，如 c、φ 等。同样，土体参数划分为三层，由上至下密实度稍有增加，孔隙比稍有降低，以作区分；原因是试验堆坝过程中下部土层被多次踩踏压实，较上部土层要更密实，分层对待更能模拟实际工况。

表 6-3　级配连续材料堰塞坝模拟输入参数

横截面参数	溃口顶宽 B_t/m	溃口底宽 B_b/m	溃口深度 D/m	初始坡脚 α/(°)	水位标高 H_W/m	坝底标高 Bot/m	坝顶标高 H/m	边坡临界角 α_c/(°)	入流速率 Q_{in}/(m³·s⁻¹)	渗透速率 Q_{se}/(m³·s⁻¹)
	0.05	0.01	0.05	68.2	0.87	0.0	0.9	70	0.001 13	0.0
纵截面参数	坝顶宽度 B_c/m	下游坡长 L/m	下游坡角 β/(°)	上游坡脚 β_u/(°)	坝顶能量坡降 S_u	下游能量坡降 S_d	下游临界角 β_f/(°)	湖水面积与高程关系 $Al = f(H_w)$		
	0.5	1.7	30	30	0.04	0.577 4	35	$Al = 1.385\,6H + 21.24$		
土体参数	孔隙比 e	不均匀系数 C_u	中值粒径 d_{50}/m	塑性指数 PI	细粒含量 P/%	土粒重度 G_s	内摩擦角 φ/(°)	土层深度 $D_\pm$/m		
①	0.963	488	3.669×10^{-3}	5	17.243	2.65	25	0.15		

（续表）

土体参数	孔隙比 e	不均匀系数 C_u	中值粒径 d_{50}/m	塑性指数 PI	细粒含量 $P/\%$	土粒重度 G_s	内摩擦角 $\varphi/(°)$	土层深度 $D_\pm/m$
②	0.656	488	3.669×10^{-3}	7	17.243	2.65	25	0.30
③	0.559	488	3.669×10^{-3}	15	17.243	2.65	25	0.35

输入参数并完成计算后界面如图 6-25 所示。

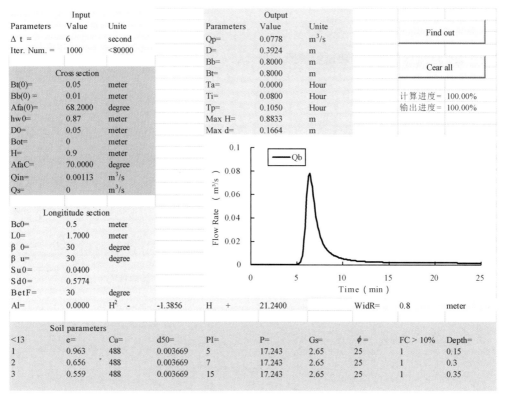

图 6-25　级配连续材料堰塞坝计算界面

2. 结果输出

DABA 模型输出结果如图 6-26—图 6-29 所示。当 $t = 8.70$ min 时，堰塞坝溃决，泄流槽宽度不断增加，下泄洪水流量急剧增大坝前水位开始下降；当 $t = 10.40$ min 时，达到流量峰值 0.085 8 m^3/s，泄流槽宽度继续增加；当 $t = 10.40$ min 和 $t = 10.70$ min 时，泄流槽顶宽和底宽分别达到最大的 0.8 m，即试验水槽的宽度；当 $t = 15.00$ min 之后，下泄洪水流量逐渐趋于稳定，坝体继续遭受冲刷，残余坝高 H_r 继续降低，直至坝体冲刷不动。

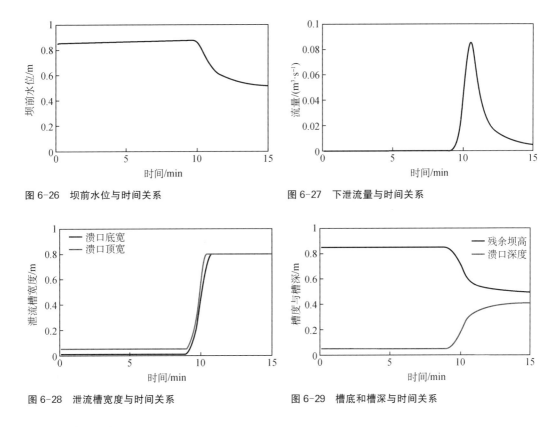

图 6-26　坝前水位与时间关系　　　　　　　　　　图 6-27　下泄流量与时间关系

图 6-28　泄流槽宽度与时间关系　　　　　　　　　图 6-29　槽底和槽深与时间关系

3. 对比分析

模拟的坝前水位和下泄流量随时间的变化和试验非常吻合,泄流槽顶宽随时间的变化和试验存在略微差异。

坝前水位对比图 6-30 所示,试验工况在 9.83 min 时水位开始快速下降,模拟工况在 9.90 min 时水位开始快速下降,水位开始下降的时间非常接近。二者曲线形态和走势都较为一致。

下泄流量对比如图 6-31 所示,试验工况在 9.92 min 时下泄流量开始增加,模拟工况也在 10.00 min 时下泄流量开始增加,二者时间一致;试验工况在 10.42 min 时下泄流量达到峰值 0.082 45 m³/s,模拟工况在 10.40 min 时下泄流量达到峰值 0.085 8 m³/s,二者下泄流量达到峰值的时间很接近且峰值大小也较为一致。二者曲线整体形态和走势较为一致。

泄流槽顶宽度对比如图 6-32 所示,二者差异较大:试验工况在 8.50 min 时泄流槽顶宽度开始增加,模拟工况在 9.10 min 时泄流槽顶宽度开始增加;试验工况在 14.50 min 时泄流槽顶宽达到最大值的 0.8 m,模拟工况在 10.40 min 时泄流槽顶宽达到最大值 0.8 m。二者曲线形态和走势都存在较大差异。可能的原因为:在模拟工况中,向下侵蚀和侧向侵蚀是假定相同的;在实际工况中,水流在重力作用下向下侵蚀比侧向侵蚀速度更快,尤其是在完整连续级配材料中存在大颗粒的情况,水流的侵蚀主要靠掏蚀大颗粒底部小颗粒然后带动大颗粒滚动,泄流槽底部的大颗粒更容易滚动,而泄流槽侧边的大颗粒存在上部颗粒压住它,使其不容易滚动。因此试验工况中槽宽展宽过程时间更长,而模拟工况中槽宽展宽过程时间较短,导致二者存在差异。

试验工况中残余坝高约为 0.50 m,即溃口深度约为 0.4 m;模拟工况中残余坝高约为 0.48 m,即溃口深度约为 0.42 m;数值模拟结果与试验值较为吻合,如图 6-29 所示。

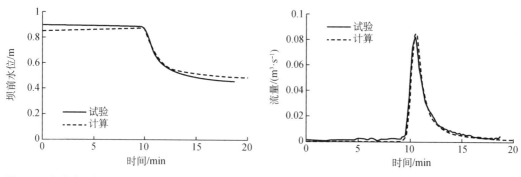

图 6-30　坝前水位与时间关系对比　　　　　图 6-31　下泄流量与时间关系对比

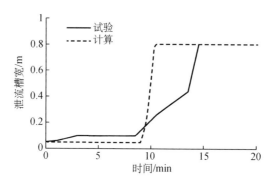

图 6-32　泄流槽顶宽与时间关系对比

6.5.3　不同坝体材料溃决对比

两种不同级配材料的坝前水位、流量和槽顶宽随时间的变化都非常不同,说明不同级配材料对溃决影响非常大。

坝前水位对比如图 6-33 所示,细粒组在 6.13 min 时水位开始下降,连续组在 9.83 min 时水位开始下降,细粒组比连续组先一步快速溃决。但二者曲线形态和走势基本一致。

下泄流量对比如图 6-34 所示,细粒组在 5.53 min 时下泄流量开始增加,连续组也在 9.10 min 时下泄流量开始增加,细粒组比连续组先一步快速溃决;细粒组在 7.13 min 时下泄流量达到峰值 0.130 9 m³/s,连续组在 10.42 min 时下泄流量达到峰值 0.082 45 m³/s,细粒组比连续组峰值流量大。细粒组溃决时间早,溃决流量大;并且在流量-时间图上,细粒组的洪峰面积明显大于连续组的洪峰面积,因此,细粒组下泄的库水明显大于连续组。

残余坝高和槽深与时间关系对比如图 6-35 所示。细粒组的残余坝高约为 0.35 m,即溃口深度约为 0.55 m;连续组的残余坝高约为 0.50 m,即溃口深度约为 0.40 m。明显可见细粒组溃口更深,残余坝高更低。

泄流槽顶宽度与时间关系对比如图 6-36 所示,两组间除了时间不同,曲线形态和走势都相当一致;且细粒组先于连续组到达槽宽的最大值 0.8 m,说明细粒组较连续组更易被侵蚀。

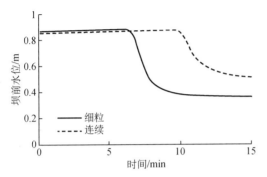

图 6-33　坝前水位与时间关系对比　　　　　　　图 6-34　下泄流量与时间关系对比

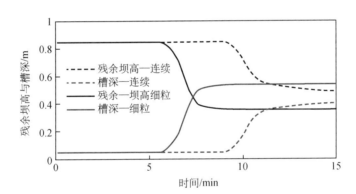

图 6-35　残余坝高、槽深与时间关系对比

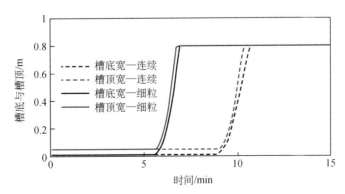

图 6-36　泄流槽顶宽与时间关系对比

本章开展了一系列堰塞坝溃决试验,通过改变坝体颗粒级配,分析了堰塞坝的溃坝过程和失稳模式。特别是,根据现场 106 座堰塞坝和模型试验中的溃决参数,识别了破坏模式并预测了峰值流量。

堰塞坝的失稳模式受坝体材料的抗剪强度和渗流共同控制。细粒为主堰塞坝因漫顶和渗流失稳而溃决,而级配连续堰塞坝因溯源侵蚀而溃决。然而,无论堰塞坝坝高或堰塞湖体积如何,粗粒为主堰塞坝都保持稳定。受坝体渗流的影响,细粒为主堰塞坝溃坝时纵断面保持水平。相比之下,级配连续的堰塞坝形成了一个级联阶梯结构。

细粒为主堰塞坝的溃坝持续时间明显短于级配连续堰塞坝,这是因为溯源侵蚀和级配连续材料的低侵蚀率。堰塞坝的峰值流量随着堰塞湖体积和坝高的增加而增加。峰值流量和溃坝持续时间与溃坝深度的关系比与坝高的关系更密切,因为前者考虑了颗粒级配的影响。

坝体材料显著控制着堰塞坝的溃决程度,进而影响着堰塞坝的溃决过程,决定着溃决峰值流量。堰塞坝的峰值流量可以通过坝高、堰塞湖体积和颗粒级配的回归分析预测。

细粒为主堰塞坝溃决后的颗粒均匀分布,但由于颗粒分选,级配连续堰塞坝的表面上形成了粗化层。受堰塞湖形状系数的影响,顺流方向的残余坝坡随坝高先减小后增大。此外,由细粒为主堰塞坝的残余坡角和厚度小于级配连续的堰塞坝。

DABA 模型对细粒为主和级配连续堰塞坝模拟的结果与试验结果吻合得非常好,包括溃决时刻、洪峰时刻和峰值流量、溃口尺寸和残余坝高等都吻合得很好,揭示了堰塞坝的溃决失稳过程。

参考文献

陈晓清,崔鹏,赵万全,等,2010."5·12"汶川地震堰塞湖应急处置措施的讨论:以唐家山堰塞湖为例[J].山地学报,28(3):350-357.

胡卸文,罗刚,王军桥,等,2010.唐家山堰塞体渗流稳定及溃决模式分析[J].岩石力学与工程学报,29(7):1409-1417.

石振明,马小龙,彭铭,等,2014.基于大型数据库的堰塞坝特征统计分析与溃决参数快速评估模型[J].岩石力学与工程学报,33(9):1780-1790.

许强,裴向军,黄润秋,等,2009.汶川地震大型滑坡研究[M].北京:科学出版社.

CHANG D S, ZHANG L M, 2010. Simulation of the erosion process of landslide dams due to overtopping considering variations in soil erodibility along depth[J]. Natural Hazards and Earth System Sciences, 10(4): 933-946.

CHANG D S, ZHANG L M, XU Y, et al., 2011. Field testing of erodibility of two landslide dams triggered by the 12 May 2008 Wenchuan earthquake[J]. Landslides, 8(3):321-332.

COSTA J E, SCHUSTER R L, 1991. Documented historical landslide dams from around the world[R]. US Geological Survey.

LI M H, SUNG R T, DONG J J, et al., 2011. The formation and breaching of a short-lived landslide dam at Hsiaolin Village, Taiwan—Part II: Simulation of debris flow with landslide dam breach[J]. Engineering Geology, 123: 60-71.

PENG M, ZHANG L M, 2012. Breaching parameters of landslide dams[J]. Landslides, 9(1):13-31.

POWLEDGE G R, RALSTON D C, MILLER P, et al., 1989. Mechanics of overflow erosion on embankments. II: hydraulic and design considerations[J]. Journal of Hydraulic Engineering, 115(8):1056-1075.

SHEN D Y, SHI Z M, ZHENG H C, et al., 2022. Effects of grain composition on the stability, breach process, and breach parameters of landslide dams[J]. Geomorphology, 413:108362.

SHEN D Y, SHI Z M, PENG M, et al., 2020. Longevity analysis of landslide dams[J]. Landslides, 17(8):1797-1821.

SHI Z M, ZHENG H C, YU S B, et al., 2018. Application of CFD-DEM to investigate seepage characteristics of landslide dam materials[J]. Computers and Geotechnics, 101:23-33.

STROM A, 2010. Landslide dams in Central Asia region[J]. Landslides, 47(6):309-324.

WANG Z, CUI P, YU G, et al., 2012. Stability of landslide dams and development of knickpoints [J]. Environmental Earth Sciences, 65(4):1067-1080.

XIONG J, TANG C, GONG L, et al., 2022. How landslide sediments are transferred out of an alpine basin: Evidence from the epicentre of the Wenchuan earthquake[J]. Catena, 208:105781.

XU Y, ZHANG L, 2009. Breaching parameters for earth and rockfill dams[J]. Journal of Geotechnical and Geoenvironmental Engineering, 135(12):1957-1970.

ZHENG H C, SHI Z M, SHEN D Y, et al., 2021. Recent advances in stability and failure mechanisms of landslide dams[J]. Frontiers in Earth Science,9:659935.

ZHONG Q M, CHEN S S, MEI S A, et al., 2018. Numerical simulation of landslide dam breaching due to overtopping[J]. Landslides, 15(6):1183-1192.

第 7 章
坝体结构特征对堰塞坝稳定性影响分析

堰塞坝通常不同程度地保留原有斜坡失稳体的结构特征,表现为坝体结构非均质性的特点(Chen et al.,2015;石振明 等,2016;Wang et al.,2016;殷跃平,2008)。堰塞坝的结构受失稳地质体类型、方量、材料组成、运动路径和河道边界等多种因素影响,常呈现明显的三维空间非均匀性特征(Cao et al.,2011;Zheng et al.,2021;Zhou et al.,2019,2022)。堰塞坝颗粒级配的空间分布沿深度方向或垂直于河道方向会存在显著的差异(Fan et al.,2020;周家文 等,2009;周宏伟 等,2009)。例如,短程岩质滑坡通常能保持原有边坡岩层特征而形成竖向非均质结构,如唐家山堰塞坝(胡卸文 等,2009)、马脑顶堰塞坝(贾启超 等,2019;王运生 等,2000)等;远程岩质滑坡通常在运动过程中发生碰撞崩解,并产生粗细颗粒分选而形成水平非均质结构,如易贡堰塞坝(Shang et al.,2003)、小林村堰塞坝(Dong et al.,2011)等。

作为堰塞坝区别于人工坝的最典型特征之一,坝体结构的高度非均质性特征,使得堰塞坝的结构强度和应力集中区域难以明确(陈祖煜 等,2019;管圣功 等,2018;蒋先刚 等,2016;朱兴华 等,2012)。堰塞坝的非均质结构会影响堰塞坝的溃决失稳过程,改变堰塞坝的失稳模式,显著影响堰塞坝的溃决洪水演进,给堰塞坝灾害的风险评估和应急处置带来挑战。

本章开展了系列不同结构特征(水平非均质与竖向非均质)堰塞坝的溃决模型试验,提取非均质结构堰塞坝的溃决模式,建立了堰塞坝溃坝程度评价指标,分析了坝体结构特征对堰塞坝溃决历时、溃口发展、溃决流量和溃坝程度的影响规律。

7.1 坝体结构对堰塞坝稳定性影响试验分析

7.1.1 非均质坝体模型

如图 7-1 所示,堰塞坝的堵江成坝过程会形成不同的非均匀性结构。根据坝体结构特征,试验选取了均质、竖向非均质、水平非均质 3 种坝体结构类型,不同坝体结构对堰塞坝溃决影响的试验工况如表 7-1 所示。其中,均质坝体结构作为非均质坝体结构的对照组;竖向非均质坝体结构如图 7-2(a)所示,坝体沿深度方向分为 3 层,分别命名为 V-1、V-2 和 V-3

区域,每层材料的颗粒级配不同;水平非均质坝体结构如图 7-2(b)所示,按照坝体横断面上的 4 象限划分将坝体分为 4 个区域,分别命名为 C-1、C-2、D-1 和 D-2 区域,区域 C-1 和 C-2 为坝体过流侧(即开挖泄流槽一侧),区域 D-1 和 D-2 为坝体对岸侧,每个区域材料的颗粒级配不同。

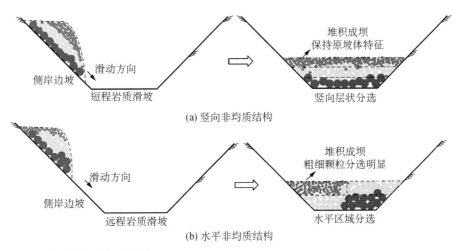

图 7-1　堰塞坝体非均匀性结构

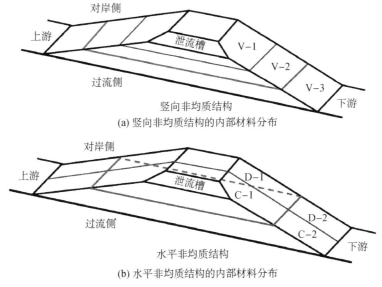

图 7-2　非均质结构坝体

本章旨在研究不同坝体结构对堰塞坝溃决失稳的影响,如表 7-1 所示。试验工况分为:均质组(工况 S-1~S-3);竖向非均质组(工况 S-4~S-6);水平非均质组(工况 S-7~S-9)。为了将均质结构与非均质结构对照,工况 S-4 和 S-3、工况 S-6 和 S-2、工况 S-9 和 S-1 的材料组成(即总体材料颗粒级配曲线)完全相同,仅坝体内部材料分布情况不同。除上述影响因素外,每组工况的其他参数设置均相同:坝高 H_d = 24 cm,坝顶宽 W_t = 24 cm,坝底宽 W_b = 108 cm,上游坝坡坡度 β_u = 26.6°(1∶2),下游坝坡坡度 β_d = 33.7°(1∶1.5),坝长 L_d = 40 cm,河床坡度 θ = 1°,入流量 Q_{in} = 1.0 L/s,泄流槽横断面形式为三角形,截面积为 20 cm²(高 5 cm、宽 8 cm)。堰塞坝的颗粒级配是 3 种典型级配:细粒为主、粗粒为主与级配连续。

表 7-1 不同坝体结构对堰塞坝溃决影响的试验工况

工况编号	坝体结构	颗粒级配空间分布			中值粒径/mm
S-1	均质	均质坝体			1.6
S-2					3.9
S-3					6.0
S-4	竖向非均质①	V1 区域	V2 区域	V3 区域	6.0
		细粒为主	级配连续	粗粒为主	
S-5	竖向非均质②	V1 区域	V2 区域	V3 区域	4.1
		细粒为主	粗粒为主	级配连续	
S-6	竖向非均质③	V1 区域	V2 区域	V3 区域	3.9
		级配连续	细粒为主	粗粒为主	
S-7	水平非均质①	C1 区域 / C2 区域		D1 区域 / D2 区域	5.0
		细粒为主 / 级配连续		级配连续 / 粗粒为主	
S-8	水平非均质②	C1 区域 / C2 区域		D1 区域 / D2 区域	1.5
		细粒为主 / 细粒为主		级配连续 / 粗粒为主	
S-9	水平非均质③	C1 区域 / C2 区域		D1 区域 / D2 区域	1.6
		级配连续 / 细粒为主		粗粒为主 / 级配连续	

　　试验中设置的竖向非均质结构类型①～③(工况 S-4～S-6)和水平非均质结构类型①～③(工况 S-7～S-9)均以堰塞坝案例的现场调查资料或堵江成坝数值模拟结果为依据。在竖向非均质结构中,结构类型①模拟的是坝体材料沿深度方向逐渐变得致密的情况,如短程岩质顺层滑坡形成的唐家山堰塞坝(胡卸文 等,2009;Chang et al.,2010);结构类型②模拟的是坝体内部含有坚硬岩层的情况,如坐落式滑坡崩塌形成的马脑顶堰塞坝(贾启超 等,2019);结构类型③模拟的是坝体内部含有抗侵蚀能力较弱土层的情况,常见于含有古风化壳地层或由暴雨诱发、受降雨入渗影响严重的堰塞坝,如鸡扒子堰塞坝和天台乡堰塞坝(年廷凯 等,2018)。在水平非均质结构中,结构类型①～③模拟的都是堆积成坝过程中出现粗细颗粒分选的情况,常见于高速远程滑坡-碎屑流形成的堰塞坝,如易贡堰塞坝(Shang et al.,2003)、雅鲁藏布江色东普沟堰塞坝(刘传正 等,2019),结构类型①～③分别模拟了斜坡失稳体运动过程中不同碰撞崩解和颗粒反序程度所对应的坝体结构及内部材料分布,颗粒反序程度与失稳体的细颗粒含量、滑移距离、滑床坡度及滑床糙率等因素影响。

7.1.2　非均质坝体构建

为了合理选取有代表性的模型坝体材料,通过对不同成因堰塞坝的材料岩性和颗粒级配进行比选,根据 2008 年汶川地震诱发形成的东河口、唐家山和小岗剑堰塞坝的现场土样数据(胡卸文 等,2009;石振明 等,2020),试验选取了 3 种典型的堰塞坝体材料级配类型:细粒为主、级配连续和粗粒为主。这 3 种级配与本书第 5 章的堰塞坝级配保持一致。具体介绍如下:

(1)细粒为主材料:来自东河口堰塞坝。东河口堰塞坝由高速远程滑坡-碎屑流堵江形成。坝体材料主要由寒武纪砂岩、页岩和片岩等组成,强风化为主,大部分材料在高速滑动过程中破碎解体为粒径相对较小的细颗粒。

(2)级配连续材料:来自唐家山堰塞坝。唐家山堰塞坝由大规模的顺层岩质高速短程滑坡堵江形成,是汶川地震中形成的堵塞规模最大、潜在风险最高的堰塞坝。坝体材料主要由寒武纪片岩、板岩和砂岩等组成,中风化为主,含土较多,颗粒粒径范围相对较广。

(3)粗粒为主材料:来自小岗剑堰塞坝。小岗剑堰塞坝由岩石体崩塌形成,坝体骨架以碎裂岩块为主,结构架空明显。坝体材料主要由白云岩和白云质灰岩等组成,弱风化为主,岩质坚硬,多为孤、碎块石,且土体较少,含有相对较多的粗颗粒。

7.2　均质、非均质结构堰塞坝的溃决失稳过程分析

本节将首先介绍均质坝溃决失稳过程,以此为对照,分析竖向与水平非均质坝溃决失稳过程,最后讨论非均质结构对溃坝程度的影响。9 组试验结果表明不同坝体结构堰塞坝的溃决特征和溃决参数存在显著差异,现将各工况的溃决特征和溃决参数归纳总结,如表 7-2 所示。

表 7-2　试验工况溃决参数

工况编号	阶段 I 历时 t_1/s	阶段 II 历时 t_2/s	阶段 III 历时 t_3/s	溃决历时 T/s	峰值流量 Q_p/(L·s^{-1})	峰现时间 t_p/s	残余坝高 H_r/cm	溃坝程度 BD
S-1	51	81	87	219	3.51	75	7.2	0.933
S-2	117	65	56	238	3.12	149	8.5	0.901
S-3	155	57	39	251	2.82	186	9.8	0.862
S-4	47	273	24	344	1.98	303	13.0	0.740
S-5	43	39	16	98	2.70	66	15.5	0.616

（续表）

工况编号	阶段 I 历时 t_1/s	阶段 II 历时 t_2/s	阶段 III 历时 t_3/s	溃决历时 T/s	峰值流量 Q_p/(L·s⁻¹)	峰现时间 t_p/s	残余坝高 H_r/cm	溃坝程度 BD
S-6	86	52	43	181	4.76	104	9.4	0.875
S-7	38	151	34	223	2.58	87	12.5	0.762
S-8	33	98	71	202	3.59	62	4.1	0.984
S-9	132	43	28	203	3.07	156	11.8	0.791

7.2.1　均质坝溃决失稳分析

　　工况 S-1 细粒为主均质坝体溃决失稳过程如图 7-3 所示。细粒为主材料中值粒径为 1.6 mm。溃决失稳开始后（阶段 I），冲刷首先发生在下游坝体坡面，溃口底坡向上游方向移动，且在移动过程中溃口纵坡度基本保持不变。在 51 s 进入溃口发展阶段（阶段 II），此时坝体纵断面由最初的梯形变为近似三角形。随后上游溃口快速下切，溃口侧坡发生失稳坍塌，溃决流量和溃口水深迅速增加，并于 75 s 达到峰值流量 3.51 L/s，流量增大使下游溃口的纵坡度减小至接近水平。在 132 s 进入衰减平衡阶段（阶段 III），溃决流量逐渐降低至入流量，坝前水位缓慢下降，但细颗粒仍长时间在河床上作推移质运动，直到溃决过程结束。残余坝体高度为 7.2 cm，纵坡度为 1.9°。

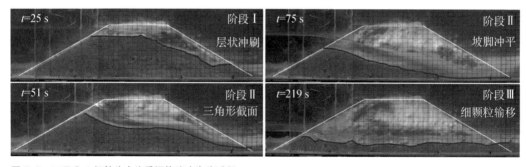

图 7-3　工况 S-1 细粒为主均质坝体溃决失稳过程

　　工况 S-2 均质坝体溃决失稳过程如图 7-4 所示。级配连续材料中值粒径为 3.9 mm，大于工况 S-1、小于工况 S-3。溃决开始后，下游坡面首先变陡并形成瀑布状陡坎，这是由于浅层水流流速有限，无法侵蚀携带下游坡面上的粗颗粒。陡坎发育、前移过程中溃口侧坡失稳次数明显增加。在 114 s 进入溃口发展阶段，阶段 I 历时较工况 S-1 增加了 123.5%，原因是陡坎溯源侵蚀速度较慢，此时陡坎扩展为急陡坡形式。随后于 149 s 达到峰值流量 3.15 L/s，峰值流量相比工况 S-1 减小了 11.1%。原因是工况 S-2 级配连续材料的平均粒径较大，抗侵蚀能力较强,溃口下切速率较小,导致坝前水位与溃口底部之间相对高度较小。在182 s进入衰减平衡阶段,粗颗粒逐渐沉积在河床表面形成粗化层,保护层下颗粒不被冲刷。残余坝体高度为8.5 cm,纵坡度为2.6°,较工况S-1分别增加了18.1%和36.8%。

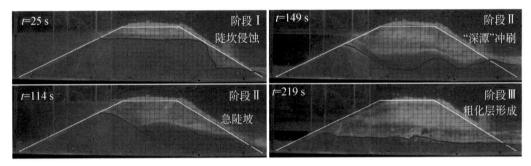

图7-4　工况S-2级配连续均质坝体溃决失稳过程

工况S-3粗粒为主均质坝体溃决失稳过程如图7-5所示。粗粒为主材料的中值粒径为6.0 mm。溃决失稳启动后,下游坝体坡面首先形成呈阶梯状分布的多级陡坎,陡坎数量多且规模较小。在155 s进入溃口发展阶段,阶段Ⅰ历时较工况S-2增加了33.3%。随后于186 s达到峰值流量2.82 L/s,坝体纵断面呈波浪状起伏,峰值流量相比工况S-2减小了10.5%,原因是工况S-3的材料平均粒径更大,抗侵蚀能力更强。在212 s进入衰减平衡阶段,大量粗颗粒沉积使粗化层快速形成。残余坝体高度为9.8 cm,纵坡度为3.0°,较工况S-2分别增加了15.3%和15.4%。

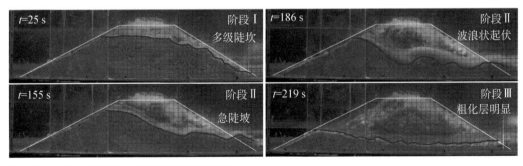

图7-5　工况S-3粗粒为主均质坝体溃决失稳过程

试验结果表明(图7-6),均质坝的峰值流量、峰现时间和溃坝程度等溃决参数与材料中值粒径呈负相关的关系:随着中值粒径增大,溃决峰值流量减小,峰现时间推迟,残余坝高增加,溃坝程度减小。根据土体侵蚀率公式 $E=K_d(\tau-\tau_c)$ 可知,材料平均粒径越大,土体临界剪切应力 τ_c 越大(越难侵蚀起动),可蚀性系数 K_d 越小(侵蚀发展越慢),而均质坝的土体材料在整个坝体内部是均匀分布的,同一坝体截面沿深度方向土体的 τ_c 和 K_d 值相同。

工况S-1中值粒径在工况S-1～S-3中最小,溃决表现为层状冲刷特征,即坝体绕坝底固定旋转点逐步反向切割,溃口纵坡度先快速减小,然后稳定在材料内摩擦角附近,直到衰减平

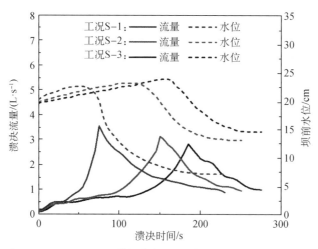

图 7-6 工况 S-1～S-3 的坝前水位及溃决流量过程曲线

衡阶段再逐渐趋于水平(图7-7)。原因是当中值粒径较小时,材料临界剪切应力 τ_c 较小,颗粒斜坡上起动拖曳力弱,可蚀性系数 K_d 较大,坡面侵蚀发展速度快。随着材料粒径逐步增大,工况 S-2 和 S-3 均表现为陡坎侵蚀特征,二者区别在于工况 S-2 呈现单级陡坎,溃口下游部分的纵坡度逐渐增加甚至接近垂直;而工况 S-3 出现呈阶梯状分布的多级陡坎,侵蚀量较小。造成上述差异的主要原因是工况 S-3 坝体内部粗颗粒之间的相互咬合力更强,且中值粒径更大的工况 S-3 材料的可蚀性系数 K_d 值较小。在陡坎侵蚀过程中,跌水处会形成特殊水力结构,即漫顶水流流经陡坎后向下冲击底部材料,产生反向旋流,旋流会在阶梯断面上施加剪应力。因此在陡坎侵蚀过程中,陡坎高度越大,溃口溯源及下切侵蚀速率越大,溃决历时越短,造成的峰值流量也越大。

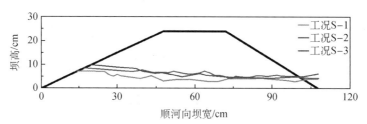

图 7-7 工况 S-1～S-3 的残余坝体轮廓

7.2.2 竖向非均质坝溃决失稳分析

工况 S-4 竖向非均质坝体沿深度方向依次为细粒为主、级配连续、粗粒为主材料,总体颗粒级配与工况 S-3 相同,其坝体溃决失稳过程如图 7-8 所示。由于泄流槽的存在,坝体上部细粒为主层的厚度最小值仅为 3 cm,导致层状冲刷时间较短,下游溃口很快发展至中部连续级配层,并出现陡坎溯源侵蚀现象。坝体上中部交界位置存在明显坡折点,坡折点上游坡度较小,下游坡度明显较大。在 47 s 进入溃口发展阶段,上部细粒为主层侵蚀量较大,中部陡坎则发育缓慢,原因是底部粗粒为主材料的临界剪切应力较大,导致下游坡脚很难被破坏,陡坎跌水高度局限于中部土层厚度,上游溃口侵蚀至中部连续级配层后下切速度放缓,溃决流量增加有限,致使陡坎溯源速度较为缓慢。直到坝体中部陡坎前移至上游坡面后,溃决流量才相对快速增加,在 303 s 达到溃决峰值流量 1.98 L/s,但由于这一时期坝前水位已经较低,下泄库水量有限。因此,溃决峰值流量相比工况 S-3 减小了 29.8%。在 320 s 进入衰减平衡阶段,较小的溃决流量导致粗化层快速形成,残余坝体高度为 13.0 cm,纵坡度为 7.6°,较工况 S-3 分别增加了 32.7% 和 153.3%。

试验结果表明尽管堰塞坝总体颗粒级配相同,但工况 S-4 的溃决过程与工况 S-3 的差别很大,工况 S-4 的非均质坝结构类型对堰塞坝溃口发展、溃决流量和溃坝程度的影响较为显著。

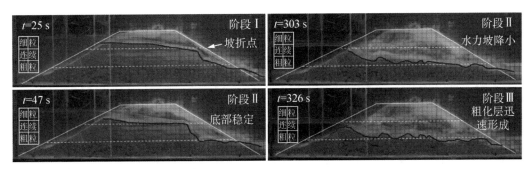

图 7-8　工况 S-4 非均质坝体溃决失稳过程

工况 S-5 竖向非均质坝体沿深度方向依次为细粒为主、粗粒为主、级配连续材料,其坝体溃决失稳过程如图 7-9 所示。堰塞坝上部细粒为主层首先出现层状冲刷(与工况 S-4 相似),下游坝坡位置则形成两级陡坎,原因是中部粗粒为主材料被水流搬运的距离不远,多堆积在下游坡脚处,导致底部连续级配层形成较小规模的新陡坎,因此呈现规模不一的两级陡坎。在 43 s 进入溃口发展阶段,此时坝体中部粗粒为主层的侵蚀量明显大于工况 S-4。随后于 66 s 达到峰值流量 2.70 L/s,峰值流量相比工况 S-4 增加了 36.4%,这是由于工况 S-5 的下游坡脚遭冲刷破坏,陡坎跌水高度增加,溃口纵坡率明显增大,更多水力势能转化为动能,水流侵蚀能力增强,使上游溃口断面快速下切加深,导致大量库水下泄、溃决流量增大。在 82 s 进入衰减平衡阶段,残余坝体高度为 15.5 cm,较工况 S-4 增加了 19.2%,纵坡度为 7.7°,与工况 S-4 接近。

需要注意的是,残余坝体前中段的纵坡度高达 13.9°,既反映了溃决过程中溃口纵坡率较大,也说明粗粒为主材料的斜坡起动拖曳力较大,溃决流量一经减小便很快形成稳定的残余坝体。

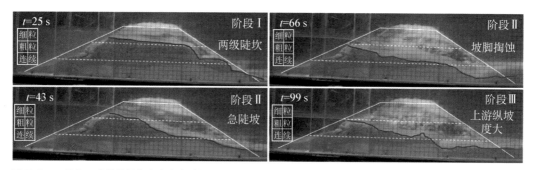

图 7-9 工况 S-5 非均质坝体溃决失稳过程

工况 S-6 竖向非均质坝体沿深度方向依次为级配连续、细粒为主、粗粒为主材料,其坝体溃决失稳过程如图 7-10 所示。溃坝初始,坝体中部细粒为主层的侵蚀量最大,底部粗粒为主层则相对难以被侵蚀。在 86 s 进入溃口发展阶段,阶段 I 历时较工况 S-5 增加了一倍,此时陡坎侵蚀特征消失,中部细粒为主层出现层状冲刷。随后于 104 s 达到溃决峰值流量 4.76 L/s,峰值流量相比工况 S-5 增加了 76.3%,在水流剧烈冲刷下底部粗粒为主层也不再稳定,下游坡脚被完全破坏。在 138 s 进入衰减平衡阶段,来自上游的细粒为主材料逐渐沉积在下游坝坡位置,坝体底部粗粒为主材料则显露出来并在上游溃口底部形成粗化层,溃口纵坡度减小。残余坝体高度为 9.4 cm,纵坡度为 4.0°,较工况 S-5 分别减小了 39.6% 和 48.1%。

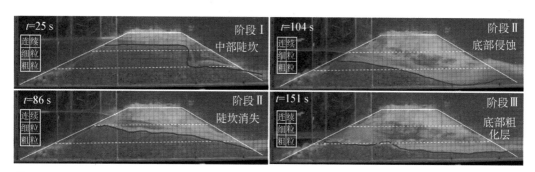

图 7-10 工况 S-6 非均质坝体溃决失稳过程

试验结果表明,竖直非均质坝体的溃决峰值流量工况 S-4 < 工况 S-5 < 工况 S-6 (图 7-11)。不同竖向非均质结构类型对溃口发展和溃决流量的影响显著,原因是坝体内部不同土层的 τ_c 和 K_d 值相差悬殊,坝体侵蚀过程受局部区域材料性质的影响显著。

可以看出,坝体上部土层主要影响溃口形成阶段历时和坝前水位变化;中部土层主要影响溃口发展阶段的溃口下切速率;底部土层主要影响下游坡脚稳定性和残余坝体形态轮廓(图 7-12)。溃决峰值流量受中部及底部材料的影响最大:溃口下切速度越快,释放的库水量越多,流量越大;溃口纵坡率越大,水流侵蚀能力越强,反过来进一步促使溃口下切加深。

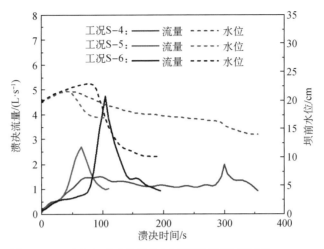

图 7-11 工况 S-4～S-6 的坝前水位及溃决流量过程曲线

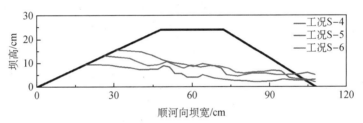

图 7-12 工况 S-4～S-6 的残余坝体形态轮廓

7.2.3 水平非均质坝溃决失稳分析

工况 S-7 水平非均质坝体过流侧上、下方分别为细粒为主、级配连续材料,对岸侧上、下方分别为级配连续、粗粒为主材料,坝体溃决失稳过程如图 7-13 所示。水流首先侵蚀坝体过流侧上方的细粒为主区域。在 38 s 进入溃口发展阶段,坝体过流侧下方的级配连续区域形成急陡坡,从而出现明显坡折点。随后溃口下切速率减小,同时频繁发生侧坡失稳坍塌导致溃

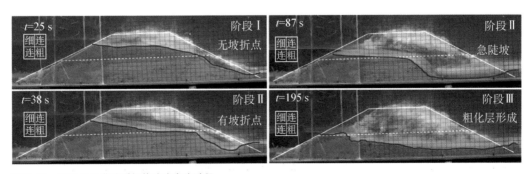

图 7-13 工况 S-7 非均质坝体溃决失稳过程

口展宽,溃口横向展宽至坝体对岸侧上方的级配连续区域,并于87 s达到溃决峰值流量2.58 L/s。在189 s进入衰减平衡阶段,坝体过流侧下方和对岸侧上方材料里的粗颗粒共同构成了稳定的粗化层。残余坝体高度为12.5 cm,纵坡度为4.5°。

工况S-8水平非均质坝体过流侧上、下方全部为细粒为主材料,对岸侧上、下方分别为级配连续、粗粒为主材料,坝体溃决失稳过程如图7-14所示。坝体首先过流侧的细粒为主区域出现层状冲刷。与工况S-7相比,工况S-8的溃口下切深度较大,但侧坡失稳次数较少,导致溃口宽度较小,最终溃口形态相对深且窄,这与Jiang等(2018)的试验观测结果一致。原因是工况S-8的溃口下切侵蚀速率较大,溃口深度在短时间内快速增加,造成坝体内部含水率较低,成为相对稳定的非饱和土区域,不易发生侧坡失稳。工况S-8在62 s达到峰值流量3.59 L/s,溃决峰值流量相比工况S-7增加了39.1%。在131 s进入衰减平衡阶段后未形成粗化层。残余坝体高度为4.1 cm,纵坡度为0.9°,较工况S-7分别减小了67.2%和80.0%。

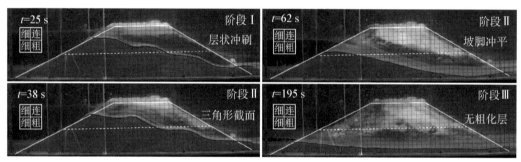

图7-14　工况S-8非均质坝体溃决失稳过程

工况S-9水平非均质坝体过流侧上、下方分别为级配连续、细粒为主材料,对岸侧分别为粗粒为主、级配连续材料,坝体溃决失稳过程如图7-15所示。坝体过流侧上方的级配连续区域首先形成陡坎,陡坎前移过程中溃口侧坡频繁发生失稳坍塌,使得粗颗粒堆积在下游坝坡位置,导致水流难以侵蚀坝体过流侧下方的细粒为主区域。在132 s进入溃口发展阶段,溃决流量增大,并于149 s达到峰值流量3.07 L/s,峰值流量与工况S-8相比减小了14.5%。这是因为工况S-9在溃决过程中溃口大幅横向展宽至坝体对岸侧上方的粗粒为主区域,该区域材

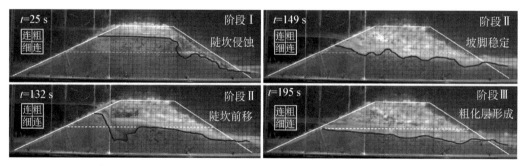

图7-15　工况S-9非均质坝体溃决失稳过程

料含有的大量粗颗粒经侧坡失稳落入溃口内并发生沉积,增加水流挟沙的浓度,显著降低溃口的纵坡度,二者均导致水土界面剪应力下降、水流侵蚀能力减弱。

　　尽管溃决过程存在差异,水平非均质坝体(S-7~S-9)的最终溃口形状均是梯形(图7-16)。与工况S-8相比,工况S-9的最终溃口形态相对浅且宽。残余坝体高度为11.8 cm,纵坡度为4.8°,较工况S-8分别增加了187.8%和433.3%。在175 s进入衰减平衡阶段,来自坝体对岸侧上方材料的粗颗粒构成了粗化层,降低了溃口的深度。

图7-16　工况S-7~S-9的最终溃口形态

　　试验结果表明,水平非均质坝体的溃决峰值流量工况S-7<工况S-9<工况S-8(图7-17)。水平非均质坝内部4个区域对溃口发展的影响不同:过流侧上方材料主要影响溃决前期的溃口下切速率;过流侧下方和对岸侧上方材料主要影响溃决中后期的溃口下切及展宽速率;对岸侧下方材料对溃口发展的影响相对最小。当溃口深度增加较快、溃决历时较短时,溃口展宽有限,对岸侧上方的影响明显减小(工况S-8);当溃口深度增加较慢、溃决历时较长时,溃口展宽明显,在这种情况下如果对岸侧上方材料的粗颗粒含量较多(图7-18),会导致溃决中后期的溃口下切速率和峰值流量减小(工况S-9)。

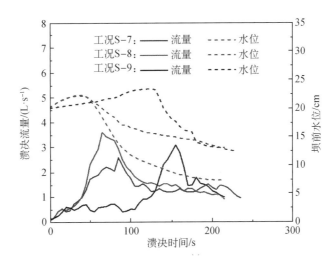

图7-17　工况S-7~S-9的坝前水位及溃决流量过程曲线

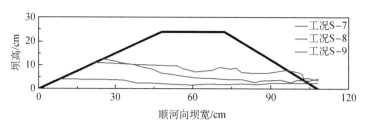

图 7-18　工况 S-7～S-9 的残余坝体轮廓

7.2.4　非均质结构对溃坝程度的影响

工况 S-1～S-9 的溃坝程度如图 7-19 所示。试验结果表明，除材料中值粒径外，坝体结构非均匀性对堰塞坝的溃坝程度存在显著影响。对于均质坝（工况 S-1～S-3）来说，溃坝程度与材料中值粒径成明显的负相关关系，随着材料中值粒径的增加，溃坝程度逐渐减小，但工况 S-1～S-3 的溃坝程度均为高等级（$BD \geqslant 0.85$）。对于非均质坝来说，无论是竖向非均质还是水平非均质结构，溃坝程度受结构非均匀性的影响比材料中值粒径的影响更大。竖向非均质坝中，溃口下切侵蚀会在粒径较大的粗颗粒集中区域受到限制，因此结构类型①（工况 S-4）对应的溃坝程度为中等级，结构类型②（工况 S-5）对应的溃坝程度为低等级，结构类型③（工况 S-6）对应的溃坝程度为高等级。水平非均质坝中，在溃口横向展宽过程中经侧坡失稳进入溃口内的粗颗粒数量对后续溃口下切速率和残余坝高有重要影响，因此结构类型①（工况 S-7）和结构类型③（工况 S-9）对应的溃坝程度为中等级，结构类型②（工况 S-8）对应的溃坝程度为高等级。

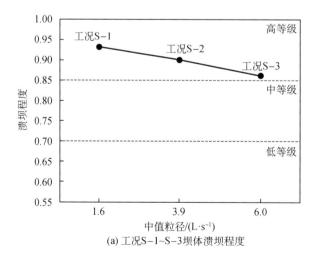

(a) 工况S-1～S-3坝体溃坝程度

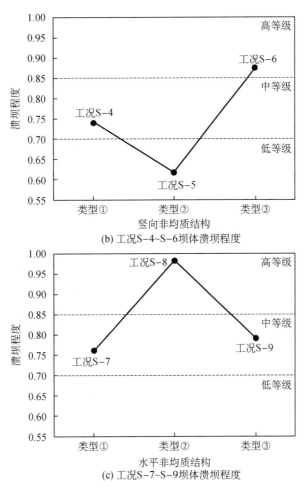

图 7-19　工况 S-1～S-9 的溃坝程度

工况 S-4 和 S-3、工况 S-6 和 S-2、工况 S-9 和 S-1 的总体颗粒级配曲线完全相同,作为均质与非均质结构的对照组。可以看出,与对应的均质坝相比,这 3 种非均质结构类型均会使堰塞坝的溃坝程度减小,其中水平非均质结构类型③(工况 S-9)的溃坝程度降幅最大,反映了溃口发展过程中侵蚀区域内的粗颗粒含量对堰塞坝溃坝程度的影响最为显著。

7.3　非均质堰塞坝的溃决模式

7.3.1　竖向非均质坝的溃决模式

试验结果表明不同非均质结构类型对堰塞坝溃口发展和溃决流量变化特征存在显著影响,无论是竖向非均质还是水平非均质结构,都不能将非均质堰塞坝一并简化为均质坝体,而是应根据坝体结构类型和颗粒级配空间分布深入分析不同区域材料对溃决过程的影响。

3种竖向非均质结构坝体表现为不同的复合型溃决模式,如图7-20所示。对于结构类型①(工况S-4)来说,溃决模式为上部层状冲刷、中部陡坎侵蚀、底部坡脚稳定,峰值流量小,峰现时间晚,这是由于该溃决模式下上游库水不是在短时间内一次性快速下泄的,而是分阶段长时间多次释放,侵蚀上部细粒为主层时溃决流量以相对较快速度增加,随后由于中部陡坎溯源速度缓慢,溃决流量经历长时间减缓,在达到峰值前上游库水有很大程度已经释放。对于结构类型②(工况S-5)来说,溃决模式为上部层状冲刷、中部斜陡坡侵蚀、底部局部冲刷,坝体中部粗粒为主材料的存在导致峰现时间早,残余坝体高度大。对于结构类型③(工况S-6)来说,溃决模式为上部陡坎侵蚀、中部及底部层状冲刷。上部材料较粗,使得溃口形成阶段坝前水位大幅升高;中部材料较细,使得溃口发展阶段溃口下切速率显著增加,导致峰值流量最大,致灾风险最高。工况S-6与工况S-2均质坝的总体颗粒级配相同,但与工况S-2相比,工况S-6的峰值流量增加了52.6%,峰现时间提前了30.2%,溃坝危险性显著提高。

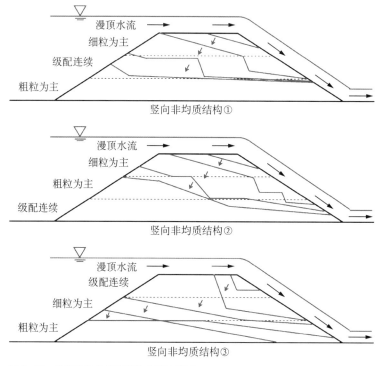

图7-20　竖向非均质结构坝体的溃决模式

7.3.2　水平非均质坝的溃决模式

3种水平非均质结构坝体的溃口下切及展宽过程存在明显差异,溃决模式如图7-21所示。对于结构类型①(工况S-7)来说,溃决前期以下切侵蚀为主,中后期下切侵蚀和侧向侵蚀同时发育,最终有粗化层形成。对于结构类型②(工况S-8)来说,溃决过程始终以下切侵蚀为主,溃口形态深且窄,峰值流量较大,最终无粗化层形成。对于结构类型③(工况 S-9)来说,溃决过程中以侧向侵蚀为主,溃口形态浅且宽,峰值流量较小,最终有粗化层形成,残余坝体高度较大。工况 S-9 与工况 S-1 均质坝的总体颗粒级配相同,但与工况 S-1 相比,工况 S-9 的峰值流量减小了 12.5%,峰现时间推迟了 108.0%,这说明该结构类型和溃决模式的致灾风险较低。

在堰塞坝灾害的应急处置中,开挖泄流槽是最常用的一种工程措施。试验结果表明,泄流槽设计与开挖时应尽可能考虑坝体结构非均匀性的影响,最好基于结构特征促进溃口展宽进行泄洪,以降低峰值流量,还可采用堆石等其他措施增加溃口内粗粒含量,以抑制溃口发展阶段溃口过快下切。

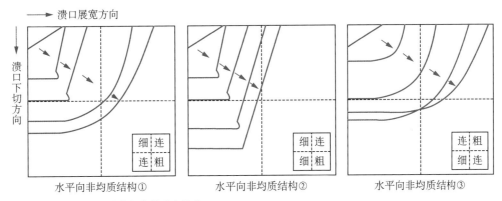

图 7-21　水平非均质结构坝体的溃决模式

本章考虑不同结构对堰塞坝溃决失稳的影响,分析了不同结构类型及坝体内部材料空间分布对堰塞坝溃决历时、溃口发展、溃决流量和溃坝程度的影响规律,比较了均质坝与非均质坝在溃坝程度上的差异,并探究了坝体内部不同区域在溃决过程中的影响作用,进而分别提出了竖向非均质和水平非均质结构堰塞坝各自对应的复合型溃决模式。

失稳地质体堵江成坝过程中出现的粗细颗粒分选等现象,常使堰塞坝体结构呈现明显的三维空间非均匀性特征,导致坝体侵蚀过程受局部区域材料性质影响严重。均质坝的土体材料在整个坝体内部均匀分布,随着中值粒径的增大,材料抗侵蚀能力增强,溃决特征先由层状冲刷变为陡坎侵蚀,再变为多级陡坎侵蚀,峰值流量逐渐减小,峰现时间逐渐推迟,溃坝程度逐渐减小。

竖向非均质坝的上部土层主要影响溃口形成阶段历时和坝前水位变化;中部土层主要影响溃口发展阶段的溃口下切速率;底部土层主要影响下游坡脚稳定性和残余坝体形态。由于溃口加速下切和溃决流量增大彼此间的相互叠加影响作用,中部及底部材料分布对峰值流量的影响最为显著。

水平非均质结构的堰塞坝的内部 4 个区域对溃口发展的影响不同：过流侧上方材料主要影响溃决前期的溃口下切速率；过流侧下方、对岸侧上方材料分别影响溃决中后期的溃口下切、展宽速率；对岸侧下方材料的影响则会相对最小。

坝体结构非均匀性对堰塞坝的溃坝程度存在显著影响。竖向非均质坝中，粒径较大的粗颗粒集中区域对溃坝程度的影响最大；水平非均质坝中，溃口发展过程中侵蚀区域内的粗颗粒含量对溃坝程度的影响最为显著。这一发现也解释了部分真实堰塞坝案例残余坝高较大，溃坝程度相比人工坝较小的现象。提出了竖向非均质和水平非均质结构堰塞坝对应的复合型溃决模式，为泄流槽的设计提供依据。

参考文献

陈祖煜,张强,侯精明,等,2019.金沙江"10·10"白格堰塞湖溃坝洪水反演分析[J].人民长江,50(5):1-4.

管圣功,2018.坝体材料特性对堰塞坝溃决模式的影响及流域内多坝溃决的相互作用机理研究[D].上海:同济大学.

胡卸文,黄润秋,施裕兵,等,2009.唐家山滑坡堵江机制及堰塞坝溃坝模式分析[J].岩石力学与工程学报,28(1):181-189.

贾启超,李峰,刘华国,2019.岷江断裂南段地表破裂存在性的讨论与马脑顶异常负地形的成因[J].地震工程学报,41(2):218-224.

蒋先刚,崔鹏,王兆印,等,2016.堰塞坝溃口下切过程试验研究[J].四川大学学报(工程科学版),48(4):38-44.

刘传正,吕杰堂,童立强,等,2019.雅鲁藏布江色东普沟崩滑-碎屑流堵江灾害初步研究[J].中国地质,46(2):7-22.

年廷凯,吴昊,陈光齐,等,2018.堰塞坝稳定性评价方法及灾害链效应研究进展[J].岩石力学与工程学报,37(8):1796-1812.

石振明,程世誉,张清照,等,2020.堰塞坝稳定性快速评估模型:以小岗剑堰塞坝为例[J].水利与建筑工程学报,18(2):95-100.

石振明,郑鸿超,彭铭,等,2016.考虑不同泄流槽方案的堰塞坝溃决机理分析:以唐家山堰塞坝为例[J].工程地质学报,24(5):741-751.

王运生,李渝生,2000.岷江上游马脑顶-两河口段滑坡、崩塌形成的控制因素分析[J].成都理工大学学报(自然科学版),27(增刊):205-208.

殷跃平,2008.汶川八级地震地质灾害研究[J].工程地质学报,16(4):433-444.

周宏伟,杨兴国,李洪涛,等,2009.地震堰塞湖排险技术与治理保护[J].四川大学学报(工程科学版),41(3):96-101.

周家文,杨兴国,李洪涛,等,2009.汶川大地震都江堰市白沙河堰塞湖工程地质力学分析[J].四川大学学报(工程科学版),41(3):102-108.

朱兴华,崔鹏,陈华勇,等,2012.串珠状堰塞湖级联溃决对汶川震区河流演化的影响[J].四川大学学报(工程科学版),44(4):64-69.

CAO Z, YUE Z, PENDER G, 2011. Landslide dam failure and flood hydraulics. Part II: Coupled mathematical modelling[J]. Natural Hazards, 59(2):1021-1045.

CHANG D S, ZHANG L M, 2010. Simulation of the erosion process of landslide dams due to overtopping considering variations in soil erodibility along depth[J]. Natural Hazards and Earth System Sciences, 10(4):933-946.

CHEN Z Y, MA L Q, YU S, et al., 2015. Back analysis of the draining process of the Tangjiashan barrier lake[J].

Journal of Hydraulic Engineering, 141(4):05014011.

DONG J J, LI Y S, KUO C Y, et al., 2011. The formation and breach of a short-lived landslide dam at Hsiaolin village, Taiwan—Part I: Post-event reconstruction of dam geometry[J]. Engineering Geology, 123(1/2): 40-59.

FAN X M, DUFRESNE A, SUBRAMANIAN S S, et al., 2020. The formation and impact of landslide dams—State of the art[J]. Earth-Science Reviews, 203:103116.

JIANG X G, HUANG J H, WEI Y W, et al., 2018. The influence of materials on the breaching process of natural dams[J]. Landslides, 15(2):243-255.

SHANG Y J, YANG Z F, LI L H, et al., 2003. A super-large landslide in Tibet in 2000: background, occurrence, disaster, and origin[J]. Geomorphology, 54(3/4):225-243.

WANG L, CHEN Z Y, WANG N X, et al., 2016. Modeling lateral enlargement in dam breaches using slope stability analysis based on circular slip mode[J]. Engineering Geology, 209:70-81.

ZHENG H C, SHI Z M, SHEN D Y, et al., 2021. Recent advances in stability and failure mechanisms of landslide dams[J]. Frontiers in Earth Science, 9:659935.

ZHOU Y Y, SHI Z M, QIU T, et al., 2022. Experimental study on morphological characteristics of landslide dams in different shaped valleys[J]. Geomorphology, 400:108081.

ZHOU Y Y, SHI Z M, ZHANG Q Z, et al., 2019. 3D DEM investigation on the morphology and structure of landslide dams formed by dry granular flows[J]. Engineering Geology, 258(14):105151.

第 8 章
渗流对堰塞坝稳定性影响分析

堰塞坝是由崩滑体土石材料快速堆积而成,未经充分固结,坝体结构松垮、组成物质松散,受上游堰塞湖的渗流作用影响显著,导致坝体稳定性及溃决机理更加复杂(陈晓清 等,2010;崔鹏 等,2010;梁国钱 等,2003)。虽然堰塞坝产生渗透破坏的比例仅有8%(石振明 等,2014;Shi et al.,2018;Zheng et al.,2021),但是渗流可以影响堰塞坝的溃决模式。堰塞坝局部可能存在由大颗粒组成的高渗透区域,在堰塞湖的高水头作用下可诱发管涌渗流破坏(胡卸文 等,2010;刘思言,2015;石振明 等,2015;王子忠 等,2003)。堰塞湖不仅是潜在的地质灾害,其本身还蕴藏有丰富的水能和旅游资源(陈生水 等,2009;陈宁生 等,2015)。因此,无论救灾抢险还是开发利用,都需要研究堰塞坝的渗透稳定性(Xiong et al.,2018,2019)。

堰塞坝的颗粒级配与结构特征影响其渗透性。堰塞坝材料存在基质支撑型和颗粒支撑型两种结构形式(Casagli et al.,1999)。基质支撑型的坝体材料,粗颗粒之间的空隙由细颗粒填充,粗颗粒相互不接触,密实度较高,则渗透率较低;而颗粒支撑型的坝体材料,粗颗粒相互接触形成骨架,密实度较低,则渗透率较高。此外,堰塞坝渗透特性受饱和度的影响显著。因此,考虑坝体材料和非饱和特性对堰塞坝渗透稳定性的影响尤为关键(苗强强 等,2010;张雪东,2010)。

基于本书第6章的堰塞坝典型颗粒级配,本章开展了一系列堰塞坝稳定性模型试验,依据坝体材料非饱和本构模型,获得单元状态下的力学参数,模拟了堰塞坝在蓄水过程中的渗透失稳过程,揭示了不同坝体材料和库水位上升速率对堰塞坝渗流破坏的机理及其影响规律。

8.1 堰塞坝渗流特性分析

8.1.1 堰塞坝渗流特性试验分析方法

堰塞坝模型试验材料选取的是细粒为主、级配连续与粒径缺失3种级配。模型试验在同济大学水利港口综合试验室的波流水槽内完成。水槽选用第6章试验中的大水槽(图6-1)。

　　为研究堰塞坝溃决的一般规律,本次研究没有选择特定的堰塞坝作为原型,而是根据堰塞坝普遍的尺寸及形状特点,结合试验装置的尺寸限制,确定模型坝体形状及尺寸(图 8-1):坝底宽 390 cm,坝顶宽 50 cm,坝高 90 cm,垂直于河向宽为 80 cm,上、下游坝坡的坡度均为 30°。

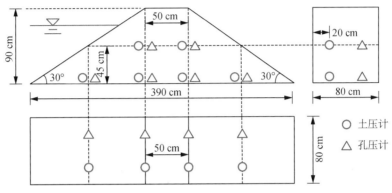

图 8-1　堰塞坝模型示意图

8.1.2　坝体渗透特性分析

　　堰塞坝的失稳过程受坝体材料控制,展现出不同的堰塞坝失稳模式(图 8-2):细粒为主材料的堰塞坝,当上游水位上涨至 83 cm 时发生滑坡失稳;级配连续材料的堰塞坝,水位上涨至 90 cm 时坝体保持稳定,最终因漫顶溢流而失稳;粒径缺失材料的堰塞坝,在水位上涨至 57 cm 时发生管涌破坏。因此,堰塞坝失稳模式与堰塞坝材料渗透特性存在明显的内在关系。

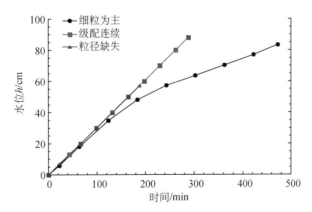

图 8-2　三种不同材料堰塞坝库水位曲线

1. 细粒为主堰塞坝

细粒为主的堰塞坝,随着水位的上升,浸润线不断向下游坝体发展,很快贯通坝体,且随着上游库水位的不断升高,浸润线也同步升高,直至高点到达坝顶,过程如图 8-3 和图 8-4 所示。浸润线升高过程与水位升高过程高度统一。同时,随着水位的升高,浸润线的倾斜角度不断增大,由 2.5°逐渐增大至 14.0°。整体来说,细粒为主的堰塞坝浸润线较为平缓,坝体材料渗透系数较高(表 4-8)。

当时间为 30 min 时,浸润线贯穿坝体,下游坝坡坡脚处有水渗出。当时间为 60 min 时,下游坝坡坡脚渗水加大,并冲刷坡脚。当时间为 90~360 min 时,由于上游库水位的升高、浸润线的升高,下游坡脚处水力梯度增大,下游边坡面在渗流的作用下发生滑动,且发生滑动的范围逐渐向坝顶发展。当时间为 360~450 min 时,下游坝坡的滑动发展至坝顶,坝顶宽缩短,坡脚变缓。因此,细粒为主堰塞坝在渗流条件下产生下游坡面滑坡破坏。

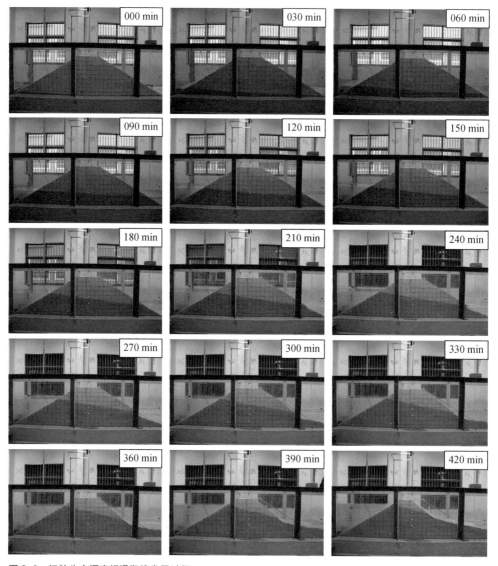

图 8-3　细粒为主堰塞坝浸润线发展过程

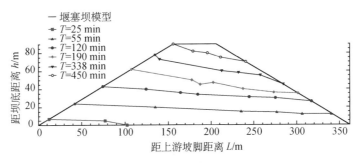

图 8-4　细粒为主堰塞坝模型试验浸润线发展

2. 级配连续堰塞坝

级配连续堰塞坝的浸润线发展过程如图 8-5 和图 8-6 所示。相较于渗透性较好的细粒为主堰塞坝,级配连续堰塞坝浸润线发展较缓慢,且浸润线的倾斜角度大于细粒为主堰塞坝浸润线的倾斜角度。

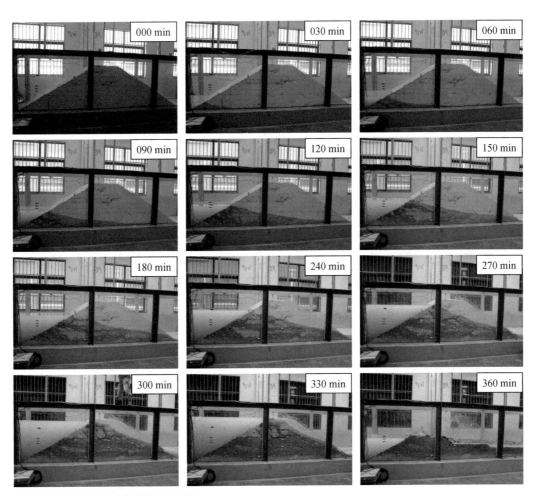

图 8-5　级配连续堰塞坝浸润线发展过程

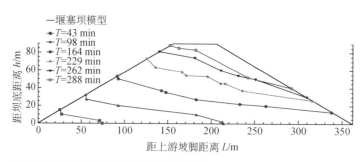

图 8-6　级配连续堰塞坝模型试验浸润线发展

　　当时间为 30 min 时,上游库水位较低,坝体内浸润线很短,未贯穿整个坝体。当时间为 30~120 min 时,随着水位的上升,浸润线不断向下游坝体发展,逐渐贯通坝体。当时间为 120~ 450 min 时,随着上游库水位的不断升高,浸润线也同步升高直至高点到达坝顶。随着水位的升高浸润线的倾斜角度先保持在 8.7°左右,随后逐渐升高至 21.9°。与细粒为主堰塞坝不同,级配连续堰塞坝渗流过程中下游边坡面始终保持稳定。级配连续堰塞坝最终因漫顶溢流产生失稳。

　　3. 粒径缺失堰塞坝

　　粒径缺失堰塞坝的浸润线的发展过程如图 8-7 和图 8-8 所示。当时间为 0~150 min 时,随着水位的上升,逐渐贯通坝体。当时间为 150~193 min 时,随着水位的升高,浸润线的倾斜角度不断减小,由 20.4°逐渐减小至 11.6°。这与细粒为主和级配连续堰塞坝浸润线的发展方式相反,这是因为粒径缺失堰塞坝材料的渗透性较低(表 4-8)。

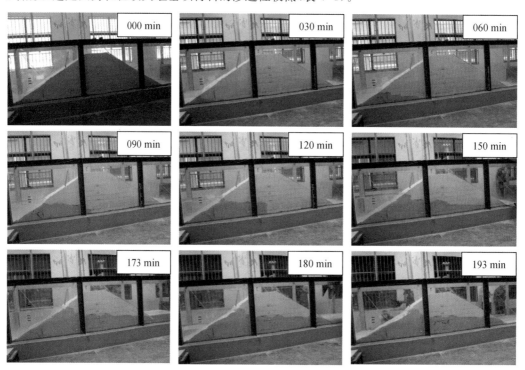

图 8-7　粒径缺失堰塞坝浸润线发展过程

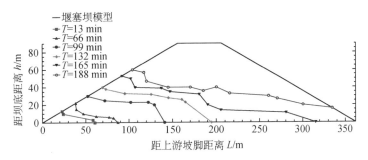

图 8-8　粒径缺失堰塞坝模型试验浸润线发展

随着库区水位的升高,坝体内逐渐出现浸润线,并在坝体内出现很多裂纹,如图 8-9 所示。随着水位的不断升高,裂纹逐渐拓宽成为一段段的管涌通道,并随着渗流场的进一步发展而逐渐扩大,不断地向坝体下游延伸[图 8-9(b)],直至贯穿整个坝体[如图 8-9(c)]。随着渗流量的增大,水流不断冲刷使得管涌通道不断扩大,直至上游来水速率和通道出水速率重新达到平衡,进入渗流稳定状态。因此,粒径缺失的堰塞坝在渗流条件下产生管涌失稳破坏。

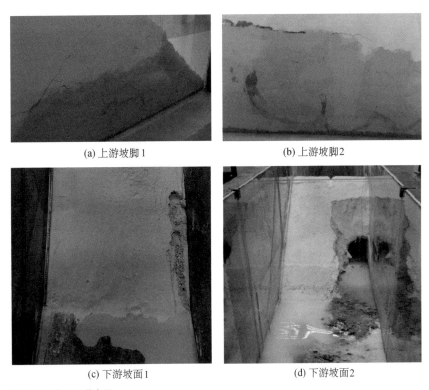

(a) 上游坡脚 1　　　　　　　　　　　(b) 上游坡脚 2

(c) 下游坡面 1　　　　　　　　　　　(d) 下游坡面 2

图 8-9　管涌通道发展

8.1.3　渗流对堰塞坝稳定性的影响

随着上游堰塞湖水位的增加,堰塞坝浸润线逐渐从坝基上升到坝顶(图 8-10)。对于细粒为主和粗粒为主坝体,浸润线在顺流方向上几乎呈线性。相比之下,级配连续堰塞坝的浸润线是阶梯形的,这可能是由于级配连续材料大的不均匀系数造成的。随着渗透路径的减小和水位的升高,堰塞坝体的浸润线上下游方向的坡度逐渐变陡。对于细粒为主和级配连续的堰塞坝,浸润线的角度最大增加至20°,而对于粗粒为主的堰塞坝,由于其高渗透率,浸润线的角度(0.05°)几乎是水平的。

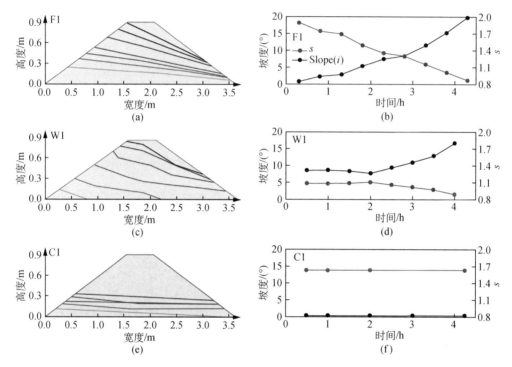

图 8-10 试验 F1、W1 和 C1 下游坝坡的浸润线和稳定系数 s
注:漫顶前试验 F1 的堰塞坝下游坡角 α 减小至 15°,试验 W1 和 C1 的堰塞坝下游坡度角 $\alpha = 30°$。

渗流力因降低下游坝坡的稳定性会诱发堰塞坝失稳。因此,开展下游坝体坡面的平衡分析,以评估渗流力 f_s 对下游边坡稳定系数 s 的影响。

$$s = \frac{R_s}{F_s + f_s} \tag{8-1}$$

式中,F_s 是由重力引起的滑动应力,表示为

$$F_s = \rho_d g h \sin \alpha \tag{8-2}$$

式中　α——坡度角;

　　　h——滑动厚度;

　　　g——重力加速度;

　　　R_s——抗剪强度,可用式(8-3)计算

$$R_s = c + \sigma \tan\varphi \qquad (8-3)$$

式中，σ 为有效法向应力。

渗透应力 f_s 表示为

$$f_s = \rho_w g h i \qquad (8-4)$$

式中　ρ_w——水密度；

　　　　i——水力梯度。

堰塞坝的失稳模式受坝体材料抗剪强度和渗流共同控制。随着水力坡降 i 的增加，试验 F1 中堰塞坝的稳定系数 s 从 1.9 降至 0.9[图 8-10(b)]，下游坝坡在漫顶前达到临界失稳状态。由于低抗剪强度和低边坡稳定性，细颗粒往往会被水流带走，溃口尺寸迅速扩大，坝高显著降低[图 8-11(a)]，从而诱发了漫顶破坏和渗流失稳。在试验 W1 中，级配连续堰塞坝的稳定系数 s 略有下降。由于坝体材料的高抗剪强度，较细的颗粒被冲走，在下游坝坡面上留下粗砾石，从而形成梯级结构[图 8-11(b)]。因此，在溯源侵蚀迁移期间坝高几乎保持不变。当溯源侵蚀到达堰塞坝上游边坡时，坝高迅速降低。因此，级配连续堰塞坝因溯源侵蚀而溃坝。由于粗粒为主材料的高渗透性，渗流对试验 C1 坝体的影响可忽略不计，稳定系数 s 保持在 1.6。尽管试验 C2 和试验 C3 中出现溢流，但堰塞坝仍然稳定。

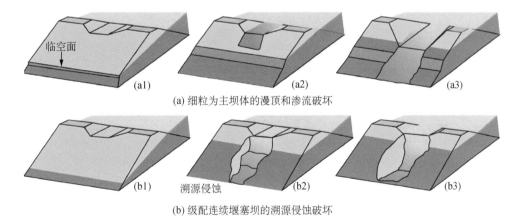

(a1)　　(a2)　　(a3)

(a) 细粒为主坝体的漫顶和渗流破坏

(b1)　溯源侵蚀　(b2)　　(b3)

(b) 级配连续堰塞坝的溯源侵蚀破坏

图 8-11　溃决过程中堰塞坝的失稳模式

8.2　堰塞坝渗流特性数值分析

8.2.1　堰塞坝数值模型

采用了 Xiong 等(2014)编写的数值软件 SOFT，使用有限元-有限差分的方法实现固-液-气三相耦合(Fredlund et al.，1987；Zhang et al.，2011)。依据模型试验，建立如图 8-12 所示的堰塞坝数值模型。堰塞坝数值模型的建模在前处理软件 Hypermesh 里完成,采用和模型试验相同的尺寸,坝底宽 390 cm,坝顶宽 50 cm,坝高 90 cm。网格采用固-液-气三相耦合的四边形网格,网格划分如图 8-12(c)所示,一共有 1 581 个节点,1 500 个单元。

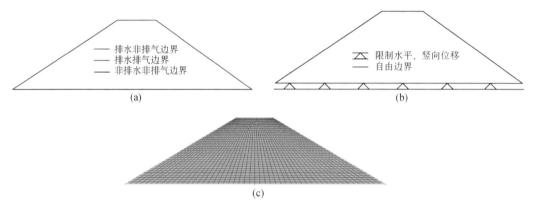

图 8-12 堰塞坝数值模型

排水边界条件方面,上游坡面设为排水非排气边界,数值分析中在该边界上加不同的水压,堰塞湖水位的变化;下游坡面和坝顶面设为排水排气边界;底面作为不排水边界处理。位移边界方面,底面限制水平向和竖向的位移;其他面作为自由面处理,允许水平和竖向的位移。

在边界值问题的数值计算中,影响数值计算精度的一个非常重要的问题是如何设定初始条件(Chiu et al.,2003;Cui et al.,1996)。根据第 4 章中的持水特性试验数据,按表 8-1 设置不同材料堰塞坝的初始饱和度,并根据不同材料的土水特征曲线,设定堰塞坝材料的初始孔压 $p_{w0} = -9$ kPa,即初始吸力 $s_0 = 9$ kPa。

表 8-1 数值模型初始条件

坝体材料	Sr_0	p_{w0}/kPa	s_0/kPa
细粒为主	0.211	-9	9
级配均匀	0.615	-9	9
粒径缺失	0.490	-9	9

图 8-13 数值模型初始竖向有效应力场(单位:kPa)

因在模型试验中,堰塞坝是按照 15 cm 分层压实堆成的。为模拟压实的效果(相当于超固结),在自重形成的应力场基础上,加上 15 kPa 的平均有效应力作为初始应力场(图 8-13)。

8.2.2 渗流对细粒为主坝体影响分析

将堰塞坝土体饱和与非饱和的界面视作浸润面,对比试验结果(图 8-3)与数值模拟结果(图 8-14)表明数值计算得到的浸润线发展过程与试验过程基本一致。随着库水位的上升,从上游坡脚开始,土体的饱和度增加,浸润线向下游坝体发展,逐渐贯通坝体;且随着上游水位的不断升高,坝体逐渐被饱和。此外,数值模拟中浸润线形状的发展也与试验一致,初期浸润线较平缓,随着水位的增加,浸润线的倾斜角度不断增大。

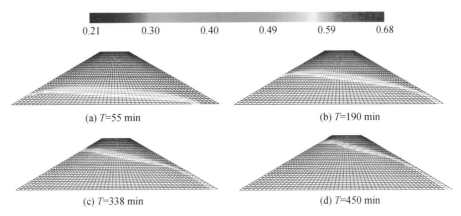

| 0.21 | 0.30 | 0.40 | 0.49 | 0.59 | 0.68 |

(a) T=55 min (b) T=190 min

(c) T=338 min (d) T=450 min

图 8-14 细粒为主堰塞坝数值计算饱和度发展

细粒为主堰塞坝的位移发展与浸润线的发展紧密相关(图 8-15)。当 $T = 55$ min 时,浸润线尚未贯通坝体,此时坝体的位移主要集中在上游坡脚,上游边坡向上游滑动。当 $T = 120$ min 时,浸润线贯通坝体,坝体的下游边坡产生向下游的位移,且位移集中在下游坡脚。随着坝体下游面渗出点的位置升高,下游边坡发生滑动的范围逐渐向坝顶扩大,最终形成一个贯通坝顶的滑动面。细粒为主堰塞坝的上游边坡亦存在明显的位移。对比上游边坡和下

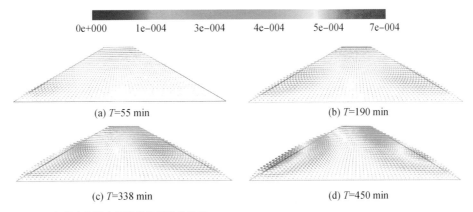

| 0e+000 | 1e-004 | 3e-004 | 4e-004 | 5e-004 | 7e-004 |

(a) T=55 min (b) T=190 min

(c) T=338 min (d) T=450 min

图 8-15 细粒为主堰塞坝数值计算位移发展

游边坡最终阶段的位移可知,上游边坡的位移范围较下游边坡小,并未贯通坝顶。上游边坡有明显向上的位移,而下游边坡的位移方向基本水平。这与试验过程中的现象一致。

结合细粒为主堰塞坝的超孔隙水压力(图8-16)和平均有效应力(图8-17),上游边坡的位移主要是由超孔隙水压力增加、平均有效应力降低造成的。随着上游水位的增加,上游坡脚处的孔隙水压力明显增加、上游边坡面的平均有效应力明显降低,造成了上游边坡面处的土体有竖直方向的位移。但因上游边坡的滑动范围较小、没有达到坝顶,这种局部滑动并不会造成堰塞坝的整体破坏。

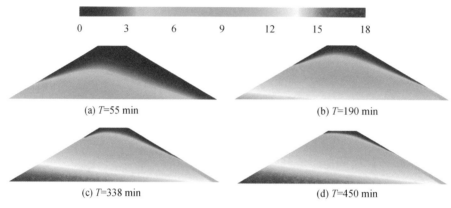

图 8-16   细粒为主堰塞坝数值计算超孔隙水压力发展

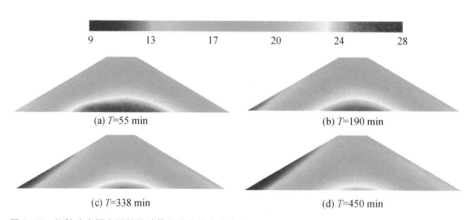

图 8-17   细粒为主堰塞坝数值计算平均有效应力发展

下游边坡的孔隙水压力在水位上涨的过程中也有一定程度的增加。当 $T = 55$ min 和 $T = 120$ min 时,下游边坡内并未出现明显的平均有效应力降低。随着下游坡面渗出点的升高,下游坡脚处平均有效应力开始下降,且平均有效应力下降的区域与浸润面的形状一致。因此,下游边坡的滑动,除受孔隙水压力升高的影响外,还与渗透力的作用有关。在渗流条件下,水流穿过坝体从上游流到下游,造成了下游边坡整体有向下游方向的位移。因此,细粒为主堰塞坝的失稳模式为滑坡破坏。在渗透力的作用下,细粒为主堰塞坝的下游边坡发生整体滑动,造成了坝顶宽缩短和坝高降低,使坝体更容易因漫顶溢流发生完全溃决。

8.2.3　渗流对级配连续坝体影响分析

对比级配连续堰塞坝试验结果(图 8-5)与数值模拟结果(图 8-18)可知,数值计算得到浸润线的发展过程与试验一致。级配连续堰塞坝浸润线向坝体下游发展的速度,较细粒为主堰塞坝的慢,且浸润线的倾斜角度大于细粒为主堰塞坝。但随着水位的增加,级配连续堰塞坝浸润线的倾斜角度同样会增大。当水位升至坝顶时,坝体材料仍存在部分非饱和,这与模型试验的过程相符。

级配连续堰塞坝体在渗流条件下的变形主要表现为沉降(图 8-19)。随着上游水位的升高,浸润线上部的坝体首先发生沉降,且沉降量逐渐增大。但随着浸润线的进一步升高,级配连续堰塞坝体的沉降有较小的回弹。级配连续堰塞坝体的上游边坡虽存在沿坝体上游向上的位移,但对堰塞坝的稳定性影响也较小。此外,级配连续堰塞坝体的下游坝坡未存在明显地向下游滑动。

级配连续堰塞坝的超孔隙水压力发展过程与细粒为主堰塞坝相似,但平均有效应力的发展过程有所不同(图 8-20、图 8-21)。浸润线发展的过程中,浸润线以内土体的平均有效应力有明显的降低,从平均有效应力的云图可以看出浸润线的发展过程。最终阶段,级配连续堰塞坝平均有效应力最小的区域为上游和下游坡脚,但堰塞坝整体的平均有效应力也有明显的降低。级配连续堰塞坝体在渗流作用下一方面因为饱和度增加而发生沉降;另一方面又因有效应力降低而发生回弹。造成了水位增加的过程中,沉降量先增大后减小的现象。

因此,级配连续堰塞坝在渗流作用下是稳定的。上游水位的增加能使级配连续堰塞坝发生沉降、坝顶降低,可以使漫顶溢流提前发生,但渗流条件下不能造成坝体失稳破坏。

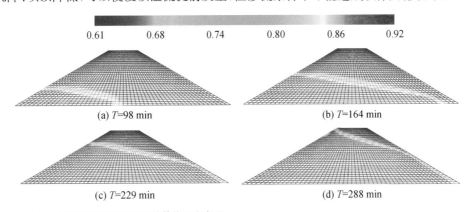

0.61　　0.68　　0.74　　0.80　　0.86　　0.92

(a) T=98 min　　　　　　　　　　　(b) T=164 min

(c) T=229 min　　　　　　　　　　　(d) T=288 min

图 8-18　级配连续堰塞坝数值计算饱和度发展

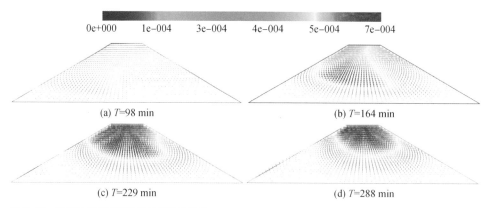

(a) T=98 min   (b) T=164 min

(c) T=229 min   (d) T=288 min

图 8-19　级配连续堰塞坝数值计算位移发展

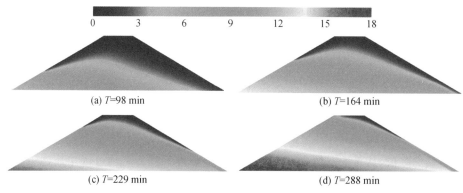

(a) T=98 min   (b) T=164 min

(c) T=229 min   (d) T=288 min

图 8-20　级配连续堰塞坝数值计算超孔隙水压力发展

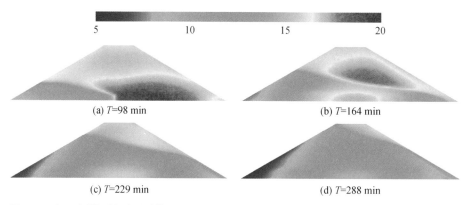

(a) T=98 min   (b) T=164 min

(c) T=229 min   (d) T=288 min

图 8-21　级配连续堰塞坝数值计算平均有效应力发展

8.2.4　渗流对粒径缺失坝体影响分析

对比粒径缺失堰塞坝试验(图 8-7)与数值模拟结果(图 8-22)，数值计算得到的浸润线的

发展过程与试验一致。与前两组堰塞坝相比,粒径缺失堰塞坝浸润线向坝体下游发展的速度
最为缓慢,且浸润线的倾斜角度最大。与细粒为主和级配连续堰塞坝浸润线的发展方式相
反,随着水位的升高,粒径缺失堰塞坝浸润线的倾斜角度不断减小。

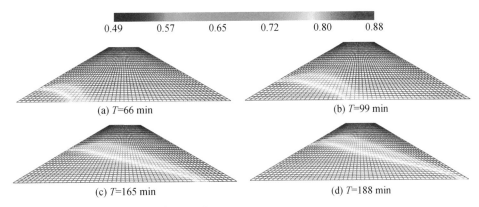

图 8-22　粒径缺失堰塞坝数值计算饱和度发展

　　从粒径缺失堰塞坝位移发展(图 8-23)可知,在渗流条件下,粒径缺失堰塞坝体的变形主
要表现为沉降。在上游水位上升的过程中,浸润线上部的坝体首先发生沉降,且沉降量逐渐
增大,未观察到回弹的现象。与其他两种材料的堰塞坝不同,粒径缺失堰塞坝的上游坝坡,并
未存在沿上游向上的滑动。虽然粒径缺失堰塞坝上游坝体的沉降量略大于下游坝体的沉降
量,但坝体的沉降是较为均匀的,未产生明显的滑动面。粒径缺失堰塞坝在渗流过程中明显
的沉降现象,与其材料饱和、非饱和状态的孔隙比差较大有关。

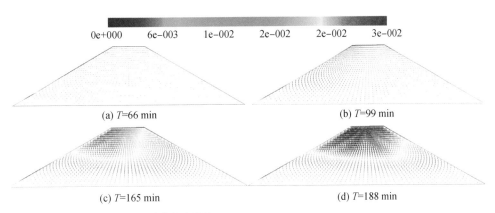

图 8-23　粒径缺失堰塞坝数值计算位移发展

　　粒径缺失堰塞坝的模型试验中,上游水位上涨至 57 cm 时坝体便发生了破坏,因此粒径
缺失堰塞坝的超孔隙水压力小于其他两种堰塞坝的超孔隙水压力(图 8-24)。浸润线发展的
过程中,浸润线以内土体的平均有效应力有明显的降低(图 8-25),受超孔隙水压力的影响,上
游坡脚的平均有效应力最低,但仍大于 0。

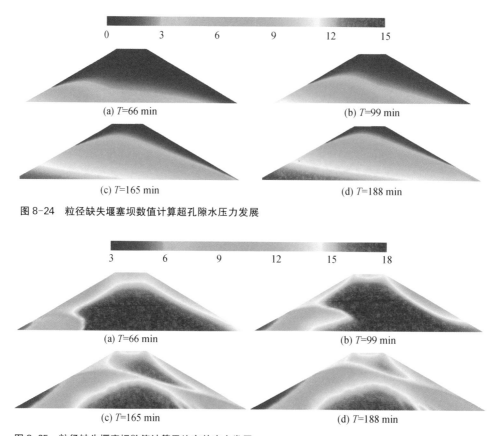

图 8-24　粒径缺失堰塞坝数值计算超孔隙水压力发展

(a) T=66 min　　　　　　　　(b) T=99 min

(c) T=165 min　　　　　　　　(d) T=188 min

图 8-25　粒径缺失堰塞坝数值计算平均有效应力发展

(a) T=66 min　　　　　　　　(b) T=99 min

(c) T=165 min　　　　　　　　(d) T=188 min

　　粒径缺失堰塞坝的体积应变(图 8-26)表明上游库水位上涨的过程中,坝体内有局部体积应变(收缩)较大的区域。考虑粒径缺失堰塞坝试验过程中,浸润线内坝体材料收缩明显,形成拉裂缝,水进入拉裂缝,水头损失较小,流速较快,可带走粒径缺失材料中的细颗粒。拉裂缝在流水的冲刷下进一步形成了管涌通道,最终导致坝体的破坏。因此,管涌通道的形成与坝体材料的体积收缩有关。假设体积应变达到 5% 时会发生管涌。

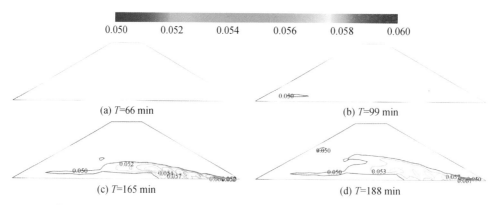

(a) T=66 min　　　　　　　　(b) T=99 min

(c) T=165 min　　　　　　　　(d) T=188 min

图 8-26　粒径缺失堰塞坝数值计算体积应变发展

8.3　堰塞坝渗流稳定性影响因素分析

由本书 8.2 节可知,堰塞坝的材料性质决定了堰塞坝渗流稳定性及其失稳模式。因此,在堰塞湖水位上涨速率的影响分析中,需考虑堰塞湖水位上涨速率对不同材料堰塞坝渗流稳定性的影响。按表 8-2 设置工况,在上游水位和总步数相同的条件下,分析 3 种材料堰塞坝的步长时间分别为 0.5、1.0、10 和 20 s 时的渗流稳定性。步长时间为 1.0 s 时,上游水位的上涨速度与模型试验中相同;步长时间为 0.5 s 的工况,上游水位的上涨速度最快,代表极端天气(台风或强暴雨等)的情况;步长时间为 10、20 s 的工况,上游水位的上涨速度较慢,目的是分析寿命较长堰塞坝的长期渗流稳定性。

表 8-2　堰塞坝稳定性库水位上涨速度影响分析工况

坝体材料	上游水位/cm	工况	步长时间/s	工况	步长时间/s
细粒为主	83	1-1	0.5	1-3	10
		1-2	1.0	1-4	20
级配连续	88	2-1	0.5	2-3	10
		2-2	1.0	2-4	20
粒径缺失	57	3-1	0.5	3-3	10
		3-2	1.0	3-4	20

为方便讨论,选取了如图 8-27 所示的单元和节点,进行不同工况下的对比分析。单元用于分析应力和应变,节点用于分析位移。通过定量分析这些变量的变化,讨论上游水位上涨速率对堰塞坝渗流稳定性的影响。

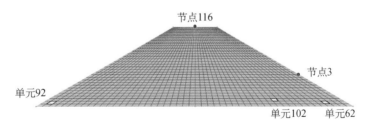

图 8-27　上游库水位对堰塞坝稳定性影响

8.3.1　库水位对细粒为主坝体影响分析

在不同的上游水位上涨速率下,细粒为主堰塞坝的下游边坡均形成贯通坝顶的滑动面,滑动面的形状与图 8-11 中的下游边坡滑动面相似。因上游水位上涨的速率差异较大,采用上游水位的高度作为横坐标。从图 8-28 可知,初期因浸润线未发展至下游边坡,4 种工况中节点 3 的水平位移都是很小的。随着浸润线向下游的发展,节点 3 的水平位移存在突然增加的现象。突增量为工况 1-1 的最大,工况 1-2 的较小,工况 1-3 和工况 1-4 的最小且基本相同。节点 3 的水平位移在发生突增后,增加速率降低,随着水位的增加以基本相同的速率缓慢增加,最终达到基本相同的位移量。

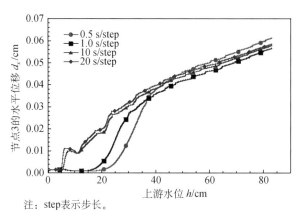

注:step 表示步长。

图 8-28   细粒为主堰塞坝节点 3 水平位移对比

因不同工况下,上游水位的上涨速率不同,浸润线向下游发展的速度有差异。相同的上游水位下,上涨速率越慢,浸润线越快发展至下游边坡。因此工况 1-3 和工况 1-4 的节点 3,在较低的上游水位(约 5 cm)下便发生了水平位移的突增,而工况 1-1 和工况 1-2 的节点 3 分别在上游水位为 15 cm 和 20 cm 时才发生突增。工况 1-3 和工况 1-4 的堰塞坝下游边坡虽然在较低的水位下便发生了滑动,但滑动量较小,危险性较小;工况 1-1 和工况 1-2 的堰塞坝下游边坡发生滑动时的水位较高,且滑动量较大,因此危险性较大。随着上游水位上涨速率的增加,滑动量有增大的趋势,因此,上游水位上涨速率越快,对细粒为主堰塞坝的渗流稳定性影响越大。

对比细粒为主堰塞坝上游坡脚单元(单元 92)和下游坡脚单元(单元 62)的 $p''-q$ 关系(图 8-29),发现上游坡脚的单元比下游坡脚的单元先达到破坏,即 $p''-q$ 曲线更先达到临界破坏线 $M(M=q/p'')$。这与模型试验上游坡脚在水位上涨的过程中先发生局部破坏的现象是相符的。水位的上涨速率对下游坡脚单元 62 的 $p''-q$ 曲线影响较小,即上游水位无论以什么速率上涨,细粒为主堰塞坝均会发生滑动破坏。因此可以推断,细粒为主堰塞坝的破坏主要是材料强度较低造成的。该结论同样可以用于解释部分泥石流型堰塞坝存在时间较短的现象。当泥石流型堰塞坝主要由细粒组成、黏粒含量较低时,上游水位一旦上涨,便可造成堰塞坝下游边坡的失稳,最终导致坝体破坏。

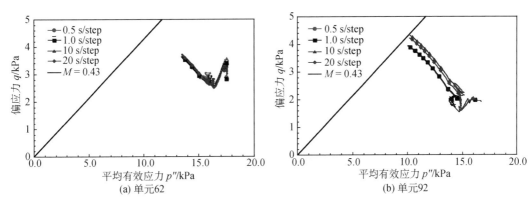

图 8-29　细粒为主堰塞坝单元 $p'' - q$ 关系对比

8.3.2　库水位对级配连续坝体影响分析

从级配连续堰塞坝坝顶节点 116 的竖向位移对比(图 8-30)可知,上游水位上涨最快时的坝顶沉降量是最大的,但随着上游水位的上涨速率变缓,沉降量减小,并最终保持一个定值。因此当上游水位较快上涨时,可以使级配连续堰塞坝的坝高降低、漫顶溢流提前发生,但当上游水位上涨速率较慢时,渗流对级配连续堰塞坝的稳定性影响较小。

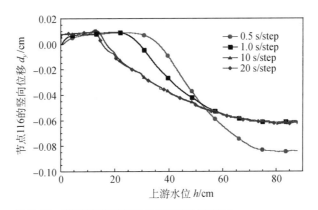

图 8-30　级配连续堰塞坝节点 116 竖向位移对比

8.3.3　库水位对粒径缺失坝体影响分析

工况 3-1 中因库水位上涨速率较快,水位至 57 cm 时,浸润线尚未发展至下游坡脚。因此工况 3-1 的粒径缺失堰塞坝内虽有管涌通道的形成,但管涌通道尚未贯通坝体,细颗粒不易被水流带出坝体,造成渗流破坏。但工况 3-1 的管涌区域中,体积应变较大,若继续维持上游水位或增加上游水位,管涌通道应能发展至下游坡脚,形成贯通的管涌通道。工况 3-1 相较于工况 3-2、工况 3-3 和工况 3-4 中的管涌区域较小、未贯通坝体，且体积应变也较小，不易继续发展。

在上游水位上涨的过程中，单元 102 的体积应变发生突增(图 8-31)，之后基本保持稳定。水位上涨得越快，体积应变的量越大；随着水位上涨速率变缓，体积应变的量减小，最终保持基本不变。此外，从粒径缺失堰塞坝单元 102 的 $p''-q$ 关系图(图 8-32、图 8-33)可知，上游水位上涨得越快，$p''-q$ 曲线越接近临界破坏线 M。

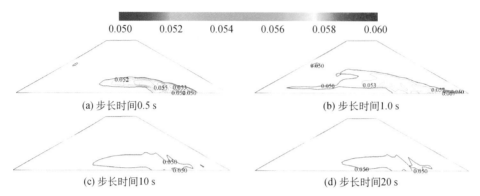

图 8-31　粒径缺失堰塞坝体积应变对比(水位 $h=57$ cm)

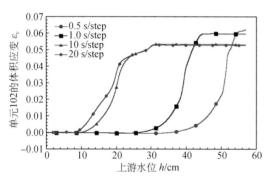

图 8-32　粒径缺失堰塞坝单元 102 体积应变对比

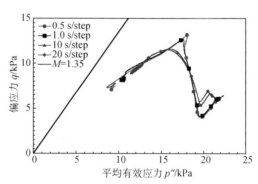

图 8-33　粒径缺失堰塞坝单元 102 $p''-q$ 关系

因此，粒径缺失堰塞坝的管涌破坏受水位上涨速率影响明显。上游水位上涨速率越快，越易在坝体内形成贯通的管涌通道。但上游水位上涨速率过快时，粒径缺失堰塞坝材料渗透性较差，浸润线发展较慢，管涌通道虽能形成，但尚未贯通坝体。

总结上游水位上涨速率对堰塞坝渗流稳定性的影响，因堰塞坝材料的不同，影响效果不同。无论上游水位以何种速度上涨，均会造成细粒为主堰塞坝滑坡破坏，这种破坏主要是细粒为主堰塞坝材料的强度较低造成的；上游水位快速上涨可以使级配连续堰塞坝的坝高降低、漫顶溢流提前发生，但当上游水位上涨速率较慢时，渗流对级配连续堰塞坝的稳定性影响较小；上游水位上涨速率越快，越易在粒径缺失堰塞坝内形成管涌区域，且当浸润线发展至下游坡脚时，可形成贯通的管涌通道，造成管涌破坏。

8.3.4 堰塞坝渗透位移对比

相同上游水位下,细粒为主堰塞坝已形成明显的下游滑动面,而级配连续和粒径缺失堰塞坝的位移主要表现为沉降(图 8-34)。虽因不同材料饱和、非饱和的孔隙比差有不同,不同材料坝体的位移量有差异,但坝体的沉降并不会造成坝体整体的破坏。因此渗流条件下,细粒为主堰塞坝的破坏模式为滑坡破坏,这是因为该坝体材料的强度最低,因此饱和度的改变和渗透力的作用易造成坝体发生滑坡破坏。

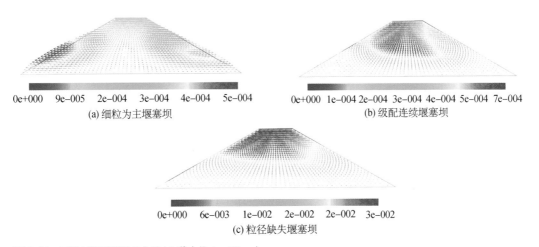

(a) 细粒为主堰塞坝

(b) 级配连续堰塞坝

(c) 粒径缺失堰塞坝

图 8-34 三种材料堰塞坝的位移(上游水位 $h = 57$ cm)

假设堰塞坝发生管涌的体积应变为 5%,对比相同水位($h = 57$ cm)下 3 种材料堰塞坝发生管涌的区域(图 8-35)。相同的上游水位下,细粒为主堰塞坝和级配连续堰塞坝的体积应变较小,达不到形成管涌所需的体积应变,而粒径缺失堰塞坝则形成了贯通的管涌通道。因此通过体积应变图可知,渗流条件下粒径缺失堰塞坝的破坏模式为滑坡破坏。该材料的饱和、非饱和状态的孔隙比差最大,在饱和度增大的情况下,材料的体积会明显收缩,造成了坝体的管涌破坏。

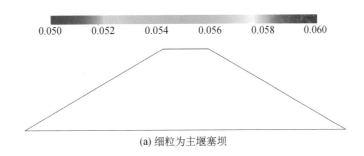

(a) 细粒为主堰塞坝

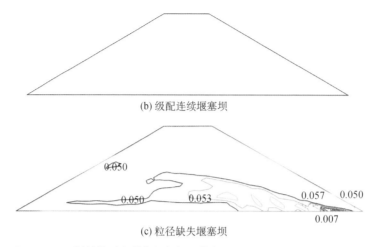

(b) 级配连续堰塞坝

(c) 粒径缺失堰塞坝

图 8-35   三种材料堰塞坝的体积应变(上游水位 $h=57$ cm)

　　相较于其他两种堰塞坝,级配连续堰塞坝的材料强度最大,故渗流条件下不易发生滑坡;且其饱和、非饱和状态的孔隙比差较小,故不易发生管涌。因此渗流条件下,级配连续堰塞坝是稳定的,仅当上游水位漫过坝顶时,才会发生漫顶溢流破坏。

　　本章开展了系列堰塞坝稳定性模型试验,依据坝体材料非饱和本构模型,进行了不同材料堰塞坝的渗透稳定性数值分析,对堰塞坝渗流破坏全过程中饱和度、位移、应力、应变和孔隙水压力等的变化进行研究。

　　在渗流条件下,细粒为主堰塞坝的破坏模式为滑坡破坏,级配连续堰塞坝渗流条件下是稳定的,最终产生漫顶溢流失效,粒径缺失堰塞坝在渗流条件下则产生管涌破坏。

　　细粒为主堰塞坝在渗透力作用下的下游坝坡有效应力降低并产生整体滑动,造成了坝顶宽的缩短和坝高的降低,使坝体更容易因漫顶发生溃决。级配连续堰塞坝上游水位的增加能使坝体产生沉降,加速漫顶溢流失稳,但不能造成坝体破坏。粒径缺失堰塞坝上游水位上升使坝体饱和度增加,体积应变增大,形成水平向的拉裂缝,裂缝进一步发展成贯通坝体的管涌通道,导致坝体失稳破坏。

　　上游水位上涨速率对堰塞坝渗流稳定性存在影响,影响效果随坝体材料不同而存在差异。细粒为主堰塞坝因强度较低,无论上游水位上涨速率如何均造成坝坡失稳。上游水位快速上涨使级配连续堰塞坝坝高降低,加速漫顶溢流;当上游水位上涨速率较慢时,渗流产生影响较小。粒径缺失堰塞坝随着水位上涨速率加快形成管涌,当浸润线发展到下游坡脚时,形成贯通的管涌通道产生管涌破坏。

参考文献

陈宁生,胡桂胜,齐宪阳,等,2015.小流域堰塞湖对山洪泥石流的调控模式探讨[J].人民长江,46(10):34-37.

陈生水,钟启明,任强,2009.土石坝管涌破坏溃口发展数值模型研究[J].岩土工程学报,31(5):653-657.

陈晓清,崔鹏,赵万全,等,2010."5·12"汶川地震堰塞湖应急处置措施的讨论:以唐家山堰塞湖为例[J].山地学报,28(3):350-357.

崔鹏,陈述群,苏凤环,2010,等.台湾"莫拉克"台风诱发山地灾害成因与启示[J].山地学报,28(1):103-115.

胡卸文,罗刚,王军桥,等,2010.唐家山堰塞体渗流稳定及溃决模式分析[J].岩石力学与工程学报,29(7):1409-1417.

梁国钱,郑敏生,孙伯永,等,2003.土石坝渗流观测资料分析模型及方法[J].水利学报,(2):83-87.

刘思言,2015.堰塞坝体材料渗透特性及堰塞坝渗透稳定性研究[D].上海:同济大学.

苗强强,张磊,陈正汉,等,2010.非饱和含黏砂土的广义土-水特征曲线试验研究[J].岩土力学,31(1):102-106.

石振明,马小龙,彭铭,等,2014.基于大型数据库的堰塞坝特征统计分析与溃决参数快速评估模型[J].岩石力学与工程学报,33(9):1780-1790.

石振明,熊曦,彭铭,等,2015.存在高渗透区域的堰塞坝渗流稳定性分析:以红石河堰塞坝为例[J].水利学报,46(10):1162-1171.

王子忠,杨绍平,2003.小南海水库地震堰塞坝渗漏特征研究[J].四川地质学报,23:26-30.

张雪东,2010.土水特征曲线及其在非饱和土力学中应用的基本问题研究[D].北京:北京交通大学.

CASAGLI N, ERMINI L, 1999. Geomorphic analysis of landslide dams in the Northern Apennine[J]. Transactions of the Japanese Geomorphological Union, 20(3):219-249.

CHIU C F, NG C W W, 2003. A state-dependent elasto-plastic model for saturated and unsaturated soils[J]. Géotechnique, 53(9):809-829.

CUI Y J, DELAGE P, 1996. Yielding and plastic behaviour of an unsaturated compacted silt[J]. Géotechnique, 46(2):291-311.

FREDLUND D G, MORGENSTERN N R, WIDGER A, 1978. Shear strength of unsaturated soils[J]. Canadian Geotechnical Journal, 15(3):313-321.

SHI Z M, ZHENG H C, YU S B, et al., 2018. Application of CFD-DEM to investigate seepage characteristics of landslide dam materials[J]. Computers and Geotechnics, 101:23-33.

XIONG X, SHI Z, XIONG Y L, et al., 2019. Unsaturated slope stability around the Three Gorges Reservoir under various combinations of rainfall and water level fluctuation[J]. Engineering geology, 261:105231.

XIONG X, SHI Z M, GUAN S G, et al., 2018. Failure mechanism of unsaturated landslide dam under seepage loading—Model tests and corresponding numerical simulations[J]. Soils and Foundations, 58(5):1133-1152.

XIONG Y, BAO X, YE B, et al., 2014. Soil-water-air fully coupling finite element analysis of slope failure in unsaturated ground[J]. Soils and Foundations, 54(3):377-395.

ZHANG F, IKARIYA T, 2011. A new model for unsaturated soil using skeleton stress and degree of saturation as state variables[J]. Soils and Foundations, 51(1):67-81.

ZHENG H C, SHI Z M, SHEN D Y, et al., 2021. Recent advances in stability and failure mechanisms of landslide dams[J]. Frontiers in Earth Science, 9:659935.

第 9 章
地震对堰塞坝稳定性影响分析

堰塞坝大型案例数据库表明地震诱发的堰塞坝占比高达 50.4%,如 2008 年汶川地震至少形成 828 个堰塞坝,其中规模最大的是唐家山堰塞坝(Fan et al.,2020)。2014 年鲁甸地震产生的红石岩滑坡堰塞坝严重威胁下游城镇安全(贾宇峰 等,2022)。主震后往往发生一系列余震。如汶川地震后,截至 2012 年 3 月 12 日,大于 4.0 级的余震多达 849 次(申文豪 等,2013;吴俊贤 等,2007)。这些余震可能会对堰塞坝体的安全状态造成影响,威胁下游安全。因此,对堰塞坝在余震作用下的动力响应及稳定性研究极为关键。

地震诱发的堰塞坝体主要是由崩滑体快速堆积所致,坝体结构较为松垮,坝体物质的颗粒级配、坝体的形态与规模都不同于传统意义上的人工土石坝,受库水位及余震影响较大(陈宁 等,2010;刘礼华 等,1993;刘小生 等,2005;石振明 等,2014a;石振明 等,2014b;王学萍 等,2008)。因此,堰塞坝的动力特性(包括自振频率、阻尼比及振型和动力响应)给堰塞坝稳定性评估带来挑战(Shi et al.,2014,2015)。

本章开展一系列大型堰塞坝振动台模型试验,分析堰塞坝在不同地震波(波形和幅值)和库区水位下的响应特征,探索堰塞坝地震动的响应规律,分析堰塞坝的加速度高程放大效应和趋表效应,揭示堰塞坝体在库水和余震耦合作用下的动力稳定性及失稳机理。

9.1　地震作用下堰塞坝失稳试验分析

9.1.1　堰塞坝地震荷载试验平台

堰塞坝稳定性的地震动分析是在同济大学土木工程防灾国家重点实验室三向六自由度大型地震模拟振动台上进行。采用矩形刚性模型箱,模型箱长 3.1 m,宽 1.0 m,高 0.7 m,由槽钢及角钢焊接而成,三个侧面采用 4 mm 厚钢板制成,一个侧面采用钢化玻璃制成,以便于监测坝体的变形。模型箱底部槽钢在对应的位置设螺栓孔,可以与振动台相连接固定。在模型箱钢底板焊接小段钢筋,使之成为粗糙表面,减少振动过程中坝体与模型箱底部的相对滑移。

　　本次试验需在模型堰塞坝上游加水,模拟堰塞湖库水对坝体的影响。由于模型箱尺寸较小,且侧壁为刚性,振动时会产生涌浪。而模型堰塞坝体主要由散体材料组成,涌浪可能会对坝体产生过大冲刷,这与实际情况不符。为减小涌浪,试验中需要设消浪装置。本试验消浪板由厚度为 8 mm 的 PVC 板制成,尺寸为 1 000 mm×600 mm,板上开 54 个直径为 50 mm 的圆孔,开孔率为 17.66%。另外,采用了凹凸形状的吸音海绵辅助消浪(董传明,2013;柯文荣,1993)。将吸音海绵粘贴在消浪板上,在相应的孔洞位置开孔。试验中在模型箱上游侧壁也粘贴了吸音海绵,减小反射波的产生。模型坝体试验照片如图 9-1 所示。

图 9-1　模型坝体试验照片

　　依据东河口堰塞坝(Chang et al.,2011;谢攀,2009;鹿存亮,2010)确定模型试验的颗粒级配,如图 9-2 所示。采用石英砂和高岭土配制而成,模拟地表覆盖层及碎屑流形成的堰塞坝体(坝体Ⅰ)。作为对比,另一种是石英砂坝体,模拟由山体崩塌形成的堰塞坝,平均粒径较

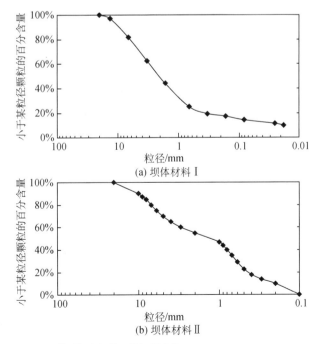

(a) 坝体材料Ⅰ

(b) 坝体材料Ⅱ

图 9-2　模型堰塞坝的颗粒级配曲线

大(坝体Ⅱ),如老鹰岩堰塞坝(何学仁,2009)。模型坝体的基本参数如表 9-1 所示。堰塞坝体为梯形,底宽 2.7 m,顶宽 0.2 m,高 0.5 m,垂直于河向宽为 1.0 m,坝体坡度为 21.8°。

表 9-1　模型坝体材料基本物理性质

坝体材料	干密度/(G·cm⁻³)	最小干密度/(G·cm⁻³)	最大干密度/(G·cm⁻³)	密实度	不均匀系数	曲率系数	渗透系数/(cm·s⁻¹)
材料Ⅰ	1.78	1.44	2.05	0.642	111	22.5	3.41×10^{-4}
材料Ⅱ	1.78	1.54	1.93	0.667	10	0.961	4.21×10^{-2}

　　试验选用的地震波形有 El Centro 波、Kobe 波、汶川地震波(卧龙台记录)。El Centro 波是 1940 年 5 月 18 日美国 IMPERIAL 山谷地震(M7.1)在 El Centro 台站记录的加速度时程,它是广泛应用于结构试验及地震反应分析的经典地震记录。其主要强震部分持续时间为 26 s 左右,记录全部波形长为 54 s,原始记录离散加速度时间间隔为 0.02 s,N.S 分量、E.W 分量和 U.D 分量加速度峰值分别为 341.7 Gal、210.1 Gal 和 206.3 Gal。试验中选用 N.S 分量作为 X 向输入。其时程曲线和傅氏谱如图 9-3 所示(图中加速度峰值统一调整为 0.1g)。

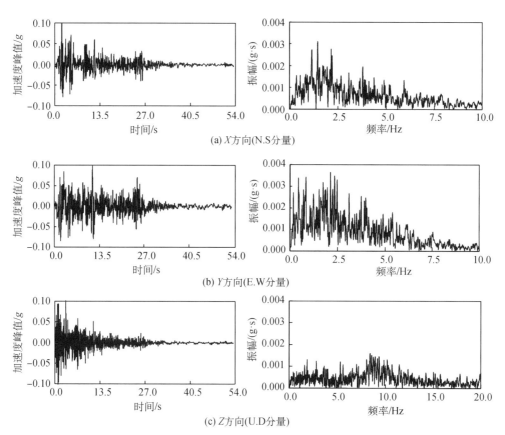

(a) X 方向(N.S分量)

(b) Y 方向(E.W分量)

(c) Z 方向(U.D分量)

图 9-3　El Centro 波时程及其傅氏谱

　　Kobe 波是 1995 年 1 月 17 日日本阪神地震(M7.2)中,神户海洋气象台在震中附近的加速度时程记录。这次地震是典型的城市直下型地震,记录所在的神户海洋气象台的震中距为 0.4 km。主要强震部分的持续时间为 7 s 左右,记录全部波形长约 40 s,原始记录离散加速度时间间隔为 0.02 s,N.S 分量、E.W 分量和 U.D 分量加速度峰值分别为 818.02 Gal、617.29 Gal 和 332.24 Gal。试验中选用 N.S 分量作为 X 向输入。其时程曲线和傅氏谱如图 9-4 所示(图中加速度峰值统一调整为 0.1g)。

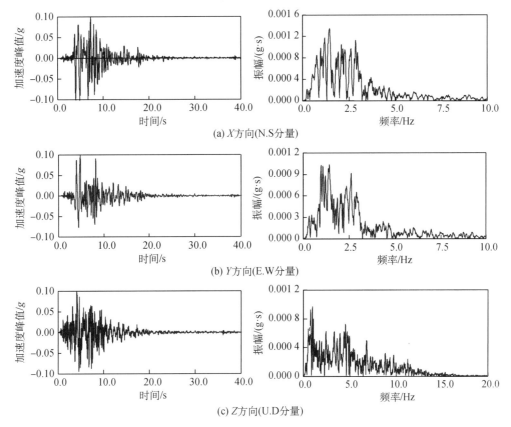

(a) X 方向(N.S 分量)

(b) Y 方向(E.W 分量)

(c) Z 方向(U.D 分量)

图 9-4　Kobe 波时程及其傅氏谱

　　汶川波(卧龙台记录)是 2008 年 5 月 12 日中国汶川地震(M8.0)中,卧龙地震台记录到的加速度时程曲线。主要强震部分持续时间为 40 s,记录全部波形长度为 180 s,原始记录离散加速度时间间隔为 0.005 s,N.S 分量、E.W 分量和 U.D 分量加速度峰值分别为 652.8 Gal、957.7 Gal 和 948.1 Gal。试验中选用 N.S 分量作为 X 向输入。其时程曲线和傅氏谱如图 9-5 所示(图中加速度峰值统一调整为 0.1g)。

　　选取 3 种地震波的特征如表 9-2 所示。根据与堰塞坝类似的土石坝的现场试验及振动台试验成果,预估堰塞坝的 X 向(顺河向)自振频率为 1~4 Hz。其中 El Centro 波和 Kobe 波是在振动台试验中广泛应用的典型地震波,而汶川地震波是汶川地震中监测到的波形,对堰

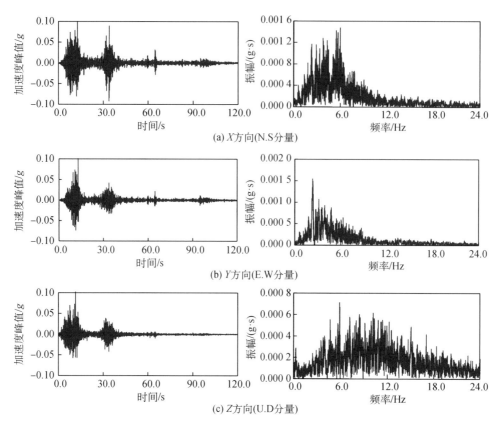

(a) X方向(N.S分量)

(b) Y方向(E.W分量)

(c) Z方向(U.D分量)

图9-5　坟川地震波时程及其傅氏谱

塞坝振动台试验具有针对性。

表9-2　地震波基本特征

地震波	方向	卓越频率/Hz	持时/s	采样频率/Hz
El Centro 波	X 向	1.1~2.2	54	50
	Z 向	8.0~9.4		
Kobe 波	X 向	0.8~3.0	40	50
	Z 向	0.2~4.9		
坟川地震波	X 向	2.2~6.0	120	50
	Z 向	4.7~15.2		

9.1.2　动力特性分析原理

理论上,在基底输入加速度激励下,结构上任意点的加速度频响函数,可以推导出如式(9-1)(李建华 等,2013)所示的计算公式

$$H_k(\omega) = 1 + \sum_{r=1}^{N} \frac{\eta_r a_k^r \omega^2}{\omega_r^2 - \omega^2 + \mathrm{i}2\xi_i \omega_r \omega} \tag{9-1}$$

频响函数的实部、虚部及相位差分别为

$$H^{\mathrm{R}}(\omega)_k = 1 + \sum_{r=1}^{N} \frac{\eta_r a_k^r \omega^2 (1 - \omega^2/\omega_r^2)}{\omega_r^2 (1 - \omega^2/\omega_r^2) + (2\xi_r \omega)^2} \tag{9-2}$$

$$H^1(\omega)_k = \sum_{r=1}^{N} \frac{2\eta_r a_k^r \xi_r \omega^3/\omega_r^3}{(1 - \omega^2/\omega_r^2)^2 + (2\xi_r \omega/\omega_r)^2} \tag{9-3}$$

$$\Phi(\omega)_k = \arctan\left[\frac{H^1(\omega)_k}{H^{\mathrm{R}}(\omega)_k}\right] \tag{9-4}$$

$$\omega_r = 2\pi f_r$$

式中　N——所取模态数；

　　　　ω_r——第 r 阶圆频率；

　　　　f_r——第 r 阶频率；

　　　　ξ_r——第 r 阶模态的阻尼比；

　　　　a_k^r——第 r 阶振型在 k 点的幅值；

　　　　η_r——振型参与系数。

由于频响函数虚部包含了所有模态参数，并且有峰值明显的特点，因此，模态参数识别利用实测的频响函数虚部 $H^1(\omega)_k$ 进行。坝体加速度频响函数 $H(\omega)$ 可通过实测的坝体加速度响应 $Y(t)$ 和台面实测的相应加速度激励 $X(t)$ 计算得到：

$$H(\omega) = \frac{G_{XY}(\omega)}{G_{XX}(\omega)} \tag{9-5}$$

式中　G_{XX}——台面加速度激励 $X(t)$ 的自功率谱；

　　　　G_{XY}——坝体某点加速度响应 $Y(t)$ 与相应台面加速度激励 $X(t)$ 的互功率谱。

9.1.3　模型坝体动力特性

1. 参数辨识

坝体动力特性的研究，采用测定台面加速度输入和坝体加速度响应进行。试验时，从台面输入加速度幅值为 $0.05g$ 历时 $200\,\mathrm{s}$ 的白噪声随机波，通过对沿堰塞坝结构上各点加速度频率响应函数进行模态识别后确定其动力特性。分析中，假设阻尼为比例阻尼。

根据 9.1.2 节所述动力特性分析原理，研究团队编制了计算坝体加速度频响函数 $H(\omega)$ 的 Matlab 程序。由程序计算出 $H(\omega)$ 后，可根据 $H(\omega)$ 的实部、虚部、模数来作图，求出坝体自振频率、阻尼比等动力特性参数。

加速度频响函数虚频曲线峰值对应的频率即为第一阶自振频率；阻尼比由半功率带宽法求出，方法如下：设频响函数幅频图最大振幅为 A[图9-3(a)]，振幅值为 $1/\sqrt{2}A$(0.707A)，所对应的两个频率点为 ω_a 和 ω_b，则阻尼比 ξ 为

$$\xi = \frac{\omega_b - \omega_a}{\omega_b + \omega_a} \tag{9-6}$$

图9-6给出了模型坝体内部分测点在加速度峰值为 0.05g 白噪声作用下的加速度频响函数图示。在白噪声激励下，坝体内测点加速度频响函数的相应振动模态都非常明显，说明模型坝体在特定的激励下有稳定的自振频率和阻尼比。由频响函数图可求出本工况下此监测点测得的模型坝体的 Z 方向一阶自振频率为 28.94 Hz，阻尼比确定为 0.04。

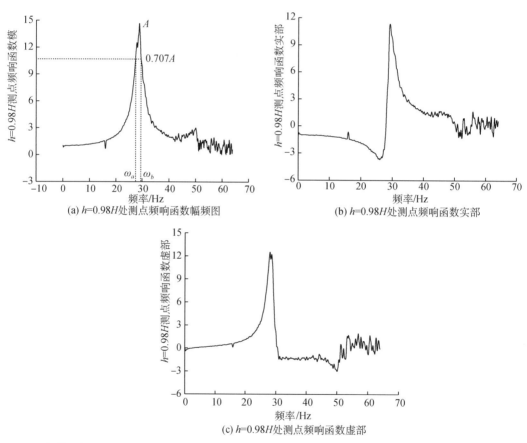

图 9-6　坝体Ⅱ在 Z 方向加速度频响函数

2. 动力特性参数测试

在白噪声 XZ 双向激励下，计算得到模型坝体 X 向及 Z 向的动力特性参数。图9-7给出了白噪声工况下模型坝体Ⅱ两个不同高度测点处（$h=0.98H$ 和 $h=0.66H$ 处，h 为加速度传感器高度，H 为坝高）测得的自振频率随工况变化。除个别工况外，同一个工况两个不同高度处的加速度传感器测得的自振频率和阻尼比基本一致，说明了测试结果的可靠性。

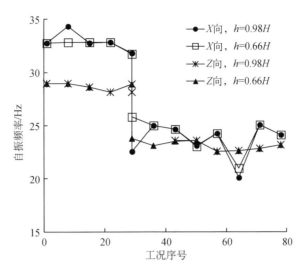

图9-7 不同位置测点测得的模型坝体Ⅱ自振频率随工况的变化

根据堰塞坝模型试验相似理论,模型和原型阻尼比相等。由于堰塞坝体阻尼比影响因素和影响机制的研究很少,在原型和模型变形较小时均属小阻尼情况,可以近似地认为原型和模型中的阻尼比相等。据此推算出原型堰塞坝在未经受地震作用时的 X 向阻尼比为 $0.070 \sim 0.075$, Z 向阻尼比为 $0.040 \sim 0.050$。

对于自振频率,有相似率:

$$C_f = C_\rho^{-1/4} C_l^{-3/4} C_c^{1/2} \tag{9-7}$$

所以,原型坝的自振频率可通过式(9-8)求得:

$$f_p = (C_\rho^{-1/4} C_l^{-3/4} C_c^{1/2}) f_m \tag{9-8}$$

式中 f_p——原型坝自振频率;

f_m——模型坝自振频率。

由以上测试结果可知,模型坝体未受到地震作用时(工况1),坝体Ⅰ的 X 向第一阶自振频率为 30.57 Hz,阻尼比为 0.075; Z 向第一阶自振频率为 27.03 Hz,阻尼比为 0.050。坝体Ⅱ的 X 向第一阶自振频率为 32.77 Hz,阻尼比为 0.070; Z 向第一阶自振频率为 28.94 Hz,阻尼比为 0.040。

9.1.4 高速相机视频测量技术测试步骤与原理

1. 高速相机视频测量技术测试步骤

高速相机视频测量系统网络布设如图9-8所示(Chang et al.,2007,2010)。试验仪器主要包括 CMOS 高速相机、工控机(数据采集卡和同步控制器集成在工控机里)、镜头、全站仪和人工标志。根据拍摄距离,每台CMOS相机配备一个 20 mm 的固定焦距镜头。采用两台高速相机(高精度品牌CMOS高速相机),采用电子快门,实现帧曝光和帧传输,消除了一般采用逐行曝光摄像机导致的图像拖影和时间位移等问题。CMOS高速相机在满幅 2 352 × 1 728 分辨率情况下,相机帧频设为 60 帧/秒。两台相机之间的距离是 3.5 m,相机距模型箱 5 m。高速相机通过数据线连接到工控机上,一旦电脑主机发出信号触动两台高速相机的快门,高速相机同时开始拍照,并实时将获取的影像数据传输到电脑高速硬盘。试验仪器现场布设照片如图 9-9 所示。

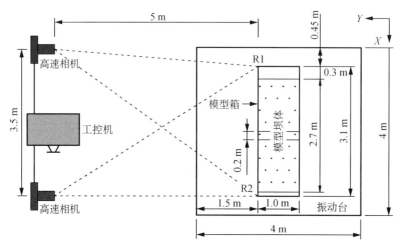

图 9-8   高速相机视频测量系统网络布设

图 9-9   试验仪器现场布设照片

为了使计算机能自动获取坝体的坐标数据,试验中需采用人工标志点,分为控制点标志和跟踪点标志。控制点人工标志为圆环形,外圆直径为 6 cm,内圆直径为 1.5 cm。在模型箱上方架设钢杆,前端摆放固定物,以安放控制点人工标志进行控制网络布设,如图 9-10 所示,钢杆总共三根,锁在振动台两端的脚手架上保证钢杆框架的稳定;模型前端共 5 个固定物。总共均匀布设 34 个控制点,其中有效控制点 25 个。控制点人工标志经打印裁切后粘贴在钢杆及固定物上。跟踪点人工标志为直径 4 cm 的双层黑色塑料圆片,中间插入钢钉,钢钉上缠塑料片增加其与坝体材料的接触面积,试验时使跟踪点的位移能准确反映坝体变形。在填筑坝体过程中埋入跟踪点,使塑料圆片露出坝体侧面,透过钢化玻璃可监测跟踪点的位移。在模型上粘贴两个参考点,参考点的位移即为模型箱的位移。将系统直接测得的跟踪点的位移减去模型箱的位移可得到坝体的变形。

试验前通过全站仪对控制点人工标志进行测量,建立试验场地的三维坐标系。试验采用的全站仪型号为 SOKKIA SET230R 电子全站仪,角度测量精度是 $2''$,距离测量精度是 $\pm(1\ \mathrm{mm}+2\ \mathrm{ppm}\times\mathrm{D})$。

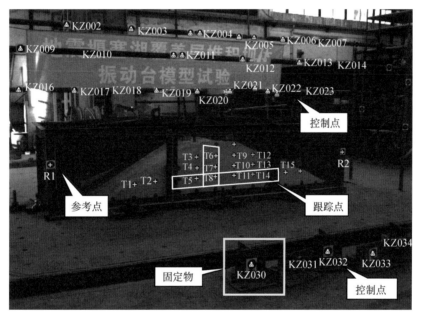

图 9-10　人工标志点布置图

工控机可控制高速相机对跟踪点进行拍照,将影像图片通过软件进行解算分析可获得各跟踪点的坐标数据,采用光束法平差算法获取坐标数据。通过坐标数据运算得到各点的位移、速度、加速度等数据。高速相机视频测量技术的测试步骤如下:

(1)试验前用全站仪对控制点进行测量并获得各控制点坐标,通过控制点坐标建立试验场地坐标系。试验前对模型坝体进行拍照,获得各跟踪点初始坐标数据。

(2)在振动过程中,由工控机控制高速相机对跟踪点进行拍照,可得到一系列照片,照片(影像数据)实时存储在工控机高速硬盘中。

(3)通过专门软件对影像数据进行处理,获得振动过程中各跟踪点坐标数据。

(4)对各跟踪点坐标数据进行运算,获得各点的位移。将跟踪点位移减去模型箱的位移可得到坝体的变形。对跟踪点位移数据进行微分计算可得到各点的速度、加速度数据。

2. 坝体变形与跟踪点运动参数

假设高速相机在某一段时间内拍摄到了 n 张照片,每张照片有 m 个监测点(跟踪点)。坝体变形及跟踪点运动参数的计算方法示意图如图9-11所示。图中实线表示第1张照片中坝体的位置,虚线表示第 n 张照片中坝体的位置。R_1 和 R_n 分别表示第1张和第 n 张照片中参考点的位置。T_{m1} 和 T_{mn} 分别表示第1张和第 n 张照片中第 m 个跟踪点 T_m 的位置。

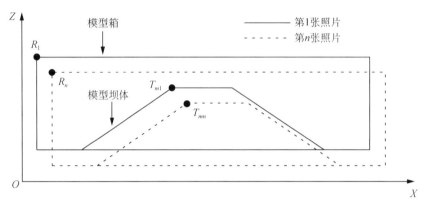

图 9-11　坝体变形及跟踪点运动参数计算方法示意图

第 n 张照片中 T_m 的三维坐标数据可由式(9-9)计算:

$$\begin{cases} S_{X_n} = X_n - X_1 \\ S_{Y_n} = Y_n - Y_1 \\ S_{Z_n} = Z_n - Z_1 \end{cases} \quad (9-9)$$

式中　S_{X_n},S_{Y_n},S_{Z_n}——表示跟踪点 T_m 在第 n 张照片中 X、Y、Z 三个方向的位移;

X_1,Y_1,Z_1——跟踪点 T_m 在第1张照片中三个方向上的坐标(初始坐标);

X_n,Y_n,Z_n——跟踪点 T_m 在第 n 张照片中三个方向的坐标。

由跟踪点的坐标数据可求得其速度。跟踪点 T_m 在第 n 张照片中的速度表示点 T_m 在第 n 和第 $(n+1)$ 张照片之间的平均速度,可由式(9-10)计算得到:

$$\begin{cases} V_{X_n} = (X_{n+1} - X_n)/\Delta T \\ V_{Y_n} = (Y_{n+1} - Y_n)/\Delta T \\ V_{Z_n} = (Z_{n+1} - Z_n)/\Delta T \end{cases} \quad (9-10)$$

式中　V_{X_n},V_{Y_n},V_{Z_n}——跟踪点 T_m 在第 n 张照片中三个方向的速度;

X_{n+1},Y_{n+1},Z_{n+1}——跟踪点 T_m 在第 $(n+1)$ 张照片中三个方向的坐标;

ΔT——相邻两张照片第 n 和第 $(n+1)$ 张照片的时间间隔。

由相邻序列的跟踪点的速度可求得各点的加速度数据。令 a_{Xn},a_{Yn} 和 a_{Zn} 表示跟踪点在第 n 张照片中的加速度:

$$\begin{cases} a_{Xn} = (V_{X(n+1)} - V_{Xn})/\Delta T \\ a_{Yn} = (V_{Y(n+1)} - V_{Yn})/\Delta T \\ a_{Zn} = (V_{Z(n+1)} - V_{Zn})/\Delta T \end{cases} \tag{9-11}$$

式中　　$V_{X(n+1)}$，$V_{Y(n+1)}$，$V_{Z(n+1)}$——跟踪点在第$(n+1)$张照片中的速度；

　　　　V_{Xn}，V_{Yn}，V_{Zn}——跟踪点在第 n 张照片中的速度。

坝体的相对位移(变形)在本试验中是指坝体材料在振动过程中发生的变形,可以用跟踪点相对于模型箱上标记点 R_1、R_2 的位移来表示。R_1、R_2 为模型上的跟踪点,作为计算坝体变形的参考点。令 Δ_{X_n}，Δ_{Y_n} 和 Δ_{Z_n} 分别表示跟踪点在第 n 张照片中 X、Y、Z 三个方向的相对位移:

$$\begin{cases} \Delta_{X_n} = X_{nT_m} - X_{nR_1} - \Delta x \\ \Delta_{Y_n} = Y_{nT_m} - Y_{nR_1} - \Delta y \\ \Delta_{Z_n} = Z_{nT_m} - Z_{nR_1} - \Delta z \end{cases} \tag{9-12}$$

式中　　X_{nT_m}，Y_{nT_m}，Z_{nT_m}——跟踪点 T_m 在第 n 张照片中三个方向的坐标；

　　　　X_{nR_1}，Y_{nR_1}，Z_{nR_1}——参考点 R_1 在第 n 张照片中三个方向的坐标；

　　　　Δx，Δy，Δz——在第 1 张照片中点 R_1 和 T_m 在三个方向上的坐标差。

3. 高速相机视频测量准确性验证

通过高速相机视频测量系统,获得了各监测点在各工况内随时间变化的坐标数据。对坐标数据进行微分可获得各监测点的加速度时程曲线。参考点 R_1 为模型箱上的点,理论上,其加速度时程曲线与振动台输入地震波的加速度时程曲线应一致。以坝体I试验为例对数据结果进行分析,高速相机视频测量系统测得的 R_1 点加速度时程曲线与振动台输入波加速度时程曲线对比如图 9-12 所示。两条曲线基本一致,符合理论预期,验证了测量结果的准确性。

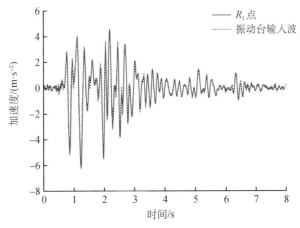

图 9-12　R_1 点加速度时程曲线与振动台输入波形对比

此外,对比坝体内由高速相机视频测量系统测量计算得到的跟踪点加速度时程曲线与附近加速度传感器测得的加速度时程曲线,验证高速相机视频测量系统测试结果的准确性。

由图 9-13 和图 9-14 可知,加速度传感器 AX2 与 T_6 号跟踪点测得的加速度时程曲线基本一致,加速度传感器 AX3 与 T_{11} 号跟踪点测得的加速度时程曲线基本一致。因此,高速相机视频测量系统测得的加速度时程曲线与加速度传感器测得的加速度时程曲线基本一致,验证了测量系统的准确性。

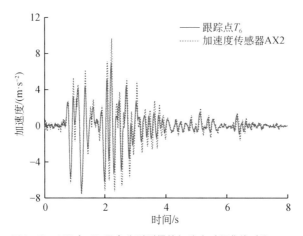

图 9-13　AX2 与 T_6 号点分别测得的加速度时程曲线对比

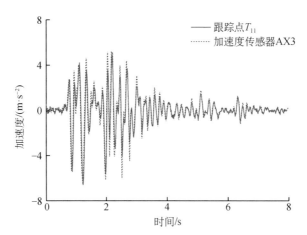

图 9-14　AX3 与 T_{11} 号点分别测得的加速度时程曲线对比

9.2　地震作用下堰塞坝坝体变形特征

9.2.1　坝体整体变形特征

坝体总体上产生向下的沉陷变形(图 9-15)。地震力作用下坝体发生沉降的原因是坝体密实度较低,在地震力往返剪切作用下,坝体颗粒发生位移,细小颗粒填充到由大颗粒岩土体构成的孔隙中,坝体颗粒发生重新排布。振动结束后,坝体密实度增大,整体发生向下沉陷。在坝体竖直方向上,坝顶沉降最大,由坝顶到坝底沉降值逐渐变小,坝底沉降最小(图 9-16)。一方面是随测点高程的增加,加速度放大倍数增大,地震力增大,坝体材料位移增大;另一方面从底部到顶部沉降有累加效应,因此在相同地震力作用下底部沉降值比顶部小。

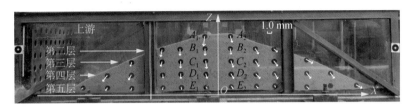

图 9-15　坝体Ⅱ整体变形(0.41*g*)

由坝中至靠近坝坡表面处,位移矢量逐渐发生向上游及下游的偏转(图 9-17)。离坝坡表面越近的测点,位移矢量的水平分量越大,靠近坝体中部的测点水平位移值较小。一方面,靠近坝坡表面处加速度的值比坝体内部的大(加速度表面放大),坝坡表面岩土体颗粒受到的地震作用力更大;另一方面,靠近坝坡表面处的坝体颗粒侧向约束力较小,在水平地震力作用下,颗粒易产生水平位移。因此越靠近坝坡表面,水平位移越大。另外,B_1、C_1、D_1、E_1 各点水平位移值为正或者为零,说明坝体中轴线左侧各点仍发生向右(下游)的位移。原因是此位置的坝体颗粒受到向下游的动水压力作用,地震力施加后,水平位移为零或者方向指向下游。

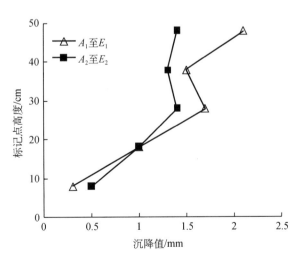

图 9-16　监测点竖向位移随高度变化

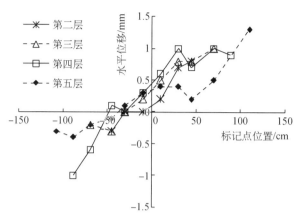

图9-17　各层跟踪点水平位移随坐标位置变化

9.2.2　坝体变形影响规律

1. 加速度峰值

坝体变形如图9-18所示。在25 cm库区水位条件下,随输入加速度的增大,测点竖向位移值逐渐增大[图9-19(a)]。原因是输入地震动峰值加速增大后,测点处地震力增大,坝体颗粒重新排布程度增大,因此更易被震密。

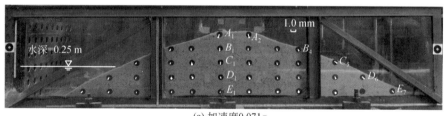

(a) 加速度0.071g

(b) 加速度0.2g

图9-18　坝体变形

各点水平位移基本随输入加速度峰值增大而增大[图9-19(b)]。原因是加速度峰值增大后,相应各点处岩土体受到的地震力越大,引起的水平位移也越大。上游坝体坡面各标记点水平位移随输入加速度峰值略有增大或基本无变化。这是因为上游坡面受水压力作用,限制了堰塞坝的水平位移。

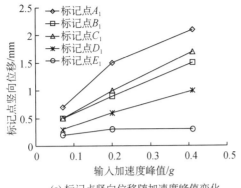 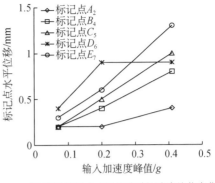

(a) 标记点竖向位移随加速度峰值变化　　　　(b) 坡面标记点水平位移随加速度峰值变化

图 9-19　位移随加速度峰值变化

2. Z 向加速度输入

零水位下 X 单向和 XZ 双向 Kobe 波输入坝体变形如图 9-20 所示。两种工况输入 X 向加速度峰值均为 $0.63g$。XZ 双向振动输入下坝体沉陷及水平位移均比 X 单向振动输入下有大幅增加。原因是坝体密实度较低，施加 Z 向振动后，除水平向地震力外坝体材料颗粒还受到竖向的地震力作用。在水平地震力的作用下，细颗粒岩土体移动至粗颗粒岩土体构成的孔隙中；在竖向地震力作用下，坝体密实度进一步增加。因此，XZ 双向激励下坝体变形值大于 X 单向激励下坝体变形值，如表 9-3 所示。

(a) X 单向激振

(b) XZ 双向激振

图 9-20　跟踪点相对位移对比

表 9-3　X 单向激振与 XZ 双向激振下代表性跟踪点相对位移对比

位移方向	跟踪点	相对位移值/mm		位移差值/mm
		X 单向	XZ 双向	
竖向	A_1	0.4	0.8	0.4

(续表)

位移方向	跟踪点	相对位移值/mm		位移差值/mm
		X 单向	XZ 双向	
竖向	B_1	0.3	0.8	0.5
	C_1	0.3	0.6	0.3
	D_1	0.2	0.4	0.2
	E_1	0.3	0.4	0.1
水平向	A_2	0.1	0.2	0.1
	B_4	0.1	0.7	0.6
	C_5	0.2	1.1	0.9
	D_6	0.1	1.0	0.9
	E_7	0.1	0.5	0.4

3. 水位

输入加速度峰值均为 $0.41g$ 下的零水位与 25 cm 水位坝体变形如图 9-21 所示。零水位各测点相对位移值远小于 25 cm 水位。表明水位对坝体沉降量有影响,输入地震波条件相同情况下,有水时比无水时坝体变形量大,如表 9-4 所示。主要原因是库水渗入后,地震作用导致坝体内孔隙水压力产生,短时间内来不及排出,有效应力降低。地震作用结束后,孔隙水压力消散导致坝体发生沉降;砂土浸水后刚度降低,因此在地震力作用下,浸水后的坝体材料沉降量比干燥的坝体材料沉降量大;库水作用下,坝体内发生渗流,部分细小颗粒被冲走,导致坝体进一步沉陷。

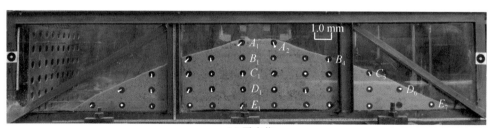

(a) 零水位

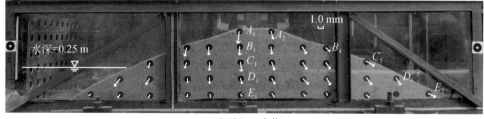

(b) 25 cm水位

图 9-21　跟踪点相对位移对比

表 9-4　零水位与 25 cm 水位下代表性跟踪点相对位移对比

位移方向	跟踪点	相对位移值/mm		位移差值/mm
		零水位	25 cm 水位	
竖向	A_1	0.2	2.1	1.9
	B_1	0.1	1.5	1.4
	C_1	0.2	1.7	1.6
	D_1	0.1	1.0	0.9
	E_1	0.2	0.3	0.1
水平向	A_2	0.1	0.4	0.3
	B_4	0	0.8	0.8
	C_5	0.1	1.5	1.4
	D_6	0.1	0.9	0.8
	E_7	0	1.3	1.2

4. 坝体材料

在 X 向 Kobe 波输入,加速度峰值为 $0.63g$ 下坝体 I (图 9-22)变形值明显大于坝体 II (图 9-20)。两种坝体竖向及水平向变形最大差值分别为 2.7 mm 和 1.3 mm,如表 9-5 所示。原因是坝体 I 的细颗粒材料含量比坝体 II 高,坝体 I 内粒径小于 0.5 mm 的颗粒远大于坝体 II,并且坝体 II 内没有粒径小于 0.1 mm 的岩土体。在地震力作用下,细颗粒材料更容易填充到坝体孔隙中。另外,坝体 I 的密实度小于坝体 II。因此,在相同地震波和水位条件下,坝体 I 的变形量大于坝体 II。

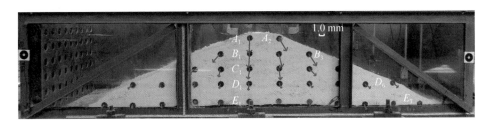

图 9-22　坝体 I 沉陷变形

表 9-5　两种材料坝体代表性跟踪点相对位移对比

位移方向	跟踪点	相对位移值/mm		位移差值/mm
		坝体 I	坝体 II	
竖向	A_1	3.1	0.4	2.7
	B_1	2.9	0.3	2.6
	C_1	2.1	0.3	1.8

位移方向	跟踪点	相对位移值/mm		位移差值/ mm
		坝体 I	坝体 II	
竖向	D_1	1.4	0.2	1.2
	E_1	0.6	0.3	0.3
水平向	A_2	1.5	0.2	1.3
	B_3	1.5	0.7	0.8
	D_6	1.2	1.0	0.2
	E_7	0.3	0.5	-0.2

9.3　堰塞坝动力特性与加速度分布规律

由坝体内加速度传感器可测得在输入地震波激励下,坝体相应位置的加速度响应,绘出各测点位置的加速度时程曲线。因篇幅所限,仅列出 X 单向 Kobe 波激励下坝体 I 内沿中轴线从上到下四个测点位置的加速度时程曲线作为示例,如图 9-23 所示。

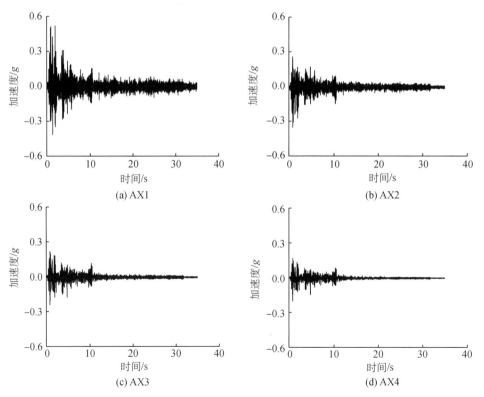

图 9-23　加速度时程曲线示例(坝体 I ,X 单向 Kobe 激励,$A_{gx\,max}=0.2g$)

不同高度处的加速度响应不同,加速度峰值由坝底至坝顶逐渐增大。将加速度放大倍数 β 定义为加速度传感器测得的加速度峰值与振动台输入的地震波加速度峰值的比值。将各传感器测得的加速度放大倍数与传感器的位置(高度或水平坐标位置)画在坐标图上,可得到坝体内加速度分布规律,进而对坝体动力反映的特性进行分析。通过试验结果分析发现,两种坝体内加速度分布规律相类似,下面就以坝体Ⅰ为例详细说明加速度分布规律及其影响因素。

9.3.1　加速度分布规律

1. X 向加速度沿坝高的分布

从坝底至坝顶,堰塞坝加速度有放大的趋势(图 9-24)。加速度最大值基本发生在坝顶。零水位时,加速度放大倍数分布较规则,随高程增大呈增大趋势。水位为 25 cm 和 35 cm 时,加速度放大倍数呈现不规则分布。$h = 0.34H$(H 为坝高)处测点相对于坝底出现明显的负放大效应,而其余工况为正放大效应。对于 $h = 0.66H$ 处测点相对于坝体地层出现明显的负放大,其余工况为正放大。坝顶测点相对于下层测点出现明显的负放大,其余工况为正放大。水位非零时加速度放大倍数出现不规则分布说明水位对加速度放大倍数分布规律产生影响。

模型坝体在 XZ 双向地震波激励下,X 向加速度放大倍数随输入地震加速度逐渐增大,加速度最大值大部分发生在坝顶。零水位时,加速度放大倍数变化较规则,各点加速度放大倍数随高程增大呈增大趋势。水位为 25 cm 和 35 cm 时出现不规则分布。对于 $h = 0.34H$ 处测点均呈正放大。对于 $h = 0.66H$ 处测点较多工况下相对于 $h = 0.34H$ 测点呈负放大。坝顶测点加速度放大倍数相对于下层测点均呈正放大。

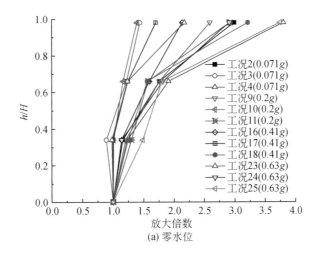

(a) 零水位

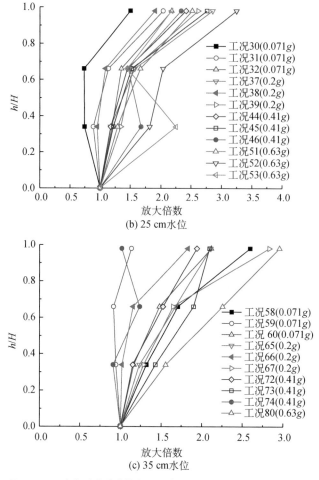

(b) 25 cm水位

(c) 35 cm水位

图9-24 X向加速度放大倍数沿坝高的分布

对比图9-24、图9-25可知,施加 Z 方向激励后,相同水位和相同加速度峰值条件下,相应各点的 X 向加速度放大倍数均比 X 单向激励下有增加。说明 Z 方向振动的输入使 X 向加速度放大倍数增大,表明坝体受地震作用影响比 X 单向条件下更强烈。

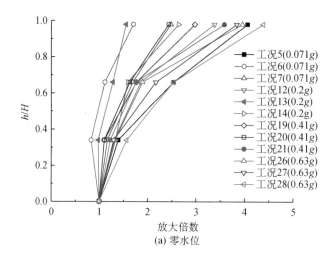

(a) 零水位

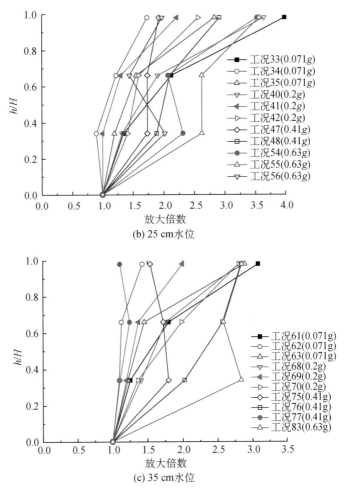

图 9-25　*XZ* 双向激励下 *X* 向加速度放大倍数沿坝高的分布

2. *X* 向加速度顺河向分布

　　模型坝体在 *X* 单向地震波激励下坝体中上部顺河向的 *X* 向加速度放大倍数分布如图 9-26 所示。零水位时，加速度放大倍数最大值出现在上游或下游，但放大倍数最大值与最小值相差较小。水位为 25 cm 和 35 cm 时，加速度放大倍数最大值均出现在坝体上游或下游，其最大值与最小值相差较大。说明同一高程处测点顺河方向上，接近坝体表面处测点的加速度放大倍数较坝中测点大，即"表面放大"现象明显。

　　模型坝体在地震波 *XZ* 双向激励下坝体中上部顺河方向加速度放大倍数的分布如图 9-27 所示。*XZ* 双向激励下坝体加速度分布规律与 *X* 单向激励下类似，出现"表面放大"效应。但施加 *Z* 向加速度后，相同水位、相同波形和加速度峰值条件下，加速度放大倍数值较 *X* 单向激励下增大。例如水位为 25 cm，输入波为 El Centro 波，加速度峰值为 0.63*g* 时，*X* 单向激励下加速度放大倍数最大值为 3.9，而 *XZ* 双向激励下加速度放大倍数最大值为 6.8，增幅高达 74%。

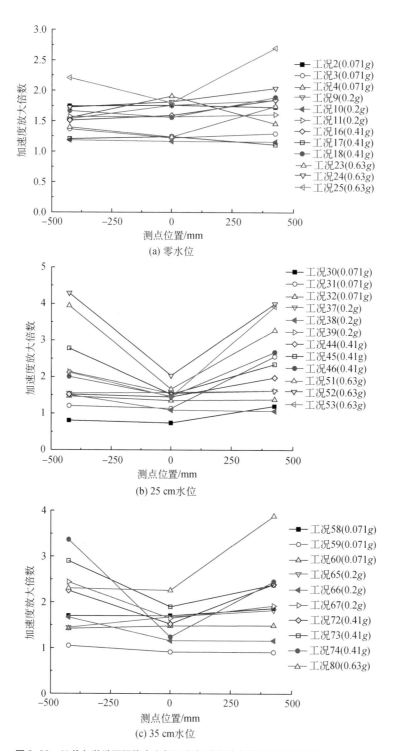

图 9-26　X 单向激励下坝体中上部 X 向加速度放大倍数顺河向分布

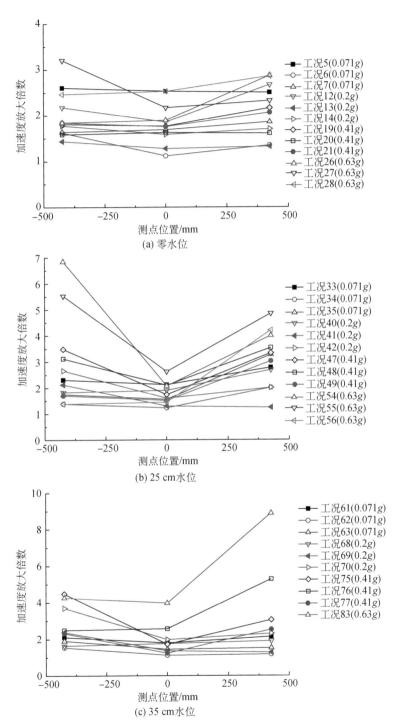

图 9-27　*XZ* 双向激励下坝体中上部 *X* 向加速度放大倍数顺河向分布

3. Z 向加速度沿坝高分布

XZ 双向激励下,Z 向加速度放大倍数沿坝高分布如图 9-28 所示。与 X 向加速度放大倍数分布略有不同,Z 向加速度在 $h=0.34H$ 处测点已出现较明显的放大;而随着测点高程的增加,加速度放大倍数增加不明显,并且坝顶测点相对于 $h=0.66H$ 处测点加速度放大倍

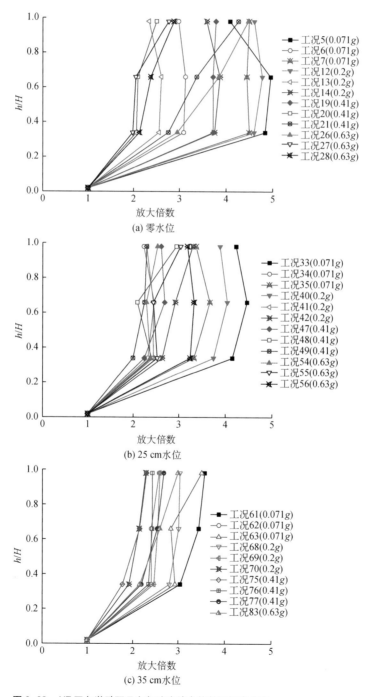

(a) 零水位

(b) 25 cm水位

(c) 35 cm水位

图 9-28 XZ 双向激励下 Z 向加速度放大倍数沿坝高分布

数出现负放大。但整体趋势仍然是坝体较高处的 Z 向加速度大于坝底。

　4. Z 向加速度顺河向分布

　　XZ 双向激励下坝体中上部顺河向 Z 向加速度放大倍数的分布如图 9-29 所示。与顺河

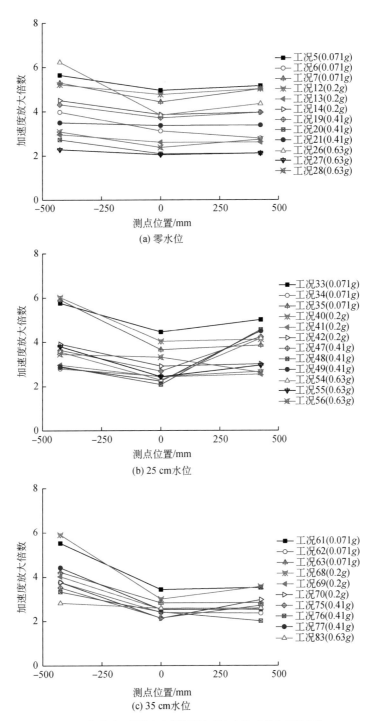

图 9-29　XZ 双向激励下坝体中上部顺河向 Z 向加速度放大倍数分布

向的 X 向加速度放大倍数分布相比, Z 向加速度放大倍数"表面放大"现象较不明显。零水位时,顺河向 3 个测点的加速度放大倍数基本相同,整体表现出微弱的"表面放大"现象。25 cm 水位时,靠近坝坡处测点的加速度放大倍数大于坝体中部测点,"表面放大"现象较明显。35 cm 水位时,上游坝坡测点加速度放大倍数大于坝体中部及坝坡下游测点,下游测点加速度放大倍数均大于坝体中部测点,说明仍有"表面放大"现象。

9.3.2　堰塞坝加速度影响分析

上述研究表明,影响模型坝体加速度分布规律的因素主要包括测点位置、地震波类型、多向输入、库区水位和输入地震波加速度峰值等。

1. 测点位置

测点位置不同,加速度反应亦不同。由加速度放大倍数沿坝高的分布可以看出,对于相同水位和相同的台面输入地震波加速度峰值,加速度放大倍数随相对高程的增大而增大。

对于相同高程的测点,水平位置的不同,加速度的反应也不同。由坝体中上部顺河向加速度放大倍数的分布可以看出,加速度最大值出现在坝体的上游或下游接近坝坡表面处,坝体中心测点加速度值最小。即"表面放大"效应明显,这表明坝坡表面容易遭受地震破坏。但不同于人工坝体,由于堰塞坝本身由松散颗粒材料堆积而成,且尺寸较大,坡度缓,因此坝坡表面破坏不会过大影响坝体溃决方式和溃决程度。

2. 地震波类型

模型试验输入了 3 种不同类型的地震波,地震波频谱成分不同将会引起不同的加速度反应。由 X 向加速度放大倍数的分布可以看出,在相同的水位及加速度峰值输入条件下,汶川地震波较 El Centro 波及 Kobe 波容易引起更大的加速度,且变化幅度较大。这主要是由于汶川地震波含有的主要频率成分(6 Hz 左右)与堰塞坝体的第一阶自振频率(试验测得为6.46 Hz)相接近,因此容易引起更大的加速度反应。

3. 多向输入

模型试验采用了 X 单向输入及 XZ 双向输入地震波来分析多向输入对坝体加速反应的影响。通过比较,得到以下规律:沿坝高分布方面, Z 向地震波输入使坝顶测点的 X 向加速度放大倍数增大,增大幅度一般为 11%～30%;对低于 0.66H 相对高程的测点影响不大;沿坝体中上部同一高程的顺河向分布方面, Z 向地震波的输入使 X 向加速度放大倍数最大值增大,增大幅度一般为 13%～50%。

4. 库区水位

堰塞湖水位对坝体的加速度存在较大影响。主要原因是坝体受堰塞湖水浸泡后,坝体的强度和刚度会发生变化,进而使坝体的自振频率和阻尼比发生变化,从而影响加速度放大数的分布规律。加速度放大倍数随水位改变前后有增大或减小的现象。但由于改变水位时坝体已经历了不同地震波形、不同加速度峰值的振动，且由于激励波频谱特性的不同，因此，在不同类型激励波和不同的加速度峰值的地震动作用下，并未发现坝体加速度放大倍数随水位变化有明显的一致性规律。

5. 输入地震波加速度峰值

输入地震波加速度峰值对加速度放大倍数分布存在影响。台面输入地震波加速度峰值在 $A_{gx\,\max}=0.071\sim0.63g$ 范围变化时，在 El Centro 波 X 单向激励下，模型坝体各点 X 向加速度放大倍数 β 随 $A_{gx\,\max}$ 的增大而减小，大致可用函数式(9-13)来拟合，拟合曲线如图 9-30 所示。

$$\beta = A - B\ln(A_{gx\,\max}) \tag{9-13}$$

式中各点 A、B 系数及 R^2 值列于表 9-6 中。$A_{gx\,\max}$ 单位取 $9.8\ \mathrm{m/s^2}$。

表 9-6　各点拟合 A、B 系数及 R^2 值

测点位置	A	B	R^2
坝顶	1.893	0.412	0.95
$h=0.66H$	1.291	0.216	0.67
$h=0.34H$	1.024	0.069	0.45

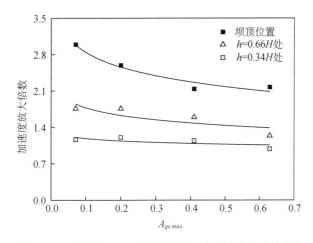

图 9-30　X 单向 El Centro 波激励下坝体内 X 向加速度放大倍数与 $A_{gx\,\max}$ 的关系拟合曲线

加速度最大值发生在坝顶，坝顶测点加速度放大倍数值变化幅度较大，变化范围为 $2.1\sim3.0$。随着测点位置的下移，加速度放大倍数减小。坝底位置加速度放大倍数为 1。从整体来看，坝体不同位置处，加速度放大倍数随 $A_{gx\,\max}$ 值增大而减小。

模型坝体加速度放大倍数随 $A_{gx\,\max}$ 值增大而减小，可以从坝体材料的强度及刚度、阻尼特性的变化得到解释。坝体变形随 $A_{gx\,\max}$ 值增大而增大，使坝体材料的强度及刚度变小，剪切模

量下降,从而使坝体的自振频率下降。如当 $A_{gx\,max} = 0.071g$ 时,模型坝体自振频率为 30.57 Hz;当 $A_{gx\,max} = 0.63g$ 时,模型坝体自振频率下降至 20.41 Hz。同时,$A_{gx\,max}$ 值增大,坝体应变增大,使坝体材料的阻尼比增大。如当 $A_{gx\,max} = 0.071g$ 时,模型坝体阻尼比为 0.075;当 $A_{gx\,max} = 0.63g$ 时,模型坝体阻尼比增大至 0.24。自振频率减小和阻尼比增大引起加速度放大倍数减小。

9.4 地震作用下堰塞坝失稳过程

与坝高(50 cm)相比,零水位、25 cm 水位和 35 cm 水位分别表述为零水位、低水位和高水位,以分析水位量级对堰塞坝稳定性的影响。

9.4.1 零水位时坝体破坏特征

经历零水位条件下地震作用后,两种材料的坝体顶部均出现沉陷。坝体 Ⅰ 沉陷量约为

堆积的大粒径砾石

图 9-31 大粒径砾石堆积于下游坝脚(零水位,坝体Ⅱ)

2 cm,并且坝体上、下游坡面均有向坝体内部的收缩,上、下游坝顶收缩量均为 2 cm 左右。表明在地震作用下,堰塞坝体发生震密,体积缩小。坝体 Ⅱ 沉陷量约为 0.5 cm,坝体上、下游坡面几乎没有向坝体内部的收缩。

振动过程中,受地震力的影响,坝顶和坝坡表面部分粒径较大的砾石滚落至坝脚处,如图 9-31 所示。说明在实际地震过程中,堰塞坝体表面的大块石可能会在地震力的作用下滚落至坝脚,引起坡面破坏。

9.4.2 低水位下坝体破坏特征

零水位振动试验结束后,加水至 25 cm 水位继续进行试验。水位由 0 cm 上升至 25 cm 过程共历时约 30 min,水位上升过程中(尚未输入地震波)坝体上游坡面水位面以上出现拉张裂缝。水位上升至 23 cm 时,水位面以上 10～20 cm 出现 3 条裂缝,裂缝宽度为 1～2 mm,如图 9-32 所示。裂缝出现的原因是坝体密实

拉张裂缝

水位面

图 9-32 水位上升过程中坝坡表面拉张裂缝(坝体Ⅰ)

度较低,湖水渗入后水位面以下坝体发生沉陷,产生显著的拉张裂缝。

当水位稳定在 25 cm 时,库水逐渐向下游渗透,并从下游坝脚处渗出。一些细小颗粒被水流带走,发生轻微管涌现象,如图 9-33 所示。但坝体没有发生管涌破坏。实测资料中,唐家山堰塞坝也观测到了下游坝脚渗水的情况,但坝体没有因管涌发生破坏,这与试验结果相吻合。25 cm 水位振动试验结束后,在不同加速度峰值的地震力作用下,坝体Ⅰ已发生严重破坏,坝顶沉降量高达 11 cm。但坝体Ⅱ沉降量仅为 3 cm 左右。试验后两种坝体的坝顶均发生向内收缩,坝体体积变小。

(a) 俯视图　　　　　　　　　　　　　　　　　(b) 侧视图

图 9-33　水从下游坝脚处渗出(坝体Ⅰ)

9.4.3　高水位下坝体失稳及溃决特征

1. 坝体破坏特征

35 cm 水位试验时,坝体Ⅰ破坏严重。水位上升过程中,坝体上游坡面出现裂缝。并且水位上升过程中坝顶发生沉降,当水位稳定在 35 cm 时,坝顶沉降量达 2.5~3.0 cm,表明松散的堰塞坝体在库水渗入后容易发生沉陷。

地震荷载作用后,坝体Ⅰ沉降量增大。坝顶沉降已达 5 cm 左右,并且坝顶和水位面以上上游坝坡表面均出现拉张裂缝,裂缝最宽达 1 cm 以上。坝顶拉张裂缝如图 9-34 所示。坝体Ⅰ试验结束,坝顶沉降量已达 16 cm,而此时水位为 34 cm。坝体发生漫顶溢流破坏。试验过程中坝体Ⅱ总体稳定,试验后沉降量较小,仅为 4 cm 左右。

两种坝体沉降量均随库水位上升而增大(图 9-35)。在相同的地震波和库水耦合作用下,坝体Ⅰ沉降量明显大于坝体Ⅱ,坝体Ⅰ破坏情况比坝体Ⅱ严重。主要原因在于坝体Ⅱ的组成材料粒径大于坝体Ⅰ,整体刚度大于坝体Ⅰ。虽然两种坝体的填筑干密度相同,但坝体Ⅱ的材料密实度大于坝体Ⅰ,因此坝体Ⅱ刚度大于坝体Ⅰ,在地震力作用下的沉降量小。此外,地震作用下细颗粒岩土体材料更容易填充到坝体孔隙中。另外,坝体Ⅰ所含的黏性材料遇水后弱化严重,黏性材料随水流入坝体孔隙中,导致坝体沉降量更大。因此,坝体Ⅰ在地震和库水

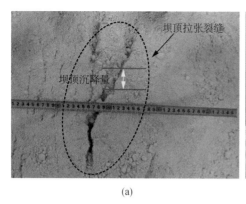 

(a)   (b)

图 9-34　坝体Ⅰ在地震荷载作用下的顶部拉张裂缝

作用下沉降严重,而坝体Ⅱ稳定性较好。

　　细颗粒含黏性材料组成的坝体(坝体Ⅰ)的沉降量大于粗颗粒无黏性材料组成的坝体(坝体Ⅱ)。对坝体Ⅰ,在水位上升后可能短时间内即漫过坝顶,发生漫顶溢流,引起失稳溃决。因此,堰塞坝应急处置中此类坝体需引起高度重视。

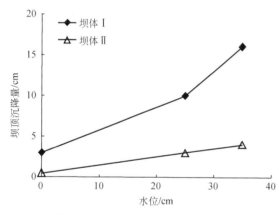

图 9-35　坝顶沉降量随水位变化曲线　　　　　　　图 9-36　堰塞坝溢流冲蚀沟槽示意图

　　2. 坝体溃决过程

　　地震作用下两种坝体的溃决模式均为漫顶溢流。溃决过程为在地震作用下,原本松散的坝体材料发生位移,细颗粒材料填充到由粗颗粒材料骨架构成的孔隙中,材料发生震密,宏观表现为坝顶发生沉陷变形。水位上升后,湖水渗入坝体内部,进一步引起坝体沉陷。在地震力和库水的耦合作用下坝体沉陷严重,体积缩小。当水位上升至超过坝体高度时,湖水漫过坝体,发生溢流冲蚀破坏。首先在坝体较薄弱部位出现溢流冲蚀沟槽(图 9-36),然后溢流沟槽逐渐扩大,下游坡面被冲蚀破坏,进而坝顶岩土体遭到冲蚀,坝体发生溃决。坝体剖面上的溢流冲蚀坝体溃体过程如图 9-37 所示。溢流漫顶发生后,坝体溃决速度非常快,整个溃决过程时间仅有 25～30 s。

(a) 漫顶前

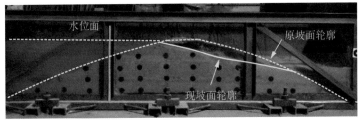

(b) 漫顶过程中

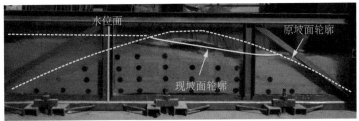

(c) 漫顶后

图 9-37　坝体溃决过程

9.4.4　地震作用下堰塞坝体沉陷机理

　　试验过程中模型坝体下游坝脚有水渗出，部分细颗粒被冲走，发生管涌。但在短时间内，管涌不会引起坝体溃决。溃坝的主要原因是坝体沉陷后发生漫顶溢流。实际的堰塞坝体绝大多数也是由于漫顶溢流而溃坝的。

　　地震一般不会直接导致堰塞坝体完全破坏。地震对坝体稳定性的影响主要是使坝体发生沉陷变形。堰塞坝体是由高度破碎的散粒体快速堆积而成，一般结构较松垮，组成物质松散，密实度较低，孔隙率较大。在地震作用下，坝体中的细颗粒材料会填充到由粗颗粒材料构成的骨架中，因此松散坝体会发生震密，表现就是坝体体积缩小，坝顶发生沉陷。堰塞坝堵江后由于降雨及区域汇水，水位一般会逐渐升高。库水的渗入会将细小颗粒流入坝体孔隙中，进一步使散粒体发生沉陷，因此试验中水位上升阶段坝体上游坡面即出现拉张裂缝。裂缝的发展扩大使湖水更易入渗，因此其沉陷变形加剧。此外，坝体材料浸水后的刚度降低，这也加剧了地震力引起的沉陷变形。

本章对堰塞坝体进行了大型振动台模型试验,研究了水位上升和余震耦合作用下堰塞坝体的动力特性及其影响、加速度分布规律、坝体动力变形规律、动力失稳特性及溃决过程等。

堰塞坝体结构具有相对稳定的一阶自振频率和阻尼比。先期振动使坝体自振频率降低,阻尼比增大。含黏性材料且颗粒较小的坝体动力特性参数受先期振动影响明显,不含黏粒且颗粒较大的坝体动力特性参数受先期振动影响不明显。前者坝体自振频率小于后者。

坝体内加速度放大倍数随坝体高程增大而增大,最大加速度一般发生在坝顶处。对相同高程测点,加速度最大值一般出现在上游或下游靠近坝坡表面处,即"表面放大"效应明显。地震动多向输入对加速度放大倍数的影响主要体现在 Z 向振动使坝体测点 X 向加速度放大倍数增大。

坝体总体发生向下的沉陷变形,并发生向上、下游两侧的扩张;坝顶沉降量最大,由坝顶到坝底沉降值逐渐变小。由坝中至靠近坝坡表面处,位移矢量逐渐发生向上游及下游的偏转;离坝坡表面越近的测点,其位移矢量的水平分量越大。

库水和地震耦合作用下堰塞坝体的主要溃决方式是漫顶溢流,主要溃决过程为地震力使松散的堰塞坝体发生沉陷,库水渗入使沉陷加剧,最终水位上升漫过坝顶发生溢流冲蚀破坏。地震一般不会直接引起堰塞坝体的破坏。然而,地震作用会使漫顶溢流提前发生。

参考文献

陈宁,杨正权,袁林娟,等,2010.两河口水电站高土石坝地震反应地震模拟振动台模型试验研究[J].水利水电技术,41(10):80-86.

董传明,2013.促淤圈围工程框格灌砌石护坡施工技术[J].科技经济市场,(4):30-32.

何学仁,2009.安县老鹰岩堰塞湖应急排险处置总结[C].纪念汶川地震一周年抗震减灾专题学术讨论会,北京.

贺小涛,2011.余震条件下堰塞湖覆盖层坝体的小型振动台试验研究[D].上海:同济大学.

贾宇峰,葛培杰,相彪,等,2022.红石岩堰塞坝力学参数随机场模拟研究[J].人民长江,53(8):173-178.

柯文荣,1993.海岸斜坡式建筑物护面新结构凹凸形干砌条石[J].水运工程,(4):12-14.

李建华,黄尔,罗利环,2012.堰塞坝溃口溃决速率影响因素试验研究[J].人民黄河,34(8):8-11.

刘礼华,孟吉复,李伯乔,1993.乌拉泊土石坝模型动力特性试验研究[J].武汉水利电力大学学报,26(4):389-394.

刘小生,王钟宁,汪小刚,等,2005.面板坝大型振动台模型试验与动力分析[M].北京:中国水利水电出版社,知识产权出版社.

鹿存亮,2010.堰塞湖坝体稳定性模型试验及数值分析研究[D].上海:同济大学.

申文豪,刘博研,史保平,2013.汶川 Mw7.9 地震余震序列触发机制研究[J].地震学报,35(4):461-476.

石振明,王友权,彭铭,等,2014a.堰塞湖坝体动力特性及加速度分布规律大型振动台模型试验研究[J].岩石力学与工程学报,33(4):707-719.

石振明,王友权,彭铭,等,2014b.余震作用下堰塞坝体破坏及溃决过程大型振动台试验研究[J].工程地质学报,22(1):71-77.

王学萍,桑守莲,李慧芳,等,2008.乌拉泊水库土石坝振动台模型试验研究[J].水利水电技术,39(9):51-55.

吴俊贤,倪至宽,高汉棪,2007.土石坝的动态反应:离心机模型试验与数值模拟[J].岩石力学与工程学报,26

（1）：1-14.

谢攀,2009.强震诱发滑坡运动过程的 SPH 模拟[D].上海：同济大学.

CHANG C C, JI Y F, 2007. Flexible Videogrammetric technique for three-dimensional structural vibration measurement[J]. Journal of Engineering Mechanics, 133(6)：656-664.

CHANG C C, XIAO X H, 2010. Three-dimensional structural translation and rotation measurement using Monocular Videogrammetry[J]. Journal of Engineering Mechanics, 136(7)；840-848.

CHANG D S, ZHANG L M, XU Y, et al., 2011. Field testing of erodibility of two landslide dams triggered by the 12 May Wenchuan earthquake[J]. Landslides, 8(3)：321-332.

FAN X M, DUFRESNE A, SUBRAMANIAN S S, et al., 2020. The formation and impact of landslide dams—State of the art[J]. Earth-science reviews, 203：10311.

SHI Z M, WANG Y Q, PENG M, et al., 2014. Characteristics of the landslide dams induced by the 2008 Wenchuan earthquake and dynamic behavior analysis using large-scale shaking table tests[J]. Engineering Geology, 194：25-37.

SHI Z M, WANG Y Q, PENG M, et al., 2015. Landslide dam deformation analysis under aftershocks using large-scale shaking table tests measured by videogrammetric technique[J]. Engineering Geology, 186：68-78.

第 10 章
库区涌浪对堰塞坝稳定性影响分析

堰塞坝形成后,上游库水位逐渐上升形成堰塞湖。地震、降雨或库水位波动都可能引发堰塞湖出现滑坡或者泥石流。当新的滑坡碎屑体冲进湖中时,会产生巨大的涌浪,加剧堰塞坝的侵蚀,导致堰塞坝快速溃坝,进而诱发灾难性后果。例如,意大利的 Vaiont 水库在 1963 年发生滑坡,引发了高达 175 m 的巨大涌浪,摧毁了下游地区,导致近 3 000 人死亡(Semenza et al.,2000;Ward et al.,2011;Ghirotti et al.,2013);加拿大 Nastetuku 河的一个冰碛湖在 1983 年因冰崩引起的巨大涌浪冲击而失稳,在不到 5 h 内完全溃决(Risley et al.,2006)。Sarez 湖是 1911 年有记录以来形成的最大滑坡堰塞湖,库容为 170 亿 m³,目前正受到湖区大量潜在滑坡的威胁(Risley et al.,2006)。唐家山堰塞坝溃决后,库区内的大水沟暴发泥石流,在泥石流的冲击下产生第二次溃决(胡卸文 等,2009)。因此,研究涌浪作用下堰塞坝的失稳机理具有重要意义。

在涌浪冲击作用下,堰塞坝的失稳机理与自然漫顶溢流下的失稳机理存在很大差异。首先,需要研究涌浪作用下不同坝体材料对堰塞坝失稳特征的影响。其次,需要建立涌浪作用下堰塞坝的稳定性判定准则。最后涌浪冲击与自然漫顶破坏机制的差异需要进一步明确。

本章开展系列堰塞坝波流槽试验,研究 3 种坝体材料堰塞坝在 3 种浪高涌浪作用下的失稳溃决机理。综合考虑坝体坡角、坝体表面粗糙度和波浪特性,建立了堰塞坝波浪爬升高度的经验公式,提出堰塞坝在涌浪冲击下稳定性的判断指标。

10.1　试验方案

所有试验均在同济大学波流水槽中进行,即第 6 章中的大水槽(图 6-1)。水槽前端安装造波系统,造波系统附近安装一个直立的耗能网,以防止水流飞溅。水槽后端采用消能坡,以消除波浪的反射。该造波器可以模拟多种波形,产生的波高范围为 0.02~0.3 m。模型堰塞坝纵断面为梯形,底部宽度为 317 cm,顶部宽度为 40 cm,高度为 80 cm,横向长度为 80 cm。坝体上游和下游坝坡角度均为 30°。波流试验设计如图 10-1 所示。坝体材料选择第 4 章中的细粒为主、级配连续与粗粒为主 3 种颗粒级配(图 4-2)。滑坡涌浪产生的波形非常复杂,实际中的许多复杂波形可以由多个规则波组合而成。因此,从最简单的规则波对堰塞坝的作用开始研究。规则波波面平缓,波形规则,具有明显的波峰、波谷,规则波在传播过程中,波要素(波高、波长、周期)固定不变。试验中波浪周期选定为 2 s。

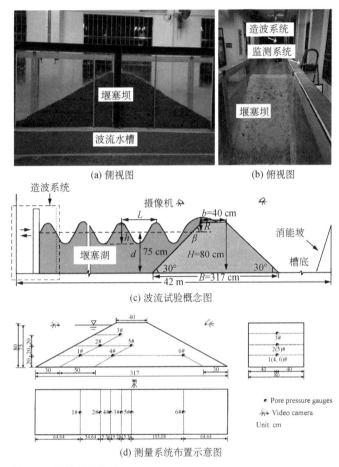

图 10-1　波流试验设计

工况 1～9 按坝体材料可分为 3 组,包括细粒为主(工况 1～3)、级配连续(工况 4～6)和粗粒为主(工况 7～9),如表 10-1 所示。每组试验中考虑 3 个波高(5 cm、10 cm 和 20 cm)和一个固定的 75 cm 静止水位。工况 1～3 和工况 10～12 按坝前静止水位可分为 2 组,包括坝前水位 75 cm(工况 1～3)和坝前水位 55 cm(工况 10～12)。每组试验中考虑 3 个波高(5 cm、10 cm 和 20 cm)和一个固定的细粒为主坝体材料。为了验证试验方法和结果的可重复性,对工况 3(波高为 20 cm,细粒为主)、工况 6(波高为 20 cm,级配连续)和工况 9(波高为 20 cm,粗粒为主)进行了 3 次重复性试验。堰塞坝在涌浪下的侵蚀和破坏特征的定量比较如表 10-2、表 10-3 所示。侵蚀持续时间、总侵蚀量和侵蚀速率的相对差异分别为 5.8%～6.6%、5.3%～8.5% 和 11.1%～13.7%,表明试验方法和结果是可靠的。孔隙水压力、水位和坝高随时间的变化如图 10-2、图 10-3 所示。

表 10-1 涌浪下堰塞坝失稳的试验工况

工况	材料	d/cm	h/cm	w/%	e	t_c/Pa	Δp/kPa	i	h_p/m	F_s	A_p/kPa
1	细粒为主		5	6	0.94	4.7~10.1	5.3	0.34	0.2	1.01	0.1~0.2
2			10								0.1~0.5
3			20								0.1~0.5
4	级配连续	75	5	10	1.15	12.0~25.7	3.8	0.30	0.37	1.18	0.1~0.6
5			10								0.2~0.6
6			20								0.4~1.1
7	粗粒为主		5	10	1.24	27.2~58.2	2.6	0.23	0.47	1.29	0.2~0.6
8			10								0.25~0.7
9			20								0.5~1.2
10	细粒为主	55	5	6	0.94	4.7~10.1	—	—	—	—	—
11			10								
12			20								

表 10-2 涌浪作用下堰塞坝的侵蚀特征

不同阶段侵蚀参数		工况编号											
		1	2	3	R3	4	5	6	R6	7	8	9	R9
阶段 I	t_1/s	42	20	16	18	20	15	6	6	—	14	6	8
	V_1/m³	0.16	0.13	0.12	0.11	0.09	0.1	0.06	0.08	—	0.05	0.11	0.12
	E_1/(×10⁻³ m³·s⁻¹)	4	6	8	6	5	7	10	13	—	4	18	15
	β/(°)	18.3	15.6	10.2	11.8	24.5	20.3	18.5	18	28.3	24.6	20.8	22.5
阶段 II	t_2/s	24	55	42	45	16	12	8	10	—	28	12	14
	V_2/m³	0.24	0.36	0.33	0.3	0.11	0.16	0.2	0.26	—	0.17	0.21	0.19
	E_2/(×10⁻³ m³·s⁻¹)	10	7	8	7	7	13	25	26	—	6	18	14
阶段 III	t_3/s	43	32	33	34	46	48	38	33	—	42	28	27
	V_3/m³	0.15	0.12	0.12	0.13	0.34	0.3	0.27	0.22	—	0.14	0.15	0.12
	E_3/(×10⁻³ m³·s⁻¹)	3	4	4	4	7	6	7	7	—	3	55	4
	H_r/cm	35	34	34	35	32	34	34	34	—	42	37	38
	θ/(°)	3	4	3	3	2	3	4	4	—	3	4	3
全阶段	t/s	109	107	91	97	82	75	52	49	—	84	46	49
	V/m³	0.55	0.61	0.57	0.54	0.54	0.56	0.53	0.56	0.07	0.36	0.47	0.43
	E/(×10⁻³ m³·s⁻¹)	5	5.7	6.3	5.6	6.6	7.5	10.2	11.4	—	4.3	10.2	8.8

注：t_1 为阶段 I 持续时间；V_1 为阶段 I 侵蚀体积；E_1 为阶段 I 平均侵蚀速率；β 为侵蚀基面坡度；t_2 为阶段 II 持续时间；V_2 为阶段 II 侵蚀体积；E_2 为阶段 II 平均侵蚀速率；t_3 为阶段 III 持续时间；V_3 为阶段 III 侵蚀体积；E_3 为阶段 III 的平均侵蚀速率；H_r 为最大残余坝高；θ 为残坝面坡度；t 为溃决持续时间；V 为试验侵蚀体积；E 为试验平均侵蚀率；R3 为工况 3 的重复性试验；R6 为工况 6 的重复性试验；R9 为工况 9 的重复性试验。

表 10-3　涌浪下和自然溢流下堰塞坝的溃决参数

工况编号	初始阶段		发展阶段		t/s	T/s	$Q/$ $(m^3 \cdot s^{-1})$
	t_i/s	$q_i/$ $(m^3 \cdot s^{-1})$	t_d/s	$q_d/$ $(m^3 \cdot s^{-1})$			
1	42	0.004	67	0.074	109	95	0.152
2	20	0.005	87	0.038	107	104	0.188
3	16	0.009	75	0.086	91	67	0.246
R3	18	0.008	79	0.082	97	73	0.235
细粒为主*	450	0.003	90	0.108	540	491	0.136
4	20	0.007	62	0.092	82	69	0.144
5	15	0.020	60	0.082	75	51	0.205
6	6	0.027	46	0.096	52	48	0.364
R6	6	0.030	43	0.099	49	42	0.379
级配连续*	2 074	0.000 4	125	0.009	2 199	2 100	0.071
7	—	—	—	—	—	—	—
8	14	0.014	70	0.045	84	79	0.262
9	6	0.034	40	0.097	46	33	0.403
R9	8	0.031	41	0.091	49	35	0.390
粗粒为主*	—	—	—	—	—	—	—

注：* 标注数据取自文献均为 Guan(2018)，t_i 为初始阶段持续时间；q_i 为形成阶段平均出流量；t_d 为发展阶段持续时间；q_d 为发展阶段平均流量；t 为溃决持续时间；T 为峰值出流发生时间；Q 为试验的峰值出流量；R3 为工况 3 的重复性试验；R6 为工况 6 的重复性试验；R9 为工况 9 的重复性试验。

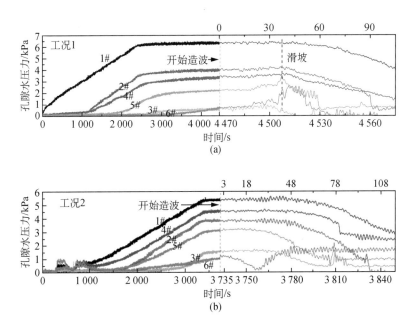

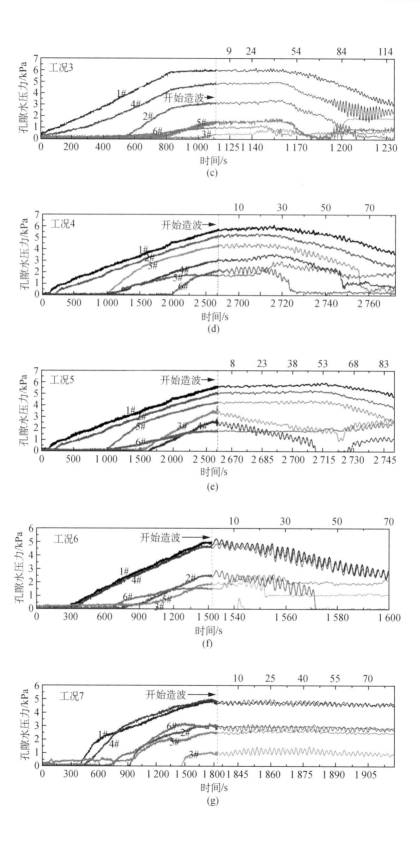

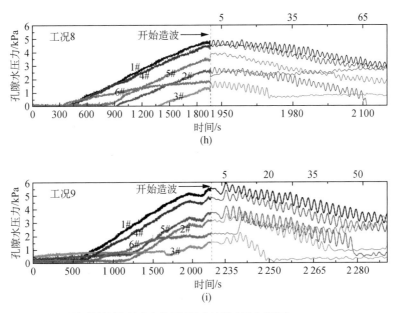

图 10-2　不同坝体材料和波高条件下试验中孔隙水压力的变化

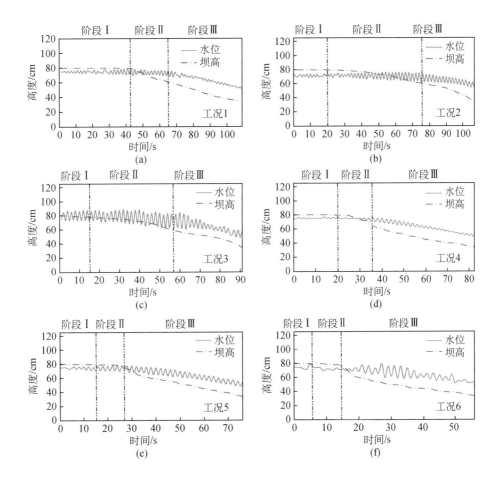

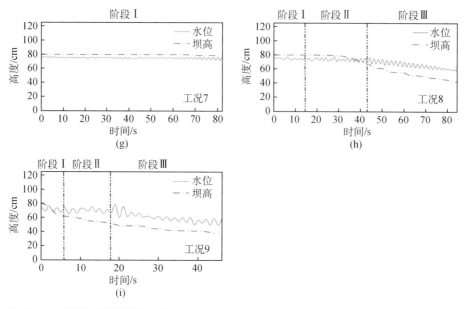

图 10-3　水面和坝体高度随时间的变化

10.2　涌浪作用下堰塞坝的失稳机制

在 10.1 节所述的所有工况中,上游的大坝边坡在所有情况下均被波浪侵蚀。工况 10 和工况 11 堰塞坝坝体保持稳定,其余工况堰塞坝均发生失稳溃决。

10.2.1　不同材料堰塞坝失稳过程

1. 细粒为主堰塞坝失稳过程

工况 1 的波高为 5 cm。在波浪荷载的作用下,上游坝体坡面逐渐形成侵蚀面,侵蚀面与坝顶快速相交,并逐渐向下游移动(图 10-4)。下游坝坡的侵蚀集中在中部,有两条狭窄的沟壑。表面侵蚀和持续渗流共同作用导致下游坝坡中部局部塌陷。上游坝体坡面上形成了倾角为 18.3° 的侵蚀基面。上游坝坡持续侵蚀直至下游坝坡侵蚀到达上游坝坡,之后侵蚀深入到基准面以下。在 $t = 40$ s 时,下游坝坡靠近坝顶处出现了较深的张拉裂缝。随着渗流量的增加,坝体内部逐渐形成滑移面。拉张裂缝出现 1 s 后坝体产生滑坡。滑动面迅速向上游坝体坡面推进,导致坝体 5# 和 6# 测点孔隙压力上升,如图 10-2(a)所示。孔隙水压力的上升是由坝体材料挤压造成的。涌浪波的动态水压力引发坝顶局部垮塌,坝高大幅降低,滑动面最终与上游边坡相交。随后,涌浪从坝体顶部溅落,垂直侵蚀坝体,在上游坝肩处形成一个冲坑。随着侵蚀的持续,冲坑向下游和上游同时移动。与此同时,由于侵蚀和沉积反复过程,原坝脚处又形成了一个冲坑。$t = 66\,\text{s}$ 后,整个坝体淹没在水面下,涌浪继续侵蚀坝体。随后的侵蚀和沉积最终产生了一个轻微起伏的残余坝体。

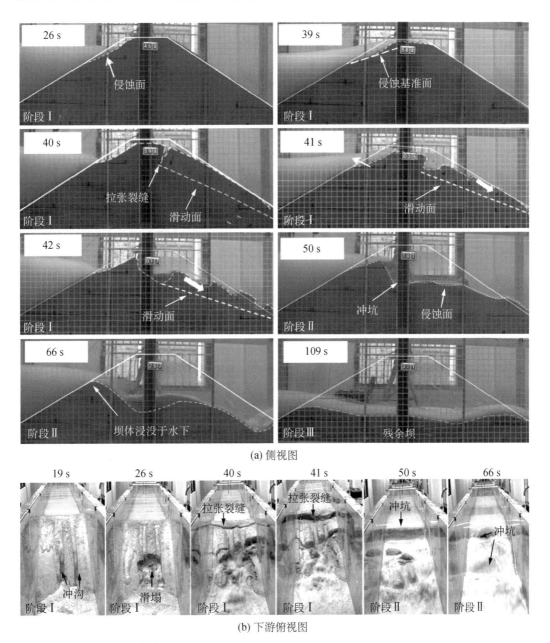

(a) 侧视图

(b) 下游俯视图

图 10-4　工况 1 坝体的失稳过程

与工况 1 相比,工况 2 波高增加到 10 cm。上游坝体边坡的侵蚀速度加快,侵蚀基面角度较小($15.6°$)。由于漫顶涌浪的作用,下游坝体边坡更早产生显著的侵蚀(图 10-5)。较大波高引起的持续渗流和表面流动导致下游坝坡下部局部塌陷。同时,上游坝坡与下游坝坡相交。随后,涌浪从坝顶上溅落,垂直侵蚀坝体,形成一个冲坑。冲坑越来越大,并向上游坝体移动。当 $t = 75$ s 时,整个大坝都在水面以下。更强烈的侵蚀和沉积反复作用,使工况 2 的残余坝体比工况 1 更平坦。

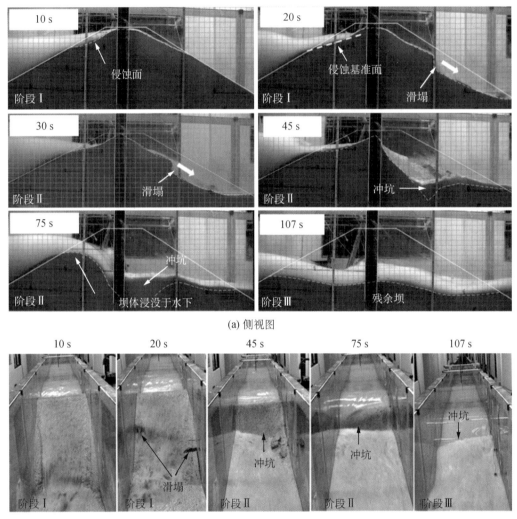

(a) 侧视图

(b) 下游俯视图

图 10-5　工况 2 坝体的失稳过程

当工况 3 的波高增加到 20 cm 时,由于上游和下游坝坡受到强烈的侵蚀,坝顶在较短的时间内被侵蚀裹挟(图 10-6)。被侵蚀的颗粒体在坝脚处沉积,形成一个相当深的冲坑。冲坑逐渐发展并向上游移动,最后被上游坝体侵蚀的颗粒体填满。当 $t = 58$ s 时,整个坝体都在水面下。工况 3 残余坝体与沉积材料形成了与工况 2 相似的相对平坦的河床。

各个工况坝体在涌浪作用下的几何形态变化如图 10-7 所示。堰塞坝在涌浪作用下的失稳溃决过程概括为 3 个阶段,涌浪作用下细粒为主堰塞坝的失稳过程如图 10-8 所示。在阶段 I 中,上游坝坡受涌浪侵蚀,下游坝坡受溢流侵蚀。上游坝坡上的侵蚀很快停止,并形成一个侵蚀基面。受坝体的渗流作用,下游坝坡表面溢流产生了强烈的侵蚀。阶段 I 结束于上游

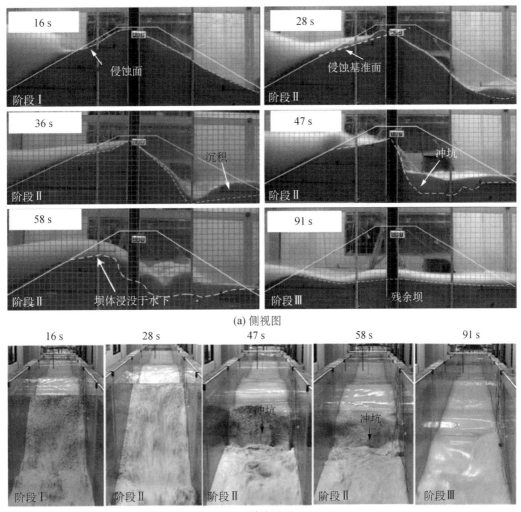

(a) 侧视图

(b) 下游俯视图

图 10-6　工况 3 坝体的失稳过程

坝坡与下游坝坡相交之时。在阶段 Ⅱ 中,漫顶过程中发生更强烈的侵蚀,导致坝高显著降低,释放更多的上游库容,进一步引发更猛烈的侵蚀。当整个大坝淹没在水面下时,这一阶段结束。在阶段 Ⅲ 中,坝体侵蚀继续,坝高和水位逐渐下降,最后形成残余坝体。当波高较小时,残余坝体表面出现起伏;而波高较大时,残余坝体床面凸部被侵蚀,凹部被填满,使床面变平。由于 3 个阶段的破坏特征不同,明确 3 个阶段的定义不仅有助于说明堰塞坝的失稳过程,还有助于定量对比不同工况之间的差异。

2. 级配连续堰塞坝失稳过程

在波高为 5 cm 的工况 4 中,造波前下游坝坡可以观察到明显的渗流(图 10-9)。与相同浪高的工况 1 相比,工况 4 的平均侵蚀速率($E_1 = 0.005$ m³/s)略大。与工况 1 相似,工况 4 的溃坝过程也可分为 3 个阶段(图 10-8)。阶段 Ⅰ 持续时间约为 20 s,比工况 1 的溃坝过程 42 s

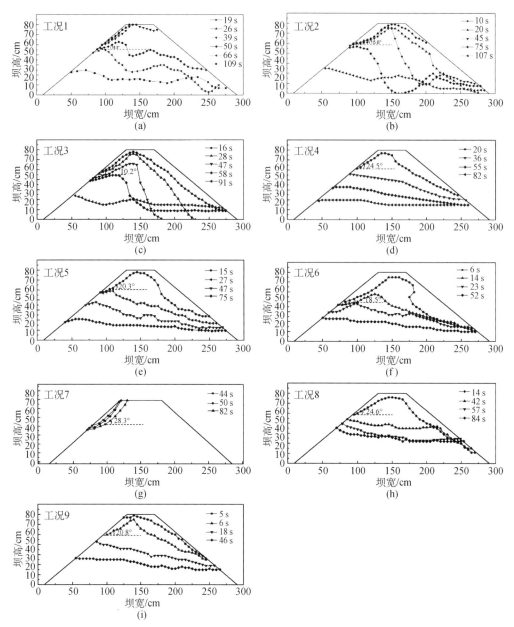

图 10-7   堰塞坝在涌浪作用下的坝体几何形态变化

短得多。在这一阶段中,坝体侵蚀过程是以表面不均匀侵蚀为主。工况 4 的阶段 Ⅱ 持续时间为 16 s,也短于工况 1 的 24 s,平均侵蚀速率($E_2 = 0.007 \text{ m}^3/\text{s}$)小于工况 1($E_2 = 0.01 \text{ m}^3/\text{s}$),原因是工况 1 在 $t = 41$ s 时发生了坝体滑坡。工况 1 滑动材料更容易被裹挟。此阶段溃坝过程平稳,未出现工况 1 中明显的滑坡和冲坑。在阶段 Ⅲ 中,残余坝体逐渐被侵蚀,形成较平坦的表面,平均侵蚀速率($E_3 = 0.007 \text{ m}^3/\text{s}$)大于工况 1($E_3 = 0.003 \text{ m}^3/\text{s}$),与阶段 Ⅰ 的现象类似。从表 10-2 可知,工况 4 的总侵蚀体积(0.54 m^3)略小于工况 1(0.55 m^3),但工况 4 的平均侵蚀速率($0.006\ 6 \text{ m}^3/\text{s}$)较大。

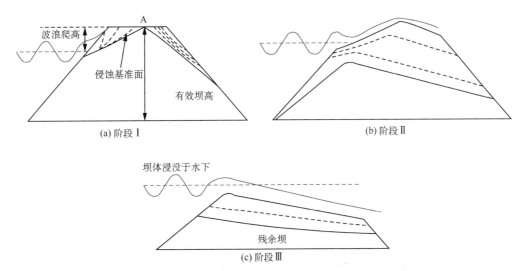

图 10-8　涌浪作用下细粒为主堰塞坝的失稳过程

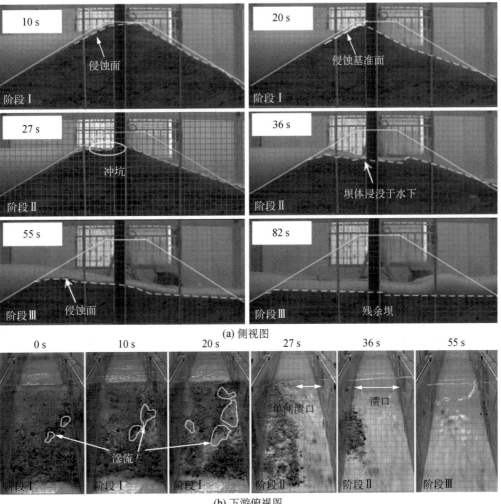

(a) 侧视图

(b) 下游俯视图

图 10-9　工况 4 坝体的失稳过程

在波高为 10 cm 的工况 5 中,上游和下游坝坡的侵蚀速度均快于阶段 I 中的工况 4,上游坝坡的侵蚀基面角度较小,为 20.3°。更强的涌浪波使下游坝坡上部的坡度更陡(图 10-10),导致浸润线以上的残余坝体不稳定。这部分坝体 1 s 后在波浪的冲击下垮塌,在 $t = 27$ s 时整个坝体都在水面以下。坝体整体上是被均匀侵蚀的,与工况 4 相比,坝体产生平坦表面的时间稍早。与波高相同但平均粒径较小的工况 2 相比,总的侵蚀体积略小,但平均侵蚀速率略大(表 10-2)。与垂直侵蚀明显形成冲坑的工况 2 不同,工况 5 的垂直侵蚀较弱,说明级配连续坝体的抗侵蚀能力更强。

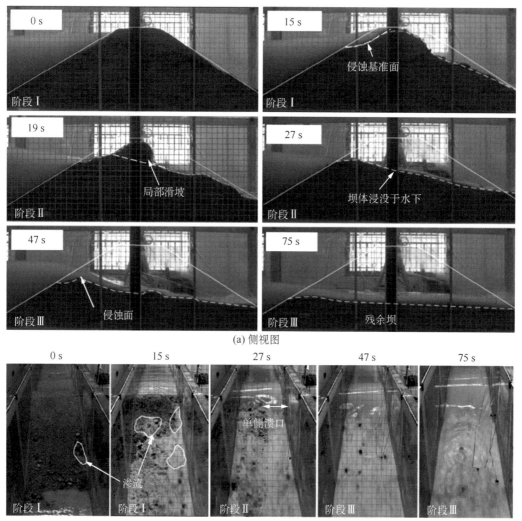

图 10-10 工况 5 坝体的失稳过程

当波高为 20 cm 时,工况 6 的失稳过程与工况 5 相似,但坝坡的侵蚀速度更快,如图 10-11 所示。激荡的涌浪下落在下游坝坡上,形成了一个陡峭阶梯。在 $t = 6$ s 时,上游和下游坝坡的侵蚀使坝体产生坍塌,浸润线以上的残余坝体比工况 5 高。在较强的涌浪动力荷载作用下,溃坝持续时间为 52 s,短于工况 4(82 s)和工况 5(75 s)。工况 6 的平均侵蚀速率明显大于工况 4 和工况 5。与相同波高但平均粒径较小的工况 3 相比,工况 6 侵蚀基面的角度较大,为 18.5°,总侵蚀体积较小,平均侵蚀速率较大。

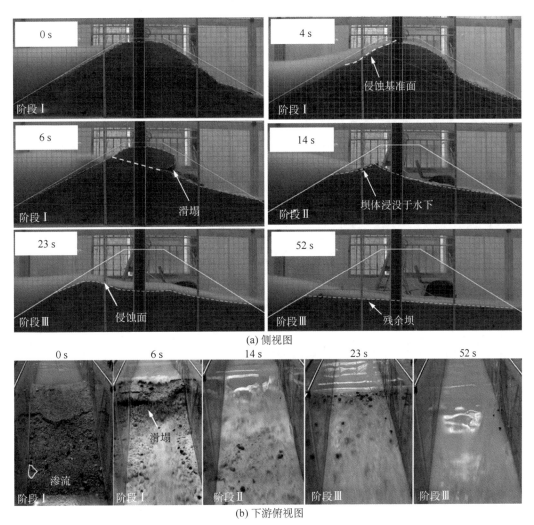

(a) 侧视图

(b) 下游俯视图

图 10-11　工况 6 坝体的失稳过程

3. 粗粒为主堰塞坝失稳过程

在波高为 5 cm 的工况 7 中,虽然出现了强烈坝体渗流,但由于粗粒为主材料的抗冲蚀能力较好,坝体结构较强,始终保持稳定(图 10-12)。在涌浪产生前,下游坝坡存在明显的渗流现象。渗流力和小颗粒的流失引发了下游坝坡产生浅层滑坡。随后的涌浪增加了下游坝坡的渗流量,但没有明显增加下游坝坡垮塌的体积。下游坝坡的侵蚀很小,这是由于很少有水从坝顶溢出。在整个试验过程中,上游坝坡的侵蚀是有限的。与相同波高的工况 1 和工况 4 相比,上游坝坡的侵蚀基面角度较大,为 28.3°(表 10-2)。一方面是因为粗颗粒很难被涌浪侵蚀;另一方面是因为大部分涌浪渗入坝体,而不是造成坝体表面侵蚀。在本次试验中,稳定坝体内部的孔隙压力变化较小(图 10-2)。

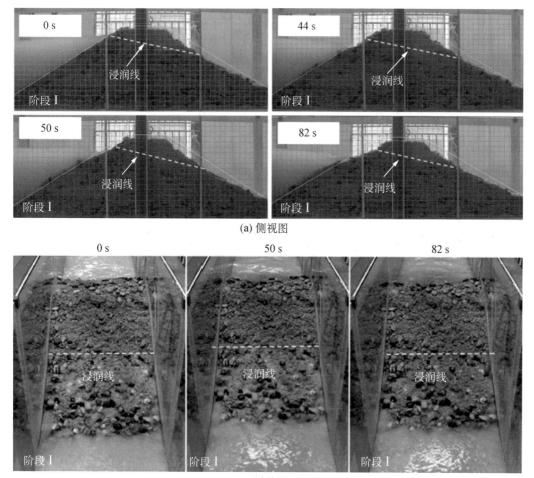

(a) 侧视图

(b) 下游俯视图

图 10-12 工况 7 坝体的失稳过程

  波高为 10 cm 的工况 8 中,由于上游和下游坝坡的侵蚀都比较强烈,导致坝体失稳溃决(图 10-13)。与工况 1～工况 6 类似,溃坝过程也可分为 3 个阶段。与相同波高的工况 2 和工况 5 相比,上游坝坡的侵蚀较弱,形成了较大的侵蚀基面角(24.6°),表明颗粒越粗,其抗侵蚀能力越强。坝体失效后残余坝体的坝高比工况 2 和工况 5 大,进一步证实了粗粒为主材料的坝体抗冲蚀能力更大。

  在波高为 20 cm 的工况 9 中,坝体的渗流更加剧烈,溃决速度更快,洪水规模更大(图 10-14)。在较强的涌浪动力冲击下,浸润线以上的坝顶被迅速冲刷掉。与工况 3 和工况 6 相比,由于粗颗粒抗冲蚀能力较强,上游边坡的冲蚀作用较弱,冲蚀基面角较大,达到20.8°。然而,工况 9 坝体失稳溃决的过程比工况 3 和工况 6 速度快。

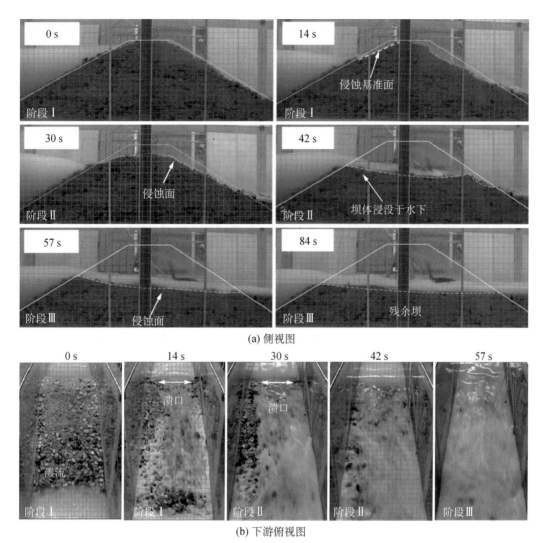

(a) 侧视图

(b) 下游俯视图

图 10-13　工况 8 坝体的失稳过程

4. 堰塞坝失稳过程的水力特征和侵蚀特性

堰塞坝失稳过程中孔隙水压力的变化如图 10-2 所示。在波浪产生前，随着中值粒径 d_{50} 的增大，坝体上游与下游的孔隙水压力压差 p 和坝体水力梯度 i 均减小，但下游坝坡浸润线高度增大（表 10-1）。所有坝体保持稳定，安全系数随 d_{50} 的增大而增大。波浪产生后，浪高越大，坝体孔隙水压力波动越大（图 10-2），下游坝坡侵蚀速度越快，溃决洪峰流量越大（表 10-3）。整体上颗粒级配越粗，坝体孔隙水压力波动越大，溃决持续时间越短。由表 10-3 中可知，9 次试验的峰值流量均出现在第Ⅲ阶段，因为该阶段库区水位下降速率最大。

表 10-2 详细总结了 9 个工况的堰塞坝侵蚀特征。级配连续和粗粒为主坝体各阶段的平均侵蚀速率（E_i，$i = 1, 2, 3$）总体上大于细粒为主坝体；而对应的持续时间（t_i，$i = 1, 2, 3$）则要小得多。冲刷体积（v_i，$i = 1, 2, 3$）是平均侵蚀速率和侵蚀持续时间的乘积。细粒为主

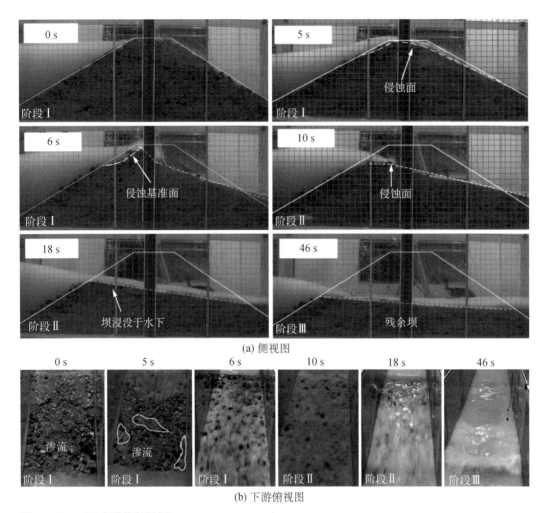

(a) 侧视图

(b) 下游俯视图

图 10-14　工况 9 坝体的失稳过程

坝体由于侵蚀持续时间较长,因此,大于其他工况的侵蚀体积(v_i, i = 1, 2, 3)。粗粒为主坝体的平均侵蚀率较大,一方面是因为可蚀性系数要大得多,另一方面是因为粗粒为主坝体中存在较强的渗流作用。

10.2.2　不同坝前静水位堰塞坝失稳过程

堰塞坝稳定时侵蚀过程可分为两个阶段:第一阶段是冲刷基面的形成,第二阶段是稳定侵蚀面的形成。55 cm 坝前静水位堰塞坝失稳过程如下。

(1) 工况 10:第一阶段(0～32 s),当造浪开始时,沿着上游坝坡逐渐形成一个冲刷面。在上游坝坡上形成的冲刷面有一个共同的截面,这就是冲刷基面。在 32 s 时,形成的冲刷基面的坡度角为 18.4°。因为波高只有 5 cm,冲刷的可能性很小,在坝顶没有冲刷[图 10-15(a)]。

第二阶段(32~67 s),随着波浪造成的持续侵蚀,在上游的坝坡上形成了一个临空面,由于重力的作用发生了坍塌,形成了一个垂直的侵蚀面。随着波浪继续冲刷坡面,塌陷过程继续进行,上游坡面的侵蚀面进一步发展。在 67 s 时,上游坝坡的表面变得稳定,没有出现倾覆现象[图 10-15(b)]。

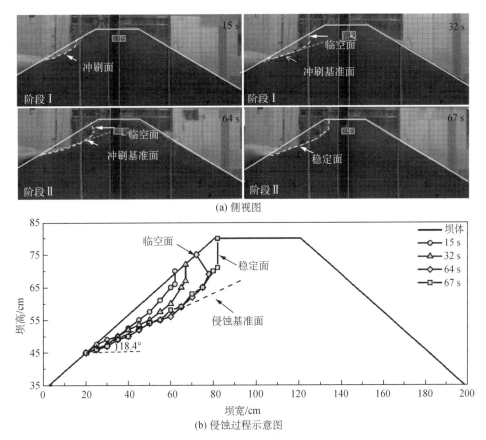

(a) 侧视图

(b) 侵蚀过程示意图

图 10-15　工况 10 坝体的侵蚀过程

(2) 工况 11:第一阶段(0~41 s),当波浪高度增加到 10 cm 时,波浪对大坝的侵蚀更加强烈,所发生的侵蚀作用比工况 10 更大。波浪还导致上游大坝坡面形成一个临空面,并最终导致一个垂直侵蚀面的形成。侵蚀面随着波浪作用的持续而扩大,冲刷基面在 41 s 时形成,坡度角为 15°;同时,波浪开始侵蚀坝顶[图 10-16(a)]。第二阶段(41~148 s),随着波浪对坝顶的侵蚀,沿大坝的宽度方向在下游形成了一个与冲刷基面平行的垂直面,坝顶的宽度也随之减小。渐渐地,波浪的能量不再能引起侵蚀面的进一步扩大。在 148 s 时,上游坝坡形成一个稳定的表面,与坝顶相交[图 10-16(b)]。

(3) 工况 12:第一阶段(0~32 s),这种工况波高增加到 20 cm。在上游的坝坡上逐渐形成一个侵蚀面,并迅速与坝顶相交。随着波浪作用的持续,侵蚀面沿着大坝宽度的方向向下游移动,使大坝的坝顶宽度迅速减小,直到坝顶消失。此外,冲刷面也沿深度方向移动,冲刷面

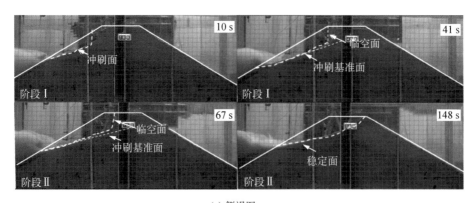

(a) 侧视图

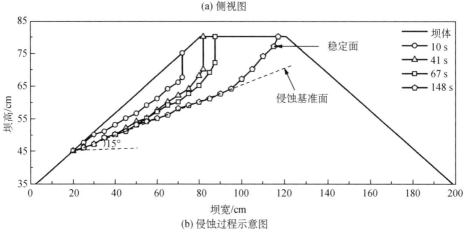

(b) 侵蚀过程示意图

图 10-16　工况 11 坝体的侵蚀过程

与水平面的夹角不断减小。在 32 s 时,冲刷基面形成,坡度角为 11.3°[图 10-17(a)]。同时,坝高下降到 73 cm,低于静止水位;波浪漫过坝顶,发生溢流。第二阶段(32～67 s),在 54 s 时,波浪对下游坡面产生侵蚀;结果,大坝的高度继续下降,溢流量增加,侵蚀加剧。侵蚀面的长度不断减小,在 67 s 时消失。在开始的时候,波浪并没有侵蚀坝体下游坡面。然而,随着波浪的持续,大坝的高度下降,出现了波浪越顶现象。波浪不断侵蚀下游坝坡的中心部分,在 10 s 时,下游坝坡上形成了一道沟壑[图 10-17(b)]。随着水沟的不断扩大和大坝高度的降低,在 32 s 时,越浪量增加。46 s 时,下游坝坡上的沟渠消失。54 s 后,坝体的高度迅速下降。表面变得平坦,下游坝坡的坡度比下降。这时,波浪开始均匀地侵蚀下游坝坡。第三阶段(67～75 s)。随着上游坝坡侵蚀面的消失,下游的侵蚀面与上游坝坡相交。随后,在下游表面发生剧烈侵蚀,形成一个相对平坦和稳定的侵蚀面[图 10-17(c)]。

　　75 cm 坝前静水位时堰塞坝均发生溃决,75 cm 坝前静水位堰塞坝失稳过程见工况 1～3。

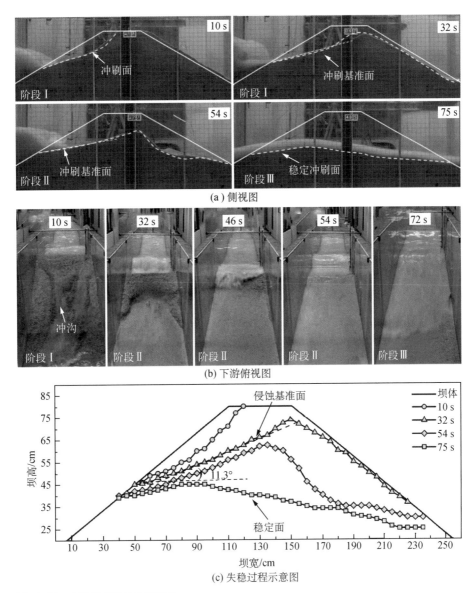

图 10-17　工况 12 坝体的失稳过程

10.3　涌浪作用下溃坝失稳机制分析

10.3.1　颗粒级配的影响

试验结果表明堰塞坝颗粒级配对溃决过程存在显著影响：随着 d_{50} 的增大，侵蚀基面角 β 增大；总坝体侵蚀体积随 d_{50} 的增大而减小；随着 d_{50} 增大堰塞坝溃决过程的持续时间逐渐缩短；溃决峰值流量随 d_{50} 的增大而增大。该变化规律是由坝体材料的侵蚀特性引起的。

如表 10-1 所示,坝体材料的临界侵蚀剪应力和可蚀性系数计算如下

$$\tau_c = 0.760\,9\gamma_w(G_s - 1)d_{50}^{2/3}h_f^{1/3} \tag{10-1}$$

$$K_d = 2 \times 10^{-5}\,e^{4.77}\,C_u^{-0.76} \tag{10-2}$$

式中　　τ_c——坝体材料的临界侵蚀剪应力(Pa),为侵蚀启动的阈值;

　　　　K_d——可蚀性系数[$m^3/(N \cdot s)$],反映了坝体材料的侵蚀速度;

　　　　γ_w——水的单位重量(N/m^3);

　　　　G_s——坝体颗粒比重;

　　　　d_{50}——颗粒体的中值粒径;

　　　　h_f——表面侵蚀流动深度;

　　　　e——土体的孔隙比;

　　　　C_u——不均匀系数。

侵蚀速率方程计算如下

$$i_e = K_d(\tau - \tau_c) \tag{10-3}$$

式中　　i_e——坝体单位面积侵蚀率(m/s);

　　　　τ——剪应力(Pa)。

三种材料的 τ_c 和 K_d 的值计算如表 10-1 所示。τ_c 随着 d_{50} 的增加而增加,表明颗粒粒径越粗,坝体越容易被侵蚀,进而增加侵蚀体积。K_d 也随着表 10-1 中 d_{50} 的增加而增加,表明坝体侵蚀启动后,越粗的颗粒侵蚀速度越快。随着 d_{50} 的增加,涌浪波作用下的孔隙压力波动幅度增大,降低坝体的稳定性,加速堰塞坝的溃坝过程,减小堰塞坝溃决过程的持续时间。需要注意的是,τ_c 受 d_{50} 的影响较大,K_d 受 C_u 的影响较大,因此坝体材料的颗粒分布对侵蚀过程存在较大影响。

当涌浪波高为 5 cm 时,工况 1 和工况 4 的坝体溃决失稳了,而工况 7 的坝体保持稳定。原因是一方面颗粒越粗的坝体,下游坝坡稳定性越好,工况 7 产生波浪前坝体的安全系数明显大于工况 1 和工况 4;另一方面,较粗的坝体材料增加了堰塞坝的渗流量,减少了坝体表面侵蚀的流量。一旦产生溢流,粗粒为主堰塞坝由于 K_d 较大,溃坝速度也较快。

10.3.2　波高的影响

涌浪波高对堰塞坝溃决过程存在显著影响。波高决定了水位以上的侵蚀边界高度和侵蚀的力度。波高越大,堰塞坝溃决基面角度越小,溃决速度越快,溃决洪峰流量越大。此外,涌浪波高越大,冲击能量越大,上游坝坡侵蚀越强烈。波高越大,坝顶越容易发生溢流,导致坝体坡面流动越强烈,下游坡面剪切应力越大。随着波高的增加,坝体内部动态水力梯度最

大值增大,因此孔隙压力波动幅度 A_p 增大。

10.3.3　坝前静水位的影响

坝前静止水位决定了上游坡面的侵蚀位置,而由于波浪造成的侵蚀和局部滑动,倾斜面延伸到坝顶。波浪高度越高,侵蚀面就越平坦,与上游坡面的侵蚀距离就越长。当侵蚀面到达下游坡面时,大坝高度降低,涌浪开始直接作用于下游坡面。当这种情况发生时,大坝会迅速被冲垮。在工况 10 中,侵蚀面只在上游坡面形成;在工况 11 中,侵蚀面到达坝顶,但没有到达下游坡面。因此,工况 10 和工况 11 中的堰塞坝保持稳定。其余工况中,形成侵蚀面都到了下游坡面,导致大坝迅速溃决。

10.3.4　坝体渗流的影响

如图 10-18 所示,平行于下游坝坡的渗流力分量显著增加了坝坡的侵蚀能力,垂直于坝坡的渗流力分量则减弱了边坡的抗侵蚀能力。因此,考虑渗流的影响,可对式(10-3)进行修正

$$i'_e = K_d(\tau' - \tau'_c) \tag{10-4}$$

$$\tau' = \tau + j_x \tag{10-5}$$

$$\tau'_c = \tau_c - f(j_y) \tag{10-6}$$

式中　i'_e——考虑渗流的单位面积侵蚀率(m/s);

　　　　τ'——考虑渗流的剪切应力(Pa);

　　　　τ'_c——考虑渗流的临界侵蚀剪应力(Pa);

　　　　j_x——沿坡渗流应力(Pa);

　　　　f——垂直于坡的渗流应力(Pa),j_y 的函数。

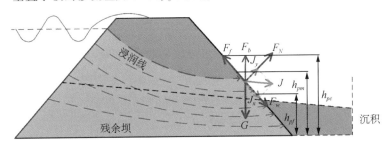

图 10-18　堰塞坝的渗流力的影响
注:F_f 为阻力,F_b 为浮力,F_N 为粒子间接触力,F_w 为冲刷力,G 为重力,J 为渗透力,J_x 为渗流力沿坡分量,J_y 为垂直于边坡的渗流力分量,h_{pc} 为粗料为主坝体出流点高度,h_{pm} 为级配连续坝体高度,h_{pf} 为细料为主坝体出流点高度。

一方面,细粒为主坝体的水力梯度最大,级配连续坝体次之,粗粒为主坝体最小(表 10-1),细粒为主坝体浸润线以下的下游边坡渗流力最大;另一方面,粗粒为主坝体产生涌浪前下游坝坡出流点高度最大,级配连续坝体次之,细粒为主坝体最小,可见粗粒为主坝体的渗流力对下游坝体坡面侵蚀的影响范围更广。坝体颗粒在坡脚沉积后,渗流力对该区域侵蚀的影响减小。但是,渗流力仍然会影响坝体沉积区以上的侵蚀过程。这进一步解释了溃决持续时间总体上随着平均粒径的增大而减少。

10.3.5　堰塞坝的稳定准则

在涌浪波冲击下堰塞坝的稳定性由有效水位与有效坝高的差值决定(ΔH^*):

$$\Delta H^* = H_{we} - H_{de} \tag{10-7}$$

式中　H_{we}——有效水位(静水位与波高之和);

H_{de}——有效坝高(涌浪波冲击下的实时坝高)。

当 $\Delta H^* > 0$ 时,表示坝体已被淹没,可能产生漫顶溃坝。但是,这个判断依据低估了涌浪波的迁移率。因为波浪可以通过惯性沿上游坝坡爬升到一定高度。爬坡高度(R)定义为波浪最高水位与静止水位之差。与 H_{we} 相比,波浪爬升高度与静水位之和更能合理反映涌浪冲击下的坝体溃决情况。

涌浪波的爬升高度可由式(10-8)计算

$$R = 8h \tan\alpha \tag{10-8}$$

也可由式(10-9)和式(10-10)计算

$$\frac{R}{h} = 1.61\xi \tag{10-9}$$

$$\xi = \frac{\tan\alpha}{\sqrt{s}} \tag{10-10}$$

式中　R——爬波高度(m);

h——坝前浪高(m);

ξ——破坏参数;

α——倾角;

s——波陡度,其公式为 $s = 2\pi h(gT^2)$,T 为波周期。

波浪爬升高度主要取决于坝坡前面的波高,以及坡角、坝体表面粗糙度(与坝体材料有关)等因素。值得注意的是,式(10-8)和式(10-9)适用于人工堤坝,但不适用于天然堰塞坝。因此,对 3 种材料的堰塞坝在涌浪波作用下进行了爬坡试验,其中坝体几何形状与堰塞坝波流槽试验相同。爬坡试验中静水位足够低(0.2～0.4 m),以确保波浪可以通过惯性爬到最高的位置。根据试验监测数据,提出堰塞坝的爬高经验方程:

$$\frac{R}{h}=\eta\xi \qquad (10\text{-}11)$$

式中,η 反映坝体表面粗糙度的经验系数。通过爬坡试验数据的回归分析得到:细粒为主堰塞坝的值为 0.6,级配连续堰塞坝的值为 0.2,粗粒为主堰塞坝的值为 0.1。式(10-11)的计算结果如图 10-19(a) 所示。式(10-8)和式(10-9)显著高估了堰塞坝的爬坡高度。原因是堤坝表面的粗糙度比堰塞坝低。此外,堰塞坝的渗透性更加显著,在波浪爬升过程中,更多的涌浪渗透到坝体内部。采用 Peng 等(2019)文中的另一组测试数据进一步验证式(10-11),如图 10-19(b)所示,表明式(10-11)可以合理地估计出波浪爬升高度。

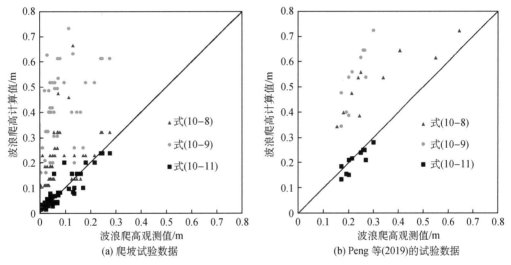

图 10-19　式(10-11)爬坡高度的实际观测值与计算值关系

因此,堰塞坝是否漫顶是由净漫顶高度 ΔH 决定的:

$$\Delta H = R + d - H_{\text{de}} \qquad (10\text{-}12)$$

当 $\Delta H < 0$ 时坝体稳定,否则坝体就不能稳定。ΔH 可作为判断堰塞坝在涌浪冲击下是否稳定的有用指标(表 10-4)。此外,堰塞坝的稳定性还受到其他因素的影响。因此,在工程实践中评价堰塞坝在涌浪冲击下的稳定性时,建议将该指标与其他指标相结合。

表 10-4　波浪爬升高度和坝体失稳溃决特征

工况	d/cm	h/cm	R/cm	ΔH/cm	失稳性	坝体材料
1	75	5	19.3	14.3	不稳定	
2	75	10	27.3	22.3	不稳定	细粒为主
3	75	20	38.7	33.7	不稳定	

工况	d/cm	h/cm	R/cm	$\Delta H/cm$	失稳性	坝体材料
4	75	5	6.4	1.4	不稳定	
5	75	10	9.1	4.1	不稳定	级配连续
6	75	20	12.9	7.9	不稳定	
7	75	5	4.6	−0.4	稳定	
8	75	10	6.4	1.4	不稳定	粗粒为主
9	75	20	9.0	4.0	不稳定	
10	55	5	19.3	−5.7	稳定	
11	55	10	27.3	2.3	不稳定	细粒为主
12	55	20	38.7	13.7	不稳定	

10.3.6 涌浪作用和自然漫顶条件下堰塞坝失稳差异

　　Guan(2018)进行了自然漫顶条件下3种堰塞坝的失稳溃决试验(第6章)。为了更好比较失稳溃决特征,将溃决过程分为初始阶段和发展阶段,如图10-20所示。对于涌浪波冲击堰塞坝工况,初始阶段为阶段Ⅰ,发展阶段包括阶段Ⅱ和阶段Ⅲ。对于自然漫顶条件下堰塞坝,当下游坝坡与上游坝坡相交时,初始阶段已经结束。自然漫顶条件下堰塞坝,上

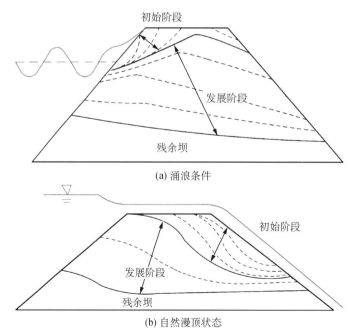

(a) 涌浪条件

(b) 自然漫顶状态

图 10-20　堰塞坝失稳溃决机制

游坝坡在初始阶段不产生侵蚀,坝顶和下游坝坡因漫顶而产生冲蚀,决口持续加深并向上游坝体逐渐发展。与涌浪作用下堰塞坝相比,自然溢流下的堰塞坝初始阶段持续时间延长了 10 倍以上,平均出流量减小(表 10-3)。对于级配连续堰塞坝,溃决过程的差异更为显著。自然溢流下堰塞坝的溃决持续时间和峰值流量出现时间均显著大于涌浪作用下堰塞坝。值得注意的是,细粒材料堰塞坝在这两种情况下的峰值流量比较接近,而级配连续堰塞坝的峰值流量有明显差异。粗粒为主堰塞坝在自然溢流下未发生破坏,与本研究工况 7 的结果一致。

本章通过系列波流槽试验,研究了细粒为主、级配连续与粗粒为主堰塞坝在涌浪作用下的失稳溃决机理,特别是识别了与自然漫顶溢流堰塞坝失稳过程的差异。

涌浪作用下堰塞坝的失稳溃决过程可分为 3 个阶段:第一阶段,上游坝坡受涌浪侵蚀,下游坝坡受溢流侵蚀,形成一个侵蚀基面;第二阶段,坝高降低,释放的库容越来越多,进一步加剧坝体侵蚀,导致整个坝体在水面下;第三阶段,坝体侵蚀继续,坝高和库水位逐渐下降,最后形成残余坝体。

坝体材料影响堰塞坝的抗侵蚀能力和渗流,进而控制着坝体的失稳溃决过程。随着坝体材料平均粒径的增大,侵蚀基面角度和峰值流量增加,坝体侵蚀总量和溃决持续时间减小。随着涌浪波高的增加,侵蚀基面角度减小,但平均侵蚀速率和溃决洪峰流量均增大。

综合考虑坝体坡角、坝体表面粗糙度和波浪特性,建立了堰塞坝在涌浪波冲击下的爬坡高度经验方程。净顶高 ΔH 是波浪爬升高度与静水位之和与有效坝高之差,可作为判断堰塞坝在涌浪冲击下是否稳定的有用指标。当 $\Delta H < 0$ 时坝体稳定,否则坝体就失稳。

与自然漫顶条件相比,涌浪冲击下的堰塞坝失稳溃决过程显著加快,溃决洪峰流量显著提高。对于级配连续堰塞坝,这种溃决过程的差异更加明显。涌浪波提高了坝体内的动态孔隙流体压力,加剧了坝体表面的侵蚀,加速了堰塞坝的溃决。

参考文献

胡卸文,吕小平,黄润秋,等,2009.唐家山堰塞坝"9·24"泥石流堵江及溃决模式[J].西南交通大学学报,44(3):312-326.

GHIROTTI M, STEAD D, 2013. Vaiont landslide, Italy[M]. Springer, Netherlands.

GUAN S G, 2018. Influence of Landslide Dam Materials on Dam Failure Modes and Interaction Mechanism of Multi-Dam Cascading Breaching[D]. Tongji University, Shanghai, China.

PENG M, JIANG Q L, ZHANG Q Z, et al., 2019. Stability analysis of landslide dams under surge action based on large-scale flume experiments[J]. Engineering Geology, 259, 105191.

RISLEY J C, WALDER J S, DENLINGER R P, 2006. Usoi Dam wave overtopping and flood routing in the Bartang and Panj Rivers, Tajikistan[J]. Natural Hazards, 38(3):375-390.

SEMENZA E, GHIROTTI M, 2000. History of the 1963 Vaiont slide: the importance of geological factors[J]. Bulletin of Engineering Geology and the Environment, 59 (2):87-97.

WARD S N, DAY S, 2011. The 1963 landslide and flood at Vaiont Reservoir Italy. A tsunami ball simulation[J]. Italian Journal of Geosciences, 130 (1):16-26.

第 11 章
堰塞坝级联溃决机理分析

地震或强降雨诱发的堰塞坝会沿河岸呈现一系列串珠状分布,也称之为级联分布,如 1999 年的台湾集集地震(Liao et al.,2000)、2004 年日本中越地震(Wang et al.,2007)及 2008 年汶川地震(Fan et al.,2012)均出现了串珠状的堰塞坝。2009 年台风"莫拉克"袭击台湾,诱发至少 16 座堰塞坝(Chen et al.,2016)。2010 年甘肃省三眼峪中至少 19 座堰塞坝被山洪冲垮(Cui et al.,2013),导致舟曲惨烈的泥石流灾害。

堰塞坝失稳造成堰塞湖水位的快速倾泻对下游人民生命财产造成了巨大的威胁 (Hancox et al.,2005;Davies et al.,2007;Huang et al.,2013;Zheng et al.,2018)。上游堰塞坝的溃决洪水能使下游一系列堰塞坝失稳,而多个堰塞坝的溃决比单个堰塞坝更加复杂。梯级堰塞坝的级联失稳可能导致溃决洪水的峰值流量陡增,对下游产生更大的威胁(Shi et al.,2015)。这表明用于单个堰塞坝的减灾措施对梯级堰塞坝级联溃决可能不再适用。另外,明确级联堰塞坝溃决失稳机理及洪水演进规律对于堰塞坝防治措施的制定十分重要。

本章通过一系列试验,分析了单坝与级联堰塞坝的失稳模式,并对比了不同坝体材料对溃决失稳过程的影响,揭示了堰塞坝级联溃决的峰值放大效应,评估了坝体材料、坝体形态及下游堰塞坝初始库水位对级联溃决的影响。

11.1 堰塞坝级联溃决试验方法

试验中设置了 2 座缩尺的模型堰塞坝以研究级联失稳过程。现场调查表明,若上游堰塞坝的库容大于下游堰塞坝则会显著影响下游堰塞坝的溃决过程,如唐家山堰塞坝和苦竹堰塞坝(Shi et al.,2015),以及小岗剑堰塞坝和一把刀堰塞坝(Chen et al.,2018)。相反地,若上游堰塞坝的库容小于下游堰塞坝,下游堰塞坝库容能容纳突发的洪水,则上游堰塞坝的溃决对其溃决过程影响有限(Zhou et al.,2015)。因此,试验中库容大的堰塞坝坝体位于库容小堰塞坝坝体的上游。

所有模型试验都在同济大学的大水槽系统中开展(图 6-1)。模型试验的示意图和实物图分别如图 11-1、图 11-2 所示。

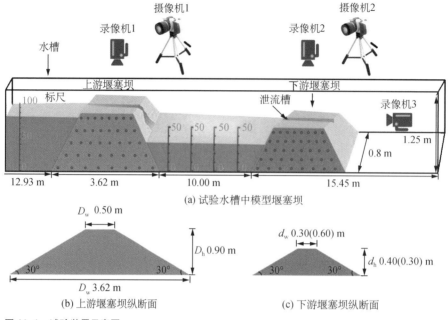

(a) 试验水槽中模型堰塞坝

(b) 上游堰塞坝纵断面　　　　　　(c) 下游堰塞坝纵断面

图 11-1　试验装置示意图

(a) 水槽侧视图　　　　　　　　　　(b) 上、下游堰塞坝

图 11-2　试验装置实物

　　本试验旨在分析堰塞坝单坝溃决与级联溃决的失稳模式,比较不同材料坝体的溃决失稳过程,定量评价堰塞坝级联溃决洪水的放大效应。试验的控制变量包括坝体材料(细粒为主、级配连续和粗粒为主)、坝体形态(坝高、坝顶宽)以及下游坝初始库水位(表 11-1)。对照试验是 3 组单个堰塞坝溃决失稳试验,试验组是 6 组级联堰塞坝溃决失稳试验。

表 11-1　堰塞坝单个与级联试验工况

工况	上游堰塞坝	下游堰塞坝			
		坝体材料	d_h/m	d_w/m	h_w/m
S1	—	F	0.4	0.3	0

（续表）

工况	上游堰塞坝	下游堰塞坝			
		坝体材料	d_h/m	d_w/m	h_w/m
S2	—	W	0.4	0.3	0
S3	—	C	0.4	0.3	0
C1	F	F	0.4	0.3	0
C2	F	W	0.4	0.3	0
C3	F	C	0.4	0.3	0
C4	F	F	0.3	0.3	0
C5	F	F	0.4	0.6	0
C6	F	F	0.4	0.3	0.25

注:F、C 和 W 分别为细粒为主、粗粒为主和级配连续坝体材料(图 4-2)。d_h 和 d_w 分别为下游堰塞坝坝高及坝顶宽(图 11-1)。h_w 为下游堰塞坝的初始库水位。

工况 C1～C3 级联下游堰塞坝与相同坝体材料的单个堰塞坝 S1～S3 相对照。与级配连续工况 S2 及粗粒为主工况 S3 相比,细粒为主的工况 S1 溃决失稳过程中产生了单峰的溃决洪水。因此,在所有的级联溃决试验中,上游堰塞坝均为细粒为主的材料。在研究坝体形状和下游坝体初始库水位对级联溃决影响(工况 C4～C6)时,细粒为主材料作为下游坝体的材料。

天然堰塞坝的几何参数变化范围广(Zheng et al.,2021)。为了研究梯级堰塞坝的级联溃决失稳过程,试验未选择特定的原型坝体。模型坝体为坝长 0.8 m,坝宽与水槽宽度相等的梯形棱柱体。考虑到天然堰塞坝的上、下游坡度在 11°～45°,试验的坝坡坡度设定为 30°。考虑到水槽高度为 1.25 m,上游堰塞坝的坝高设为 0.90 m(图 11-1)。天然堰塞坝的宽高比通常大于 3.5,模型沿水槽方向的底宽为 3.62 m,顶宽为 0.5 m。在工况 S1～S3,工况 C1～C3 和工况 C6 中,下游堰塞坝的底宽为 1.69 m,顶宽为 0.30 m,坝高为 0.40 m。工况 C4 的坝高为 0.3 m(底宽为 1.34 m),工况 C5 的坝顶宽为 0.6 m(底宽为 1.99 m)。每个堰塞坝中间开挖一道深度和宽度均为 0.05 m 的矩形槽,用于模拟堰塞坝处置过程中人工开挖的泄流槽。根据模型试验与唐家山堰塞坝(入流量 113 m³/s)的几何相似(接近 1∶100)和 Froude 数相似,确定了模型试验中的入流量为 1.13 L/s (Peng et al.,2014)。

工况 C6 中,下游堰塞坝的初始库水位高 0.25 m,其余试验的初始下游堰塞坝库水位均为 0。级联溃决试验中上、下游堰塞坝的间距是 10 m。单个堰塞坝溃决试验的坝体位置与级联溃决试验的下游堰塞坝一致。

试验步骤可分为 5 步:

(1) 试验准备。在水槽侧壁添加网格及标尺,并根据上、下游堰塞坝的位置及尺寸描出边线。

(2) 堆坝。为了保证坝体的干密度,每层堆 10 cm 并用刮刀轻轻拍至均匀。坝体堆好后,挖出矩形的泄流槽。

（3）数据采集。录像机和摄像机安装在指定位置，并保证数据自动采集并存储到连接的笔记本电脑中。

（4）入流。在试验过程中通过流量计将入流量控制在 1.13 L/s，若 2 h 后堰塞坝在最高水位仍能保持稳定，则将入流量增加到 2.26 L/s 以诱发溃坝。在试验的全过程中保持下游抽水泵按最大功率运行，排出下游堰塞坝坝后的积水。

（5）数据处理。堰塞坝的溃决类型由摄像机的快照获取，并计算各组试验的流量过程曲线。

11.2 堰塞坝的失稳模式和溃决过程

在本节中，将首先比较细粒为主、级配连续和粗粒为主材料的单溃试验（工况 S1～S3）与对应的梯级堰塞坝级联溃决试验（工况 C1～C3）的失稳模式。然后，分析级联溃决试验（工况 C1～C3）中下游不同材料坝体的溃决失稳过程。最后，讨论堰塞坝单溃和级联溃决（工况 S1～S3、工况 C1～C3）的峰值流量特征。

11.2.1 堰塞坝的失稳模式

对于工况 S1 中的细粒为主堰塞坝，当库水位 $H_t = 11$ cm 时，坝体后坡坡趾处的颗粒被带走，这是由于渗流和重力作用产生的下滑力大于细粒为主材料提供的抗滑力。堰塞坝后坡浸润线以下的坝体逐渐被侵蚀，而浸润线以上的坝体发生坍塌，使得浸润线以上产生了近乎垂直的临空面［图 11-3(a)］。当近乎垂直的临空面发展至坝顶时，堰塞坝后坡继续失稳使坝体顶宽减小。在漫顶溢流前，堰塞湖渗流是影响堰塞坝后坡稳定性的主要因素。坝顶受到渗流的作用稳定性降低，在泄流槽过水后溃口迅速下切与展宽，入流量也相应急速增大。

在工况 C1 中，下游堰塞坝后坡也出现了类似的临空面。但直至上游堰塞坝溃决，近乎垂直的临空面并未发展至坝顶，坝顶仍然稳定［图 11-3(b)］。在这个过程中，渗流对下游堰塞坝的溃决影响有限。下游堰塞坝的临空面高度小于对应的单溃试验。这是因为在上游堰塞坝溃决之前，下游堰塞坝的库水位较低（28 cm），临空面的发展时间有限。上游堰塞坝溃决后，下游堰塞坝的库水位迅速上升，坝顶被湍急的水流侵蚀。

上、下游 2 座堰塞坝的溃决洪水在下游堰塞坝坝址处产生叠加。溃决过程中最大水深是 45 cm，大于下游堰塞坝坝高和相应单坝试验（工况 S1）的溃决洪水最高水位（38 cm）。工况 C1 溃坝过程的持续时间（62 s）小于工况 S1（128 s）。溃决结束时刻是以残余坝体形态不再出现明显变化为标志。工况 C1 中，上游堰塞坝的溃决洪水导致下游堰塞坝漫顶溢流而溃决，而对应的细粒为主单个坝体因漫顶和渗流而失稳。工况 C1 中上游细粒为主堰塞坝的失稳过程和模式与工况 S1 相似，在此不再详述。

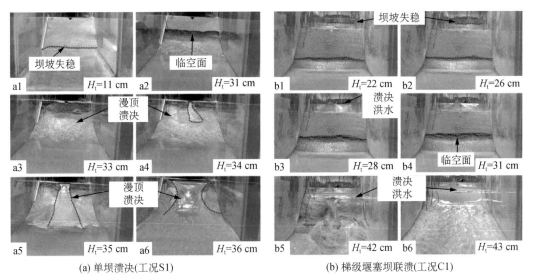

(a) 单坝溃决(工况S1)　　　　　　　　　　(b) 梯级堰塞坝联溃(工况C1)

图 11-3　细粒为主材料堰塞坝溃决过程

　　如图 11-4 所示，级配连续坝体的泄流槽过流时(工况 S2)，由于水流施加的剪应力超过了坝体后坡颗粒运动的临界剪应力，出现溯源侵蚀现象。在工况 S1 中没有出现溯源侵蚀现象，是因为细粒为主材料的抗剪强度较级配连续材料低，更容易被水流带走。由于下游坝体坡度较大(30°)，工况 S2 的泄流槽通道的深度与宽度不断增大，这种正反馈机制增大了通道的流量，使通道表面的颗粒不断被带走并产生溯源侵蚀。由于级配连续材料的不均匀系数较大，其中细粒组较粗粒组更容易被带走，因此，出现了阶梯状的阶梯深潭结构。当溯源侵蚀发展至坝体上游边坡时，上游边坡迅速失稳。工况 S1 堰塞坝在顺水流方向上侵蚀通道的形状类似于漏斗状，横断面保持梯形。这种破坏过程与唐家山堰塞坝的现场调研一致(Chang et al.，2011)。

　　与工况 S2 相似，工况 C2 下游堰塞坝浸润线以下的细颗粒被渗流带走。在低水力梯度和高抗剪强度的作用下，堰塞坝后坡坡脚始终保持稳定。工况 C2 中，当上游堰塞坝开始溃决时，下游堰塞坝库水位为 16 cm，小于工况 C1 中下游堰塞坝库水位(28 cm)。这是由于级配连续材料的渗透系数比细粒为主级配材料的大，因此，其渗流量也更大。工况 C2 中下游堰塞坝溃决过程的持续时间(66 s)比工况 S2 短。在工况 C2 中，上游坝体较大的溃决流量，漫顶溢流而侵蚀下游坝顶；而在工况 S2 中，溯源侵蚀未发展到坝顶。与工况 S2 相似，工况 C2 中上游堰塞坝的溃决洪水也使下游堰塞坝后坡出现了阶梯状的阶梯深潭结构。在工况 S2 中，阶梯状的阶梯深潭结构只出现在坝体后坡溢流的通道处；而在工况 C2 中，由于上游堰塞坝的巨大溃决流量，阶梯深潭结构出现在整个坝体后坡。这种阶梯深潭结构与虎跳峡和御军门堰塞坝(Wang et al.，2012)的观测结果一致。

工况 C2 中上游堰塞坝暴发的溃决洪水使下游堰塞坝产生漫顶失稳溃决；而工况 S2 中的单个坝体，由于入流量较小堰塞坝产生溯源侵蚀而失稳溃决。

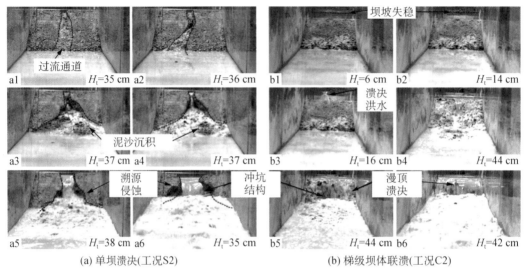

(a) 单坝溃决(工况S2)   (b) 梯级坝体联溃(工况C2)

图 11-4　级配连续材料堰塞坝溃决过程

如图 11-5 所示，在单个坝体试验 S3 中粗粒为主材料渗透系数比细粒为主和级配连续材料大，其坝体渗流量也较大，导致库水位缓慢上升。上游库水淹没坝顶后，堰塞坝后坡的细粒被水流带走，2 h 后坝体未发生失稳。在整个溢流过程中，过流的库水逐渐透明，表明带走的细颗粒逐渐减少。由于粗颗粒具有较高的抗剪强度，堰塞坝后坡没有出现过流的通道和溯源现象。在入流量增加一倍后，漫顶水流施加的剪应力超过搬运粗颗粒的临界剪应力，坝体因漫顶而失稳。

工况 C3 中，上游堰塞坝溃坝时下游堰塞坝的库水位为 14 cm，比细粒为主和级配连续试验的下游堰塞坝库水位低。之后，下游堰塞坝的库水位迅速上升，由于大量的溃决洪水从堰塞坝后坡渗出，下游坡体迅速失稳。粗颗粒被上游堰塞坝暴发的溃决洪水裹挟（峰值流量达到 60 L/s），发生漫顶溢流失稳。由于上游堰塞坝的溃决洪水能搬运不同大小的颗粒，粗粒为主堰塞坝体的溃决过程持续时间（64 s）与细粒为主和级配连续堰塞坝体几乎一致。粗粒为主材料的下游堰塞坝体因漫顶而失稳，这与粗粒为主单个坝体一致。

11.2.2　堰塞坝的失稳过程

尽管所有的下游堰塞坝均因漫顶溃决，但不同材料堰塞坝的失稳过程是不同的。对于细粒为主堰塞坝，坝体后坡坡脚因渗流失稳，坝体后坡坡度保持 30°。随后，由于坝体材料被漫顶的库水侵蚀，坝体下游的坡度迅速减小，在溃决过程中保持在 14.4°～16.2°[图 11-6(a)]。这一失稳过程与 Powledge 等(1989)提出的溃口发展理论模型一致。

(a) 单个坝体溃决(工况S3)　　　　　　　　(b) 梯级坝体级联溃决(工况C3)

图 11-5　粗粒为主材料堰塞坝溃决过程

　　级配连续材料的坝体不均匀系数较大,细颗粒比粗颗粒更容易被搬运。因此坝体出现了阶梯状阶梯深潭结构[图 11-6(b)]。阶梯状阶梯深潭结构向坝顶迁移的过程中,深潭的高度逐渐增加。溃坝后,残余坝体表面的细颗粒被水流带走而留下粗颗粒,形成粗化层。

　　粗粒为主堰塞坝的下游坝体后坡坡度在漫顶时迅速减小,在后续的溃决过程中该角度保持不变[图 11-6(c)]。这与下游细粒为主材料堰塞坝的失稳过程相似。由于暴发性溃决洪水搬运的粗颗粒在坝址附近随即产生沉积,坝体后坡的坡度在 7.4°～10.4°之间,小于细粒为主材料堰塞坝的残余坝体坡度。

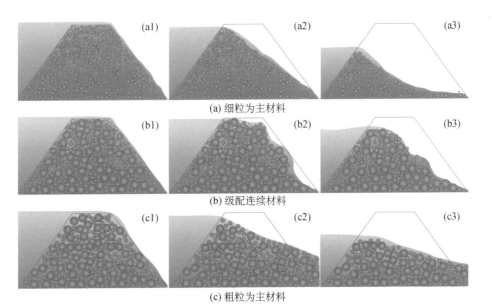

(a) 细粒为主材料

(b) 级配连续材料

(c) 粗粒为主材料

图 11-6　工况 C1～C3 中梯级堰塞坝下游坝体的溃决过程

3 种不同材料的堰塞坝级联溃决失稳过程的持续时间几乎相同,但是失稳过程因坝体材料不同而不同。Briaud(2008)根据平均颗粒直径,计算颗粒材料启动的临界速度为 0.6～1.3 m/s。根据溃决过程中下游堰塞坝的流量和水深,估算试验中溃决流速为 1.4～1.8 m/s。因此,不同粒径的坝体材料均能被上游堰塞坝溃决洪水带走。

不同材料的单个堰塞坝(工况 S1～S3)溃决的峰值流量小于 16 L/s。由于上游堰塞坝暴发的溃决洪水,级联溃决试验中(工况 C1～C3)下游堰塞坝溃决的峰值流量是对应单溃坝体峰值流量的 6 倍以上。由于上游和下游堰塞坝的溃坝过程显著重叠(图 11-4～图 11-6),部分上游堰塞坝的溃决流量叠加到下游堰塞坝的溃决流量上。此外,与单溃堰塞坝试验相比,级联溃决试验下游堰塞坝的溃坝程度提高了,也造成了溃决流量的提升。

上游堰塞湖水渗流对堰塞坝溃坝过程存在显著影响。如图 11-7 所示,随着水位的上升,单个坝体和下游堰塞坝的浸润线从坝体后坡的坡脚向坝顶移动。在蓄水初期,浸润线基本上是相互平行的,与水平面呈 4°～7°。然后,由于水位的升高和浸润线长度的缩短,单个坝体试验的浸润线略微变陡。相比之下,由于水位迅速上升,下游堰塞坝浸润线的坡度显著增加到 14°～20°。

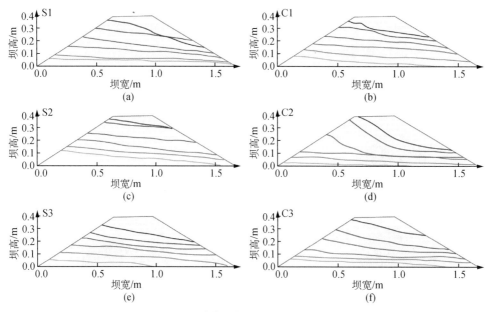

图 11-7　工况 S1～S3 及工况 C1～C3 浸润线发展过程

渗流应力降低了坝体后坡的稳定性并加速了坝体溃决过程,研究团队简化地计算了渗流应力 f_s 对下游坝坡稳定性系数 s 的影响

$$s = \frac{R_s}{F_s + f_s} \tag{11-1}$$

式中　F_s——重力产生的下滑力；

　　　R_s——抗滑力，按下式计算：

$$R_s = c + \sigma \tan \varphi \tag{11-2}$$

式中，σ 为有效正应力。

　　F_s 的表达式为

$$F_s = \rho_d g h \sin \alpha \tag{11-3}$$

式中　h——坡高；

　　　g——重力加速度；

　　　α——坡度。

　　渗流应力 f_s 的表达式为

$$f_s = \rho_w g h i \tag{11-4}$$

式中　i——水力梯度；

　　　ρ_w——水的密度。

　　例如，对于一个级配连续的堰塞坝，在溃坝期间坝后坡坡度 $\alpha = 15°$，则水力梯度 i 从 0 增加到 0.36，稳定系数 s 从 1.92 下降到 1.07。

11.3　堰塞坝溃决洪水的叠加效应

11.3.1　坝体材料对级联溃决流量影响分析

　　级联溃决试验中的上、下游堰塞坝溃决洪水的流量过程曲线如图 11-8 所示。在上游堰塞坝的溃决洪水作用下，下游堰塞坝的溃决流量先急剧上升后逐渐下降。峰值流量叠加效应系数 A_f 定义如下：

$$A_f = q_d / q_u \tag{11-5}$$

式中，q_u 和 q_d 分别为上、下游堰塞坝溃决洪水的峰值流量。

　　级联溃决试验中，不同材料堰塞坝的流量叠加效应系数 A_f 均大于 1.6。表明虽然下游堰塞坝体积较小，但级联溃决过程出现了峰值流量的放大效应。

　　细粒为主材料下游堰塞坝溃决的峰值流量放大到 113 L/s，较上游堰塞坝增加了 90%[图 11-8(a)]。从上游堰塞坝溃坝到下游堰塞坝过流的时间 t_{bo} 仅有 26 s。这是因为下游细粒为主堰塞坝的渗透系数低，坝体渗流量小，上游堰塞坝溃决时库水位较高（28 cm）。大量的上游溃决洪水同时淹没下游坝顶和泄流槽。细粒为主堰塞坝级联溃决过程侧视图如图 11-9 所

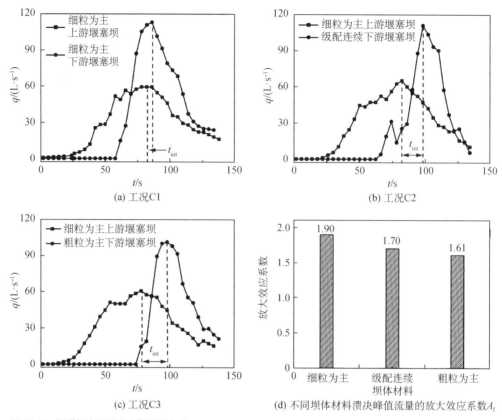

(a) 工况C1

(b) 工况C2

(c) 工况C3

(d) 不同坝体材料溃决峰值流量的放大效应系数A_f

图 11-8　级联堰塞坝溃决流量过程曲线

示。细粒为主材料的抗剪强度较低,在渗流应力的作用下(图 11-7),下游堰塞坝的坝后坡被水流迅速侵蚀,并在 5 s 内完全溃坝,即坝顶宽减为 0 cm(图 11-3)。2 座堰塞坝溃决洪水的峰值流量时间间隔 t_{int} 为 5 s,表明细粒为主级联溃决峰值流量的重叠效应相当大。

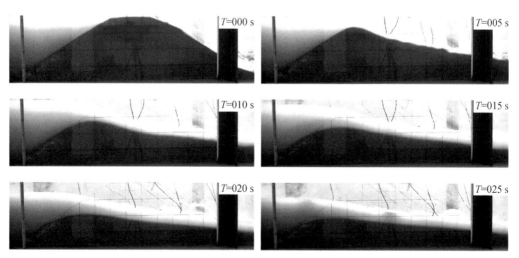

图 11-9　细粒为主堰塞坝级联溃决过程侧视图
注:T 为与泄流槽开始过流时刻的时间间隔。

级配连续和粗粒为主堰塞坝溃决的峰值流量分别放大到 110 L/s 和 98 L/s，较相应的上游堰塞坝分别增加了 70% 和 61%。级配连续堰塞坝由于阶梯深潭结构，流量过程曲线中相继出现了 2 个峰值。第 1 个峰值(31 L/s)出现在 74 s，这是由上游堰塞坝的溃决导致；第 2 个峰值(110 L/s)出现在 98 s，这是由下游堰塞坝的溃决导致。

与细粒为主堰塞坝相比，级配连续和粗粒为主堰塞坝的级联溃决洪水的放大效应相对有限。级配连续和粗粒为主堰塞坝级联溃决过程侧视图分别如图 11-10、图 11-11 所示。级配连续和粗粒为主堰塞坝从上游堰塞坝溃决到下游堰塞坝过流的时间 t_{bo} 分别为 36 s 和 52 s，比细粒为主的堰塞坝大。这是因为与细粒为主的堰塞坝相比，级配连续和粗粒为主下游堰塞坝的渗透系数较高且渗流量较大，导致上游堰塞坝溃决时下游坝体的库水位较低。级配连续和粗粒为主下游堰塞坝的溃坝启动时间有所延迟，这是由于这两种坝体材料的抗剪强度较高，在被上游堰塞坝溃决洪水淹没之前，下游堰塞坝的后坡只受到了轻微侵蚀。级配连续和粗粒为主堰塞坝从过流开始到完全溃坝间隔 15 s，大于细粒为主堰塞坝的时间间隔(5 s)，这两组工况上、下游堰塞坝峰值流量之间的时间间隔 t_{int} 分别是 16 s 和 20 s，大于细粒为主的试验组。当下游堰塞坝溃决到达峰值流量时，上游堰塞坝的溃决流量已经下降，级联溃决峰值流量的放大效应也随之降低。

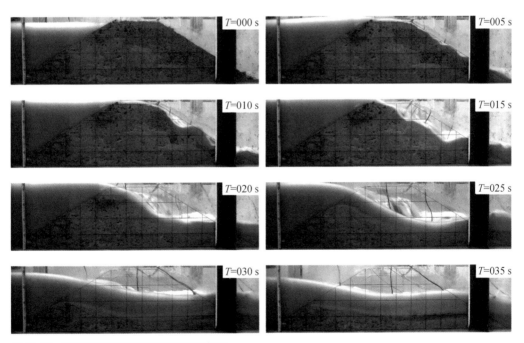

图 11-10　级配连续堰塞坝级联溃决过程侧视图

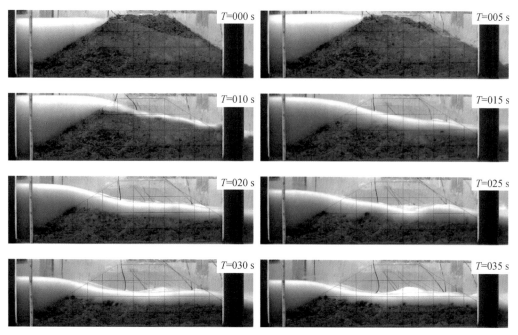

图 11-11　粗粒为主堰塞坝级联溃决过程侧视图

11.3.2　坝体形态对级联溃决流量影响分析

工况 C4 与工况 C1 类似,只是工况 C4 下游堰塞坝的坝高由 0.4 m 减小到 0.3 m。工况 C4 下游堰塞坝的峰值流量放大到 99 L/s,较上游堰塞坝增加了 46%(图 11-12)。工况 C4 级联溃决的峰值流量及其放大效应均小于工况 C1,这是由于工况 C4 下游堰塞坝的最大库水位是 39.5 cm,失稳过程中的最大库水体积小于工况 C1,下游堰塞坝产生的溃决流量相对有限。此外,从上游堰塞坝溃坝到下游堰塞坝过流的时间 t_{bo} 为 24 s,这是由于坝高较小,下游堰塞坝在上游堰塞坝的峰值流量到来之前已经溃决。这个过程与唐家山和新街村堰塞坝的观测结果相似(Peng et al., 2014)。工况 C4 级联溃决峰值流量之间的时间间隔 t_{int} 为 22 s,远高于工况 C1 (5 s)。因此,工况 C4 中的 2 座堰塞坝级联溃决洪水的放大效应显著低于工况 C1。

工况 C5 与工况 C1 类似,只是工况 C5 下游堰塞坝顶宽从 0.3 m 增加到

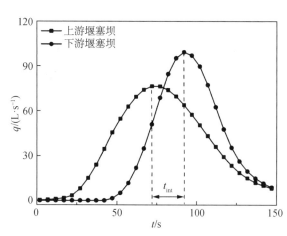

图 11-12　工况 C4 上、下游堰塞坝的流量过程曲线

0.6 m。工况 C5 下游堰塞坝的峰值流量放大到 96 L/s,较上游堰塞坝增加了 41%(图 11-13)。下游堰塞坝的流量过程曲线相继出现 2 个峰值。第 1 个峰值流量(96 L/s)出现时间在 82 s,此时下游堰塞坝受上游堰塞坝溃决洪水影响产生溃决。第 2 个峰值流量(86 L/s)出现时间在 102 s,这是因为上游堰塞坝溃决洪水出现第 2 个峰值(92 s)。工况 C5 级联溃决的峰值流量及其放大效应比工况 C1 要小,其原因是坝顶宽增大,从过流开始到完全溃坝的持续时间延长到约 15 s,而工况 C1 的持续时间约为 5 s。2 座堰塞坝峰值流量之间的时间间隔 t_{int} 为 26 s,大于工况 C1。工况 C5 上游堰塞坝对下游堰塞坝的溃坝过程影响较小,因此,级联溃决洪水的放大效应也相应减弱。上游堰塞坝在第一个峰值完全溃决($t = 56$ s),上、下游堰塞坝溃决的峰值流量时间间隔为 26 s。

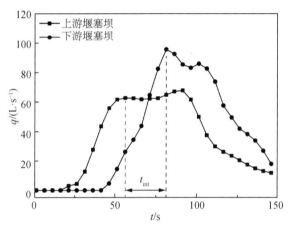

图 11-13　工况 C5 上、下游堰塞坝的流量过程曲线

11.3.3　初始库水位对级联溃决流量影响分析

工况 C6 与工况 C1 相似,只是工况 C6 下游堰塞坝的初始库水位为 0.25 m,而工况 C1 中未设置初始库水位。下游堰塞坝溃决峰值流量放大到 112 L/s,较上游堰塞坝增加了约 60%(图 11-14)。工况 C6 从上游堰塞坝溃坝到下游堰塞坝过流的时间 t_{bo} 只有 11 s,与工况 C1 相比下游堰塞坝的溃决提前了。初始库水位和上游堰塞坝溃决洪水的共同作用引起了涌浪(图 11-15)。由于细粒为主坝体

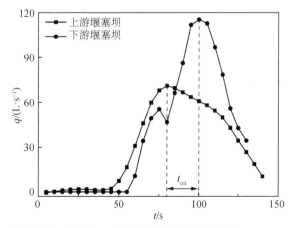

图 11-14　工况 C6 上、下游堰塞坝的流量过程曲线

材料的抗剪强度较低,发生涌浪时水力梯度较大,下游堰塞坝后坡和坝顶受到强烈侵蚀,部分产生坍塌。涌浪导致坝顶宽减小,因此在上游堰塞坝溃决洪水的峰值流量到来之前,下游坝体溃坝已经出现。工况 C6 的 2 座堰塞坝峰值流量之间的时间间隔 t_{int} 为 21 s,大于工况 C1。因此,工况 C6 级联溃决洪水的放大效应与工况 C1 相比较弱。

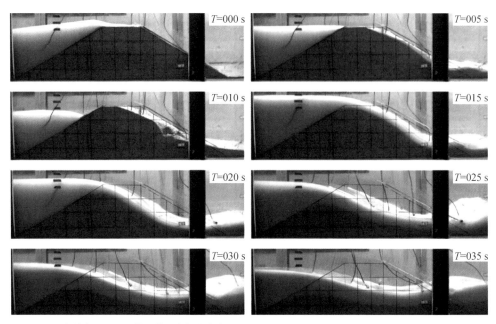

图 11-15　库前水位 25 cm 的下游堰塞坝溃决过程(工况 C6)

11.3.4　堰塞坝级联溃决洪峰放大效应

堰塞坝的级联溃决过程是从上游堰塞坝溃坝到下游堰塞坝过流再到下游堰塞坝溃坝的持续时间。考虑到级联溃决过程的重叠,2 座堰塞坝峰值流量之间的时间间隔 t_{int} 与放大效应系数 A_f 相关,如图 11-16 所示。在各个工况下,A_f 和 t_{int} 呈高度的线性相关($R^2=0.92$):

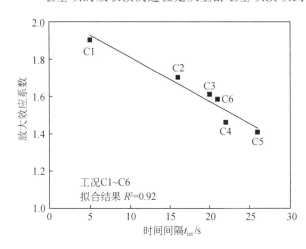

$$A_f = at_{int} + b \qquad (11-6)$$

式中,a 和 b 分别为斜率(-0.02)和截距(2.05)。

图 11-16　放大效应系数与上、下游堰塞坝峰值流量时间间隔的负相关关系

随着时间间隔的增加,上、下游堰塞坝的溃坝过程逐渐分离,因此放大效

应也随之减弱。

11.4 级联堰塞坝溃决过程分析

11.4.1 堰塞坝的失稳模式

对于单个堰塞坝,漫顶和渗流的共同作用决定了细粒为主堰塞坝稳定;级配连续堰塞坝因溯源侵蚀导致下游坝坡失稳;由于库水位缓慢上升,对于粗粒为主堰塞坝产生漫顶溃决。因此,单个堰塞坝的失稳模式受坝体材料渗透系数和抗剪强度的影响。而对于级联堰塞坝,由于上游堰塞坝暴发的溃决洪水,下游堰塞坝的失稳模式不再受坝体材料控制,均产生漫顶溃决失稳。

根据 Powledge 等(1989)提出的坝体溃决发展模型,堰塞坝溃坝时坝体后坡坡角首先迅速减小,直到坡角在溃决过程中达到土体临界摩擦角后,保持该角度直至溃决结束。细粒为主及粗粒为主试验的溃决过程与该模型吻合。细粒为主堰塞坝的坝体后坡休止角为 $14.4°\sim$ $16.2°$,而基于能量守恒的土体临界摩擦角计算值为 $26.8°$。造成这种差异的原因可能是 Powledge 等(1989)提出的模型中没有考虑渗流对坝体后坡的影响[式(11-1)~式(11-3)]。此外,粗粒为主堰塞坝后坡的休止角($7.4°\sim10.4°$)小于土体临界摩擦角($43.1°$)。与细粒为主堰塞坝相比,粗粒为主堰塞坝中的颗粒被溃决洪水搬运后,更有可能在坝趾附近沉积(图 11-11),因此堰塞坝后坡休止角相应减小。

11.4.2 级联溃决流量放大效应

试验结果表明,堰塞坝级联溃决出现流量放大效应的条件是上、下游堰塞坝的溃坝过程存在重叠。例如,坝高 30 m、坝体体积为 2×10^6 m^3 的小岗剑堰塞坝溃决的峰值流量为 2 251 m^3/s(Chen et al.,2018),溃决洪水演进到小岗剑和一把刀堰塞坝后,峰值流量分别增大到 2 515 m^3/s 和 3 329 m^3/s。如果级联堰塞坝的溃坝过程完全分开,那么级联溃决洪水可能不会出现放大效应(Shi et al.,2015)。例如,位于苦竹坝堰塞坝下游的新街村堰塞坝被唐家山堰塞坝的溃决洪水完全摧毁。新街村堰塞坝溃决峰值流量仅是 6 540 m^3/s(Peng et al.,2014),比唐家山堰塞坝的溃决流量(6 500 m^3/s)略大。其原因是唐家山堰塞坝的溃决过程持续了 71 h,且苦竹坝堰塞坝和新街村堰塞坝库容较小,在唐家山堰塞坝的峰值流量到来之前它们已经完全溃决。

通过对比单个和级联的细粒为主、级配连续和粗粒为主堰塞坝,试验中的级联溃决峰值流量均大于上游堰塞坝和下游堰塞坝对应单溃堰塞坝的峰值流量之和。这不同于 Shi 等

(2015)提出的观点,当 2 座堰塞坝峰值流量的时间间隔为 0 时,级联溃决峰值流量等于单溃时上游堰塞坝峰值流量与下游堰塞坝单溃峰值流量之和。这是因为下游堰塞坝的库水位的迅速上升对坝体施加了相当大的渗流应力,加速了下游堰塞坝的溃决。此外,上游堰塞坝的溃决洪水具有沿河道的运移流速,对下游堰塞坝的侵蚀能力更强。DABA 溃坝模型中没有考虑这些物理过程。

11.4.3 溃决洪水的多峰现象与涌浪

溃决流量过程曲线中的多峰现象可能由不同因素引起。在工况 C2 中,第 1 个较小的峰值是由上游堰塞坝的溃决洪水引起的(图 11-8),而第 2 个较大的峰值是下游堰塞坝的级联溃决洪水引起的,因此这 2 个峰值相继出现。在工况 C6 中,受涌浪的作用,流量过程曲线也出现 2 个峰值(图 11-14)。上、下游堰塞坝产生的多个峰值可以通过基于土体界面侵蚀原理的溃坝模型进行预测(Shi et al.,2015)。

对于单个级配连续堰塞坝,流量过程曲线也存在多个峰值。主要原因是堰塞坝溃决过程中坝体后坡会形成阶梯状的阶梯深潭结构。漫顶水流只能搬运溃口底部的细颗粒,而不搬运粗颗粒,此时出流量先增加后减少,导致流量过程曲线中出现一个峰值。当粗颗粒被水流裹挟时,水流使溃口下切和展宽,流量出现下一峰值。

高速运移的滑坡、崩塌或泥石流涌入体积巨大的湖泊时,通常会形成涌浪(Xu et al.,2015)。例如,1963 年方量为 3 亿 m³ 的滑坡迅速滑入意大利的 Vaiont 水库,产生了高达 230~250 m 的巨大浪涌(Semenza et al.,2000)。1983 年,方量为 650 万 m³ 的冰川雪崩冲进了加拿大 Nastetuku 河的一个冰碛湖,在巨大的涌浪冲击下冰碛坝在 5 h 内就被完全冲垮(Risley et al.,2006)。在试验中(工况 C6),当上游堰塞坝的溃决洪水涌入下游水库中时,也出现了涌浪。涌浪能降低堰塞坝坝高,加速下游堰塞坝的溃坝过程。

11.4.4 残余坝体的几何特征

不管单个堰塞坝还是级联溃决堰塞坝,最大残余坝高 H_r 和沿水槽的坡度 θ 随着堰塞坝材料抗剪强度的增加而增加(图 11-17)。单个堰塞坝和级联堰塞坝的残余坝体如图 11-18 所示。细粒为主堰塞坝的残余坝高和坡度低于级配连续或粗粒为主堰塞坝。原因是随着细颗粒比例的增加,堰塞坝前坡的坝体材料更容易被搬运,使残余坝体后坡坡度变小。在相同颗粒级配下,尽管单个堰塞坝的溃决峰值流量小于对应级联溃决的峰值流量,但是单个堰塞坝的 h_r 和 θ 小于对应级联溃决下游堰塞坝残余坝体。这是因为级联溃决洪水的流速高于各个粒组颗粒启动的临界流速,不同的坝体材料均被溃决洪水裹挟(Briaud,2008)。下游堰塞坝的溃决过程持续时间在 62~66 s(图 11-8),比对应单个堰塞坝的溃决过程(约 100 s)短。由于溃决过程较长,单个堰塞坝的材料比级联溃决下游堰塞坝材料产生更多侵蚀。此外,部分库水体积被残余坝体(近 0.45 m)截留,因此,减少了上游堰塞坝溃决洪水对下游堰塞坝的侵蚀搬运。

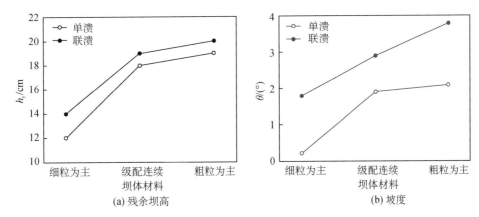

(a) 残余坝高　　　　　　　　　　　　　(b) 坡度

图 11-17　单个堰塞坝和级联堰塞坝残余坝高及坡度

图 11-18　单个堰塞坝和级联堰塞坝的残余坝体

　　本章通过系列单个堰塞坝和级联堰塞坝溃决试验,对比了不同堰塞坝的溃决过程,识别了不同堰塞坝的失稳模式,并定量评估了级联溃决洪水的放大效应。

　　单个堰塞坝的失稳模式显著受坝体材料影响。相比之下,级联溃决下游堰塞坝均产生漫顶失稳,与坝体材料无关。细粒为主和粗粒为主的堰塞坝在溃坝过程中保持稳定的坝体后坡角度;而对于级配连续堰塞坝,则形成阶梯状阶梯深潭结构。

　　受上游堰塞坝暴发的溃决洪水作用,梯级堰塞坝级联溃决后出现了溃决流量的放大效应。与级配连续和粗粒为主堰塞坝相比,下游细粒为主材料堰塞坝溃坝过程与上游堰塞坝高度重叠,导致较大的放大效应并出现较高的峰值流量。级联溃决的放大效应随下游堰塞坝坝高减小或坝顶宽增大而降低。溃决流量放大效应随上、下游堰塞坝峰值流量的时间间隔增加而线性下降。

　　下游堰塞坝受涌浪作用,上、下游堰塞坝的级联溃决及级配连续堰塞坝后坡的阶梯状阶梯深潭结构都可能导致溃决流量过程曲线出现多峰现象。

　　单个堰塞坝溃决和梯级堰塞坝级联溃决的残余坝高和坡度随着坝体材料的抗剪强度的增大而增大。由于单个堰塞坝的溃决过程较长、溃决库容较大,单个堰塞坝溃决的残余高度和坡度比级联溃决堰塞坝低。

参考文献

BRIAUD J L, 2008. Case histories in soil and rock erosion: Woodrow wilson bridge, brazos river meander, normandy cliffs, and new orleans levees[C]//Proceedings 4th International Conference on Scour and Erosion (ICSE-4). November 5-7, 2008, Tokyo, Japan:1-27.

CHANG D S, ZHANG L M, XU Y, et al., 2011. Field testing of erodibility of two landslide dams triggered by the 12 May Wenchuan earthquake[J]. Landslides, 8(3):321-332.

CHEN C Y, CHANG J M, 2016. Landslide dam formation susceptibility analysis based on geomorphic features[J]. Landslides, 13(5):1019-1033.

CHEN S, CHEN Z, TAO R, et al., 2018. Emergency response and back analysis of the failures of earthquake triggered cascade landslide dams on the Mianyuan River, China[J]. Natural Hazards Review, 19(3):05018005.

CUI P, ZHOU G G D, ZHU X H, et al., 2013. Scale amplification of natural debris flows caused by cascading landslide dam failures[J]. Geomorphology, 182:173-189.

DAVIES T R, MANVILLE V, KUNZ M, et al., 2007. Modeling landslide dambreak flood magnitudes: Case study [J]. Journal of Hydraulic Engineering, 133(7):713-720.

FAN X, VAN WESTEN C J, XU Q, et al., 2012. Analysis of landslide dams induced by the 2008 Wenchuan earthquake[J]. Journal of Asian Earth Sciences, 57:25-37.

HANCOX G T, MCSAVENEY M J, MANVILLE V R, et al., 2005. The October 1999 Mt Adams rock avalanche and subsequent landslide dam-break flood and effects in Poerua River, Westland, New Zealand[J]. New Zealand Journal of Geology and Geophysics, 48(4):683-705.

HUANG R, FAN X, 2013. The landslide story[J]. Nature Geoscience, 6(5):325-326.

LIAO H W, LEE C T, 2000. Landslides triggered by the Chi-Chi earthquake[C]//Proceedings of the 21st Asian conference on remote sensing, Taipei,1(2):383-388.

PENG M, ZHANG L M, CHANG D S, et al., 2014. Engineering risk mitigation measures for the landslide dams induced by the 2008 Wenchuan earthquake[J]. Engineering Geology, 180:68-84.

POWLEDGE G R, RALSTON D C, MILLER P, et al., 1989. Mechanics of overflow erosion on embankments. II: Hydraulic and design considerations[J]. Journal of Hydraulic Engineering, 115(8):1056-1075.

RISLEY J C, WALDER J S, DENLINGER R P, 2006. Usoi dam wave overtopping and flood routing in the Bartang and Panj Rivers, Tajikistan[J]. Natural Hazards, 38(3):375-390.

SEMENZA E, GHIROTTI M, 2000. History of the 1963 Vaiont slide: the importance of geological factors[J]. Bulletin of Engineering Geology and the Environment, 59(2):87-97.

SHI Z M, GUAN S G, PENG M, et al., 2015. Cascading breaching of the Tangjiashan landslide dam and two smaller downstream landslide dams[J]. Engineering Geology, 193:445-458.

WANG H B, SASSA K, XU W Y, 2007. Analysis of a spatial distribution of landslides triggered by the 2004 Chuetsu earthquakes of Niigata Prefecture, Japan[J]. Natural Hazards, 41(1):43-60.

WANG Z, CUI P, YU G, et al., 2012. Stability of landslide dams and development of knickpoints[J]. Environmental Earth Sciences, 65(4):1067-1080.

XU F, YANG X, ZHOU J, 2015. Experimental study of the impact factors of natural dam failure introduced by a landslide surge[J]. Environmental Earth Sciences, 74(5):4075-4087.

ZHENG H C, SHI Z M, PENG M, et al., 2018. Coupled CFD-DEM model for the direct numerical simulation of sediment bed erosion by viscous shear flow[J]. Engineering Geology, 245:309-321.

ZHENG H, SHI Z, SHEN D, et al., 2021. Recent advances in stability and failure mechanisms of landslide dams [J]. Frontiers in Earth Science, 9:659935.

ZHOU G G D, CUI P, ZHU X, et al., 2015. A preliminary study of the failure mechanisms of cascading landslide dams[J]. International Journal of Sediment Research, 30(3):223-234.

第 12 章
唐家山堰塞坝失稳机理分析

2008 年汶川地震诱发唐家山滑坡并堵塞北川县上游的通口河形成堰塞坝(Cui et al.,2009;Yin et al.,2009)。唐家山堰塞坝是汶川地震中产生的规模最大的堰塞坝,它对流域内人民群众生命财产安全构成显著威胁,迫使北川县城和绵阳市一百多万人紧急疏散(崔鹏 等,2011;Xu et al.,2009;周家文 等,2009)。特别的是,唐家山堰塞坝到老北川县城 5 km 范围内存在苦竹坝和新街村 2 座小型堰塞坝,其溃决过程既有单个堰塞坝溃决,又有梯级堰塞坝级联溃决(Shi et al.,2015),还受到上游堰塞湖高位水头的渗流作用(石振明 等,2017;王玉峰等,2016),具有鲜明的特色。唐家山堰塞坝引起了国内外大量学者关注,取得了丰硕的研究成果(Fan et al.,2020;年廷凯 等,2018;石振明 等,2014,2021)。

唐家山堰塞坝被定性为高危险性堰塞坝,应急抢险时,按照全溃、二分之一溃和三分之一溃估计溃决历时 3 h 的峰值流量分别为 43 200 m³/s、32 600 m³/s 和 21 100 m³/s(张细兵 等,2008),然而实际溃决峰值流量仅是 6 500 m³/s(石振明 等,2022)。此外,唐家山堰塞坝的溃决洪峰通过下游苦竹坝堰塞坝和新街村堰塞坝时,溃决洪峰的增幅较小,与人工坝连续溃决的巨大洪水叠加效应形成鲜明对比,但其级联溃决机理和洪水放大效应临界条件仍不清楚(彭铭 等,2020;朱兴华 等,2020)。

本章以唐家山堰塞坝为例,首先介绍了该堰塞坝形成的背景,然后,分析单个与梯级堰塞坝的溃决过程,并结合前述章节堰塞坝失稳机理,分析了唐家山堰塞坝的渗流特性与动力响应特征。唐家山堰塞坝案例分析的结果可为以后堰塞坝的应急处置提供坚实的支撑。

12.1 唐家山堰塞坝形成背景

12.1.1 区域地质概况

唐家山位于四川盆地西部,处在扬子地台与松潘—甘孜褶皱系交接部位,在区域构造上位于北部雪山和虎牙断裂,西部的岷江断裂和东南部的龙门山断裂带所围限的块体的南缘,并夹持在龙门山中央断裂和后山断裂之间,如图 12-1 所示。龙门山前山断裂距该区以南约

17 km,龙门山中央断裂("北川—映秀断裂")距该区以南直线距离约 2.3 km,唐家山堰塞体位于龙门山中央断裂带上盘,龙门山后山断裂距该区以北 20～30 km。

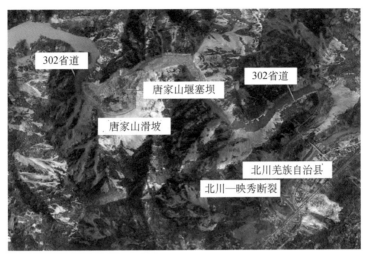

图 12-1　唐家山堰塞坝与龙门山中央断裂的位置关系(胡卸文 等,2009)

唐家山滑坡原斜坡体位于苦竹坝库区大水村(图 12-2),山顶高程 1 552 m,库区水位 664.7 m,斜坡上部坡度为 39.01°,中部坡度为 34.65°,下部坡度为 33.94°,中下部呈鼓丘状。唐家山部位为不对称的 V 型河谷,右岸较陡,坡度为 40°～60°;左岸坡较缓,坡度约为 30°,上、下游各分布 1 条小型浅冲沟,分别命名为大、小水沟。

图 12-2　震前唐家山原貌(面向下游)(李守定 等,2010)

1. 地层岩性

研究区岩性为寒武系下统清平组,厚度为 482～860 m,上部为灰色薄层状长石云母石英粉砂岩及钙质泥质粉砂岩;中部为暗紫、暗灰绿色薄层板状磷钙质粉砂岩及含钙磷质海绿石砂岩;下部由灰绿色含绿泥石的细粒状磷块岩、灰色含磷泥灰岩、薄层硅质岩及深灰色钙质磷块岩与假鲕状磷质灰岩互层,统称磷矿段,该地层为绵阳地区特有地层。

唐家山部位出露寒武系下统清平组,以灰黑色薄—中厚层硅质岩、砂岩、泥灰岩、泥岩为主,岩层软硬相间,岩层产状为 N60°E/NW∠60°,表现为左岸逆向坡,右岸中陡倾顺向坡的岸坡结构特点。第四系堆积物主要由冲积、残坡积物组成,主要分布于河床、两岸坡体顶部、坡脚、小型冲沟及局部地形斜缓部位。河床为下游苦竹坝库区厚度约 21 m 的含泥粉细砂,左右岸表部坡残积碎石土层推测厚度为 5～20 m。

2. 地质构造

唐家山位于青林口倒转复背斜核部附近,背斜轴线为 NE45°延伸,轴面倾向 NW,倾角70°左右。受北川—映秀逆冲断层影响,北川—映秀区内褶皱断裂很多,地层产状比较零乱,岩层总体产状为 N70°～80°E/NW∠50°～85°,层间挤压错动带较发育,由黑色片岩、糜棱岩等组成,挤压紧密,性状软弱,遇水易泥化、软化。原生结构面主要为层面,构造性节理裂隙发育,具有一定区段性,多密集短小,导致岩体完整性一般。

唐家山地属四川盆地亚热带湿润季风气候,年均降雨量为 872.5～1 463 mm,降雨主要集中于每年的 5—9 月,占年平均降雨量的 80%左右(王哲 等,2007)。唐家山堰塞坝堵塞的通口河以 S70°E～N40°E 流经北川县,区内河道弯曲。震前枯水期水面高程 664.8～664.7 m,水面宽 100～130 m,水深 0.5～4.0 m,年平均流量为 92.3 m³/s,堰塞坝汇水阶段流量为113 m³/s(胡卸文 等,2009)。

研究区地下水类型主要为松散堆积物孔隙潜水与基岩裂隙水,地表第四纪松散堆积物2～5 m,为孔隙潜水。下伏强—中风化带 5～25 m,为孔隙裂隙水过渡带,其下为薄层磷质灰岩基岩裂隙水。

12.1.2　滑坡特征

汶川地震诱发通口河右岸唐家山部位形成高速滑坡并堵江,唐家山堰塞坝工程地质平面图如图 12-3 所示,滑坡体长约 803 m,宽 611 m,厚 82.65～124.4 m,滑坡堆积方量约 2.04×10⁷ m³,滑坡堰塞体坝顶最低部位 752 m,最高部位 790 m。

唐家山滑坡下滑滑距达 900 m,高速下滑形成的堰塞坝,总体起伏差较大。表现出前缘受阻堵江部分堆积体爬坡至对岸高程较高(高程 793.9 m),而后缘坐落体则相对平缓且高程较低(高程 781.9 m),负地形最低高程(752.2 m),故在二者之间形成了明显的负地形,即贯通上、下游的凹槽。该槽呈“右弓形”分布特点,宽度为 20～40 m。滑体滑到对岸后呈反翘态势,前缘反翘倾角为 59°。

在滑坡高速下滑过程中,靠上、下游侧因能量释放完全而表现堆积体结构更破碎一些,因而上、下游侧坝坡坡度有所差异。具体表现为堰塞坝上游坡长约 200 m,坡较缓,坡度约 20°(坡比约 1:4);下游坝坡长约 300 m,坡脚高程 669.5 m,上部陡坡长约 50 m,坡度约 55°,中部

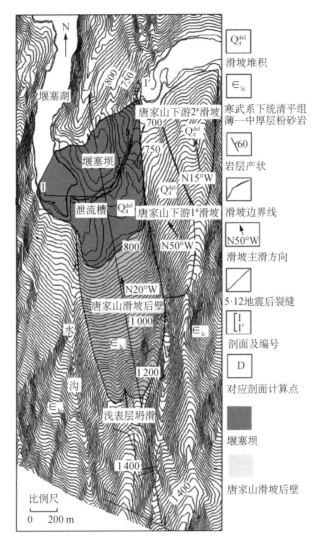

图 12-3　唐家山堰塞坝工程地质平面图(胡卸文 等,2009)

缓坡长约 230 m,坡度约 32°,下部陡坡长约 20 m,坡度约 64°,平均坡比 1∶2.4。

　　滑体结构从上至下分别为强—中风化灰岩,厚度为 4～10 m;弱风化灰岩,厚度为 3～10 m;新鲜灰岩夹灰绿色含绿泥石的细粒状磷块岩、灰色含磷泥灰岩,厚度约 50 m,间夹层间剪切带和泥化夹层。岩体结构从上到下分为散体、层状碎裂岩体、块状岩体。

　　唐家山滑坡的滑床为寒武系下统清平组块状薄层磷灰岩,滑坡后缘地层产状为 344°∠38°,河谷对岸地层产状为 19°∠29°,如图 12-4 所示。滑床平直少起伏,后部陡,前缘缓,镜面、擦痕明显,滑床主要沿层理面,平均坡度为 38.80°。由于滑坡远程滑动,滑床大部出露为滑坡后壁,后壁平直,上覆坡积土,高程 1 225～781.94 m,长度为 697.12 m。滑坡侧边界受地形控制,均为冲沟,西侧边界为大水湾东侧冲沟,东侧边界为小水湾西侧冲沟。滑坡剪出口高程约为 669 m,位于湔江河床位置,埋深约 120 m。

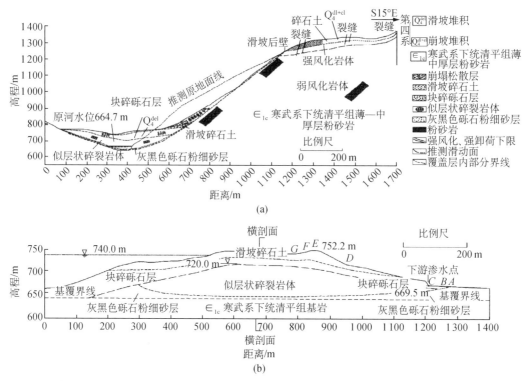

图 12-4　唐家山堰塞坝工程地质剖面图(胡卸文 等,2009)

　　唐家山滑坡滑带在地表没有出露,根据原斜坡构造背景与滑坡岩体结构特征,推测滑坡滑带可能位于岩层层间剪切带。唐家山滑坡岩体中存在多层绿色含绿泥石的细粒状磷块岩和灰色含磷泥灰岩夹层,形成多层层间剪切带。层间剪切带节理劈理发育(图 12-5),厚度约 20 cm。从下至上分别为薄层状碎裂岩体,厚度约 10 cm;高度劈理化岩体,厚度约 5 cm;含方解石泥化夹层,厚度约 5 cm。层间剪切带具有典型的定向性,擦痕、镜面现象明显,多位于岩层夹层的顶部。推测滑带位于层间剪切带,滑带埋深中部厚度约 70 m,上部和下部薄,平均厚度约 50 m。

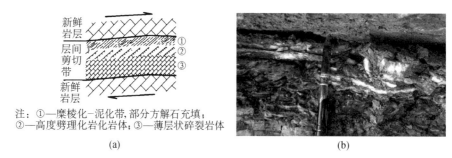

　　注：①—糜棱化-泥化带,部分方解石充填;
　　　　②—高度劈理化岩化岩体;③—薄层状碎裂岩

图 12-5　唐家山滑坡层间剪切带(李守定 等,2010)

　　根据唐家山滑坡工程地质特征可知,唐家山滑坡发生前原始斜坡为顺向坡,滑坡滑动方向与岩层倾向一致,滑坡滑动带倾角与岩层倾角基本相同。滑体主要由块状岩体组成,滑坡沿着岩层层间剪切带滑入河谷,唐家山滑坡从湔江右岸河床部位剪出,河床位置沉积的中粗砂呈带状出露在堰塞体北侧靠近左岸的位置。中粗砂出露宽度约 3 m,长度约 400 m。根据这些特征,可以判定唐家山滑坡为典型的基岩顺层滑坡。

唐家山滑坡发生于 2008 年 5 月 12 日。据当地居民描述,在汶川地震后滑坡发生。滑坡区场地地震加速度峰值为 0.20g,地震反应谱特征周期为 0.40 s(图 12-6)。唐家山滑坡属典型的地震诱发型滑坡。唐家山滑体冲入湔江河谷,被对岸斜坡阻挡,滑体前缘岩层倾向与原地层反向,倾角达 59°。涌浪将对岸斜坡下部植被一扫而光,残留浪痕明显,涌浪高度约 40 m。根据滑坡体的前缘岩体产状与库水涌浪情况,可判定唐家山滑坡体为高速滑坡。因此,唐家山滑坡为特大型基岩顺层滑坡,属地震诱发的高速滑坡。

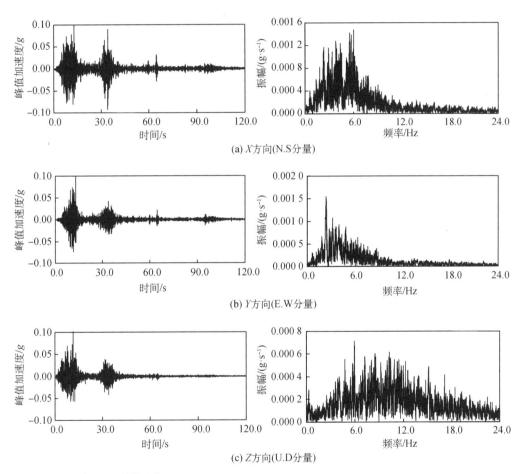

图 12-6　汶川波时程及其傅氏谱

在唐家山滑坡西侧,湔江呈 90°转折,河流右岸出露倒转复式褶皱,褶皱轴线垂直于唐家山滑坡倾向。褶皱沿轴线走向向下游延伸,恰好可至唐家山原斜坡体。唐家山上游出露的褶皱纵剖面,揭示了唐家山滑坡发育的构造环境与岩体结构,表明唐家山滑坡发育在倒转褶皱的一翼。这一推断在唐家山滑体中也可印证:在堰塞体泄流槽的中部和滑坡对岸岸坡,均出露有大小不一、角度较缓的原生褶曲,为倒转褶皱的一翼经滑动形成。由此推断,唐家山滑坡区地质历史上曾遭受了强烈的构造运动,褶皱发育。根据周边褶皱产状推断,唐家山滑坡发育在倒转褶皱的一翼。

在唐家山滑体前缘,滑体地层反翘,滑体地层剖面中出露多层层间剪切带(图 12-7),且层间剪切带有些发生泥化,厚度约 20 cm。这些层间剪切带沿滑动方向有明显的剪切变形,擦痕镜面现象明显。滑坡滑带也发育在层间剪切带中。层间剪切带物理力学特性较差,是滑坡发生滑动的软弱层,是基岩顺层滑坡发育的温床。唐家山原始斜坡存在的这些层间剪切带,是唐家山滑坡发生的控制因素。

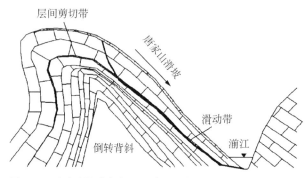

图 12-7　唐家山滑坡发育机制(李守定 等,2010)

12.1.3　唐家山堰塞坝成坝过程

根据在唐家山附近上游 4 km 漩坪部位计算获得的多年通口河水文径流资料,丰水期(5—10 月)平均流量为 80.9 m³/s,相应流速约 4 m/s,地震时 5 月中旬日平均流量为 75.2 m³/s,堰塞坝汇水阶段流量为 113 m³/s。由此可见,上述流量和流速相对于规模几千万方的高速滑坡体而言,短时间内冲刷带走坝体的可能性很小。

唐家山部位通口河在枯水期水面高程约 665 m 时对应的河宽 100～130 m,水深 0.5～4.0 m。同时,唐家山对岸元河坝原貌山坡总体坡度为 25°～40°,临空条件非常有限,高速下滑滑坡在河床部位快速剪切后很快会在对岸受阻而堵江。该过程与第 3 章宽滑道矩形河谷的试验结果一致。堆积坝体在河谷对岸侧较高,溢流点位于滑源侧,呈现出相反的坝高变化趋势。模型试验坝坡的范围为 14°～29°(图 3-9),这与唐家山堰塞坝的坡度匹配。

唐家山堰塞坝的粗颗粒集中在对岸,而细颗粒则在近岸,与第 3 章中不同级配坝体材料的成坝特征一致(图 3-9)。这是因为滑坡碎屑体在运动过程表现出明显的颗粒分选现象,最终形成的坝体颗粒分布不均匀,细砂颗粒集中在源头一侧(图 3-12),而粗砾石颗粒主要集中在远端和靠近对面的一侧。

12.2　唐家山堰塞坝坝体渗流特性

12.2.1　渗流对堰塞坝影响的有限元分析

利用 ABAQUS 有限元程序对唐家山堰塞坝体在水位上升和余震作用下的渗流稳定性和动力响应进行计算分析。唐家山堰塞湖初期水位,即低水位为 710 m,历史最高蓄水位,即高水位为 740 m,为计算坝体的渗流稳定性,选取这 2 个典型水位进行计算。

根据唐家山堰塞坝体的土层结构和推测浸润面的高程,以坝体顺河向典型纵剖面(图 12-8)为模拟对象,建立计算模型,计算模型长 1 400 m,高 162 m,堰塞湖水位 710 m。采用三角形六节点平面应变孔压单元(CPE6MP),共划分 11 980 个单元,采用摩尔—库仑模型。底部边界为不透水边界,水平向和竖向都施加位移约束,坝体两侧和坝基上表面为透水边界,坝基的左右两侧均施加水平向位移约束。各层土的物理力学性质参数如表 12-1 所示。

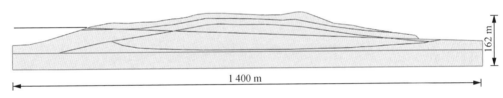

图 12-8　710 m 水位下堰塞坝计算模型

表 12-1　唐家山堰塞坝各土层物理力学参数

序号	名称	干密度/$(kg \cdot m^{-3})$	孔隙比	密度/$(kg \cdot m^{-3})$	黏聚力/kPa	内摩擦角/$(°)$	弹性模量/MPa	泊松比	阻尼系数	渗透系数 k/$(m \cdot s^{-1})$
1	天然碎石土层(第①层)	1 940	0.361	2 100	200	35	400	0.25	0.157	5×10^{-6}
2	饱水碎石土层(第①层)	1 940	0.361	2 200	100	30	400	0.25	0.157	5×10^{-6}
3	天然块碎砾石层(第②层)	1 920	0.370	2 100	200	35	500	0.20	0.157	1×10^{-3}
4	饱水块碎砾石层(第②层)	1 920	0.370	2 200	100	30	500	0.20	0.157	1×10^{-3}
5	天然似层状碎裂岩体(第③层)	1 730	0.549	2 500	250	40	2 500	0.20	0.157	5×10^{-4}
6	饱水似层状碎裂岩体(第③层)	1 730	0.549	2 550	150	38	2 500	0.20	0.157	5×10^{-4}

（续表）

序号	名称	干密度/ (kg·m⁻³)	孔隙比	密度/ (kg·m⁻³)	黏聚力/ kPa	内摩 擦角/ (°)	弹性 模量/ MPa	泊松比	阻尼 系数	渗透系数 k/ (m·s⁻¹)
7	饱水灰黑色砾石 粉 细 砂 层（第 ④层）	1 820	0.49	1 900	20	16	150	0.30	0.157	5×10^{-5}
8	基岩	2 670	0.03	2 750	390	40	11 500	0.15	0.157	5×10^{-7}

12.2.2　低水位下堰塞坝渗流分析

当堰塞湖水位为 710 m 时,坝体内孔隙水压力分布如图 12-9 所示。由图可知坝体内浸润面的形状和坝体下游渗水点的位置。计算得到的下游渗水点高程为 670.2 m,与现场调查结果(669 m)接近。

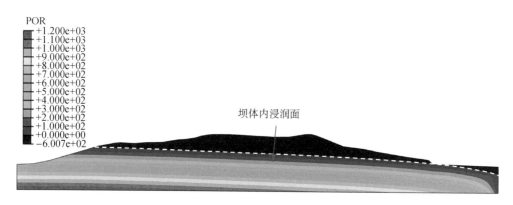

图 12-9　水位 710 m 时坝体内孔隙水压力分布图(单位:kPa)

坝体内流速矢量分布如图 12-10 所示。各层最大流速如表 12-2 所示。坝体内流速较大的主要为浸润面以下的块碎砾石层(第②层)和似层状碎裂岩体(第③层),其原因是这两层渗透系数较大。按流速大小可分为 A、B、C、D 四个区,其中流速最大的为 D 区,此区域为水流由坝体内渗出坝体外的区域,流速最大值发生在渗水点附近,为 8.06×10^{-5} m/s。A、C 区域流速次之,为 $1.6 \times 10^{-5} \sim 3.2 \times 10^{-5}$ m/s。其原因是此两个区域位于土层交界处。A 区为第②层流入第③层的区域,C 区为第③层流入第②层及第④层的区域。B 区因处在第③层中间区域,土层较厚,因此流速较小。

由各土层的最大流速和渗透系数,根据达西定律公式可计算出各层最大渗透坡降,如表 12-2 所示。可知各土层的最大渗透坡降均小于允许渗透坡降,因此堰塞体发生渗透破坏(管涌)的可能性较小。

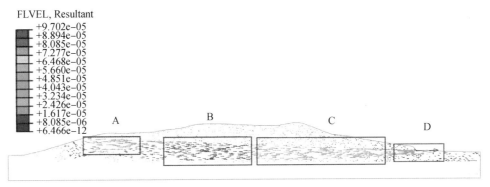

图 12-10　水位 710 m 时坝体内流速矢量分布图(单位:m/s)

表 12-2　水位 710 m 下坝体内各土层渗透坡降

土层	最大流速/(m·s⁻¹)	渗透系数/(m·s⁻¹)	最大渗透坡降	允许渗透坡降
第①层	1.42×10^{-6}	5×10^{-6}	0.28	0.5
第②层	8.06×10^{-5}	1×10^{-3}	0.08	0.6
第③层	5.40×10^{-5}	5×10^{-4}	0.11	0.7
第④层	8.53×10^{-6}	5×10^{-5}	0.17	0.3

12.2.3　高水位下堰塞坝渗流分析

当堰塞湖水位为 740 m 时,坝体内孔隙水压力分布如图 12-11 所示。740 m 水位下坝体内浸润线基本为一条直线。740 m 水位下坝体内浸润面高程比 710 m 水位下浸润面高程大幅升高。计算得到的下游渗水点高程为 700.4 m。根据现场调查资料,740 m 水位时在下游坝坡高程 700 m 左右发现一处集中渗水点(胡卸文 等,2009),与计算结果接近。

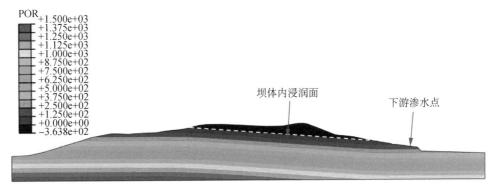

图 12-11　水位 740 m 下坝体内孔隙水压力分布图(单位:kPa)

740 m 水位下坝体内流速矢量分布图如图 12-12 所示。由图 12-12 和表 12-3 可知,浸润面以下的块碎砾石层(第②层)内流速明显大于其他土层,其原因是这一土层渗透系数远大于其他土层。另外,似层状碎裂岩体(第③层)内流速也较大。渗流主要发生在这两层土内。

FLVEL, Resultant
+1.488e-04
+1.364e-04
+1.240e-04
+1.116e-04
+9.920e-05
+8.680e-05
+7.440e-05
+6.200e-05
+4.960e-05
+3.720e-05
+2.480e-05
+1.240e-05
+1.794e-13

图 12-12　水位 740 m 时坝体内流速矢量分布图(单位:m/s)

由各土层内最大渗透坡降计算结果(表 12-3)可知,740 m 水位下各土层的最大渗透坡降均小于允许渗透坡降,因此堰塞体发生渗透破坏(管涌)的可能性较小。

表 12-3　水位 740 m 下坝体内各土层渗透坡降

土层	最大流速/(m·s^{-1})	渗透系数/(m·s^{-1})	最大渗透坡降	允许渗透坡降
第①层	1.99×10^{-6}	5×10^{-6}	0.40	0.5
第②层	1.45×10^{-4}	1×10^{-3}	0.15	0.6
第③层	7.15×10^{-5}	5×10^{-4}	0.14	0.7
第④层	1.26×10^{-5}	5×10^{-5}	0.25	0.3

由上述 710 m 水位和 740 m 水位下坝体内渗流计算结果可知,唐家山堰塞坝体发生渗透破坏的可能性较小。而现场调查资料亦验证了这一点。虽然下游坝坡发生了渗水现象,但渗水点的水质清澈,无浑浊现象(罗刚,2012),说明坝体没有出现管涌破坏。因此唐家山堰塞坝在渗流作用下的稳定性较高。但计算结果表明,740 m 水位时坝体内各土层渗透坡降均比710 m 水位时大,说明堰塞湖水位上升对坝体的渗透稳定性是不利的。

12.3　唐家山堰塞坝动力特性

唐家山堰塞湖形成后发生了多次余震。为得到堰塞坝在地震作用下的动力反应规律,对740 m 水位下坝体模型分别输入加速度峰值为 $0.071g$,$0.2g$,$0.41g$ 和 $0.63g$ 的地震波,分别对应八度多遇、八度基本、八度罕遇、九度罕遇四种地震烈度。地震波形选用汶川波(卧龙台记录),如图 12-6 所示。

采用四节点平面应变减缩积分单元(CPE4R),网格划分后的计算模型如图 12-13 所示,采用摩尔—库仑模型,在坝体内设置九个监测点。A、B、C、D 沿高程接近等间距分布,用来监测坝体的加速度反应。A 点为坝体最高点,高程为 752.13 m;B 点高程为 698.19 m;C 点高程为 644. 67 m;D 点为坝底监测点,高程为 590 m。E、F、B、G 为相同高程的四个监测点,四个点距左下角 O 点的水平距离分别为 179. 8 m,569. 7 m,853. 9 m,1076. 6 m。H 点和 I 点为上游坝坡相对高程较高的点(地形上凸起的位置),用来监测坝体内典型位置的位移。

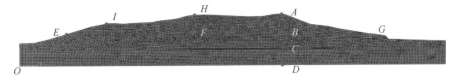

图 12-13　唐家山堰塞坝动力计算模型

12.3.1　地震动力下的计算结果

1. 加速度峰值为 0.071g 的工况

输入地震波加速度峰值 $A_{gx\,max}$ 为 $0.071g(0.696\ \mathrm{m/s^2})$时,计算得到的坝体内 A、B、C、D 点的水平向加速度时程如图 12-14 所示,水平向加速度放大倍数沿坝高方向分布如图 12-15 所示。由图可知,由坝底至坝顶,坝体所受的加速度值逐渐增大,与第 9 章堰塞坝地震动模型试验结果相吻合。坝体最高点加速度峰值是坝底的 4.98 倍。说明由坝底至坝顶,坝体内岩土体所受的地震力逐渐增大,坝顶岩土体所受的地震力最大。

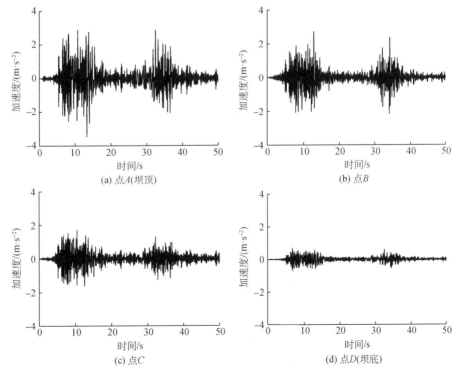

图 12-14　坝体内监测点水平向加速度时程($A_{gx\,max}=0.071g$)

相同高程的四个监测点 E、F、B、G 的水平向加速度放大倍数顺河向分布如图 12-16 所示。由图可知,坝坡的两个点 E、G 处的加速度放大倍数比坝体内部的点 F、B 略大,与模型试验结果相吻合,即出现"表面放大"现象。表明在地震作用下,越靠近坝坡表面的点受到的地震力越大。

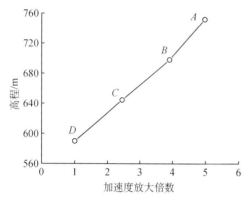

图 12-15   水平向加速度放大倍数沿坝高分布
($A_{gx\ max} = 0.071g$)

图 12-16   水平向加速度放大倍数顺河向分布
($A_{gx\ max} = 0.071g$)

输入加速度峰值 $A_{gx\ max}$ 为 $0.071g$ 时,坝体内位移云图及矢量图如图 12-17 所示。由图

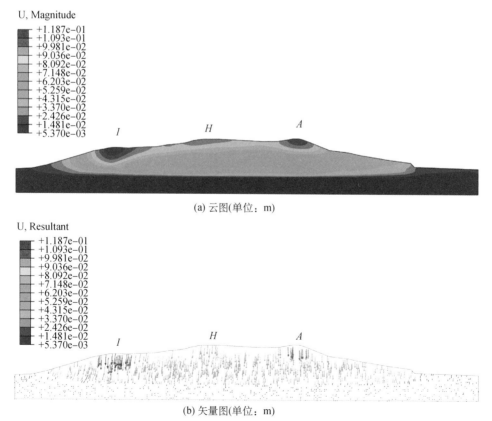

(a) 云图(单位：m)

(b) 矢量图(单位：m)

图 12-17   输入加速度峰值为 $0.071g$ 时坝体位移($t = 50\ s$)

可知,在地震作用下,位移矢量方向向下,坝体主要的变形为沉陷。较大的沉陷发生在凸起的 A、H、I 点附近。其中,I 点附近沉陷值最大,为 11.87 cm。A 点附近最大沉陷值为 10.68 cm,H 点附近最大沉陷值为 9.63 cm。

2. 加速度峰值为 $0.2g$

输入地震波加速度峰值 $A_{gx\ max}$ 为 $0.2g$ 时,各点加速度时程曲线与 $0.071g$ 时的类似,此处不再列出。坝体内加速度放大倍数沿坝高及顺河向分布如图 12-18 所示。沿坝高分布方面,加速度随监测点高程升高而增大,说明坝体岩土体所受地震力由坝底至坝顶逐渐增大。同一高程监测点顺河向分布方面,坝坡表面监测点 E、G 加速度放大倍数略大于坝体内监测点 F、B,出现"表面放大"现象。

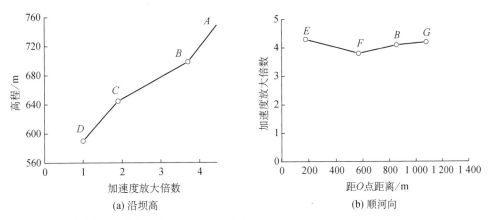

(a) 沿坝高　　　　　　　　　(b) 顺河向

图 12-18　坝体内加速度放大倍数分布($A_{gx\ max}=0.2g$)

输入加速度峰值 $A_{gx\ max}$ 为 $0.2g$ 时,坝体内位移云图及矢量图如图 12-19 所示。由图可知,坝体依然表现为向下沉陷,但沉陷量较 $A_{gx\ max}$ 为 $0.071g$ 时明显增大。I 点沉陷值是最大的,为 31.64 cm。A 点和 H 点附近最大沉陷值分别为 28.59 cm、26.00 cm。

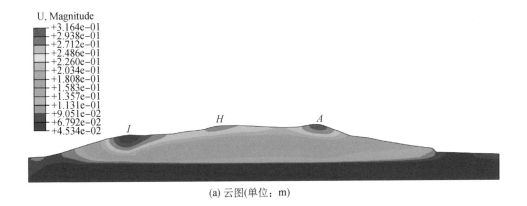

(a) 云图(单位: m)

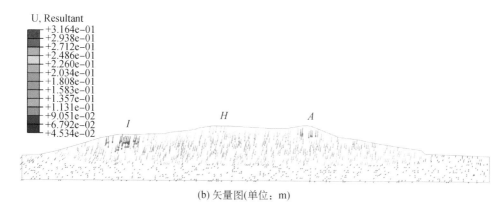

(b) 矢量图(单位：m)

图 12-19　输入加速度峰值 0.2g 时坝体位移(t = 50 s)

3. 输入加速度峰值为 0.41g

输入地震波加速度峰值 $A_{gx\,max}$ 为 0.41g 时，坝体内加速度放大倍数沿坝高和顺河向分布如图 12-20 所示。沿坝高分布方面，加速度放大倍数随高程增大而增大。顺河向分布方面，加速度"表面放大"现象较明显。

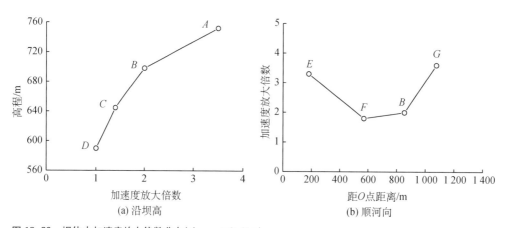

图 12-20　坝体内加速度放大倍数分布($A_{gx\,max}$ = 0.41g)

输入加速度峰值 $A_{gx\,max}$ 为 0.41g 时，坝体内位移云图及矢量图如图 12-21 所示。相比

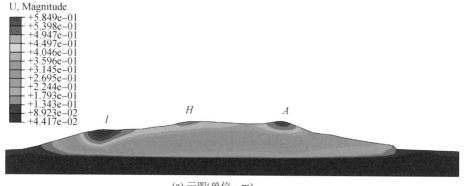

(a) 云图(单位：m)

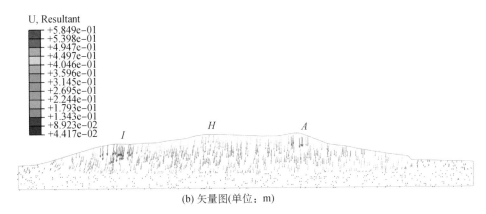

(b) 矢量图(单位：m)

图 12-21　输入加速度峰值 0.41g 时坝体位移(t = 50 s)

$A_{gx\,max}$ 为 0.2g 时,坝体沉陷量明显增大,最大沉陷值达 58.49 cm,位于 I 点附近。A 点和 H 点附近最大沉陷量分别为 52.12 cm、46.41 cm。

4. 输入加速度峰值为 0.63g

输入地震波加速度峰值 $A_{gx\,max}$ 为 0.63g 时,坝体内加速度放大倍数沿坝高和顺河向分布如图 12-22 所示。沿坝高分布方面,加速度放大倍数随监测点高程升高而增大。顺河向分布方面,相比前述工况,"表面放大"现象不明显。

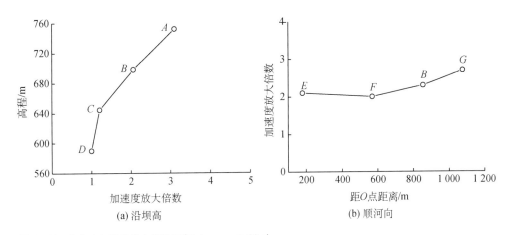

(a) 沿坝高　　　　　　　　　　　(b) 顺河向

图 12-22　坝体内加速度放大倍数分布($A_{gx\,max}$ = 0.63g)

输入加速度峰值 $A_{gx\,max}$ 为 0.63g 时,坝体内位移云图及矢量图如图 12-23 所示。此工况下坝顶沉陷量急剧增加,最大沉陷量达 112.0 cm,位于 I 点附近。A 点和 H 点沉陷量分别为 99.12 cm、88.15 cm。

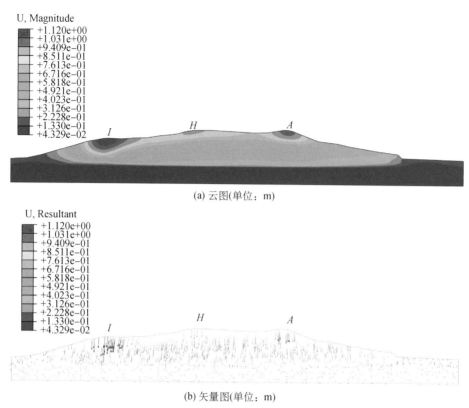

(a) 云图(单位: m)

(b) 矢量图(单位: m)

图 12-23 输入加速度峰值 0.63g 时坝体位移($t = 50$ s)

12.3.2 地震对堰塞坝影响分析

1. 加速度

由以上计算结果可知,加速度放大倍数随高程升高而增大,最大加速度一般出现在坝顶位置。对于相同高程的监测点,加速度最大值出现在坝体的上游或下游靠近坝坡表面处,坝体内

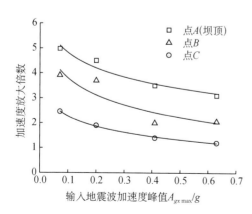

图 12-24 坝体内加速度放大倍数与的 $A_{gx\,max}$ 关系拟合曲线($A_{gx\,max}$ 单位:$g = 9.8 \, \text{m/s}^2$)

部监测点的加速度放大倍数较小,即出现"表面放大"现象。这在模型试验中得到了验证。但由于唐家山堰塞坝规模较大,坝体表层主要为碎石土、砾石等,表面加速度较大仅会引起坝坡岩土体的局部滑落,不会对坝体的整体稳定性造成影响。

另外,输入地震波加速度峰值 $A_{gx\,max}$ 对加速度放大倍数有影响。$A_{gx\,max}$ 分别为 0.071g、0.2g、0.41g、0.63g 时,A、B、C、D 各监测点的加速度放大倍数随 $A_{gx\,max}$ 的变化如图 12-24 所

示。各点加速度放大倍数随 $A_{gx\,max}$ 的增大而减小,并可用下式来拟合:

$$\beta = A - B\ln(A_{gx\,max}) \tag{12-1}$$

除点 B 的拟合曲线 R^2 值为 0.73 外,点 A、C 拟合曲线 R^2 值均大于 0.9,拟合效果较好。加速度放大倍数随 $A_{gx\,max}$ 的变化规律与第 9 章堰塞坝地震动模型试验结果相符合。

2. 位移

由计算结果可看出,最大位移发生在靠近坝顶处。一方面是因为坝体沉陷的累积效应;另一方面是因为坝顶处加速度值大,所受到的地震作用力大,因此产生更大的沉陷值。

另外,坝体沉陷量与输入地震波加速度峰值 $A_{gx\,max}$ 有关系。坝体内典型位置监测点 A、H、I 的位移随 $A_{gx\,max}$ 的变化关系如图 12-25 所示。由图可知,各监测点位移值随 $A_{gx\,max}$ 的增大而迅速增大。其主要原因是 $A_{gx\,max}$ 增大引起更大的地震力,进而导致坝体产生更大的位移值。

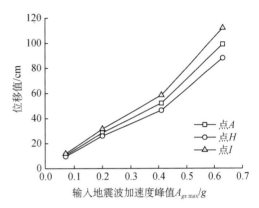

图 12-25　监测点位移随 $A_{gx\,max}$ 的变化关系

地震导致坝体发生沉陷对坝体稳定是极为不利的。输入波加速度峰值为 0.2g(八度基本烈度)时,坝体最高点 A 的沉陷量已达到 28.59 cm。堰塞坝形成后可能会经历多次余震,而每次余震造成的沉陷都会累积。加之堰塞湖水位快速上升,相比没有地震时,湖水可能提前漫过坝顶,发生溢流冲蚀破坏,严重威胁下游安全。

12.4　唐家山堰塞坝溃决过程

12.4.1　溃决过程分析

采用 DABA 模型模拟唐家山堰塞坝的溃决过程。唐家山堰塞坝的土体剖面见图 12-8。坝体材料的可蚀性系数 K_d 随深度从 120 mm³/(N·s)减小到 10 mm³/(N·s),坝体材料的抗侵蚀力 τ_c 随深度从 10 Pa 增加到 5 500 Pa(表 12-4)。

表 12-4　唐家山堰塞坝土体参数

深度 /m	孔隙比 e	不均匀系数 C_u	塑性指数 PI/%	细粒含量 P/%	内摩擦角 φ/(°)	中值粒径 d_{50}	颗粒比重 G_s
10	0.93	586	16	12.0	22	11.0	2.57

（续表）

深度 /m	孔隙比 e	不均匀系数 C_u	塑性指数 PI/%	细粒含量 P/%	内摩擦角 φ/(°)	中值粒径 d_{50}	颗粒比重 G_s
10	0.97	630	15	11.5	22	9.0	2.73
20	0.78	947	22	17.0	22	4.9	2.66
	0.81	289	21	10.8	22	8.0	2.73
21	0.68	136	—	5.9	36	24.0	2.68
	0.59	99	—	4.9	36	26.0	2.66
50	0.61	901	—	—	36	710	—
	0.59	800	—	—	36	660	—

唐家山堰塞坝初始的溃口形态参数见表 12-5。溃决过程的关键参数见表 12-6。

表 12-5　唐家山堰塞坝溃口形态参数

B_b	B_t	D	B_{c0}	α_0	β_0	β_u	α_c	β_f	Δd_i
8 m	38 m	10 m	350 m	33.7°	13.5°	20°	50°	30°	0.01 m

注：B_b 是溃口底宽，B_t 是溃口顶宽，D 是溃口深度，B_{c0} 是坝顶宽，α_0 是溃口横截面坡度，β_0 是堰塞坝上游坝体坡度，β_u 是下游坝体坡度，α_c 是横截面临界坡度，β_f 是下游临界坡度，Δd_i 是初始溃口水深。

表 12-6　唐家山堰塞坝记录与模拟溃口参数对比

参数	峰值流量 /(m³·s⁻¹)	溃口深度 /m	溃口底宽 /m	溃口顶宽 /m	溃坝形成时间/h	溃口发展时间 /h
记录值	6 500	42	80~100	145~235	72	14
模拟值	6 698	44.9	104.6	183	71.2	16.2

唐家山堰塞坝溃口发展和溃决流量如图 12-26 所示。堰塞坝 DABA 模型计算值与实测值无论在出现时间上还是峰值流量上都较为吻合。预测的峰值流量（6 737 m³/s）略高于实测峰值流量（6 500 m³/s）；计算的溃口发展阶段开始时间（69.9 h）略晚于实测值（69.4 h）。

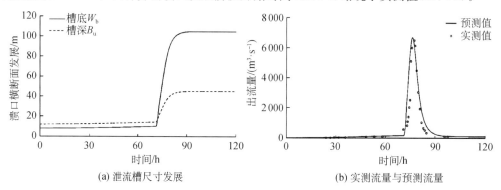

(a) 泄流槽尺寸发展　　　　　　　　　(b) 实测流量与预测流量

图 12-26　唐家山堰塞坝溃口发展

由溃决发展过程可知,溃口在前 69.4 h 缓慢发展,在之后的 12 h 迅速发展,随后溃口的变化率再次降低。预测的最终溃口顶宽、底宽及溃口深度分别为 247 m、101 m 及 45 m。计算的溃口底宽和溃口深度均落在实测值的区间中,溃口底宽计算值低于区间平均值,溃口深度计算值高于区间平均值。计算的溃口顶宽大于实测区间值。

唐家山堰塞坝溃口计算值与实测值的差异可能源自以下几个方面:

(1) DABA 模型尚未考虑侧坡失稳及泄流槽侵蚀过程中粗颗粒在溃口内的沉积,导致模型考虑的侵蚀量偏大。

(2) 堰塞坝在处置过程中泄流槽采取了一些保护措施,能降低溃口的侵蚀量。

(3) 现场堰塞坝材料的取样有限,材料参数的空间变异性给参数评估带来了较大的不确定性。

(4) 唐家山堰塞坝溃口沿坝宽并不呈一条直线,但计算过程中假定了溃口沿直线发展。

12.4.2　唐家山堰塞坝与模型坝体溃决对比

唐家山堰塞坝的溃口在溃决过程中横截面基本保持梯形[图 12-27(a)],这与 DABA 模型的假设一致,也与第 6 章中不同坝体材料模型坝体的溃口变化相似。此外,唐家山堰塞坝的溃口在下游坝坡上逐渐扩展,形成喇叭状的泄流槽。这与级配连续材料堰塞坝的溃口发展情况一致[图 12-27(b)],这是因为级配连续材料的不均匀系数较大,粗砾石较细颗粒更难被溃决洪水带走。一些粗颗粒首先在下游坝体顶部附近启动,然后沉积在靠近下游坝趾的地方,导致泄流槽偏转。因此,泄流槽的宽度沿坝体纵向上逐渐增加,形成喇叭状的溃口。

(a) 唐家山堰塞坝的溃口　　　　　　　　　　　　　　(b) 级配连续堰塞坝的溃口

图 12-27　堰塞坝溃口的几何形状

唐家山堰塞坝的失稳溃决是溯源侵蚀导致的。在溯源侵蚀过程中,即阶段 I 和阶段 II,坝顶溃口深度和坝高几乎保持不变,溃决流量增加缓慢,持续时间长,占堰塞坝整个溃决时间的 90% 以上。当裂点到达上游坝坡坡面时,溃口边坡坍塌,坝高显著降低。该溃决失稳过程与级配连续模型坝体高度一致。这是因为溃口启动阶段的洪水侵蚀剪应力低,夹带了细砂和粉粒,而仅有少量粗砾石被侵蚀。这表明唐家山堰塞坝材料的抗侵蚀性强。由此,合理解释了溃决峰值流量较低的原因。

12.4.3　唐家山堰塞坝参数影响分析

第 4～8 章的模型试验结果表明,堰塞坝的溃决过程及溃决参数受坝体结构、材料和形态等因素的影响显著。鉴于此,本节将在唐家山堰塞坝溃决过程模拟的基础上,针对以唐家山堰塞坝为代表的非均质结构类型,利用 DABA 物理计算模型,通过修改相关参数,分别对坝体形态、材料和结构等影响因素进行参数敏感性分析,比较不同参数对坝体溃决的影响程度,并与模型试验结果发现的规律进行对比。需要在此说明的是,本节中提及的"非均质坝"或"非均质结构",如无特殊说明,都是特指唐家山堰塞坝所代表的竖向非均质结构类型,后文不再赘述。

1. 坝高

为研究坝高对溃决过程及溃决参数的影响,在唐家山堰塞坝的基础上,将坝高分别设定为 61.8 m(减小 25%)、82.4 m(原型)、103.0 m(增加 25%),相应的初始堰塞坝水位分别设定为 53.4 m、71.2 m(原型)、89.0 m,即与坝高成正比。同时,坝体内部沿深度方向分布的各土层厚度也相应减小 25% 或增加 25%,而包括材料土体参数等在内的其他参数均保持不变。不同坝高条件下堰塞坝的溃决参数如表 12-7 所示,溃决流量过程如图 12-28 所示。

表 12-7　不同坝高条件下堰塞坝的溃决参数

溃决参数	坝高/m		
	61.8	82.4	103.0
峰值流量/(m³·s⁻¹)	4 891.68	6 600.15	8 425.27
峰现时间/h	51.92	76.87	116.73
最终溃口深度/m	36.98	43.43	48.38
最终溃口顶宽/m	167.11	204.36	232.29
最终溃口底宽/m	105.05	131.47	151.10
溃口形成阶段历时/h	45.52	71.23	112.03
溃口发展阶段历时/h	18.17	14.60	11.97
最大水位高程/m	724.40	742.20	762.70
最大槽内水深/m	11.30	12.40	13.60

结果表明,坝高对非均质结构堰塞坝的溃决流量、溃口尺寸、溃决历时和槽内水深的影响

显著。具体来说,坝高的增加,会使溃坝峰值
流量增大、峰现时间推迟、最终溃口尺寸(包
括溃口深度、顶宽及底宽)增加、溃口形成阶
段历时延长、溃口发展阶段历时缩短、最大水
位高程及槽内水深增加(表 12-7)。堰塞坝坝
高反映了堰塞湖库容及潜在水力势能的大
小,同时非均质坝内部易侵蚀区域的土层厚
度也随坝高的增加而增加,这导致当坝高较
大时,非均质坝的溃口下切深度和下泄库水
量明显增加。堰塞坝坝高增加 25%,峰值流

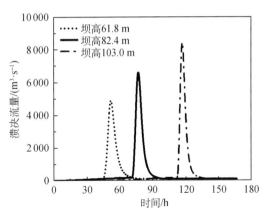

图 12-28　不同坝高对应的溃决流量过程曲线

量较原型堰塞坝增大了 27.7%,最终溃口深度增加了 11.4%,最大槽内水深升高了 9.7%。
堰塞坝坝高减小 25%,峰值流量较原型堰塞坝减小了 25.9%,最终溃口深度减小了 14.9%,
最大槽内水深降低了 8.9%。

　　增加坝高导致非均质坝体底部抗侵蚀能力强的土层厚度相应增加,对下游坡脚稳定性和
残余坝体形态存在显著影响。因此,尽管坝高增加使峰值流量明显增大,但当溃口下切侵蚀
至坝体底部土层后,随着溃决流量从峰值开始回落,溃口侵蚀速率会迅速减小,溃口形状尺寸
很快趋于稳定,导致非均质坝的溃口发展阶段历时缩短。因此,无论是非均质坝还是均质坝,
坝高的增加都会使峰值流量增大、最终溃口尺寸增加,从而显著提高堰塞坝的溃坝危险性,但
非均质坝由于自身的颗粒级配空间分布特征,坝体底部抗侵蚀能力强的土层导致溃口发展阶
段历时随坝高的增加而缩短,这一点与均质坝表现出的规律有所差异。

　　2. 坝顶宽

　　为研究坝顶宽对堰塞坝溃决过程与溃决参数的影响,在唐家山堰塞坝的基础上,将坝顶
宽分别设定为 175 m(减小 50%)、350 m(原型)、525 m(增加 50%),其他坝体参数保持不变。
不同坝顶宽条件下堰塞坝的溃决参数如表 12-8 所示,溃决流量过程如图 12-29 所示。

表 12-8　不同坝顶宽条件下堰塞坝的溃决参数

溃决参数	坝顶宽/m		
	175	350	525
峰值流量/(m³·s⁻¹)	6 808.27	6 600.15	6 294.82
峰现时间/h	58.52	76.87	95.22
最终溃口深度/m	43.29	43.43	43.57
最终溃口顶宽/m	206.22	204.36	202.52
最终溃口底宽/m	133.57	131.47	129.40

溃决参数	坝顶宽/m		
	175	350	525
溃口形成阶段历时/h	52.87	71.23	89.50
溃口发展阶段历时/h	14.45	14.60	14.88
最大水位高程/m	742.10	742.20	742.20
最大槽内水深/m	12.50	12.40	12.10

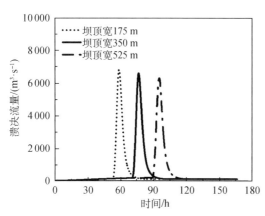

图 12-29　不同坝顶宽对应的溃决流量过程曲线

坝顶宽对非均质结构堰塞坝的峰现时间和溃决历时的影响显著。具体来说,坝顶宽的增加,会使峰现时间推迟、溃口形成阶段历时延长(表 12-8)。但非均质坝峰值流量、最终溃口尺寸(包括溃口深度、顶宽及底宽)、溃口发展阶段历时、最大水位高程及槽内水深受坝顶宽的影响较小。这是因为非均质结构堰塞坝的坝顶宽改变,受影响幅度最大的土层是坝体上部土层,而上部土层的抗侵蚀能力弱。此外,坝顶宽反映了溃口发展过程中溯源侵蚀距离的长短,这导致当坝顶宽较大时,非均质坝进入溃口发展阶段的时间明显更早。峰现时间和溃决历时表现为坝顶宽增加 50%,峰现时间较原型堰塞坝推迟了 23.9%,溃口形成阶段历时延长了 25.6%;坝顶宽减小50%,峰现时间较原型堰塞坝提前了 23.9%,溃口形成阶段时间缩短了 25.8%。

坝顶宽改变对坝体上部以下土层的相对影响幅度沿深度方向逐渐减小。因此,当上部土层被全部侵蚀后,溃口侵蚀速率受中部及底部材料土体性质的影响显著,上游溃口断面下切速度放缓,水力坡降小,导致非均质坝的峰值流量和最终溃口尺寸变化较小。无论是非均质坝还是均质坝,峰现时间、溃决历时与坝顶宽之间均具有较显著的线性对应关系。但是,相比于均质坝,非均质坝峰值流量和最终溃口尺寸受坝顶宽的影响较小。因此,与坝高相比,坝顶宽这一坝体形态参数对非均质结构堰塞坝溃决的影响程度相对较小,即主要影响峰现时间和溃决历时,坝顶宽较小时意味着预警时间紧迫。

3. 下游坝坡坡度

为研究堰塞坝下游坝坡坡度对溃决过程及其溃决参数的影响,在唐家山堰塞坝的基础上,将下游坝坡坡度分别设定为 13.5°(原型)、20.3°(1.5 倍原型)和 27.0°(2 倍原型),相应的下游坝坡长度分别设定为 301.6 m(原型)、203.4 m 和 155.1 m,其他坝体参数保持不变。不同下游坝坡坡度条件下堰塞坝的溃决参数如表 12-9 所示,溃决流量过程如图 12-30 所示。

表 12-9　不同下游坝坡坡度条件下堰塞坝的溃决参数

溃决参数	下游坝坡坡度/(°)		
	13.5	20.3	27.0
峰值流量/(m³·s⁻¹)	6 600.15	7 556.76	8 699.35
峰现时间/h	76.87	65.00	53.88
最终溃口深度/m	43.43	44.07	45.39
最终溃口顶宽/m	204.36	209.80	214.06
最终溃口底宽/m	131.47	135.85	141.29
溃口形成阶段历时/h	71.23	59.55	48.65
溃口发展阶段历时/h	14.60	13.28	11.43
最大水位高程/m	742.20	742.30	742.40
最大槽内水深/m	12.40	13.00	13.80

下游坝坡坡度对非均质结构堰塞坝的峰值流量和槽内水深的影响显著,对峰现时间、溃口尺寸(包括溃口深度、顶宽及底宽)和溃决历时也有一定程度的影响。具体来说,下游坝坡坡度的增加,会使峰值流量增大、最大槽内水深增加,同时会使峰现时间有所提前、最终溃口尺寸略微增加、溃口形成和溃口发展阶段历时缩短(表 12-9)。下游坝坡坡度反映了下游坡面上溃坝水流的侵蚀能力和坝体材料的抗侵蚀特性,这导致当下游坝坡坡度较大时,非均质坝的水力坡降增大、水流侵蚀

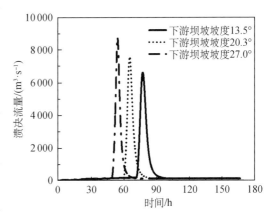

图 12-30　不同下游坝坡坡度对应的溃决流量过程曲线

能力增强。下游坝坡坡度增至原型的 1.5 倍,峰值流量较原型堰塞坝增加了 14.5%,最大槽内水深增加了 4.8%。将下游坝坡坡度增至原型的 2 倍后,峰值流量较原型堰塞坝增加了 31.8%,最大槽内水深增加了 11.3%。但是,由于坝体底部土层的自身抗侵蚀能力强,下游坝坡坡度改变对该层材料抗侵蚀特性的实际影响相对较小。因此,当溃口侵蚀至底部土层后,下切侵蚀速率受材料土体参数本身的影响更大。

下游坝坡坡度的增加会使峰值流量增大、峰现时间提前,从而显著提高堰塞坝的溃坝危险性,但非均质坝由于自身的颗粒级配空间分布特征,坝体底部抗侵蚀能力强的土层导致溃决中后期溃口发展受下游坝坡坡度的影响较小,下游坝坡坡度对非均质坝溃决的影响力度不如均质坝。与坝高相比,下游坝坡坡度这一坝体形态参数对非均质结构堰塞坝溃决的影响程度相对较小,即主要影响峰值流量和槽内水深,对峰现时间、溃口尺寸和溃决历时也有一定程

度的影响。

4. 坝体材料

为研究坝体材料对堰塞坝溃决过程及溃决参数的影响,在唐家山堰塞坝的基础上,将原型坝体内部所有土层的抗侵蚀能力分别提高 25% 或降低 25%,其他坝体参数均保持不变。不同坝体材料条件下堰塞坝的溃决参数如表 12-10 所示,溃决流量过程如图 12-31 所示。

表 12-10　不同坝体材料条件下堰塞坝的溃决参数

溃决参数	材料抗侵蚀特性		
	抗侵蚀能力弱	原型	抗侵蚀能力强
峰值流量/(m³·s⁻¹)	8 407.38	6 600.15	4 792.92
峰现时间/h	63.00	76.87	99.33
最终溃口深度/m	46.08	43.43	40.41
最终溃口顶宽/m	219.56	204.36	186.89
最终溃口底宽/m	142.23	131.47	119.08
溃口形成阶段历时/h	58.20	71.23	92.43
溃口发展阶段历时/h	11.90	14.60	19.08
最大水位高程/m	742.10	742.20	742.50
最大槽内水深/m	13.70	12.40	10.90

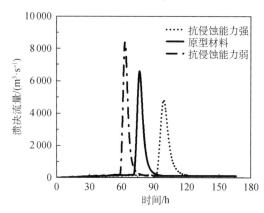

图 12-31　不同坝体材料对应的溃决流量过程曲线

坝体材料对非均质结构堰塞坝的溃决流量、溃口尺寸、溃决历时和槽内水深的影响显著。坝体材料整体抗侵蚀能力的增强,会使峰值流量减小、峰现时间推迟、最终溃口尺寸减小、溃口形成与溃口发展阶段历时延长、最大槽内水深减小(表 12-10)。这是因为非均质坝体内部各个土层的抗侵蚀能力,都进行了相同比例的调整(提高 25% 或降低 25%),相当于改变了坝体整体的抗侵蚀能力。

坝体侵蚀过程受局部区域材料性质的影响显著,各土层对应的溃决特征和溃口侵蚀速率与所在土层的材料土体参数密切相关。当各个土层的抗侵蚀能力同时增强或减弱时,每一层的溃口侵蚀速率将相应地同步减小或增大,反映在溃决流量变化中就是将坝体材料抗侵蚀能力提高 25% 后,峰值流量较原型堰塞坝减小了 27.4%,峰现时间推迟了 29.2%。将坝体材料抗侵蚀能力降低 25% 后,峰值流量增加了 27.4%,峰现时间提前了 18.0%。无论是非均质坝还是均质坝,峰值流量、峰现时间与坝体材料整体抗侵蚀能力之间均具有较显著的线性对应关系,但是相比于均质坝,计算非均质结构堰塞坝的整体抗侵蚀能力,需要准确获取坝体内部各个土层的材料土体参数,而这在真实情况下存在一定的技术困难和不便。

5. 坝体结构

为研究坝体结构对溃决过程及溃决参数的影响,在唐家山堰塞坝的基础上,将坝体结构分别设定为竖向非均质结构类型①(原型,坝体材料沿深度方向逐渐变得致密)、竖向非均质结构类型②(坝体内部含有坚硬岩层的情况)、竖向非均质结构类型③(坝体内部含有抗侵蚀能力较弱土层的情况),这 3 种结构类型对应的坝体内部材料土体参数设置分别如图 12-32~图 12-34 所示,其他参数均保持不变。不同坝体结构条件下堰塞坝的溃决参数如表 12-11 所示,堰塞坝溃决流量过程如图 12-35 所示。

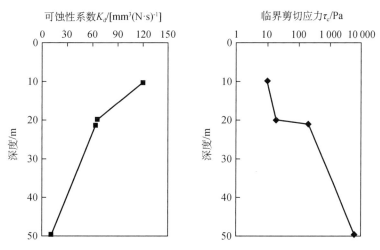

图 12-32　竖向非均质结构①的坝体内部土体材料参数设置

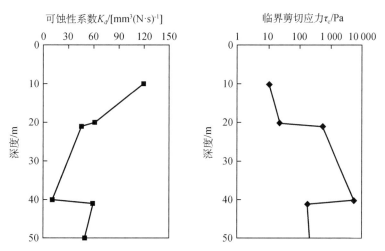

图 12-33　竖向非均质结构②的坝体内部土体材料参数设置

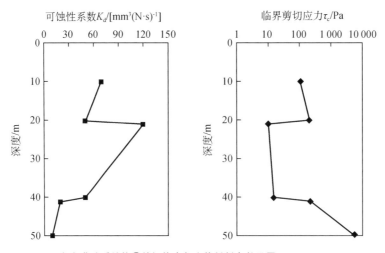

图 12-34 竖向非均质结构③的坝体内部土体材料参数设置

表 12-11 不同坝体结构条件下堰塞坝的溃决参数

溃决参数	坝体结构		
	结构类型①	结构类型②	结构类型③
峰值流量/(m³·s⁻¹)	6 600.15	7 329.86	1 4343.74
峰现时间/h	76.87	30.32	47.40
最终溃口深度/m	43.43	39.91	48.43
最终溃口顶宽/m	204.36	183.54	235.01
最终溃口底宽/m	131.47	116.56	153.74
溃口形成阶段历时/h	71.23	26.18	42.50
溃口发展阶段历时/h	14.60	11.78	8.73
最大水位高程/m	742.20	741.80	743.10
最大槽内水深/m	12.40	13.10	16.10

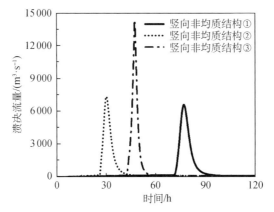

图 12-35 不同坝体结构对应的溃决流量过程曲线

不同竖向非均质结构类型对堰塞坝的溃决流量、溃口尺寸、溃决历时和槽内水深的影响显著。具体来说,结构类型①(原型,坝体材料沿深度方向逐渐变得致密)对应的峰值流量最小,为 6 600.15 m³/s;结构类型③(坝体内部含有抗侵蚀能力较弱土层的情况)对应的峰值流量最大,为 14 343.74 m³/s;结构类型②(坝体内部含有坚硬岩层的情况)对应的峰值流量则居于前二者之间,为 7 329.86 m³/s。对于峰现时间来说,结构类型②最早,为 30.32 h;结构类型①最晚,为 76.87 h;结构类型③则居于前二者之间,为 47.40 h。对于最早溃口尺寸(包括溃口深度、顶宽及底宽)来说,结构类型②最小,结构类型③最大,结构类型①则居于前二者之间。

DABA 物理计算模型仍存在自身的不足和局限性。例如,未能充分考虑水平非均质结构对堰塞坝溃决过程的影响,即缺少对于坝体横断面两侧材料出现粗细颗粒分选情况的设置和相关模拟,也未能很好地考虑溃决过程中的颗粒沉积作用及其影响,可能造成溃口演变和溃决流量变化与实际情况存在一定差异,这也是堰塞坝溃决数值模拟研究中未来需要进一步解决的问题。

12.5　唐家山堰塞坝级联溃决过程

12.5.1　唐家山堰塞坝及下游堰塞坝

唐家山堰塞坝阻断通口河形成堰塞湖后,下游出现两个相对较小的堰塞坝,即苦竹坝和新街村堰塞坝。这两个小堰塞坝分别在其下游 2.5 km 和 3.5 km 处,如图 12-36 所示。苦竹坝堰塞坝坝高 60 m,坝宽 100 m,库容为 1.8×10⁷ m³;新街村堰塞坝坝高 20 m,坝宽 60 m,堰塞湖水体积为 2×10⁶ m³(Peng et al.,2014),详细参数见表 12-12。

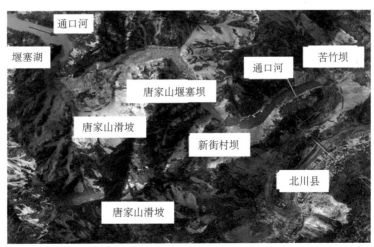

图 12-36　唐家山堰塞坝与下游两个小堰塞坝

表 12-12   三座堰塞坝的坝体参数

类型	参数	堰塞坝		
		唐家山	苦竹坝	新街村
堰塞坝及堰塞湖	坝高/m	82	60	20
	坝顶宽/m	350	100	60
	库容/(×10⁶ m³)	316	18	2
	上游坝坡坡度/(°)	20	20	20
	下游坝坡坡度/(°)	13.5	28	13.5
	坝顶纵向坡率	0.006	0.006	0.006
	初始水位/m	740	646	582
泄流槽	槽深/m	12	1*	0.6*
	底宽/m	8	2*	1*
	侧坡坡度/(°)	33.7	33.7*	33.7*
	底部高程/m	740	663	599.4
	开槽后库容/(×10⁶ m³)	224	18	2
	侧坡临界坡角/(°)	50	50	50
	下游坝坡临界坡角/(°)	30	30	30

注: * 为计算方便采用的假设值。

12.5.2   堰塞坝级联溃决分析

堰塞坝的级联溃决可分为三个阶段: 上游堰塞坝溃决、溃决洪水演进及下游堰塞坝溃决, 如图 12-37 所示。

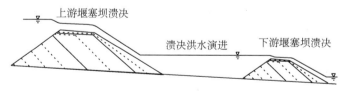

图 12-37   堰塞坝的级联溃决示意图

为了模拟梯级堰塞坝的级联溃决, 对 DABA 模型作了如下改进:

(1) 上游堰塞坝溃坝造成的巨大洪水导致下游堰塞坝的溃口和坝顶同时过流。因此, 横断面被分为三部分: 左侧坝顶、溃口和右侧坝顶, 如图 12-38 所示。总出流量是这三部分出流量的总和。

(2) 如图 12-38(b) 所示, 需要分别考虑堰塞坝在坝宽方向的溃口部分和坝顶部分的侵

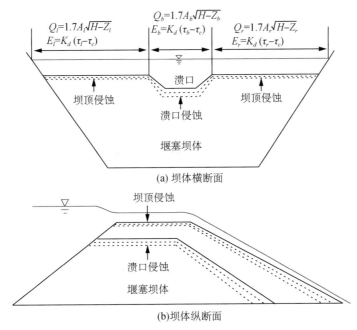

图 12-38　堰塞坝级联溃决 DABA 模型

蚀。由于较大的水深,堰塞坝溃口的侵蚀量大于坝顶。在溃决过程中,溃口部分和坝顶部分的水位差会越来越大,导致水流集中到溃口处。当溃口发展到一定规模时,坝顶上的侵蚀停止。因此,需要分别确定溃口和坝顶部分的溃坝阶段。

(3) 下游堰塞湖入流量是与时间相关的动态变量。运用 DABA 模型模拟单个堰塞坝溃决时,入流量在相对较短的溃决阶段是基本恒定的,因此可以将入流量设置为常数。然而,级联溃决分析中,流入下游堰塞湖的入流量变化极大。因此,入流量是与溃决时间相关的变量,大小与上游堰塞坝溃决洪水及两座堰塞坝间的河道条件有关。

1. 堰塞坝初始坝体参数

堰塞坝级联溃决过程的输入参数见表 12-13,其他深度的土体可蚀性系数 K_d 及 τ_c 是根据表 12-13 中的数值运用内插计算获得。

表 12-13　堰塞坝材料参数(Chang et al., 2010)

深度/m	10/7.3/2.4°	20/14.6/4.9°	21/15.3/5.1°	50/36.4/12.2°
孔隙比 e	0.95	0.82	0.61	0.61
不均匀系数 C_u	610	680	122	900
塑性指数 PI/%	15	21	—	—
细粒含量 P/%	11.5	10.8	—	—
摩擦角 φ/(°)	22	22	36	36

（续表）

深度/m	10/7.3/2.4*	20/14.6/4.9*	21/15.3/5.1*	50/36.4/12.2*
中值粒径 d_{50}/mm	10	6.45	26	700
比重 G_s	2.65	2.695	2.67	2.67
可蚀性系数 K_d/[mm³·(N·s)⁻¹]	1.20E-07	5.48E-08	4.93E-08	1.08E-08
临界剪应力 τ_c/Pa	9.9	22.4	206.1	5 548.9

注：表中 * 深度值 A/B/C 分别表示唐家山、苦竹坝及新街村堰塞坝。下游两座堰塞坝的坝体材料参数根据唐家山堰塞坝材料参数得到。

2. 级联堰塞坝溃决分析

唐家山堰塞坝与下游堰塞坝级联溃决过程中的库区水位、溃口底部高程和出流量的变化如图 12-39 所示，溃决参数总结如表 12-14 所示。

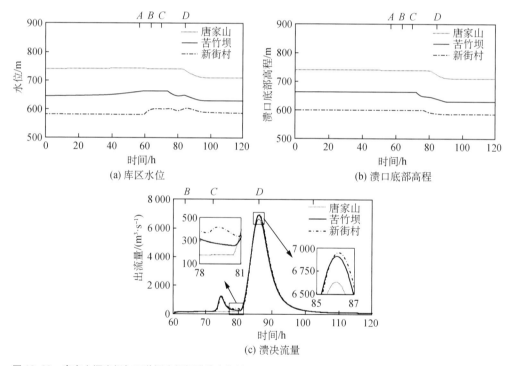

图 12-39　唐家山堰塞坝与下游堰塞坝级联溃决分析

表 12-14　堰塞坝 DABA 模型输入参数

堰塞坝溃决参数	堰塞坝		
	唐家山	苦竹坝	新街村
峰值流量/(m³·s⁻¹)	6 631(6 500[a])	1 245/6 910[b]	1 244/418/6 950[b](6 540[a])

(续表)

堰塞坝溃决参数	堰塞坝		
	唐家山	苦竹坝	新街村
最终溃口深度/m	43.0(42[a])	35.2	12.9
最终溃口底宽/m	129.7(100~145[a])	134.3	37.1
最终溃口顶宽/m	201.9(145~225[a])	193.3	58.8
溃口形成阶段历时/h	80.4(71[a])	13.9	12.5
溃口发展阶段历时/h	16.7(14[a])	—	—
最高水位/m	742.4(743.1[a])	664.5	603.5
最大水深/m	12.4(11.0[a])	10.9	16.8
坝顶侵蚀量/m	0	0.24	1.23

注：[a] 代表观测值(Chang et al., 2010)，[b] 苦竹坝和新街村堰塞坝分别有 2 个和 3 个峰值。

1）唐家山堰塞坝溃决过程

由于溃决时间很长(80.4 h)，唐家山堰塞坝是第一个过流但不是第一个溃决的堰塞坝。原因是唐家山堰塞坝下游坝坡坡度(13.5°)较为平缓且坝宽较长(350 m)。此外，唐家山堰塞坝的坝体材料抗侵蚀性较强(表 12-1)，溯源侵蚀过程较长，导致溃口启动阶段和发展阶段的历时较长(图 12-7)。唐家山堰塞坝溃决峰值流量为 6 631 m^3/s，出现在第 86 h(D 点)，即溃坝开始后 5.6 h，溃坝过程持续了 16.7 h，如表 12-14 所示。最终溃口深度 43.0 m，底宽 129.7 m，顶宽 201.9 m。现场实测的峰值流量为 6 500 m^3/s，溃口深度 42 m，底宽 80~100 m，顶宽 145~235 m。因此，DABA 改进模型的堰塞坝模拟结果比较可靠。

2）苦竹坝堰塞坝溃决过程

苦竹坝堰塞坝产生了两次溃坝，出现了两个溃决峰值流量[图 12-39(c)]。第一次溃坝是由于上游的唐家山堰塞坝溢流，苦竹坝堰塞湖蓄水至溃口导致的；第二次是由唐家山堰塞坝溃决导致。

苦竹坝堰塞坝第一次溃坝过程中，在 58.2 h(图 12-39 A 点)过流，水位为 663 m。由于开挖泄流槽尺寸较小，库水高程很快超过了泄流槽底部高程。在溃口启动阶段，堰塞坝主要通过坝顶溢流。第 72.1 h，苦竹坝堰塞坝泄流槽中的出流量迅速上升(图 12-39 C 点)；在 73.5 h 时，所有库容均从溃口排出，此时溃口深度 6.1 m，底宽 13.1 m，顶宽 23.2 m。坝顶的冲刷侵蚀此时停止，侵蚀量累计为 0.24 m。在 80.5 h 时，出流量逐渐下降到 259 m^3/s，此时，溃口水深 1.7 m，溃口深度 18.7 m，底宽 65.6 m，顶宽 96.9 m。

随后，苦竹坝堰塞坝被唐家山堰塞坝溃决洪峰冲垮。第 86.1 h，第二个峰值流量出现，为 6 910 m^3/s，略大于唐家山堰塞坝的峰值流量(6 631 m^3/s)。苦竹坝堰塞坝的两个峰值相距

11.5 h,接近记录值(11.7 h)。之后,溃口进一步被冲刷,最终溃口深度35.2 m,底宽134.3 m,顶宽193.3 m。

3) 新街村堰塞坝溃决过程

新街村堰塞坝在第63.8 h溢流(图12-39B点),在第76.3 h溃坝开始。第74.8 h,新街村堰塞坝被苦竹坝堰塞坝的溃决洪水冲垮,峰值流量为1 244 m³/s。此时,新街村堰塞坝仍处于溃口形成阶段或溃口发展阶段,坝顶宽23.5 m。第一次达到峰值流量后,溃口深度5.9 m,底宽11.4 m,顶宽20 m。

第二次溃决开始于第76.3 h,出流量为617 m³/s,延续至78.6 h。新街村堰塞坝由于入流量的下降导致出流量不断减小(369 m³/s)。第79.3 h,新街村堰塞坝的溃决导致第二个峰值流量出现(418 m³/s)。第二次溃坝后的溃口深8.4 m,底宽21.2 m,顶宽34.1 m。

新街村堰塞坝被唐家山堰塞坝溃决洪水进一步冲垮,形成第三次峰值流量(6 950 m³/s),与苦竹坝堰塞坝的第二次峰值流量6 910 m³/s非常接近。最终溃口深度12.9 m,底宽37.1 m,顶宽58.8 m。

4) 唐家山堰塞坝单溃与级联溃决对比

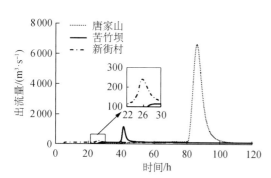

图12-40　三座堰塞坝各自溃决的溃决流量

由上述堰塞坝溃决过程可知,堰塞坝级联溃决和单个坝体溃决机理存在差异。当三座堰塞坝入流量恒定为113 m³/s时,各个堰塞坝单溃结果如图12-40和表12-15所示。级联溃决时,苦竹坝堰塞坝的溃坝规模更大。溃口深度为35.2 m,大于单个坝体的17.5 m。由于唐家山堰塞坝阻断河道,苦竹坝堰塞坝的过流时间和溃坝时间推迟。新街村堰塞坝级联溃决时也存在类似现象。

表12-15　三座堰塞坝单溃参数

堰塞坝溃决参数	堰塞坝		
	唐家山	苦竹坝	新街村
峰值流量/(m³·s⁻¹)	6 631	1 165	240
最终溃口深度/m	43.0	17.5	8.7
最终溃口底宽/m	129.7	62.3	27.5
最终溃口顶宽/m	201.9	91.7	42.1
溃口形成阶段历时/h	80.4	15.1	18.4
溃口发展阶段历时/h	16.7	7.4	8.7

(续表)

堰塞坝溃决参数	堰塞坝		
	唐家山	苦竹坝	新街村
最大库水位/m	742.4	664.4	600.6
最大水深/m	12.4	6.9	4.3
坝顶侵蚀量/m	0	0.15	0.35

　　唐家山堰塞坝的溃决峰值流量没有受到下游两座堰塞坝溃坝的影响。三座堰塞坝的峰值流量自上向下分别为 6 631 m³/s、6 910 m³/s 和 6 950 m³/s。堰塞坝溃决峰值流量的小幅增加是由下游两座大坝的连续溃决造成的。实际上，北川水文站记录的峰值流量(6 540 m³/s)与实测的唐家山堰塞坝的峰值流量(6 500 m³/s)非常接近。因此，唐家山堰塞坝对下游堰塞坝的溃决洪水的影响微弱。

　　三个堰塞坝相继溃决，然而，堰塞坝溃决峰值流量增幅较弱。依据第 11 章堰塞坝级联溃决洪峰放大效应，两座堰塞坝溃决峰值流量的放大系数与其时间间隔呈现负相关关系(图 11-16)。随着堰塞坝峰值流量时间间隔的增加，上、下游堰塞坝的溃坝过程逐渐分离，因此放大效应也随之减弱。唐家山堰塞坝的溃决过程持续了 71 h，且苦竹坝堰塞坝和新街村堰塞坝库容较小，在唐家山堰塞坝的峰值流量到来之前它们已经完全溃坝。

12.5.3　堰塞坝级联溃决影响分析

1. 坝高

　　为了理解坝高对堰塞坝级联溃决的影响，将苦竹坝堰塞坝坝高分别设定为 45 m、60 m 和 70 m，相应的库容为 9×10⁶ m³、1.8×10⁷ m³、2.7×10⁷ m³。初始库水位设定分别为 37.5 m、50.0 m 和 60.2 m，其他坝体参数保持不变。溃决流量过程曲线见图 12-41，溃决参数见表 12-16。

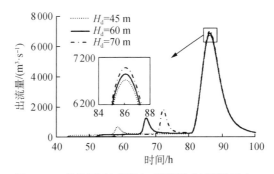

图 12-41　苦竹坝堰塞坝坝高对级联溃决过程的影响

表 12-16　苦竹坝堰塞坝坝高对级联溃决参数的影响

堰塞坝溃决参数		堰塞坝		
		$H_d = 45$ m	$H_d = 60$ m	$H_d = 70$ m
第一次溃决	第一次峰值流量/(m³·s⁻¹)	658	1 243	1 807
	溃口形成阶段历时/h	14.2	14.4	14.7
	溃口发展阶段历时/h	4.6	5.7	6.5
	溃口深度/m	12.4	16.9	20.1
	溃口底宽/m	41.3	58.5	70.1
	溃口顶宽/m	62.1	86.9	104.0
第二次溃决	第二次峰值流量/(m³·s⁻¹)	6 729	6 852	6 984
	溃口深度/m	29.4	36.0	39.6
	溃口底宽/m	112.3	138.2	151.8
	溃口顶宽/m	161.6	198.7	218.2

苦竹坝堰塞坝产生两次溃坝,有两个溃决峰值流量。第一个峰值流量随着坝高增加而显著增加,在坝高为 45 m、60 m 和 70 m 时,分别为 658 m³/s、1 243 m³/s 和 1 807 m³/s。一方面,随着坝高的增高,堰塞湖库容与能量增大,导致坝体产生更强和更快的冲刷。另一方面,坝体溃决分析时假定坝体材料特性与坝高相关,可侵蚀深度随坝高增大而增大。然而,第二次溃决峰值流量增长幅值相对较小,原因可能为苦竹坝已经产生过一次溃坝,且第二次溃决程度较小,第二个峰值流量主要通过坝顶溢流而不是冲刷溃口泄流产生。

与溃决峰值流量相似,堰塞坝第一次溃决中由于较强和较快的冲刷,溃口尺寸随着坝高的增加而增加。在第二次溃决时,由于较高的坝体赋存更多可侵蚀的坝体材料,溃口尺寸也随着坝高的增加而增加。但是,较大的溃口并没有引起溃决峰值流量的显著增加,这是因为坝体易蚀性随着溃口深度的增加而减少,导致溃口发展缓慢。

坝高变化对第一次溃坝的出现时间影响不大。溃坝开始时间在溃口发展阶段的结束时刻(图 12-41),主要由坝顶宽和下游坝坡坡度决定。同时,较高堰塞坝坝体的侵蚀量增大,溃坝历时增加。坝高增加意味着第一次溃坝汇水阶段历时增加,因此两个溃决峰值流量的时间间隔随着坝高的增加而减少,增加了下游堰塞坝的溃决峰值流量的放大效应。

2. 易蚀性

为了研究坝体材料易蚀性对级联溃决的影响,假定苦竹坝堰塞坝的土层易蚀性系数恒定。高易蚀性材料 $K_d = 120$ mm³/(N·s),$\tau_c = 10$ Pa;低易蚀性材料 $K_d = 20$ mm³/(N·s),$\tau_c = 40$ Pa,其他坝体参数保持不变。堰塞坝溃决流量过程曲线如图 12-42,溃决参数见表 12-17。

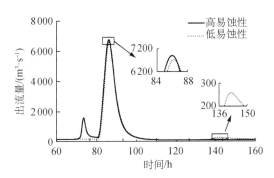

图 12-42　苦竹坝堰塞坝易蚀性对级联溃决过程的影响

表 12-17　苦竹坝堰塞坝易蚀性对级联溃决参数的影响

堰塞坝溃决参数		堰塞坝	
		高易蚀性	低易蚀性
第一次溃决	第一次峰值流量/(m³·s⁻¹)	1 591	6 622
	溃口形成阶段历时/h	20.0	—
	溃口发展阶段历时/h	6.5	—
	溃口深度/m	25.3	1.3
	溃口底宽/m	93.5	2.4
	溃口顶宽/m	135.9	5.3
第二次溃决	第二次峰值流量/(m³·s⁻¹)	6 765	258
	溃口深度/m	60	14.5
	溃口底宽/m	237.7	52.9
	溃口顶宽/m	338.2	77.3

　　高易蚀性和低易蚀性材料的堰塞坝均出现了两个峰值流量,较大的峰值流量分别为 6 765 m³/s 和 6 622 m³/s,与唐家山堰塞坝的峰值流量 6 631 m³/s 接近。结果表明,高易蚀性和低易蚀性材料堰塞坝的级联溃决都显著加强,但是级联溃决增强的机理有所差异。

　　高易蚀性堰塞坝首先在自身产生溃决,溃决峰值流量为 1 591 m³/s;而低易蚀性堰塞坝甚至未被上游唐家山堰塞坝溃决洪水冲垮(峰值流量为 6 622 m³/s)。上游溃决洪水主要从坝顶通过低易蚀性坝体,泄流槽仅被侵蚀了 1.0~1.3 m 深。洪峰过后的坝顶宽为 28 m,表明低易蚀性坝体处于溃口形成阶段。低易蚀性坝体在上游溃决洪峰到来后的 29 h 开始溃坝,峰值流量为 258 m³/s。

　　高易蚀性堰塞坝的溃坝程度远远大于低易蚀性堰塞坝。高易蚀性堰塞坝在级联溃决中完全被冲垮,溃口深度 60 m,与坝高相等。然而,低易蚀性坝体,最终溃口深度 14.5 m,底宽 52.9 m,顶宽 77.3 m,溃决程度低于高易蚀性堰塞坝。依据第 7 章非均质坝体结构对堰塞坝失稳影响,坝体上部土层主要影响溃口形成阶段历时和坝前水位变化;中部土层主要影响溃口发展阶段的溃口下切速率;底部土层主要影响下游坡脚稳定性和残余坝体形态。由于溃口加速下切和溃决流量增大彼此间的相互叠加影响作用,中部及底部材料分布对峰值流量的影响最显著。因此,高易蚀性坝体的峰值流量远高于低易蚀性坝体。

3. 坝顶宽和初始水位

苦竹坝堰塞坝级联溃决中坝顶宽和初始水位对溃决流量的影响相似(图 12-43 和表 12-18)。溃决流量曲线均出现了两个峰值流量,且峰值流量均未显著受到坝顶宽和初始水位的影响。两个峰值流量的时间间隔随着坝顶宽的增加或初始水位的降低而减小。坝顶宽是通过影响溃决开始时间而影响峰值流量时间间隔,初始水位则是通过影响汇水时间影响峰值流量时间间隔。当时间间隔变小时,两个峰值流量会发生重叠,甚至形成一个叠加增强的峰值流量。

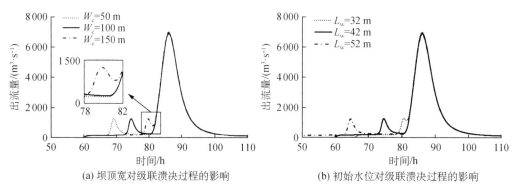

(a) 坝顶宽对级联溃决过程的影响　　　　(b) 初始水位对级联溃决过程的影响

图 12-43　苦竹坝堰塞坝

表 12-18　坝体形态参数调整值

参数	唐家山	苦竹坝	
		原始值	修改值
坝顶宽/m	350	100	140
初始水位/m	740	646	626

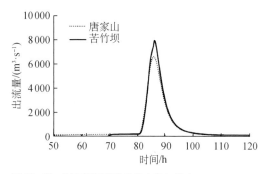

图 12-44　堰塞坝级联溃决洪水叠加效应

苦竹坝堰塞坝坝顶宽和初始水位变化后出现溃决洪水叠加现象(图 12-44 与表 12-19)。增加苦竹坝堰塞坝的坝顶宽并降低库区初始水位,可以延迟第一个峰值流量出现时间。此时,两个峰值流量几乎同时出现,峰值流量达到 7 962 m³/s,显著高于原来的溃决流量(6 910 m³/s)。因此,坝顶宽和初始水位虽然不会明显影响单个堰塞坝的溃决,但级联溃决时可以通过改变峰值流量的时间间隔,进而产生溃决洪水叠加效应。

表 12-19　级联溃决洪水叠加下的溃决参数

堰塞坝溃决参数	苦竹坝堰塞坝	
	初始模拟	本次模拟
峰值流量/(m³·s⁻¹)	6 910	7 962
最终溃口深度/m	35.2	33.2
最终溃口底宽/m	134.3	101.0
最终溃口顶宽/m	193.3	156.7
溃口形成阶段历时/h	13.9	15.3
溃口发展阶段历时/h	—	—
最高水位/m	664.5	668.1
最大水深/m	10.9	18.6

本章简要介绍了唐家山堰塞坝的形成背景,运用堰塞坝溃决分析模型 DABA 分别模拟了唐家山堰塞坝单个坝体溃决和梯级溃决过程,采用有限元程序,分析了唐家山堰塞坝的渗流特性与动力响应特征,并与现场实测数据进行对比。

唐家山及下游堰塞坝的级联溃决中,苦竹坝堰塞坝出现了两次峰值流量,第一次是其自身库水导致,第二次是唐家山堰塞坝的溃坝洪水诱发。与此相似,新街村堰塞坝的出流量出现三个峰值。下游两座小堰塞坝未受唐家山堰塞坝溃决洪水的显著影响,这是因为下游两座堰塞坝较早溃决。

唐家山及下游堰塞坝级联溃决的敏感性分析表明,下游堰塞坝坝高和材料易蚀性主要影响首次溃决,从而改变最终溃口尺寸和溃决流量,下游堰塞坝坝顶宽和初始水位主要影响坝体首次溃决时间,但对其他溃决参数没有显著影响。

上游堰塞坝的溃决洪水大部分是通过坝顶而不是溃口泻出,上游堰塞坝的溃决洪水不会导致下游堰塞坝立即溃决。梯级堰塞坝级联溃决极有可能形成多次洪峰,当峰值流量出现时间接近时,溃决洪峰叠加而形成洪水放大效应。这为梯级堰塞坝的联防联控提供了减灾依据。

唐家山堰塞湖水位为 710 m 与 740 m 时,坝体内各土层最大渗透坡降均小于临界渗透坡降,坝体发生渗透破坏的可能性较小。但 740 m 水位时坝体内各土层渗透坡降均比 710 m 水位时增大,说明堰塞湖水位上升对坝体的渗透稳定性是不利的。

沿坝高分布方面,加速度放大倍数随高程增大而增大,最大加速度一般发生在坝顶;顺河向分布方面,坝坡表面加速度放大倍数大于坝体内部,即出现"表面放大"现象。随着输入地震波加速度峰值增大,坝体位移量明显增大。地震可降低坝体高度,使堰塞湖水提前漫过坝顶,发生溢流冲蚀破坏。

参考文献

崔鹏,2011. 汶川地震山地地灾害形成机制与风险控制[M]. 北京:科学出版社.

胡卸文,黄润秋,施裕兵,等,2009. 唐家山滑坡堵江机制及堰塞坝溃坝模式分析[J]. 岩石力学与工程学报,28(1):181-189.

李守定,李晓,张军,等,2010. 唐家山滑坡成因机制与堰塞坝整体稳定性研究[J]. 岩石力学与工程学报,29(S1):2908-2915.

罗刚,2012. 唐家山高速短程滑坡堵江及溃坝机制研究[D]. 成都:西南交通大学.

年廷凯,吴昊,陈光齐,等,2018. 堰塞坝稳定性评价方法及灾害链效应研究进展[J]. 岩石力学与工程学报,37(8):1796-1812.

彭铭,王开放,张公鼎,等,2020. 堰塞坝溃坝模型实验研究综述[J]. 工程地质学报,28(5):1007-1015.

石振明,马小龙,彭铭,等,2014. 基于大型数据库的堰塞坝特征统计分析与溃决参数快速评估模型[J]. 岩石力学与工程学报,33(9):1780-1790.

石振明,张公鼎,彭铭,等,2017. 堰塞坝体材料渗透特性及其稳定性研究[J]. 工程地质学报,25(5):1182-1189.

石振明,张公鼎,彭铭,等,2022. 考虑河床坡度和泄流槽横断面影响的堰塞坝溃决过程试验研究[J]. 水文地质工程地质,49(5):73-81.

石振明,周明俊,彭铭,等,2021. 崩滑型堰塞坝漫顶溃决机制及溃坝洪水研究进展[J]. 岩石力学与工程学报,40(11):2173-2188.

王玉峰,许强,程谦恭,等,2016. 复杂三维地形条件下滑坡-碎屑流运动与堆积特征物理模拟实验研究[J]. 岩石力学与工程学报,35(9):1776-1791.

王哲,易发成,2007. 基于层次分析法的绵阳市地质灾害易发性评价[J]. 水文地质工程地质,34(3):93-98.

张细бу,卢金友,范北林,等,2008. 唐家山堰塞湖溃坝洪水演进及下泄过程复演[J]. 人民长江,39(22):76-78. DOI:10.16232/j.cnki.1001-4179.2008.22.022.

周家文,杨兴国,李洪涛,等,2009. 汶川大地震都江堰市白沙河堰塞湖工程地质力学分析[J]. 四川大学学报(工程科学版),41(3):102-108.

朱兴华,刘邦晓,郭剑,等,2020. 堰塞坝溃坝研究综述[J]. 科学技术与工程,20(21):8440-8451.

CHANG D S, ZHANG L M, 2010. Simulation of the erosion process of landslide dams due to overtopping considering variations in soil erodibility along depth[J]. Natural Hazards and Earth System Sciences, 10(4):933-946.

CUI P, ZHU Y Y, HAN Y S, et al., 2009. The 12 May Wenchuan earthquake-induce landslide lakes: distribution and preliminary risk evaluation[J]. Landslides, 6(3):209-223.

FAN X M, DUFRESNE A, SUBRAMANIAN S S, et al., 2020. The formation and impact of landslide dams-State of the art[J]. Earth Science Reviews, 203:103116.

PENG M, ZHANG L M, CHANG D S, et al., 2014. Engineering risk mitigation measures for the landslide dams induced by the 2008 Wenchuan earthquake[J]. Engineering Geology, 180:68-84.

SHI Z M, GUAN S G, PENG M, et al., 2015. Cascading breaching of the Tangjiashan landslide dam and two smaller downstream landslide dams[J]. Engineering Geology, 193:445-458.

XU Q, FAN X M, HUANG R Q, et al., 2009. Landslide dams triggered by the Wenchuan earthquake, Sichuan province, Southwest China[J]. Bulletin of Engineering Geology and the Environment, 68(3):373-386.

YIN Y P, WANG F W, SUN P, 2009. Landslide hazards triggered by the 2008 Wenchuan earthquake, Sichuan, China[J]. Landslides, 6(2):139-152.

第13章
红石河堰塞坝失稳机理分析

2008 年汶川地震诱发东河口滑坡,滑坡堵塞红石河并形成堰塞坝,红石河下游的青川县受到严重威胁(孔纪名 等,2010)。东河口滑坡经过长距离滑行堆积成坝后,坝体材料相对均匀,存在潜在的渗流失稳可能性,具有一定的典型性。

堰塞坝的颗粒粒径分布广,不均匀性系数高(李秀珍 等,2009),显著区别于人工坝材料,这给判定坝体内部管涌及渗流方向带来很大的挑战。坝体结构可能存在大块石,具有局部高渗透性区域,会降低堰塞坝的渗透稳定性(Costa et al.,1988)。所以,局部高渗透区域对堰塞坝渗透失稳的影响分析尤为关键。

本章以红石河堰塞坝为例,首先介绍了该堰塞坝的形成背景。然后,分析坝体材料的物理力学特征,并基于材料特征判定了堰塞坝渗流稳定性,分析了局部高渗透区对堰塞坝管涌和下游坝坡失稳的影响。该案例分析成果可以为堰塞坝开发成一个永久的水电工程提供依据与建议。

13.1 红石河堰塞坝形成背景

2008 年,汶川地震诱发了数以万计的滑坡,密集的同震滑坡产生了严重的次生灾害,共导致约 2 万人死亡,同时形成 257 个大小不等的堰塞湖,其中 35 个存在危险,威胁总人口达 130 万人(Cui et al.,2009;王兆印 等,2010)。其中,东河口滑坡是一个典型的同震滑坡案例。东河口地处长达 300 多千米的龙门山断裂带末端,汶川地震产生的巨大能量由映秀经北川传至青川,多条挤压逆冲断裂和多个推覆构造体在东河口聚集爆发,持续时间长达 80 多秒,地表破裂错距达 2 m。造成石坝乡董家、马公乡窝前、红光乡东河口和石板沟等多处山体整体崩塌和滑坡。

东河口属于高初速度的抛射型滑坡(图 13-1),滑坡体的左侧部分高速滑动遇到左侧山体的阻碍路线发生了转折,同时左侧的山体也被滑坡体刮削表面的植被和土体带走,形成了 3 个堰塞湖(常东升 等,2009),分别为东河口堰塞湖、红石河堰塞湖及礼拜寺堰塞湖(图 13-2)。

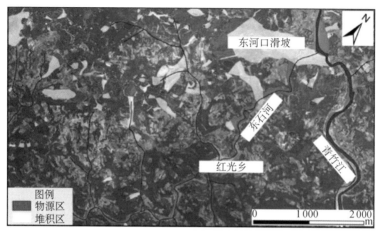

图 13-1　青川县红石河流域同震滑坡分布(Li et al., 2013)

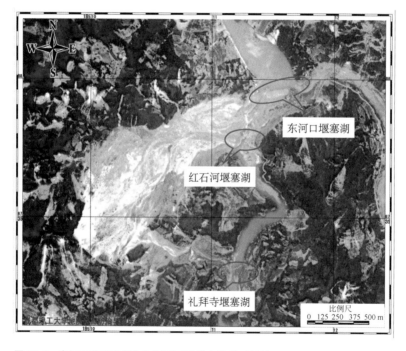

图 13-2　东河口滑坡形成的 3 个堰塞湖(常东升 等,2009)

13.1.1　区域地质环境

东河口滑坡位于青川县红光乡东河口村(图 13-3),靠近红石河、青竹江两河交汇处,毗邻映秀—北川断裂带的北部区段,区域山体长期受自然侵蚀作用,其自然地理、地质环境复杂(李小琴 等,2021)。

东河口滑坡所在的各地层顺向构造线条呈带状排布,由于地质构造活动活跃,呈现出软硬岩交替的现象。风化程度上,滑坡区岩层倒转,下部整体性良好,风化程度较低,而滑面较为破碎,风化程度中等较强。研究区域地质构造活动活跃,褶皱、断层发育。

图 13-3　东河口滑坡概貌(孙萍 等,2009)

13.1.2　东河口滑坡地形与地质概况

滑坡体的前后缘高差 700 m,滑程约 2 400 m,体积约 1 000 万 m³。该滑坡自高程约 1 000 m 剪出并形成滑坡—碎屑流,高速碎屑流冲抵下寺河左岸并形成滑坡坝。滑坡坝体长 700 m,宽 500 m,高 15～25 m,由松散土加石块构成。滑坡在长距离滑动的过程中,埋没了东河口村、后院里村、红花地村等几个村庄,摧毁了东河口小学,导致 780 余人死亡(孙萍 等,2009)。

东河口滑坡的滑前地形情况如图 13-4 所示。可以看出,地震以前东河口村、后院里村、红花地村等几个村庄以及东河口小学均紧邻红石河与下寺河的交汇处,河流水源十分丰富。

图 13-4　滑坡前东河口地形示意图(孙萍 等,2009)

从东河口滑坡地形剖面图(图13-5)可知,原始滑坡体靠近山顶区域的坡度较大(约40°),山体山麓区域的坡度较小(约10°),坡度变化显著(李小琴 等,2021)。滑坡区域第四系、志留系、寒武系及震旦系岩层出露,其中志留系出露面积最大,而白垩系地层缺失(许强 等,2009)。

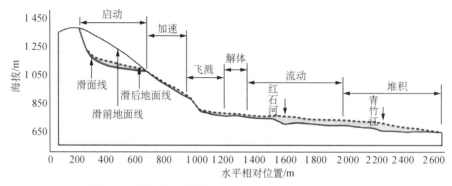

图13-5　东河口滑坡地形剖面图(李小琴 等,2021)

13.1.3　东河口滑坡概况

1. 滑坡形态特征

孙萍等(2009)在野外调研过程中对该滑坡区域17个点进行了定点观测,以分析东河口滑坡的形态特征,点位分布如图13-6所示。

图13-6　东河口滑坡—碎屑流野外观测点分布图(孙萍 等,2009)

1) 滑坡后壁特征

滑坡后壁位于高程为1 300 m的斜坡顶部呈弧形,后壁陡倾倾角为50°~70°,高约80 m。在后壁的北西侧有明显的断层破碎带出北西侧向南东侧逆冲,断层影响带宽80~100 m,带内岩体较为破碎,为风化程度较高的碳硅质板岩、千枚岩,同时发育多组近乎直立的节理(图 13-7)。断裂带两侧岩性显著不同,北西侧主要为厚层硅质灰岩、白云质,灰岩产状为 $330°\angle 25°$;南东侧则以碳硅质板岩、千枚岩为主,产状为 $70°\angle 40°$。

图 13-7　滑坡后壁特征(孙萍 等,2009)

2) 滑坡后壁前方平台特征

在滑坡后壁前方保存一规模较大的平台,其坡度为 $10°\sim 15°$,纵向长 211.6 m,横向宽 378 m,在该平台上有厚度为 $80\sim 100$ m 的堆积体(图 13-8)。受断裂带两侧岩性差异影响,北西侧堆积体主要以硅质灰岩、白云质灰岩的巨大块石为主,最大的直径大于 10 m;南东侧堆积体则主要以碳硅质板岩、千枚岩的碎石土细粒物质为主。

沿着坡面往下,平台逐渐由缓变陡,存在明显坡降。坡度依次由 $10°\sim 15°$变为 $20°$,再由 $20°$变为 $26°$,接着往下则存在一个高度约为 20 m 的陡坎。因此,当滑坡体经由此区域时,由于坡降的存在必然会导致滑坡体在重力作用下发生加速运动。

图 13-8　滑坡后壁前方平台特征(孙萍 等,2009)

野外实测到的滑坡后壁前方平台堆积体横剖面图如图 13-9 所示,其中 B158 为观测点。由图可以看出断层带两侧岩性有明显差异,下盘主要以寒武系碳质、硅质板岩为主,上盘则主要以震旦系白云质灰岩、硅质灰岩为主。

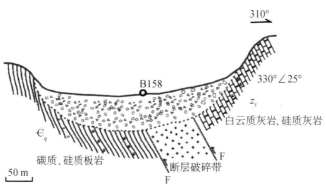

图 13-9　滑坡后壁前方堆积体地质剖面图(孙萍 等,2009)

3) 滑坡北西侧灰岩崩塌体特征

野外调研表明,白云质灰岩、硅质灰岩主要分布在滑坡的北西侧(图 13-10),灰岩内发育大量岩溶,其滑动时间稍晚于南东侧板岩、千枚岩。地震发生时,滑坡南东侧岩体首先发生震裂滑塌,随后北西侧灰岩发生滑塌,有一部分直接覆盖在板岩、千枚岩滑塌体之上。

图 13-10　滑坡北西侧灰岩堆积体特征(孙萍 等,2009)

野外实测的滑坡北西侧灰岩堆积体纵剖面图如图 13-11 所示,发现灰岩崩塌区后壁较陡,坡度为 70°~80°,高约 150 m。在地震作用下,上部硅质、白云质灰岩发生震裂,随后向下抛洒堆积,堆积区最大厚度可达 80 m,纵向长度可达 800 m。

4) 平台前方圈闭空间特征

顺着由缓变陡的平台继续往下,可以看到一个明显的山脊("梁子"),该山脊连同两侧山梁将该区域分割为两个圈闭的凹形空间(图 13-12)。

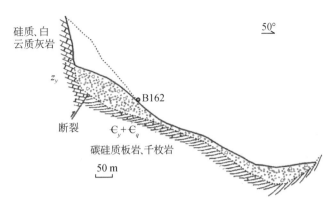

图 13-11　灰岩堆积体实测纵剖面（孙萍 等，2009）

图 13-12　圈闭空间特征（孙萍 等，2009）

　　圈闭空间实测横剖面如图 13-13 所示。位于南东侧的圈闭空间深度达 20 m，北西侧的深度为 60 m，这两个圈闭空间为气垫效应的产生提供了必要条件。在上部滑体快速向下滑动的过程中，碎屑化岩体快速抛掷并抵达凹形空间，同时压缩气体产生气垫效应。

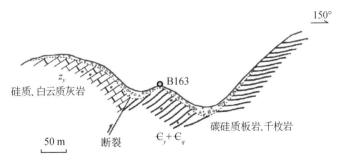

图 13-13　圈闭空间实测横剖面图（孙萍 等，2009）

5）撞击折返区特征

当滑坡崩塌体经过圈闭凹形区域进一步迅速下滑时，便会撞击到斜坡下方对面的山体上,由于山体的阻挡作用,滑坡体不能继续保持原方向前行,而是发生撞击折返现象(图 13-14),滑动方向由 N50°E 转变为 N80°E。随后,一小部分滑坡体洒落在撞击以后的山体上,其余大部分滑坡体则在折返后继续冲向下游。

图 13-14　滑坡体撞击折返区特征(孙萍 等,2009)

2. 滑坡启动机制

通过以上对滑坡特征自上而下进行的分析,可以将东河口高速远程滑坡—碎屑流的整个动力过程分为五个阶段:滑坡启动阶段、重力加速阶段、圈闭气垫效应飞行阶段、碰撞刮铲阶段和长距离滑行堆积阶段。滑坡的五个动力过程平面示意图和剖面示意图分别如图 13-15和图 13-16 所示。

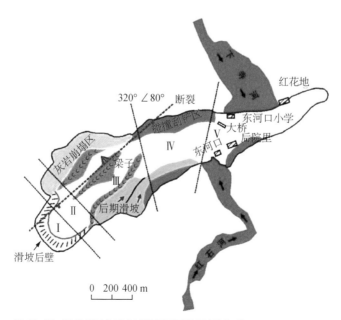

图 13-15　滑坡的五个动力过程平面示意图(孙萍 等,2009)

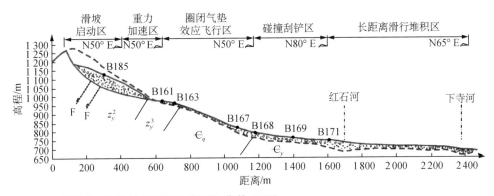

图 13-16　滑坡的五个动力过程剖面示意图(孙萍 等,2009)

前文已经述及在东河口滑坡后壁处有断层破碎带出露。断裂带是地质构造上的薄弱环节,带内岩体的力学性质较差,再加上滑坡启动区在地形上位于山体顶部,对地震波有明显的放大作用,在地震来临时将遭受较大的地震荷载,极易发生破坏。野外调研表明位于滑坡启动区的岩体多为力学性质较差的碳硅质板岩、千枚岩,分别为泥质砂岩和泥质岩在动力变质作用下的变质产物(孙萍 等,2009),岩体的原始结构已被破坏,其强度必然也会降低。此外,在地震作用下,岩体的抗拉强度控制岩体的开裂。试验发现,以上两种岩石的抗拉性质均比较差。

综上可知,东河口滑坡启动区的断裂破碎带、局部凸起地形以及力学性质较差的千枚岩、碳质板岩的存在均有利于地震作用下岩土体的迅速破裂、滑塌并促使滑坡启动。

3. 高速远程滑坡机制

基于环剪试验结果,认为除了地形以外,滑坡滑动路径上坡体堆积物的含水状态对于其是否可以继续保持长距离高速滑动起着至关重要的作用(孙萍 等,2009)。滑体滑动路径上的坡体堆积物处于饱和状态,会使滑体产生相对较大的剪切位移并获得较大的滑动速度,而且整个过程会产生较大的孔隙水压力,为滑坡继续保持高速长距离滑动提供了较大的可能。

东河口滑坡经历了启动区、重力加速区、圈闭气垫效应飞行区及撞击折返区以后,会迅速抵达红石河(孙萍 等,2010)。此时,由于红石河周边有较高含水量的溪流堆积物的存在,当滑体经过时,借助河边高含水量的溪流堆积物的润滑作用,滑坡体依然能够保持较高的滑行速度,进一步沿着 N65°E 的方向往下长距离滑行,最终抵达下寺河左岸的红花地村并形成堰塞湖,最终滑程达 2 400 余米。

13.2　红石河堰塞坝概况

13.2.1　红石河堰塞坝形态特征

红石河堰塞湖的塌方总量约 1 800 万 m³,最大库容达 400 万 m³,水深 32 m(常东升 等,

2009)。堰塞坝控制集雨面积 70 km²,多年平均降雨 1 100 mm,常年洪水流量 152 m³/s。堰塞坝总体呈右高左低的走势。由于上游水位的升高,红石河堰塞湖左侧发生了自然漫坝的现象,并形成了宽度约 10 m 的溃口,后经人工处理,溃口拓宽至约 15 m,并对溃口边上的土体进行了压实(图 13-17)。

图 13-17　红石河堰塞湖(常东升 等,2009)

13.2.2　红石河堰塞坝材料特征

常东升等(2009)对红石河堰塞坝材料进行取样,选择了 7 个工点,3 个位于溃口表面,1 个位于溃口中部,另外 3 个位于溃口底部,而且 7 个工点几乎位于同一竖直断面上。7 个工点的材料物理力学参数与抗冲蚀性能分别列于表 13-1 及表 13-2。

表 13-1　红石河堰塞湖溃口处土的物理力学性质指标(常东升 等,2009)

物理性质	A1	A2	A3	B	C1	C2	C3
砾石含量(>2 mm)	52.8	64.8	45.9	73.3	48.8	72.2	48.3
砂粒含量($0.063\sim2$ mm)	19.1	16.4	18.2	10.9	16.1	10.2	15.9
细粒土含量(<0.063 mm)	28.1	18.8	35.9	15.8	35.1	17.6	36
d_{50}/mm	2.5	5.0	0.9	9.0	1.5	8.5	1.2
不均匀系数 C_u	3 250	1 620	3 400	1 611	5 000	2 233	4 500
孔隙比 e	1.08	0.98	1.00	1.02	0.86	0.81	1.09
塑性指标 PI	20	12	22	11	22	12	22
含水量/%	16	14	18	18	24	20	26

(续表)

物理性质	A1	A2	A3	B	C1	C2	C3
天然密度 ρ/(kg·m^{-3})	1 496	1 541	1 582	1 566	1 789	1 774	1 619
天然干密度 ρ_d/(kg·m^{-3})	1 290	1 352	1 341	1 327	1 443	1 478	1 285
比重 G_s	2.68	2.68	2.68	2.68	2.68	2.68	2.68

表 13-2　红石河堰塞湖溃口处土的抗冲蚀性能(常东升 等,2009)

侵蚀参数	A1	A2	A3	B	C1	C2	C3
可蚀性系数 k_d[cm^3·(N·s)$^{-1}$]	0.042	0.048	0.03	0.056	0.013	0.02	0.035
临界剪应力 τ_c/Pa	1.57	1.74	1.45	2.53	1.84	3.18	1.45
临界水深 h_c/mm	2.8	3.1	2.6	4.5	3.3	5.6	2.6

13.3　红石河堰塞坝材料渗透特性及影响

　　红石河堰塞体材料为第四系全新统崩塌堆积物,结构为块石夹黏土,以块石为主,块碎石粒径 5~30 cm,个别粒径较大,可达 8~9 m(表 13-1)。因红石河堰塞湖坝体材料的物源及颗粒物质组成非常复杂,其在空间分布上可表现出较大的差异,局部可存在颗粒支撑型材料(Casagli et al.,2003),即渗透性较高的区域。因此,红石河堰塞坝进行稳定性分析时,应考虑高渗透区域的存在。

13.3.1　渗透特性分析

　　选用数值软件 ABAQUS 对存在高渗透区域的红石河堰塞坝渗流特性分析。ABAQUS 中的水力条件通过设置孔压边界来实现,孔压边界下坝体内各单元结点的流速采用 Brinkman-Forchheimer 方程计算(Payne et al.,1999)

$$\begin{cases} \dfrac{\partial u_i}{\partial t} = \gamma \Delta u_i - a u_i - b \mid u \mid u_i - p_i \\[2mm] \dfrac{\partial u_i}{\partial x_i} = 0 \end{cases} \tag{13-1}$$

式中　u_i——土的平均流速分量;

　　　γ——布林克曼(Brinkman)系数;

　　　a——与渗透系数有关的达西系数,a 为正常数;

　　　b——Forchheimer 系数,b 为正常数;

p——孔压。

考虑饱和度的影响,渗透系数 $\bar{k}$ 定义为

$$\bar{k} = \frac{k_s}{(1 + \beta\sqrt{\bar{u}u})}k \tag{13-2}$$

式中 k——饱和土的渗透系数;

   β——反映速度对渗透系数影响的系数,当 $\beta=0$ 时,Forchheimer 渗透定律简化为达西定律;

   k_s——与饱和度有关的系数,当饱和度 $S_r = 1.0$ 时,$k_s = 1.0$(费康 等,2010)。

取坝体最大断面,在 ABAQUS 数值软件中建立红石河堰塞坝数值模型如图 13-18 所示(石振明 等,2015)。坝体内高渗透区域的厚度假设为 4 m、长度为 L,其距坡面水平距离为 d、竖向埋深为 h。上、下游坡面设为孔压边界,底部设为不排水边界。相应的材料参数参考常东升等(2009)试验获得的红石河堰塞坝体材料的物理力学性质指标和胡卸文等(2010)获得的唐家山堰塞坝碎石土层的渗透系数取值,如表 13-3 所示。

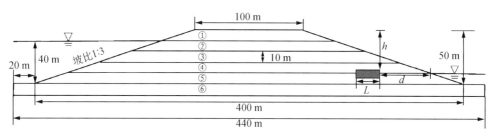

图 13-18　红石河堰塞坝数值模型

表 13-3　红石河堰塞坝模型参数

坝体参数	干密度 $\rho/(\times 10^3\,\text{kg}\cdot\text{m}^{-3})$	渗透系数 $k/(\times 10^{-7}\,\text{m}\cdot\text{s}^{-1})$	内摩擦角 $\varphi/(°)$	黏聚力 c/kPa	弹性模量 E/MPa	孔隙比 e
① 坝体	1.3	10.0	20.0	20.0	90.0	1.0
② 坝体	1.4	8.0	20.0	20.0	90.0	1.0
③ 坝体	1.5	6.0	20.0	20.0	90.0	1.0
④ 坝体	1.6	4.0	20.0	20.0	90.0	1.0
⑤ 坝体	1.7	2.0	20.0	20.0	90.0	1.0
⑥ 基岩	2.7	0.1	35.0	830.0	3500.0	0.05
高渗透性区域	2.2	10.0~1 000.0	30.0	15.0	150.0	0.5

考虑到堰塞坝为自然堆积而成,自重的作用使得底部土体被压密,密度从顶部到底部逐渐增大,而渗透系数降低。假设除局部高渗透区域为颗粒支撑型结构外,其他区域为基质支

撑型结构。依据常东升等（2011）提出的土体渗透稳定性判定准则，红石河堰塞坝体材料为间断级配型，细粒含量小于 10%，且间断比 $G_r > 3.0$，故该堰塞坝体材料渗透稳定性较差，可能发生管涌。

13.3.2　无高渗透区的堰塞坝渗流特性

先设置红石河堰塞坝不含高渗透区域，此时计算得到的坝体内各单元流速如图 13-19 所示，坝体内流速变化较为均匀，未出现流速突变的区域。湖水从上游坡面渗入坝体时，水流方向大致是斜向下的。在坝体内几乎水平地流过一段距离后，水流方向在下游坡脚处再次转为斜向下，穿过下游坡面流出坝体。最大水力梯度出现在下游坡脚处，靠近水位面高度的位置，该处水流方向有较小的上升趋势。

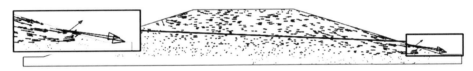

图 13-19　无高渗透区域堰塞坝流速图

13.3.3　存在高渗透区的堰塞坝渗流特性

为大致确定高渗透区域对红石河堰塞坝渗流特性影响较大的位置，先在坝体内沿渗流路径选择上游、中游和下游三个位置（竖向 h 和水平 d 距离分别为 220 m、120 m、6 m 和16 m、26 m、40 m），分别设置相同的高渗透区域进行分析。计算发现，当坝体内存在高渗透区域时，渗流场中水流明显向高渗透区域集中（图 13-20），且高渗透区域上、下游局部渗流的水力梯度增大（图 13-21）。因流过高渗透区域的水流流速增大，故高渗透区域的影响在下游较为明显。高渗透区域也可使上游一定范围内的水力梯度增大，坝体内渗流与高渗透区域的水平距离越远，水力梯度增大的幅度越小，最终与不含高渗透区域的水力梯度无明显差别。高渗透区域内虽然水流流速较大，但因该区域渗透系数较大，所以水力梯度并没有增加。

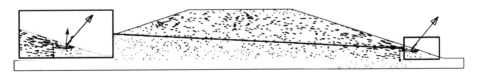

图 13-20　存在高渗透区域堰塞坝流速图

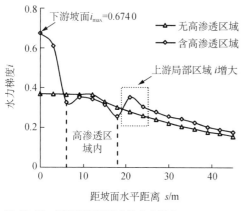

图 13-21　堰塞坝相同高度的水力梯度

当高渗透区域分别位于上游、中游和下游时,下游坡脚处的水力梯度在坝体渗流场中最大,且最大水力梯度 i_{max} 分别为 0.374 2、0.375 8 和 0.674 0。因此,当高渗透区域位于渗流场中的上游和中游时,其对下游坡脚处的渗流场无明显影响。然而,当高渗透区域位于下游坡脚处时,其会在坝体坡脚下游水位面高度附近,产生一股流速较大的上升水流,即该处的水力梯度较坝体的其他区域大。

若下游坡脚最大水力梯度大于土体管涌的临界水力梯度时,高渗透区域的存在便可诱发管涌。因此,可将高渗透区域设在下游坡脚处,通过分别改变该区域的长度 L、渗透系数 k 或位置(水平 d 和竖向 h),并控制其他条件不变,进一步讨论其对红石河堰塞坝渗流特性的影响,并选用坡脚最大水力梯度 i_{max} 来反映不同参数设置下,高渗透区域对渗流场的影响程度。

1. 高渗透区域长度的影响

设置厚 4 m、长度不同的高渗透区域,通过研究发现随着高渗透区域长度的增加,坡脚最大水力梯度增大,水流向高渗透区域集中的现象越明显。但该影响程度随着长度的增加而逐渐降低,当高渗透区域的长度大于 12 m 时,其增加对坡脚最大水力梯度的影响程度变化较小[图 13-22(a)]。高渗透区域的存在,使得其周围土体内渗流的水力梯度增大,但与堰塞坝的几何尺寸相比,高渗透区域的尺寸较小,这种影响仅限于高渗透区域上、下游两端一定范围内的土体,而对其内部水流的水力梯度几乎无影响(图 13-21)。因此,高渗透区域增加到一定的长度后,对周围土体的影响范围基本不再扩大,即对坡脚最大水力梯度的影响程度也就基本不变了。

2. 高渗透区域渗透系数的影响

仅改变高渗透区域的渗透系数,计算发现坡脚最大水力梯度随着高渗透区域渗透系数的增大而增大。当高渗透区域的渗透系数与周围材料渗透系数的比值小于 50 时,其对坝体渗流稳定性的影响较明显,但随着渗透系数的继续增大,影响程度没有明显变化[图 13-22(b)]。高渗透区域的渗透系数较大,对流过该区域的水流而言,相当于减少了水头损失,因此从高渗透区域流出的水流流速较大,使坡脚处的水力梯度增大。但高渗透区域周围土体的渗透系数较小,能流过高渗透区域的水流流量有限,因此继续增大高渗透区域的渗透系数,影响到的水流基本不变,该区域对坡脚最大水力梯度的影响不会明显增加。

3. 高渗透区域位置的影响

高渗透区域水平和竖向位置的影响有着相似的规律,当其越靠近下游坡脚时,坡脚最大水力梯度越大[图 13-22(c)和图 13-22(d)]。但当高渗透区域远离该位置后,下游坡脚处的渗流流速减弱,且方向不再集中,高渗透区域对坡脚最大水力梯度的影响程度明显减弱。高渗透区域对周围土体内渗流的影响有一定的范围,因此高渗透区域越靠近下游坡脚,对坡脚最大水力梯度的影响越大。这同样可以解释为什么将高渗透区域设在坝体内上、中游时,对坡脚处的水流几乎无影响。

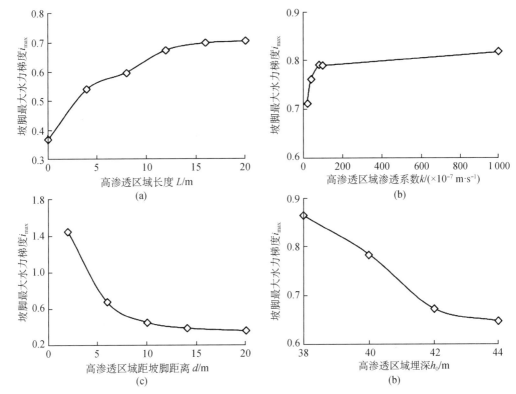

图 13-22　高渗透区域参数对堰塞坝渗流稳定的影响

　　综上所述,高渗透区域的存在增大了红石河堰塞坝下游坡脚处的渗流速度,并形成集中的上升水流,对坝体材料产生较大的渗流力,可能使土中细颗粒在粗颗粒形成的孔隙通道中移动、流失,即产生管涌。高渗透区域越长,渗透性越高,其位置越靠近坝体下游坡脚,坡脚最大水力梯度越大,发生管涌破坏的可能性增加。因此,高渗透区域的存在对堰塞坝的渗流稳定是不利的,对堰塞坝进行渗流稳定性分析时,应考虑高渗透区域对其破坏模式的影响。

13.4　红石河堰塞坝稳定性及溃决过程分析

　　上文 13.3.3 节讨论了存在高渗透区域的红石河堰塞坝的渗流特性,接下来对其渗流稳定性进行分析。考虑高渗透区域的存在,堰塞坝在渗流条件下的溃坝是管涌和下游坝坡塌滑循环的渐进破坏过程(Gregoretti et al.,2010;张大伟 等,2012)。高渗透区域先诱发下游坝坡土体管涌,在渗流力的作用下,管涌通道扩大并向坝体上游发展[图 13-23(a)和图 13-23(b)]。随着管涌的发展,通道处细颗粒的流失使土体强度降低,通道上部坝体楔块的重力超过坝体材料的抗剪强度和黏聚力时,将进入塌滑阶段,下游坝坡破坏[图 13-23(c)]。因渗流路径变短,在渗流力的作用下,塌滑后的堰塞坝体可进入下一轮管涌和下游坝坡塌滑,逐渐破坏直到坝顶宽度较小,发生整体滑动或漫顶溢流而溃坝[图 13-23(d)、图 13-23(e)和图 13-23(f)]。

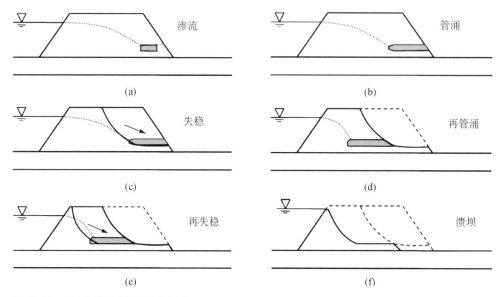

图 13-23 堰塞坝渗流破坏过程示意图

依据高渗透区域对红石河堰塞坝渗流特性的影响,提出堰塞坝渗流稳定分析的方法,分析流程如下。

(1) 在红石河堰塞坝体内设置高渗透区域,进行渗流分析,依据管涌临界水力梯度,判断可能发生管涌的区域。

(2) 考虑管涌对土体的影响,改变管涌区土体的参数(渗透系数 k、内摩擦角 φ 和黏聚力 c)。

(3) 坝体坝坡的稳定性分析,若坝坡的稳定系数 F_s 小于 1,假设为坝坡滑动,并移除潜在塌滑面内的土体。

(4) 重复步骤(1)~(3),对剩下的堰塞坝进行管涌和下游坝坡稳定性分析,直到堰塞坝顶宽小于 0,发生溃坝。

因此,堰塞坝渗流稳定分析的关键是管涌和下游坝坡稳定性分析两个部分,在下文中会进行详细介绍。

13.4.1　管涌及下游坝坡稳定性分析

1. 管涌分析

管涌分析的关键是管涌区域的判断和管涌区土体渗透系数的变化两个部分。堰塞坝在渗流场作用下发生管涌的区域,可用管涌发生的判别准则确定。采用毛昶熙等(2009)推导出的计算砂砾土各级颗粒的管涌临界水力梯度公式,管涌冲动某一粒径级 d_i 的临界水力梯度为

$$i_c = \frac{0.85d_i}{P_i d_{85}}(1-n)(s-1) \tag{13-3}$$

式中　d_i——计算的某一级粒径直径;

　　　d_{85}——土重百分数为 85% 的颗粒直径;

　　　P_i——管涌土料颗分曲线上与计算颗粒土相对应纵坐标的土重百分比;

　　　n——孔隙率;

　　　s——颗粒相对密度。

当管涌带走土颗粒达到 d_{20} 时,土体就趋于崩溃,故本文在渗流稳定性的计算中取管涌破坏发生的临界状态为 d_{20},P_{20}。

确定坝体发生管涌的区域后,通过增大该区域土体的渗透系数 k 模拟管涌的发展。常东升等(2011)通过试验研究发现土体发生管涌后,其渗透系数先增大,后保持稳定至土体破坏。故本文假设堰塞坝土体发生管涌后,管涌区土体的渗透系数 k 增大到破坏时的渗透系数。介玉新等(2011)推导得出管涌前后土的渗透系数增大倍数 N 的计算公式为

$$N = \frac{k_f}{k_s} = \beta\left(\frac{d_{20f}}{d_{20s}}\right)^2 \tag{13-4}$$

式中　k_s,k_f——土颗粒流失前后土的渗透系数;

　　　β——综合影响系数,在本文的计算中取 $\beta = 10$(介玉新 等,2011);

　　　d_{20s},d_{20f}——土颗粒流失前后土的特征粒径,其中 d_{20s} 的值可以从初始级配曲线上得到。

设管涌水流带走的土颗粒占的百分比为 P_i,d_{20f} 对应的百分比 P_f 可通过式(13-5)计算

$$P_f = 20 + 0.8P_i \tag{13-5}$$

管涌破坏发生的临界状态为 d_{20} 的土颗粒流失,故 $P_i = 20$,解得 $P_f = 36$,则可从初始级配曲线上查得 d_{20f}(图 13-24),代入式(13-2)中即可计算出管涌破坏时土体的渗透系数。

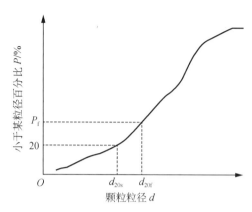

图 13-24 管涌产生时的土体级配曲线

2. 稳定性分析

对堰塞坝进行管涌分析后,应进行下游坝坡的稳定性分析,其关键是考虑管涌后,管涌区土体强度参数的下降。目前管涌对土体强度影响的研究多依据试验展开,Xiao 等(2010)在试样上钻出孔道模拟坝体中的管涌通道,进行试验发现堤坝中水平和倾斜的管涌通道,可使得无黏性土的有效内摩擦角 φ' 平均降低 28%。因红石河堰塞坝体材料为黏性土,本文参考该试验结果,假设堰塞坝体材料发生管涌后,强度参数降低相同比例 n,即

$$\begin{cases} n = \dfrac{\tan(0.72\varphi_s)}{\tan\varphi_s} \\ c_f = nc_s \\ \varphi_f = \arctan(n\tan\varphi_s) \end{cases} \tag{13-6}$$

式中 φ_s——管涌前土的内摩擦角;

      φ_f——管涌后土的内摩擦角;

      c_s——管涌前土的黏聚力;

      c_f——管涌后土的黏聚力。

采用数值软件 ABAQUS 进行红石河堰塞坝渗流稳定的分析。坝体材料强度在 ABAQUS 中采用经典土力学 M-C 模型,通过降低管涌区域土体的强度参数(内摩擦角 φ 和黏聚力 c),并增加其渗透系数 k 模拟管涌对土体的影响。用强度折减法计算堰塞坝下游坝坡的稳定系数 F_s,判断管涌影响下其稳定性,并通过塑性应变云图获得塌滑面的位置。

13.4.2 渗流及坝体形态对稳定性的影响

依据东河口滑坡材料的颗粒级配(表 13-1),计算得红石河堰塞坝体材料管涌的临界水力梯度 i_c 为 0.29~0.52,选用最大值 0.52 对管涌发生区域进行判断。结合式(13-6)计算得,

管涌区域红石河堰塞坝体材料的渗透系数在管涌后增大 $N = 50$ 倍,强度参数(黏聚力 c_f 和内摩擦角 φ_f)降低为管涌前的 $n = 0.7$。数值模型与上节中的模型相同,依据上节中分析所得的高渗透区域的影响规律,将其设在下游坡脚,并设其长度为 12 m、渗透系数为 1×10^{-5} m/s。

1. 红石河堰塞坝的渗流稳定性

工况 5-1 先设置红石河堰塞坝不含高渗透区域,此时下游坡脚最大水力梯度 $i_{max} = 0.37 <$ i_c,不会发生管涌。经强度折减计算得下游坝坡的稳定系数 $F_s = 2.08$,红石河堰塞坝渗流稳定。下游坝坡稳定系数与管涌通道长度关系如图 13-25 所示。

当下游坡脚处存在长度为 12 m 的高渗透区域时(工况 5-2),最大水力梯度 $i_{max} = 0.67 >$ i_c,管涌产生在高渗透区域周围。改变管涌区土体的参数,并进行下游坝坡的稳定性分析,发现随着管涌通道逐渐向上游发展,下游坝坡的

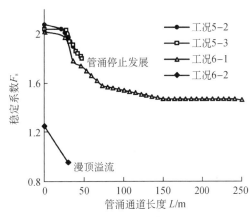

图 13-25　下游坝坡稳定系数与管涌通道长度关系图

稳定系数逐渐降低。当管涌通道发展到 36 m 长时,管涌通道因上游的最大水力梯度 $i_{max} < i_c$ 而停止发展[图 13-26(a)]。虽然管涌通道的形成,相当于增加了高渗透区域的长度,但高渗透区域对上游渗流场的影响较小,且影响范围有限,在相同的水头差下,坝体内的最大水力梯度仍会小于临界水力梯度,使管涌通道不能继续发展(图 13-21)。此时下游坝坡的稳定系数降低为 $F_s = 1.90$,红石河堰塞坝在该渗流条件下保持稳定(图 13-25)。

进一步讨论高渗透区域的影响,将其长度增大为 20 m(工况 5-3),坝体内的最大水力梯度 $i_{max} = 0.70 > i_c$,在较大的水力梯度作用下,土体发生管涌的区域增大。虽然管涌通道向上游发展 47 m 后仍会停止,但其长度比工况 5-2 时更长[图 13-26(b)]。从下游坝坡的稳定性来看,管涌发展到最终阶段,稳定系数 F_s 从 2.04 降低至 1.80,与工况 5-2 相比更不稳定。故高渗透区域的长度对红石河堰塞坝的渗流稳定存在影响,高渗透区域越大,坝体越不稳定。

从分析结果来看,红石河堰塞坝在渗流条件下是稳定的。高渗透区域的存在可使坝体材料发生管涌,但因红石河堰塞坝较宽、下游坝坡较缓,下游坝坡稳定,不会发展至溃坝。这与唐家山堰塞坝虽因高渗透性层的存在而出现管涌通道,但因坝体尺寸较大,整体保持渗流稳定的事实相符(胡卸文 等,2010)。

2. 堰塞坝坝体形态对稳定性的影响

为验证本文提出的堰塞坝渗流稳定性分析方法,缩短红石河堰塞坝的坝宽、增大下游坝坡比,并设置高渗透区域进行分析。先将顶宽设为 10 m,下游坝坡比保持 1:3(工况 6-1)。因上下游水头差不变而渗流路径变短,坝体内水力梯度增大,管涌通道宽度较原始坝体尺寸

时大,且管涌通道能逐渐向上游发展至贯通[图 13-26(c)],堰塞湖水可从上游沿管涌通道流出。管涌通道贯通后,其周围土体内渗流的水力梯度小于临界水力梯度,故认为管涌通道不再扩大。管涌前后,下游坝坡的稳定系数分别为 2.02 和 1.46,较红石河堰塞坝原始几何尺寸时降低,但仍处于渗流稳定状态。

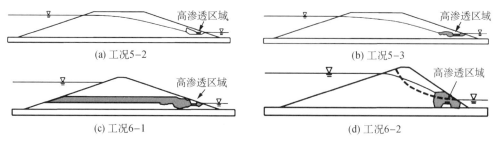

(a) 工况5-2   (b) 工况5-3

(c) 工况6-1   (d) 工况6-2

图 13-26　管涌通道发展情况示意图

保持坝宽为 10 m,将下游坝坡比增大为 1∶1.5(工况 6-2),在未发生管涌时坝体仍保持稳定($F_s=1.25$)。经第一次管涌分析,下游坡脚处便出现较大的管涌区域[图 13-26(d)],进行下游坝坡的稳定性计算发现 $F_s=0.95<1$,下游坝坡发生滑动破坏,滑动面如图 13-27 所示。因边坡滑动后,红石河堰塞坝的坝顶宽度小于 0,认为当堰塞湖水位上涨超过坝顶时,湖水可迅速冲刷剩余的坝体,发生漫顶溢流溃坝,故不再进行下一轮管涌和边坡稳定性分析。

$F_s=0.95$

图 13-27　折减计算得管涌后堰塞坝的塑性应变图

可见,几何尺寸对堰塞坝的渗流稳定影响较大,与顶宽短、下游坝坡陡的 Mataro 堰塞坝类似(Snow,1964),在红石河堰塞坝顶宽较短、下游坝坡较陡的情况下,坝体可在渗流条件下发生管涌溃坝。因此,在堰塞坝应急抢险时,需要先进行渗流稳定分析,尽快确定坝体的几何尺寸,并考虑高渗透区域对稳定性的影响来进行计算。此外,为防止堰塞坝发生渗流破坏,可采用水泵、虹吸、开挖泄流槽和调度上游水库等控制措施,降低堰塞湖水位,使堰塞坝下游坡脚处的水力梯度小于临界水力梯度。

13.5　红石河堰塞坝漫顶溃决模拟

13.5.1　溃决过程介绍

采用 DABA 模型模拟红石河堰塞坝漫顶溃决过程。红石河堰塞坝材料参数及形态参数

（常东升 等，2009；Chang et al.，2011；石振明 等，2015）见表 13-4 及表 13-5。坝体材料的可蚀性系数 K_d 分别为 32.54 mm³/(N·s)及 10.09 mm³/(N·s)，坝体材料的抗侵蚀力 τ_c 分别为 7.38 Pa、6.70 Pa。红石河堰塞坝溃决流量如图 13-28 所示。堰塞坝 DABA 模型计算值与实测值较为吻合：预测的峰值流量（540.0 m³/s）在观测的峰值流量区间内（400～600 m³/s）；计算溃决时间为 9 d，实际溃决时间为 10 d（6 月 1 日至 6 月 10 日）。

表 13-4　红石河堰塞坝土体参数

深度 /m	孔隙比 e	不均匀系数 C_u	塑性指数 PI/%	细粒含量 P/%	内摩擦角 φ/(°)	中值粒径 d_{50}/mm	颗粒比重 G_s
5	0.95	3 400	20	12	20	2.8	2.68
12	0.80	5 400	22	16	20	3.7	2.68

表 13-5　红石河堰塞坝溃口形态参数

B_b	B_t	D	B_{c0}	α_0	β_0	β_u	α_c	β_f
5 m	25 m	5 m	500 m	26.56°	18.43°	18.43°	50°	20°

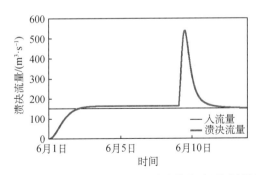

图 13-28　红石河堰塞坝观测流量区间（灰色填充）与预测流量（红线）

13.5.2　溃坝参数影响分析

本文第 4～7 章表明，坝体材料、形态和结构等因素对堰塞坝的溃决过程及溃决参数具有显著影响。本节通过修改 DABA 物理计算模型相关参数，分别对坝体形态、材料和结构等影响因素进行参数敏感性分析。

1. 坝高

为了研究坝高对红石河堰塞坝漫顶溃决过程的影响，在原始数据的基础上，将坝高分别设定为 37.5 m（减小 25%）、50 m（原型）和 62.5 m（增加 25%）。同时，坝体内部沿深度方向分布的各土层厚度也相应减小 25% 或增加 25%，而包括材料土体参数等在内的其他参数均保持不变,使初始水位与泄流槽齐平。不同坝高条件下堰塞坝的溃决流量过程如图 13-29 所示。

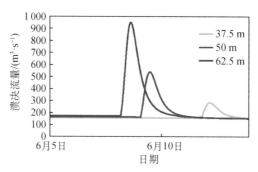

图 13-29 不同坝高对应的溃决流量过程曲线

结果表明,坝高对堰塞坝的溃决流量及溃决历时影响显著。具体来说,坝高的增加,会使溃坝峰值流量增大,峰现时间推迟。一方面,堰塞坝坝高反映了堰塞湖库容及潜在水力势能的大小,因此坝高增大时溃决流量明显增大;另一方面,库容的增大导致蓄水时间增加,使溃决洪水发生时间推后。堰塞坝的坝高增加 25%,溃决峰值流量(950.0 m³/s)较原型(540.0 m³/s)增加 76%,溃决历时(223.1 h)较原型(217.5 h)增加 2.6%;相反,当堰塞坝的坝高减小 25%,溃决峰值流量(286.0 m³/s)较原型减少 47%,溃决历时(212.8 h)较原型减少 2.2%。

2. 坝顶宽

为研究坝顶宽对堰塞坝溃决过程与溃决参数的影响,在红石河堰塞坝的基础上,将坝顶宽分别设定为 375 m(减小 50%)、500 m(原型)和 625 m(增加 50%),其他坝体参数保持不变。不同坝顶宽条件下堰塞坝的溃决流量过程如图 13-30 所示。

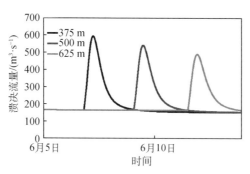

图 13-30 不同坝顶宽对应的溃决流量过程曲线

坝顶宽对堰塞坝的峰现时间和溃决历时的影响显著。具体来说,坝顶宽的增加,会使峰现时间推迟、溃口形成阶段历时延长。坝顶宽反映了溃口发展过程中溯源侵蚀距离的长短,这导致当坝顶宽较大时,堰塞坝进入溃口发展阶段的时间明显更早。当堰塞坝坝顶宽增加

25%时,堰塞坝溃决历时(275.6 h)较原型(217.5 h)增加了 26.7%,溃决峰值流量(592.0 m³/s)较原型(540.0 m³/s)增加 9.6%;相反,当堰塞坝坝顶宽减小 25%时,堰塞坝溃决历时(163.8 h)较原型减少了 24.7%,溃决峰值流量(488.9 m³/s)较原型减少 9.5%。

3. 坝体材料

为研究坝体材料对堰塞坝溃决过程及溃决参数的影响,在红石河堰塞坝的基础上,将原型坝体内部所有土层的抗侵蚀能力分别提高 25%、降低 25%,其他坝体参数均保持不变。不同坝体材料条件下堰塞坝的溃决流量过程如图 13-31 所示。

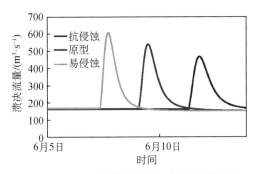

图 13-31　不同坝体材料对应的溃决流量过程曲线

坝体材料对堰塞坝的溃决流量及溃决历时影响显著。坝体材料整体抗侵蚀能力的增强,会使峰值流量减小、峰现时间推迟及溃决历时增大。这是因为非均质坝体内部各个土层的抗侵蚀能力,都进行了相同比例的调整(提高 25%或降低 25%),相当于改变了坝体整体的抗侵蚀能力。坝体侵蚀过程受局部区域材料性质的影响严重,各土层对应的溃决特征和溃口侵蚀速率与所在土层的材料土体参数密切相关。当各个土层的抗侵蚀能力同时增强或减弱时,每一层的溃口侵蚀速率将相应地同步减小或增大,反映在溃决流量变化中就是将坝体材料抗侵蚀能力提高 25%后,溃决峰值流量(467.8 m³/s)较原型(540.0 m³/s)减小了 13.4%,溃决历时(271.3 h)较原型(217.5 h)增加了 24.7%;相反,将坝体材料抗侵蚀能力降低 25%后,溃决峰值流量(605.9 m³/s)较原型增大了 12.2%,溃决历时(176.1 h)较原型减少了 19%。

4. 坝体结构

为研究坝体结构对溃决过程及溃决参数的影响,在红石河堰塞坝的基础上,将坝体结构分别设定为竖向非均质结构类型①(原型,坝体材料沿深度方向逐渐变得致密)、竖向非均质结构类型②(在 7 m 处增加相对第一层抗冲刷性能减小 25%的材料)、竖向非均质结构类型③(在 7 m 处增加相对第二层抗冲刷性能增加 25%的材料),其他参数均保持不变。不同坝体结构条件下堰塞坝的溃决流量过程如图 12-32 所示。

不同竖向非均质结构类型对堰塞坝的溃决流量及溃决历时的影响显著。具体来说,结构类型②溃决峰值流量(608.8 m³/s)较①增大了 12.7%,溃决历时(167.1 h)较①减少了

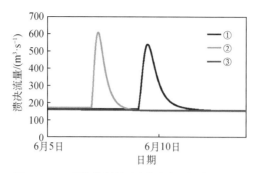

图 13-32　不同坝体材料对应的溃决流量过程曲线

23.2%；相反，结构类型③溃决峰值流量（$161.8~\mathrm{m^3/s}$）较①减小了 70%，溃决历时（$333.3~\mathrm{h}$）较①增加了 53.2%。

综上所述，堰塞坝溃决峰值流量受坝高、坝体材料及坝体结构影响显著，溃决历时受坝高、坝顶宽、坝体材料及坝体结构影响显著。

本章简要介绍了红石河堰塞坝的形成背景，坝体材料与基本力学特征，并利用有限元分析了渗流对其稳定性的影响，通过 DABA 模型分析了堰塞坝在漫顶溃决影响下的敏感性。

汶川地震是红石河堰塞坝形成的直接动力条件，山高、坡陡、深切峡谷是地形条件，褶皱构造导致岩石破碎是物源条件，流域产流丰富是水源条件。根据分析，红石河堰塞坝主要是由位于右岸岩层交界带及其以上的整体性较差的白云岩和灰岩崩塌堆积形成。

堰塞坝渗流失稳可以看作管涌和下游坝坡失稳的循环发展过程。坝体内高渗透区域的存在能降低其渗流稳定性，且高渗透区域越大、渗透性越高、其位置越靠近坝体下游坡脚，对堰塞坝渗流特性的影响越大。

开挖泄流槽与泄洪洞后，堰塞湖在非汛期不会发生漫顶溃坝，具有显著的减灾效果，但是坝体需要加强抗渗防治措施。红石河堰塞坝拟开发成一个永久的水电工程，若遭遇百年一遇洪水，溃决峰值流量达 $22~068~\mathrm{m^3/s}$，具有潜在的溃坝风险。

参考文献

常东升，张利民，2011. 土体渗透稳定性判定准则[J]. 岩土力学，31(S1)：253-259.

常东升，张利民，徐耀，等，2009. 红石河堰塞湖漫顶溃坝风险评估[J]. 工程地质学报，17(1)：50-55.

费康，张建伟，2010. ABAQUS 在岩土工程中的应用[M]. 北京：中国水利水电出版社.

胡卸文，罗刚，王军桥，等，2010. 唐家山堰塞体渗流稳定及溃决模式分析[J]. 岩石力学与工程学报，29(7)：1409-1417.

介玉新，董唯杰，傅旭东，等，2011. 管涌发展的时间过程模拟[J]. 岩土工程学报，33(2)：215-219.

孔纪名，阿发友，邓宏艳，等，2010. 基于滑坡成因的汶川地震堰塞湖分类及典型实例分析[J]. 四川大学学报（工程科学版），42(5)：44-51. DOI：10.15961/j.jsuese.2010.05.005.

李小琴,富海鹰,张迎宾,等,2021.东河口滑坡高速远程运动特性的影响因素研究[J].自然灾害学报,30(6):166-175.

李秀珍,孔纪名,邓红艳,等,2009."5·12"汶川地震滑坡特征及失稳破坏模式分析[J].四川大学学报(工程科学版),41(3):72-77.

毛昶熙,段祥宝,吴良骥,2009.砂砾土各级颗粒的管涌临界坡降研究[J].岩土力学,30(12):3705-3709.

石振明,熊曦,彭铭,等,2015.存在高渗透区域的堰塞坝渗流稳定性分析:以红石河堰塞坝为例[J].水利学报,46(10):1162-1171.

孙萍,张永双,殷跃平,等,2009.东河口滑坡-碎屑流高速远程运移机制探讨[J].工程地质学报,17(6):737-744.

孙萍,殷跃平,吴树仁,等,2010.东河口滑坡岩石微观结构及力学性质试验研究[J].岩石力学与工程学报,29(S1):2872-2878.

王兆印,崔鹏,刘怀湘,2010.汶川地震引发的山地灾害以及堰塞湖的管理方略[J].水利学报,(7):757-763.

许强,裴向军,黄润秋,等,2009.汶川地震大型滑坡研究[M].北京:科学出版社.

张大伟,权锦,何晓燕,等,2012.堰塞坝漫顶溃决试验及相关数学模型研究[J].水利学报,43(8):979-986.DOI:10.13243/j.cnki.slxb.2012.08.015.

CASAGLI N, ERMINI L, ROSATI G, 2003. Determining grain size distribution of the material composing landslide dams in the Northern Apennines: sampling and processing methods[J]. Engineering Geology, 69(1-2):83-97.

CHANG D S, ZHANG L M, XU Y, et al., 2011. Field testing of erodibility of two landslide dams triggered by the 12 May Wenchuan earthquake[J]. Landslides, 8:321-332.

COSTA J E, SCHUSTER R L, 1988. The formation and failure of natural dams[J]. Geological Society of America Bulletin, 100(7):1054-1068.

CUI P, ZHU Y, HAN Y, et al., 2009. The 12 May Wenchuan earthquake-induced landslide lakes: distribution and preliminary risk evaluation[J]. Landslides, 6(3):209-223.

GREGORETTI C, MALTAURO A, LANZONI S, 2010. Laboratory experiments on the failure of coarse homogeneous sediment natural dams on a sloping bed[J]. Journal of Hydraulic Engineering, 136(11):868-879.

LI W, HUANG R, TANG C, et al., 2013. Co-seismic landslide inventory and susceptibility mapping in the 2008 Wenchuan earthquake disaster area, China[J]. Journal of Mountain Science, 10(3):339-354.

PAYNE L E, STRAUGHAN B, 1999. Convergence and continuous dependence for the Brinkman—Forchheimer equations[J]. Studies in Applied Mathematics, 102(4):419-439.

SNOW D T, 1964. Landslide of Cerro Condor-Sencca, Department of Ayacucho, Peru[J]. Engineering Geology Case Histories, 5:1-6.

XIAO M, GOMEZ J, 2010. Effect of piping on shear strength of levees[M]//Geoenvironmental Engineering and Geotechnics: Progress in Modeling and Applications:51-56.

附录 A

全球范围堰塞坝案例数据库（1757 例）

编号	国家或地区	名称	成坝时间	滑坡类型	滑坡诱因	滑坡体方量/(×10⁶ m³)	堰塞坝类型	堰塞坝体积/(×10⁶ m³)	坝高/m	坝长/m	坝宽/m	堰塞湖长度/m	堰塞湖体积/(×10⁶ m³)	溃坝用时/d	溃坝机理	泄流槽深度/m	泄流槽顶宽/m	泄流槽底宽/m	溃决历时/h	峰值流量/(m³·s⁻¹)	死亡人数	参考文献①
1	AF	Ajar river	1960s	RF	EQ	—	—	—	—	—	—	—	—	NF	NF	—	—	—	—	—	—	[7]
2	AF	Shewa	Prehistoric	—	—	—	—	1 600	270	—	—	—	2 000	NF	—	—	—	—	—	—	—	[18]
3	AR	Rio Barrancos	Prehistoric	—	—	—	—	1 300	—	—	—	—	—	—	—	—	—	—	—	—	175	[18]
4	AT	Brixen Torrent	1946	DF	RF	—	—	—	—	—	—	—	—	—	—	—	—	—	—	—	—	[7]
5	AT	Gail River	328	DF	RF	—	—	—	—	—	—	—	—	—	—	—	—	—	—	—	5	[7]
6	AT	Gail River	1348	RA	EQ	30	—	—	—	—	—	—	—	<10	—	—	—	—	—	—	—	[7]
7	AT	Ill River	1894	DF	RF	2	—	—	—	—	—	—	—	—	—	—	—	—	—	—	—	[7]
8	AT	Lavant Valley	1660	DF	RF	—	—	—	—	—	—	—	—	—	—	—	—	—	—	—	29	[7]
9	AT	Moll River	1827	DF	RF, SM	—	—	—	—	—	—	—	—	—	—	—	—	—	—	—	—	[7]
10	AT	Muhlbach Torrent	1798	DF	RF	—	—	—	20~30	—	—	—	—	—	—	—	—	—	—	—	—	[7]
11	AT	Mur River	1958	DF	RF	—	—	—	30	—	—	—	—	—	—	—	—	—	—	—	12	[7]
12	AT	Palten River	1768	DF	RF	—	—	—	—	—	—	—	—	—	—	—	—	—	—	—	—	[7]
13	AT	Salzach River	1794	DF	RF	0.1~0.2	—	—	15	—	—	—	—	<1	—	—	—	—	—	—	—	[7]
14	AT	Salzach River	1794	EF	RF	—	—	—	—	—	—	3 000	—	SY	—	—	—	—	—	—	2	[7]
15	AT	Velber Brook	1459	—	EQ	—	—	—	—	—	—	—	—	NF	NF	—	—	—	—	—	—	[7]
16	AT	Ziller River	1908	DF	RF	0.3	—	—	—	—	—	—	—	—	—	—	—	—	—	—	—	[7]
17	AU	Lake Elizabeth	1952	RS	RF	6	II	—	36	—	—	1 600	—	414	OT	26	—	—	—	—	—	[7]

① 为方便与本部分参考文献条目一一对应，参考文献在表中的标注采用编号形式。

（续表）

编号	国家或地区	名称	成坝时间	滑坡类型	滑坡诱因	滑坡体方量/($\times 10^6$ m³)	堰塞坝类型	堰塞坝体积/($\times 10^6$ m³)	坝高/m	坝长/m	坝宽/m	堰塞湖长度/m	堰塞湖体积/($\times 10^6$ m³)	溃坝用时/d	溃坝机理	泄流槽深度/m	泄流槽顶宽/m	泄流槽底宽/m	溃决历时/h	峰值流量/($\text{m}^3\cdot\text{s}^{-1}$)	死亡人数	参考文献
18	BO	Allpacoma landslide dam	2005	—	—	—	—	—	—	—	—	—	—	—	PP	—	—	—	—	—	—	[49]
19	BT	Tsatichhu River	2003	RA	EQ	10~15	II	5	110	580	700	1 000	1.5	300	SF，PP	—	—	—	—	6 900	—	[17]
20	CA	Attachie	1973	LS	SM	2.7	—	—	—	—	—	—	—	—	—	—	—	—	—	—	—	[34]
21	CA	Blanche River	1898	—	—	—	III	5.89	8	460	3 200	—	—	—	—	—	—	—	—	—	—	[7] [12]
22	CA	Britannia Creek	1921	DF	RF	—	—	—	—	—	—	—	—	—	—	—	—	—	—	—	37	[7] [9]
23	CA	Cheakamus River	1958	RF	—	—	—	—	5	—	—	—	—	—	—	—	—	—	—	—	—	[7] [9]
24	CA	Cheakamus River	1855~1856	RA	—	25	II	—	—	200~350	3 500	—	—	—	OT	15	—	—	—	—	—	[7]
25	CA	Chilcotin River	1964	Slump	—	—	II	—	—	—	—	—	—	7	OT	—	—	—	—	—	—	[7]
26	CA	Clinton Creek	1976	—	—	36.5	—	3.43	26	—	—	—	—	—	—	—	—	—	—	—	—	[12] [16]
27	CA	Crowsnest River	1903	RS	—	—	II	—	10	—	—	—	—	1.5	OT	—	—	—	—	—	—	[7]
28	CA	Dunvegan Creek	1959	—	—	—	—	—	—	—	—	—	—	—	—	—	—	—	—	—	—	[9]
29	CA	Dusty Creek	1963	DA	PW	5	—	—	—	—	—	—	—	—	OT	—	—	—	—	—	—	[7]
30	CA	Eureka River	1990	—	—	—	—	—	—	—	—	—	—	—	—	—	—	—	—	—	—	[34]
31	CA	Eureka River	1990	—	—	50	—	—	—	—	—	—	—	—	—	—	—	—	—	—	—	[34]
32	CA	Fraser River	1921	—	—	—	—	—	—	—	—	—	—	—	—	—	—	—	—	—	—	[5]
33	CA	Grand River	1943	SF	—	—	I	1	—	150	137	—	—	<10	—	—	—	—	—	—	—	[7]
34	CA	Halden Creek	1996	RS	—	—	II	—	—	—	900	1 100	—	—	—	—	—	—	—	—	—	[20]
35	CA	Hines Creek	1990	—	PW	—	—	—	—	—	—	—	—	—	—	—	—	—	—	—	—	[34]
36	CA	Homathko River	1971~1973	DF	DF	1	III	—	20	—	—	1 000	—	—	—	—	—	—	—	—	—	[7]
37	CA	Inklin River	1979	DA	HC	—	II	—	30	—	100	11 000	—	—	—	—	—	—	—	—	—	[7]
38	CA	Kennedy River	1970	—	—	—	—	—	—	—	—	—	—	—	—	—	—	—	—	—	—	[9]
39	CA	Lievre River	1903	LS	RF	—	III	—	6~9	120	600	—	—	—	—	—	—	—	—	—	—	[7]
40	CA	Lievre River	1908	LS	SM	—	—	—	2.7	—	—	—	—	—	—	—	—	—	—	—	33	[7]
41	CA	Maskinonge River	1840	LS	SM	—	III	—	23	—	—	14 400	—	2	OT	—	—	—	—	—	—	[5]
42	CA	Meager Creek	1975	DS, DA	SM	29	—	—	—	—	—	—	—	—	OT	—	—	—	—	—	—	[7]

（续表）

编号	国家或地区	名称	成坝时间	滑坡类型	滑坡诱因	滑坡体方量/(×10⁶ m³)	堰塞坝类型	堰塞坝体积/(×10⁶ m³)	坝高/m	坝长/m	坝宽/m	堰塞湖长度/m	堰塞湖体积/(×10⁶ m³)	溃坝用时/d	溃坝机理	泄流槽深度/m	泄流槽顶宽/m	泄流槽底宽/m	溃决历时/h	峰值流量/(m³·s⁻¹)	死亡人数	参考文献
43	CA	Meager Creek	1998	DF	SM	—	—	—	—	—	—	—	—	400	OT	—	—	—	—	—	—	[10]
44	CA	Meager Creek tributary	1931	—	—	—	—	—	—	—	—	—	—	—	—	—	—	—	—	—	—	[7]
45	CA	Mess Creek	1947	—	—	—	—	—	—	—	—	—	—	—	—	—	—	—	—	—	—	[5]
46	CA	Montagneuse River	1939	DF	SM	76	—	—	15.2	1 500	—	4 000	—	14	—	—	—	—	—	—	—	[34][35]
47	CA	Ryan River	1984	DF	RF	—	—	—	2~3	—	—	—	—	—	—	—	—	—	—	—	—	[7]
48	CA	Saddle River	1990	ES	RF	15	VI	—	20~30	—	800	—	—	—	—	—	—	—	—	—	—	[7]
49	CA	South Nation River	1971	LS	SM	—	III	—	11	200	2 450	—	—	—	—	—	—	—	—	—	—	[34]
50	CA	Spirit River	1995	—	—	—	—	—	—	—	—	—	—	—	—	—	—	—	—	—	—	[7]
51	CA	Squamish River	1984	DF	—	—	—	—	—	—	—	—	—	—	—	—	—	—	—	—	—	[7]
52	CA	St. Anne River	1894	LS	—	19.6	III	—	—	—	—	—	—	—	—	—	—	—	—	—	4	[7]
53	CA	Tahltan River	1964	LS	—	—	III	—	—	—	—	—	—	—	—	—	—	—	—	—	—	[9]
54	CA	Thompson River	1880	Slump	HC	15	II	6.028	18~25	274	880	14 000	65	1.8	OT	—	—	—	—	—	—	[5][7][9]
55	CA	Thompson River	1899	Slump	—	—	—	—	—	—	—	—	—	—	—	—	—	—	—	—	—	[7]
56	CA	Thompson River	1905	Slump	HC	—	II	—	6	—	—	—	—	0.2	OT	—	—	—	—	—	—	[7]
57	CA	Thompson River	1921	Slump	HC	—	II	—	—	—	—	—	—	<1	OT	—	—	—	—	—	—	[5][7]
58	CA	Turbid Creek	1963	DA	PW	5	—	—	—	—	—	—	—	—	OT	—	—	—	—	—	—	[7]
59	CA	Unnamed Creek	1891	—	—	—	—	—	—	—	—	—	—	0.3	—	—	—	—	—	—	13~40	[7][9]
60	CA	Wolverine Creek	1974	—	—	—	III	0.07	10	—	—	—	—	0.01	OT	—	—	—	—	—	—	[5][12][16]
61	CA	Yamaska River	1945	LS	RF	0.118	III	0.04	3.4	67	330	—	—	—	OT	—	—	—	—	—	—	[7][12]
62	CH	Biasca	1513	—	—	—	—	20	50	—	—	—	—	—	—	—	—	—	—	—	—	[12][16]
63	CH	Birse River	1937	DS	RF	2	V	—	9	30	110	100	—	NF	—	—	—	—	—	—	—	[7]
64	CH	Birse River (upper dam)	1937	DS	RF	2	V	—	6	25	80	60	—	NF	—	—	—	—	—	—	—	[7]
65	CH	Brenno River	1513	RA	RF	10~20	—	—	50	—	—	5 000	100	597	OT	—	—	—	—	—	600	[7]

（续表）

编号	国家或地区	名称	成坝时间	滑坡类型	滑坡诱因	滑坡体方量/(×10⁶ m³)	堰塞坝类型	堰塞坝体积/(×10⁶ m³)	坝高/m	坝长/m	坝宽/m	堰塞湖长度/m	堰塞湖体积/(×10⁶ m³)	溃坝用时/d	溃坝机理	泄流槽深度/m	泄流槽顶宽/m	泄流槽底宽/m	溃决历时/h	峰值流量/(m³·s⁻¹)	死亡人数	参考文献
66	CH	Brenno River	1868	DF	RF	—	—	—	—	—	—	—	—	—	—	—	—	—	—	—	—	[7]
67	CH	Derborence Torrent	1749	RA	—	30	—	—	—	—	—	—	—	NF	NF	—	—	—	—	—	—	[7]
68	CH	Grosse Schliere Torrent	1565	RS	—	—	—	—	—	—	—	—	—	350	—	—	—	—	—	—	—	[7]
69	CH	Grosse Schliere Torrent	1910	RS	RF、SM	—	—	—	—	—	—	—	—	—	—	—	—	—	—	—	—	[7]
70	CH	Illgraben Torrent	1961	DF	—	3.5	—	—	—	—	—	—	—	—	OT	—	—	—	—	—	—	[7]
71	CH	Linth River tributary	1594	RA	EQ	—	—	—	—	—	—	—	—	9	—	—	—	—	—	—	—	[7]
72	CH	Navisence Torrent	1200~1300	RA	—	2	—	—	—	—	—	500	—	—	—	—	—	—	—	—	—	[7]
73	CH	Poschiavino River	1987	DF	RF	0.35	—	—	—	—	—	—	—	—	—	—	—	—	—	—	—	[7]
74	CH	Rhine River	1585	DF	RF	—	—	—	—	—	—	—	—	—	—	—	—	—	—	—	—	[7]
75	CH	Rhine River (upper)	1807	DF	RF	—	—	—	12	—	—	—	—	—	—	—	—	—	—	—	—	[7]
76	CH	Rhine River(upper)	1868	DF	RF	—	—	—	10~12	—	—	—	—	—	—	—	—	—	—	—	—	[7]
77	CH	Rhone River	563	DF	RF、SM	—	—	—	—	—	—	—	—	—	—	—	—	—	—	—	Many	[7]
78	CH	Rhone River	1636	DF	RF、SM	—	—	—	—	—	—	—	—	0.02	OT	—	—	—	—	—	—	[7]
79	CH	Rhone River	1926	DF	RF	0.55~1	—	—	—	—	—	—	—	—	—	—	—	—	—	—	—	[7]
80	CH	Schachen Torrent	1887	DA	SM	—	—	—	—	—	—	—	—	—	—	—	—	—	—	—	—	[7]
81	CH	Traversagna Torrent	1928	RS、RA	RF	30~40	—	—	—	—	1 500	—	—	—	—	—	—	—	—	—	—	[7]
82	CH	Valais Canton	1749	RA	—	30	—	—	—	—	—	—	—	NF	—	—	—	—	—	—	—	[7]
83	CH	Vispa	1991	—	—	—	—	20	25	—	—	—	—	—	—	—	—	—	—	—	—	[12]、[16]
84	CH	Vorderrhein River	1683	RA	—	10~20	—	—	—	—	—	—	—	0.1	—	—	—	—	—	—	—	[7]
85	CL	Lake Pellaifa	1960	RA	EQ	—	—	—	8	—	—	—	—	NF	—	—	—	—	—	—	—	[7]
86	CL	Rinihue	1960	ES	EQ	—	—	—	8	—	—	—	4 800	63	—	—	—	—	—	—	—	[18]
87	CL	Rio Panie	1934	—	—	—	—	—	—	—	—	—	250	17 885	—	—	—	—	—	—	—	[18]
88	CL	San Pedro River	1575	—	EQ	100	II	—	—	—	2 000	—	—	134	—	—	—	—	—	—	—	[7]
89	CL	San Pedro River	1960	LS	EQ	30	II	—	26	1 100	—	—	2.5	63	OT	—	—	—	—	—	—	[7]
90	CN	Amandi	1966	—	RF	0.5	—	—	—	—	—	—	—	—	—	—	—	—	—	—	—	[22]
91	CN	Anjiagou	1951	—	RF	2.8	—	—	—	—	—	—	—	—	—	—	—	—	—	—	—	[63]
92	CN	Ansai	1951	—	RF	—	—	—	—	—	—	—	—	—	—	—	—	—	—	—	—	[63]

（续表）

编号	国家或地区	名称	成坝时间	滑坡类型	滑坡诱因	滑坡体方量/(×10⁶ m³)	堰塞坝类型	堰塞坝体积/(×10⁶ m³)	坝高/m	坝长/m	坝宽/m	堰塞湖长度/m	堰塞湖体积/(×10⁶ m³)	溃坝用时/d	溃坝机理	泄流槽深度/m	泄流槽顶宽/m	泄流槽底宽/m	溃决历时/h	峰值流量/(m³·s⁻¹)	死亡人数	参考文献
93	CN	Ashigong	Q4	Slide	EQ	300	—	—	200	—	—	—	—	—	—	—	—	—	—	—	—	[63]
94	CN	Atushi	1902	Ava.	EQ	0.2~0.3	—	—	—	—	—	—	—	—	—	—	—	—	—	—	—	[63]
95	CN	A wangcun	1733	—	EQ	24	—	—	—	—	—	—	—	2	—	—	—	—	—	—	—	[22]
96	CN	Bagacun	1959	—	RF	25	—	—	150	—	—	—	480	7	—	—	—	—	—	—	—	[22]
97	CN	Baige #1 (Jinsha River)	2018	RS	—	25	—	34	61	575	3 000	—	290	2.5	—	—	60	—	—	7 800	—	[65]
98	CN	Baige #2 (Jinsha River)	2018	EF	—	30.2	—	30.2	97	270	580	—	770	10	—	—	—	—	—	—	—	[65]
99	CN	Baiguo village	2008	RS	EQ	—	II	0.4	10~20	200	100	—	0.8	—	OT	—	—	—	—	—	0	[1]
100	CN	Baijiapo (Tongjiang)	2008	—	EQ	—	—	—	—	—	—	—	—	—	—	—	—	—	—	—	—	[8]
101	CN	Bailong River	1879	—	EQ	—	—	—	—	—	—	—	—	—	—	—	—	—	—	—	—	[8]
102	CN	Bailong River	1879	—	EQ	—	—	—	—	—	—	—	—	—	—	—	—	—	—	—	—	[7]
103	CN	Bailong River	1963	ES, EF	RF	25	—	—	17	—	—	—	7	—	—	—	—	—	—	—	—	[7]
104	CN	Bailong River	1981	EF	—	40	—	—	25	—	—	—	19	NF	—	—	—	—	—	—	—	[7]
105	CN	Baimeiya	1974	—	RF	7	—	—	—	—	—	—	—	LT	—	—	—	—	—	—	159	[7]
106	CN	Baisha industrial park	1988	—	HC	1.64	—	—	30	—	—	3 500	216	—	—	—	—	—	—	—	—	[22]
107	CN	Baishagou	1919	—	RF	—	—	—	—	—	—	—	—	LT	—	—	—	—	—	—	—	[63]
108	CN	Baishagou	1953	—	RF	—	—	—	—	—	—	—	—	—	—	—	—	—	—	—	—	[22]
109	CN	Baishiyunshan	1480	—	RF	—	—	—	—	—	—	—	—	—	—	—	—	—	—	—	—	[63]
110	CN	Bai-Shui River	1984	DF	RF	0.218	III	—	—	100	420	—	—	—	—	—	—	—	—	—	—	[63]
111	CN	Baishuihegou	1983	DF	RF	0.1	—	—	—	—	—	—	—	—	—	—	—	—	—	—	—	[7]
112	CN	Baishuwangou.1# (Jialingjiang)	2008	—	EQ	—	—	—	—	—	—	—	—	—	—	—	—	—	—	—	—	[63]
113	CN	Baishuwangou.2# (Jialingjiang)	2008	—	EQ	—	—	—	—	—	—	—	—	—	—	—	—	—	—	—	—	[8]
114	CN	Baixihe (Kaijiang)	2008	—	EQ	—	—	—	—	—	—	—	—	—	—	—	—	—	—	—	—	[8]
115	CN	Baiyangping (Tongjiang)	2008	—	EQ	—	—	—	—	—	—	—	—	—	—	—	—	—	—	—	—	[8]
116	CN	Baiyi'an	Q4	—	RF	44.3	—	—	—	—	—	—	—	LT	—	—	—	—	—	—	—	[22]

（续表）

编号	国家或地区	名称	成坝时间	滑坡类型	滑坡诱因	滑坡体方量/(×10⁶ m³)	堰塞坝类型	堰塞坝体积/(×10⁶ m³)	坝高/m	坝长/m	坝宽/m	堰塞湖长度/m	堰塞湖体积/(×10⁶ m³)	溃坝用时/d	溃坝机理	泄流槽深度/m	泄流槽顶宽/m	泄流槽底宽/m	溃决历时/h	峰值流量/(m³·s⁻¹)	死亡人数	参考文献
117	CN	Baizhidashitou	Q4	—	RF	—	—	—	—	—	—	—	—	LT	—	—	—	—	—	—	—	[22]
118	CN	Baota	3500BP	—	RF	105	—	—	—	—	—	—	—	LT	—	—	—	—	—	—	—	[22]
119	CN	Basu county	2000	DF	RF	—	—	—	—	—	—	—	—	—	—	—	—	—	—	—	—	[63]
120	CN	Batang	1870	RA	EQ	—	Ⅱ	—	—	—	—	—	—	—	—	—	—	—	—	—	2 000	[7]
121	CN	Batang	1997	Slide	EQ	0.08	—	—	15	—	—	—	0.05	—	—	—	—	—	—	—	—	[63]
122	CN	Bawafeng	1969	—	RF	—	—	—	—	—	—	—	1	—	—	—	—	—	—	—	—	[63]
123	CN	Bawangshan	Q4	—	RF	3	—	—	—	—	—	—	—	LT	—	—	—	—	—	—	—	[22]
124	CN	Bayi reservior	1974	DF	RF	—	—	—	—	—	—	—	—	—	—	—	—	—	—	—	—	[63]
125	CN	Beiguanhe	1917	—	EQ	—	—	—	—	—	—	—	—	ST	—	—	—	—	—	—	1 800	[22]
126	CN	Beiyu river	1979	DF	RF	—	—	—	—	—	—	—	—	—	—	—	—	—	—	—	—	[63]
127	CN	Beiyu river	1980	DF	RF	—	—	—	—	—	—	—	—	—	—	—	—	—	—	—	—	[63]
128	CN	Beiyu River	1987	DF	RF	1.44	Ⅲ	—	—	—	—	—	—	0.04	OT	—	—	—	—	—	—	[7]
129	CN	Bitang Creek	1961	Slump	—	80	—	—	65	—	—	1 000	4.2	NF	—	—	—	—	—	—	—	[7]
130	CN	Bitanggou	1963	—	—	>100	—	—	—	—	—	—	1.5~2	LT	OT	—	—	—	—	—	—	[22]
131	CN	Bogetang	—	Slide	RF、EQ	—	—	—	—	—	—	—	—	—	—	—	—	—	—	—	—	[63]
132	CN	Bogexi	—	—	EQ、RF	54	—	—	—	—	—	—	—	LT	—	—	—	—	—	—	—	[22]
133	CN	Bomiguoxiang	1953	DF	RF	17	—	—	—	—	—	—	—	ST	—	—	—	—	—	—	—	[22]
134	CN	Boqu River	1981	DF	DF	1	—	—	—	—	—	—	—	<1	—	—	—	—	—	—	—	[7]
135	CN	Boyangxiang	1978	DF	RF	2.5	—	—	—	—	—	—	—	<1	OT	—	—	—	—	—	—	[63]
136	CN	Caomucun (Jianjiang)	2008	—	EQ	—	—	—	—	—	—	—	—	—	—	—	—	—	—	—	—	[8]
137	CN	Caopingzi	Q4	—	—	150	—	—	—	—	—	—	—	LT	—	—	—	—	—	—	—	[22]
138	CN	Caoshangou (Tongkuo)	2008	—	EQ	—	—	—	—	—	—	—	—	—	—	—	—	—	—	—	—	[8]
139	CN	Caoxiegou(Fujiang)	2008	—	EQ	—	—	—	—	—	—	—	—	—	—	—	—	—	—	—	—	[8]
140	CN	Chahandasi	1961	—	RF	100	—	—	—	—	—	—	—	—	—	—	—	—	—	—	—	[63]
141	CN	Chaijiapo	1982	DF	RF	2.07	—	—	—	—	—	—	—	730	—	—	—	—	—	—	—	[22]
142	CN	Changde	1631	Ava.	EQ	—	—	—	—	—	—	—	—	—	—	—	—	—	—	—	—	[63]
143	CN	Changhualin	1623	—	RF	—	—	—	—	—	—	—	—	—	—	—	—	—	—	—	—	[63]
144	CN	Changma	1932	Ava.	EQ	—	—	—	—	—	—	—	—	SD	—	—	—	—	—	—	—	[63]
145	CN	Changtian	1985	—	RF	6	—	—	—	—	—	—	—	730	—	—	—	—	—	—	—	[22]

（续表）

编号	国家或地区	名称	成坝时间	滑坡类型	滑坡诱因	滑坡体方量/(×10⁶ m³)	堰塞坝类型	堰塞坝体积/(×10⁶ m³)	坝高/m	坝长/m	坝宽/m	堰塞湖长度/m	堰塞湖体积/(×10⁶ m³)	溃坝用时/d	溃坝机理	泄流槽深度/m	泄流槽顶宽/m	泄流槽底宽/m	溃决历时/h	峰值流量/(m³·s⁻¹)	死亡人数	参考文献
146	CN	Chayu	1950	Ava.	EQ	—	—	—	—	—	—	—	—	7	—	—	—	—	—	—	—	[63]
147	CN	Chayuanping (Tuojiang)	2008	—	EQ	—	—	—	—	—	—	—	—	—	—	—	—	—	—	—	—	[8]
148	CN	Chayuhe	1950	—	EQ	—	—	—	—	—	—	—	—	—	—	—	—	—	—	—	—	[63]
149	CN	Chengmenjiangou	1981	—	RF	1.8	—	—	—	—	—	—	—	1	—	—	—	—	—	—	—	[63]
150	CN	Chengyu highway	Q4	—	RF	1	—	—	—	—	—	—	—	LT	—	—	—	—	—	—	—	[22]
151	CN	Chenxian	1545	—	RF	—	—	—	—	—	—	—	—	365	—	—	—	—	—	—	—	[7]
152	CN	Cheshuiba	—	—	RF	0.16	—	—	—	—	—	—	—	—	—	—	—	—	—	—	—	[7]
153	CN	Chingshakiang River	1935	—	EQ	—	—	—	—	—	—	—	—	—	—	—	—	—	—	—	—	[63]
154	CN	Chinlungpei River	1927	—	EQ	—	—	—	—	—	—	—	—	—	—	—	—	—	—	—	—	[63]
155	CN	Chixigou	1969	DF	RF	—	—	—	—	—	—	—	—	—	—	—	—	—	—	—	—	[63]
156	CN	Chouni River	1654	Ava.	EQ	—	—	—	—	—	—	—	—	—	—	—	—	—	—	—	—	[7]
157	CN	Chuanzhuping (Minjiang)	2008	—	EQ	—	—	—	—	—	—	—	—	—	—	—	—	—	—	—	—	[8]
158	CN	Chulusongjie	2004	RA	—	—	—	—	—	—	—	—	—	—	—	—	—	—	—	—	—	[63]
159	CN	Ci county	1830	Ava.	EQ	—	—	—	—	—	—	—	—	—	—	—	—	—	—	—	—	[63]
160	CN	Cizhouping (Tuojiang)	2008	—	EQ	—	—	—	—	—	—	—	—	—	—	—	—	—	—	—	—	[8]
161	CN	Cui Hua	Sub-recent (2.784a)	Rolling, bouncing	—	—	—	350	300	1 000	1 000	1 000	3	NF	—	—	—	—	—	—	—	[54]
162	CN	Cuihuashan	731	Slide	EQ	35	—	—	—	—	—	—	—	LT	—	—	—	—	—	—	—	[22]
163	CN	Cuiping-Guanin	1933	—	—	91	—	—	130	—	—	—	700	—	—	—	—	—	—	—	—	[63]
164	CN	Dabaimigou	1968	DF	RF	—	—	—	—	—	—	—	—	0.5	—	—	—	—	—	—	—	[22]
165	CN	Dabaimigou	1980	DF	RF	—	—	—	—	—	—	—	—	0.08	—	—	—	—	—	—	—	[63]
166	CN	Dabaimigou	1985	DF	RF	—	—	—	—	—	—	—	—	ST	—	—	—	—	—	—	—	[63]
167	CN	Dabanqiao	2800BP	Slide	EQ	31	—	—	300	—	700	—	—	—	—	—	—	—	—	—	—	[63]
168	CN	Dadegou	1984	DF	RF	—	—	—	—	—	—	—	—	—	—	—	—	—	—	—	—	[63]
169	CN	Dadihan	1984	—	RF	0.16	—	—	—	—	—	—	—	LT	—	—	—	—	—	—	—	[22]
170	CN	Dadihe	1987	—	RF	3	—	—	—	—	—	—	—	—	—	—	—	—	—	—	—	[63]
171	CN	Dadu River	1786	RS、RA	EQ	45	—	45	167	—	320	—	1 150	10	OT	—	—	—	—	—	—	[7]
172	CN	Dadu River Tributary	1971	Slump	RF	—	II	—	15	—	200	—	—	—	—	—	—	—	—	—	—	[7]

（续表）

编号	国家或地区	名称	成坝时间	滑坡类型	滑坡诱因	滑坡体方量/(×10⁶ m³)	堰塞坝类型	堰塞坝体积/(×10⁶ m³)	坝高/m	坝长/m	坝宽/m	堰塞湖长度/m	堰塞湖体积/(×10⁶ m³)	溃坝用时/d	溃坝机理	泄流槽深度/m	泄流槽顶宽/m	泄流槽底宽/m	溃决历时/h	峰值流量/(m³·s⁻¹)	死亡人数	参考文献
173	CN	Daguan River	1917	—	EQ	—	—	—	—	—	—	—	—	—	—	—	—	—	—	—	—	[7]
174	CN	Daguanbei	1974	Slide	EQ	0.1	—	—	—	—	—	—	—	LT	—	—	—	—	—	—	—	[22]
175	CN	Dajiawadi	1952	—	RF	—	—	—	—	—	—	—	—	—	—	—	—	—	—	—	—	[63]
176	CN	Daluba	1856	Slide	EQ	72	—	—	70	—	—	—	67	—	—	—	—	—	—	—	—	[63]
177	CN	Dangyuanchi	1951	—	RF	—	—	—	—	—	—	—	—	—	—	—	—	—	—	—	—	[63]
178	CN	Danjianshan,2# (Fujian)	2008	—	EQ	—	—	—	—	—	—	—	—	—	—	—	—	—	—	—	—	[8]
179	CN	Danjianshan,1# (Fujian)	2008	—	EQ	—	—	—	—	—	—	—	—	—	—	—	—	—	—	—	—	[8]
180	CN	Dapingshan	1985	—	RF	0.4	—	—	—	—	—	—	—	0.03	—	—	—	—	—	—	22	[22]
181	CN	Dashibao (Minjiang)	2008	—	EQ	—	—	—	—	—	—	—	—	—	—	—	—	—	—	—	—	[8]
182	CN	Dashuigou (Jianjiang)	2008	—	EQ	—	—	—	—	—	—	—	—	—	—	—	—	—	—	—	—	[8]
183	CN	Deshuigou (Minjiang)	2008	—	EQ	—	—	—	—	—	—	—	—	—	—	—	—	—	—	—	—	[8]
184	CN	Dasuzizhen	1991	—	RF	300	—	—	—	—	—	—	—	—	—	—	—	—	—	—	—	[63]
185	CN	Dawanzi	1991	—	RF	2.7	—	—	40	—	—	—	0.2	LT	—	—	—	—	—	—	—	[22]
186	CN	Dawuxiang	2004	Ava.	SM	—	—	—	—	2 200	1 500	—	—	—	—	—	—	—	—	—	—	[63]
187	CN	Daxi	Q4	DF	RF	22.38	—	—	—	—	—	—	—	LT	—	—	—	—	—	—	—	[22]
188	CN	Dayingpan	1957	—	RF	—	—	—	—	—	—	—	—	0.08	—	—	—	—	—	—	—	[63]
189	CN	Dengjiadu (Tongkuo)	2008	—	EQ	—	—	—	—	—	—	—	—	—	—	—	—	—	—	—	—	[8]
190	CN	Dengjiagou (Tongkuo)	2008	—	EQ	—	—	—	—	—	—	—	—	—	—	—	—	—	—	—	—	[8]
191	CN	Dengjianwo (Tongkuo)	2008	—	EQ	—	—	—	—	—	—	—	—	—	—	—	—	—	—	—	—	[8]
192	CN	Denglongshan	1991	—	HC	1	—	—	—	—	—	—	—	—	—	—	—	—	—	—	7	[22]
193	CN	Diaohanya	1988	—	HC	0.6	—	—	—	—	—	—	—	—	—	—	—	—	—	—	—	[22]
194	CN	Diexi Maoxian	Q3~4	—	RF	100	—	—	—	—	1 500	—	—	73 000	—	—	—	—	—	—	—	[22]
195	CN	Diexi (Dahaizi)	1933	Slide	EQ	12.76	—	45.5	100	—	—	—	50	45	—	—	—	—	—	—	Many	[7]
196	CN	Diexi (Maoxian)	1713	Slide	EQ	20	—	—	—	—	—	—	—	ST	—	—	—	—	—	—	—	[63]

（续表）

编号	国家或地区	名称	成坝时间	滑坡类型	滑坡诱因	滑坡体方量/(×10⁶ m³)	堰塞坝类型	堰塞坝体积/(×10⁶ m³)	坝高/m	坝长/m	坝宽/m	堰塞湖长度/m	堰塞湖体积/(×10⁶ m³)	溃坝用时/d	溃坝机理	泄流槽深度/m	泄流槽顶宽/m	泄流槽底宽/m	溃决历时/h	峰值流量/(m³·s⁻¹)	死亡人数	参考文献
197	CN	Diexi Xiaohaizi	1933	Slide	EQ	75	—	200	60	750	2 350	—	0.5	LT	—	—	—	—	—	—	100	[22]
198	CN	Diexi xiaoqiao	1933	Slide	EQ	46.5	—	46.5	160	—	—	—	80	45	—	—	—	—	—	—	2 500	[22]
199	CN	Dong River	1965	RS	RF	29	II	—	51	—	650	1 000	2.7	210	OT	—	—	—	—	—	—	[7]
200	CN	Dongge	1951	—	RF	—	—	—	—	—	—	—	—	0.005	—	—	—	—	—	—	—	[22]
201	CN	Donghekou	2008	RS	EQ	—	—	12	20	500	750	3 000	6	10	OT	10	25	15	—	800~1 000	0	[1]
202	CN	Dongyashanpo	1958	—	EQ	—	—	—	—	—	—	—	—	—	—	—	—	—	—	—	—	[8]
203	CN	Dongyemiao	Q4	—	—	211.2	—	—	—	—	—	—	—	LT	—	—	—	—	—	—	—	[63]
204	CN	Duiguaiba	1838	—	RF	—	—	—	—	—	—	—	—	2	—	—	—	—	—	—	—	[22]
205	CN	Duozuo.Gonghe	Q4	—	RF	120	—	—	120	—	—	—	—	—	—	—	—	—	—	—	—	[63]
206	CN	Enshi	1490	—	RF	—	—	—	—	—	—	—	—	—	—	—	—	—	—	—	—	[63]
207	CN	Erdaohe(Minjiang)	2008	—	EQ	—	—	—	—	—	—	—	—	—	—	—	—	—	—	—	—	[63]
208	CN	Erdaojinhe-1# (Tuojiang)	2008	—	EQ	—	—	—	—	—	—	—	—	—	—	—	—	—	—	—	—	[8]
209	CN	Erdaojinhe-2# (Tuojiang)	2008	—	EQ	—	—	—	—	—	—	—	—	—	—	—	—	—	—	—	—	[8]
210	CN	Erdaojinhe-3# (Tuojiang)	2008	—	EQ	—	—	—	—	—	—	—	—	—	—	—	—	—	—	—	—	[8]
211	CN	Erdaojinhe-4# (Tuojiang)	2008	—	EQ	—	—	—	—	—	—	—	—	—	—	—	—	—	—	—	—	[8]
212	CN	Erdaojinhe-5# (Tuojiang)	2008	—	EQ	—	—	—	—	—	—	—	—	—	—	—	—	—	—	—	—	[8]
213	CN	Erdaojinhe-6# (Tuojiang)	2008	—	EQ	—	—	—	—	—	—	—	—	—	—	—	—	—	—	—	—	[8]
214	CN	Erdaojinhe-7# (Tuojiang)	2008	—	EQ	—	—	—	—	—	—	—	—	—	—	—	—	—	—	—	—	[8]
215	CN	Erli	420BC	—	RF	—	—	—	—	—	—	—	—	—	—	—	—	—	—	—	—	[63]
216	CN	Erpu	1979	DF	RF	0.1	—	—	—	—	—	—	—	—	—	—	—	—	—	—	—	[63]
217	CN	Fang Couty	788	—	EQ	—	—	—	—	—	—	—	—	—	—	—	—	—	—	—	—	[63]
218	CN	Fanjiaping	Q4	—	RF	125	—	—	—	—	—	—	—	LT	—	—	—	—	—	—	—	[22]
219	CN	Fenbaxi-1# (Jialingjiang)	2008	—	EQ	—	—	—	—	—	—	—	—	—	—	—	—	—	—	—	—	[8]
220	CN	Fenbaxi-2# (Jialingjiang)	2008	—	EQ	—	—	—	—	—	—	—	—	—	—	—	—	—	—	—	—	[8]

（续表）

编号	国家或地区	名称	成坝时间	滑坡类型	滑坡诱因	滑坡体方量/(×10⁶ m³)	堰塞坝类型	堰塞坝体积/(×10⁶ m³)	坝高/m	坝长/m	坝宽/m	堰塞湖长度/m	堰塞湖体积/(×10⁶ m³)	溃坝用时/d	溃坝机理	泄流槽深度/m	泄流槽顶宽/m	泄流槽底宽/m	溃决历时/h	峰值流量/(m³·s⁻¹)	死亡人数	参考文献
221	CN	Fenghuangzui	1951	—	RF	—	—	—	—	—	—	—	—	—	—	—	—	—	—	—	—	[63]
222	CN	Fengming bridge	2008	—	EQ	—	—	0.14	10	100	300	—	1.8	35	OT	—	—	—	—	500	0	[1][3]
223	CN	Fengshan	1983	RF	RF	—	—	—	—	—	—	—	—	—	—	—	—	—	—	—	—	[53]
224	CN	Fengyi	1925	Slide	EQ	—	—	—	—	—	—	—	—	—	—	—	—	—	—	—	—	[63]
225	CN	Fulin	1824	—	RF	—	—	—	—	—	—	—	—	—	—	—	—	—	—	—	—	[63]
226	CN	Futan	Q4	—	RF	6.3	—	—	—	—	—	—	—	LT	—	—	—	—	—	—	—	[22]
227	CN	Fuwei	1931	Ava.	EQ	—	—	—	—	—	—	—	—	—	—	—	—	—	—	—	—	[63]
228	CN	Gangou(Minjiang)	2008	—	EQ	—	—	—	—	—	—	—	—	—	—	—	—	—	—	—	—	[8]
229	CN	Ganhaizi	1920	—	RF	50.98	—	—	—	—	—	—	—	LT	—	—	—	—	—	—	—	[22]
230	CN	Ganhekou	2008	RS	EQ	—	II	0.01	10	—	—	—	0.5	—	OT	—	—	—	—	—	0	[8][53][61]
231	CN	Ganjiagou	1984	DF	RF	—	—	—	—	—	—	—	—	—	—	—	—	—	—	—	—	[63]
232	CN	Ganxigou-1# (Fujiang)	2008	—	EQ	—	—	—	—	—	—	—	—	—	—	—	—	—	—	—	—	[8]
233	CN	Ganxigou-2# (Fujiang)	2008	—	EQ	—	—	—	—	—	—	—	—	—	—	—	—	—	—	—	—	[8]
234	CN	Ganxigou-3# (Fujiang)	2008	—	EQ	—	—	—	—	—	—	—	—	—	—	—	—	—	—	—	—	[8]
235	CN	Gaosongshu	1981	—	—	2.1	—	—	—	—	—	—	—	LT	—	—	—	—	—	—	—	[22]
236	CN	Gaozhiwan	1998	—	—	15.6	—	—	—	—	—	—	0.095	—	—	—	—	—	—	—	—	[63]
237	CN	Gengdiyanjiao	—	—	RF	—	—	—	—	—	—	—	—	—	—	—	—	—	—	—	—	[63]
238	CN	Gongjiawan (Jianjiang)	2008	—	EQ	—	—	—	—	—	—	—	—	—	—	—	—	—	—	—	—	[8]
239	CN	Gongpeng	1933	Slide	EQ	30	—	—	120	—	—	—	10	LT	—	—	—	—	—	—	—	[22]
240	CN	Goumaoche	1978	—	RF	0.8	—	—	—	—	—	—	—	—	—	—	—	—	—	—	—	[63]
241	CN	Guan County	952	—	RF	—	—	—	—	—	—	—	—	—	—	—	—	—	—	—	5 000	[63]
242	CN	Guanjiagou	1982	DF	RF	—	—	—	—	—	—	—	—	0.001	—	—	—	—	—	—	—	[63]
243	CN	Guanjiayuanzi	1981	—	HC	5	—	—	—	—	—	—	—	LT	—	—	—	—	—	—	30	[22]
244	CN	Guanjiuping	1968	DF	RF	—	—	—	10	—	—	—	0.4	—	—	—	—	—	—	—	—	[63]
245	CN	Guanmiaogou	1984	DF	RF	—	—	—	—	—	—	—	—	—	—	—	—	—	—	—	—	[63]
246	CN	Guanshanggou (Minjiang)	2008	—	EQ	—	—	—	—	—	—	—	—	—	—	—	—	—	—	—	—	[8]

（续表）

编号	国家或地区	名称	成坝时间	滑坡类型	滑坡诱因	滑坡体方量/($\times 10^6$ m³)	堰塞坝类型	堰塞坝体积/($\times 10^6$ m³)	坝高/m	坝长/m	坝宽/m	堰塞湖长度/m	堰塞湖体积/($\times 10^6$ m³)	溃坝用时/d	溃坝机理	泄流槽深度/m	泄流槽顶宽/m	泄流槽底宽/m	溃决历时/h	峰值流量/(m³·s⁻¹)	死亡人数	参考文献
247	CN	Guantan	2008	ES	EQ	—	III	1.2	60	200	120	2000	10	—	OT	—	—	—	—	—	0	[1]
248	CN	Guanxian	1930	—	RF	—	—	—	—	—	—	—	—	—	—	—	—	—	—	—	—	[8]
249	CN	Guanxian	10BC	—	RF	—	—	—	—	—	—	—	—	3	—	—	—	—	—	—	—	[63]
250	CN	Guanyingou	1989	DF	EQ、RF	—	—	—	—	—	—	—	—	ST	—	—	—	—	—	—	—	[63] [56]
251	CN	Guanzipu	2008	RS	EQ	—	II	—	60	390	450	—	5.85	—	OT	—	—	—	—	—	0	[8] [53] [61]
252	CN	Guanzitan (Kaijiang)	2008	—	EQ	—	—	—	—	—	—	—	—	—	—	—	—	—	—	—	—	[8]
253	CN	Guixigou,1# (Tongkuo)	2008	—	EQ	—	—	—	—	—	—	—	—	—	—	—	—	—	—	—	—	[8]
254	CN	Guixigou,2# (Tongkuo)	2008	—	EQ	—	—	—	—	—	—	—	—	—	—	—	—	—	—	—	—	[8]
255	CN	Gulang	1927	Ava.	EQ	131.2	—	—	—	—	—	—	—	—	—	—	—	—	—	—	—	[63]
256	CN	Gulin	Q4	—	RF	—	—	—	—	—	—	—	—	LT	—	—	—	—	—	—	—	[22]
257	CN	Gushiqun	Q4	—	RF	1.5	—	—	—	—	—	—	—	—	—	—	—	—	—	—	—	[63]
258	CN	Guyuan	1921	Ava.	EQ	—	—	—	—	—	—	—	—	—	—	—	—	—	—	—	—	[63]
259	CN	Haikou Majingzi	1974	—	EQ	<100	—	—	—	—	—	—	—	LT	—	—	—	—	—	—	—	[22]
260	CN	Haixingou,1# (Tuojiang)	2008	—	EQ	—	—	—	—	—	—	—	—	—	—	—	—	—	—	—	—	[8]
261	CN	Haixingou,2# (Tuojiang)	2008	—	EQ	—	—	—	—	—	—	—	—	—	—	—	—	—	—	—	—	[8]
262	CN	Haixingou,3# (Tuojiang)	2008	—	EQ	—	—	—	—	—	—	—	—	—	—	—	—	—	—	—	—	[8]
263	CN	Haixingou,4# (Tuojiang)	2008	—	EQ	—	—	—	—	—	500	—	—	—	—	—	—	—	—	—	—	[8]
264	CN	Haiyuan (60 dams)	1921	Ava.	EQ	—	—	—	—	—	—	—	—	—	—	—	—	—	—	—	—	[63]
265	CN	Haiziping	2008	—	EQ	—	—	0.67	8	50	—	—	3	—	OT	—	—	—	—	—	0	[1]
266	CN	Hanyuan	1880	—	RF	—	—	—	—	—	—	—	—	—	—	—	—	—	—	—	—	[63]
267	CN	Hanyuan	1917	DF	RF	—	—	—	—	—	—	—	—	—	—	—	—	—	—	—	Many	[63]
268	CN	Heidongya	2008	—	EQ	—	—	0.4	50~80	120	700	400	1.8	—	OT	—	—	—	—	—	0	[8] [61]

（续表）

编号	国家或地区	名称	成坝时间	滑坡类型	滑坡诱因	滑坡体方量/(×10⁶ m³)	堰塞坝类型	堰塞坝体积/(×10⁶ m³)	坝高/m	坝长/m	坝宽/m	堰塞湖长度/m	堰塞湖体积/(×10⁶ m³)	溃坝用时/d	溃坝机理	泄流槽深度/m	泄流槽顶宽/m	泄流槽底宽/m	溃决历时/h	峰值流量/(m³·s⁻¹)	死亡人数	参考文献
269	CN	Heishe	1983	—	RF	8.1	—	—	—	—	—	—	—	—	—	—	—	—	—	—	—	[22]
270	CN	Heishugou	1925	—	RF	—	—	—	—	—	—	—	—	LT	—	—	—	—	—	—	—	[22]
271	CN	Henan	611	—	RF	—	—	—	—	—	—	—	—	—	—	—	—	—	—	—	—	[63]
272	CN	Henan	413BC	—	RF	—	—	—	—	—	—	—	—	—	—	—	—	—	—	—	—	[63]
273	CN	Hetaoping (Minjiang)	2008	—	EQ	—	—	—	—	—	—	—	—	—	—	—	—	—	—	—	—	[8]
274	CN	Hetian	1975	Ava.	EQ	—	—	—	—	—	—	—	—	0.04	—	—	—	—	—	—	—	[63]
275	CN	Heyangxiandong	774	—	RF	—	—	—	—	—	—	—	—	—	—	—	—	—	—	—	—	[63]
276	CN	Hongcun	2008	RS	EQ	—	Ⅲ	0.4	40~50	80	—	—	1~1.5	—	OT	—	—	—	—	—	0	[1][8]
277	CN	Honghuadi (Jialingjiang)	2008	—	EQ	—	—	—	—	—	—	—	—	—	—	—	—	—	—	—	—	[8]
278	CN	Hongshancun	1990	RS	RF	5.09	—	—	—	400	500	—	—	LT	—	—	—	—	—	—	—	[22]
279	CN	Hongshihe	2008	RS	EQ	—	Ⅲ	18	50	400	500	—	4	10	OT	10	—	8.0~10	—	400~600	0	[1][8]
280	CN	Hongshuiyan	2014	RA	EQ	—	—	12	83	910	301	—	260	9	—	—	—	—	—	—	—	[55]
281	CN	Hongshuigou	1964	DF	RF	0.4	—	—	—	—	—	—	—	—	—	—	—	—	—	—	—	[63]
282	CN	Hongshuigou (Minjiang)	2008	—	EQ	—	—	—	—	—	—	—	—	—	—	—	—	—	—	—	—	[8]
283	CN	hongsong	2008	—	EQ	2	—	0.26	37	105	100	—	1	—	—	—	—	—	—	0.5	—	[53]
284	CN	Hongtupo	1990	—	RF	4.33	—	—	—	—	—	—	—	LT	—	—	—	—	—	—	—	[22]
285	CN	Hongxigou-1# (Fujian)	2008	—	EQ	—	—	—	—	—	—	—	—	—	—	—	—	—	—	—	—	[8]
286	CN	Hongxigou-2# (Fujian)	2008	—	EQ	—	—	—	—	—	—	—	—	—	—	—	—	—	—	—	—	[8]
287	CN	Hongxigou-3# (Fujian)	2008	—	EQ	—	—	—	—	—	—	—	—	—	—	—	—	—	—	—	—	[8]
288	CN	Hongxigou-4# (Fujian)	2008	—	EQ	—	—	—	—	—	—	—	—	—	—	—	—	—	—	—	—	[8]
289	CN	Hongxigou-5# (Fujian)	2008	—	EQ	—	—	—	—	—	—	—	—	—	—	—	—	—	—	—	—	[8]
290	CN	Hongxigou-6# (Fujian)	2008	—	EQ	—	—	—	—	—	—	—	—	—	—	—	—	—	—	—	—	[8]

（续表）

编号	国家或地区	名称	成坝时间	滑坡类型	滑坡诱因	滑坡体方量/$(\times 10^6\,\mathrm{m}^3)$	堰塞坝类型	堰塞坝体积/$(\times 10^6\,\mathrm{m}^3)$	坝高/m	坝长/m	坝宽/m	堰塞湖长度/m	堰塞湖体积/$(\times 10^6\,\mathrm{m}^3)$	溃坝用时/d	溃坝机理	泄流槽深度/m	泄流槽顶宽/m	泄流槽底宽/m	溃决历时/h	峰值流量/$(\mathrm{m}^3\cdot\mathrm{s}^{-1})$	死亡人数	参考文献
291	CN	Hongxigou-7# (Fujian)	2008	—	EQ	—	—	—	—	—	—	—	—	—	—	—	—	—	—	—	—	[8]
292	CN	Hongxigou-8# (Fujian)	2008	—	EQ	—	—	—	—	—	—	—	—	—	—	—	—	—	—	—	—	[8]
293	CN	Hongxigou-9# (Fujian)	2008	—	EQ	—	—	—	—	—	—	—	—	—	—	—	—	—	—	—	—	[8]
294	CN	Hongyanbao	1609	Ava.	EQ	—	—	—	—	—	—	—	—	—	—	—	—	—	—	—	—	[63]
295	CN	Houshigou	2008	—	EQ	—	—	2.4	120	40	500	—	1.5	—	OT	—	—	—	—	—	0	[1][8]
296	CN	Hua County	1556	Ava.	EQ	—	—	—	—	—	—	—	—	—	—	—	—	—	—	—	—	[63]
297	CN	Huahongyuan	1713	—	EQ	20	—	—	—	—	—	—	—	—	—	—	—	—	—	—	—	[22]
298	CN	Hualian Taiwan	1999	—	EQ	—	—	—	—	—	—	—	—	—	—	—	—	—	—	—	—	[63]
299	CN	Huamaxiang	1976	DF	RF	7	—	—	—	—	—	—	—	40	—	—	—	—	—	—	—	[63]
300	CN	Huangchanggou.1 (Jialingjiang)	2008	—	EQ	—	—	—	—	—	—	—	—	—	—	—	—	—	—	—	—	[8]
301	CN	Huangchanggou.2 (Jialingjiang)	2008	—	EQ	—	—	—	—	—	—	—	—	—	—	—	—	—	—	—	—	[8]
302	CN	Huangchanggou.3 (Jialingjiang)	2008	—	EQ	—	—	—	—	—	—	—	—	—	—	—	—	—	—	—	—	[8]
303	CN	Huangchanggou.4 (Jialingjiang)	2008	—	EQ	—	—	—	—	—	—	—	—	—	—	—	—	—	—	—	—	[8]
304	CN	Huangguancao	1986	—	RF	10	—	—	—	—	—	—	—	LT	—	—	—	—	—	—	—	[22]
305	CN	Huangjinkeng	1998	DF	RF	—	—	—	3	—	3 000	—	—	—	—	—	—	—	—	—	—	[63]
306	CN	Huangjiang 1#	—	—	RF	—	—	—	—	—	—	—	—	—	—	—	—	—	—	—	—	[63]
307	CN	Huangjiang 2#	—	—	RF	20	—	—	—	—	—	—	—	—	—	—	—	—	—	—	—	[63]
308	CN	Huangjiang 3#	—	—	RF	—	—	—	—	—	—	—	—	—	—	—	—	—	—	—	—	[63]
309	CN	Huangjiang 5#	—	—	RF	200	—	—	—	—	—	7 600	—	NF	NF	—	—	—	—	—	—	[63]
310	CN	Huanglianshu (Tongkuo)	2008	—	EQ	—	—	—	—	—	—	—	—	—	—	—	—	—	—	—	—	[8]
311	CN	Huanglianshucun (Fujian)	2008	—	EQ	—	—	—	—	—	—	—	—	—	—	—	—	—	—	—	—	[8]
312	CN	Huanglianxia	1982	—	RF	—	—	—	40	—	—	—	20	ST	—	—	—	—	—	—	—	[22]

（续表）

编号	国家或地区	名称	成坝时间	滑坡类型	滑坡诱因	滑坡体方量/(×10⁶ m³)	堰塞坝类型	堰塞坝体积/(×10⁶ m³)	坝高/m	坝长/m	坝宽/m	堰塞湖长度/m	堰塞湖体积/(×10⁶ m³)	溃坝用时/d	溃坝机理	泄流槽深度/m	泄流槽顶宽/m	泄流槽底宽/m	溃决历时/h	峰值流量/(m³·s⁻¹)	死亡人数	参考文献
313	CN	Huangtuliang (Tongkuo)	2008	—	EQ	—	—	—	—	—	—	—	—	—	—	—	—	—	—	—	—	[8]
314	CN	Huangtupo	1995	—	RF	1.28	—	—	—	—	—	—	—	—	—	—	—	—	—	—	—	[63]
315	CN	Huaning	1789	Ava.	EQ	—	—	—	—	—	—	—	—	—	—	—	—	—	—	—	—	[63]
316	CN	Huashikuai	1996	Ava.	RF	1.35	—	—	—	—	—	—	—	0.02	—	—	—	—	—	—	—	[63]
317	CN	Huilijian	1830	—	EQ	—	—	—	—	—	—	—	—	1	—	—	—	—	—	—	—	[63]
318	CN	Huishuiwancun.1# (Jialingjiang)	2008	—	EQ	—	—	—	—	—	—	—	—	—	—	—	—	—	—	—	—	[8]
319	CN	Huishuiwancun.2# (Jialingjiang)	2008	—	EQ	—	—	—	—	—	—	—	—	—	—	—	—	—	—	—	—	[8]
320	CN	Huishuiwancun.3# (Jialingjiang)	2008	—	EQ	—	—	—	—	—	—	—	—	—	—	—	—	—	—	—	—	[8]
321	CN	Huishuiwancun.4# (Jialingjiang)	2008	—	EQ	—	—	—	—	—	—	—	—	—	—	—	—	—	—	—	—	[8]
322	CN	Huishuiwancun.5# (Jialingjiang)	2008	—	EQ	—	—	—	—	—	—	—	—	—	—	—	—	—	—	—	—	[8]
323	CN	Huishuiwancun.6# (Jialingjiang)	2008	—	EQ	—	—	—	—	—	—	—	—	—	—	—	—	—	—	—	—	[8]
324	CN	Huishuiwancun.7# (Jialingjiang)	2008	—	EQ	—	—	—	—	—	—	—	—	—	—	—	—	—	—	—	—	[8]
325	CN	Huishuiwancun.8# (Jialingjiang)	2008	—	EQ	—	—	—	—	—	—	—	—	—	—	—	—	—	—	—	—	[8]
326	CN	Hunshuigou	1982	DF	RF	0.6	—	—	—	—	—	—	—	—	—	—	—	—	—	—	—	[63]
327	CN	Huobuxun Lake, Qinghai Province	1962	—	EQ	—	—	—	—	—	—	—	—	—	—	—	—	—	—	—	—	[56]
328	CN	Huoshan	1969	—	RF	15.67	—	—	—	—	—	—	—	—	—	—	—	—	—	—	—	[63]
329	CN	Huoshigou	2008	—	EQ	2.4	—	—	30	—	—	—	1.5	NF	—	—	—	—	—	—	—	[61]
330	CN	Huoyanshan.1# (Tuojiang)	2008	—	EQ	—	—	—	—	—	—	—	—	—	—	—	—	—	—	—	—	[8]
331	CN	Huoyanshan.2# (Tuojiang)	2008	—	EQ	—	—	—	—	—	—	—	—	—	—	—	—	—	—	—	—	[8]
332	CN	Huoyanshan.3# (Tuojiang)	2008	—	EQ	—	—	—	—	—	—	—	—	—	—	—	—	—	—	—	—	[8]

（续表）

编号	国家或地区	名称	成坝时间	滑坡类型	滑坡诱因	滑坡体方量/(×10⁶ m³)	堰塞坝类型	堰塞坝体积/(×10⁶ m³)	坝高/m	坝长/m	坝宽/m	堰塞湖长度/m	堰塞湖体积/(×10⁶ m³)	溃坝用时/d	溃坝机理	泄流槽深度/m	泄流槽顶宽/m	泄流槽底宽/m	溃决历时/h	峰值流量/(m³·s⁻¹)	死亡人数	参考文献
333	CN	Huoyanshan.4# (Tuojiang)	2008	—	EQ	—	—	—	—	—	—	—	—	—	—	—	—	—	—	—	—	[8]
334	CN	Huoyanshan.5# (Tuojiang)	2008	—	EQ	—	—	—	—	—	—	—	—	—	—	—	—	—	—	—	—	[8]
335	CN	Huoyanshi	Q4	—	RF	1.8	—	—	—	—	—	—	—	LT	—	—	—	—	—	—	—	[22]
336	CN	Jiadanwan	2008	—	EQ	—	—	8.2	60	220	—	—	6.1	—	—	—	—	—	—	—	—	[55]
337	CN	jiala #2 (yaluzangbujiang)	2018	DF	—	30	—	30	77	652	3 500	—	326	3	—	—	—	—	—	—	—	[8]
338	CN	jiala (yaluzangbujiang)	2018	DF	—	50	—	50	80	850	2 400	—	605	3	—	—	—	—	—	35 000	—	[8]
339	CN	Jiancaogou (Fujiang)	2008	—	EQ	—	—	—	—	—	—	—	—	—	—	—	—	—	—	—	—	[8]
340	CN	Jianchuan	1948	Ava.	EQ	—	—	—	—	—	—	—	—	—	—	—	—	—	—	—	—	[63]
341	CN	Jiangchuan.Yunnan Province	1951	—	EQ	—	—	—	—	—	—	1 000~1 500	—	—	—	—	—	—	—	—	—	[56]
342	CN	Jiangjiagou (Xiao river)	1919	DF	RF	—	Ⅲ	—	10~11	—	—	10 000	—	48	OT	—	—	—	—	—	—	[7][63]
343	CN	Jiangjiagou (Xiao river)	1919	DF	RF	—	—	—	—	—	—	—	—	48	—	—	—	—	—	—	—	[63]
344	CN	Jiangjiagou (Xiao river)	1937	DF	RF	—	—	—	—	—	—	10 000	—	—	—	—	—	—	—	—	—	[63]
345	CN	Jiangjiagou (Xiao river)	1937	DF	RF	—	Ⅲ	—	—	—	—	10 000	—	40	OT	—	—	—	—	—	—	[7][63]
346	CN	Jiangjiagou (Xiao river)	1954	DF	RF	—	Ⅲ	—	10	—	—	9 000	—	20	OT	—	—	—	—	—	—	[7][63]
347	CN	Jiangjiagou (Xiao river)	1961	DF	RF	—	Ⅲ	—	9.5	—	—	—	—	10	OT	—	—	—	—	—	—	[7][63]
348	CN	Jiangjiagou (Xiao river)	1964	DF	RF	—	Ⅲ	—	—	—	—	—	—	10	OT	—	—	—	—	—	—	[7][63]
349	CN	Jiangjiagou (Xiao river)	1966	RA	EQ	—	Ⅲ	—	—	—	—	106	—	—	—	—	—	—	—	—	—	[56]
350	CN	Jiangjiagou (Xiao river)	1968	DF	RF	—	—	—	10	—	—	10 000	—	180	—	—	—	—	—	—	—	[7][63]
351	CN	Jiangjiatuo	Q4	DF	RF	11.75	—	—	—	—	—	—	—	LT	—	—	—	—	—	—	—	[22]

（续表）

编号	国家或地区	名称	成坝时间	滑坡类型	滑坡诱因	滑坡体方量/($\times 10^6$ m³)	堰塞坝类型	堰塞坝体积/($\times 10^6$ m³)	坝高/m	坝长/m	坝宽/m	堰塞湖长度/m	堰塞湖体积/($\times 10^6$ m³)	溃坝用时/d	溃坝机理	泄流槽深度/m	泄流槽顶宽/m	泄流槽底宽/m	溃决历时/h	峰值流量/($m^3 \cdot s^{-1}$)	死亡人数	参考文献
352	CN	Jiangjin	1786	—	RF	—	—	—	—	—	—	—	—	—	—	—	—	—	—	—	—	[63]
353	CN	Jiangwei	1524BC	Ava.	EQ	—	—	—	—	—	—	—	—	—	—	—	—	—	—	—	—	[63]
354	CN	Jiangwei	35BC	Ava.	EQ	—	—	—	—	—	—	—	—	—	—	—	—	—	—	—	—	[7]
355	CN	Jianpinggou (Minjiang)	2008	—	EQ	—	—	—	—	—	—	—	—	—	—	—	—	—	—	—	—	[63]
356	CN	Jianshui	1588	—	EQ	—	—	—	—	—	—	—	—	—	—	—	—	—	—	—	—	[8]
357	CN	Jiaojiayatou	1989	—	RF	0.06	—	—	—	—	—	—	—	—	—	—	—	—	—	—	—	[63]
358	CN	Jiaozipinggou (Minjiang)	2008	—	EQ	—	—	—	—	—	—	—	—	—	—	—	—	—	—	—	—	[63]
359	CN	Jiawucun	1942	—	RF	—	—	—	—	—	—	—	—	ST	—	—	—	—	—	—	120	[8]
360	CN	Jiaxi	1952	—	—	8	—	—	—	—	—	—	—	3	—	—	—	—	—	—	—	[22]
361	CN	Jiaxinhao (Minjiang)	2008	—	EQ	—	—	—	—	—	—	—	—	—	—	—	—	—	—	—	—	[22]
362	CN	Jiege	1950	—	EQ	—	—	—	—	—	—	—	—	—	—	—	—	—	—	—	—	[8]
363	CN	Jiguanling	1994	—	HC	5.3	II	—	—	110	—	20 000	—	LT	—	—	—	—	—	—	—	[63]
364	CN	Jinan	1966	—	RF	18.7	—	—	—	—	—	—	—	—	—	—	—	—	—	—	—	[22]
365	CN	Jinchuandianchang	1981	—	—	10	—	—	—	—	—	—	—	LT	—	—	—	—	—	—	—	[63]
366	CN	Jinfengqiao (Tongkuo)	2008	—	EQ	—	—	—	—	—	—	—	—	—	—	—	—	—	—	—	—	[22]
367	CN	Jinghe	1973	—	EQ	—	—	—	—	—	—	—	—	—	—	—	—	—	—	—	—	[8]
368	CN	Jingyugou	1953	—	RF	4	—	—	—	—	—	—	—	—	—	—	—	—	—	—	—	[63]
369	CN	Jinhelingkuang-1 (Tuojiang)	2008	—	EQ	—	—	—	—	—	—	—	—	—	—	—	—	—	—	—	—	[63]
370	CN	Jinhelingkuang-2 (Tuojiang)	2008	—	EQ	—	—	—	—	—	—	—	—	—	—	—	—	—	—	—	—	[8]
371	CN	Jinniuhe	1955	—	RF	—	—	—	—	—	—	—	—	—	—	—	—	—	—	—	—	[8]
372	CN	Jinpencun (Tongkuo)	2008	—	EQ	—	—	—	—	—	—	—	—	—	—	—	—	—	—	—	—	[63]
373	CN	Jinpin power station	2004	—	—	—	—	—	—	—	—	—	—	0.17	—	—	—	—	—	—	—	[8]
374	CN	Jipazi	1982	—	RF	15	—	—	—	—	—	—	—	LT	—	—	—	—	—	—	—	[22]
375	CN	Jishixia	8000BP	—	RF	200	—	45	200	900	1 500	—	11.71	365 000	—	—	—	—	—	8.71	44	[19] [63]

（续表）

编号	国家或地区	名称	成坝时间	滑坡类型	滑坡诱因	滑坡体方量/($\times 10^6$ m^3)	堰塞坝类型	堰塞坝体积/($\times 10^6$ m^3)	坝高/m	坝长/m	坝宽/m	堰塞湖长度/m	堰塞湖体积/($\times 10^6$ m^3)	溃坝用时/d	溃坝机理	泄流槽深度/m	泄流槽顶宽/m	泄流槽底宽/m	溃决历时/h	峰值流量/(m^3·s^{-1})	死亡人数	参考文献
376	CN	Jisiamo	1963	—	RF	3	—	—	—	—	—	—	—	—	—	—	—	—	—	—	—	[63]
377	CN	Jiuguanshan (Tongkuo)	2008	—	EQ	—	—	—	—	—	—	—	—	—	—	—	—	—	—	—	—	[8]
378	CN	Jiuxianping	Q4	—	RF	52.2	—	—	—	—	—	—	—	LT	—	—	—	—	—	—	—	[22]
379	CN	Jujinzhou	1383	RA	RF	—	—	—	—	—	—	—	—	—	—	—	—	—	—	—	—	[63]
380	CN	Kangding, Sichuan	1999	RF	EQ	—	—	—	—	—	—	—	—	—	—	—	—	—	—	—	—	[56]
381	CN	Kangle	1936	RF	EQ	—	—	—	—	—	—	—	—	—	—	—	—	—	—	—	—	[63]
382	CN	Kenkouwuwan	1991	—	HC	—	—	—	265	—	—	—	—	—	—	—	—	—	—	—	—	[63]
383	CN	Koushan	Q4	—	—	150	—	—	—	—	—	—	6 937.5	LT	—	—	—	—	—	—	—	[22]
384	CN	Kuadazaii(Minjiang)	2008	—	EQ	—	—	—	—	—	—	—	—	—	—	—	—	—	—	—	—	[8]
385	CN	Kuitun	1987	—	RF	0.45	—	—	—	—	—	—	—	<1	—	—	—	—	—	—	Several	[22]
386	CN	Kuzhuba	2008	RS	EQ	1.65	II	1.65	60	300	200	800	2	—	OT	—	—	—	—	—	0	[1]、[8]
387	CN	Langjiangou	1956	—	RF	—	—	—	—	—	—	—	—	—	—	—	—	—	—	—	92	[63]
388	CN	Langjiangbei	1988	Slide	EQ	—	—	—	—	—	—	—	—	—	—	—	—	—	—	—	—	[63]
389	CN	Lantian	879	Ava.	EQ	—	—	—	—	—	—	—	—	—	—	—	—	—	—	—	—	[63]
390	CN	Lantian	35BC	Ava.	EQ	—	—	—	—	—	—	—	—	—	—	—	—	—	—	—	—	[7]、[63]
391	CN	Laochangkouhe-1# (Fujiang)	2008	—	EQ	—	—	—	—	—	—	—	—	—	—	—	—	—	—	—	—	[8]
392	CN	Laochangkouhe-2# (Fujiang)	2008	—	EQ	—	—	—	—	—	—	—	—	—	—	—	—	—	—	—	—	[8]
393	CN	Laochangkouhe-3# (Fujiang)	2008	—	EQ	—	—	—	—	—	—	—	—	—	—	—	—	—	—	—	—	[8]
394	CN	Laochangkouhe-4# (Fujiang)	2008	—	EQ	—	—	—	—	—	—	—	—	—	—	—	—	—	—	—	—	[8]
395	CN	Laochangkouhe-5# (Fujiang)	2008	—	EQ	—	—	—	—	—	—	—	—	—	—	—	—	—	—	—	—	[8]
396	CN	Laochangkouhe-6# (Fujiang)	2008	—	EQ	—	—	—	—	—	—	—	—	—	—	—	—	—	—	—	—	[8]
397	CN	Laochangkouhe-7# (Fujiang)	2008	—	EQ	—	—	—	—	—	—	—	—	—	—	—	—	—	—	—	—	[8]
398	CN	Laochangkouhe-8# (Fujiang)	2008	—	EQ	—	—	—	—	—	—	—	—	—	—	—	—	—	—	—	—	[8]

（续表）

编号	国家或地区	名称	成规时间	滑坡类型	滑坡诱因	滑坡体方量/$(×10^6\ m^3)$	堰塞坝类型	堰塞坝体积/$(×10^6\ m^3)$	坝高/m	坝长/m	坝宽/m	堰塞湖长度/m	堰塞湖体积/$(×10^6\ m^3)$	溃坝用时/d	溃坝机理	泄流槽深度/m	泄流槽顶宽/m	泄流槽底宽/m	溃决历时/h	峰值流量/$(m^3·s^{-1})$	死亡人数	参考文献
399	CN	Laoguankou	1000	—	RF	3	—	—	—	—	—	—	—	LT	—	—	—	—	—	—	—	[22]
400	CN	Laohuzui (Minjiang)	2008	—	EQ	—	—	—	—	—	—	—	—	—	—	—	—	—	—	—	—	[8]
401	CN	Laojinshan	1996	—	RF	0.56	—	—	9~14	—	—	—	—	0.29	—	—	—	—	—	—	—	[63]
402	CN	Laowujii(Tongkuo)	2008	—	EQ	—	—	—	—	—	—	—	—	—	—	—	—	—	—	—	—	[8]
403	CN	Laoyingyan	2008	RS	EQ	—	Ⅲ	4.7	106	300	240	—	10.1	NF	OT	—	—	—	—	—	0	[1]
404	CN	Laoyinshan,1# (Fujiang)	2008	—	EQ	—	—	—	—	—	—	—	—	—	—	—	—	—	—	—	—	[8]
405	CN	Laoyinshan,2# (Fujiang)	2008	—	EQ	—	—	—	—	—	—	—	—	—	—	—	—	—	—	—	—	[8]
406	CN	Laozuochang	1989	—	RF	10	—	—	50	100	—	—	—	LT	—	—	—	—	—	—	—	[22]
407	CN	Layuequ	1967	—	RF	25	—	—	—	—	—	—	—	—	—	—	—	—	—	—	—	[63]
408	CN	Ledu	847	Ava.	EQ	—	—	—	—	—	—	—	—	3	—	—	—	—	—	—	—	[63]
409	CN	Leguluoduogou	1987	—	—	0.1	—	—	—	—	—	—	—	ST	—	—	—	—	—	—	—	[22]
410	CN	Leigongtang	—	—	RF	—	—	—	—	—	—	—	—	—	—	—	—	—	—	—	—	[63]
411	CN	Lejiadashan	1998	—	—	0.488	—	—	—	—	—	—	—	—	—	—	—	—	—	—	—	[63]
412	CN	Lianghekou (Minjiang)	2008	—	EQ	—	—	—	—	—	—	—	—	—	—	—	—	—	—	—	—	[8]
413	CN	Liangjiazhuang	1983	—	RF	4.12	—	—	68	—	—	—	1.5	LT	—	—	—	—	—	—	—	[22]
414	CN	Liangmudi	1986	—	—	0.011	—	—	—	—	—	—	—	ST	—	—	—	—	—	—	—	[22]
415	CN	Liangshangcun,1# (Jialingjiang)	2008	—	EQ	—	—	—	—	—	—	—	—	—	—	—	—	—	—	—	—	[8]
416	CN	Liangshangcun,2# (Jialingjiang)	2008	—	EQ	—	—	—	—	—	—	—	—	—	—	—	—	—	—	—	—	[8]
417	CN	Liangshangcun,3# (Jialingjiang)	2008	—	EQ	—	—	—	—	—	—	—	—	—	—	—	—	—	—	—	—	[8]
418	CN	Liansankan (Minjiang)	2008	—	EQ	—	—	—	—	—	—	—	—	—	—	—	—	—	—	—	—	[8]
419	CN	Liaoyegou (Kaijiang)	2008	—	EQ	—	—	—	—	—	—	—	—	—	—	—	—	—	—	—	—	[8]
420	CN	Libaluo	1984	—	RF	—	—	—	—	—	—	—	—	ST	—	—	—	—	—	—	—	[22]
421	CN	Lijiachi	1951	—	RF	—	—	—	—	—	—	—	—	—	—	—	—	—	—	—	—	[63]
422	CN	Lijiawant(Tongkuo)	2008	—	EQ	—	—	—	—	—	—	—	—	—	—	—	—	—	—	—	—	[8]

（续表）

编号	国家或地区	名称	成坝时间	滑坡类型	滑坡诱因	滑坡体方量/($\times 10^6\ \mathrm{m}^3$)	堰塞坝类型	堰塞坝体积/($\times 10^6\ \mathrm{m}^3$)	坝高/m	坝长/m	坝宽/m	堰塞湖长度/m	堰塞湖体积/($\times 10^6\ \mathrm{m}^3$)	溃坝用时/d	溃坝机理	泄流槽深度/m	泄流槽顶宽/m	泄流槽底宽/m	溃决历时/h	峰值流量/($\mathrm{m}^3\cdot\mathrm{s}^{-1}$)	死亡人数	参考文献
423	CN	Lijie	1983	DF	RF	—	—	—	—	—	—	—	—	—	—	—	—	—	—	—	—	[63]
424	CN	Lingzikou	2000BP	—	RF	—	—	—	—	—	—	—	—	LT	—	—	—	—	—	—	—	[22]
425	CN	Lintao	1461	—	RF	—	—	—	—	—	—	—	—	<10	—	—	—	—	—	—	—	[63]
426	CN	Litang	1948	Ava.	EQ	—	—	—	—	—	—	—	—	5	—	—	—	—	—	—	—	[63]
427	CN	Liu Dshe Tse	Sub-recent (2,784a)	Rolling, bouncing	—	—	—	1 000	500	1 000	1 000	—	—	NF (No water)	—	—	—	—	—	—	—	[54]
428	CN	Liujiagou	1952	—	EQ	—	—	—	—	—	—	—	—	—	—	—	—	—	—	—	—	[63]
429	CN	Liujiaping	1989	—	RF	10	—	—	—	—	—	—	—	LT	—	—	—	—	—	—	—	[22]
430	CN	Liujiawuchang	Q4	—	RF	17.19	—	—	—	—	—	—	—	LT	—	—	—	—	—	—	—	[22]
431	CN	Liulaiguan	Q4	—	RF	33	—	—	—	—	—	—	—	LT	—	—	—	—	—	—	—	[22]
432	CN	Liushi	1950	—	EQ	—	—	—	—	—	—	—	—	—	—	—	—	—	—	—	—	[63]
433	CN	Liuxianggou	2008	—	EQ	—	—	1.5	60	50	500	—	3	—	OT	—	—	—	—	—	0	[1]
434	CN	Liuzuizhen	1998	—	RF	30~40	—	1.5	—	—	—	—	—	—	—	—	—	—	—	—	—	[8]
435	CN	Lixian	1708	—	RF	—	—	—	—	—	—	—	—	—	—	—	—	—	—	—	—	[63]
436	CN	Lixian	1858	—	RF	—	—	—	—	—	—	—	—	—	—	—	—	—	—	—	—	[63]
437	CN	Lixian	1984	DF	RF	—	—	—	—	—	—	—	—	—	—	—	—	—	—	—	—	[63]
438	CN	Liyuping	1955	—	RF	—	—	—	—	—	—	—	—	730	—	—	—	—	—	—	—	[63]
439	CN	Liziping (Jialingjiang)	2008	—	EQ	—	—	—	—	—	—	—	—	—	—	—	—	—	—	—	—	[8]
440	CN	Liziyidagou	1981	—	RF	3	—	—	—	—	—	—	—	0.125	—	—	—	—	—	—	—	[22]
441	CN	Longchicun (Minjiang)	2008	—	EQ	—	—	—	—	—	—	—	—	—	—	—	—	—	—	—	—	[8]
442	CN	Longmengou	1983	DF	RF	0.1	—	—	—	—	—	—	—	0.125	—	—	—	—	—	—	—	[63]
443	CN	Longtaihao (Minjiang)	2008	—	EQ	—	—	—	—	—	—	—	—	—	—	—	—	—	—	—	—	[8]
444	CN	Longtanxiang	1991	DF	RF	—	—	—	—	—	—	—	—	—	—	—	—	—	—	—	—	[63]
445	CN	Longwan	—	—	RF	20.5	—	—	—	—	—	—	—	—	—	—	—	—	—	—	27	[63]
446	CN	Longwan-Baozi	1954	—	RF	4.5	—	—	—	—	—	—	—	—	—	—	—	—	—	—	—	[63]
447	CN	Longxinggou,1# (Tuojiang)	2008	—	EQ	—	—	—	—	—	—	—	—	—	—	—	—	—	—	—	—	[8]
448	CN	Longxinggou,2# (Tuojiang)	2008	—	EQ	—	—	—	—	—	—	—	—	—	—	—	—	—	—	—	—	[8]

（续表）

编号	国家或地区	名称	成坝时间	滑坡类型	滑坡诱因	滑坡体方量/(×10⁶ m³)	堰塞坝类型	堰塞坝体积/(×10⁶ m³)	坝高/m	坝长/m	坝宽/m	堰塞湖长度/m	堰塞湖体积/(×10⁶ m³)	溃坝用时/d	溃坝机理	泄流槽深度/m	泄流槽顶宽/m	泄流槽底宽/m	溃决历时/h	峰值流量/(m³·s⁻¹)	死亡人数	参考文献
449	CN	Longyang	1300BP	—	RF	43	—	—	—	—	—	—	—	LT	—	—	—	—	—	—	—	[22]
450	CN	Luchedu	1935	—	RF	100	—	—	—	—	—	—	—	3	—	—	—	—	—	—	286	[22]
451	CN	Lugu iron mine	1970	DF	RF	—	—	—	—	—	—	—	—	—	—	—	—	—	—	—	—	[63]
452	CN	Luntai	1949	—	EQ	—	—	—	—	—	—	—	—	—	—	—	—	—	—	—	—	[63]
453	CN	Luoyugou	1965	—	RF	5.6	—	—	—	—	—	—	—	240	—	—	—	—	—	—	—	[63]
454	CN	Luquan	1965	DF	RF	309	—	—	—	—	—	—	—	—	—	—	—	—	—	—	—	[22]
455	CN	Luquan	1966	—	RF	—	—	—	—	—	—	—	—	—	—	—	—	—	—	—	—	[63]
456	CN	Lushan	1970	RA	EQ	—	—	—	10	40	150	—	—	0.42	—	—	—	—	—	—	—	[56]
457	CN	Maanmeikuang	1983	—	RF	—	—	—	—	—	—	—	—	—	—	—	—	—	—	—	—	[63]
458	CN	Ma'anshi	2008	—	EQ	—	—	5.8	67.6	950	270	—	1.15	—	—	—	—	—	—	2 200	—	[8][55]
459	CN	Mabian	1794	ES	RF	—	—	—	—	—	—	—	—	—	—	—	—	—	—	—	54	[63]
460	CN	Mabian	1935	Ava.	EQ	—	—	—	—	—	—	—	—	—	—	—	—	—	—	—	—	[63]
461	CN	Mabian	1936	Ava.	EQ	—	—	—	—	—	—	—	—	—	—	—	—	—	—	—	—	[63]
462	CN	Macaotan downstream	2008	RS	EQ	—	II	—	30	100	300	—	0.1	—	OT	—	—	—	—	—	0	[1][8]
463	CN	Macaotan site	2008	RS	EQ	—	II	0.2	40~50	90	80	—	0.25	—	OT	—	—	—	—	—	0	[1][8]
464	CN	Macaotan upstream	2008	RS	EQ	—	II	1	40~50	160	60	—	0.6	—	OT	—	—	—	—	—	0	[1][8]
465	CN	Machigai	208	—	EQ	—	—	—	—	60	—	—	1	NF	—	—	—	—	—	—	—	[65]
466	CN	Mahu	1216	—	EQ	—	—	—	—	—	—	—	—	LT	—	—	—	—	—	—	—	[7]
467	CN	Mahuangxiang	1981	—	RF	—	—	—	—	—	—	—	—	1 460	—	—	—	—	—	—	13	[22]
468	CN	Maidi	1971	—	HC	1	—	—	—	—	—	—	—	LT	—	—	—	—	—	—	40	[22]
469	CN	Maipengzi	1988	—	RF	0.26	—	—	—	—	—	—	—	LT	—	—	—	—	—	—	—	[22]
470	CN	Majiaba	1986	—	RF	28.8	—	—	—	—	—	—	—	LT	—	—	—	—	—	—	—	[22]
471	CN	Majiaping (Tongkuo)	2008	—	EQ	—	—	—	—	—	—	—	—	—	—	—	—	—	—	—	—	[8]
472	CN	Maoba(Tongkuo)	2008	—	EQ	—	—	—	—	—	—	—	—	—	—	—	—	—	—	—	—	[8]
473	CN	Maobizi(Tongkuo)	2008	—	EQ	—	—	—	—	—	—	—	—	—	—	—	—	—	—	—	—	[8]
474	CN	Maoping	1149BP	—	RF	—	—	—	—	—	—	—	—	LT	—	—	—	—	—	—	—	[22]
475	CN	Maopinggai (Tongkuo)	2008	—	EQ	—	—	—	—	—	—	—	—	—	—	—	—	—	—	—	—	[8]

（续表）

编号	国家或地区	名称	成坝时间	滑坡类型	滑坡诱因	滑坡体方量/($\times 10^6$ m³)	堰塞坝类型	堰塞坝体积/($\times 10^6$ m³)	坝高/m	坝长/m	坝宽/m	堰塞湖长度/m	堰塞湖体积/($\times 10^6$ m³)	溃坝用时/d	溃坝机理	泄流槽深度/m	泄流槽顶宽/m	泄流槽底宽/m	溃决历时/h	峰值流量/(m³·s⁻¹)	死亡人数	参考文献
476	CN	Maopozi (Jialingjiang)	2008	—	EQ	—	—	—	—	—	—	—	—	—	—	—	—	—	—	—	—	[8]
477	CN	Maozhougou (Minjiang)	2008	—	EQ	—	—	—	—	—	—	—	—	—	—	—	—	—	—	—	—	[8]
478	CN	Maxigou(Minjiang)	2008	—	EQ	—	—	—	—	—	—	—	—	—	—	—	—	—	—	—	—	[8]
479	CN	Meizigou-2# (Tuojiang)	2008	—	EQ	—	—	—	—	—	—	—	—	—	—	—	—	—	—	—	—	[8]
480	CN	Meizigou-2# (Tuojiang)	2008	—	EQ	—	—	—	—	—	—	—	—	—	—	—	—	—	—	—	—	[8]
481	CN	Meizigou-3# (Tuojiang)	2008	—	EQ	—	—	—	—	—	—	—	—	—	—	—	—	—	—	—	—	[8]
482	CN	Meizigou-4# (Tuojiang)	2008	—	EQ	—	—	—	—	—	—	—	—	—	—	—	—	—	—	—	—	[8]
483	CN	Meizigou-5# (Tuojiang)	2008	—	EQ	—	—	—	—	—	—	—	—	—	—	—	—	—	—	—	—	[8]
484	CN	Meizilin(Tuojiang)	2008	—	EQ	—	—	—	—	—	—	—	—	—	—	—	—	—	—	—	—	[8]
485	CN	Mengdonggou (Minjiang)	2008	—	EQ	—	—	—	—	—	—	—	—	—	—	—	—	—	—	—	—	[8]
486	CN	Menshishan	1971	—	—	7	—	—	—	—	—	—	—	730	—	—	—	—	—	—	—	[22]
487	CN	Mepengzi (Minjiang)	2008	—	EQ	—	—	—	—	—	—	—	—	—	—	—	—	—	—	—	—	[8]
488	CN	Mianyuanhe	1934	RF	RF	—	—	—	—	—	—	—	—	—	—	—	—	—	—	—	200	[63]
489	CN	Min River (Deixi)	1933	RS, ES	EQ	150	II	—	255	400	1300	17000	400	7	OT	—	—	—	—	—	2423	[7]
490	CN	Min River (Deixi)	1933	RS	EQ	—	II	—	125	—	—	—	—	16	OT	—	—	—	—	—	—	[63]
491	CN	Min River (Deixi)	1933	RS, ES	EQ	—	IV	—	156	800	1700	12500	73	19	OT	—	—	—	—	—	—	[7]
492	CN	Minfeng	1924	Ava.	EQ	—	—	—	—	—	—	—	—	—	—	—	—	—	—	—	—	[63]
493	CN	Mingdonggou	1986	DF	RF	—	—	—	—	—	—	—	—	0.04	—	—	—	—	—	—	—	[63]
494	CN	Mingshanxian	991	RS	RF	—	—	—	—	—	—	—	—	—	—	—	—	—	—	—	—	[63]
495	CN	Mogangling	1786	RS, RA	EQ	25	—	—	—	—	—	—	—	10	—	—	—	—	—	—	—	[22]
496	CN	Motuo	1950	Ava.	EQ	—	—	—	—	—	—	—	—	0.65	—	—	—	—	—	—	—	[63]
497	CN	Moximian	1786	RS, RA	EQ	—	—	—	—	—	—	—	—	9	—	—	—	—	—	—	—	[22]

（续表）

编号	国家或地区	名称	成坝时间	滑坡类型	滑坡诱因	滑坡体方量 $/(\times 10^6\ \mathrm{m}^3)$	堰塞坝类型	堰塞坝体积 $/(\times 10^6\ \mathrm{m}^3)$	坝高/m	坝长/m	坝宽/m	堰塞湖长度/m	堰塞湖体积 $/(\times 10^6\ \mathrm{m}^3)$	溃坝用时/d	溃坝机理	泄流槽深度/m	泄流槽顶宽/m	泄流槽底宽/m	溃决历时/h	峰值流量 $/(\mathrm{m}^3 \cdot \mathrm{s}^{-1})$	死亡人数	参考文献
498	CN	Muchanggou (Minjiang)	2008	—	EQ	—	—	—	—	—	—	—	—	—	—	—	—	—	—	—	—	[8]
499	CN	Muguaping	2008	ES	EQ	—	IV	0.2	15	100	25	—	0.04	—	OT	—	—	—	—	—	0	[1]
500	CN	Nanao	1600	Ava.	EQ	—	—	—	—	—	—	—	—	—	—	—	—	—	—	—	—	[8]
501	CN	Nanba	2008	RS	EQ	—	II	5.32	25	625	200	6 000	6.86	—	OT	—	—	—	—	—	0	[63]
502	CN	Nanbujiongshan	1950	—	EQ	—	—	—	—	—	—	—	—	<1	—	—	—	—	—	—	—	[1]
503	CN	Nangou	—	—	RF	8.1	—	—	—	—	—	—	—	LT	—	—	—	—	—	—	—	[8]
504	CN	Nangoucun (Minjiang)	2008	—	EQ	—	—	—	—	—	—	—	—	—	—	—	—	—	—	—	—	[63]
505	CN	Nanguangou	1989	DF	RF	—	—	—	—	—	—	—	—	—	—	—	—	—	—	—	—	[22]
506	CN	Nanjiabawashan	1950	—	EQ	15	—	—	—	—	—	—	—	<1	—	—	—	—	—	—	—	[8]
507	CN	Nanjiang	1975	RS, DF	RF	—	—	—	—	—	—	—	—	—	—	—	—	—	—	—	—	[63]
508	CN	Nanjiang County	1987	—	—	7	III	—	—	200	450	450	—	LT	—	—	—	—	—	—	—	[63]
509	CN	Nanmenwan	2008	RA	RF	0.007	—	—	—	—	—	—	—	—	—	—	—	—	—	—	—	[22]
510	CN	Nanmugou (Tuojiang)	2008	—	EQ	—	—	—	—	—	—	—	—	—	—	—	—	—	—	—	—	[7]
511	CN	Nantianmen (Minjiang)	2008	—	EQ	—	—	—	—	—	—	—	—	—	—	—	—	—	—	—	—	[63]
512	CN	Nanxucun	1981	—	RF	2.83	—	—	—	—	—	—	—	—	—	—	—	—	—	—	—	[8]
513	CN	Nileke	1812	Ava.	EQ	10	—	—	—	—	—	—	—	—	—	—	—	—	—	—	—	[8]
514	CN	Ningjiang	1976	Ava.	EQ	—	—	—	—	—	—	—	—	—	—	—	—	—	—	—	—	[63]
515	CN	Ningjiang	1998	Slide	EQ	3	—	—	240	—	—	—	1	—	—	—	—	—	—	—	—	[63]
516	CN	Niqiu	1065 BP	—	RF	40	—	—	—	—	—	—	—	14 600	—	—	—	—	—	—	—	[63]
517	CN	Niugunqiu	1968	—	RF	6	—	—	—	—	—	—	—	LT	—	—	—	—	—	—	—	[56]
518	CN	Niujiaodong	1982	—	RF	—	—	—	40	—	—	—	—	LT	—	—	—	—	—	—	—	[63]
519	CN	Niujiaowan (Fujiang)	2008	—	EQ	—	—	—	—	—	—	—	—	—	—	—	—	—	—	—	—	[22]
520	CN	Niujuangou,1# (Jianjiang)	2008	—	EQ	—	—	—	—	—	—	—	—	—	—	—	—	—	—	—	—	[22]
521	CN	Niujuangou,1# (Minjiang)	2008	—	EQ	—	—	—	—	—	—	—	—	—	—	—	—	—	—	—	—	[8]

（续表）

编号	国家或地区	名称	成坝时间	滑坡类型	滑坡诱因	滑坡体方量/(×10⁶ m³)	堰塞坝类型	堰塞坝体积/(×10⁶ m³)	坝高/m	坝长/m	坝宽/m	堰塞湖长度/m	堰塞湖体积/(×10⁶ m³)	溃坝用时/d	溃坝机理	泄流槽深度/m	泄流槽顶宽/m	泄流槽底宽/m	溃决历时/h	峰值流量/(m³·s⁻¹)	死亡人数	参考文献
522	CN	Niujuangou-2# (Jianjiang)	2008	—	EQ	—	—	—	—	—	—	—	—	—	—	—	—	—	—	—	—	[8]
523	CN	Niujuangou-2# (Minjiang)	2008	—	EQ	—	—	—	—	—	—	—	—	—	—	—	—	—	—	—	—	[8]
524	CN	Niujuangou-3# (Jianjiang)	2008	—	EQ	—	—	—	—	—	—	—	—	—	—	—	—	—	—	—	—	[8]
525	CN	Niujuangou-3# (Minjiang)	2008	—	EQ	—	—	—	—	—	—	—	—	—	—	—	—	—	—	—	—	[8]
526	CN	Niujuangou-4# (Jianjiang)	2008	—	EQ	—	—	—	—	—	—	—	—	—	—	—	—	—	—	—	—	[8]
527	CN	Niujuangou-5# (Jianjiang)	2008	—	EQ	—	—	—	—	—	—	—	—	—	—	—	—	—	—	—	—	[8]
528	CN	Niurihe	1982	—	RF	18	—	—	—	—	—	—	—	—	—	—	—	—	—	—	—	[63]
529	CN	Ouyangguan (Kaijiang)	2008	—	EQ	—	—	—	—	—	—	—	—	—	—	—	—	—	—	—	—	[8]
530	CN	Peilonggou	1985	DF	RF	39	—	—	—	—	—	—	—	—	—	—	—	—	—	—	—	[63]
531	CN	Pingan Village	1955	Ava.	EQ	—	—	—	—	—	—	—	—	—	—	—	—	—	—	—	—	[63]
532	CN	Pingshuihe-1# (Tuojiang)	2008	—	EQ	—	—	—	—	—	—	—	—	—	—	—	—	—	—	—	—	[8]
533	CN	Pingshuihe-2# (Tuojiang)	2008	—	EQ	—	—	—	—	—	—	—	—	—	—	—	—	—	—	—	—	[8]
534	CN	Pingshuihe-3# (Tuojiang)	2008	—	EQ	—	—	—	—	—	—	—	—	—	—	—	—	—	—	—	—	[8]
535	CN	Pingwu	1976	Ava.	EQ	—	—	—	—	—	—	2 000	—	—	—	—	—	—	—	—	—	[63]
536	CN	Pingwu	1976	Ava.	EQ	—	—	—	—	—	—	—	—	—	—	—	—	—	—	—	—	[63]
537	CN	Pinshan	1876	—	RF	—	—	—	—	—	—	—	—	—	—	—	—	—	—	—	—	[63]
538	CN	Piyang	1961	—	EQ	—	—	—	—	—	—	—	—	—	—	—	—	—	—	—	—	[63]
539	CN	Pubugou	2010	DF	RF	4.75	—	0.91	9	421	239	153	0.11	1	OT	—	—	—	—	—	0	[53]
540	CN	Pubugou	10000BP	—	—	—	—	—	—	—	—	—	—	LT	—	—	—	—	—	—	—	[65]
541	CN	Pucheng	1366	—	RF	—	—	—	—	—	—	—	—	3	—	—	—	—	—	—	—	[22]
542	CN	Pudeng(Minjiang)	2008	—	EQ	—	—	—	—	—	—	—	—	—	—	—	—	—	—	—	—	[8]
543	CN	Pu'er	1970	RA	EQ	0.001	—	—	—	—	—	—	—	—	—	—	—	—	—	—	—	[56]
544	CN	Pufu	1965	—	—	309	—	—	140	—	—	—	—	—	—	—	—	—	—	—	—	[63]

（续表）

编号	国家或地区	名称	成坝时间	滑坡类型	滑坡诱因	滑坡体方量/(×10⁶ m³)	堰塞坝类型	堰塞坝体积/(×10⁶ m³)	坝高/m	坝长/m	坝宽/m	堰塞湖长度/m	堰塞湖体积/(×10⁶ m³)	溃坝用时/d	溃坝机理	泄流槽深度/m	泄流槽顶宽/m	泄流槽底宽/m	溃决历时/h	峰值流量/(m³·s⁻¹)	死亡人数	参考文献
545	CN	Pufugou	1921	—	RF	—	—	—	—	—	—	—	—	ST	—	—	—	—	—	—	7	[22]
546	CN	Pugejian	1850	Ava.	EQ	—	—	—	—	—	—	—	—	—	—	—	—	—	—	—	—	[63]
547	CN	Pujiagou	1974	—	RF	—	—	—	—	—	—	—	—	—	—	—	—	—	—	—	31	[63]
548	CN	Pujiagou (Jialingjiang)	2008	—	EQ	—	—	—	—	—	—	—	—	—	—	—	—	—	—	—	—	[8]
549	CN	Puqin	1960	—	RF	—	—	—	—	—	—	—	—	—	—	—	—	—	—	—	—	[63]
550	CN	Puxigou(Minjiang)	2008	—	EQ	—	—	—	—	—	—	—	—	—	—	—	—	—	—	—	—	[8]
551	CN	Qiancaotuo	Q4	—	RF	3.6	—	—	—	—	—	—	—	LT	—	—	—	—	—	—	—	[22]
552	CN	Qianjiangpingcun	2003	Slide	—	—	—	—	20	1 000	1 200	—	—	—	—	—	—	—	—	—	10	[63]
553	CN	Qiaojia	1918	Ava.	EQ	—	—	—	—	—	—	—	—	—	—	—	—	—	—	—	—	[63]
554	CN	Qiaojia	1983	DF	RF	—	—	—	—	—	—	—	—	0.002	—	—	—	—	—	—	—	[63]
555	CN	Qiaotoushangcun (Fujiang)	2008	—	EQ	—	—	—	—	—	—	—	—	—	—	—	—	—	—	—	—	[8]
556	CN	Qiluoba (Tongkuo)	2008	—	EQ	—	—	—	—	—	—	—	—	—	—	—	—	—	—	—	—	[8]
557	CN	Qina	1966	—	—	—	—	—	—	—	—	—	—	LT	—	—	—	—	—	—	—	[22]
558	CN	Qinggangpo (Minjiang)	2008	—	EQ	—	—	—	—	—	—	—	—	—	—	—	—	—	—	—	—	[8]
559	CN	Qingyijiang	1979	DF	RF	0.05	—	—	—	40	110	—	—	—	—	—	—	—	—	—	—	[63]
560	CN	Qiongshangou	2003	DF	RF	—	—	—	6	—	—	—	2.88	0.003	—	—	—	—	—	—	—	[63]
561	CN	Qipangou (Minjiang)	2008	—	EQ	—	—	—	—	—	—	—	—	—	—	—	—	—	—	—	—	[8]
562	CN	Qishan	780BC	Ava.	EQ	300	—	—	—	—	—	—	—	—	—	—	—	—	—	—	—	[7][63]
563	CN	Qixinggou (Tongkuo)	2008	—	EQ	—	—	—	—	—	—	—	—	—	—	—	—	—	—	—	—	[8]
564	CN	Qizugou,1# (Jialingjiang)	2008	—	EQ	—	—	—	—	—	—	—	—	—	—	—	—	—	—	—	—	[8]
565	CN	Qizugou,2# (Jialingjiang)	2008	—	EQ	—	—	—	—	—	—	—	—	—	—	—	—	—	—	—	—	[8]
566	CN	Qizugou,3# (Jialingjiang)	2008	—	EQ	—	—	—	—	—	—	—	—	—	—	—	—	—	—	—	—	[8]
567	CN	Qizugou,4# (Jialingjiang)	2008	—	EQ	—	—	—	—	—	—	—	—	—	—	—	—	—	—	—	—	[8]

（续表）

编号	国家或地区	名称	成坝时间	滑坡类型	滑坡诱因	滑坡体方量/(×10⁶ m³)	堰塞坝类型	堰塞坝体积/(×10⁶ m³)	坝高/m	坝长/m	坝宽/m	堰塞湖长度/m	堰塞湖体积/(×10⁶ m³)	溃坝用时/d	溃坝机理	泄流槽深度/m	泄流槽顶宽/m	泄流槽底宽/m	溃决历时/h	峰值流量/(m³·s⁻¹)	死亡人数	参考文献
568	CN	Qzugou.5# (Jialingjiang)	2008	—	EQ	—	—	—	—	—	—	—	—	—	—	—	—	—	—	—	—	[8]
569	CN	Qzugou.6# (Jialingjiang)	2008	—	EQ	—	—	—	—	—	—	—	—	—	—	—	—	—	—	—	—	[8]
570	CN	Qzugou.7# (Jialingjiang)	2008	—	EQ	—	—	—	—	—	—	—	—	—	—	—	—	—	—	—	—	[8]
571	CN	Qzugou.8# (Jialingjiang)	2008	—	EQ	—	—	—	—	—	—	—	—	—	—	—	—	—	—	—	—	[8]
572	CN	Qzugou.9# (Jialingjiang)	2008	—	EQ	—	—	—	—	—	—	—	—	—	—	—	—	—	—	—	—	[8]
573	CN	Quxi	1970	—	EQ	—	—	—	—	—	—	—	—	ST	—	—	—	—	—	—	—	[22]
574	CN	Ranwuhu	200BP	—	RF	—	—	—	—	—	—	—	—	—	—	—	—	—	—	—	—	[22]
575	CN	Saimihe	1985	—	RF	0.1	—	—	—	—	—	—	—	0.42	—	—	—	—	—	—	—	[22]
576	CN	Saleshan	1983	—	—	31	—	—	—	—	—	—	—	LT	—	—	—	—	—	—	—	[22]
577	CN	Sanhuisi	1964	—	RF	—	—	—	—	—	—	—	—	—	—	—	—	—	—	—	—	[63]
578	CN	Sanping(Tuojiang)	2008	—	EQ	—	—	—	—	—	—	—	—	—	—	—	—	—	—	—	—	[33]
579	CN	Shabagou	1935	—	—	—	—	—	—	—	—	—	—	7	—	—	—	—	—	—	280	[53]
580	CN	Shadixiang	1976	—	—	—	—	—	—	—	—	—	—	—	—	—	—	—	—	—	—	[22]
581	CN	Shaling	1982	—	RF	10~15	—	—	20	—	—	—	2	—	—	—	—	—	—	—	—	[22]
582	CN	Shangbailazhai	1933	Slide	EQ	0.2	—	—	20	—	—	—	10	—	—	—	—	—	—	—	—	[22]
583	CN	Shangshuimogou	1933	Slide	EQ	7.5	—	—	50	—	—	—	0.8	LT	—	—	—	—	—	—	—	[22]
584	CN	Shanhoutou (Tongjiang)	2008	—	EQ	—	—	—	—	—	—	—	—	—	—	—	—	—	—	—	—	[8]
585	CN	Shankou	1982	—	RF	18	—	—	—	—	—	—	—	LT	—	—	—	—	—	—	—	[22]
586	CN	Shanxi	586BC	—	RF	—	—	—	—	—	—	—	—	3	—	—	—	—	—	—	—	[63]
587	CN	Shanxi 1# (Tuojiang)	25BC	—	RF	—	—	—	—	—	—	—	—	—	—	—	—	—	—	—	—	[63]
588	CN	Shanxi 2#	16	—	RF	—	—	—	—	—	—	—	—	—	—	—	—	—	—	—	—	[63]
589	CN	Shanyang	1990	—	RF	0.07	—	—	—	—	—	—	—	—	—	—	—	—	—	—	—	[63]
590	CN	Shaofanggou.1# (Tuojiang)	2008	—	EQ	—	—	—	—	—	—	—	—	—	—	—	—	—	—	—	—	[8]
591	CN	Shaofanggou.2# (Tuojiang)	2008	—	EQ	—	—	—	—	—	—	—	—	—	—	—	—	—	—	—	—	[8]
592	CN	Shaoxiangdong (Minjiang)	2008	—	EQ	—	—	—	—	—	—	—	—	—	—	—	—	—	—	—	—	[8]

（续表）

编号	国家或地区	名称	成坝时间	滑坡类型	滑坡诱因	滑坡体方量/(×10⁶ m³)	堰塞坝类型	堰塞坝体积/(×10⁶ m³)	坝高/m	坝长/m	坝宽/m	堰塞湖长度/m	堰塞湖体积/(×10⁶ m³)	溃坝用时/d	溃坝机理	泄流槽深度/m	泄流槽顶宽/m	泄流槽底宽/m	溃决历时/h	峰值流量/(m³·s⁻¹)	死亡人数	参考文献
593	CN	Shapaicun (Minjiang)	2008	—	EQ	—	—	—	—	—	—	—	—	—	—	—	—	—	—	—	—	[8]
594	CN	Shashuping (Minjiang)	2008	—	EQ	—	—	—	—	—	—	—	—	—	—	—	—	—	—	—	—	[8]
595	CN	Shawan	1906	Ava.	EQ	—	—	—	—	—	—	—	—	—	—	—	—	—	—	—	—	[63]
596	CN	Shawan(Fujiang)	2008	DF	EQ	—	—	—	—	—	—	—	—	—	—	—	—	—	—	—	—	[8]
597	CN	She'er	1978	DF	RF	—	—	—	—	—	—	—	—	—	—	—	—	—	—	—	—	[63]
598	CN	Shibangou	2008	RS	EQ	—	II	15	30~75	450	800	4 000	11	—	OT	—	—	—	—	—	0	[1][8]
599	CN	Shigaodi	1881	—	RF	536	—	—	—	—	—	—	—	3	—	—	—	—	—	—	10	[22]
600	CN	Shigongping (Jialingjiang)	2008	—	EQ	—	—	—	—	—	—	—	—	—	—	—	—	—	—	—	—	[8]
601	CN	Shihuogou (Jianjiang)	2008	—	EQ	—	—	—	—	—	—	—	—	—	—	—	—	—	—	—	—	[8]
602	CN	Shijiapo	1981	Slide	EQ	0.48	II	30	100	1 060	160	—	—	—	—	—	—	—	—	—	—	[7][22]
603	CN	Shimengou	1978	DF	RF	—	—	—	—	—	—	—	—	—	—	—	—	—	—	—	—	[63]
604	CN	Shimenkan	Q4	—	—	100	—	—	405	—	—	—	11 000	365 000	—	—	—	—	—	—	—	[22]
605	CN	Shiping	1887	Ava.	EQ	—	—	—	—	—	—	—	—	—	—	—	—	—	—	—	—	[63]
606	CN	Shiqian county	1995	DF	RF	0.13	—	—	—	—	—	—	—	—	—	—	—	—	—	—	—	[63]
607	CN	Shiquluoxu	1896	Ava.	EQ	—	—	—	—	—	—	—	—	—	—	—	—	—	—	—	—	[63]
608	CN	Shuangniancun	1981	—	—	—	—	—	—	—	—	—	—	ST	—	—	—	—	—	—	—	[22]
609	CN	Shuangtudigou.1# (Tongkuo)	2008	—	EQ	—	—	—	—	—	—	—	—	—	—	—	—	—	—	—	—	[8]
610	CN	Shuangtudigou.2# (Tongkuo)	2008	—	EQ	—	—	—	—	—	—	—	—	—	—	—	—	—	—	—	—	[8]
611	CN	Shuangtudigou.3# (Tongkuo)	2008	—	EQ	—	—	—	—	—	—	—	—	—	—	—	—	—	—	—	—	[8]
612	CN	Shuangtudigou.4# (Tongkuo)	2008	—	EQ	—	—	—	—	—	—	—	—	—	—	—	—	—	—	—	—	[8]
613	CN	Shuangtudigou.5# (Tongkuo)	2008	—	EQ	—	—	—	—	—	—	—	—	—	—	—	—	—	—	—	—	[8]
614	CN	Shuikengzi.2# (Kaijiang)	2008	—	EQ	—	—	—	—	—	—	—	—	—	—	—	—	—	—	—	—	[8]

（续表）

编号	国家或地区	名称	成坝时间	滑坡类型	滑坡诱因	滑坡体方量/(×10⁶ m³)	堰塞坝类型	堰塞坝体积/(×10⁶ m³)	坝高/m	坝长/m	坝宽/m	堰塞湖长度/m	堰塞湖体积/(×10⁶ m³)	溃坝用时/d	溃坝机理	泄流槽深度/m	泄流槽顶宽/m	泄流槽底宽/m	溃决历时/h	峰值流量/(m³·s⁻¹)	死亡人数	参考文献
615	CN	Shuimogou (Minjiang)	2008	—	EQ	—	—	—	—	—	—	—	—	—	—	—	—	—	—	—	—	[8]
616	CN	Shuimogou (Tuojiang)	2008	—	EQ	—	—	—	—	—	—	—	—	—	—	—	—	—	—	—	—	[8]
617	CN	Shuizhuyuan	Q4	DF	RF	21.1	—	—	—	—	—	—	—	LT	—	—	—	—	—	—	—	[22]
618	CN	Shuizikeng,1# (Kaijiang)	2008	—	EQ	—	—	—	—	—	—	—	—	—	—	—	—	—	—	—	—	[8]
619	CN	Shunhe	—	—	RF	78.2	—	—	—	—	—	—	—	—	—	—	—	—	—	—	—	[63]
620	CN	Shuyexiang	1983	DF	RF	—	—	—	—	—	—	—	—	0.14	—	—	—	—	—	—	—	[63]
621	CN	Sijigou	1989	—	—	12	—	—	—	—	—	—	—	LT	—	—	—	—	—	—	—	[22]
622	CN	Sina	1966	—	RF	—	—	—	50	200	100	—	—	—	—	—	—	—	—	—	—	[63]
623	CN	Songping River	1933	RS	EQ	—	II	1.6	50	180	400	—	5.6	—	—	—	—	—	—	—	—	[7]
624	CN	Sunjiayuanzi	2008	RS	EQ	—	II	—	—	—	—	—	—	—	OT	—	—	—	—	—	0	[8] [61]
625	CN	Suwalong	1997	—	SM	0.25	—	—	—	—	—	—	—	0.003	—	—	—	—	—	—	—	[63]
626	CN	Suzhouya	1957	—	HC	0.85	—	—	—	—	—	—	—	LT	—	—	—	—	—	—	—	[22]
627	CN	Taipingya	2000BP	—	RF	180	—	—	—	—	—	—	—	LT	—	—	—	—	—	—	—	[22]
628	CN	Tanghulanggou	1964	DF	SM	5	—	—	—	—	—	—	—	0.42	—	—	—	—	—	—	—	[22]
629	CN	Tangjiang (Minjiang)	2008	—	EQ	—	—	—	—	—	—	—	—	—	—	—	—	—	—	—	—	[8]
630	CN	Tangfanggou	Q4	DF	RF	7.79	—	—	—	—	—	—	—	LT	—	—	—	—	—	—	—	[22]
631	CN	Tangguodong	1967	DA,DS	RF	68	III	68	175	200	3000	53000	680	9	OT	88	—	55	6	53000	0	[7] [53] [63]
632	CN	Tangguodong	1969	—	RF	110	—	—	—	—	—	—	—	9	—	—	—	—	—	—	—	[22]
633	CN	Tangjiashan	2008	RS	EQ	20.37	II	20.37	82	611.8	802	20000	316	29	OT	42	145~235	80~100	14	6500	0	[1] [8] [63]
634	CN	Tangjiawan	2008	RS	EQ	40	III	4	30	300	600	—	15.2	NF	OT	—	—	—	—	—	0	[1] [8] [63]
635	CN	Tangling Taiwan	1977	Slide	EF, EQ	48	—	—	—	—	—	—	—	—	—	—	—	—	—	—	—	[63]
636	CN	Tangyanguang	1961	—	RF	1.65	—	—	—	—	—	—	—	LT	—	—	—	—	—	—	40	[22]
637	CN	Tanlao	Q4	DF	—	0.78	—	—	—	—	—	—	—	LT	—	—	—	—	—	—	—	[22]

（续表）

编号	国家或地区	名称	成坝时间	滑坡类型	滑坡诱因	滑坡体方量/(×10⁶ m³)	堰塞坝类型	堰塞坝体积/(×10⁶ m³)	坝高/m	坝长/m	坝宽/m	堰塞湖长度/m	堰塞湖体积/(×10⁶ m³)	溃坝用时/d	溃坝机理	泄流槽深度/m	泄流槽顶宽/m	泄流槽底宽/m	溃决历时/h	峰值流量/(m³·s⁻¹)	死亡人数	参考文献
638	CN	Taoyuan	Q4	—	RF	15.75	—	—	—	—	—	—	—	LT	—	—	—	—	—	—	—	[22]
639	CN	Tianbali (Jialingjiang)	2008	—	EQ	—	—	—	—	—	—	—	—	—	—	—	—	—	—	—	—	[8]
640	CN	Tianbao	1982	—	RF	7	—	—	—	—	—	—	—	LT	—	—	—	—	—	—	—	[22]
641	CN	Tianjiawa	1962	—	RF	6	—	—	—	—	—	—	—	—	—	—	—	—	—	—	—	[63]
642	CN	Tianquan	181BC	Ava.	EQ	—	—	—	—	—	—	—	—	—	—	—	—	—	—	—	—	[63]
643	CN	Tiantaixiang	2004	—	—	65	—	—	23	—	—	20 000	200	—	—	—	—	—	—	—	—	[63]
644	CN	Tianzhuxian	1665	—	RF	—	—	—	—	—	—	—	—	—	—	—	—	—	—	—	—	[63]
645	CN	Tiaoshi	Q4	—	RF	2.5	—	—	—	—	—	—	—	LT	—	—	—	—	—	—	—	[22]
646	CN	Tietan	Q4	DF	RF	9.48	—	—	—	—	—	—	—	LT	—	—	—	—	—	—	—	[22]
647	CN	Tongguangou.1# (Tuojiang)	2008	—	EQ	—	—	—	—	—	—	—	—	—	—	—	—	—	—	—	—	[8]
648	CN	Tongguangou.2# (Tuojiang)	2008	—	EQ	—	—	—	—	—	—	—	—	—	—	—	—	—	—	—	—	[8]
649	CN	Tongqiangou (Tongkuo)	2008	—	EQ	—	—	—	—	—	—	—	—	—	—	—	—	—	—	—	—	[8]
650	CN	Tongwei	1921	Ava.	EQ	—	—	—	—	—	—	—	—	—	—	—	—	—	—	—	—	[63]
651	CN	Tongxihe.1# (Tuojiang)	2008	—	EQ	—	—	—	—	—	—	—	—	—	—	—	—	—	—	—	—	[8]
652	CN	Tongxihe.2# (Tuojiang)	2008	—	EQ	—	—	—	—	—	—	—	—	—	—	—	—	—	—	—	—	[8]
653	CN	Toudaojinhe.1# (Tuojiang)	2008	—	EQ	—	—	—	—	—	—	—	—	—	—	—	—	—	—	—	—	[8]
654	CN	Toudaojinhe.10# (Tuojiang)	2008	—	EQ	—	—	—	—	—	—	—	—	—	—	—	—	—	—	—	—	[8]
655	CN	Toudaojinhe.2# (Tuojiang)	2008	—	EQ	—	—	—	—	—	—	—	—	—	—	—	—	—	—	—	—	[8]
656	CN	Toudaojinhe.3# (Tuojiang)	2008	—	EQ	—	—	—	—	—	—	—	—	—	—	—	—	—	—	—	—	[8]
657	CN	Toudaojinhe.4# (Tuojiang)	2008	—	EQ	—	—	—	—	—	—	—	—	—	—	—	—	—	—	—	—	[8]
658	CN	Toudaojinhe.5# (Tuojiang)	2008	—	EQ	—	—	—	—	—	—	—	—	—	—	—	—	—	—	—	—	[8]

（续表）

编号	国家或地区	名称	成坝时间	滑坡类型	滑坡诱因	滑坡体方量/(×10⁶ m³)	堰塞坝类型	堰塞坝体积/(×10⁶ m³)	坝高/m	坝长/m	坝宽/m	堰塞湖长度/m	堰塞湖体积/(×10⁶ m³)	溃坝用时/d	溃坝机理	泄流槽深度/m	泄流槽顶宽/m	泄流槽底宽/m	溃决历时/h	峰值流量/(m³·s⁻¹)	死亡人数	参考文献
659	CN	Toudaojinhe.6# (Tuojiang)	2008	—	EQ	—	—	—	—	—	—	—	—	—	—	—	—	—	—	—	—	[8]
660	CN	Toudaojinhe.7# (Tuojiang)	2008	—	EQ	—	—	—	—	—	—	—	—	—	—	—	—	—	—	—	—	[8]
661	CN	Toudaojinhe.8# (Tuojiang)	2008	—	EQ	—	—	—	—	—	—	—	—	—	—	—	—	—	—	—	—	[8]
662	CN	Toudaojinhe.9# (Tuojiang)	2008	—	EQ	—	—	—	—	—	—	—	—	—	—	—	—	—	—	—	—	[8]
663	CN	Touping(Tuojiang)	2008	—	EQ	—	—	—	—	—	—	—	—	—	—	—	—	—	—	—	—	[8]
664	CN	Touzhaigou	1991	—	RF	18	—	—	—	—	—	—	—	LT	—	—	—	—	—	—	216	[22]
665	CN	Tuanjianxiang	1988	RA	EQ	1	—	—	—	—	—	—	—	—	—	—	—	—	—	—	—	[56][63]
666	CN	Tubagou	1984	—	—	1.2	—	—	25	—	—	—	—	LT	—	—	—	—	—	—	—	[22]
667	CN	Tumen	1992	—	RF	—	—	—	—	—	—	—	—	—	—	—	—	—	—	—	—	[63]
668	CN	Tupatang	1961	—	EQ	—	—	—	—	—	—	—	—	—	—	—	—	—	—	—	—	[63]
669	CN	Unkown, Hunan Province	1786	—	EQ	—	—	—	—	—	—	—	—	—	—	—	—	—	—	—	—	[7]
670	CN	Wangjiadagou (Kaijiang)	2008	—	EQ	—	—	—	—	—	—	—	—	—	—	—	—	—	—	—	—	[8]
671	CN	Wangxicun	1991	—	RF	—	—	—	—	—	—	—	—	—	—	—	—	—	—	—	—	[63]
672	CN	Wangyemiao (Minjiang)	2008	—	EQ	—	—	—	—	—	—	—	—	—	—	—	—	—	—	—	—	[8]
673	CN	Wanjiagou	1981	—	RF	1.68	—	—	—	—	—	—	—	—	—	—	—	—	—	—	—	[63]
674	CN	Weining	1948	Ava.	EQ	—	—	—	—	—	—	—	—	—	—	—	—	—	—	—	—	[63]
675	CN	Weiziping (Jialingjiang)	2008	—	EQ	—	—	—	—	—	—	—	—	—	—	—	—	—	—	—	—	[8]
676	CN	Wenchuan	1657	Ava.	EQ	—	—	—	—	—	—	—	—	—	—	—	—	—	—	—	—	[63]
677	CN	Wenjiagou	1973	DF	RF	—	—	—	—	—	—	—	—	—	—	—	—	—	—	—	—	[63]
678	CN	Wenzhengou.1# (Minjiang)	2008	—	EQ	—	—	—	—	—	—	—	—	—	—	—	—	—	—	—	—	[8]
679	CN	Wenzhengou.2# (Minjiang)	2008	—	EQ	—	—	—	—	—	—	—	—	—	—	—	—	—	—	—	—	[8]
680	CN	Wenzhengou.3# (Minjiang)	2008	—	EQ	—	—	—	—	—	—	—	—	—	—	—	—	—	—	—	—	[8]

（续表）

编号	国家或地区	名称	成坝时间	滑坡类型	滑坡诱因	滑坡体方量/(×10⁶ m³)	堰塞坝类型	堰塞坝体积/(×10⁶ m³)	坝高/m	坝长/m	坝宽/m	堰塞湖长度/m	堰塞湖体积/(×10⁶ m³)	溃坝用时/d	溃坝机理	泄流槽深度/m	泄流槽顶宽/m	泄流槽底宽/m	溃决历时/h	峰值流量/(m³·s⁻¹)	死亡人数	参考文献
681	CN	Wenzhengou,4# (Minjiang)	2008	—	EQ	—	—	—	—	—	—	—	—	—	—	—	—	—	—	—	—	[8]
682	CN	Wenzhengou,5# (Minjiang)	2008	—	EQ	—	—	—	—	—	—	—	—	—	—	—	—	—	—	—	—	[8]
683	CN	Wenzhengou,6# (Minjiang)	2008	—	EQ	—	—	—	—	—	—	—	—	—	—	—	—	—	—	—	—	[8]
684	CN	Wenzhengou,7# (Minjiang)	2008	—	EQ	—	—	—	—	—	—	—	—	—	—	—	—	—	—	—	—	[8]
685	CN	Wenzhengou,8# (Minjiang)	2008	—	EQ	—	—	—	—	—	—	—	—	—	—	—	—	—	—	—	—	[8]
686	CN	Wuchiba		—	RF	1.8	—	—	—	—	—	—	—	LT	—	—	—	—	—	—	—	[22]
687	CN	Wudangqu	1963	—	RF	—	—	—	—	—	—	—	—	—	—	—	—	—	—	—	7	[63]
688	CN	Wudu	986	—	RF	—	—	—	—	—	—	—	—	—	—	—	—	—	—	—	—	[63]
689	CN	Wudu	1979	Ava.	EQ	—	—	—	—	—	—	—	—	—	—	—	—	—	—	—	—	[63]
690	CN	Wujiagou (Tuojiang)	2008	—	EQ	—	—	—	—	—	—	—	—	—	—	—	—	—	—	—	—	[8]
691	CN	Wujiawan	1887	—	RF	33.75	—	—	—	—	—	6 500	—	7	—	—	—	—	—	—	—	[22]
692	CN	Wujili (Jialingjiang)	2008	—	EQ	—	—	—	—	—	—	—	—	—	—	—	—	—	—	—	—	[8]
693	CN	Wujin River	1982	RA	EQ	0.27	—	—	—	—	—	—	0.1	ST	—	—	—	—	—	—	—	[56]
694	CN	Wulian River	1948	—	EQ	—	—	—	—	—	—	—	—	5	—	—	—	—	—	—	—	[7]
695	CN	Wuxiandong (Tongjiang)	2008	—	EQ	—	—	—	—	—	—	—	—	—	—	—	—	—	—	—	—	[8]
696	CN	Wuyicun (Jialingjiang)	2008	—	EQ	—	—	—	—	—	—	—	—	—	—	—	—	—	—	—	—	[8]
697	CN	Xiabailazhai	1933	Slide	EQ	13.2	—	—	60	—	—	—	0.7	45	—	—	—	—	—	—	—	[22]
698	CN	Xianfeng, Hubei	1856	Slide	EQ	4	—	4	100	—	600	—	—	—	—	—	—	—	—	—	—	[56]
699	CN	Xianfengcun (Jialingjiang)	2008	—	EQ	—	—	—	—	—	—	—	—	—	—	—	—	—	—	—	—	[8]
700	CN	Xiangjiagou (Minjiang)	2008	—	EQ	—	—	—	—	—	—	—	—	—	—	—	—	—	—	—	—	[8]
701	CN	Xiao River	1949	DF	RF	—	III	—	—	—	—	—	—	30	OT	—	—	—	—	—	—	[7]
702	CN	Xiao River	1985	DF	RF	—	III	—	—	—	—	—	—	0.01	OT	—	—	—	—	—	—	[7]

（续表）

编号	国家或地区	名称	成坝时间	滑坡类型	滑坡诱因	滑坡体方量/(×10⁶ m³)	堰塞坝类型	堰塞坝体积/(×10⁶ m³)	坝高/m	坝长/m	坝宽/m	堰塞湖长度/m	堰塞湖体积/(×10⁶ m³)	溃坝用时/d	溃坝机理	泄流槽深度/m	泄流槽顶宽/m	泄流槽底宽/m	溃决历时/h	峰值流量/(m³·s⁻¹)	死亡人数	参考文献
703	CN	Xiaogangjian downstream	2008	RS	EQ	—	II	0.45	30	120	400	400	7	—	OT	—	—	—	—	—	0	[1][8][53]
704	CN	Xiaogangjian upstream	2008	RS	EQ	—	III	2	70~120	120	300	400	12	—	OT	30	80	—	—	3 950	0	[1][8][53]
705	CN	Xiaogou(Minjiang)	2008	—	EQ	—	—	—	—	—	—	—	—	—	—	—	—	—	—	—	—	[8]
706	CN	Xiaojiagou	2010	DF	RF	—	—	0.75	15	500	100	150	0.23	1	OT	—	—	—	—	—	—	[33]
707	CN	Xiaojiaqiao	2008	RS	EQ	2.42	II	2.42	57	200	200	7 000	20	25	OT	37.3	131.6	8	6.5	1 000	0	[1][8][53]
708	CN	Xiaojiaya	1935	—	RF	0.1	—	—	—	—	—	—	—	LT	—	—	—	—	—	—	—	[22]
709	CN	Xiaomeizilin (Tuojiang)	2008	—	EQ	—	—	—	—	—	—	—	—	—	—	—	—	—	—	—	—	[33]
710	CN	Xiaonanhai	1856	Ava.	EQ	72	—	—	30	100	1 500	12 000	420	LT	—	—	—	—	—	—	—	[7][19][22][56]
711	CN	Xiaowuji (Jialingjiang)	2008	—	EQ	—	—	—	—	—	—	—	—	—	—	—	—	—	—	—	—	[8]
712	CN	Xiashuimogou	1933	Slide	EQ	0.5	—	—	20	—	—	—	0.2	LT	—	—	—	—	—	—	—	[22]
713	CN	Xichang	624	Ava.	EQ	—	—	—	—	—	—	—	—	—	—	—	—	—	—	—	—	[63]
714	CN	Xiejiadianzi	2008	—	EQ	—	—	0.12	10	70	250	1 000	1	—	OT	—	—	—	—	—	0	[1][8]
715	CN	Xiejiapo(Jianjiang)	2008	—	EQ	—	—	—	—	—	—	—	—	—	—	—	—	—	—	—	—	[8]
716	CN	Xieliupo	1981	—	—	25	—	—	22	—	—	—	13	—	—	—	—	—	—	—	—	[22][63]
717	CN	Xieliupo	1991	—	HC	25	—	—	—	—	—	—	—	LT	—	—	—	—	—	—	—	[22]
718	CN	Xietangou	Q4	DF	RF	5.32	—	—	—	—	—	—	—	LT	—	—	—	—	—	—	—	[22]
719	CN	Xiezigou(Minjiang)	2008	—	EQ	—	—	—	—	—	—	—	—	—	—	—	—	—	—	—	—	[8]
720	CN	Xihecun	1998	RF	RF	2.5	—	—	—	—	—	—	—	—	—	—	—	—	—	—	—	[63]
721	CN	Xiji (30 lakes)	1920	ES, EF	EQ	—	—	—	—	—	—	5 000	—	—	—	—	—	—	—	—	240 000	[7]
722	CN	Ximula	1819	—	RF	—	—	—	—	—	—	24 000	—	—	—	—	—	—	—	—	—	[63]
723	CN	Xingou	1972	DF	RF	—	—	—	—	—	—	—	—	—	—	—	—	—	—	—	—	[63]

（续表）

编号	国家或地区	名称	成坝时间	滑坡类型	滑坡诱因	滑坡体方量/$(\times10^6\ \mathrm{m^3})$	堰塞坝类型	堰塞坝体积/$(\times10^6\ \mathrm{m^3})$	坝高/m	坝长/m	坝宽/m	堰塞湖长度/m	堰塞湖体积/$(\times10^6\ \mathrm{m^3})$	溃坝用时/d	溃坝机理	泄流槽深度/m	泄流槽顶宽/m	泄流槽底宽/m	溃决历时/h	峰值流量/$(\mathrm{m^3\cdot s^{-1}})$	死亡人数	参考文献
724	CN	Xinhuaxiangqun	Q4	—	RF	30	—	—	—	—	—	—	—	LT	—	—	—	—	—	—	—	[22]
725	CN	Xinjie Village	2008	ES	EQ	—	II	0.7	20	350	200	—	2	—	OT	—	—	—	—	—	0	[1]
726	CN	Xinliangzigou (Minjiang)	2008	—	EQ	—	—	—	—	—	—	—	—	—	—	—	—	—	—	—	—	[8]
727	CN	Xinpu	Q4	—	RF	57	—	—	—	—	—	—	—	LT	—	—	—	—	—	—	—	[22]
728	CN	Xintan	1030	Ava.	EQ	—	—	—	—	—	—	—	—	7 300	—	—	—	—	—	—	—	[63]
729	CN	Xintan 1#	101	—	RF	—	—	—	—	—	—	—	—	—	—	—	—	—	—	—	—	[63]
730	CN	Xintan 2#	378	—	RF	—	—	—	—	—	—	—	—	—	—	—	—	—	—	—	—	[63]
731	CN	Xintan, Hubei	1985	—	RF	30	—	—	—	—	—	—	—	LT	—	—	—	—	—	—	—	[22]
732	CN	Xintanbei	1543	—	RF	—	—	—	—	—	—	—	—	29 930	—	—	—	—	—	—	—	[63]
733	CN	Xintang	1970	—	RF	0.4	—	—	—	—	—	—	—	—	—	—	—	—	—	—	—	[63]
734	CN	Xiongjiagoukou (Jialingjiang)	2008	—	EQ	—	—	—	—	—	—	—	—	—	—	—	—	—	—	—	—	[8]
735	CN	Xixi River	1988	RS	—	5.62	—	—	12	—	—	—	—	ST	—	—	—	—	—	—	—	[7]
736	CN	Xixiangkou	1950	—	RF	—	—	—	—	—	—	—	—	—	—	—	—	—	—	—	—	[22]
737	CN	Xuecheng	888	—	RF	—	—	—	—	—	—	—	—	—	—	—	—	—	—	—	—	[63]
738	CN	Xundiao	1713	—	EQ	—	—	—	—	—	—	—	—	—	—	—	—	—	—	—	—	[63]
739	CN	Yading	1991	—	RF	7.5	—	—	—	—	—	—	7.55	—	—	—	—	—	—	—	—	[63]
740	CN	Yanchihe	1980	—	HC	1	—	—	—	—	—	—	—	LT	—	—	—	—	—	—	281	[22]
741	CN	Yandengcun (Minjiang)	2008	—	EQ	—	—	—	—	—	—	—	—	—	—	—	—	—	—	—	—	[8]
742	CN	Yanggao	1989	Ava.	EQ	—	—	—	4	15	40	—	—	—	—	—	—	—	—	—	—	[63]
743	CN	Yangjiagou,1# (Tongkuo)	2008	—	EQ	—	—	—	—	—	—	—	—	—	—	—	—	—	—	—	—	[8]
744	CN	Yangjiagou,2# (Tongkuo)	2008	—	EQ	—	—	—	—	—	—	—	—	—	—	—	—	—	—	—	—	[8]
745	CN	Yangjiagou,3# (Tongkuo)	2008	—	EQ	—	—	—	—	—	—	—	—	—	—	—	—	—	—	—	—	[8]
746	CN	Yanglin	1833	Ava.	EQ	—	—	—	—	—	—	—	—	—	—	—	—	—	—	—	—	[8]
747	CN	Yangpingguan	1981	—	RF	—	—	—	—	—	—	—	—	—	—	—	—	—	—	—	—	[63]
748	CN	Yangshan (Tongkuo)	2008	—	EQ	—	—	—	—	—	—	—	—	—	—	—	—	—	—	—	—	[8]

　　　　　　　　　　　　　　　　　　　　　　　　　　堰塞坝稳定性分析

（续表）

编号	国家或地区	名称	成坝时间	滑坡类型	滑坡诱因	滑坡体方量/(×10⁶ m³)	堰塞坝类型	堰塞坝体积/(×10⁶ m³)	坝高/m	坝长/m	坝宽/m	堰塞湖长度/m	堰塞湖体积/(×10⁶ m³)	溃坝用时/d	溃坝机理	泄流槽深度/m	泄流槽顶宽/m	泄流槽底宽/m	溃决历时/h	峰值流量/(m³·s⁻¹)	死亡人数	参考文献
749	CN	Yangtze River	377	—	—	26	—	—	—	—	—	50 000	—	—	—	—	—	—	—	—	—	[7]
750	CN	Yangtze River	1026	—	—	15	—	—	—	—	—	—	—	—	—	—	—	—	—	—	—	[7]
751	CN	Yangtze River	1880	—	—	—	—	—	—	—	—	50 000	—	3	—	—	—	—	—	—	—	[7]
752	CN	Yangxiangergou (Minjiang)	2008	—	EQ	—	—	—	—	—	—	—	—	—	—	—	—	—	—	—	—	[8]
753	CN	Yanjiayinpo	1988	—	RF	4	—	—	—	—	—	—	—	—	—	—	—	—	—	—	—	[63]
754	CN	Yankou	1996	—	RF	2.6	—	—	—	—	—	—	—	—	—	—	—	—	—	—	—	[63]
755	CN	Yankuang	1978	—	RF	2	—	—	—	—	—	—	—	LT	—	—	—	—	—	—	—	[22]
756	CN	Yanyangtan	2008	RS	EQ	—	II	1.6	20~30	150	—	3 000	4	—	OT	—	—	—	—	—	0	[1][8]
757	CN	Yanzigou	1989	DF	RF	6.27	—	—	—	—	—	—	—	ST	—	—	—	—	—	—	—	[22]
758	CN	Yanziwo	1986	Slide	—	0.6	—	—	—	—	—	—	—	0.01	—	—	—	—	—	—	—	[22][63]
759	CN	Yanziyan	1988	—	HC	0.6	—	—	—	—	—	—	—	0.01	—	—	—	—	—	—	—	[22]
760	CN	Yanziyan	2008	RS	EQ	—	III	0.006	10	40	—	—	0.03	—	OT	—	—	—	—	—	0	[1][8]
761	CN	Yecheng, Xinjiang Province	1980	—	EQ	—	V	—	—	—	—	—	—	—	—	—	—	—	—	—	—	[56]
762	CN	Yellow River	1943	DA, ES	—	100~150	II	—	—	—	—	1 500~2 000	—	—	—	—	—	—	—	—	—	[7]
763	CN	Yi and Luo Rivers	1800BC	—	—	—	—	—	—	—	—	—	—	—	—	—	—	—	—	—	—	[7]
764	CN	Yibadao	2008	RS	EQ	—	II	0.15	25	120	140~180	—	3.79	—	OT	8	—	—	—	—	0	[1][8]
765	CN	Yidai	26BC	Ava.	EQ	—	—	—	—	2 500	2 500	—	—	—	—	—	—	—	—	—	—	[63]
766	CN	Yigong	2000	Slide	SM	300	—	280	41	2 500	—	3 000	3 000	32	OT	58.39	—	128	9.25	124 000	13	[53][55]
767	CN	Yijiawan-1# (Fujiang)	2008	—	EQ	—	—	—	—	—	—	—	—	—	—	—	—	—	—	—	—	[8]
768	CN	Yijiawan-2# (Fujiang)	2008	—	EQ	—	—	—	—	—	—	—	—	—	—	—	—	—	—	—	—	[8]
769	CN	Yikeyincun (Minjiang)	2008	—	EQ	—	—	—	—	—	—	4 000	—	—	—	—	—	—	—	—	—	[8]
770	CN	Yimen mine	1990	DF	RF	0.15	—	—	—	—	—	—	—	—	—	—	—	—	—	—	—	[22]

（续表）

编号	国家或地区	名称	成坝时间	滑坡类型	滑坡诱因	滑坡体方量/(×10⁶ m³)	堰塞坝类型	堰塞坝体积/(×10⁶ m³)	坝高/m	坝长/m	坝宽/m	堰塞湖长度/m	堰塞湖体积/(×10⁶ m³)	溃坝用时/d	溃坝机理	泄流槽深度/m	泄流槽顶宽/m	泄流槽底宽/m	溃决历时/h	峰值流量/(m³·s⁻¹)	死亡人数	参考文献
771	CN	Yindonggou-1# (Jialingjiang)	2008	—	EQ	—	—	—	—	—	—	—	—	—	—	—	—	—	—	—	—	[8]
772	CN	Yindonggou-2# (Jialingjiang)	2008	—	EQ	—	—	—	—	—	—	—	—	—	—	—	—	—	—	—	—	[8]
773	CN	Yindonggou-3# (Jialingjiang)	2008	—	EQ	—	—	—	—	—	—	—	—	—	—	—	—	—	—	—	—	[8]
774	CN	Yindonggou-4# (Jialingjiang)	2008	—	EQ	—	—	—	—	—	—	—	—	—	—	—	—	—	—	—	—	[8]
775	CN	Yinggezuidaoban (Minjiang)	2008	—	EQ	—	—	—	—	—	—	—	—	—	—	—	—	—	—	—	—	[8]
776	CN	Yinjiang	—	—	RF	—	—	—	—	—	—	—	—	—	—	—	—	—	—	—	—	[63]
777	CN	Yishanhe-1# (Tongkuo)	2008	—	EQ	—	—	—	—	—	—	—	—	—	—	—	—	—	—	—	—	[8]
778	CN	Yishanhe-2# (Tongkuo)	2008	—	EQ	—	—	—	—	—	—	—	—	—	—	—	—	—	—	—	—	[8]
779	CN	Yishanhe-3# (Tongkuo)	2008	—	EQ	—	—	—	—	—	—	—	—	—	—	—	—	—	—	—	—	[8]
780	CN	Yishanhe-4# (Tongkuo)	2008	—	EQ	—	—	—	—	—	—	—	—	—	—	—	—	—	—	—	—	[8]
781	CN	Yishanhe-5# (Tongkuo)	2008	—	EQ	—	—	—	—	—	—	—	—	—	—	—	—	—	—	—	—	[8]
782	CN	Yishanhe-6# (Tongkuo)	2008	—	EQ	—	—	—	—	—	—	—	—	—	—	—	—	—	—	—	—	[8]
783	CN	Yishanhe-7# (Tongkuo)	2008	—	EQ	—	—	—	—	—	—	—	—	—	—	—	—	—	—	—	—	[8]
784	CN	Yishanhe-8# (Tongkuo)	2008	—	EQ	—	—	—	—	—	—	—	—	—	—	—	—	—	—	—	—	[8]
785	CN	Yongning	1960	—	RF	1.31	—	—	—	—	—	—	—	—	—	—	—	—	—	—	—	[63]
786	CN	Youzhegou	Q4	DF	RF	0.8	—	—	—	—	—	—	—	LT	—	—	—	—	—	—	—	[22]
787	CN	Yuanguoliang	1978	—	RF	—	—	—	—	—	—	—	—	—	—	—	—	—	—	—	—	[63]
788	CN	Yuanjiagou (Minjiang)	2008	—	EQ	—	—	—	—	—	—	—	—	—	—	—	—	—	—	—	—	[8]
789	CN	Yuanping, Shanxi Province	1952	Ava.	EQ	—	—	—	—	—	—	—	—	—	—	—	—	—	—	—	—	[56]

（续表）

编号	国家或地区	名称	成坝时间	滑坡类型	滑坡诱因	滑坡体方量/($\times 10^6$ m³)	堰塞坝类型	堰塞坝体积/($\times 10^6$ m³)	坝高/m	坝长/m	坝宽/m	堰塞湖长度/m	堰塞湖体积/($\times 10^6$ m³)	溃坝用时/d	溃坝机理	泄流槽深度/m	泄流槽顶宽/m	泄流槽底宽/m	溃决历时/h	峰值流量/(m³·s⁻¹)	死亡人数	参考文献
790	CN	Yuerzhai	1933	—	—	6.75	—	—	135	—	—	—	—	—	—	—	—	—	—	—	—	[63]
791	CN	Yuerzhai	1933	Slide	EQ	6.75	—	—	—	—	—	—	—	—	—	—	—	—	—	—	—	[22]
792	CN	Yuexi	623	—	RF	—	—	—	—	—	—	—	—	LT	—	—	—	—	—	—	—	[63]
793	CN	Yuexi	1902	Ava.	RF	—	—	—	—	—	—	—	—	—	—	—	—	—	—	—	700	[63]
794	CN	Yulong county	1991	DF	RF	—	—	—	—	—	—	—	—	0.08	—	—	—	—	—	—	—	[63]
795	CN	Yunyangxian	1896	—	RF	—	—	—	—	—	—	—	—	—	—	—	—	—	—	—	—	[63]
796	CN	Yutinggou (Jianjiang)	2008	RA	EQ	—	—	—	—	—	—	—	—	—	—	—	—	—	—	—	—	[8]
797	CN	Zaduo, Qinghai Province	1971	RA	EQ	—	—	—	—	—	—	—	—	—	—	—	—	—	—	—	—	[56]
798	CN	Zaoyang	1984	—	—	0.1	—	—	—	—	—	—	—	LT	—	—	—	—	—	—	—	[22]
799	CN	Zhachebe	1900	RF	DF	—	—	—	—	—	—	—	—	LT	—	—	—	—	—	—	—	[22]
800	CN	Zhalimuhe River	1927	—	EQ	—	—	—	—	—	—	—	—	24	—	—	—	—	—	—	—	[7]
801	CN	Zhalonggou	1995	DF	DF	—	III	—	—	—	—	—	—	—	—	—	40	>10	>10	—	1080	[63]
802	CN	Zhamu valley	1902	DF	—	—	—	—	—	—	—	—	—	—	—	—	—	—	—	—	—	[63]
803	CN	Zhamulongba	1902	DF	RF	—	—	—	—	—	—	—	—	15	—	—	—	—	—	—	—	[63]
804	CN	Zhana	1943	—	—	150~160	—	—	—	—	—	—	—	1	—	—	—	—	—	—	—	[22]
805	CN	Zhangjiadagou	Q4	DF	RF	3.29	—	—	—	—	—	—	—	LT	—	—	—	—	—	—	—	[22]
806	CN	Zhangye	1548	—	EQ	—	—	—	—	—	—	—	—	—	—	—	—	—	—	—	—	[63]
807	CN	Zhaoan	1600	Ava.	EQ	—	—	—	—	—	—	—	—	—	—	—	—	—	—	—	—	[63]
808	CN	Zhaojiatang	1973	RF	RF	2	—	—	—	—	—	—	—	LT	—	—	—	—	—	—	—	[22]
809	CN	Zhaotong	1935	—	EQ	—	—	—	—	—	—	—	—	—	—	—	—	—	—	—	—	[63]
810	CN	Zhebozu	1965	RS	RF	29	II	4.5	51	—	650	1000	2.7	210	OT	—	—	—	—	—	100	[7][22]
811	CN	Zhicheng	2008	—	EQ	—	—	5.8	67.6	950	—	—	1.15	—	—	—	—	—	4	560	—	[1]
812	CN	Zhinaxiang	1983	DF	RF	0.5	—	—	—	—	—	—	—	—	—	—	—	—	—	—	—	[63]
813	CN	Zhipingchuan	1718	Ava.	RF	—	—	—	—	—	—	—	—	—	—	—	—	—	—	—	—	[7]
814	CN	Zhonglingsi (Tongkuo)	2008	—	EQ	—	—	—	—	—	—	—	—	—	—	—	—	—	—	—	—	[8]
815	CN	Zhongning	1561	Ava.	EQ	—	—	—	—	—	—	—	—	—	—	—	—	—	—	—	—	[63]

（续表）

编号	国家或地区	名称	成坝时间	滑坡类型	滑坡诱因	滑坡体方量/($\times 10^6$ m³)	堰塞坝类型	堰塞坝体积/($\times 10^6$ m³)	坝高/m	坝长/m	坝宽/m	堰塞湖长度/m	堰塞湖体积/($\times 10^6$ m³)	溃坝用时/d	溃坝机理	泄流槽深度/m	泄流槽顶宽/m	泄流槽底宽/m	溃决历时/h	峰值流量/(m³·s⁻¹)	死亡人数	参考文献
816	CN	Zhongtianbaocun (Minjiang)	2008	—	EQ	—	—	—	—	—	—	—	—	—	—	—	—	—	—	—	—	[8]
817	CN	Zhongtingxiang	1983	—	—	1.65	—	—	—	—	—	—	—	—	—	—	—	—	—	—	7	[22]
818	CN	Zhongyangcun	1988	—	RF	7.65	—	—	30	150	600	—	—	—	—	—	—	—	—	—	26	[63]
819	CN	Zhongyangcun	1988	—	RF	10	—	—	40	—	200	10000	—	LT	—	—	—	—	—	—	26	[22]
820	CN	Zhoucanping	1981	—	RF	10	—	—	10	—	—	—	0.25	—	—	—	—	—	—	—	—	[63]
821	CN	Zhouchangping	1982	—	RF	10	—	—	—	—	—	—	—	LT	—	—	—	—	—	—	—	[22]
822	CN	Zhoujiacun (Jialingjiang)	2008	—	EQ	—	—	—	—	—	—	—	—	—	—	—	—	—	—	—	—	[8]
823	CN	Zhouqu	1981	DF	RF	1.4	—	1.4	9	—	1500	—	1.5	—	—	—	—	—	—	—	—	[63]
824	CN	Zhugen bridge	2008	—	EQ	—	—	3	90	68	500	—	4.5	—	OT	—	—	—	—	—	0	[1]
825	CN	Zhujuhe	1970	—	EQ	0.032	—	—	—	—	—	—	1	—	—	—	—	—	—	—	—	[8]
826	CN	Ziniupo	1733	Ava.	EQ	—	—	—	—	—	—	—	—	2	—	—	—	—	—	—	—	[63]
827	CN	Zongqugou (Minjiang)	2008	—	EQ	—	—	—	—	—	—	—	—	—	—	—	—	—	—	—	—	[22]
828	CN	Zongshuping (Tongkuo)	2008	—	EQ	—	—	—	—	—	—	—	—	—	—	—	—	—	—	—	—	[8]
829	CN	Zuishanya	1959	—	RF	0.3	—	—	—	—	—	—	—	LT	—	—	—	—	—	—	—	[63]
830	CN	Zuoyituo	Q4	—	RF	20.62	—	—	—	—	—	—	—	LT	—	—	—	—	—	—	—	[22]
831	CO	Chicamocha River	1979	Slump	HC	14.2	VI	1	15	100	600	3000	—	NF	NF	—	—	—	—	—	—	[7]
832	CO	Lagunilla River	1984	RS	RF	—	II	—	25	—	—	1500	1.3	365	OT	—	—	—	—	—	—	[7]
833	CR	Rio Toro Toro	1992	RS	RF	3	II	3	70	75	600	1200	0.5	30	PP	30~50	40~80	—	—	400	—	[44]
834	CZ	Handlovka River	1961	EF	RF	20	I	—	5	200	300	—	—	—	—	—	—	—	—	—	—	[7]
835	CZ	Unknown	1872	RS	RF	6	II	—	25	—	—	700	—	—	—	—	—	—	—	—	—	[7]
836	EC	Coca River	1987	DF	EQ	—	III	—	15	—	—	—	—	0.1	—	—	—	—	—	—	—	[45]
837	EC	La Josefina	1993	RA	PW	20~44	II	20~44	100	300	1100	10000	200	33	OT	43	—	—	6	10000	0	[7]
838	EC	Pisque River	1990	ES	HC	1.8	II	1	58	60	450	2600	2.5	24	OT	30	50	—	3.5	700	—	[21]
839	EC	Rio Jadan	1993	ES	PW	25	II	—	—	—	—	—	—	—	—	—	—	—	—	—	—	[44]
840	EC	Rio Paute	1993	ES	PW	25	II	25	112	—	800	10000	210	33	OT	—	—	—	4.0~6	8250	—	[44]
841	FR	Arc River	1740	DF	RF	—	—	—	—	—	—	—	—	—	—	—	—	—	—	—	—	[7]
842	FR	Arve River	1471	RA	—	—	—	—	—	—	—	—	—	NF	—	—	—	—	—	—	—	[7]

（续表）

编号	国家或地区	名称	成坝时间	滑坡类型	滑坡诱因	滑坡体方量/$(\times 10^6\ \mathrm{m}^3)$	堰塞坝类型	堰塞坝体积/$(\times 10^6\ \mathrm{m}^3)$	坝高/m	坝长/m	坝宽/m	堰塞湖长度/m	堰塞湖体积/$(\times 10^6\ \mathrm{m}^3)$	溃坝用时/d	溃坝机理	泄流槽深度/m	泄流槽顶宽/m	泄流槽底宽/m	溃决历时/h	峰值流量/$(\mathrm{m}^3\cdot\mathrm{s}^{-1})$	死亡人数	参考文献
843	FR	Arve River	"Early Christian era"	RS	—	—	—	—	—	—	—	—	—	—	—	—	—	—	—	—	—	[7]
844	FR	Brevon Torrent	1943	EF, ES	SM	2	—	—	—	—	—	1 000	—	—	OT	—	—	—	—	—	—	[7]
845	FR	Cheran River	1000~1100	RS	—	3	—	—	20	—	—	—	—	—	—	—	—	—	—	—	—	[7]
846	FR	Doron River	1450	—	—	0.07	—	—	—	—	—	—	—	—	—	—	—	—	—	—	—	[7]
847	FR	Drome River	1442	RA	EQ	2	V	—	—	600	—	8 000	—	NF	—	—	—	—	—	—	—	[7]
848	FR	Drome River	100~200	RA	—	—	—	—	—	—	—	—	—	—	—	—	—	—	—	—	—	[7]
849	FR	Giffre River	1602	DA	RF, SM	—	—	—	—	—	—	—	—	—	—	—	—	—	—	—	—	[7]
850	FR	Grand-Creux stream	1635	DF	DF	—	—	—	—	—	—	—	—	—	—	—	—	—	—	—	—	[7]
851	FR	Isere River	163	DF	RF	—	—	—	—	—	—	—	—	—	—	—	—	—	—	—	—	[7]
852	FR	Isere River	1219	DF	DF	—	—	—	10	—	—	8 000	—	10 220	—	—	—	—	—	—	—	[7]
853	FR	Isere River	1732	DF	RF, SM	—	—	—	—	—	—	—	—	—	—	—	—	—	—	—	—	[7]
854	FR	Romanche River	1191	RA, DF	—	—	II	—	10~15	—	—	15 000	—	10 220	Erosion of downstream face	—	—	—	—	—	—	[7]
855	FR	Romanche River	1465	RA	RF	—	—	—	15~18	—	—	—	—	—	—	—	—	—	—	—	—	[7]
856	FR	Romanche River	1612	—	—	—	—	—	—	—	—	—	—	4	—	—	—	—	—	—	—	[7]
857	FR	St. Claude torrent	1877	RA	SM	3	III	—	—	—	500	—	—	1 825	—	—	—	—	—	—	—	[7]
858	GT	Los Chocoyos River	1976	DA	EQ	0.75~1	III	—	20~50	300~400	800	300	—	NF	—	—	—	—	—	—	—	[7]
859	GT	Pixcaya River	1976	DA	EQ	6	II	—	20	200	600	800	—	10	—	—	—	—	—	—	—	[7]
860	GT	Quemaya River	1976	Slump	EQ	2	II	—	50	—	400	250	—	—	OT	—	—	—	—	—	Several	[7]
861	GT	Rio La Lima	1998	DA, DS	EQ	3.5	III	500	15	—	1 200	1 000	—	143	—	—	—	—	—	—	—	[12][16]
862	GT	Teculcheya River	1976	—	EQ	5	—	—	20	—	—	—	—	—	—	—	—	—	—	—	—	[7]
863	HU	Szohony Stream	1863,1910, 1929	Slide	HC	—	II	3.6	90	100	400	650	0.15	NF	—	—	—	—	—	—	—	[26]
864	ID	Baliem River	1989	—	EQ	—	—	—	—	—	—	—	—	—	—	—	—	—	—	—	—	[7]
865	ID	Solo River	1981	DF	EQ	0.1	III	0.06	10	30	200	800	0.1	16	—	—	—	—	—	—	—	[7]
866	ID	Unknown	1006	RS	—	—	—	—	—	—	—	—	—	—	—	—	—	—	—	—	—	[7]
867	IE	Clare River	1745	Slide	RF	—	—	—	—	—	—	—	—	—	—	—	—	—	—	—	—	[7]

（续表）

编号	国家或地区	名称	成坝时间	滑坡类型	滑坡诱因	滑坡体方量/(×10⁶ m³)	堰塞坝类型	堰塞坝体积/(×10⁶ m³)	坝高/m	坝长/m	坝宽/m	堰塞湖长度/m	堰塞湖体积/(×10⁶ m³)	溃坝用时/d	溃坝机理	泄流槽深度/m	泄流槽顶宽/m	泄流槽底宽/m	溃决历时/h	峰值流量/(m³·s⁻¹)	死亡人数	参考文献
868	IL	Jordan River	1267	—	—	—	—	—	—	—	—	—	—	0.2	—	—	—	—	—	—	—	[7]
869	IL	Jordan River	1546	—	EQ	—	—	—	—	—	—	—	—	2	—	—	—	—	—	—	—	[7]
870	IL	Jordan River	1906	—	EQ	—	—	—	—	—	—	—	—	1	—	—	—	—	—	—	—	[7]
871	IL	Jordan River	1927	—	EQ	—	—	—	—	—	—	—	—	1	—	—	—	—	—	—	—	[7]
872	IL	Jordan River	1250BC	—	EQ	—	—	—	—	—	—	—	—	—	—	—	—	—	—	—	—	[7]
873	IN	Alaknanda River	1970	RS, DF	RF	—	—	—	60	—	—	—	—	—	—	—	—	—	—	—	—	[7]
874	IN	Alaknanda River	—	—	—	—	—	—	—	—	—	—	—	—	—	—	—	—	—	—	—	[7]
875	IN	Bawa pass	Post-glacial	Rolling, bouncing	—	—	—	16	200	1 000	500	1 000	30	ST	OT	—	—	—	—	—	—	[54]
876	IN	Bhagirathi River	1978	DF	—	—	—	—	30	—	—	—	—	—	—	—	—	—	—	—	—	[7]
877	IN	Birehi Ganga River	1893	RS	RF	—	Ⅲ	286	274	760	2 750	3 930	460	338	OT, With seepage	97.5	—	—	1	56 650	—	[7]
878	IN	Chumik Marpo	Post-glacial	Rolling, bouncing	—	—	—	60	50	800	800	2 500	110	—	ER	—	—	—	—	—	—	[54]
879	IN	Delei River	1948	—	RF	—	—	—	46	—	—	—	—	2.5	OT	—	—	—	—	—	—	[7]
880	IN	Dihang River	1950	—	EQ	—	—	—	—	—	—	—	—	0.08	—	—	—	—	—	—	—	[7]
881	IN	Gohna	1893	Debris stream	—	—	—	150	—	—	—	—	470	357	—	—	—	—	—	—	—	[33]
882	IN	Gohna Tal	1893	—	—	—	—	150~200	300	1 100	1 000	4 000	250	78a	—	—	—	—	—	—	—	[54]
883	IN	Luhit River tributary	1950	RA, DA	EQ	—	—	—	—	—	—	—	—	7	—	—	—	—	—	—	—	[7]
884	IN	Para Chu River	1975	—	EQ	—	—	—	20	—	—	—	—	9	—	—	—	—	—	—	—	[7]
885	IN	Pateo	8.3+ −1.5 ka and 7.6+ 0.7 ka BP①	Rolling, bouncing	—	—	—	150	100	2 000	1 500	6 000	300	ST	—	—	—	—	—	—	—	[54]
886	IN	Pauri Ganga River	1890's	RS	HC	—	—	—	350	—	—	—	—	NF	—	—	—	—	—	—	—	[7]
887	IN	Rishiganga River	1968	RS, RA	—	—	Ⅱ	0.43	40	117	183	1 000	—	900	—	—	—	—	—	—	—	[7] [12] [16]

① "+"表示增加，"−"表示减少；正负表示时间先后的误差，由于年代久远，数据的精确度受限。下文同。

（续表）

编号	国家或地区	名称	成坝时间	滑坡类型	滑坡诱因	滑坡体方量 /($\times 10^6$ m³)	堰塞坝类型	堰塞坝体积 /($\times 10^6$ m³)	坝高 /m	坝长 /m	坝宽 /m	堰塞湖长度 /m	堰塞湖体积 /($\times 10^6$ m³)	溃坝用时 /d	溃坝机理	泄流槽深度 /m	泄流槽顶宽 /m	泄流槽底宽 /m	溃决历时 /h	峰值流量 /($\mathrm{m}^3\cdot\mathrm{s}^{-1}$)	死亡人数	参考文献
888	IN	Sarai Kenlung	5.9+/−0.5 ka Bp and 6.3+/−0.3 ka BP resp	Rolling, bouncing	—	—	—	350	200	3 000	1 000	2 500	125	≤3 000~5 000a	—	—	—	—	—	—	—	[54]
889	IN	Satluj river	2000	—	—	—	—	—	—	—	—	—	—	—	OT	—	—	—	—	1 800	—	[39]
890	IN	Satluj river	2005	—	—	—	—	—	—	—	—	2 100	64	—	—	—	—	—	—	2 000	—	[39]
891	IN	Scob River	1897	—	EQ	—	—	—	—	—	—	—	—	87	—	—	—	—	—	—	—	[7]
892	IN	Subansiri River	1950	—	EQ	—	—	—	—	—	—	—	300	4	—	—	—	—	—	—	500	[7]
893	IN	Teesta River	—	—	RF	—	—	—	25	—	—	—	—	—	—	—	—	—	—	—	—	[7]
894	IN	Tiding River	1950	—	EQ	—	—	—	20~25	—	—	—	—	—	—	—	—	—	—	—	—	[7]
895	IN	Tirthan River	1905	RA	EQ	—	—	—	—	—	—	—	—	450	OT	—	—	—	—	—	—	[7]
896	IT	Acquaviva	—	RS	—	0.6	III	0.15	12	160	180	1 200	—	SD	—	—	—	—	—	—	—	[58]
897	IT	Adda River	1807	RS	RF	—	—	—	—	—	—	—	—	180	OT	—	—	—	—	—	—	[7]
898	IT	Adda river	1987	DA	RF, HC	35	III	40	33	2 700	550	2 900	22	NF	—	—	—	—	—	—	27	[7] [12] [16] [28]
899	IT	Agordo	400BC	—	—	80	III	18	20	1 200	1 800	—	—	centuries	—	—	—	—	—	—	—	[58]
900	IT	Alba River	1896	RS	—	—	—	—	—	—	—	—	—	1 460	—	—	—	—	—	—	—	[7]
901	IT	Algua	1896	slump	—	—	II	—	—	—	—	500	—	SY	—	—	—	—	—	—	—	[58]
902	IT	Alleghe	—	slump	—	20	III	5.5	16	550	1 375	450	15	centuries	—	—	—	—	—	—	—	[58]
903	IT	Ambria Stream	1888	RS	RF	—	—	—	15	—	—	400	—	—	—	—	—	—	—	—	—	[7]
904	IT	Antelao	1814	complex	—	5	II	0.6	7	350	550	—	—	SH	—	—	—	—	—	—	—	[58]
905	IT	Antermoia	Prehistoric	fall	—	0.405688	III	0.075	10	100	190	850	—	centuries	—	—	—	—	—	—	—	[58]
906	IT	Anterselva	—	flow	—	80	IV	7	45	960	1 000	950	2.7	—	—	—	—	—	—	—	—	[58]
907	IT	Antrona	1642	fall	—	28	III	20	50	900	1 800	820	6.7	centuries	—	—	—	—	—	—	—	[58]
908	IT	Arno River	1898	—	—	—	—	0.4	15	—	—	—	—	—	—	—	—	—	—	—	—	[16]
909	IT	Arsicciola	1728	slump	RF	2.355	II	0.3	20	175	250	—	—	1	—	—	—	—	—	—	—	[58]
910	IT	Aurina Torrent	1867	DF	RF	—	—	—	—	—	—	—	—	—	—	—	—	—	—	—	—	[7]
911	IT	Baita Caprile	1847	fall	RF	0.15	II	—	—	—	—	—	—	SY	—	—	—	—	—	—	—	[58]
912	IT	Barattano	1970?	complex	—	0.073267	II	—	—	—	—	—	—	—	—	—	—	—	—	—	—	[58]

（续表）

编号	国家或地区	名称	成坝时间	滑坡类型	滑坡诱因	滑坡体方量/($\times 10^6$ m³)	堰塞坝类型	堰塞坝体积/($\times 10^6$ m³)	坝高/m	坝长/m	坝宽/m	堰塞湖长度/m	堰塞湖体积/($\times 10^6$ m³)	溃坝用时/d	溃坝机理	泄流槽深度/m	泄流槽顶宽/m	泄流槽底宽/m	溃决历时/h	峰值流量/($\text{m}^3\cdot\text{s}^{-1}$)	死亡人数	参考文献
913	IT	Bardea	—	flow	—	0.2	II	0.035	5	100	130	—	—	—	—	—	—	—	—	—	—	[58]
914	IT	Becca de Luseney	1952	fall	—	1	II	0.405	—	300	300	600	—	SD	—	—	—	—	—	—	—	[58]
915	IT	Benedello	1979	flow	—	3.5	II	0.5	10	420	340	600	—	SD	—	—	—	—	—	—	—	[58]
916	IT	Bettola	1889	complex	—	5.781 25	I	0.21	10	50	425	—	—	—	—	—	—	—	—	—	—	[58]
917	IT	Birbo	1783	slump	EQ	0.75	II	0.75	30	150	350	830	5.668 485	SM	—	—	—	—	—	—	—	[58]
918	IT	Boccassuolo	1707	complex	—	44.156 25	III	3.6	30	175	700	—	—	SY	—	—	—	—	—	—	—	[58]
919	IT	Boesimo	1690	slump	EQ	20.442 708	III	0.5	20	150	250	812	—	SM	—	—	—	—	—	—	—	[40]
920	IT	Boesimo Creek	1690	Slide	—	20.442 708	III	0.5	—	—	300	—	—	—	—	—	—	—	—	—	—	[58]
921	IT	Boesimo 2	1690	slump	EQ	20	III	1.5	40	150	750	430	—	SY	—	—	—	—	—	—	—	[58]
922	IT	Boite Torrent	1814	RA	—	—	III	—	30	750	700	—	—	—	—	—	—	—	—	—	—	[7]
923	IT	Bombiana	—	complex	—	12.42	IV	4.375	25	250	1170	1560	—	SM	OT	—	—	—	—	—	—	[58]
924	IT	Bormio	Prehistoric	complex	—	75	II	20	40	1100	1150	7000	91	—	—	—	—	—	—	—	—	[58]
925	IT	Borta	1692	slump	—	30	III	23	70	600	340	—	—	centuries	—	—	—	—	—	—	—	[58]
926	IT	Boschidi Valoria	2001	complex	RF	13	II	0.15	4	190	350	—	—	SH	—	—	—	—	—	—	—	[58]
927	IT	Bracca	1888	complex	—	3	II	0.4	4	530	900	400	0.2	SM	—	—	—	—	—	—	—	[58]
928	IT	Braies	—	complex	—	51.81	II	8	20	540	600	1150	5.524 83	millennia	—	—	—	—	—	—	—	[58]
929	IT	Budrialto	1688	—	EQ	5.652	II	2.334	20	389	700	—	—	centuries	—	—	—	—	—	—	—	[58]
930	IT	Buonamico River	1973	RS, RA	—	21	II	21	90	400	700	1200	7.5	31	PP	50	—	—	—	—	—	[7]
931	IT	Buonamico River	1973	RA	RF	—	II	—	20	—	—	—	—	0.5	OT	—	—	—	—	—	—	[16]
932	IT	Buthier Torrent	1952	DF	SM	—	II	—	—	—	—	—	—	4	—	—	—	—	—	—	—	[7]
933	IT	Cà diRico	2005	slide	—	0.5	II	0.025	5	95	100	150	—	—	—	—	—	—	—	—	—	[7]
934	IT	Cà diSotto/S. Benedetto	1994	complex	RF	5.217 843	III	1.125	25	200	450	250	0.33	SY	—	—	—	—	—	—	—	[16]
935	IT	Caitasso	1854	—	—	2.001 75	II	0.2	10	80	250	—	0.58	SY	—	—	—	—	—	—	—	[58]
936	IT	Ca'Lamone	1855	complex	—	0.130 833	I	0.075	5	200	75	—	—	—	—	—	—	—	—	—	—	[58]
937	IT	Calitri	1980	complex	EQ	2.3	I/II	0.002 952	—	10	100	—	—	—	—	—	—	—	—	—	—	[58]
938	IT	Camaro	1985	slump	RF	0.412 125	I	—	6	110	230	—	—	—	—	—	—	—	—	—	—	[58]
939	IT	Camorone	2002	complex	—	2	II	—	20	150	750	250	—	SD	—	—	—	—	—	—	—	[58]
940	IT	Campiano	1772	complex	—	57.328 877	III	57.328 877	35	—	1000	1000	—	SY	—	—	—	—	—	—	—	[58]
941	IT	Campiglia	Prehistoric	complex	—	15	II	—	—	—	—	—	—	—	—	—	—	—	—	—	—	[58]

（续表）

编号	国家或地区	名称	成坝时间	滑坡类型	滑坡诱因	滑坡体方量/(×10⁶ m³)	堰塞坝类型	堰塞坝体积/(×10⁶ m³)	坝高/m	坝长/m	坝宽/m	堰塞湖长度/m	堰塞湖体积/(×10⁶ m³)	溃坝用时/d	溃坝机理	泄流槽深度/m	泄流槽顶宽/m	泄流槽底宽/m	溃决历时/h	峰值流量/(m³·s⁻¹)	死亡人数	参考文献
942	IT	Campigno Creek	1899	RS	—	—	—	0.93	15	—	—	—	—	—	—	—	—	—	—	—	—	[16]
943	IT	Campo di Grevena	Prehistoric	complex	—	10	I	1	30	160	470	—	—	SD	—	—	—	—	—	—	—	[58]
944	IT	Campo Tures	1931	flow	RF	0.009	I/II	—	—	—	—	—	—	SD	—	—	—	—	—	—	—	[58]
945	IT	Campogalli	1898	slide	RF	6.3	III	0.4	15	150	200	140	—	SY	—	—	—	—	—	—	—	[58]
946	IT	Camporella	1792	complex	—	5	II	0.9	20	350	250	400	—	SY	—	—	—	—	—	—	—	[58]
947	IT	Caridi	1783	slump	EQ	3	II	1	—	—	—	—	—	SM	—	—	—	—	—	—	—	[58]
948	IT	Casa Firrionello	1969	slump	FE	0.03	I	0.260103	24	125	175	—	—	—	—	—	—	—	—	—	—	[58]
949	IT	Case Santuccio	—	slide	EQ	0.51	I	0.006	6.5	25	75	—	—	—	—	—	—	—	—	—	—	[58]
950	IT	Caselle	1952	slump	EQ	1.4915	I	0.2	8	110	320	500	—	SD	—	—	—	—	—	—	—	[58]
951	IT	Casola Val Senio	2015	topple	RF	0.45	II	0.05495	10	70	150	—	—	SH	—	—	—	—	—	—	—	[58]
952	IT	Castagnodi Andrea	—	flow	RF	68.06255	II	2	30	340	460	—	—	—	—	—	—	—	—	—	—	[58]
953	IT	Casteldell'Alpi	1951	slump	RF	5.364167	III	4	45	200	460	900	1.5	SY	—	—	—	—	—	—	—	[58]
954	IT	Castelfranci	1980	flow	EQ/RF	—	II	0.163328	6	200	260	—	—	—	—	—	—	—	—	—	—	[58]
955	IT	Castello di Serravalle	1279	complex	EQ	1	III	0.2	10	180	230	—	—	SH	—	—	—	—	—	—	—	[58]
956	IT	Cava S. Calogero	—	RS	—	1.5	II	1.5	<40	400	600	—	—	—	—	—	—	—	—	—	—	[48]
957	IT	Cava S. Giuseppe	—	RS	—	1.8	IV	1.8	30~40	250	500	—	—	—	—	—	—	—	—	—	—	[48]
958	IT	Cava S. Giuseppe Nord	—	slide	EQ	1	IV	0.56255	30	100	375	200	0.1	—	—	—	—	—	—	—	—	[58]
959	IT	Cava S. Giuseppe Sud	—	slide	EQ	1.8	IV	0.825	30	100	550	300	0.1	—	—	—	—	—	—	—	—	[58]
960	IT	Cavallerizzo	—	complex	RF	5	III	0.192184	9	70	600	—	—	SD	—	—	—	—	—	—	—	[58]
961	IT	Cavallico	—	complex	—	51.84768	III	51.84768	20	150	850	350	—	SY	—	—	—	—	—	—	—	[58]
962	IT	Cei	—	slump	—	—	III	—	—	—	350	350	0.3	centuries	—	—	—	—	—	—	—	[58]
963	IT	Cerredolo	1725	slump	RF	13	I	4.375	35	250	500	4000	13.188	SM	—	—	—	—	—	—	—	[58]
964	IT	Cervarezza	1832	complex	—	50.544	I	0.17	12	70	400	—	—	—	—	—	—	—	—	—	—	[58]
965	IT	Ceusa	—	slide	EQ	1.242917	I	0.049233	10	50	200	—	—	—	—	—	—	—	—	—	—	[58]
966	IT	Chianiello	1980	flow	EQ/RF	—	I	0.039773	5	95	160	—	—	—	—	—	—	—	—	—	—	[58]
967	IT	Chiesa delle Grazie	1922	complex	FE	0.18	I	0.053103	10.5	50	200	—	—	—	—	—	—	—	—	—	—	[58]
968	IT	Chiotti Sant'Anna	1966	slump	SM	20	IV	5	20	650	850	850	—	—	—	—	—	—	—	—	—	[58]
969	IT	Chiusa	1921	flow	RF	1.62	—	—	10	—	—	—	—	SM	—	—	—	—	—	—	—	[58]
970	IT	Ciano	1725	slump	RF	18.545625	I	1.4	15	200	300	600	—	—	—	—	—	—	—	—	—	[58]
971	IT	Cima Dosdè	Prehistoric	complex	—	20	II	7	30	525	1100	—	—	—	—	—	—	—	—	—	—	[58]

（续表）

编号	国家或地区	名称	成坝时间	滑坡类型	滑坡诱因	滑坡体方量/(×10⁶ m³)	堰塞坝类型	堰塞坝体积/(×10⁶ m³)	坝高/m	坝长/m	坝宽/m	堰塞湖长度/m	堰塞湖体积/(×10⁶ m³)	溃坝用时/d	溃坝机理	泄流槽深度/m	泄流槽顶宽/m	泄流槽底宽/m	溃决历时/h	峰值流量/(m³·s⁻¹)	死亡人数	参考文献
972	IT	Cimego	—	slump	—	25	II	4	60	470	450	—	—	SM	—	—	—	—	—	—	—	[58]
973	IT	Cimitero di Ragusa I	—	slump	EQ	9.96	II	1.725	35.5	75	575	—	—	—	—	—	—	—	—	—	—	[58]
974	IT	Cimitero di Ragusa II	—	slump	EQ	0.12	I	0.017 679	11.3	25	125	—	—	—	—	—	—	—	—	—	—	[58]
975	IT	Cinghiarello	1902	slump	—	9.375	I	0.2	10	75	550	—	—	NF	—	—	—	—	—	—	—	[58]
976	IT	Codera stream	1988	DF	RF	—	—	—	3	—	—	200	—	—	—	—	—	—	—	—	—	[7]
977	IT	Colle Pizzuto	1881~1986	complex	RF	0.824 25	II	—	—	—	—	—	—	months/years	—	—	—	—	—	—	—	[58]
978	IT	Colma di Barbiano	1837	flow	—	1	II	—	—	—	—	—	—	SH	OT	—	—	—	—	—	—	[58]
979	IT	Coluce	1783	complex	—	2.861 325	II	—	—	—	—	850	3.062 677.5	SY	—	—	—	—	—	—	—	[58]
980	IT	Comineto	1980	Slump	FE	—	III	0.5	15	180	450	—	—	SM	—	—	—	—	—	—	—	[58]
981	IT	Contr. Banco I	—	slump	EQ	—	I	—	—	—	—	—	—	—	—	—	—	—	—	—	—	[58]
982	IT	Contr. Banco II	—	slump	EQ	—	I	—	—	—	—	—	—	—	—	—	—	—	—	—	—	[58]
983	IT	Contr. Barone	—	slump	EQ	3	I	0.057 213	13	50	175	—	—	—	—	—	—	—	—	—	—	[58]
984	IT	Contr. Bellicci I	—	slide	EQ	—	II	2.428 125	75	175	370	500	180 000	—	—	—	—	—	—	—	—	[58]
985	IT	Contr. Bellicci II	—	slide	EQ	0.324 99	I	0.019 604	7	25	220	—	—	—	—	—	—	—	—	—	—	[58]
986	IT	Contr. Billona	—	slide	EQ	1.94	II	1.316 25	26	225	450	—	—	—	—	—	—	—	—	—	—	[58]
987	IT	Contr. Boschitello	—	complex	EQ	—	I	0.037 843	4	25	775	—	—	—	—	—	—	—	—	—	—	[58]
988	IT	Contr. Bosco Pisano	—	slump	EQ	—	I	0.158 125	23	50	275	—	—	—	—	—	—	—	—	—	—	[58]
989	IT	Contr. Bregoliti	—	slide	EQ	1.339 733	II	0.117	20	65	180	—	—	—	—	—	—	—	—	—	—	[58]
990	IT	Contr. Calanca	—	slide	EQ	1.950 36	I	0.050 066	11.5	50	175	—	—	—	—	—	—	—	—	—	—	[58]
991	IT	Contr. Canseria	—	slide	EQ	1.540 693	I	0.180 687	24	75	200	—	—	—	—	—	—	—	—	—	—	[58]
992	IT	Contr. Casaletto	—	complex	EQ	36	II~VI	0.111 404	12	50	375	—	—	—	—	—	—	—	—	—	—	[58]
993	IT	Contr. Civanna	—	slump	EQ	12.5	I	0.189 256	17	100	225	—	—	—	—	—	—	—	—	—	—	[58]
994	IT	Contr. Cugno Giovanni	—	slide	EQ	1.324 033	I	0.168 75	20	75	225	—	—	—	—	—	—	—	—	—	—	[58]
995	IT	Contr. Ficuzza	—	slide	EQ	80	II	0.688 883	8	70	2 500	—	—	—	—	—	—	—	—	—	—	[58]
996	IT	Contr. Franca	—	slide	EQ	—	I	0.057 316	12	63	150	—	—	—	—	—	—	—	—	—	—	[58]
997	IT	Contr. La Rocca	—	slide	EQ	—	I	0.216 408	35	100	125	—	—	—	—	—	—	—	—	—	—	[58]
998	IT	Contr. La Sarculla	—	slump	EQ	1	II	0.145 245	14.5	25	800	1 000	1.283 333 333	—	—	—	—	—	—	—	—	[58]
999	IT	Contr. Lenzevacche	—	slump	EQ	2	II	1.437 5	55	150	350	—	—	—	—	—	—	—	—	—	—	[58]

（续表）

编号	国家或地区	名称	成坝时间	滑坡类型	滑坡诱因	滑坡体方量/(×10⁶ m³)	堰塞坝类型	堰塞坝体积/(×10⁶ m³)	坝高/m	坝长/m	坝宽/m	堰塞湖长度/m	堰塞湖体积/(×10⁶ m³)	溃坝用时/d	溃坝机理	泄流槽深度/m	泄流槽顶宽/m	泄流槽底宽/m	溃决历时/h	峰值流量/(m³·s⁻¹)	死亡人数	参考文献
1000	IT	Contr. Madonna delle Grazie	—	slump	EQ	0.8	I	0.057523	13	50	175	—	—	—	—	—	—	—	—	—	—	[58]
1001	IT	Contr. Malfitano	—	slump	EQ	11	I	0.042057	8.5	50	200	—	—	—	—	—	—	—	—	—	—	[58]
1002	IT	Contr. Mezzo Gregorio	—	slump	EQ	58	I	0.037	13	25	225	—	—	—	—	—	—	—	—	—	—	[58]
1003	IT	Contr. Monte	—	complex	EQ	12	II	10.8	60	375	960	1 000	2.2	millennia	—	—	—	—	—	—	—	[58]
1004	IT	Contr. Oliva	—	slide	EQ	3	II	1.725	40	150	575	300~400	0.16~0.26	—	—	—	—	—	—	—	—	[58]
1005	IT	Contr. Parisa	—	slump	EQ	0.237384	I	0.020334	5	45	180	—	—	—	—	—	—	—	—	—	—	[58]
1006	IT	Contr. Renna Alta	—	slump	EQ	0.44902	I	0.152763	14.5	50	425	—	—	—	—	—	—	—	—	—	—	[58]
1007	IT	Contr. Rocca Fisauli	1954	flow	RF	7	I	1.236938	40	125	500	—	—	—	—	—	—	—	—	—	—	[58]
1008	IT	Contr. S. Maria	—	slump	EQ	2.4021	I	0.15	15	90	200	—	—	—	—	—	—	—	—	—	—	[58]
1009	IT	Contr. S. Nicola	—	slump	EQ	—	I	0.075597	—	50	500	—	—	—	—	—	—	—	—	—	—	[58]
1010	IT	Contr. S. Nicola	—	slide	EQ	27.8	I	0.032288	6	50	500	—	—	—	—	—	—	—	—	—	—	[58]
1011	IT	Contr. Salmicella	—	slump	EQ	0.542173	I	0.106278	15	25	175	—	—	—	—	—	—	—	—	—	—	[58]
1012	IT	Contr. San Giovanni	—	slide	EQ	1.540693	II	0.004265	16	95	140	—	—	—	—	—	—	—	—	—	—	[58]
1013	IT	Contr. Saracena	—	slide	EQ	0.75	I	0.016034	4.5	25	75	—	—	—	—	—	—	—	—	—	—	[58]
1014	IT	Contr. Scala Vecchia	—	fall	EQ	0.8	I	0.101609	17	25	75	—	—	—	—	—	—	—	—	—	—	[58]
1015	IT	Contr. Schiavone	1955	flow	RF	6	I	0.037532	10	75	275	—	—	—	—	—	—	—	—	—	—	[58]
1016	IT	Contr. Steppenosa	—	slide	EQ	0.459	I	0.044919	11	25	275	—	—	—	—	—	—	—	—	—	—	[58]
1017	IT	Contr. Terra di Bove	—	slide	EQ	25.905	I	—	9	50	200	—	—	—	—	—	—	—	—	—	—	[58]
1018	IT	Contr. Torazza	1996	complex	RF	20	II	0.21875	17.5	250	100	—	0.375	SM	—	—	—	—	—	—	—	[58]
1019	IT	Contr. Torazza	1973	slide	RF	—	I	—	—	—	—	—	—	—	—	—	—	—	—	—	—	[58]
1020	IT	Contr. Ufra	—	slide	EQ	40	II	0.56875	28	125	325	—	—	—	—	—	—	—	—	—	—	[58]
1021	IT	Contr. Utra I	1693	slump	EQ	84	I	2	83	175	275	—	—	—	—	—	—	—	—	—	—	[58]
1022	IT	Contr. Utra II	5000BP	slide	EQ	50	II	2.53125	75	150	450	1 400	2.47275	millennia	—	—	—	—	—	—	—	[58]
1023	IT	Contr. Vettrana	1922	complex	RF	6.21092	I	0.45	10	100	900	—	—	—	—	—	—	—	—	—	—	[58]
1024	IT	Cordevole Torrent	1771	RA, RS	—	20	II	—	80	500	1 750	4 000	—	NF	—	—	—	—	—	—	3	[7][12][16]

（续表）

编号	国家或地区	名称	成坝时间	滑坡类型	滑坡诱因	滑坡体方量/（$\times 10^6$ m³）	堰塞坝类型	堰塞坝体积/（$\times 10^6$ m³）	坝高/m	坝长/m	坝宽/m	堰塞湖长度/m	堰塞湖体积/（$\times 10^6$ m³）	溃坝用时/d	溃坝机理	泄流槽深度/m	泄流槽顶宽/m	泄流槽底宽/m	溃决历时/h	峰值流量/（$\mathrm{m}^3\cdot\mathrm{s}^{-1}$）	死亡人数	参考文献
1025	IT	Corella	1992	complex	RF	0.666 917	II	0.106	6	50	200	—	—	SD	—	—	—	—	—	—	—	[58]
1026	IT	Corniglio	1770	slump	RF	3.125	VI	3.125	25	250	300	900 ?	—	—	—	—	—	—	—	—	—	[58]
1027	IT	Corniolo	2010	slide	RF	3	II	0.5	15	180	350	1 000	0.4	SY	—	—	—	—	—	—	—	[58]
1028	IT	Corsanico creek	1717	DS	EQ	—	II	0.390 625	50	125	125	—	—	<1	OT	—	—	—	—	—	10	[40]
1029	IT	Costa San Nicola	1973	fall	EQ	—	II	—	80	125	—	—	—	SY	—	—	—	—	—	—	—	[58]
1030	IT	Costantino Lake	1973	—	—	—	III	—	—	—	400	850	—	—	—	—	—	—	—	—	—	[58]
1031	IT	Covatta	1996	complex	FE	2	—	0.2	5	200	225	—	0.471	SD	—	—	—	—	—	—	—	[58]
1032	IT	Cozzo del Ferraro I	—	slide	EQ	3.18	I	0.033 965	12	25	250	—	—	—	—	—	—	—	—	—	—	[58]
1033	IT	Cozzo del Ferraro II	—	slide	EQ	0.386 848	I	0.072 35	15.5	37	200	—	—	—	—	—	—	—	—	—	—	[58]
1034	IT	Cozzo della Difesa	1987	—	EQ	3.270 833	I	0.012 604	5	25	325	—	—	—	—	—	—	—	—	—	—	[58]
1035	IT	Cozzo Pirato Grande	—	slide	EQ	26	II	1.620 938	57	175	350	900	—	SY	—	—	—	—	—	—	—	[58]
1036	IT	Crespino	—	slide	PW	1.543 546	II	1	15	200	175	—	—	—	—	—	—	—	—	—	—	[58]
1037	IT	Croce del Vicario	—	slump	EQ	—	I	0.015 009	7	25	—	—	—	SH	—	—	—	—	—	—	—	[58]
1038	IT	Crodo	—	complex	—	—	II	—	—	—	—	550	1.834 937 5	SY	—	—	—	—	—	—	—	[58]
1039	IT	Cucco	1783	slump	EQ	1	II	0.3	12	200	270	—	—	—	—	—	—	—	—	—	—	[58]
1040	IT	Cugni di Cassero	—	slump	EQ	—	I	—	—	50	700	—	—	—	—	—	—	—	—	—	—	[58]
1041	IT	Cugni Fassio I	—	slump	EQ	42	I	0.494 374	28	25	750	—	—	—	—	—	—	—	—	—	—	[58]
1042	IT	Cugni Fassio II	—	slump	EQ	1.03	I	0.004 473	14	25	25	—	—	—	—	—	—	—	—	—	—	[58]
1043	IT	Cumi	1783	slump	EQ	20	VI	8	40	560	750	1 300	28.574	SY	—	—	—	—	—	—	—	[58]
1044	IT	Daglio	1872	complex	RF	10	—	2	—	—	—	—	—	SY	—	—	—	—	—	—	—	[58]
1045	IT	De'Preti	1783	complex	EQ	—	II	—	—	—	—	750	0.824 25	SM	—	—	—	—	—	—	—	[58]
1046	IT	Diveria River	1958	RA, DA	RF	—	—	—	—	—	—	—	—	1	—	—	—	—	—	—	—	[7][16]
1047	IT	Dora di Veny	1920	RF, RA	—	4.5	—	—	—	—	—	—	—	—	—	—	—	—	—	—	—	[7][16]
1048	IT	Draga	2010	complex	RF	6.5	III	—	10	550	350	250	0.007 85	SM	—	—	—	—	—	—	—	[58]
1049	IT	Dragone River	1954	—	—	—	—	7	25	—	250	—	—	—	—	—	—	—	—	—	—	[12][16]
1050	IT	Duverso Torrent	1783	ES	EQ	—	II	—	26	170	—	830	—	NF	—	—	—	—	—	—	—	[7]
1051	IT	Duverso Torrent	1783	ES	EQ	—	IV	—	12	100	—	470	—	NF	—	—	—	—	—	—	—	[7]
1052	IT	Fadalto	Prehistoric	complex	—	200	III	120	100	730	2 400	—	—	centuries	—	—	—	—	—	—	—	[58]
1053	IT	Farfareta	—	slide	—	3.6	III	0.28	15	70	200	450	—	SY	—	—	—	—	—	—	—	[58]

（续表）

编号	国家或地区	名称	成坝时间	滑坡类型	滑坡诱因	滑坡体方量/(×10⁶ m³)	堰塞坝类型	堰塞坝体积/(×10⁶ m³)	坝高/m	坝长/m	坝宽/m	堰塞湖长度/m	堰塞湖体积/(×10⁶ m³)	溃坝用时/d	溃坝机理	泄流槽深度/m	泄流槽顶宽/m	泄流槽底宽/m	溃决历时/h	峰值流量/(m³·s⁻¹)	死亡人数	参考文献
1054	IT	Fenestrelle	Prehistoric	complex	—	100	III	30	40	700	1 200	4 200	—	—	—	—	—	—	—	—	—	[58]
1055	IT	Fiume Anapo	1693	RF	—	0.05	II	—	—	150	200	—	—	—	OT	—	—	—	—	—	—	[48]
1056	IT	Fondo Barone	—	flow	EQ	1.695 6	I	0.008 341	3	50	125	—	—	—	—	—	—	—	—	—	—	[58]
1057	IT	Fontanalucia	1832	complex	—	9.812 5	II	1	30	75	500	—	—	—	—	—	—	—	—	—	—	[58]
1058	IT	Forni di Sotto	8000B.C.	slump	SM(EQ?)	50	II	20	80	1 100	1 000	6 500	250	centuries	—	—	—	—	—	—	—	[58]
1059	IT	FossoFalterona	1960	slump	FE	1.4	II	0.4	20	100	200	—	—	SD	—	—	—	—	—	—	—	[58]
1060	IT	Frassineta	1992	complex	FE,RF	0.453 6	I	0.005 625	5	15	150	—	—	—	—	—	—	—	—	—	—	[58]
1061	IT	Frassinoro	1598	complex	RF	109.769 494	III	6.25	25	250	1 000	1 000	—	—	—	—	—	—	—	—	—	[58]
1062	IT	Gader Torrent	1821	EF	SM,RF	—	—	—	—	—	—	1 000	—	2 200	OT	—	—	—	—	—	—	[7]
1063	IT	Gallare	1996	slump	FE	0.575 667	I	0.112 5	20	70	150	—	—	—	—	—	—	—	—	—	—	[58]
1064	IT	Gamberara	1899	slide	RF	2.025	III	0.93	15	150	312	300	—	SY	—	—	—	—	—	—	—	[58]
1065	IT	Gardelletta	1985	complex	—	2	I	0.07	12	50	140	—	—	—	—	—	—	—	—	—	—	[58]
1066	IT	Gerna	1987	slump	RF	1.5	II	—	30	700	400	1 000	—	SH	—	—	—	—	—	—	—	[58]
1067	IT	Ghigo	Prehistoric	slump	—	10	II	6	30	700	400	1 000	—	—	—	—	—	—	—	—	—	[58]
1068	IT	Giserotta	—	slump	EQ	0.05	I	0.032 069	17	25	150	—	—	—	—	—	—	—	—	—	—	[58]
1069	IT	Gorfigliano	1995	slump	RF	—	III	0.045	80	80	185	—	—	SY	—	—	—	—	—	—	—	[58]
1070	IT	Groppallo	1888	flow	RF	22.241 667	II	—	10	30	150	—	—	—	—	—	—	—	—	—	—	[58]
1071	IT	Groppo	1786	slump	—	19.2	III	10.5	80	150	875	1 400	5.3	SM	—	—	—	—	—	—	—	[58]
1072	IT	Idro-Cima d'Antegolo	Prehistoric	slump	—	6	II	2.5	25	450	510	9 000	33.5	centuries?	—	—	—	—	—	—	—	[58]
1073	IT	Illica	1725	DF	RF	1.5	III	1.5	40	150	400	2 000	—	8	OT	—	—	—	—	—	—	[58]
1074	IT	Isarco River	1891	DF	RF	0.5	—	—	—	—	—	1 200	—	—	—	—	—	—	—	—	—	[7]
1075	IT	Isarco River	1921	complex	RF	—	—	—	7	—	—	—	—	10	—	—	—	—	—	—	—	[7][12][16]
1076	IT	Kummersee	—	complex	—	7	III	6	50	300	600	1 250	5.75	centuries	—	—	—	—	—	—	—	[58]
1077	IT	La Marogna	1117	complex	EQ	12	II	7	20	550	650	—	—	centuries	—	—	—	—	—	—	—	[58]
1078	IT	Laghi	Prehistoric	slump	—	5	II	1	10	620	450	—	—	centuries?	—	—	—	—	—	—	—	[58]
1079	IT	Lago Morto	Prehistoric	complex	—	50	III	20	40	540	2 000	—	23.69	centuries	—	—	—	—	—	—	—	[58]
1080	IT	Lago Nero	Prehistoric	fall	—	—	IV	1.3	15	250	350	200	—	Centuries	—	—	—	—	—	—	—	[58]
1081	IT	Lago Stream	1783	ES	EQ	—	II	—	41	—	—	1 300	—	—	—	—	—	—	—	—	—	[7]
1082	IT	Lago Stream	1783	ES	EQ	—	II	—	52	—	—	1 250	—	—	OT	—	—	—	—	—	—	[7]

（续表）

编号	国家或地区	名称	成坝时间	滑坡类型	滑坡诱因	滑坡体方量/(×10⁶ m³)	堰塞坝类型	堰塞坝体积/(×10⁶ m³)	坝高/m	坝长/m	坝宽/m	堰塞湖长度/m	堰塞湖体积/(×10⁶ m³)	溃坝用时/d	溃坝机理	泄流槽深度/m	泄流槽顶宽/m	泄流槽底宽/m	溃决历时/h	峰值流量/(m³·s⁻¹)	死亡人数	参考文献
1083	IT	LagoCostantino	1972	flow	RF	16	III	6	100	220	530	2 400	—	SY	—	—	—	—	—	—	—	[58]
1084	IT	Lake Passo	1783	ES	EQ	—	II	—	14	—	—	380	—	—	—	—	—	—	—	—	—	[7]
1085	IT	Lake Tofilo	1783	ES	EQ	—	II	—	18	—	—	620	—	—	—	—	—	—	—	—	—	[7]
1086	IT	LamaMocogno	1879	complex	RF	178.184 533	III	8	30	300	800	1 375	0.75	SY	—	—	—	—	—	—	—	[58]
1087	IT	Laurenzana	2005	flow	RF	0.3	III	0.135	8	90	360	—	—	—	—	—	—	—	—	—	—	[58]
1088	IT	Le Casse	Prehistoric	fall	—	20	II	3	30	480	500	—	—	—	—	—	—	—	—	—	—	[58]
1089	IT	LeMottacce	1987	slump	—	0.686 875	I	0.05	10	50	150	—	—	—	—	—	—	—	—	—	—	[58]
1090	IT	Leo River	1590	—	—	—	—	12.6	40	—	—	—	—	—	—	—	—	—	—	—	—	[12][16]
1091	IT	Lima River	1814	—	—	—	—	20	15	—	—	60	—	—	OT	—	—	—	—	—	—	[12][16]
1092	IT	Lindo River	1783	ES	EQ	—	II	—	4	—	—	1 380	—	NF	—	—	—	—	—	—	—	[7]
1093	IT	Lindo River	1783	ES	EQ	—	IV	—	32	80	500	1 125	8.4	SM	—	—	—	—	—	—	—	[7]
1094	IT	Lizzano	1814	slide	—	28.26	II	2	15	225	500	—	5	centuries ?	—	—	—	—	—	—	—	[58]
1095	IT	Loppio	Prehistoric	slump	—	10	III	4	40	800	450	1 000	2	SY	—	—	—	—	—	—	—	[58]
1096	IT	Lotta	1590	slump	—	86.188 333	III	12.6	40	300	1 050	—	—	—	—	—	—	—	—	—	—	[58]
1097	IT	M. Piano del Pozzo I	—	slump	EQ	—	I	0.095 488	15	50	250	—	—	—	—	—	—	—	—	—	—	[58]
1098	IT	M. Piano del Pozzo II	—	slide	EQ	8.27	I	0.080 677	18	50	175	—	—	—	—	—	—	—	—	—	—	[58]
1099	IT	M. Piano del Pozzo III	—	slump	EQ	1.3	I	0.533 42	35	100	300	—	—	—	—	—	—	—	—	—	—	[58]
1100	IT	Madredonne	—	slide	EQ	—	I	0.145	14	75	275	—	—	—	—	—	—	—	—	—	—	[58]
1101	IT	Magrè	1952	slump	—	0.178 98	II	0.075	5	180	150	—	—	SD	—	—	—	—	—	—	—	[58]
1102	IT	Maranina	1996	slump	—	0.7	I	0.02	7	25	150	—	—	—	—	—	—	—	—	—	—	[58]
1103	IT	Marecchia River	1945	—	—	—	III	1.5	20	—	—	—	—	—	—	—	—	—	—	—	—	[12][16]
1104	IT	Marro	1783	complex	EQ	15	II	1.2	25	190	470	1 000	9.42	SD	—	—	—	—	—	—	—	[58]
1105	IT	Marro River	1783	ES	EQ	—	II	—	34	—	1 000	1 000	—	—	—	—	—	—	—	—	—	[7]
1106	IT	Mera River	1618	RA, DA	RF	3.5	—	—	—	—	—	—	—	NF	—	—	—	—	—	—	—	[7]
1107	IT	Miage	1986	fall	—	0.3	III	—	—	—	—	—	—	SH	—	—	—	—	—	—	—	[58]
1108	IT	Mineo-SudOvest	1969	slide	RF	0.17	I	0.051 521	16	50	125	—	—	millennia	—	—	—	—	—	—	—	[58]
1109	IT	Molveno	1000BC	complex	—	200	III	40	30	1 300	3 200	3 800	161	—	—	—	—	—	—	—	—	[58]

（续表）

编号	国家或地区	名称	成坝时间	滑坡类型	滑坡诱因	滑坡体方量/(×10⁶ m³)	堰塞坝类型	堰塞坝体积/(×10⁶ m³)	坝高/m	坝长/m	坝宽/m	堰塞湖长度/m	堰塞湖体积/(×10⁶ m³)	溃坝用时/d	溃坝机理	泄流槽深度/m	泄流槽顶宽/m	泄流槽底宽/m	溃决历时/h	峰值流量/(m³·s⁻¹)	死亡人数	参考文献
1110	IT	Monte Avi	Prehistoric	complex	—	8	II	4	20	650	700	4 500	—	SY	—	—	—	—	—	—	—	[58]
1111	IT	Monte Gruf	1988	fall	—	0.2	II	—	—	—	—	—	—	SH	—	—	—	—	—	—	—	[58]
1112	IT	Monte San Marco	1986	complex	RF	—	I	0.161 584	20	75	225	—	—	—	—	—	—	—	—	—	—	[58]
1113	IT	Monteforca	1895	slump	SM.RF	18.055	III	3	15	200	1 000	600	—	SD	—	—	—	—	—	—	—	[58]
1114	IT	Montelago	—	slump	—	6	VI	0.7	15	280	310	200	—	millennia	OT	—	—	—	—	—	—	[58]
1115	IT	Montignoso	1771	—	EQ.RF	—	III	—	—	—	—	—	—	SH	—	—	—	—	—	—	—	[58]
1116	IT	Moscardo	1829	flow	—	5	III	2.5	5	620	950	—	—	SY	—	—	—	—	—	—	—	[58]
1117	IT	Nera River	1906	DF	RF	—	—	—	—	—	—	—	—	10	OT	—	—	—	—	—	—	[7]
1118	IT	Nibbio	2005	topple	—	0.5	III	0.4	10	100	350	—	—	—	—	—	—	—	—	—	—	[58]
1119	IT	Noasca	Prehistoric	fall	—	10	II	5	40	350	800	—	—	—	—	—	—	—	—	—	—	[58]
1120	IT	Noto Antica	Prehistoric	slump	EQ	2	II	1.781 25	60	125	475	—	—	—	—	—	—	—	—	—	—	[58]
1121	IT	Novale	Prehistoric	slump	—	20	II	23.76	60	1 100	800	—	—	centuries	—	—	—	—	—	—	—	[58]
1122	IT	Ospitale Creek	1952	—	—	—	—	0.08	8	—	—	—	—	—	—	—	—	—	—	—	—	[12][16]
1123	IT	Ossola	1977	complex	—	3	IV	0.3	15	180	210	—	—	SD	—	—	—	—	—	—	—	[58]
1124	IT	Ossola	1977	flow	—	0.15	IV	0.09	10	85	115	—	—	SD	—	—	—	—	—	—	—	[58]
1125	IT	Ovesca Torrent	1642	RA	—	12	—	12	45	650	1 500	800	—	NF	—	—	—	—	—	—	—	[7][12][16]
1126	IT	P. ve S. Stefano	1855	slump	EQ.RF	16.668 167	III	4.5	25	400	450	1 250	3	SM	—	—	—	—	—	—	—	[58]
1127	IT	Palagione	—	slide	—	2	—	0.15	10	100	270	650	—	SY	—	—	—	—	—	—	—	[58]
1128	IT	Pantana	1783	complex	EQ	—	IV~VI?	—	—	—	600	600	—	SM	—	—	—	—	—	—	—	[58]
1129	IT	Parma River	1902	—	—	1.5	—	8.37	30	—	—	—	—	—	—	—	—	—	—	—	—	[12][16]
1130	IT	Pasconi	1980	slide	EQ	—	VI	—	—	—	—	—	—	—	—	—	—	—	—	—	—	[58]
1131	IT	Passirio River	1404	RS	—	—	—	4.5	50	—	—	1 000	—	5 475	—	—	—	—	—	—	400＋	[7][12][16]
1132	IT	Perarolo	1820	—	—	0.5	II	—	—	—	—	—	—	SH	—	—	—	—	—	—	—	[58]
1133	IT	Pertusio	1665	complex	RF	2	II	1	10	400	600	—	—	SH	—	—	—	—	—	—	—	[58]
1134	IT	Piaggiagrande-Renaio	2014	slump	—	0.7	II	0.1	15	90	100	—	0.002	SM	—	—	—	—	—	—	—	[58]
1135	IT	Pian deRomiti"	—	slide	FE	0.72	II	0.6	20	160	150	700	—	SY	—	—	—	—	—	—	—	[58]

（续表）

编号	国家或地区	名称	成坝时间	滑坡类型	滑坡诱因	滑坡体方量/(×10⁶ m³)	堰塞坝类型	堰塞坝体积/(×10⁶ m³)	坝高/m	坝长/m	坝宽/m	堰塞湖长度/m	堰塞湖体积/(×10⁶ m³)	溃坝用时/d	溃坝机理	泄流槽深度/m	泄流槽顶宽/m	泄流槽底宽/m	溃决历时/h	峰值流量/(m³·s⁻¹)	死亡人数	参考文献
1136	IT	Pian diCasale	—	slide	—	2.998945	IV	0.315	18.75	50	350	1 560	—	SM	OT	—	—	—	—	—	—	[58]
1137	IT	Piano degli Angeli I	—	complex	EQ	50	VI	6.075	80	225	675	—	—	—	—	—	—	—	—	—	—	[58]
1138	IT	Piano degli Angeli II	—	slide	EQ	—	I	3.007 922	3.5	20	250	—	—	—	—	—	—	—	—	—	—	[58]
1139	IT	Piazza Armerina-Nord	1973	complex	RF	0.015 7	I	0.001 875	5	10	75	—	—	—	—	—	—	—	—	—	—	[58]
1140	IT	Piazzette-Usseglio	Prehistoric	complex	—	50	III	18	40	1 000	1 100	3 000	—	years/centuries	—	—	—	—	—	—	—	[58]
1141	IT	Pieve Santo Stefano	1855	RS	—	—	—	—	—	—	—	—	—	—	—	—	—	—	—	—	—	[58]
1142	IT	Pisciotta	—	slump	—	—	VI	—	20	20	—	—	—	—	—	—	—	—	—	—	—	[58]
1143	IT	Piuro	—	complex	—	6	II	1.5	7	520	800	—	—	SD	—	—	—	—	—	—	—	[58]
1144	IT	Poggio Vascello	—	slide	EQ	—	I	0.010 235	6.5	25	125	—	—	—	—	—	—	—	—	—	—	[58]
1145	IT	Poggio Zampiroli	2014	complex	RF	0.198 867	III	0.120 89	15	110	140	—	—	SY	—	—	—	—	—	—	—	[58]
1146	IT	Ponsin	Prehistoric	complex	—	10	II	2	20	550	500	—	—	—	—	—	—	—	—	—	—	[58]
1147	IT	Ponte Pia	—	fall	—	2	II	0.85	20	200	480	—	3.76	—	—	—	—	—	—	—	—	[58]
1148	IT	Popiglio(LaLima)	1933	—	—	3.9	III	1.8	30	200	275	900	—	SM	—	—	—	—	—	—	—	[58]
1149	IT	Portella Colla I	1931	complex	RF	282.6	I	1.185 951	26	125	725	—	—	—	—	—	—	—	—	—	—	[58]
1150	IT	Portella Colla II	1931	complex	RF	282.6	II	0.48	20	150	320	—	—	SD	—	—	—	—	—	—	—	[58]
1151	IT	Portella del Lupo I	1963	flow	FE	0.6	I	0.011 491	9	50	50	—	—	—	—	—	—	—	—	—	—	[58]
1152	IT	Portella del Lupo II	1963	complex	FE	—	I	0.007 736	6	25	100	—	—	—	—	—	—	—	—	—	—	[58]
1153	IT	Poschiavo landslide	1987	—	—	—	—	81.56	100	—	—	—	—	—	—	—	—	—	—	—	—	[12][16]
1154	IT	Pozzadello	1903	—	—	—	II	0.37	15	100	250	1 000	—	SH	—	—	—	—	—	—	—	[58]
1155	IT	Prà	Prehistoric	complex	—	—	II	4	20	550	850	1 000	—	—	—	—	—	—	—	—	—	[58]
1156	IT	Prali	Prehistoric	slump	—	10	II	7	30	400	700	250	—	—	—	—	—	—	—	—	—	[58]
1157	IT	PratoCasarile	1953？	slump	—	11	III	1.75	40	200	450	—	0.3	—	—	—	—	—	—	—	—	[16]
1158	IT	Quarto di Savio	1812	RS, DS	—	16	III	16	70	400	600	1 550	24.335	—	—	—	—	—	—	—	—	[58]
1159	IT	Quartodi Savio	1812	slump	—	82.754 7	I	0.125	—	400	600	—	—	—	OT	—	—	—	—	—	—	[58]
1160	IT	Randazzo-Nord	1979	fall	RF	18.421 333	II	—	10	40	125	—	—	—	—	—	—	—	—	—	—	[58]
1161	IT	Rasciesa	Prehistoric	complex	—	50	II	15	100	700	620	—	—	—	OT	—	—	—	—	—	—	[58]

（续表）

编号	国家或地区	名称	成坝时间	滑坡类型	滑坡诱因	滑坡体方量/($\times 10^6$ m³)	堰塞坝类型	堰塞坝体积/($\times 10^6$ m³)	坝高/m	坝长/m	坝宽/m	堰塞湖长度/m	堰塞湖体积/($\times 10^6$ m³)	溃坝用时/d	溃坝机理	泄流槽深度/m	泄流槽顶宽/m	泄流槽底宽/m	溃决历时/h	峰值流量/($m^3 \cdot s^{-1}$)	死亡人数	参考文献
1162	IT	Reggello	—	slide	—	0.04	I	0.002 813	5	15	75	—	—	—	—	—	—	—	—	—	—	[58]
1163	IT	Reno River	1996	slump	—	0.7	—	—	—	—	—	—	—	—	—	—	—	—	—	—	—	[40]
1164	IT	Reno River	1700s	—	—	—	—	4.3	25	—	—	—	—	—	—	—	—	—	—	—	—	[12][16]
1165	IT	Ridanna	Prehistoric	slump	—	100	II	10	35	570	1 400	—	—	—	—	—	—	—	—	—	—	[58]
1166	IT	Riganati Stream	1783	ES	EQ	—	II	—	31	—	—	820	—	—	—	—	—	—	—	—	—	[7]
1167	IT	Rio Amerillo	—	RS	—	34	II	70	1000	1 200	—	—	4.4	—	—	—	—	—	—	—	—	[48]
1168	IT	Rio Boesimo Creek	1693	flow	—	—	III	1.5	20	1 200	—	—	—	—	—	—	—	—	—	—	—	[16]
1169	IT	Rio Brusago	1882	flow	RF	5.6	III	1	5	270	1 500	—	—	SH	—	—	—	—	—	—	—	[58]
1170	IT	Rio Orli	1938	flow	—	—	II	—	—	—	—	—	—	SH	OT	—	—	—	—	—	—	[58]
1171	IT	Rocca	—	slide	EQ	—	I	0.043 282	17	50	100	—	—	—	—	—	—	—	—	—	—	[58]
1172	IT	Roccalbegna	2014	complex	RF	8	II	0.075	10	170	110	—	—	—	—	—	—	—	—	—	—	[58]
1173	IT	Rocca Tavo	Prehistoric	fall	—	30	II	—	5	25	—	—	—	—	—	—	—	—	—	—	—	[58]
1174	IT	Roccella Valdemone	1928	flow	RF	0.15	I	0.031 673	5	25	500	—	—	—	—	—	—	—	—	—	—	[58]
1175	IT	Roccella Valdemone-Ovest	1988	complex	RF	0.479 7	I	0.022 5	9	25	200	—	—	—	—	—	—	—	—	—	—	[58]
1176	IT	Ronchi	—	slump	RF	2	II	0.3	20	160	190	400	7	SM	—	—	—	—	—	—	—	[58]
1177	IT	Roncovetro	1899	complex	RF	3.297	II	0.15	10	140	180	200	—	SM	—	—	—	—	—	—	—	[58]
1178	IT	Rosola	—	flow	—	1	I	0.25	6	150	330	—	—	—	—	—	—	—	—	—	—	[58]
1179	IT	Rothach Torrent	1878	RS, DF	RF	14	—	—	15	150	—	—	—	1	OT	—	—	—	—	—	—	[7]
1180	IT	Rovina	—	fall	—	8	III	2	—	400	900	600	1.2	millennia	—	—	—	—	—	—	—	[58]
1181	IT	S. Bruno	1783	complex	EQ	20	IV～VI?	10	30	400	—	1 400	28.079 45	SY	—	—	—	—	—	—	—	[58]
1182	IT	S. Giacomo	867	flow	RF	5	III	1.5	8	550	900	—	—	SM	—	—	—	—	—	—	—	[58]
1183	IT	S. Giovanni	1958	complex	RF	2	III+II	0.4	10	150	600	—	—	SD	—	—	—	—	—	—	—	[58]
1184	IT	S. Martino	1878	flow	RF	1	II	—	—	—	—	—	—	SD	—	—	—	—	—	—	—	[58]
1185	IT	S. Martino di Castrozza	Prehistoric	complex	—	15	II	3.5	30	260	900	—	—	SD	—	—	—	—	—	—	—	[58]
1186	IT	S. AgataFeltria	1516	slump	—	64.762 5	III	2	—	200	1 300	—	—	SD	—	—	—	—	—	—	—	[58]
1187	IT	S. AnnaPelago	1896	complex	—	157	VI	1.5	40	200	370	—	—	SD	—	—	—	—	—	—	—	[58]
1188	IT	S. Benedettoin Alpe	—	slide	—	1.05	VI	0.4	15	100	200	—	—	SY	—	—	—	—	—	—	—	[58]
1189	IT	S. Cristina	1783	complex	EQ	25	VI	10	50	450	850	1 270	22.431 375	SY	—	—	—	—	—	—	—	[58]
1190	IT	S. Patrignano	1990	slide	FE	0.09	I	0.06	—	—	—	—	—	—	—	—	—	—	—	—	—	[58]

（续表）

编号	国家或地区	名称	成坝时间	滑坡类型	滑坡诱因	滑坡体方量/(×10⁶ m³)	堰塞坝类型	堰塞坝体积/(×10⁶ m³)	坝高/m	坝长/m	坝宽/m	堰塞湖长度/m	堰塞湖体积/(×10⁶ m³)	溃坝用时/d	溃坝机理	泄流槽深度/m	泄流槽顶宽/m	泄流槽底宽/m	溃决历时/h	峰值流量/(m³·s⁻¹)	死亡人数	参考文献
1191	IT	S. Pieroin Bagno	1855	slump	—	136.59	IV	1	15	280	800	—	—	3	OT	—	—	—	—	—	—	[58]
1192	IT	S. Pieroin Bagno	1856	—	—	4.71	IV	0.262 5	20	50	350	500	—	SD	—	—	—	—	—	—	—	[58]
1193	IT	Salto	—	complex	—	1	II	1	10	240	200	—	—	millennia	—	—	—	—	—	—	—	[58]
1194	IT	Sambro River	1762	—	—	—	—	3.5	35	—	—	—	—	—	—	—	—	—	—	—	—	[12][16]
1195	IT	Sambro River	1994	—	—	5	II	1.13	25	—	—	—	0.33	—	—	—	—	—	—	—	—	[12][16]
1196	IT	Sarca River tributary	200~1 000	RA	—	375	—	—	130	1 500	3 250	4 500	—	NF	—	—	—	—	—	—	—	[7]
1197	IT	Savena River	1951	—	—	—	—	4	45	—	—	—	—	—	—	—	—	—	—	—	—	[12][16]
1198	IT	Savena River	End'800	—	—	—	—	0.4	15	—	—	—	—	—	—	—	—	—	—	—	—	[16]
1199	IT	Savio River	1812	—	—	—	—	16	70	—	—	—	—	—	—	—	—	—	—	—	—	[12][16]
1200	IT	Savio River	1855	—	—	—	—	1.8	15	—	—	—	—	—	—	—	—	—	—	—	—	[12][16]
1201	IT	Sazzi	1854	slide	—	2.468171	II	17	—	—	—	—	—	SH	—	—	—	—	—	—	—	[58]
1202	IT	Scanno	—	complex	—	82	III	112	33.1	500	2 000	1 600	26	millennia	—	—	—	—	—	—	—	[58]
1203	IT	Scanno lake	100s	—	—	—	—	—	33.1	—	—	—	—	—	—	—	—	—	—	—	—	[12][16]
1204	IT	Scapriano	—	complex	—	2	III	0.65	15	120	350	700	0.027 475	—	—	—	—	—	—	—	—	[58]
1205	IT	Scapriano landslide	1927	—	—	—	—	0.65	15	—	—	—	—	—	—	—	—	—	—	—	—	[12][16]
1206	IT	Scascoli	2002	topple	FE	0.07	II	0.01	5	30	70	200	0.039 25	SD	—	—	—	—	—	—	—	[58]
1207	IT	Schiazzano	2012	flow	RF	0.04	III	0.02	15	40	65	300	0.008 831 25	SD	—	—	—	—	—	—	—	[58]
1208	IT	Scoltenna River	1879	—	—	—	—	8	30	—	—	—	—	—	—	—	—	—	—	—	—	[12][16]
1209	IT	Secchia River	1960	—	—	—	—	4.38	33	—	—	—	26	—	—	—	—	—	—	—	—	[12][16]
1210	IT	Serelli	1992	complex	RF	5	II	0.05	12	80	50	40	—	SH	—	—	—	—	—	—	—	[58]
1211	IT	Sermo	1807	complex	—	2.5	III	2	43	300	930	2 580	22	SM	—	—	—	—	—	—	—	[58]
1212	IT	Sermio landslide	1807	—	—	—	—	2.5	43	—	—	—	—	—	—	—	—	—	—	—	—	[12][16]
1213	IT	Serra Torrent	1783	ES	EQ	—	II	—	17	100	—	535	—	—	—	—	—	—	—	—	—	[7]

（续表）

编号	国家或地区	名称	成坝时间	滑坡类型	滑坡诱因	滑坡体方量/(×10⁶ m³)	堰塞坝类型	堰塞坝体积/(×10⁶ m³)	坝高/m	坝长/m	坝宽/m	堰塞湖长度/m	堰塞湖体积/(×10⁶ m³)	溃坝用时/d	溃坝机理	泄流槽深度/m	泄流槽顶宽/m	泄流槽底宽/m	溃决历时/h	峰值流量/(m³·s⁻¹)	死亡人数	参考文献
1214	IT	Serrazanetti	1960	—	RF	18.125	I	0.11	10	50	220	—	—	—	—	—	—	—	—	—	—	[58]
1215	IT	Serre delle Forche	1980	complex	EQ	—	III	2.355	20	450	500	—	—	—	—	—	—	—	—	—	—	[58]
1216	IT	Serre la Voute	9500BP	complex	—	150	III	20	45	600	1 000	5 000	—	years/centuries	—	—	—	—	—	—	—	[58]
1217	IT	Settefrati	—	complex	—	0.343 359	II	0.06	8	75	150	110	—	SY	—	—	—	—	—	—	—	[58]
1218	IT	Signatico	1896;1947	flow	PW	63.784 594	III	8.37	30	450	620	2 000	8	SY	—	—	—	—	—	—	—	[58]
1219	IT	Silvelle	1619	flow	—	33.362 5	III	0.5	20	175	250	1 000	—	SD	—	—	—	—	—	—	—	[58]
1220	IT	Sorbano	—	slide	—	5.818 75	II	2.6	20	250	410	1 500	—	SY	—	—	—	—	—	—	—	[58]
1221	IT	Speziale	1783	—	EQ	—	II	—	—	—	—	480	1.582 56	SY	—	—	—	—	—	—	—	[58]
1222	IT	Sterpaiolo	1963	complex	—	—	III	0.549 5	20	150	350	185	—	—	—	—	—	—	—	—	—	[58]
1223	IT	Stilves	Prehistoric	slump	—	40	II	3	—	—	—	—	—	SM	—	—	—	—	—	—	—	[58]
1224	IT	Sturaiadi	1898	complex	—	2.518 542	II	0.36	15	150	160	300	—	SY	—	—	—	—	—	—	—	[58]
1225	IT	Succisa	2009	complex	RF	0.2	II	0.025	5	75	120	—	—	SH	—	—	—	—	—	—	—	[58]
1226	IT	Sulini	—	slump	—	1	II	—	—	—	—	—	—	—	—	—	—	—	—	—	—	[58]
1227	IT	Sutrio	Prehistoric	complex	—	100	III	40	50	1 050	1 800	—	—	millennia	—	—	—	—	—	—	—	[58]
1228	IT	Tagliamento River	1692	RA	RF	30	—	—	80	625	1 100	7 000	—	50	OT	—	—	—	—	—	—	[7]
1229	IT	Tajolo	1855	complex	—	7.987 866	III	2.5	20	100	900	500	—	SY	—	—	—	—	—	—	—	[58]
1230	IT	Tassinaro	—	flow	—	0.1	I	0.02	4	100	170	—	—	—	—	—	—	—	—	—	—	[58]
1231	IT	Tenno	—	slump	—	60	III	10	50	900	650	720	—	centuries	—	—	—	—	—	—	—	[58]
1232	IT	Terrarossa	1996	flow	RF	0.475	III	0.475	15	30	120	—	—	SM	—	—	—	—	—	—	—	[58]
1233	IT	Testi	—	slump	RF MP	1.214 133	II	0.149 654	12.5	90	260	—	—	SH	—	—	—	—	—	—	—	[58]
1234	IT	Tevere River	1855	—	—	4.5	I	—	25	—	—	—	—	millennia	—	—	—	—	—	—	—	[16]
1235	IT	Timpa Sole	1783	slump	EQ	0.065	II / VI	0.043 484	14	50	125	—	—	—	—	—	—	—	—	—	—	[58]
1236	IT	Tofilo	1783	slump	—	—	II	—	—	200	—	630	3.100 825	SY	—	—	—	—	—	—	—	[58]
1237	IT	Tollara	1886	complex	—	15.054 828	II	7	25	75	800	600	—	SY	—	—	—	—	—	—	—	[58]
1238	IT	Tollara	1895	complex	—	1.067 6	II	0.18	15	90	250	—	—	SH	OT ?	—	—	—	—	—	—	[58]
1239	IT	Torre	2000BC	complex	EQ	8	IV	1.5	40	230	320	1 400	—	SY	—	—	—	—	—	—	—	[58]
1240	IT	Torre di Santa Maria	1987	slump	RF	1.5	II	0.2	5	370	480	—	—	SH	—	—	—	—	—	—	—	[58]
1241	IT	Torrente Pisciarello	1693	RS	EQ	2	II	—	60	1 300	250	—	—	—	—	—	—	—	—	—	—	[48]
1242	IT	Tovel	Prehistoric	complex	—	200	III / IV	40	45	1 700	—	930	7.37	centuries	—	—	—	—	—	—	—	[58]
1243	IT	Tozzi	1903	slump	—	3.14	I	0.3	10	150	325	—	—	SH	—	—	—	—	—	—	—	[58]

（续表）

编号	国家或地区	名称	成坝时间	滑坡类型	滑坡诱因	滑坡体方量/$(\times 10^6\ \mathrm{m}^3)$	堰塞坝类型	堰塞坝体积/$(\times 10^6\ \mathrm{m}^3)$	坝高/m	坝长/m	坝宽/m	堰塞湖长度/m	堰塞湖体积/$(\times 10^6\ \mathrm{m}^3)$	溃坝用时/d	溃坝机理	泄流槽深度/m	泄流槽顶宽/m	泄流槽底宽/m	溃决历时/h	峰值流量/$(\mathrm{m}^3\cdot\mathrm{s}^{-1})$	死亡人数	参考文献
1244	IT	Tramarecchia	1945	complex	FE	2.666 667	III	15	20	200	450	—	—	SY	—	—	—	—	—	—	—	[58]
1245	IT	Tramazzo Creek	1895	—	—	—	—	30	15	—	—	—	—	—	—	—	—	—	—	—	—	[16]
1246	IT	Trelli	10000BC	complex	—	—	II	—	—	—	—	—	16	millennia	—	—	—	—	—	—	—	[58]
1247	IT	Tributary of Fiume Irminio	3000BC	RS	—	14	II	—	60	550	1 100	—	2.2	—	—	—	—	—	—	—	—	[48]
1248	IT	Tricuccio	1783	complex	EQ	—	II	—	—	—	—	1 100	2.072 4	SM	—	—	—	—	—	—	—	[58]
1249	IT	Tricucio River	1783	ES	EQ	—	II	—	19	—	—	1 065	—	—	OT	—	—	—	—	—	—	[7]
1250	IT	Unnamed canyon	—	RS	—	1	IV	1	30	300	400	—	—	SD	—	—	—	—	—	—	—	[48]
1251	IT	Ussin	Prehistoric	—	—	—	II	—	30	550	550	1 000	—	SD	—	—	—	—	—	—	—	[58]
1252	IT	Ussolo	Prehistoric	complex	—	25	III	13.5	40	600	1 250	—	—	—	—	—	—	—	—	—	—	[38]
1253	IT	Vaiont Torrent	1963	ES	RF	250	II	—	275	1 000	1 800	5 000	—	—	OT	—	—	—	—	—	—	[7] [16]
1254	IT	Vajont	1963	slump	PW	250	II	50	90	1 000	1 200	—	—	SY	—	—	—	—	—	—	—	[58]
1255	IT	Val Alba	1896	slump	—	2.5	II	—	—	—	—	—	—	SY	—	—	—	—	—	—	—	[58]
1256	IT	Val Badia	1821	slump	—	15	II	3	—	—	—	1 000	—	SY	—	—	—	—	—	—	—	[58]
1257	IT	Val Ferret	—	fall	—	20	III	0.5	10	—	—	—	—	SD	—	—	—	—	—	—	—	[58]
1258	IT	Val Pola	1987	fall	FE RF	40	III	35	50	860	1 700	3 100	20	SM	—	—	—	—	—	—	—	[58]
1259	IT	Val Veni	1920	fall	—	4.5	II	—	30	—	550	—	—	SD	—	—	—	—	—	—	—	[58]
1260	IT	Val Visdende	Prehistoric	complex	—	30	II	2.5	9	350	160	90	—	SD	—	—	—	—	—	—	—	[58]
1261	IT	Valderchia	1997	complex	SM	0.5	II	0.1	30	110	—	—	0.059 46	SD	—	—	—	—	—	—	—	[58]
1262	IT	Valduma	Prehistoric	slump	—	—	II	—	30	100	125	—	—	centuries	—	—	—	—	—	—	—	[58]
1263	IT	Vallone della Ginestra	1969	flow	FE	—	II	0.183 789	11	50	250	—	—	—	—	—	—	—	—	—	—	[58]
1264	IT	Vallone San Nicola	1959	complex	—	2.260 8	I	0.069 881	12	—	—	—	—	—	—	—	—	—	—	—	—	[12] [16] [40]
1265	IT	Valluccole Creek	1992	—	—	—	—	0.02	40	500	1 000	2 000	18.2	—	PP	—	—	—	—	—	—	[58]
1266	IT	ValVanoi	1825	complex	—	15	III	10	40	—	—	—	—	SY	—	—	—	—	—	—	—	[58]
1267	IT	Vanoi Creek	1923	—	—	—	—	10	—	—	—	—	—	—	—	—	—	—	—	—	—	[12] [16]
1268	IT	Vanoi Torrent	1823	DF	RF	—	—	—	—	—	—	—	—	0.5	—	—	—	—	—	—	—	[7]
1269	IT	Vanoi Torrent	1825	DF	—	—	—	—	—	—	—	—	—	150	—	—	—	—	—	—	52	[7]
1270	IT	Vedana	Prehistoric	complex	EQ	100	II	2.5	—	—	—	—	—	SM	—	—	—	—	—	—	—	[58]

（续表）

编号	国家或地区	名称	成坝时间	滑坡类型	滑坡诱因	滑坡体方量/(×10⁶ m³)	堰塞坝类型	堰塞坝体积/(×10⁶ m³)	坝高/m	坝长/m	坝宽/m	堰塞湖长度/m	堰塞湖体积/(×10⁶ m³)	溃坝用时/d	溃坝机理	泄流槽深度/m	泄流槽顶宽/m	泄流槽底宽/m	溃决历时/h	峰值流量/(m³·s⁻¹)	死亡人数	参考文献
1271	IT	Venola Creek	1996	—	—	—	—	0.12	15	—	—	—	—	—	—	—	—	—	—	—	—	[12][16]
1272	IT	Villar	Prehistoric	fall	—	150	II	6.48	30	400	1 200	2 000	—	—	—	—	—	—	—	—	—	[58]
1273	IT	Villaretto	—	complex	—	60	II	5	30	300	1 300	900	—	—	—	—	—	—	—	—	—	[58]
1274	IT	Voltre	—	slide	RF	1	I	0.02	4	65	110	—	—	—	—	—	—	—	—	—	—	[58]
1275	IT	Zerbion	Prehistoric	complex	—	200	II	—	—	—	—	—	—	—	—	—	—	—	—	—	—	[58]
1276	IT	Zillona	—	complex	RF	0.35	II	0.1	10	110	130	—	—	SD	—	—	—	—	—	—	—	[58]
1277	IT	Zuel	5000~6000BC	complex	—	30	II	10	30	750	1 000	—	—	SY	—	—	—	—	—	—	—	[58]
1278	JM	Yallahs River	1692	RS	RF	66	II	—	—	—	—	—	—	—	OT	—	—	—	—	—	—	[7]
1279	JP	Abe River	1702	—	EQ	120	III	4.88	30	500	650	—	4.7	NF	—	—	—	—	—	—	—	[7][12]
1280	JP	Agatsuma River	1783	DA	VE	—	—	—	60	—	—	—	51	ST	—	—	—	—	—	Many	—	[7]
1281	JP	Arida River（有田川·北寺）	1953	RS	RF	0.64	II	0.18	10	80	150	300	0.047	0.01	OT	—	—	—	—	890*	—	[7][12]
1282	JP	Arida River（有田川·金闸寺）	1953	RS, ES	RF	5.2	II	2.6	60	300	500	5 000	17	67	OT	—	—	—	—	750*	—	[7][12]
1283	JP	Arida River（有田川·金闸寺·小）	1953	RS	RF	1.4	—	0.3	20	170	250	—	—	0.01	—	—	—	—	—	770	—	[7][12]
1284	JP	Asahi River	1889	RS, ES	RF	8.8	II	0.45	25	160	300	2 700	0.92	0.2	—	—	—	—	—	790	—	[7][12]
1285	JP	Azusa River（烧岳·大正池）	1915	DF	VE	1.7	—	0.9	4.5	300	600	2 000	0.53	NF	—	—	—	—	—	850	—	[7][12]
1286	JP	Azusa River（烧岳·大正池）	1926	DF	VE	—	—	2	10	600	330	2 300	1.2	NF	—	—	—	—	—	850	—	[7][12]
1287	JP	Banjo River（番匠川·大刈野）	1943	RS, ES	RF	1.5	II	1.5	80	400	250	2 500	14	NF	—	—	—	—	—	160	—	[7][12]
1288	JP	Chubetsu River	1980	DA	RF	0.02	II	—	3	—	—	—	—	NF	—	—	—	—	—	—	—	[7]
1289	JP	Haya River	1910	DF	RF	—	—	—	—	—	—	—	—	—	—	—	—	—	—	—	—	[7]
1290	JP	Hibara River[磐梯山·(檜原湖)]	1888	DA	VE,EQ	1500	III	1	25	800	—	9 000	150	NF	—	—	—	—	—	6 100	—	[7][12]
1291	JP	Higashi Takezawa	2004	Slide	EQ	1	II	—	24	350	260	—	—	—	—	—	—	—	—	—	—	[23]
1292	JP	Hime River	1971	ES	RF	0.3	I	—	—	80	80	—	—	NF	—	—	—	—	—	—	—	[7]
1293	JP	Hime River（姫川·蒲田山崩れ）	1911	DF	RF	20	—	1.9	60	250	500	4 000	16	4	—	—	—	—	—	1 800*	23	[7][12]

（续表）

编号	国家或地区	名称	成坝时间	滑坡类型	滑坡诱因	滑坡体方量/(×10⁶ m³)	堰塞坝类型	堰塞坝体积/(×10⁶ m³)	坝高/m	坝长/m	坝宽/m	堰塞湖长度/m	堰塞湖体积/(×10⁶ m³)	溃坝用时/d	溃坝机理	泄流槽深度/m	泄流槽顶宽/m	泄流槽底宽/m	溃决历时/h	峰值流量/(m³·s⁻¹)	死亡人数	参考文献
1294	JP	Hiramaru River	1962	MF	SM	—	—	—	—	—	—	—	—	—	—	—	—	—	—	—	—	[7]
1295	JP	Hiramaru River	1970	DF	SM	0.27	—	—	7	—	—	200	0.0028	6	—	—	—	—	—	—	—	[7]
1296	JP	Iketsu River	1889	EF	RF	5.4	II	3.4	140	400	180	4 000	26	6	—	—	—	—	—	480*	—	[7][12]
1297	JP	Imanishi River	1889	RS, ES	RF	1.5	II	1.1	60	250	250	2 500	6.4	0.06	—	—	—	—	—	230	—	[7][12]
1298	JP	Imanishi River	1889	RS, ES	RF	1.4	II	1.1	75	350	125	1 500	9	1.5	—	—	—	—	—	150	—	[12]
1299	JP	Ishikari River tributary	1969	ES	SM	2	II	—	15	—	500	—	—	—	—	—	—	—	—	—	—	[7]
1300	JP	Kaifu River（德岛县,海部,川保濑）	1892	RS, ES	—	2	II	2	45	250	350	5 000	14	1 157	—	—	—	—	—	73	—	[7][12]
1301	JP	Kaminirau River	1788	—	RF	2	II	2	36	250	500	1 500	2.2	579	—	—	—	—	—	440*	—	[7][12]
1302	JP	Kaminirau River	1847	—	—	2	II	2	50	400	500	—	2.2	578	—	—	—	—	—	—	—	[64]
1303	JP	Kano River	1889	RS	RF	3.6	II	0.094	15	130	130	2 500	1.3	0.02	—	—	—	—	—	1 600*	—	[7][12]
1304	JP	Kano River	1889	DF	RF	5.2	II	0.1	20	200	120	1 600	0.6	1	—	—	—	—	—	1 300*	—	[7][12]
1305	JP	Kano River（十津川,山天新湖）	1889	—	RF	1.3	II	0.15	20	100	100	1 800	1	—	—	—	—	—	—	1 500	—	[7][12]
1306	JP	Kano River（十津川,五百濑新湖）	1889	RS, ES	RF	1.5	II	0.44	25	180	200	2 000	1.8	—	—	—	—	—	—	1 400	—	[7][12]
1307	JP	Kashiwa River	1889	RS, ES	RF	4.9	II	2.6	70	200	450	600	1.7	22	—	—	—	—	—	—	—	[7][12]
1308	JP	Kawarabitsu River	1889	RS, ES	RF	26	II	13	80	300	700	9 000	40	17	OT	—	—	—	—	2 000*	—	[7][12]
1309	JP	Kawarada river	2007	DF	EQ	—	—	—	40	30	90	—	—	NF	—	—	—	—	—	—	—	[3]
1310	JP	Kose River	1984	Slump	SM	5.6	II	—	20	—	—	500	—	NF	OT	—	—	—	—	—	—	[7]
1311	JP	Koshibu River	1961	RS, ES, DA	RF	3	II	2.4	6	500	800	—	0.4	10	—	—	—	—	—	850	—	[7][12]
1312	JP	Ma River	1858	DA	EQ	150	III	12	110	600	200	2 000	2.6	59	—	—	—	—	—	—	140	[7][12]
1313	JP	Matsu River	1891	RS, ES	RF	3.2	II	3.2	55	500	230	500	3.1	NF	—	—	—	—	—	170	—	[7][12]

（续表）

编号	国家或地区	名称	成坝时间	滑坡类型	滑坡诱因	滑坡体方量/(×10⁶ m³)	堰塞坝类型	堰塞坝体积/(×10⁶ m³)	坝高/m	坝长/m	坝宽/m	堰塞湖长度/m	堰塞湖体积/(×10⁶ m³)	溃坝用时/d	溃坝机理	泄流槽深度/m	泄流槽顶宽/m	泄流槽底宽/m	溃决历时/h	峰值流量/(m³·s⁻¹)	死亡人数	参考文献
1314	JP	Nagasawa River	1978	RS, ES	SM	0.3	Ⅱ	—	10	50	80	300	0.03	—	—	—	—	—	—	—	—	[7]
1315	JP	Naka River	1893	RS, ES	RF	4	Ⅱ	—	80	250	330	10 000	75	3	—	—	—	—	—	5 600*	—	[7][12]
1316	JP	Nakatsu River	1888	DA	VE,EQ	1 500	Ⅲ	—	34	550	—	4 000	44	84	—	—	—	—	—	6 000	—	[7][12]
1317	JP	Nakaya River(有田川,有中谷)	1953	RS	RF	0.46	Ⅱ	0.4	40	100	200	400	0.27	68	—	—	—	—	—	86	—	[7][12]
1318	JP	Naruse River	1984	RS	RF	35	Ⅱ	—	—	—	950	—	—	—	—	—	—	—	—	—	—	[7]
1319	JP	Nishi River	1889	ES	RF	4.4	—	0.6	20	200	250	2 500	1.3	0.4	—	—	—	—	—	980*	—	[7][12]
1320	JP	Nishi River	1889	—	RF	0.3	Ⅱ	0.63	20	120	120	1 000	0.4	0.4	—	—	—	—	—	1 100*	—	[7][12]
1321	JP	Nishi River	1889	RS, ES	RF	2.7	Ⅱ	0.63	25	200	250	3 500	1.8	0.4	—	—	—	—	—	1 200*	—	[7][12]
1322	JP	Nishi River	1889	RS, ES	RF	4.4	Ⅱ	0.93	25	130	250	250	0.11	NF	—	—	—	—	—	20	—	[7][12]
1323	JP	Niu River	1982	RS, DS	RF	0.61	Ⅱ	0.18	15	50	150	3 000	1.3	NF	—	—	—	—	—	490	—	[7][12]
1324	JP	Odokoro River	1967	DF	—	3.6	—	—	30	150	200	900	0.9	—	—	—	—	—	—	—	—	[7]
1325	JP	Oi River	1889	RS, ES	RF	3.4	Ⅱ	2.6	100	400	150	300	2.3	10	—	—	—	—	—	10	—	[7][12]
1326	JP	Ojika River	1683	RS	EQ	3.3	Ⅲ	3.3	70	400	400	—	64	14 600	OT	—	—	—	—	620*	1 015	[7][12]
1327	JP	Ono River	1888	DA	VE	1 500	Ⅲ	—	18	500	—	4 000	14	272	—	—	—	—	—	2 300	—	[7][12]
1328	JP	Ono River	1586	—	EV	—	—	1 500	18	—	150	—	14	272	—	—	—	—	—	—	—	[64]
1329	JP	Oshiro River（庄川·三方崩山·東方）	1586	DF	EQ	2.4	Ⅱ	1	60	250	250	6	—	—	—	—	—	—	—	320	—	[7][12]
1330	JP	Oshiro River（庄川·三方崩山·西方）	1586	DF	EQ	3	Ⅱ	1.2	60	300	300	—	6.4	—	—	—	—	—	—	270	—	[7][12]
1331	JP	Osusawa River	1888	DA	VE	1 500	Ⅲ	—	18	—	—	5 000	—	NF	—	—	—	—	—	—	—	[7][15]

（续表）

编号	国家或地区	名称	成坝时间	滑坡类型	滑坡诱因	滑坡体方量/(×10⁶ m³)	堰塞坝类型	堰塞坝体积/(×10⁶ m³)	坝高/m	坝长/m	坝宽/m	堰塞湖长度/m	堰塞湖体积/(×10⁶ m³)	溃坝用时/d	溃坝机理	泄流槽深度/m	泄流槽顶宽/m	泄流槽底宽/m	溃决历时/h	峰值流量/(m³·s⁻¹)	死亡人数	参考文献
1332	JP	Otaki River	1984	DA	EQ, RF	36	III	12.5	40	250	2 500	1 000	—	NF	—	—	—	—	—	—	—	[7][12]
1333	JP	Oya River（今市地震·七里）	1949	RS, ES	EQ	0.009	II	0.004 5	10	50	100	—	0.003 3	NF	—	—	—	—	—	—	—	[7][12]
1334	JP	Sai River	1847	RS, ES	EQ	84	II	21	65~100	1 000	650	23 000	350	19	OT	—	—	—	—	3 700*	100+	[7][12]
1335	JP	Sakauchi River（濃尾地震後·ナンノ崩壊）	1895	RF	RF	1.5	II	0.96	38	110	350	2 000	2	6	OT	—	—	—	—	76	—	[7][12]
1336	JP	Shinano River	1984	Slump	RF	0.5	II	—	15	—	230	—	—	—	—	—	—	—	—	—	—	[7]
1337	JP	Shinsei Lake（關東地震生湖）	1923	ES	EQ	0.23	II	0.18	10	100	200	200	0.037	NF	NF	—	—	—	—	2	—	[7][12]
1338	JP	Shiratani River	1889	RS, ES	RF	20	II	10	190	600	500	—	38	5	NF	—	—	—	—	580*	—	[7][12]
1339	JP	Shiratani River	1953	RS	RF	0.25	II	0.09	25	100	100	200	0.06	NF	NF	—	—	—	—	12	—	[7][12]
1340	JP	Shiratani River	1965	RS	RF	1.8	II	1.4	25	250	250	650	1.3	NF	NF	—	—	—	—	—	—	[7][12]
1341	JP	Sho River（庄川·帰雲山崩れ）	1586	RS, AS	EQ	25	II	19	100	900	600	12 000	150	20	OT	—	—	—	—	1 900*	—	[7][12]
1342	JP	Susobana River	1847	RS, ES	EQ	1.2	II	1.2	54	250	300	2 100	16	110	—	—	—	—	—	510*	—	[7][12]
1343	JP	Tajiri River	1978	DS, DA	EQ	0.05	II	—	10	20	125	—	—	NF	NF	—	—	—	—	—	—	[7]
1344	JP	Terano landslide dam	2004	ES	EQ	1	II	1	25	60~80	200~300	—	0.35	30	—	—	—	—	—	—	—	[23]
1345	JP	Tokonami River	1961	RS, ES	RF	0.3	II	0.036	20	50	170	700	0.78	0.04	OT	—	—	—	—	—	—	[7][12]
1346	JP	Totsu River	1889	DA	RF	23	II	0.073	18	100	450	2 000	0.65	0.08	—	—	—	—	—	3 400*	—	[7][12]
1347	JP	Totsu River	1889	RS, ES	RF	0.11	II	0.15	7	100	250	3 000	0.56	0.1	—	—	—	—	—	6 900*	—	[7][12]
1348	JP	Totsu River	1889	RS, ES	RF	36	II	0.23	10	150	150	1 000	0.93	0.2	—	—	—	—	—	5 800	—	[7][12]
1349	JP	Totsu River	1889	RS, ES	RF	1.6	II	—	10	130	380	2 800	—	—	OT	—	—	—	—	3 500*	—	[7][12]

（续表）

编号	国家或地区	名称	成坝时间	滑坡类型	滑坡诱因	滑坡体方量/(×10⁶ m³)	堰塞坝类型	堰塞坝体积/(×10⁶ m³)	坝高/m	坝长/m	坝宽/m	堰塞湖长度/m	堰塞湖体积/(×10⁶ m³)	溃坝用时/d	溃坝机理	泄流槽深度/m	泄流槽顶宽/m	泄流槽底宽/m	溃决历时/h	峰值流量/(m³·s⁻¹)	死亡人数	参考文献
1350	JP	Totsu River	1889	RS, ES	RF	50	II	2.5	80	100	350	6 000	17	0.3	—	—	—	—	—	2 400*	—	[7][12]
1351	JP	Totsu River	1889	RS, ES	RF	3.7	II	3.1	110	200	690	5 000	42	0.7	—	—	—	—	—	4 800*	—	[7][12]
1352	JP	Totsu River	1889	RS, ES	RF	2.5	II	0.85	50	180	300	2 000	1.6	0.7	OT	—	—	—	—	5 900	—	[7][12]
1353	JP	Totsu River	1889	—	RF	—	II	—	6	—	70	1 700	0.26	4	—	—	—	—	—	2 900	—	[7][12]
1354	JP	Totsu River	1889	RS, RA	RF	20	II	1.7	28	250	500	3 000	3.2	—	—	—	—	—	—	5 900	—	[7][12]
1355	JP	Totsu River	1889	RS, ES	RF	1.7	II	0.28	10	160	220	1 600	0.52	—	—	—	—	—	—	6 500	—	[7][12]
1356	JP	Totsu River	1889	DS,DA	RF	5.6	II	0.27	12	200	250	2 300	0.72	—	—	—	—	—	—	3 900	—	[7][12]
1357	JP	Unknown River	1662	—	—	—	—	—	—	—	—	—	—	—	—	—	—	—	—	—	—	[7][12]
1358	JP	Yamate River	1889	RS, ES	RF	6.6	II	4.2	80	300	350	—	12	22	OT	—	—	—	—	170	—	[7][12]
1359	JP	Yamato River	1931~1932	RS, DS	RF	22	VI	0.11	20	50	170	—	10	NF	NF	—	—	—	—	—	—	[7][12]
1360	JP	Yanagikubo River	1847	RS, ES	EQ	1.5	II	0.65	35	150	250	500	1.4	NF	NF	—	—	—	—	24	—	[7][12]
1361	JP	Yu River	1858	DA	EQ	150	—	0.4	125	600	700	1 000	27	12	—	—	—	—	—	—	140	[7][12]
1362	JP	宝永.大谷崩れ(西日影沢)	1707	DF	EQ. RF	—	—	—	—	—	200	—	0.081	—	—	—	—	—	—	110	—	[12]
1363	JP	宝永.大谷崩れ(夕子沢)	1707	DF	EQ. RF	—	—	—	—	—	120	—	0.044	—	—	—	—	—	—	29	—	[12]
1364	JP	長野県鬼無里村	1997	DF	RF	0.93	—	0.08	40	415	50	—	0.21	NF	NF	—	—	—	—	—	—	[12]
1365	JP	長野県西部地震.御嶽崩れ	1984	DF	EQ	34	—	26	40	280	3 300	—	3.7	NF	NF	—	—	—	—	960	—	[12]
1366	JP	姬川.小土山	1971	Ava.Slide	—	0.2	—	—	—	60	150	—	—	NF	NF	—	—	—	—	160	—	[12]
1367	JP	姬川.真那板山	1502	Ava.Slide	EQ	50	—	50	150	500	200	—	120	—	—	—	—	—	—	—	—	[12]

（续表）

编号	国家或地区	名称	成坝时间	滑坡类型	滑坡诱因	滑坡体方量/(×10⁶ m³)	堰塞坝类型	堰塞坝体积/(×10⁶ m³)	坝高/m	坝长/m	坝宽/m	堰塞湖长度/m	堰塞湖体积/(×10⁶ m³)	溃坝用时/d	溃坝机理	泄流槽深度/m	泄流槽顶宽/m	泄流槽底宽/m	溃决历时/h	峰值流量/(m³·s⁻¹)	死亡人数	参考文献
1368	JP	濃尾地震.根尾西谷川	1891	Ava.Slide	EQ	1.5	—	1.8	60	235	250	—	8.1	—	—	—	—	—	—	—	—	[12]
1369	JP	濃尾地震.水鳥	1891	Ava.Slide	EQ	0.088	—	—	—	—	—	—	1.4	—	—	—	—	—	—	—	—	[12]
1370	JP	濃尾地震後.德山白谷	1965	Ava.Slide	RF	1.8	—	0.98	65	150	260	—	2	—	—	—	—	—	—	72	—	[12]
1371	JP	濃尾地震後.越山谷	1965	DF	RF	0.98	—	0.63	10	280	450	—	0.29	—	—	—	—	—	—	—	—	[12]
1372	JP	琵琶湖西岸（町居崩れ）	1662	Ava.Slide	EQ	24	—	24	110	350	362	—	5.9	14	—	—	—	—	—	—	—	[12]
1373	JP	善光寺當信川	1847	Ava.Slide	EQ	6	—	4	60	250	400	—	8.6	—	—	—	—	—	—	—	—	[12]
1374	JP	天正.(庄川下流)	1586	Ava.Slide	EQ	—	—	30	100	400	750	—	140	20	—	—	—	—	—	—	—	[12]
1375	JP	新潟縣上川村	2000	Ava.Slide	RF	0.036	—	0.022	20	24	90	—	0.076	NF	NF	—	—	—	—	—	—	[12]
1376	JP	有田川.高野谷	1953	—	RF	—	—	0.017	10	30	80	—	0.03	NF	NF	—	—	—	—	830	—	[12]
1377	JP	有田川.箕谷	1953	Ava.Slide	RF	—	—	—	3	—	50	—	0.04	—	—	—	—	—	—	72	—	[12]
1378	JP	有田川.櫟瀬一谷	1953	Ava.Slide	RF	0.045	—	0.024	5	120	40	—	0.015	—	—	—	—	—	—	—	—	[12]
1379	JP	神戶市.清水	1985	Ava.Slide	EQ	0.018	—	0.0012	6	30	7	—	0.0008	—	—	—	—	—	—	—	—	[12]
1380	JP	福島.半田新沼	1901	Ava.Slide	RF	13	—	—	1300	470	—	—	—	3241	—	—	—	—	—	18	—	[12]
1381	JP	那賀川.喬崩れ.高讃山	1892	RS,ES	RF	4	—	3.3	80	250	330	—	75	3.5	—	—	—	—	—	5600	—	[12]
1382	JP	立山.喬崩れ(真川)	1858	DF	EQ	130	—	0.4	150	600	200	—	3.8	13.9	—	—	—	—	—	687	—	[12]
1383	JP	立山.喬崩れ(湯川.泥鰌池)	1858	DF	EQ	130	—	12	20	620	700	—	4.1	59	—	—	—	—	—	157	—	[12]
1384	JP	大和川.颿瀬	1931~1933	ES,RF	RF	60	—	0.91	15	150	170	—	10	—	—	—	—	—	—	3500	—	[12]
1385	JP	宝水.大谷崩れ(大池)	1707	DF	EQ,RF	120	—	4	30	500	650	1000	4.7	NF	—	—	—	—	—	200	—	[12]
1386	JP	Nakatsu River[日光.南会津(五十里)]	1683	RA,ES	EQ	3.8	—	3.8	70	700	400	—	64	15046	—	—	—	—	—	—	—	[9][57]

（续表）

编号	国家或地区	名称	成坝时间	滑坡类型	滑坡诱因	滑坡体方量/(×10⁶ m³)	堰塞坝类型	堰塞坝体积/(×10⁶ m³)	坝高/m	坝长/m	坝宽/m	堰塞湖长度/m	堰塞湖体积/(×10⁶ m³)	溃坝用时/d	溃坝机理	泄流槽深度/m	泄流槽顶宽/m	泄流槽底宽/m	溃决历时/h	峰值流量/(m³·s⁻¹)	死亡人数	参考文献
1387	JP	天竜川·遠山川 遠山	714	ES	EQ	90	—	16	80	500	900	—	20	37 037	—	—	—	—	—	—	—	[15]
1388	JP	天竜川·遠山川 池口	715	Ava.	EQ	90	—	38	160	600	800	—	31	—	—	—	—	—	—	—	—	[15]
1389	JP	千曲川·古千曲湖1	887	Ava.	EQ	350	—	20	130	800	1 800	—	580	1.3	—	—	—	—	—	—	—	[15]
1390	JP	千曲川·古千曲湖2	888	Ava.	—	—	—	—	50	400	—	—	41	45 138.9	—	—	—	—	—	—	—	[15]
1391	JP	相木川·古相木湖	888	Ava.	—	—	—	9.6	30	300	600	—	6.6	219 907.4	—	—	—	—	—	—	—	[15]
1392	JP	魚野川·石打	1176	ES	RF	21	—	3.2	80	600	600	—	92	—	—	—	—	—	—	—	—	[15]
1393	JP	信濃川·鹿島川 八沢	1441	EF	RF	6.4	—	—	80	750	800	—	40	3	—	—	—	—	—	—	—	[15]
1394	JP	栃川·中谷川 清水山	1502	ES	EQ	80	—	40	50	500	250	—	7.1	—	—	—	—	—	—	—	—	[15]
1395	JP	庄川·海	1586	ES	EQ	17	—	3.3	50	650	200	—	6.7	3 703	—	—	—	—	—	—	—	[15]
1396	JP	長良川·吉田川 水沢上	1586	ES	EQ	70	—	13	60	700	800	—	16	72 916.7	—	—	—	—	—	—	—	[15]
1397	JP	阿賀野川·山崎新湖	1611	—	EQ	—	—	—	10	—	—	—	180	—	—	—	—	—	—	—	—	[15]
1398	JP	一ツ瀬川·三納川·三納	1642	ES	RF	3	—	1.2	60	120	200	—	4.4	—	—	—	—	—	—	—	—	[15]
1399	JP	木曽川·大棚入山	1661	ES	EQ	43	—	20	50	400	500	—	1.9	—	—	—	—	—	—	—	—	[15]
1400	JP	富士川·下部·湯 之奥	1707	ES	EQ	1.2	—	0.9	70	250	100	—	3.7	—	—	—	—	—	—	—	—	[15]
1401	JP	富士川·白鳥山	1707	ES	EQ	5	—	2.4	30	350	400	—	14	3	—	—	—	—	—	—	—	[15]
1402	JP	仁淀川·鎌井田 舞ヶ	1707	ES	EQ	4.4	—	2.4	18	200	180	—	29	4.1	—	—	—	—	—	—	—	[15]
1403	JP	栃川·岩戸山	1714	ES	EQ	4	—	2	80	200	500	—	38	3	—	—	—	—	—	—	—	[15]
1404	JP	天竜川·遠山川 和田	1718	ES	EQ	0.8	—	0.4	20	300	400	—	0.93	6.9	—	—	—	—	—	—	—	[15]
1405	JP	荒川·矢那瀬	1742	EF	RF	0.8	—	0.6	40	120	100	—	2	—	—	—	—	—	—	—	—	[15]
1406	JP	名立川·小田島	1751	ES	EQ	5	—	2	50	430	460	—	8.1	—	—	—	—	—	—	—	—	[15]
1407	JP	信濃川·梓川·卜バタ崩れ	1757	ES	RF	9	—	4	130	400	400	—	85	—	—	—	—	—	—	—	—	[15]

（续表）

编号	国家或地区	名称	成坝时间	滑坡类型	滑坡诱因	滑坡体方量/(×10⁶ m³)	堰塞坝类型	堰塞坝体积/(×10⁶ m³)	坝高/m	坝长/m	坝宽/m	堰塞湖长度/m	堰塞湖体积/(×10⁶ m³)	溃坝用时/d	溃坝机理	泄流槽深度/m	泄流槽顶宽/m	泄流槽底宽/m	溃决历时/h	峰值流量/(m³·s⁻¹)	死亡人数	参考文献
1408	JP	吾妻川·利根川合流	1783	—	VE	—	—	—	10	—	—	—	2.3	0.04	—	—	—	—	—	—	—	[15]
1409	JP	物部川·上韮生川·久保高井	1788	EF	RF	0.75	—	0.4	36	130	330	—	0.49	370	—	—	—	—	—	—	—	[15]
1410	JP	重信川·木谷川	1790	ES	EQ	0.3	—	0.06	20	200	300	—	1.7	3	—	—	—	—	—	—	—	[15]
1411	JP	追良瀬川中流	1793	ES	EQ	88	—	6.4	40	180	100	—	5	15	—	—	—	—	—	—	—	[15]
1412	JP	信濃川·中津川·切明·南側	1847	ES	EQ	20	—	10	110	200	300	—	28	—	—	—	—	—	—	—	—	[15]
1413	JP	信濃川·中津川·切明·西側	1847	ES	—	20	—	10	110	200	300	—	26	—	—	—	—	—	—	—	—	[15]
1414	JP	大井川·笹間川·遠見山	1854	ES	EQ	0.43	—	0.28	30	180	220	—	1.7	60.2	—	—	—	—	—	—	—	[15]
1415	JP	富士川·白鳥山	1854	ES	EQ	0.6	—	0.5	15	200	400	—	8.6	1	—	—	—	—	—	—	—	[15]
1416	JP	神通川·宮川·円山	1858	ES	EQ	3.6	—	3.6	20	550	700	—	4.7	2.4	—	—	—	—	—	—	—	[15]
1417	JP	神通川·宮川·元田	1858	ES	EQ	2.2	—	2.2	30	320	300	—	3.4	0.5	—	—	—	—	—	—	—	[15]
1418	JP	神通川·宮川·保木林	1858	ES	EQ	0.94	—	0.94	—	250	200	—	3.4	150.5	—	—	—	—	—	—	—	[15]
1419	JP	黑部川·地藏岳	1858	ES	EQ	7.2	—	7.2	90	—	400	—	14	1	—	—	—	—	—	—	—	[15]
1420	JP	木津川·伊賀上野	1854	—	EQ	—	—	—	—	—	540	—	24	—	—	—	—	—	—	—	—	[15]
1421	JP	最上川·大谷地	1878	—	RF	16	—	—	6	300	600	—	1.4	—	—	—	—	—	—	—	—	[15]
1422	JP	日高川·下柳瀬	1889	—	RF	0.5	—	0.25	250	160	160	—	13	—	—	—	—	—	—	—	—	[15]
1423	JP	田邊川·右會津川·高尾山	1889	ES	RF	4	—	2	30	150	540	—	0.19	0.13	—	—	—	—	—	—	—	[15]
1424	JP	田邊川·會津川·横山	1889	ES	RF	7.2	—	3.6	30	250	540	—	0.4	0.21	—	—	—	—	—	—	—	[15]
1425	JP	芳養川·中芳養小學校前左岸	1889	ES	RF	0.8	—	0.4	15	400	200	—	2.7	—	—	—	—	—	—	—	—	[15]
1426	JP	富田川·生馬川·篠原	1889	ES	RF	0.36	—	0.18	40	150	120	—	0.68	1504	—	—	—	—	—	—	—	[15]
1427	JP	揖斐川·坂内川·ナシノ前壊	1891	ES	EQ	1.5	—	0.96	38	110	250	—	2	6	—	—	—	—	—	—	—	[15]

（续表）

编号	国家或地区	名称	成坝时间	滑坡类型	滑坡诱因	滑坡体方量/(×10⁶ m³)	堰塞坝类型	堰塞坝体积/(×10⁶ m³)	坝高/m	坝长/m	坝宽/m	堰塞湖长度/m	堰塞湖体积/(×10⁶ m³)	溃坝用时/d	溃坝机理	泄流槽深度/m	泄流槽顶宽/m	泄流槽底宽/m	溃决历时/h	峰值流量/(m³·s⁻¹)	死亡人数	参考文献
1428	JP	雄物川・峯知鸟沢・赤石台	1896	ES	EQ	2	—	1	45	200	500	—	1.2	—	—	—	—	—	—	—	—	[15]
1429	JP	富士川・大柳川・十谷	1900	ES	RF	1.5	—	0.4	60	120	200	—	1.3	—	—	—	—	—	—	—	—	[15]
1430	JP	雄物川・布又沢	1914	ES	EQ	0.26	—	0.045	10	100	100	—	0.033	—	—	—	—	—	—	—	—	[15]
1431	JP	雄物川・猿井沢	1914	ES	EQ	0.023	—	0.045	8	60	100	—	0.027	—	—	—	—	—	—	—	—	[15]
1432	JP	安倍川中流・巍野	1914	ES	RF	0.3	—	0.2	15	500	200	—	1.6	ST	—	—	—	—	—	—	—	[15]
1433	JP	酒匂川・谷我	1923	ES	EQ	2.3	—	0.1	10	100	200	—	0.34	ST	—	—	—	—	—	—	—	[15]
1434	JP	相模川・串川・鸟屋马石	1923	ES	EQ	0.5	—	0.25	10	150	200	—	0.65	—	—	—	—	—	—	—	—	[15]
1435	JP	小田原市・曽我谷・剑沢	1923	EF	EQ	—	—	—	—	—	—	—	—	15	—	—	—	—	—	—	—	[15]
1436	JP	和田町・白渚	1923	ES	EQ	—	—	—	—	—	—	—	0.03	—	—	—	—	—	—	—	—	[15]
1437	JP	養老川・市原市上原	1923	ES	EQ	—	—	—	10	—	40	—	—	—	—	—	—	—	—	—	—	[15]
1438	JP	小櫃川・袖ヶ浦市富川橋	1923	ES	EQ	0.06	—	0.03	3	70	70	—	—	—	—	—	—	—	—	—	—	[15]
1439	JP	小糸川・君津市人见	1923	ES	EQ	0.48	—	0.06	12	200	70	—	—	ST	—	—	—	—	—	—	—	[15]
1440	JP	狩野川・奥野山	1930	EF	EQ	6.5	—	3	320	150	150	—	0.27	—	—	—	—	—	—	—	—	[15]
1441	JP	姬泽川・鼠泽山	1939	ES	RF	0.07	—	0.03	30	250	350	—	1.6	1	—	—	—	—	—	—	—	[15]
1442	JP	信濃川・梓川ヶ谷	1945	—	RF	—	—	—	15	50	100	—	0.025	—	—	—	—	—	—	—	—	[15]
1443	JP	有田川・清水町坂尾	1953	ES	RF	0.18	—	0.09	15	90	150	—	0.8	—	—	—	—	—	—	—	—	[15]
1444	JP	天竜川・小渋川・大西山	1953	ES	RF	3	—	2.4	6	50	800	—	0.4	—	—	—	—	—	—	—	—	[15]
1445	JP	真名川・西谷村中岛	1965	EF	EQ	0.2	—	0.2	15	250	200	—	1.5	ST	—	—	—	—	—	—	—	[15]
1446	JP	姬川・大所川・赤秃山	1967	DF	RF	0.12	—	0.1	15	100	150	—	0.2	798	—	—	—	—	—	—	—	[15]
1447	JP	筬川・敷ノ山	1976	ES	RF	0.8	—	0.15	20	100	150	—	—	—	—	—	—	—	—	—	—	[15]
1448	JP	揖保川・福地—宫の地すべり	1976	ES	RF	0.81	—	0.6	10	250	600	—	0.3	—	—	—	—	—	—	—	—	[15]

（续表）

编号	国家或地区	名称	成坝时间	滑坡类型	滑坡诱因	滑坡体方量/(×10⁶ m³)	堰塞坝类型	堰塞坝体积/(×10⁶ m³)	坝高/m	坝长/m	坝宽/m	堰塞湖长度/m	堰塞湖体积/(×10⁶ m³)	溃坝用时/d	溃坝机理	泄流槽深度/m	泄流槽顶宽/m	泄流槽底宽/m	溃决历时/h	峰值流量/(m³·s⁻¹)	死亡人数	参考文献
1449	JP	沃田市·周布川	1991	ES	RF	0.3	—	0.05	15	30	100	—	0.015	—	—	—	—	—	—	—	—	[15]
1450	JP	筑後川·矢瀬川·藪川	1991	ES	RF	0.008	—	0.008	10	50	150	—	0.008	—	—	—	—	—	—	—	—	[15]
1451	JP	富士川·市川大門町·神有	1991	ES	RF	0.15	—	0.1	—	—	100	—	—	—	—	—	—	—	—	—	—	[15]
1452	JP	北茨城市上小津田·根古屋川	1991	ES	RF	0.22	—	0.005	5	20	110	—	—	—	—	—	—	—	—	—	—	[15]
1453	JP	最上川·立谷沢川·濁沢	1993	ES	RF	4.7	—	13	—	—	300	—	—	—	—	—	—	—	—	—	—	[15]
1454	JP	番匠川·佐伯市·小半	1993	ES	RF	0.2	—	0.1	6	70	100	—	0.14	—	—	—	—	—	—	—	—	[15]
1455	JP	西宮市·仁川	1995	ES	EQ	0.036	—	0.018	5	50	120	—	—	—	—	—	—	—	—	—	—	[15]
1456	JP	信濃川·芋川·東竹沢	2004	ES	EQ	1.3	—	0.66	32	300	350	—	2.6	—	—	—	—	—	—	—	—	[15]
1457	JP	信濃川·芋川·十二平	2004	ES	EQ	—	—	—	—	—	—	—	—	—	—	—	—	—	—	—	—	[15]
1458	JP	信濃川·芋川·楢木	2004	ES	EQ	—	—	—	—	—	—	—	—	—	—	—	—	—	—	—	—	[15]
1459	JP	信濃川·芋川·南平	2004	ES	EQ	—	—	—	—	—	—	—	—	—	—	—	—	—	—	—	—	[15]
1460	JP	信濃川·芋川·寺野	2004	ES	EQ	1	—	0.3	31	230	360	—	0.39	—	—	—	—	—	—	—	—	[15]
1461	JP	耳川·野々尾	2005	ES	EQ	3.9	—	2	57	120	370	—	2.6	0.2	—	—	—	—	—	—	—	[15]
1462	JP	北上川·一迫川·湯ノ倉温泉	2008	ES	EQ	2.5	—	0.81	32	90	660	—	0.46	NF	—	—	—	—	—	—	—	[15]
1463	JP	北上川·一迫川·湯浜	2008	ES	EQ	3	—	2.2	50	200	1 000	—	0.79	NF	—	—	—	—	—	—	—	[15]
1464	JP	北上川·一迫川原小屋沢	2008	ES	EQ	0.6	—	0.21	24	170	400	—	0.11	—	—	—	—	—	—	—	—	[15]
1465	JP	北上川·一迫川·温湯	2008	ES	EQ	0.38	—	0.74	3	80	580	—	—	—	—	—	—	—	—	—	—	[15]
1466	JP	北上川·一迫川原小川原	2008	ES	EQ	0.49	—	0.49	18	200	520	—	0.027	—	—	—	—	—	—	—	—	[15]
1467	JP	北上川·一迫川·浅布	2008	ES	EQ	0.3	—	0.3	7	220	220	—	0.01	—	—	—	—	—	—	—	—	[15]

（续表）

编号	国家或地区	名称	成坝时间	滑坡类型	滑坡诱因	滑坡体方量/$(\times 10^6\,\mathrm{m}^3)$	堰塞坝类型	堰塞坝体积/$(\times 10^6\,\mathrm{m}^3)$	坝高/m	坝长/m	坝宽/m	堰塞湖长度/m	堰塞湖体积/$(\times 10^6\,\mathrm{m}^3)$	溃坝用时/d	溃坝机理	泄流槽深度/m	泄流槽顶宽/m	泄流槽底宽/m	溃决历时/h	峰值流量/$(\mathrm{m}^3\cdot\mathrm{s}^{-1})$	死亡人数	参考文献
1468	JP	北上川·一迫川·坂下	2008	ES	EQ	0.09	—	0.09	3	20	80	—	—	—	—	—	—	—	—	—	—	[15]
1469	JP	北上川·二迫川·荒户沢	2008	ES	EQ	67	—	—	—	—	—	—	—	—	—	—	—	—	—	—	—	[15]
1470	JP	北上川·三迫川·沼仓裏沢	2008	ES	EQ	2.9	—	1.2	26	160	560	—	0.31	6.9	—	—	—	—	—	—	—	[15]
1471	JP	北上川·三迫川·沼仓	2008	ES	EQ	0.27	—	0.27	7	120	300	—	—	—	—	—	—	—	—	—	—	[15]
1472	JP	北上川·产女川·	2008	ES	EQ	13	—	12	50	200	260	—	0.095	—	—	—	—	—	—	—	—	[15]
1473	JP	北上川·磐井川·須川	2008	ES	EQ	0.39	—	0.39	10	130	280	—	0.095	—	—	—	—	—	—	—	—	[15]
1474	JP	北上川·磐井川·槻木平	2008	ES	EQ	0.08	—	0.08	5	60	160	—	—	—	—	—	—	—	—	—	—	[15]
1475	JP	北上川·市野々原·磐井川	2008	ES	EQ	3.6	—	1.7	33	200	700	—	1.8	—	—	—	—	—	—	—	—	[15]
1476	JP	北上川·磐井川·下真坂	2008	ES	EQ	0.01	—	0.02	7	30	60	—	—	—	—	—	—	—	—	—	—	[15]
1477	JP	Shiratani River（高知,上圭生川,堂の岡）	1788	RF、ES	RF	2	—	2	50	400	500	—	2.2	NF	—	—	—	—	—	—	—	[12][57]
1478	JP	十津川,久保谷薪湖	1889	RS	RF	4.4	—	0.6	20	200	300	—	1.3	37	—	—	—	—	—	980	—	[12]
1479	KAZ	Issyk Lake	8000BP	—	—	18	—	18	90	—	—	—	—	—	—	—	—	—	—	—	—	[12]
1480	NO	Gaula River	1345	LS	—	55	Ⅲ	—	—	7000	1200	5000	—	—	—	—	—	—	—	—	—	[7]
1481	NO	Ulvadal River	1960	DS	RF	—	Ⅱ	—	2~3	—	—	—	—	NF	NF	—	—	—	—	—	—	[7]
1482	NO	Vaerdalselven River	1863	LS	—	—	—	—	—	7000	1200	5000	—	—	—	—	—	—	—	—	—	[7]
1483	NO	Vaerdalselven River	1893	LS	RF	55	Ⅲ	—	—	—	300	—	—	0.03	—	—	—	—	—	—	111	[7]
1484	NP	Bhairab Kunda Stream	1996	DF	RF	0.18	Ⅱ	—	—	—	—	—	—	—	—	—	—	—	—	—	—	[24]
1485	NP	Chirling Khola River	1978	RS	RF	0.02	Ⅱ	0.02	6	10	60	100	0.004	350	—	—	—	—	—	—	—	[7]
1486	NP	Dhankuta Khola River	1974	RS	RF	—	Ⅱ	—	—	—	—	—	—	—	—	—	—	—	—	—	—	[7]

（续表）

编号	国家或地区	名称	成坝时间	滑坡类型	滑坡诱因	滑坡体方量/(×10⁶ m³)	堰塞坝类型	堰塞坝体积/(×10⁶ m³)	坝高/m	坝长/m	坝宽/m	堰塞湖长度/m	堰塞湖体积/(×10⁶ m³)	溃坝用时/d	溃坝机理	泄流槽深度/m	泄流槽顶宽/m	泄流槽底宽/m	溃决历时/h	峰值流量/(m³·s⁻¹)	死亡人数	参考文献
1487	NP	Dharbang	1926, 1988	Debris stream	—	—	—	5	100	1 500	300	700	1.75	0.25	OT, ER	—	—	—	—	—	—	[60]
1488	NP	Dukur Pokhari	Post-glacial	In-situ collapse	—	—	—	1 000	500	2 000	3 000	3 000	75	ST	—	—	—	—	—	—	—	[60]
1489	NP	Gath-Chaumikharka	Post-glacial	Rolling, bouncing	—	—	—	100	100	3 400	1 000	5 000	90	43 800	OT	—	—	—	—	—	—	[60]
1490	NP	Ghatta Khola	Post-glacial	Rolling, bouncing	—	—	—	4.8	200	300	300	300	1	100a	—	—	—	—	—	—	—	[60]
1491	NP	Jagat	1962~1979	Debris stream	—	—	—	—	—	—	—	5 000	—	17a	—	—	—	—	—	—	—	[60]
1492	NP	Kaligandaki River	1936	RS	RF	—	I	3 000	<1 000	<4 000	<6 000	<30 000	1 500~3 000	1.25	—	—	—	—	—	—	3	[7]
1493	NP	Kalopani	—	RS	—	—	—	—	—	—	—	—	350~400	ST	—	—	—	—	—	—	—	[60]
1494	NP	Labu Khola	1968	RS	RF	>1	—	—	60	90	150	5 000	—	3.5	PP,OT	—	—	—	—	—	—	[7]
1495	NP	Labubesi	1968	Debris stream	—	—	—	—	—	—	—	5 000	0.000 05	17a	OT	—	—	—	—	—	—	[60]
1496	NP	Lamabagar	3 generations	Rolling, bouncing	—	—	—	30	300	2 000	1 000	3 000	18	ST	OT	—	—	—	—	—	—	[60]
1497	NP	Latamrang	5400BP	RS	—	—	—	4 500~5 500	700	2 500	3 500	3 000	≤8 500	182 500	OT	—	—	—	—	—	—	[60]
1498	NP	Ringmo	30 000~40 000	In-situ collapse	—	—	—	1 500	700	2 500	1 500	5 000	350~400	NF	—	—	—	—	—	—	—	[60]
1499	NP	Saptagandaki River	1930	RS	RF	—	—	—	—	—	—	—	—	—	—	—	—	—	—	—	—	[7]
1500	NP	Sunkoshi River	1984	RS	RF	12	I	0.72	8	300	300	1 000	2.4	0.08	OT	—	—	—	—	—	—	[7]
1501	NP	Sunkoshi River	1984	RS	RF	3	I	0.48	8	300	200	1 000	1.5	0.08	—	—	—	—	—	—	—	[7]
1502	NP	Tadi Khola River	1927	RS	RF	—	II	—	—	—	—	250	—	0.2	—	—	—	—	—	—	3	[7]
1503	NP	Tal	≤1 000BP	Rolling, bouncing	—	—	—	4.5	100	1 000	500	1 000	10~15	≤73 000	OT	—	—	—	—	—	—	[60]
1504	NP	Tatopani	1998	Debris stream	—	—	—	0.4	—	—	—	1 000	1	3	OT, ER	—	—	—	—	—	—	[60]
1505	NP	Trisuli River	1985	—	—	—	—	—	—	—	2 500	—	0.25~0.5	OT	—	—	—	5	2 010	—	[7]
1506	NP	Yangma Khola River	1980	RS, DS	RF	—	II	—	—	—	—	—	—	<1	—	—	—	—	—	—	—	[7]

（续表）

编号	国家或地区	名称	成坝时间	滑坡类型	滑坡诱因	滑坡体方量/($\times 10^6$ m^3)	堰塞坝类型	堰塞坝体积/($\times 10^6$ m^3)	坝高/m	坝长/m	坝宽/m	堰塞湖长度/m	堰塞湖体积/($\times 10^6$ m^3)	溃坝用时/d	溃坝机理	泄流槽深度/m	泄流槽顶宽/m	泄流槽底宽/m	溃决历时/h	峰值流量/(m^3·s^{-1})	死亡人数	参考文献
1507	NZ	Buller River	1908	—	—	—	—	—	—	—	—	—	—	—	—	—	—	—	—	—	—	[7]
1508	NZ	Buller River	1968	DA	EQ	4.3	II	—	12	100	250	6 000	—	0.9	—	—	—	—	—	—	—	[7]
1509	NZ	Buller River	1971	DA	RF	—	III	—	—	100	350	—	—	—	—	—	—	—	—	—	—	[7]
1510	NZ	Coppermine Creek	1976	Slump	RF	0.035	III	—	10	—	—	—	—	—	—	—	—	—	—	—	—	[7]
1511	NZ	Drysdale Creek	1913	Slide	EQ	—	—	—	—	—	—	—	—	—	—	—	—	—	—	—	—	[7]
1512	NZ	Falls Creek	1929	—	EQ	—	—	—	—	—	—	—	—	—	—	—	—	—	—	—	—	[7]
1513	NZ	Glasseye Creek	1929	—	EQ	—	—	—	—	—	—	—	—	—	—	—	—	—	—	—	—	[7]
1514	NZ	Hangaroa River	1988	RS	RF	—	II	—	—	—	—	6 000	—	—	—	—	—	—	—	—	—	[7]
1515	NZ	Lake Marina	1929	—	EQ	—	—	—	—	—	—	—	—	—	—	—	—	—	—	—	—	[7]
1516	NZ	Lower Lindsay Lake	1929	—	EQ	—	—	—	—	—	—	—	—	—	—	—	—	—	—	—	—	[7]
1517	NZ	Maruia River	1929	RS	EQ	—	II	—	—	—	—	—	—	—	—	—	—	—	—	—	—	[7]
1518	NZ	Matakitaki River	1929	RS	EQ	—	II	—	25	—	—	5 000	—	2	—	—	—	—	—	—	—	[7]
1519	NZ	Matiri River	1929	RS	EQ	—	II	—	—	—	—	—	—	NF	NF	—	—	—	—	—	—	[7]
1520	NZ	Matiri River	1929	RS	EQ	—	II	—	—	—	—	—	—	NF	NF	—	—	—	—	—	—	[7]
1521	NZ	Mokihinui River	1929	RS	EQ	—	II	0.6	23	100	—	11 000	—	17	—	7.6	—	—	—	—	—	[6]
1522	NZ	Moonstone Lake	1929	—	EQ	—	—	—	15	—	—	—	—	—	—	—	—	—	—	—	—	[36]
1523	NZ	Mt Adams	1999	RA	RF	10~15	II	10~15	80	—	700	—	5.0~7.0	6	OT	40~50	100	30	5.5	2 000~3 000	—	[4]
1524	NZ	Mt Ruapehu Tephra	2007	—	—	—	—	—	7	—	—	—	6	—	PP	—	—	—	—	—	—	[33]
1525	NZ	Poerua River	1999	Ava.	—	12.5	—	12.5	120	450	700	—	—	6	—	—	—	—	—	3 000	—	[7]
1526	NZ	Ponui Stream	1976	RS, IS	RF	2.5	II	2.5	50	—	570	—	2.89	NF	NF	—	—	—	—	—	—	[16]
1527	NZ	Poulter River	2200BP	—	—	—	III	2 200	248	—	—	—	—	—	—	—	—	—	—	—	—	[27]
1528	NZ	Ram Creek	1968	RA	EQ	5	III	2.8	40	150	1 200	325	1.1	5 475	OT	30	100	30	—	1 000	—	[7]
1529	NZ	Ruamahanga River	1855	RS	EQ	—	—	—	—	—	—	—	—	NF	—	—	—	—	—	—	—	[29]
1530	NZ	Sandstone Lake	1929	—	EQ	—	—	—	—	—	—	—	—	—	—	—	—	—	—	—	—	[7]
1531	NZ	Stanley River	1929	DA	EQ	—	—	—	40	—	—	2 000	—	—	—	—	—	—	—	—	—	[7]
1532	NZ	Te Hoe River	1931	DA	EQ	—	—	—	25	—	—	2 000	5~6	2 555	—	—	—	—	—	—	—	[7]
1533	NZ	Thompson Stream	1905	—	—	—	—	16	30	—	—	—	—	—	—	—	—	—	—	—	—	[12] [16]

（续表）

编号	国家或地区	名称	成坝时间	滑坡类型	滑坡诱因	滑坡体方量/(×10⁶ m³)	堰塞坝类型	堰塞坝体积/(×10⁶ m³)	坝高/m	坝长/m	坝宽/m	堰塞湖长度/m	堰塞湖体积/(×10⁶ m³)	溃坝用时/d	溃坝机理	泄流槽深度/m	泄流槽顶宽/m	泄流槽底宽/m	溃决历时/h	峰值流量/(m³·s⁻¹)	死亡人数	参考文献
1534	NZ	Thompson Stream	1929	RS、RA	EQ	—	—	—	30	—	400	—	—	—	—	—	—	—	—	—	—	[7]
1535	NZ	Tuki Tuki River	1968	RS、DA	HC	0.765	II	0.765	15	—	—	—	3	NF	—	—	—	9	—	—	—	[7]
1536	NZ	Tunawaea Stream Valley	1991	Slide	—	—	—	4	70	170~370	550	—	0.9	332	OT	15~20	—	—	1	250	—	[16][41][59]
1537	NZ	Tunawea River	1991	—	—	—	—	0.77	55	—	—	—	—	—	—	—	—	—	—	—	—	[12]
1538	NZ	Waikeraimoana Lake	2200BP	—	—	—	—	2 200	248	—	—	—	—	—	—	—	—	—	—	—	—	[12][16]
1539	PE	Cerro Condor-Seneca	1945	—	—	—	—	5.35	—	—	—	—	721	—	—	—	—	—	—	34 000	—	[33]
1540	PE	Huancapara River	—	—	—	—	—	—	20	500	200	750	—	—	—	—	—	—	—	—	—	[7]
1541	PE	Mantaro River	1930	DA	—	—	II	—	—	300	450	—	—	60	—	—	—	—	—	—	—	[7]
1542	PE	Mantaro River	1945	RS	HC	3.5	II	3.5	133	250	580	21 000	301	73	SF、PP	56	—	—	—	35 400	—	[7]
1543	PE	Mantaro River	1974	DA	RF	1 600	III	1 300	160	1 000	3 800	31 000	670	42	OT	107	243	30	12	—	—	[7][12][42]
1544	PE	Maranon River	1946	—	EQ	—	—	—	—	—	—	—	—	41	—	—	—	—	—	—	—	[7]
1545	PE	Nepena River	1970	RS	EQ	—	—	—	20	—	—	480	—	NF	—	—	—	—	—	—	—	[7]
1546	PE	Pelagatos River	1946	RA	EQ	25	—	—	—	—	—	—	—	—	—	—	—	—	—	—	—	[7]
1547	PE	Santa River	1941	DF	DF	10	—	—	—	—	—	—	—	2	—	—	—	—	—	—	—	[7]
1548	PE	Santa River	1962	DA	SM	13	II	—	—	300	1 300	—	—	0.002	—	—	—	—	—	3 000	—	[7]
1549	PE	Santa River	1970	Slump	EQ	25	VI	—	—	150	300	700	—	NF	—	—	—	—	—	—	—	[7]
1550	PE	Santa River	1970	DA	EQ	50~100	III	—	—	300	3 500	1 500	—	0.02	—	—	—	—	—	—	—	[7]
1551	PE	Shacsha River	1970	RF、DA	EQ	0.5	II	—	—	—	—	—	—	NF	—	—	—	—	—	—	—	[7]
1552	PE	Tincog River	1967	—	RF	—	—	—	—	—	—	—	—	—	—	—	—	—	—	—	—	[7]
1553	PE	Yuracyacu River	1968	RS	—	0.3	—	—	—	—	—	—	—	—	—	—	—	—	—	—	—	[7]
1554	PG	Bairaman River	1985	RS、DA	EQ	200	III	200	200	1 000	3 000	3 000	50	489	OT	70	—	—	3	8 000	—	[7][12][50]
1555	PG	Bairaman River	1985	RS、DA	EQ	150	III	25	50	500	1 000	3 500	2.1	NF	—	—	—	—	—	—	—	[7][26]
1556	PG	Clearwater Creek	1935	RS、ES	EQ	2	III	0.9	45	100	200	500	1	NF	—	—	—	—	—	—	—	[7][26]

（续表）

编号	国家或地区	名称	成坝时间	滑坡类型	滑坡诱因	滑坡体方量/($\times 10^6\ m^3$)	堰塞坝类型	堰塞坝体积/($\times 10^6\ m^3$)	坝高/m	坝长/m	坝宽/m	堰塞湖长度/m	堰塞湖体积/($\times 10^6\ m^3$)	溃坝用时/d	溃坝机理	泄流槽深度/m	泄流槽顶宽/m	泄流槽底宽/m	溃决历时/h	峰值流量/($m^3 \cdot s^{-1}$)	死亡人数	参考文献
1557	PG	Ok Ma River	1984	Slide	HC	15	—	—	3	100	300	800	0.1	731	—	—	—	—	—	—	—	[7]
1558	PG	Tiaru River	1985	DF	EQ	0.6	—	—	30	100	300	700	0.28	19	—	—	—	—	—	—	—	[7]
1559	PG	Tiaru River	1985	RS, DS	EQ	5	—	—	50	200	500	1 000	2	NF	—	—	—	—	—	—	—	[7]
1560	PG	Undal River	1941	DF	EQ	1	—	—	11	137	411	1 000	—	NF	—	—	—	—	—	—	—	[7]
1561	PH	Bued River	1968	DF	RF	—	—	—	10	—	300	—	—	—	—	—	—	—	—	—	—	[7]
1562	PH	Jalaur River	1938	Slump	RF	—	—	—	55	—	—	8 000	—	33	—	—	—	—	—	—	—	[7]
1563	PH	Naporoc River	1628	DA	—	1 500	III	—	90	—	—	5 000	—	NF	NF	—	—	—	—	—	—	[7]
1564	PK	Ghizar River	1980	DF	DF	—	III	—	30	200	300	5 000	—	1.3	OT	—	—	—	—	—	—	[51]
1565	PK	Gilgit River	1981	DF	—	—	—	—	5	500	—	5 000	—	—	—	—	—	—	—	—	—	[7]
1566	PK	Gilgit River	1984	DF	RF	—	—	—	—	—	—	—	—	0.1	—	—	—	—	—	—	—	[7]
1567	PK	Hattian Bala	2005	—	EQ	65	—	—	100	—	—	—	—	—	—	—	—	—	—	—	—	—
1568	PK	Hunza River	1858	RS	RF, SM	—	—	500	100	—	—	45 000	805	180	OT	—	—	—	—	—	—	[7] [53]
1569	PK	Hunza River	1974	DF	RF	—	—	—	4	40	—	—	—	0.04	—	—	—	—	—	—	—	[7]
1570	PK	Hunza River	1976	DF	RF	—	—	—	20	—	—	12 000	—	NF	—	—	—	—	—	—	—	[7]
1571	PK	Hunza River	2010	Slide	PW	45	—	30	120~200	1 300	300	21 000	450	NF	NF	—	—	—	—	—	—	[46] [47]
1572	PK	Indus River	1840	RS, DA	EQ	—	—	500	224	1 600	—	64 000	65	150	OT	—	—	—	—	—	—	[7]
1573	PK	Indus River	1841	RS	EQ	—	—	80	200	—	—	65 000	—	NF	—	—	—	—	—	540 000	—	[25]
1574	PK	Jhelum River	2005	RF, RS	EQ	80	II	—	—	—	—	800	86	—	NF	—	—	—	—	5 500	—	[12]
1575	PK	Karli stream	2005	DA	EQ	85	II	—	130	—	450	800	86	1 580	OT	—	—	—	—	5 500	—	[13] [30]
1576	PK	Tang stream	2005	DA	EQ	85	II	—	22	—	130	400	5	1 735	OT	—	—	—	—	—	—	[13] [30]
1577	PL	Wetlina River	1980	RF, DF	RF	0.15	—	—	6~10	25~30	60	200	—	2 920	OT	3.0~5	10, 0~15	—	—	—	—	[7]
1578	RO	Lake Rosu	1828	RS	RS	—	—	—	—	—	—	—	—	NF	—	—	—	—	—	—	—	[7]
1579	SE	Gota Alv River	1950	ES	HC	3	VI	—	5	110	110	—	—	—	—	—	—	—	—	—	—	[7]
1580	SI	Mongga River tributary	1986	RA	RF	5	III	—	30	400	1 500	3 000	12	108	OT	—	—	—	—	—	—	[7]
1581	SL	Unknown River	1982	DS, DF	RF	—	—	—	3	15	35	—	—	1	—	—	—	—	—	—	—	[7]
1582	SP	Velillos River	1986	ES, EF	HC	0.5	II	—	—	—	35	—	—	NF	—	—	—	—	—	—	Some	[7]
1583	TH	Haui Sao River	1988	RS	RF	—	II	—	12	75	35	—	—	1	OT	—	—	—	—	—	—	[7]
1584	TH	Tha Di River	1988	RS	RF	—	I	—	6	80	25	—	—	4	OT	—	—	—	—	—	—	[7]

（续表）

编号	国家或地区	名称	成坝时间	滑坡类型	滑坡诱因	滑坡体方量/(×10⁶ m³)	堰塞坝类型	堰塞坝体积/(×10⁶ m³)	坝高/m	坝长/m	坝宽/m	堰塞湖长度/m	堰塞湖体积/(×10⁶ m³)	溃坝用时/d	溃坝机理	泄流槽深度/m	泄流槽顶宽/m	泄流槽底宽/m	溃决历时/h	峰值流量/(m³·s⁻¹)	死亡人数	参考文献
1585	TH	Tha Di River	1988	DF	RF	—	I	—	3	40	5	—	—	2	OT	—	—	—	—	—	—	[7]
1586	TJ	Usio	1911	—	—	—	—	2 200	—	—	—	60 000	17 000	NF	—	—	—	—	—	—	—	[62]
1587	TR	Dagirmen River	1988	RA	RF	0.25	—	—	6	50	130	300	—	NF	—	—	—	—	—	—	—	[7]
1588	TR	Gorge from Cehennem-Dere Glacier	1840	RA	EQ	—	—	—	—	—	—	—	—	3	—	—	—	—	—	—	—	[7]
1589	TR	Kratl	1987	—	RF	—	—	—	—	—	—	—	—	—	—	—	—	—	—	—	—	[14]
1590	TR	Sera River	1950	RF	RF	5	—	—	—	—	—	—	1.8	—	—	—	—	—	—	—	—	[14]
1591	TR	Solakli River	1929	RF	RF	—	—	—	—	—	—	—	10	NF	NF	—	—	—	—	—	146	[14]
1592	TR	Tortum River	1700s	RS	—	223	I	180	270	1 350	790~1 380	8 500	538	—	OT	—	—	—	—	—	—	[14]
1593	TR	Hsiaolin village	2009	Slide	RF	25.2	III	15.4	44	370	1 500	—	9.9	0.04	OT	40~46	—	—	8.4 Min	70 649	—	[11][31]
1594	TW	Jiayi	1941	DS	EQ	—	—	—	170	—	—	—	120	3 650	OT	—	—	—	—	—	several	[56]
1595	TW	Tsao-Ling Lake	1862	DS	EQ	—	II	—	—	—	—	—	—	13 140	OT	—	—	—	—	—	—	[7]
1596	TW	Tsao-Ling Lake	1941	DS	EQ	48	II	125	140	—	—	—	12.8	3 669	OT	—	—	—	—	—	—	[7]
1597	TW	Tsao-Ling Lake	1942	DS	RF	—	II	282.1	217	1 100	1 600	7 200	157	3 435	OT	—	—	—	—	—	154	[53]
1598	TW	Tsao-Ling Lake	1979	DS	RF	5	II	5	90	—	—	—	40	9	OT	—	—	—	—	—	—	[7]
1599	TW	Tsao-Ling Lake	1999	—	EQ	120	—	25	50	5 000	—	—	46	—	—	—	—	—	—	—	—	[2]
1600	TW	賓來溪（寶山村）	2009	—	RF	—	III	—	10	—	—	180	—	—	OT	—	—	—	—	—	—	[32]
1601	TW	大安溪內灣段	1999	—	EQ	—	—	—	—	—	—	—	—	—	—	—	—	—	—	—	—	[2]
1602	TW	大社溪（大社村）	2009	—	RF	—	—	—	—	—	—	—	—	—	—	—	—	—	—	—	—	[32]
1603	TW	東浦溪	2000	—	RF	—	—	0.036	15	—	—	—	—	—	—	—	—	—	—	—	—	[2]
1604	TW	旱溪	1999	—	EQ	—	—	0.018	6	—	—	—	—	—	—	—	—	—	—	—	—	[2]
1605	TW	郝馬夏班溪 神木村）	2009	—	RF	—	—	—	—	—	—	—	—	—	—	—	—	—	—	—	—	[32]
1606	TW	和社溪（神木村）	2009	Ava.	RF	—	III	—	—	—	—	—	—	—	OT	—	—	—	—	—	—	[32]
1607	TW	侯嗣大坑坑溪	2000	—	RF	—	—	—	4	—	—	—	—	—	—	—	—	—	—	—	—	[2]
1608	TW	九份二山韭菜湖溪	1999	—	EQ	—	—	—	29	—	—	—	0.68	—	—	—	—	—	—	—	—	[2]
1609	TW	九份二山澀仔坑溪	1999	—	EQ	—	II	—	37.5	—	—	—	1.1	—	NF	—	—	—	—	—	—	[2]
1610	TW	拉克斯溪（梅蘭村）	2009	RA	RF	—	—	—	—	—	—	—	—	—	—	—	—	—	—	—	—	[32]
1611	TW	荖濃溪（寶來村）	2009	Ava.	RF	—	—	—	—	—	—	—	—	—	OT	—	—	—	—	—	—	[32]

（续表）

编号	国家或地区	名称	成坝时间	滑坡类型	滑坡诱因	滑坡体方量/($\times10^5$ m³)	堰塞坝类型	堰塞坝体积/($\times10^6$ m³)	坝高/m	坝长/m	坝宽/m	堰塞湖长度/m	堰塞湖体积/($\times10^6$ m³)	溃坝用时/d	溃坝机理	泄流槽深度/m	泄流槽顶宽/m	泄流槽底宽/m	溃决历时/h	峰值流量/(m³·s⁻¹)*	死亡人数	参考文献
1612	TW	荖浓溪(复兴村)	2009	—	RF	—	—	—	—	—	—	—	—	—	—	—	—	—	—	—	—	[32]
1613	TW	荖浓溪(梅山村)	2009	—	RF	—	Ⅲ	—	—	—	—	—	—	—	OT	—	—	—	—	—	—	[32]
1614	TW	荖浓溪(梅山口)	2009	—	RF	—	—	—	—	—	—	—	—	—	—	—	—	—	—	—	—	[32]
1615	TW	立雾溪	2002	—	EQ	—	—	0.005	—	—	—	—	—	—	—	—	—	—	—	—	—	[2]
1616	TW	平坑(嘓山村)	2009	—	RF	—	—	—	—	—	—	—	—	—	—	—	—	—	—	—	—	[32]
1617	TW	旗山溪(那玛夏乡)	2009	DF	RF	15	Ⅲ	8.7	55	224	1935	—	9.7	—	OT	—	—	—	—	—	—	[32]
1618	TW	汝仍溪(牡丹村)	2009	—	RF	—	—	—	—	—	—	—	—	—	—	—	—	—	—	—	—	[32]
1619	TW	沙里仙溪(同富村)	2009	—	RF	—	—	—	—	—	—	—	—	—	—	—	—	—	—	—	—	[32]
1620	TW	沙连河	1999	—	EQ	—	—	—	—	—	—	—	—	—	—	—	—	—	—	—	—	[2]
1621	TW	生毛树溪	1999	—	EQ	—	—	—	—	—	—	—	—	—	—	—	—	—	—	—	—	[2]
1622	TW	石盘溪	1999	—	EQ	—	—	—	—	—	—	—	—	—	—	—	—	—	—	—	—	[2]
1623	TW	土文溪(春日乡)	2009	ES	RF	—	Ⅱ	—	25	170	700	700	1.85	—	OT	—	—	—	—	—	—	[15] [32]
1624	TW	大麻里溪(包盛社)	2009	DA	RF	—	Ⅲ	—	10	—	1200	—	5.33	—	OT	—	—	—	—	—	—	[15] [32]
1625	TW	头汴坑溪(龙宝桥)	1999	—	EQ	—	—	0.006	5	—	—	—	—	—	—	—	—	—	—	—	—	[2]
1626	TW	头汴坑溪—江桥	1999	—	EQ	—	—	1.87	—	—	—	—	—	—	—	—	—	—	—	—	—	[2]
1627	TW	新武吕溪	2002	—	RF	—	—	0.45	30	—	—	—	—	—	—	—	—	—	—	—	—	[2]
1628	TW	知本溪堰塞湖(台东县卑南乡知本溪)	2015	—	EQ	2.2	—	0.23	19	—	1150	—	3.8	180*	—	—	—	—	—	—	—	[15]
1629	TW	荖浓溪勤和上游布唐布那斯溪(凡那比高雄县桃源区勤和村)	2010	—	RF	—	—	3.7	18	300	900	—	3.32	—	—	—	—	—	—	—	—	[15]
1630	TW	梅园下方溪(陶赛溪)	2009	ES	EQ	—	—	—	18	75	250	—	—	—	—	—	—	—	—	—	—	[15]
1631	TW	竹县上坪溪新乐堰塞湖	2006	—	—	—	—	—	20	100	—	—	1.5	—	—	—	—	—	—	—	—	[15]
1632	TW	秦源幽谷堰塞湖(玛武窟溪)	2003	—	EQ	—	—	—	—	—	—	—	0.009	—	—	—	—	—	—	—	—	[15]
1633	TW	台东县海端乡大仑溪上游	2006	Ava.	—	—	—	—	10	—	—	—	—	—	—	—	—	—	—	—	—	[15]

（续表）

编号	国家或地区	名称	成坝时间	滑坡类型	滑坡诱因	滑坡体方量/ $(\times10^6\ m^3)$	堰塞坝类型	堰塞坝体积/ $(\times10^6\ m^3)$	坝高/m	坝长/m	坝宽/m	堰塞湖长度/m	堰塞湖体积/ $(\times10^6\ m^3)$	溃坝用时/d	溃坝机理	泄流槽深度/m	泄流槽顶宽/m	泄流槽底宽/m	溃决历时/h	峰值流量/ $(m^3\cdot s^{-1})$	死亡人数	参考文献
1634	TW	高雄县甲仙乡西安村	2009	—	—	—	—	—	—	—	—	—	—	17	—	—	—	—	—	—	—	[15]
1635	TW	立雾溪堰塞湖	2009	—	RF	—	—	—	—	—	—	—	—	0.3	—	—	—	—	—	—	—	[15]
1636	TW	龙泉溪堰塞湖（台东县海端乡）	2006	ES	EQ	3.9	—	18	60	180	400	—	40	—	—	—	—	—	—	—	—	[15]
1637	TW	信义乡地利村合流坪	2008	—	—	1.2	—	0.3	30	100	100	—	2	—	—	—	—	—	—	—	—	[15]
1638	TW	铜门堰塞湖（木瓜溪）	2009	ES	EQ	—	—	—	20	60	220	—	—	—	—	—	—	—	—	—	—	[15]
1639	TW	老浓溪支流浊口溪堰塞湖（高雄县桃源乡新发村）	2009	—	RF	—	—	—	—	—	—	—	—	—	—	—	—	—	—	—	—	[15]
1640	TW	口社溪(沙卡兰溪)上游堰塞湖（屏东县三地门乡）	2009	—	RF	—	—	—	—	—	—	—	—	5	—	—	—	—	—	—	—	[15]
1641	TW	南港溪支流韭菜溪湖堰塞湖	2009	—	RF	—	—	—	—	—	—	—	—	—	—	—	—	—	—	—	—	[15]
1642	TW	高雄县甲仙乡西安村	2009	—	RF	—	—	—	—	—	—	—	—	—	—	—	—	—	—	—	—	[15]
1643	TW	雪山坑溪	1999	—	EQ	—	—	0.16	15	—	—	—	—	—	—	—	—	—	—	—	—	[2]
1644	US	Box Canyon Creek	1964	RS, DS	EQ	—	II	—	3~5	—	—	—	—	NF	NF	—	—	—	—	—	—	[7]
1645	US	Cache Creek	1906	DS	EQ	2.4	II	0.55	32	120	240	9000	14.9	5	Piping? OT?	—	—	—	—	—	—	[7] [12] [16]
1646	US	Cascade Creek	1941	DF	RF	—	—	—	—	—	—	120	—	—	—	—	—	—	—	—	—	[7]
1647	US	Cedar Creek	1988	ES	RF	1.7	I	1.7	3	30	150	1300	0.053	105	OT	2	10	8	—	—	—	[7]
1648	US	Chakachatna river	1953	DF	RF, VE	—	IV	—	—	—	—	8000	—	2	OT	4.6	—	—	—	—	—	[7]
1649	US	Chicken Creek	1984	ES	SM	—	II	—	6	50	—	170	0.02	0.13	OT	—	—	—	—	—	—	[7]
1650	US	Claverack Creek	1915	Slump	RF	—	VI	—	6	—	—	—	—	NF	NF	—	—	—	—	—	—	[7]
1651	US	Coldwater Creek	1980	DA	VE	2800	III	—	71	—	—	3500	83	—	—	—	—	—	—	—	—	[7]
1652	US	Colorado River	1923	MF	RF	—	III	—	—	—	—	—	—	1	OT	—	—	—	—	—	—	[7]
1653	US	Colorado River	1966	DF	RF	—	II	—	—	—	—	—	—	—	—	—	—	—	—	—	—	[7]
1654	US	Columbia River	1450	—	—	—	—	—	—	—	—	200	—	—	—	—	—	—	—	220 000	—	[25]
1655	US	Corralitos Creek	1989	RF	EQ	0.003 5	II	—	7	10~15	20	200	0.006	NF	NF	—	—	—	—	—	—	[7]

（续表）

编号	名称	国家或地区	成坝时间	滑坡类型	滑坡诱因	滑坡体方量/(×10⁶ m³)	堰塞坝类型	堰塞坝体积/(×10⁶ m³)	坝高/m	坝长/m	坝宽/m	堰塞湖长度/m	堰塞湖体积/(×10⁶ m³)	溃坝用时/d	溃坝机理	泄流槽深度/m	泄流槽顶宽/m	泄流槽底宽/m	溃决历时/h	峰值流量/(m³·s⁻¹)	死亡人数	参考文献
1656	Corralitos Creek	US	1989	RS	EQ	0.0035	II	—	3	25	15	30	0.0012	NF	NF	—	—	—	—	—	—	[7]
1657	Cottonwood Creek	US	1983	DS、DA	SM	—	II	—	5	—	50	50	—	0.6	OT	—	—	—	—	—	—	[7]
1658	Cottonwood Creek	US	1984	DF	SM	—	III	—	2.5	20	50	50	—	NF	NF	—	—	—	—	—	—	[7]
1659	Cowlitz River	US	1949	EF、ES	EQ	0.015~0.02	II	—	5	40~50	50~80	170	0.009	—	OT	—	—	—	—	—	—	[7]
1660	Dead Horse Creek	US	1984	DF	SM	0.15	III	—	4	100	200	—	—	1	OT	—	—	—	—	—	—	[7]
1661	Dragon Canyon	US	1931	DF	RF	0.07~0.1	III	—	—	100	225	—	—	0.01	OT	—	—	—	—	—	—	[7]
1662	East Fork Hood River	US	1980	DF	RF	—	III	0.07~0.1	10.7	100	225	—	0.105	—	OT	—	—	—	—	850	—	[7][51]
1663	Elk Rock Lake	US	1980	DA	VE	2800	III	—	9	65.6	—	—	0.31	63	OT	15.8	—	—	0.67	450	0	[7][43][59]
1664	Fraser River	US	1985	DF	SM	0.003	III	—	1~2	—	50~70	300	—	NF	NF	—	—	—	—	—	—	[7]
1665	Garfield Creek	US	1867	DF、DA	RF	—	III	—	13	100	350	200	—	1	OT	—	—	—	—	—	—	[7]
1666	Ginseng Hollow creek	US	1969	MF	RF	0.0016	IV	—	2	5	100	—	0.00014	0.01	OT	—	—	—	—	—	—	[7]
1667	Gros Ventre River	US	1909	—	—	—	II	37.5	25	—	—	—	—	—	—	—	—	—	—	—	—	[12][16]
1668	Gros Ventre River	US	1923	—	—	—	—	67.5	75	—	—	—	—	—	—	—	—	—	—	—	—	[12][16]
1669	Gros Ventre River	US	1925	DA、RS	SM	38	III	—	70~75	600	3000	6500	80	696	PP、OT	15	—	—	—	—	6	[7][51]
1670	Gros Ventre River	US	1909~1910	EF	SM	—	III	—	—	1000	3500	2000	—	NF	NF	—	—	—	—	—	—	[7]
1671	Grouse Creek	US	1955	EF	RF	—	—	—	—	—	—	—	—	250	OT	—	—	—	—	—	—	[7]
1672	Grouse Creek	US	1964	EF	RF	—	—	—	—	100	—	—	—	—	—	—	—	—	—	—	—	[7]
1673	Gualala River	US	1906	RF	EQ	—	—	—	—	—	—	—	—	—	—	—	—	—	—	—	—	[7]
1674	Hackberry Creek	US	1988	RF	HC	—	—	—	10	30	—	75	—	NF	NF	—	—	—	—	—	—	[43]
1675	Hebgen Lake	US	1959	—	—	—	—	—	—	—	—	10000	—	—	—	—	—	—	—	—	—	[7]
1676	Hinckley Creek	US	1906	—	EQ	—	—	—	20	15	15	—	—	NF	NF	—	—	—	—	—	—	[7]
1677	Hinckley Creek	US	1989	RF	EQ	0.0016	II	—	5	15	—	130	—	NF	NF	—	—	—	—	—	—	[7]
1678	Hood River	US	1980	—	RF	—	—	0.07	11	—	—	5000	—	—	—	—	—	—	—	—	—	[12]
1679	Hurdygurdy Creek	US	1964	—	—	—	—	—	—	—	—	—	—	—	—	—	—	—	—	—	—	[7]
1680	Jackson Creek Lake	US	1980	DA	VE	2800	III	0.77	4.5	975	180~425	820	2.47	644	OT	—	—	—	—	477	—	[7][43]

（续表）

编号	国家或地区	名称	成坝时间	滑坡类型	滑坡诱因	滑坡体方量/$(\times 10^6\ \text{m}^3)$	堰塞坝类型	堰塞坝体积/$(\times 10^6\ \text{m}^3)$	坝高/m	坝长/m	坝宽/m	堰塞湖长度/m	堰塞湖体积/$(\times 10^6\ \text{m}^3)$	溃坝用时/d	溃坝机理	泄流槽深度/m	泄流槽顶宽/m	泄流槽底宽/m	溃决历时/h	峰值流量/$(\text{m}^3\cdot\text{s}^{-1})$	死亡人数	参考文献
1681	US	Jap Creek	1964	RS、DS	EQ	—	II	—	5~8	—	125	—	—	NF	NF	—	—	—	—	—	—	[7]
1682	US	Kaweah River	1867	—	—	—	II	—	20	—	—	—	—	41	—	—	—	—	—	—	—	[52]
1683	US	Kolob Creek	1990	RA、DA	—	—	II	1.4	6	9	40	400	0.006	15	—	—	—	—	—	—	—	[12]
1684	US	Lake Fork	700BP	—	—	50~100	—	—	40	500	1 700	3 000	—	NF	NF	—	—	—	—	—	—	[7]
1685	US	Lake Whatcom tributary	1983	RS	RF	—	II	—	10	—	250	300	—	NF	NF	—	—	—	—	—	—	[51]
1686	US	Leigh Creek	1941	DF	RF	—	III	—	—	100	—	300	—	NF	NF	—	—	—	—	—	—	[7]
1687	US	Los Gatos Creek	1906	—	EQ	—	III	—	6	50	200	—	—	—	—	—	—	—	—	—	—	[7]
1688	US	Love Creek	1982	DF	RF	0.46	III	—	6	50	200	300	—	—	—	—	—	—	—	—	—	[7]
1689	US	Maacama Creek	1906	RS	EQ	—	II	—	—	—	—	—	—	—	—	—	—	—	—	—	—	[7]
1690	US	Madison River	1959	RS	EQ	21	II	30	60~70	500	1 600	10 000	101	NF	—	—	—	—	—	—	—	[7][51]
1691	US	Mattole River	1983	DF	RF	9.5	III	—	12	90	400	2 200	—	NF	—	—	—	—	—	—	—	[7]
1692	US	Monumental Creek	1909	—	—	—	—	0.3	10	—	—	—	—	—	—	—	—	—	—	—	—	[12][16]
1693	US	Mosquito Creek	1979~1980	DF	RF	0.4	II	0.023	9	—	60	—	—	—	—	—	—	—	—	—	—	[7]
1694	US	Monument Creek	1984	DA	RF	—	—	—	6	—	—	—	—	—	—	—	—	—	—	—	—	[18]
1695	US	Mt St Helens	1980	—	—	180	VI	2 800	1	—	—	—	259	NF	—	—	—	—	—	—	—	[7]
1696	US	Muddy Creek	1986	ES	SM	0.2	VI	—	1	30	1 000	—	—	NF	—	—	—	—	—	—	—	[7]
1697	US	Nisqually River	1990	Slump	HC	—	I	—	7	240	170	1 000	—	NF	—	—	—	—	—	—	—	[7]
1698	US	North Fork of South Branch Potomac River	1949	DA	RF	—	—	0.02	—	—	—	—	—	—	—	—	—	—	—	—	—	[7]
1699	US	North Fork of Toutle River	1880	—	—	—	—	—	4.5	—	—	—	—	—	—	—	—	—	—	—	—	[12][16]
1700	US	Onatso Creek	1910	RA	RF	7	V	—	5	100	120	1 000	—	NF	—	—	—	—	—	—	—	[7]
1701	US	Onatso Creek	1910	RA	RF	7	V	—	5	100	120	400	—	NF	—	—	—	—	—	—	—	[7]
1702	US	Ottauqueche River tributary	1984	EF	RF、SM	0.021	—	—	2.5	—	—	—	—	—	OT	—	—	—	—	—	—	[7]
1703	US	Powder River	1984	RS、DA	RF	6	II	—	9	60	200	—	0.29	NF	—	—	—	—	—	—	—	[7]
1704	US	Presumpscot River	1868	ES	—	0.6	II	—	5	60	500	1 000	—	—	—	—	—	—	—	—	—	[7]

（续表）

编号	国家或地区	名称	成坝时间	滑坡类型	滑坡诱因	滑坡体方量/(×10⁶ m³)	堰塞坝类型	堰塞坝体积/(×10⁶ m³)	坝高/m	坝长/m	坝宽/m	堰塞湖长度/m	堰塞湖体积/(×10⁶ m³)	溃坝用时/d	溃坝机理	泄流槽深度/m	泄流槽顶宽/m	泄流槽底宽/m	溃决历时/h	峰值流量/(m³·s⁻¹)	死亡人数	参考文献
1705	US	Provo River	1930	DF	RF	—	—	—	2.5	—	—	—	—	14	OT	—	—	—	—	—	—	[7]
1706	US	Provo River	1931	DF	RF	—	—	—	6	—	120	—	—	NF	OT	—	—	—	—	—	—	[7]
1707	US	Provo River	1938	DF	RF	—	—	—	—	—	100	2 500	—	NF	—	—	—	—	—	—	—	[7]
1708	US	Provo River	1938	DF	RF	0.038	—	—	4	—	120	—	—	—	—	—	—	—	—	—	—	[7]
1709	US	Purisma Creek	1906	—	EQ	—	II	—	8	—	—	—	—	—	—	—	—	—	—	—	—	[7]
1710	US	Quartz Creek	1995	—	—	—	—	0.05	20	—	—	—	—	—	—	—	—	—	—	—	—	[12][16]
1711	US	Russell Fjord	1895	—	—	—	—	—	25.5	—	—	—	5 400	36 500	—	—	—	—	—	—	—	[18]
1712	US	San Cristobal Lake	700s	—	—	—	—	29.4	70	—	—	—	—	—	—	—	—	—	—	—	—	[12][16]
1713	US	San Gregorio Creek	1906	—	EQ	—	—	—	2	—	—	—	—	—	—	—	—	—	—	—	—	[7]
1714	US	Santa Maria Lake	Prehistoric	—	—	—	—	389.12	152	—	—	—	—	—	—	—	—	—	—	—	—	[12][16]
1715	US	Silver Creek	1988	RF	—	0.017	II	0.02	12	30	92	610	0.057 4	365	—	—	—	—	—	—	—	[7][12]
1716	US	South Fork American River	1983	RS	RF、HC	3	II	0.02	15	20	130	—	0.395	0.35	OT	—	—	—	—	—	—	[7][12][16]
1717	US	South Fork Castle Creek	1980	DA	VE	2 800	III	—	37	600	425	2 000	24	NF	—	—	—	—	—	—	—	[7][37]
1718	US	South Fork Kaweah River	1867	DF、DA	RF	—	III	—	20	100	200	300	—	1	—	—	—	—	—	—	—	[7]
1719	US	South Fork of Smith River	1970	—	—	—	—	0.28	15	—	—	—	—	—	—	—	—	—	—	—	—	[12][16]
1720	US	South Fork Smith River	1965	DF	RF	1.9	III	—	15	75	500	—	2.7	0.25	OT	—	—	—	—	—	—	[7]
1721	US	South Fork Smith River	1970	DF	RF	1.1	III	—	13.5	75	400	—	1.7	0.05	OT	—	—	—	—	—	—	[7]
1722	US	Spanish Fork River	1983	DS	SM	22	II	—	63	200	450	6 000	78	NF	—	—	—	—	—	—	—	[7]
1723	US	Spirit Lake	1980	DA	VE	2 800	III	—	69	—	—	5 000	330	NF	—	—	—	—	—	—	—	[7][43]
1724	US	Spruce Creek	1986	DA	RF	0.09	II	—	—	50	200	—	—	—	—	—	—	—	—	—	—	[7]
1725	US	Sweetwater Creek	1976	DF	RF	—	—	—	—	—	—	—	—	—	—	—	—	—	—	—	—	[7]
1726	US	Swift Creek	1984	DA	SM	0.01	III	—	5	25	100	300	—	10	OT	—	—	—	—	—	—	[7]

（续表）

编号	国家或地区	名称	成坝时间	滑坡类型	滑坡诱因	滑坡体方量/(×10⁶ m³)	堰塞坝类型	堰塞坝体积/(×10⁶ m³)	坝高/m	坝长/m	坝宽/m	堰塞湖长度/m	堰塞湖体积/(×10⁶ m³)	溃坝用时/d	溃坝机理	泄流槽深度/m	泄流槽顶宽/m	泄流槽底宽/m	溃决历时/h	峰值流量/(m³·s⁻¹)	死亡人数	参考文献
1727	US	Tolt River	1967	Slump	HC	—	II	—	—	—	—	—	—	1	—	—	—	—	—	—	—	[7]
1728	US	Toutle River	2500BP	—	VE	—	—	—	—	—	—	—	—	—	—	—	—	—	—	260 000	—	[25]
1729	US	Toutle River	1980	RS	RF、SM	—	—	0.3	9	—	—	—	—	—	—	—	—	—	—	260 000	—	[12]
1730	US	Trinity River	1890	RS	RF、SM	—	II	—	—	—	—	22 000	—	0.6	OT、PP	—	—	—	—	—	—	[7]
1731	US	Uncompahgre River	1971	DF	RF	—	—	—	—	—	—	—	—	—	—	—	—	—	—	—	—	[7]
1732	US	Van Duzen River	1964	DA	RF	0.45	—	0.43	10	—	—	3 000	2	1	—	—	—	—	—	—	—	[7]、[12]、[16]
1733	US	Virgin River	1923	RS	—	—	—	—	—	—	—	—	—	—	—	—	—	—	—	—	—	[7]
1734	US	Virgin River	1941	RS	—	0.115	—	—	—	—	—	—	—	—	—	—	—	—	—	—	—	[7]
1735	US	Weat Branch Soquel Creek	1989	Slump	EQ	—	II	—	4	12	25	75	0.001 85	61	OT	—	—	—	—	—	—	[7]
1736	US	Wilson River	1964	DF	RF	0.45	—	—	20	—	135	—	—	NF	—	—	—	—	—	—	—	[7]
1737	US	Wilson River	1991	DS	RF	0.76	II	—	6	50	100	490	—	NF	—	—	—	—	—	—	—	[7]
1738	US	Yakima River	1947	Slump	HC	3~4	II	—	5~10	200	400	—	—	5	—	—	—	—	—	—	—	[7]
1739	US	Amikel Lake	1891	—	EQ	—	—	—	200	—	—	—	—	—	—	—	—	—	—	—	—	[7]
1740	USSR	Angren River	1973	RS	HC	600~700	II	—	50~60	—	—	—	—	—	—	—	—	—	—	—	—	[7]
1741	USSR	Charukha River	1989	—	EQ	—	—	—	90	—	—	—	—	—	—	—	—	—	—	—	—	[7]
1742	USSR	Chavkhur-bak River	1970	RS	EQ	10	—	—	—	—	—	—	—	—	—	—	—	—	—	—	—	[7]
1743	USSR	Dubursa River Tributary	1949	DA	EQ	—	—	—	—	—	—	—	—	—	—	—	—	—	—	—	—	[7]
1744	USSR	Isfayram River	1977	DF	RF、SM	—	—	—	—	—	—	—	—	—	OT	—	—	—	—	—	—	[7]
1745	USSR	Medeo Dam	1966~1967	—	HC	2.5	II	—	110	—	—	—	6.2	NF	—	—	—	—	—	—	—	[7]
1746	USSR	Murgab River; Lake Sarez	1911	RS	EQ	2 000	II	2 200	800	1 000	1 000	53 000	16 000	NF	—	—	—	—	—	—	—	[7]、[12]
1747	USSR	Naryn River	1946	—	EQ	—	—	—	50	—	—	—	—	—	—	—	—	—	—	—	—	[7]
1748	USSR	Obi-Kabut River	1949	DA	EQ	—	—	—	—	—	—	—	—	—	—	—	—	—	—	—	—	[7]
1749	USSR	Ritseuli River	1972	DA	EQ	30	II	—	20	—	—	—	—	NF	—	—	—	—	—	—	—	[7]
1750	USSR	Tegermach River (Lake Yashinkul)	1835	RF、DF	EQ	20	III	20	120	—	60	—	6.6	48 000	PP	90	280~340	50~60	—	4 960	—	[7]
1751	USSR	Utch-Terek River	1989	HC	HC	3	II	—	42	—	295	—	—	NF	—	—	—	—	—	—	—	[7]
1752	USSR	Yasman River	1949	DA	EQ	—	III	—	—	1 500	—	—	—	—	—	—	—	—	—	—	—	[7]

（续表）

编号	国家或地区	名称	成坝时间	滑坡类型	滑坡诱因	滑坡体方量 /(×10⁶ m³)	堰塞坝类型	堰塞坝体积 /(×10⁶ m³)	坝高 /m	坝长 /m	坝宽 /m	堰塞湖长度 /m	堰塞湖体积 /(×10⁶ m³)	溃坝用时 /d	溃坝机理	泄流槽深度 /m	泄流槽顶宽 /m	泄流槽底宽 /m	溃决历时 /h	峰值流量 /(m³·s⁻¹)	死亡人数	参考文献
1753	USSR	Zeravshan River	1964	—	EQ	15~20	—	—	200	400	1800	—	—	NF	—	—	—	—	—	—	—	[7]
1754	YU	Jovatz River	1977	DS	RF	200	II	—	15~20	150	700	2500	0.5	NF	—	—	—	—	—	—	—	[7]
1755	YU	Vatasha River	1956	RS, ES	HC	20	II	—	70	400	800	5000	—	NF	—	—	—	—	—	—	—	[7]
1756	YU	Visotchiza River	1963	DS	SM	4	II	—	35	150	500	—	14	NF	—	—	—	—	—	—	—	[7]
1757	IN	Tso Tok Phu	Post-glacial to subrecent	Rolling-bouncing	—	—	—	60	50	700	700	1500	30	NF	—	—	—	—	—	—	—	[38]

注：

（1）国家(地区)：AF＝阿富汗(Afghanistan)；AR＝阿根廷(Argentina)；AT＝奥地利(Austria)；AU＝澳大利亚(Australia)；BO＝玻利维亚(Bolivia)；BT＝不丹(Bhutan)；CA＝加拿大(Canada)；CH＝瑞士(Switzerland)；CL＝智利(Chile)；CN＝中国(China)；CO＝哥伦比亚(Colombia)；CR＝哥斯达黎加(Costa Rica)；CZ＝捷克(Czech)；EC＝厄瓜多尔(Ecuador)；FR＝法国(France)；GT＝危地马拉(Guatemala)；HU＝匈牙利(Hungary)；ID＝印度尼西亚(Indonesia)；IE＝爱尔兰(Ireland)；IL＝以色列(Israel)；IN＝印度(India)；IT＝意大利(Italy)；JM＝牙买加(Jamaica)；JP＝日本(Japan)；KAZ＝哈萨克斯坦(Kazakhstan)；NO＝挪威(Norway)；NZ＝新西兰(New Zealand)；PE＝秘鲁(Peru)；PG＝巴布亚新几内亚(Papua New Guinea)；PH＝菲律宾(Philippines)；PK＝巴基斯坦(Pakistan)；PL＝波兰(Poland)；RO＝罗马尼亚(Romania)；SE＝瑞典(Sweden)；SI＝所罗门群岛(Solomon Islands)；SL＝斯里兰卡(Sri Lanka)；SP＝西班牙(Spain)；TH＝泰国(Thailand)；TJ＝塔吉克斯坦(Tajikistan)；TR＝土耳其(Turkey)；TW＝中国台湾(Chinese Taiwan)；US＝美国(United States)；USSR＝苏联(The Soviet Union)；YU＝南斯拉夫(Yugoslavia)。

（2）成坝时间：BX＝公元前(Before Christ)；BP＝距今年代(Before Present)；Preh.＝史前(Prehistoric)；Q3＝第三纪(Tertiary Period)；Q4＝第四纪(Quaternary Period)。

（3）滑坡类型：Ava.＝崩塌(Avalanche)；DA＝岩屑崩落(Debris Avalanche)；DF＝泥石流(Debris Flow)；DS＝岩屑滑动(Debris Slide)；EF＝岩屑流(Earth Flow)；ES＝土质滑坡(Earth Slide)；LS＝侧向扩离(Lateral Spread)；MF＝泥流(Mud Flow)；RA＝岩崩(Rock Avalanche)；RF＝岩石冒落(Rock Fall)；RS＝岩质滑坡(Rock Slide)。

（4）滑坡诱因：EQ＝地震(Earthquake)；HC＝人类活动(Human－caused)；PW＝渐进性弱化(Progressive Weakening)；RF＝降雨(Rainfall)；SM＝融雪(Snowmelt)。

（5）堰塞坝类型：参考①。

（6）溃坝用时：NF＝记录时未溃决(Did not failed by the reported date)；SD＝数日(Several Days)；LT＝长期(Long Term)；ST＝短期(Short Term)(LT 及 ST 定义参考②)。

（7）溃坝机理：OT＝漫顶(Overtopping)；PP＝管涌(Piping)；SF＝坝坡失稳(Slope Failure)；NF＝记录时未溃决(Did not failed by the reported date)。

① Costa J E, Schuster R L. The formation and failure of natural dams[J]. Geological society of America bulletin, 1988, 100(7): 1054-1068.
② Chai H, Liu H, Zhang Z, et al. Landslide dams induced by Dixie earthquake and environmental effects[C]//Engineering Geology: A global view from the Pacific Rim. 1998: 2113-2117.

参考文献

[1] 聂高众，高建国，邓砚，2004.地震诱发的堰塞湖初步研究[J].第四纪研究,(3):293-301.

[2] 廖志中，史天元，潘以文，等,2002.堰塞湖引致災害防治對策之研究[R].台灣交通大學工學院防災工程研究中心.

[3] ADHIKARI D P, KOSHIMIZU S, 2005. Debris flow disaster at Larcha, upper Bhotekoshi Valley, central Nepal [J]. Island Arc, 14(4): 410-423.

[4] Adams J, 1981. Earthquake triggered landslides from lakes in New Zealand[J]. Earthquake Information Bulletin, 13(6): 204-215.

[5] BOVIS M J, JAKOB M, 2000. The July 29, 1998, debris flow and landslide dam at Capricorn Creek, Mount Meager Volcanic Complex, southern Coast Mountains, British Columbia [J]. Canadian Journal of Earth Sciences, 37(10): 1321-1334.

[6] BECKER J S, JOHNSTON D M, Paton D, et al., 2007. Response to landslide dam failure emergencies: issues resulting from the October 1999 Mount Adams landslide and dam-break flood in the Poerua River, Westland, New Zealand[J]. Natural Hazards Review, 8(2): 35-42.

[7] COSTA J E, SCHUSTER R L, 1991. Documented historical landslide dams from around the world[R]. US Geological Survey.

[8] CUI P, HAN Y S, CHAO D, et al., 2011. Formation and treatment of landslide dams emplaced during the 2008 Wenchuan earthquake, Sichuan, China[J]. Springer Berlin Heidelberg 133: 295-321.

[9] CLAGUE J J, EVANS S G, 1994. Formation and failure of natural dams in the Canadian Cordillera[R]. Bulletin of the Geological Survey of Canada.

[10] CRUDEN D M, LU Z Y, THOMSON S, 1997. The 1939 Montagneuse River landslide, Alberta[J]. Canadian Geotechnical Journal, 34(5): 799-810.

[11] CHEN K T, TSANG Y C, KUO Y S, et al., 2010. Case analysis of landslide dam formation by Typhoon Morakot[J]. Journal of the Taiwan Disaster Prevention Society, 2(1): 66-67.

[12] DUNNING S A, ROSSER N J, Petley D N, et al., 2006. Formation and failure of the Tsatichhu landslide dam, Bhutan[J]. Landslides, 3: 107-113.

[13] DONG J J, LI Y S, KUO C Y, et al., 2011. The formation and breach of a short-lived landslide dam at Hsiaolin village, Taiwan—part I: post-event reconstruction of dam geometry[J]. Engineering geology, 123(1-2): 40-59.

[14] DUMAN T Y, 2009. The largest landslide dam in Turkey: Tortum landslide[J]. Engineering Geology, 104(1-2): 66-79.

[15] DUNNING S A, MITCHELL W A, ROSSER N J, et al., 2007. The Hattian Bala rock avalanche and associated landslides triggered by the Kashmir Earthquake of 8 October 2005[J]. Engineering Geology, 93(3-4): 130-144.

[16] ERMINI L, CASAGLI N, 2003. Prediction of the behaviour of landslide dams using a geomorphological dimensionless index[J]. Earth Surface Processes and Landforms: The Journal of the British Geomorphological Research Group, 28(1): 31-47.

[17] EVANS S G, 1986. Landslide damming in the Cordillera of Western Canada[C]//Landslide dams: Processes, risk, and mitigation. ASCE: 111-130.

[18] FAN X, XU Q, ALONSO-RODRIGUEZ A, et al., 2019. Successive landsliding and damming of the Jinsha River in eastern Tibet, China: prime investigation, early warning, and emergency response[J]. Landslides, 16: 1003-1020.

[19] FAN X, DUFRESNE A, SUBRAMANIAN S S, et al., 2020. The formation and impact of landslide dams-State of the art[J]. Earth-Science Reviews, 203: 103116.

[20] GEERTSEMA M, CLAGUE J J, 2006. 1,000-year record of landslide dams at Halden Creek, northeastern British Columbia[J]. Landslides, 3(3): 217-227.

[21] GUPTA V, SAH M P, 2008. Impact of the trans-Himalayan landslide lake outburst flood (LLOF) in the Satluj catchment, Himachal Pradesh, India[J]. Natural Hazards, 45(3): 379-390.

[22] HEJUN C, HANCHAO L, ZHUOYUAN Z, 1998. Study on the categories of landslide-damming of rivers and their characteristics[J]. Journal of the Chengdu Institute of Technology, 25(3): 411-416.

[23] HERMANNS R, 2005. All clear for Allpacoma landslide dam[J]. MAP: GAC Newsletter, 5(1).

[24] HANCOX G T, MCSAVENEY M J, MANVILLE V R, et al., 2005. The October 1999 Mt Adams rock avalanche and subsequent landslide dam-break flood and effects in Poerua river, Westland, New Zealand[J]. New Zealand Journal of Geology and Geophysics, 48(4): 683-705.

[25] HARP E L, CRONE A J, 2006. Landslides triggered by the October 8, 2005, Pakistan earthquake and associated landslide-dammed reservoirs[M]. Reston: US Geological Survey.

[26] IQBAL J, DAI F, XU L, et al., 2013. Characteristics of large-sized landslide dams around the World[C]// EGU General Assembly Conference abstracts, EGU2013-256.

[27] JENNINGS D N, WEBBY M G, PARKIN D T, 1993. Tunawaea landslide dam, king country, New Zealand[J]. Landslide News, 7: 25-27.

[28] JIANG M Z, 2018. Study on stability of landslide dam under the effect of landslide surge[D]. Master thesis, TongJi University.

[29] KING J, LOVEDAY I, SCHUSTER R L, 1989. The 1985 Bairaman landslide dam and resulting debris flow, Papua New Guinea[J]. Quarterly Journal of Engineering Geology and Hydrogeology, 22(4): 257-270.

[30] KONAGAI K, SATTAR A, 2012. Partial breaching of Hattian Bala landslide dam formed in the 8th October 2005 Kashmir earthquake, Pakistan[J]. Landslides, 9: 1-11.

[31] LI M H, SUNG R T, DONG J J, et al., 2011. The formation and breaching of a short-lived landslide dam at Hsiaolin Village, Taiwan—Part II: Simulation of debris flow with landslide dam breach[J]. Engineering Geology, 123(1-2): 60-71.

[32] LIAO Z Z, DONG J J, SHI T Y, et al., 2002. Study on the disaster mitigation strategies for landslide dams [J]. Hydraulic planning laboratory, Department of water resources, Ministry of economic affairs.

[33] LIU N, YANG Q G, CHEN Z Y, 2016. Hazards mitigation for barrier lakes[M]. Changjiang Press, Wuhan.

[34] MILLER B G N, CRUDEN D M, 2002. The Eureka River landslide and dam, Peace River Lowlands, Alberta [J]. Canadian Geotechnical Journal, 39(4): 863-878.

[35] MORA S, MADRIGAL C, ESTRADA J, et al., 1993. The 1992 Rio Toro Landslide Dam, Costa Rica[J]. Landslide News, 7: 19-22.

[36] MASSEY C I, MANVILLE V, HANCOX G H, et al., 2010. Out-burst flood (lahar) triggered by retrogressive landsliding, 18 March 2007 at Mt Ruapehu, New Zealand—a successful early warning[J]. Landslides, 7: 303-315.

[37] MEYER W, SCHUSTER R L, SABOL M A, 1994. Potential for seepage erosion of landslide dam[J]. Journal of Geotechnical Engineering, 120(7): 1211-1229.

[38] MARTHA T R, REDDY P S, BHATT C M, et al., 2017. Debris volume estimation and monitoring of Phuktal river landslide-dammed lake in the Zanskar Himalayas, India using Cartosat-2 images[J]. Landslides, 14: 373-383.

[39] NICOLA C, LEONARDO E, 1999. Geomorphic analysis of landslide dams in the Northern Apennine[J]. Transaction Japanese Geomorphological Union, 20(3): 219-249.

[40] NICOLETTI P G, PARISE M, 2002. Seven landslide dams of old seismic origin in southeastern Sicily (Italy) [J]. Geomorphology, 46(3-4): 203-222.

[41] NATIONAL ACADEMY OF SCIENCES, LEE K L, DUNCAN J M, 1975. Landslide of April 25, 1974 on the Mantaro River, Peru[M]. Washington D.C.: National Academy of Sciences.

[42] NASH T, BELL D, DAVIES T, et al., 2008. Analysis of the formation and failure of Ram Creek landslide dam,

South Island, New Zealand[J]. New Zealand journal of geology and geophysics, 51(3): 187-193.

[43] O'CONNOR J E, COSTA J E, 2004. The world's largest floods, past and present: their causes and magnitudes[M]. US Geological Survey.

[44] PLAZA-NIETO G, ZEVALLOS O, 1994. The 1993 la Josefina rockslide and Río Paute landslide dam, Ecuador [J]. Landslide News, 8: 4-6.

[45] PLAZA-NIETO G, YEPES H, SCHUSTER R L, 1990. Landslide dam on the Pisque River, northern Ecuador [J]. Landslide News, 4: 2-4.

[46] PETLEY D, 2010. The landslide at Attabad in Hunza, Gilgit/Baltistan: current situation and hazard management needs[R]. Report prepared for Focus Humanitarian Assistance, Pakistan, based upon a rapid field assessment on 26th February-4th March.

[47] PETLEY D, 2011. The Attabad landslide crisis in Hunza, Pakistan-lessons for the management of valley blocking landslides [C]//5th Canadian Conference on Geotechnique and Natural Hazards, Canadian Geotechnical Society, Kelowna, Canada. https://cgs. ca/docs/geohazards/kelowna2011/geohazard2011/pdfs/geoHazPaper203. pdf.

[48] SASSA K, 2005. Landslide disasters triggered by the 2004 Mid-Niigata Prefecture earthquake in Japan[J]. Landslides, 2(2): 135-142.

[49] SABO DEPT, MLIT, 2007. Landslide dam formed in Kawaradariver in Ishikawa Pref[EB/OL]. [2007-03-25]. http://www. sabo-int. org/case/2007japan_wajima. pdf.

[50] SCHUSTER R L, 1986. Landslide dams: processes, risk, and mitigation[C]. ASCE.

[51] SCHUSTER, R, L, 1985. Landslide dam in the Western United States [R]. U. S. Geological Survey: 411-418.

[52] SCHUSTER R L, WIECZOREK G F, HOPE D G, et al., 1998. Landslide dams in Santa Cruz County, California, resulting from the earthquake[J]. US Geological Survey Professional Paper, 1551: 51.

[53] SHEN D, SHI Z, PENG M, et al., 2020. Longevity analysis of landslide dams[J]. Landslides, 17: 1797-1821.

[54] SHRODER J F, WEIHS B J, 2010. Geomorphology of the Lake Shewa landslide dam, Badakhshan, Afghanistan, using remote sensing data[J]. Geografiska Annaler: Series A, Physical Geography, 92(4): 469-483.

[55] SHI Z M, MA X L, PENG M, et al., 2014. Statistical analysis and efficient dam burst modelling of landslide dams based on a large-scale database[J]. Chinese Journal of Rock Mechanics and Engineering, 33(9): 1780-1790.

[56] TONG Y X, 2008. Quantitative analysis for stability of landslide dams[D]. Master Thesis, National Central University, Taiwan (in Chinese).

[57] TACCONI STEFANELLI C, VILÍMEK V, EMMER A, et al., 2018. Morphological analysis and features of the landslide dams in the Cordillera Blanca, Peru[J]. Landslides, 15: 507-521.

[58] TACCONI STEFANELLI C, CATANI F, CASAGLI N, 2015. Geomorphological investigations on landslide dams [J]. Geoenvironmental Disasters, 2: 1-15.

[59] WALDER J S, O'CONNOR J E, 1997. Methods for predicting peak discharge of floods caused by failure of natural and constructed earthen dams[J]. Water Resources Research, 33(10): 2337-2348.

[60] WEIDINGER J T, 2010. Stability and life span of landslide dams in the Himalayas (India, Nepal) and the Qin Ling Mountains (China) [M]//Natural and artificial rockslide dams. Berlin, Heidelberg: Springer Berlin Heidelberg: 243-277.

[61] XU Q, FAN X M, HUANG R Q, et al., 2009. Landslide dams triggered by the Wenchuan Earthquake, Sichuan Province, south west China[J]. Bulletin of engineering geology and the environment, 68: 373-386.

[62] XU Q, FAN X M, 2020. A rapid evaluation model of the stability of landslide dam[J]. Journal of natural disasters, 29(2): 54-63.

[63] YAN R, 2006. Secondary disaster and environmental effect of landslides and collapsed dams in the upper reaches of Minjiang River[D]. Sichuan University Master Thesis.

［64］ YE H L, 2018. Research on the influence of mathematical statistics based on the geological characteristics of dam dams to its stability［D］. Master Thesis, Chengdu Southwest Jiaotong University.

［65］ ZHANG L, PENG M, CHANG D, et al., 2016. Dam failure mechanisms and risk assessment［M］. John Wiley & Sons.

附录 B
DABA 程序代码

```vb
1.    Option Base 0
2.
3.    Private Sub clear_all_Click()
4.
5.    Sheet2.Cells.Clear
6.
7.    Sheet1.Range("E" & 19).Value = ""
8.    Sheet1.Range("F" & 19).Value = ""
9.
10.   End Sub
11.
12.   Public Sub Find_out_Click()
13.
14.   Sheet1.Range("E" & 19).Value = ""
15.   Sheet1.Range("F" & 19).Value = ""
16.
17.   Dim Nin As Integer
18.   Dim Nsc As Integer
19.   Dim dT As Double
20.
21.   Dim Bt() As Double                    'Breach top width
22.   Dim Bb() As Double                    'Breach bottom width
23.   Dim D() As Double                     'Breach depth
24.   Dim Afa() As Double                   'Breach side slope angle
25.   Dim BetL() As Double                  'Slope angle of breach
26.   Dim AfaC() As Double                  'Critical slope angle of breach side slope
27.
28.   Nin = Sheet1.Range("b3").Value
29.   dT = Sheet1.Range("b4").Value
30.   Nsc = Sheet1.Range("b32").Value
31.
32.   ReDim Bt(Nsc + 1, Nin) As Double      'Breach top width
33.   ReDim Bb(Nsc + 1, Nin) As Double      'Breach bottom width
34.   ReDim D(Nsc + 1, Nin) As Double       'Breach depth
35.   ReDim Afa(Nsc + 1, Nin) As Double     'Breach side slope angle
36.   ReDim BetL(Nsc + 1, Nin) As Double    'Slope angle of breach
37.   ReDim AfaC(Nsc + 1, Nin) As Double    'Critical slope angle of breach side slope
38.
39.   'Geometry of Cross Section
40.   Dim Th, H1, H2, H3 As Double          'Elevation of the original dam crest
41.   Th = Sheet1.Range("b11").Value        'Thickness of debris
42.   H1 = Sheet1.Range("b12").Value
43.   H2 = Sheet1.Range("b13").Value
44.   H3 = Sheet1.Range("b14").Value
45.
46.   'Other Single Parameter
47.   Dim AfaR, Por, Mnn, C, Wrb, Fii As Double
48.   AfaR = Sheet1.Range("b16").Value * 3.1415926 / 180
49.   Por = Sheet1.Range("b17").Value
50.   Mnn = Sheet1.Range("b18").Value
51.   Wrb = Sheet1.Range("b19").Value       'Width of riverbed
52.   C = Sheet1.Range("b20").Value         'Cohesion
53.   Fii = Sheet1.Range("b21").Value * 3.1415926 / 180    'Friction angle
54.
55.   Dim Bc0 As Double
56.   Bc0 = Sheet1.Range("b24").Value
57.
58.   Dim Bc() As Double                    'Breach crest width
59.   Dim BetD() As Double                  'Downstream slope angle
60.
61.   ReDim Bc(Nsc + 1, Nin) As Double      'Breach crest width
62.   ReDim BetD(Nin) As Double             'Downstream slope angle
63.
```

```
64.    Dim BetU, BetB, BetF As Double              'Longitudinal slope angle
65.    Dim RoS As Double
66.
67.    BetD(0) = Sheet1.Range("b26").Value * 3.1415926 / 180      'Downstream slope angle
68.    BetU = Sheet1.Range("b27").Value * 3.1415926 / 180         'Upstream slope angle
69.    BetB = Sheet1.Range("b29").Value * 3.1415926 / 180         'Riverbed slope angle
70.    BetF = Sheet1.Range("b30").Value * 3.1415926 / 180         'Critical downstrean slope angle
71.    RoS = Sheet1.Range("b31").Value                            'Weight of soils
72.
73.    Dim Z0 As Double
74.    Dim Z() As Double            'Elevation of breach bottom
75.    Dim Hw() As Double           'Elevation of water level
76.    Dim Wd() As Double           'Water depth in breach
77.
78.    Dim Qin() As Double                 'Inflow rates
79.    Dim Qse() As Double                 'Seepage rates
80.
81.    ReDim Z(Nsc + 1, Nin) As Double            'Elevation of breach bottom
82.    ReDim Hw(Nin) As Double                    'Elevation of water level
83.    ReDim Wd(Nsc + 1, Nin) As Double           'Water depth in breach
84.
85.    ReDim Qin(Nin) As Double                   'Inflow rates
86.    ReDim Qse(Nin) As Double                   'Seepage rates
87.
88.    'Values of Inflow Rate and Seepage Rate
89.    For i = 1 To Nin
90.        If Range("P" & (i + 1)) <> "" Then
91.            Qin(i - 1) = Range("P" & (i + 1)).Value
92.        Else
93.            Qin(i - 1) = Qin(i - 2)
94.        End If
95.
96.        If Range("Q" & (i + 1)) <> "" Then
97.            Qse(i - 1) = Range("Q" & (i + 1)).Value
98.        Else
99.            Qse(i - 1) = Qse(i - 2)
100.       End If
101.   Next i
102.
103.   'Values of Longetidunal Profile %%%%%
104.   Dim A1 As Double                    'Coefficient 1 of water area
105.   Dim A2 As Double                    'Coefficient 2 of water area
106.   Dim A3 As Double                    'Coefficient 3 of water area
107.
108.   Dim B1 As Double                    'Coefficient 1 of river width
109.   Dim B2 As Double                    'Coefficient 2 of river width
110.
111.   A1 = Range("B34").Value             'Coefficient 1 of water area
112.   A2 = Range("D34").Value             'Coefficient 2 of water area
113.   A3 = Range("F34").Value             'Coefficient 3 of water area
114.
115.   B1 = Range("B35").Value             'Coefficient 1 of river width
116.   B2 = Range("F35").Value * 3.1415926 / 180 'Coefficient 2 of river width
117.
118.   Gw = 9810
119.   Row = 1000
120.
121.   'Parameters in Each Soil Layer
122.   Dim ZZ(), Al(), WidR() As Double
123.   Dim Kd(), TauC(), Ero() As Double
124.   Dim Cv(), Ro(), Mu(), V(), dD() As Double
125.   Dim Qout(), Qbr(), Qcr() As Double
126.   Dim Sff(), Rh(), Tau(), E() As Double
127.   Dim Ar(), dAr(), Aw(), dAw() As Double
128.   Dim tWd() As Double
129.   Dim tdD() As Double
130.
131.   ReDim ZZ(Nin), Al(Nin), WidR(Nin) As Double
132.   ReDim Kd(Nsc, Nin), TauC(Nsc, Nin), Ero(Ncs, Nin) As Double
133.   ReDim Cv(Nsc, Nin), Ro(Nsc, Nin), Mu(Nsc, Nin), V(Nsc, Nin), dD(Nsc, Nin) As Double
134.   ReDim Qout(Nsc, Nin), Qbr(Nsc, Nin), Qcr(Nsc, Nin) As Double
135.   ReDim Sff(Nsc, Nin), Rh(Nsc, Nin), Tau(Nsc, Nin), E(Nsc, Nin) As Double
136.   ReDim Ar(Nsc, Nin), dAr(Nsc, Nin), Aw(Nsc, Nin), dAw(Nsc, Nin) As Double
137.
138.   ReDim tWd(Nsc, Nin) As Double
139.   ReDim tdD(Nsc, Nin) As Double
140.
141.   Dim Sat As Double       'Rate of saturation
142.   Dim Fbed As Double
143.   Sat = 1
144.   Fbed = 37 * 3.1415926 / 180
145.
146.   Hw(0) = Sheet1.Range("b15").Value
147.
148.   For i = 0 To Nsc
149.
150.   Bt(i, 0) = Sheet1.Range("b6").Value
```

```
151.   Bb(i, 0) = Sheet1.Range("b7").Value
152.   D(i, 0) = Sheet1.Range("b8").Value
153.   Afa(i, 0) = Sheet1.Range("b9").Value * 3.1415926 / 180
154.   BetL(i, 0) = Sheet1.Range("b28").Value * 3.1415926 / 180
155.   AfaC(i, 0) = Sheet1.Range("b10").Value * 3.1415926 / 180
156.
157.   Next i
158.
159.   j = 0
160.
161.   Do While D(0, j) <= Th And j < Nin          'Erosion until all materials are washed away
162.
163.   ZZ(j) = H1 - D(0, j) / Sin(BetU + BetL(0, j)) * Sin(BetU)   ' Upmost elevation controling the water level
164.   Wd(0, j) = Hw(j) - ZZ(j)
165.
166.   If Wd(0, j) < 0 Then
167.       Wd(0, j) = 0
168.   End If
169.
170.   Qout(0, j) = 1.7 * (Bb(0, j) + Wd(0, j) / Tan(Afa(0, j))) * (Wd(0, j)) ^ 1.5
171.   V(0, j) = 1.7 * Wd(0, j) ^ 0.5
172.
173.   Cv(0, j) = Sheet1.Range("b22").Value
174.
175.   Dim Cs, K0 As Double
176.   K0 = 2500
177.   Cs = 0.5
178.
179.   Dim Tmu1, Tmnn1, Tyy1 As Double
180.
181.   For i = 0 To Nsc                             'For each part of cross section
182.
183.   Ro(i, j) = Cv(i, j) * (RoS - Row) + Row
184.   Mu(i, j) = 0.02 * Exp(2.97 * Cv(i, j))
185.   Tyy1 = (1 - Cs) * Cv(i, j) * (RoS - Row) * Cos(BetL(i, j)) / Ro(i, j) * Tan(Fii)
186.
187.   If Wd(i, j) < 0.1 Then
188.   Tmu1 = 0
189.   Tmnn1 = 0
190.
191.   Else
192.
193.   Tmu1 = K0 * Mu(i, j) * V(i, j) / 8 / Ro(i, j) / 9.81 / Wd(i, j) ^ 2
194.   Tmnn1 = Mmn ^ 2 * V(i, j) ^ 2 / Wd(i, j) ^ (4 / 3)
195.
196.   End If
197.
198.   Sff(i, j) = Tyy1 + Tmu1 + Tmnn1
199.   Wd(i + 1, 0) = Wd(0, 0)
200.   V(i + 1, 0) = V(0, 0)
201.
202.   'Call getKdTc(N, Kd(i, j), Kdd(), TauC(i, j), TauCC(), Dep(), D(i, j))
203.
204.   Kd(i, j) = 0.000066
205.   TauC(i, j) = C + (1 - Cs) * Cv(i, j) * (RoS - Row) * 9.81 * Wd(i, j) * Cos(BetL(i, j)) * Tan(Fbed)
206.
207.   If Wd(i, j) < 0.1 Then
208.   dD(i, i) = 0
209.   Else
210.
211.   Rh(i, j) = (Wd(i, j) / Tan(Afa(i, j)) + Bb(i, j)) * Wd(i, j) / (2 * Wd(i, j) / Sin(Afa(i, j)) + Bb(i, j))
212.   Tau(i, j) = Ro(i, j) * 9.81 * Rh(i, j) * Sff(i, j)
213.       If Tau(i, j) <= TauC(i, j) Then
214.           E(i, j) = 0
215.       Else
216.           E(i, j) = Kd(i, j) * (Tau(i, j) - TauC(i, j))
217.       End If
218.
219.   dD(i, j) = E(i, j) * dT
220.   End If
221.
222.   Ar(i, j) = (Bb(i, j) + D(i, j) / Tan(Afa(i, j))) * D(i, j)     ' Area of the whole cross section
223.   Aw(i, j) = (Bb(i, j) + Wd(i, j) / Tan(Afa(i, j))) * Wd(i, j)   ' Area of the water section
224.
225.   '&&&&&&&&& Next time step
226.   Bb(i, j + 1) = Bb(i, j) + dD(i, j) * Tan(Afa(i, j) / 2) * 2
227.
228.   If Bb(i, j + 1) > Wrb Then
229.   Bb(i, j + 1) = Wrb
230.   End If
231.
232.   D(i, j + 1) = D(i, j) + dD(i, j)
233.
234.   If D(i, j + 1) > Th Then
235.   D(i, j + 1) = Th
236.   End If
237.
```

```
238.  Afa(i, j + 1) = Afa(i, j)
239.  Bt(i, j + 1) = Bb(i, j + 1) + 2 * D(i, j + 1) / Tan(Afa(i, j + 1))
240.  Ar(i, j + 1) = Bb(i, j + 1) * D(i, j + 1) + D(i, j + 1) / Tan(Afa(i, j + 1)) * D(i, j + 1) ' Area of the new cros
      s section
241.  Aw(i, j + 1) = Bb(i, j + 1) * Wd(i, j + 1) + Wd(i, j + 1) / Tan(Afa(i, j + 1)) * Wd(i, j + 1) ' Area of the new c
      ross section
242.  dAr(i, j) = Ar(i, j + 1) - Ar(i, j)
243.  dAw(i, j) = Aw(i, j + 1) - Aw(i, j)
244.
245.  Al(j) = A1 * (Hw(j)) ^ 2 - A2 * (Hw(j)) + A3
246.  Hw(j + 1) = (Qin(j) - Qout(0, j) - Qse(j)) * dT / Al(j) + Hw(j)
247.
248.  ZZ(j + 1) = H1 - D(0, j + 1) / Sin(BetU + BetL(0, j)) * Sin(BetU)
249.  Wd(0, j + 1) = Hw(j + 1) - ZZ(j + 1)
250.
251.  If Wd(0, j + 1) < 0 Then
252.      Wd(0, j + 1) = 0
253.  End If
254.
255.  Qout(0, j + 1) = 1.7 * (Bb(0, j + 1) + Wd(0, j + 1) / Tan(Afa(0, j + 1))) * (Wd(0, j + 1)) ^ 1.5
256.  V(0, j + 1) = 1.7 * Wd(0, j + 1) ^ 0.5
257.
258.  Wd(i + 1, j + 1) = Wd(i, j + 1)
259.
260.  tWd(i + 1, j + 1) = 0.01
261.
262.  ii = 1
263.
264.  Do While Wd(i + 1, j + 1) - tWd(i + 1, j + 1) > 0.001 Or Wd(i + 1, j + 1) - tWd(i + 1, j + 1) < -0.001
265.
266.      Wd(i + 1, j + 1) = (Wd(i + 1, j + 1) + tWd(i + 1, j + 1)) / 2
267.
268.  dD(i + 1, j) = dD(i, j)
269.  tdD(i + 1, j) = 0.01
270.
271.  jj = 1
272.
273.  Do While dD(i + 1, j) - tdD(i + 1, j) > 0.001 Or dD(i + 1, j) - tdD(i + 1, j) < -0.001
274.
275.      dD(i + 1, j) = (dD(i + 1, j) + tdD(i + 1, j)) / 2
276.
277.  Afa(i + 1, j) = Afa(i, j)
278.  Ar(i + 1, j) = (Bb(i + 1, j) + D(i + 1, j) / Tan(Afa(i + 1, j))) * D(i + 1, j)
279.  Aw(i + 1, j) = (Bb(i + 1, j) + Wd(i + 1, j) / Tan(Afa(i + 1, j))) * Wd(i + 1, j)
280.  Bb(i + 1, j + 1) = Bb(i + 1, j) + dD(i + 1, j) * Tan(Afa(i + 1, j) / 2) * 2
281.
282.  If Bb(i + 1, j + 1) > Wrb Then
283.  Bb(i + 1, j + 1) = Wrb
284.  End If
285.
286.  D(i + 1, j + 1) = D(i + 1, j) + dD(i + 1, j)
287.
288.  If D(i + 1, j + 1) > Th Then
289.  D(i + 1, j + 1) = Th
290.  End If
291.
292.  Afa(i + 1, j + 1) = Afa(i + 1, j)
293.  Bt(i + 1, j + 1) = Bb(i + 1, j + 1) + 2 * D(i + 1, j + 1) / Tan(Afa(i + 1, j + 1))
294.  Ar(i + 1, j + 1) = Bb(i + 1, j + 1) * D(i + 1, j + 1) + D(i + 1, j + 1) / Tan(Afa(i + 1, j + 1)) * D(i + 1, j + 1
      ) ' Area of the new cross section
295.  Aw(i + 1, j + 1) = Bb(i + 1, j + 1) * Wd(i + 1, j + 1) + Wd(i + 1, j + 1) / Tan(Afa(i + 1, j + 1)) * Wd(i + 1, j
      + 1) ' Area of the new cross section
296.
297.  dAr(i + 1, j) = Ar(i + 1, j + 1) - Ar(i + 1, j)
298.  dAw(i + 1, j) = Aw(i + 1, j + 1) - Aw(i + 1, j)
299.
300.  If Aw(i, j) + Aw(i + 1, j) = 0 Then
301.  Cv(i + 1, j) = Cv(i, j)
302.  Else
303.
304.  tCv = (dAr(i + 1, j) + dAr(i, j)) * (1 - Por + Por * Sat)
305.  Cv(i + 1, j) = (Cv(i, j) * (Aw(i + 1, j) + Aw(i, j)) + tCv) / ((Aw(i + 1, j) + Aw(i, j)) + tCv)
306.
307.  End If
308.
309.  Ro(i + 1, j) = Cv(i + 1, j) * (RoS - Row) + Row
310.  Mu(i + 1, j) = 0.02 * Exp(2.97 * Cv(i + 1, j))
311.  Tyy2 = (1 - Cs) * Cv(i + 1, j) * (RoS - Row) * Cos(BetL(i, j)) / Ro(i + 1, j) * Tan(Fii)
312.
313.  If Wd(i + 1, j) < 0.1 Then
314.  Tmu2 = 0
315.  Tmnn2 = 0
316.
317.  Else
318.
319.  Tmu2 = K * Mu(i + 1, j) * V(i + 1, j) / 8 / Ro(i + 1, j) / 9.81 / Wd(i + 1, j) ^ 2
320.  Tmnn2 = Mmn ^ 2 * V(i + 1, j) ^ 2 / Wd(i + 1, j) ^ (4 / 3)
```

```
321.
322.  End If
323.
324.  Sff(i + 1, j) = Tyy2 + Tmu2 + Tmnn2
325.
326.  'Call getKdTc(N, Kd(i, j), Kdd(), TauC(i, j), TauCC(), Dep(), D(i, j))
327.
328.  Kd(i + 1, j) = 0.000066
329.  TauC(i + 1, j) = C + (1 - Cs) * Cv(i + 1, j) * (RoS - Row) * 9.81 * Wd(i + 1, j) * Cos(BetL(i + 1, j)) * Tan(Fbed
      )
330.
331.  If Wd(i, j) < 0.1 Then
332.  dD(i + 1, j) = 0
333.  Else
334.
335.  Rh(i + 1, j) = (Wd(i + 1, j) / Tan(Afa(i + 1, j)) + Bb(i + 1, j)) * Wd(i + 1, j) / (2 * Wd(i + 1, j) / Sin(Afa(i
      + 1, j)) + Bb(i + 1, j))
336.  Tau(i + 1, j) = Ro(i + 1, j) * 9.81 * Rh(i + 1, j) * Sff(i + 1, j)
337.      If Tau(i + 1, j) <= TauC(i + 1, j) Then
338.          E(i + 1, j) = 0
339.      Else
340.          E(i + 1, j) = Kd(i + 1, j) * (Tau(i + 1, j) - TauC(i + 1, j))
341.      End If
342.  End If
343.
344.  dD(i + 1, j) = E(i + 1, j) * dT
345.
346.  jj = jj + 1
347.
348.  Loop
349.
350.  tAw = (V(i, j) * Aw(i, j) * dT - V(i + 1, j) * Aw(i + 1, j) * dT + (dAr(i, j) + dAr(i + 1, j)) / 2 * (1 - Por + P
      or * Sat) * Bc(i, j) + (Aw(i, j) + Aw(i + 1, j)) / 2 * Bc(i, j)) * 2 / Bc(i, j) - Aw(i, j + 1)
351.
352.  Wd(i + 1, j + 1) = 1 / 2 * ((Bb(i + 1, j + 1) ^ 2 + 4 / Tan(Afa(i + 1, j + 1)) * tAw) ^ 0.5 - Bb(i + 1, j + 1))
353.
354.  ii = ii + 1
355.
356.  Loop
357.
358.  Dim tQV, sAw, tSfo, Coe1, Coe2, Coe3 As Double
359.
360.  tQV = (Qout(i + 1, j) * V(i + 1, j) - Qout(i, j) * V(i, j)) / Bc(i, j)
361.  sAw = Aw(i + 1, j) * Wd(i + 1, j) / Bc(i, j) * 9.81 - (Aw(i, j) * Wd(i, j)) / Bc(i, j) * 9.81
362.  tSfo = 9.81 * (Aw(i + 1, j) + Aw(i, j)) / 2 * Sff(i + 1, j) - 9.81 * (Aw(i + 1, j) + Aw(i, j)) / 2 * Sin(BetL(i,
      j))
363.  Coe1 = (dAr(i, j) + dAr(i + 1, j)) / 2 * (1 - Por + Por * Sat) * Bc(i, i)
364.  Coe2 = (V(i, j + 1) * Aw(i, j + 1) - V(i, j) * Aw(i, j) - V(i + 1, j) * Aw(i + 1, j)) / 2 / dT
365.  Coe3 = Aw(i + 1, j + 1) / 2 / dT
366.
367.  V(i + 1, j + 1) = (-tQV - sAw - tSfo - Coe2) / (Coe1 + Ceo3)
368.
369.  BetL(i, j + 1) = Atn((D(i + 1, j + 1) - D(i, j + 1)) / Bc(i, j + 1)) + BetL(i, j)
370.
371.  Next i
372.  ' backward erosion
373.  ' identify the length of the segments.
374.  Hw(0, j + 1) = Hw(0, j) + (Qin(j) - Qout(j) - Qse(j)) * dT / Al(j)
375.  j = j + 1
376.  Loop
377.
378.  End Sub
```